普通高等教育“十二五”规划教材

全国高等医药院校规划教材

供药学及相关专业用

生物技术制药

主编 郭葆玉

清華大學出版社

北京

内容提要

本书以生物技术制药的理论和方法学内容为主，对生物技术制药的概念、有关技术及其研究领域的内涵和外延做一全面翔实的介绍。本书共分19章：第1～6章分别介绍了生物技术制药的主要组成，包括基因工程制药、细胞工程制药、酶工程制药、发酵工程制药和蛋白质工程制药等；第7～14章分别介绍了核酸、多肽类药物、治疗性抗体、治疗性细胞株、细胞因子类药物、基因治疗以及与免疫、动植物有关的生物药物；第15～19章分别介绍了分子靶向药物、融合蛋白、治疗性激素、血液制品和治疗性酶、疫苗技术和分子诊断技术等内容。本书内容系统丰富，图文并茂（每章均有五幅以上图，全书100余幅）。可作为高等医药院校大学本科学生、研究生、生物药物新药研发相关工作的从业人员的教材和参考书。

图书在版编目（CIP）数据

生物技术制药/郭葆玉主编．—北京：清华大学出版社，2011.9（2022.1重印）
（普通高等教育“十二五”规划教材·全国高等医药院校规划教材）
ISBN 978-7-302-26698-3

Ⅰ．①生…　Ⅱ．①郭…　Ⅲ．①生物制品：药物－制造－高等学校－教材　Ⅳ．①TQ464

中国版本图书馆CIP数据核字（2011）第172516号

责任编辑：罗　健
责任校对：赵丽敏
责任印制：杨　艳

出版发行：清华大学出版社
　　网　　址：http://www.tup.com.cn，http://www.wqbook.com
　　地　　址：北京清华大学学研大厦A座　　**邮　　编**：100084
　　社 总 机：010-62770175　　**邮　　购**：010-62786544
　　投稿与读者服务：010-62776969，c-service@tup.tsinghua.edu.cn
　　质 量 反 馈：010-62772015，zhiliang@tup.tsinghua.edu.cn
印 装 者：北京建宏印刷有限公司
经　　销：全国新华书店
开　　本：185mm×260mm　　**印　张**：23.25　　**字　　数**：634千字
版　　次：2011年9月第1版　　**印　　次**：2022年1月第8次印刷
定　　价：59.80元

产品编号：040010-02

全国高等医药院校药学类及相关专业规划教材建设成员单位

（按拼音排序）

安徽省立医院
安徽医科大学
安徽医学高等专科学校
北华大学
北京大学
北京理工大学
北京天坛医院
滨州医学院
长春职业技术学院
长治医学院
成都医学院
成都中医药大学
赤峰学院
重庆医科大学
重庆医药高等专科学校
大连大学
大连医科大学
第二军医大学
第三军医大学
福建省漳州卫生职业学院
福建医科大学
复旦大学
甘肃中医学院
广东药学院
广东医学院
广西医科大学
贵阳中医药大学
桂林医学院
哈尔滨商业大学
哈尔滨医科大学
海南医学院
河北医科大学
黑龙江中医药大学
湖北中医药大学
湖南中医药大学
华南理工大学
怀化医学高等专科学校
吉林大学
吉林医药学院
佳木斯大学
江苏联合职业技术学院
九江学院
兰州大学
辽宁大学
辽宁卫生职业技术学院
辽宁医学院
辽宁中医药大学职业及技术学院
牡丹江医学院
南昌大学
南方医科大学
南京医科大学
南京中医药大学
内蒙古医学院
宁夏医科大学

宁夏师范学院
齐齐哈尔医学院
青岛市市立医院
青海卫生职业技术学院
青海大学
山东大学
山东药品食品职业学院
山东中医药高等专科学校
山西医科大学
陕西中医学院
上海交通大学
沈阳药科大学
沈阳医学院
石河子大学
首都医科大学
四川大学
苏州大学
泰山医学院
天津生物工程职业技术学院
天津医科大学
天津医学高等专科学校
天津中医药大学
潍坊医学院
温州医学院
无锡卫生高等职业技术学校
武汉大学
武汉理工大学
武汉生物工程学院
西安交通大学
西南大学
厦门大学
厦门医学高等专科学校
新疆医科大学
徐州医学院
烟台大学
郑州大学
中国药科大学
中国医科大学
中南大学
中山大学

普通高等教育“十二五”规划教材
全国高等医药院校规划教材

生物技术制药

主　编　郭葆玉
副主编　刘克辛　潘　卫
编　委　（按姓氏笔画排序）
王　栋　（第二军医大学）
刘克辛　（大连医科大学）
杨　青　（复旦大学）
苗志奇　（上海交通大学）
周宏博　（哈尔滨医科大学）
孟　强　（大连医科大学）
康　宁　（沈阳药科大学）
郭葆玉　（第二军医大学）
潘　卫　（第二军医大学）
臧林泉　（广东医学院）

前言

PREFACE

自 1977 年博耶等人首先从大肠杆菌中生产出生长激素释放因子，1982 年重组胰岛素被批准正式上市以来，生物制药药物在医药领域的开发显示出巨大的优越性和良好的开端。如今，生物制药药物的生产工艺已有了很大的改进，生产规模也有了很大的发展。同时，一些有望开发成为新药的合成肽、miRNA、融合蛋白、治疗性抗体和个性化治疗药物也将很快成为新一代的有效药物，进入临床。这些药物的出现必将对药物的理念、界定、观念和内涵产生重大的影响。

利用生物制药技术研究制取新药方面已取得了惊人的成就，已有不少药物应用于临床。概括起来有如下几大类：Ⅰ. 细胞因子类：① 干扰素类：我国已广泛使用的主要是 $\alpha 1$ 和 $\alpha 2$ 干扰素，包括 $\alpha 1b$、$\alpha 2a$ 和 $\alpha 2b$ 干扰素；② 白介素类：已在临床应用的有白介素-2（IL-2）和突变型白介素-2；③ 肿瘤坏死因子及其受体：有 TNF-α 和 TNF-α 两种，是具有重要生物活性的细胞因子；④ 造血系统生长因子类：主要品种有粒细胞集落刺激因子（G-CSF）、巨噬细胞集落刺激因子（M-CSF）、巨噬细胞粒细胞集落刺激因子（GM-CSF）、促红细胞生成素（EPO）、促血小板生成素（TPO）以及干细胞生长因子（SCF）等；⑤ 生长因子类主要品种有胰岛素样生长因子（IGF）、表皮生长因子（EGF）、血小板衍生生长因子（PDGF）、转化生长因子（TGFa 与 TGFI）、神经生长因子（NGF）等；⑥ 重组蛋白质与多肽类激素：人重组胰岛素（humulin）、人生长激素（rhGH）、促卵泡激素（FSH）、促黄体生成素（LH）和绒毛膜促生长腺激素（HCG）等。Ⅱ. 心血管病治疗剂与酶制剂：主要品种有Ⅷ因子、水蛭素、tpA、尿激酶、链激酶、葡激酶、天冬酰胺酶、超氧化物歧化酶、葡萄糖鱣苷酶及 Dnase 等。Ⅲ. 重组疫苗与治疗性抗体：① 重组乙肝表面抗原疫苗（酵母）、乙肝基因疫苗（重组乙肝表面抗原疫苗，CHO 细胞）、AIDS 病疫苗和肿瘤疫苗等。需特别指出的是，2009 年我国推出 H1N1 甲型流感疫苗，为防止甲型流感起到了很好的作用；② 治疗性抗体：已批准上市的有 12 种，主要向人源化方向发展，多用于治疗难治性疾病，如预防移植物急性排斥、免疫性疾病和肿瘤等。2007 年热销的 16 种药物中，生物制药蛋白质药物就占了 7 种，而以下几种生物制药抗体类药物尤为受青睐，分别为① 治疗类风湿关节炎的 anti-TNFct 抗体 Enbrel、Remicade；② 治疗 B 细胞淋巴瘤的 anti-CD20 抗体 Rituxan；③ 治疗乳腺癌的 anti-EGFRⅡ抗体 Herceptin；④ 抗肿瘤血管形成的 anti-VEGF 抗体 Avastin。Ⅳ. 生物药物：指应用于基因治疗的目的 DNA 片段重组物；基因治疗指把外源基因导入机体以达到治疗疾病的目的。目前，FDA 已批准 100 多个基因治疗方案进入临床试验。Ⅴ. 反义药物：福米韦生是 FDA 批准的第一个反义药物，用于治疗艾滋病的巨噬细胞病毒性视网膜炎。Ⅵ. 多肽类药物：① 抗肿瘤多肽：如生长抑素已用于治疗消化系统内分泌肿瘤，导向双功能抗肿瘤多肽（PMN）具有导向和长效抑制肿瘤细胞生长的功能。抗肿瘤多肽（ND100）对悬液法接种的在体肿瘤有较好的抑制作用；② 抗病毒多肽；③ 多肽疫苗：如正在开发疟疾多价抗原多肽疫苗，宫颈癌人乳头瘤病毒多肽疫苗已进入Ⅱ期临床试验。

在实际应用中，生物制药药物受到一定限制，如口服应用时生物利用度低，会受到消化系统酶的破坏，在胃酸作用下不稳定，在体内半衰期较短等，因此只能注射给药或局部用药。为了克服这些缺陷，已开始改为合成这些天然蛋白质的较小活性片段，即所谓“多肽模拟”或“多肽结构域”合成，又叫“小分子结构药物设计”。这类药物可口服，有利于由皮肤、黏膜给药，用于治疗免疫缺陷症、HIV 感染、变态反应性疾病、风湿性关节炎等，其制造成本也更低。这种设计思想也已应用于多糖类药物、核酸类药物和模拟酶的有关研究。小分子药物设计属于第二代结构相关性药物设计，所设计的分子能替代原先天然活性蛋白质与特异靶相互作用。

“十一五”期间，我国生物制药学学科取得如下成绩：2006 年吉非替尼（商品名易瑞莎）是第一个问世的针对非小细胞型肺癌的靶向药物。它是一种表皮生长因子抑制剂，具有抑制肿瘤血管生成、促进肿瘤细胞死亡、控制肿瘤细胞转移等作用。目前该药作为晚期肺癌患者的二线、三线治疗药物，已被用于临床。2007 年出版的国际知名学术刊物《肿瘤研究》在世界上首次报道了由北京大学、中国科学院合作完成的成果——抗肿瘤双靶点生物制药多肽，它是肿瘤生长过程中发挥重要作用的基质金属蛋白酶（第一靶点）和血管内皮细胞（第二靶点）二者的抑制剂，无放疗、化疗所致的不良反应，而且具有很好的防止肿瘤新生血管生成，抑制肿瘤生长和转移等的治疗作用。2008 年，康弘药业集团报告了具有独立知识产权的国家Ⅰ类新药 KH902 用于治疗年龄相关性黄斑变性（AMD）的Ⅰ期临床试验情况。2008 年深圳市赛百诺基因技术有限公司研制成功重组人 p53 腺病毒注射液（今又生），1ml 的液体包含了 1 万亿个重组基因病毒颗粒，并可有效杀灭肿瘤细胞，使癌症患者重燃生命的希望。Tarceva 是继吉非替尼之后问世的另一个治疗非小细胞型肺癌靶向药物，它也是一种表皮生长因子抑制剂。除了吉非替尼和 Tarceva 之外，还有用于治疗肾癌的 temsirolimus、索拉非尼和 Sunitinib，用于治疗晚期大肠癌的阿瓦斯丁等。“十二五”于今年开始，国家又制定了新的生物制药的发展规划，在生物药物领域，中国已列出 10 大领域、35 类关键技术，力争培育多家大型企业，以实现生物经济强国战略。未来中国将重点发展新兴疫苗、小分子药物、新兴中药、高产优质农作物、生物农药、生物制药业、生物能源、环境生物药物。同时，扩大生物药物产业链，发展生物材料。国家相继出台一系列相关政策，指出了医药行业未来几年明确的战略性发展方向，给予了极大的投入，生物制药业面临良好的发展机遇，真正立足于生物制药业并有一定高技术产品支持的医药企业已表现出良好的增长趋势。预计在今后几年，我国生物制药业将会保持 20%～30%的年增长率。与发达国家相比，虽然国内生物医药技术仍存在明显的差距，但生物医药业无疑正处在加速上升阶段，市场潜力巨大。

目前，中国已将生物医药产业作为经济增长点建设行业和高新技术支柱产业来发展，在一些科技发达或经济发达的地区建立了国家级生物医药产业基地、比如上海浦东生物医药开发基地、广东中山健康产业基地等。在深圳、上海、苏州等地，一些生物药物骨干企业已经迅速崛起。我国生物制药产业虽然发展较快，但也存在严重的问题：如源头创新少，投入少，研发力量薄弱，技术创新落后；在药品开发与生产上重复建设现象严重；力量分散，企业规模小，整体生产现代化水平不高，市场开发理念失常，缺乏品牌意识；企业管理相对滞后，技术兼经营性人才匮乏；企业之间缺乏交流和合作，很多项目起点不高，有的厂家只看重利润和追求短、平、快的项目。高科技创新药物距发达国家相对滞后。

在清华大学出版社的帮助、指导下，我们组织了国内一些名校的著名专家学者合著此书。本教材做到了理论与实践结合，基础与前沿并重，内涵与外延共展，如对基因表达产物的分离纯化、抗体药物、基因疫苗和多肽药物的设计等都有非常详细的介绍。这是一本既适合大学本科教学，又便于一些研究生、临床医师和生物药物从业人员参考的教材用书。

特别感谢大连医科大学刘克辛院长、孟强老师，上海交通大学苗志奇教授，哈尔滨医科大学周宏博教授，广东医学院臧林泉教授，复旦大学杨青教授，沈阳药科大学康宁副教授，第二军医大学潘卫教授和王栋博士在百忙中认真撰写稿件，第二军医大学博士后江筠一丝不苟地逐字逐句修改稿件，他们在专业上精益求精的精神为本书的高质量完成奠定了基础。

郭葆玉

2011 年 8 月于上海

目录

CONTENTS

第1章 生物技术制药总论

学习要求

1. 掌握生物制药学的基本内涵是什么，从现代广义的角度看，生物制药学应该是怎样的一门学科？其基本研究内容包括哪些方面？

2. 熟悉基因工程制药的基本步骤主要有哪些？目的基因的获取有哪些方法？载体是什么？克隆、表达中的酶切、连接、转化、阳性克隆的筛选等主要步骤和方法是什么？

3. 了解细胞工程制药、酶工程制药、发酵工程制药和蛋白质工程制药的含义、研究目标和基本的研究步骤有哪些？

从现代泛义的角度看，生物制药学应该是：运用生物学、微生物学、生物化学、细胞生物学、医学等学科的研究成果，从生物体、生物组织、细胞、细胞分泌产物、体液等，综合利用微生物学、化学、生物化学、生物技术、药学等科学的原理和方法制造用于疾病的预防、治疗和诊断的生物制品的一门学问。生物制药的原料是以天然的生物材料为主，包括微生物、人体、动物、植物、海洋生物等。随着生物技术的发展，按人们意愿事先设计的人工制得的生物原料成为当前生物制药原料的主要来源，如用改变基因结构或基因重组制得的微生物或其他细胞原料、免疫法制得的动物原料等。生物药物的特点是生物活性高，不良反应小，营养价值高。生物药物主要有蛋白质、核酸、糖类、脂类等。这些物质的组成单元为氨基酸、核苷酸、单糖、脂肪酸等，对人体不仅无害而且还是重要的营养物质。目前，生物药物的研究队伍迅速不断壮大，发展也很快，前景看好。

现代生物制药学的研究内容应包括：①基因工程制药；②细胞工程制药；③酶工程制药；④发酵工程制药；⑤蛋白质工程制药。目前新出现的生物医学工程和生物信息工程虽然不属于直接的药物学的范畴，但与生物制药学的研究内容有着非常紧密的联系和信息知识交叉，属于全新的生物制药学的概念和内容，故本章也将其列入生物制药学的范围而简述之。

第1节 基因工程与基因工程制药步骤

一、基因工程

基因工程又称基因拼接技术和DNA重组技术，是在基因水平上的一系列技术操作，基因工程其最重要的核心是：以分子遗传学为理论基础，以分子生物学和微生物学的现代方法为手段，将不同来源的基因（DNA分子），按预先设计的蓝图，在体外构建杂种DNA分子，从而将生物的某些基因通过基因载体运送到另一种生物的活细胞中，并使之无性繁殖（称之为“克隆”）和显现正常功能（称之为“表达”），从而改变生物原有的遗传特性，获得新品种，生产新产品。基因工程技术为基因的结构和功能的研究提供了有力的手段。

（一）基因工程制药的理论基础

基因工程制药的理论基础有以下10大要点：

（1）基因由核苷酸和脱氧核苷酸组成的密码子（遗传信息携带者）组成。

（2）遗传密码子的通用性。即20种氨基酸每个氨基酸由3个碱基组合成1个密码子。

（3）碱基互补配对原则。这些是不同物种进行基因横向传递（即基因工程技术以及病毒侵染）的基础。

（4）不同的基因具有相同的物质基础。

（5）基因是可切割的。

（6）基因是可以转移的。

（7）多肽与基因之间有对应关系。

（8）基因通过复制可以把遗传信息传递给下一代。

（9）基因表达。

（10）基因转录前后、蛋白质翻译前后的调控理论。

理论应用：医学、制药学、转基因动物、转基因植物、物种改良、食品等方面。

（二）基因工程制药的技术基础

基因工程制药的技术基础有以下5大要点：

（1）限制性内切酶、DNA连接酶、反转录酶的发现。

（2）质粒、基因工程载体的出现（图1-1）。

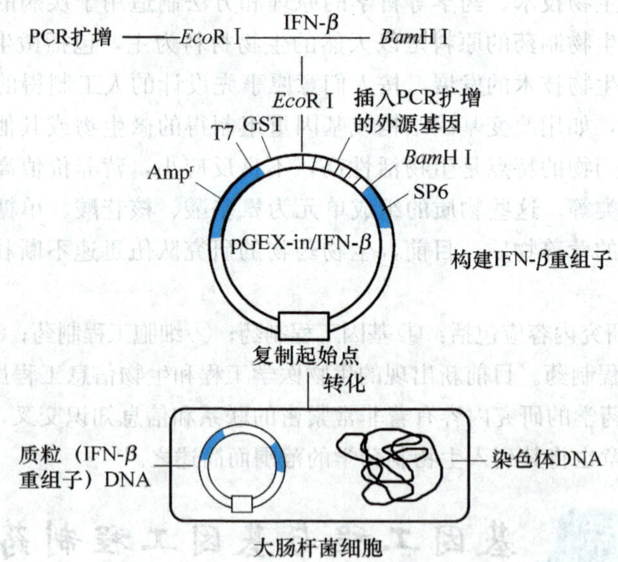

图1-1　融合表达载体质粒pGEX-in及PCR片段的插入和质粒作为载体的重组子构建与转化示意图

（3）DNA重组技术。

（4）转化、转染、转导、核移植、基因转移的技术。

（5）表达产物的分离纯化及理化、生物鉴定技术。

（三）基因工程制药的目标

基因工程制药的目标是：对不同生物的遗传基因，根据人们的意愿，进行基因的切割、拼接和重新组合，再转入生物体内，产生出人们所期望的产物，或创造出具有新的遗传特征的生物类型。世界上第一批重组DNA分子诞生于1972年，次年几种不同来源的DNA分子装入载体后被转入到大肠杆菌中表达，标志着基因工程制药正式登上历史舞台。从此，基因工程制药开始改变了传统生物科技的被动状态，使得人们可以克服物种间的遗传障碍，定向培养或创造出自然界所没有的新的生命形态，以满足人类社会的需要。

二、基因工程制药的基本步骤

基因工程制药的基本步骤主要由两大部分组成，即上游技术、下游技术。

（一）上游技术

（1）目的基因的获取与扩增。

（2）构建DNA重组体。

（3）DNA重组体转入宿主菌。

（4）阳性工程菌株的筛选与鉴定。

（5）小规模工程菌的扩增。

（二）下游技术

（1）工程菌发酵表达。

（2）表达产物的分离纯化工艺。

无论是上游技术，还是下游技术，都要进行以下质量控制：

（1）结构组成，各种理化、生化性质；

（2）安全性、稳定性和生物学活性。

三、基因工程制药的具体步骤

（一）目的基因的获取

获取目的基因的方法基本上有3种。

1. 获自基因文库

（1）制作基因文库（gene library）：提取总DNA，用限制性内切酶将总DNA切成小片段再将各片段分别克隆在质粒或噬菌体载体上，便构成了该生物的基因文库，这可看作目的基因是从基因所在的生物体中直接取得，把这些质粒转化到细菌，随着细菌繁殖而复制，这个过程又称为基因克隆（gene clone）。

（2）构建cDNA文库：真核生物的基因含有不表达的内含子，而有时内含子序列很长，因此这种基因难以和载体DNA结合。这种方法是在核糖体合成多肽的旺盛时期将含有目的基因的mRNA的多聚核糖体提取出来，分离出mRNA，然后以mRNA为模板用反转录酶合成单链DNA，再经DNA聚合酶作用产生双链DNA，即cDNA。人的胰岛素和血红蛋白的结构基因就是用这一方法获得的。这种方法专一性强，但操作过程比较麻烦。反转录法就是先分离纯化目的基因的mRNA，再反转录成cDNA，然后进行cDNA的克隆表达，具体包括：

（1）RNA的提取与纯化。

（2）cDNA第一链的合成。

(3) cDNA 第二链的合成。

(4) cDNA 的克隆。

(5) 将重组体导入宿主细胞。

(6) cDNA 文库的鉴定。

(7) 目的 cDNA 克隆的分离和鉴定。

2. PCR 扩增技术 PCR 技术是 DNA 扩增技术，它能在比较短的时间内产生大量的 DNA，有人认为在获取目的基因后才使用 PCR 技术，故严格来讲，它是在已经获得目的基因基础上的放大和富集技术，不应列入目的基因的获取方法之列，但笔者认为，它完全有理由被看成为大量获取目的基因的方法之一。因为它可以获取任何一段目的基因。此外，现在所用的 Marason-PCR、race、Adaptor 和 poly（A^+）等结合 PCR 技术还大量用在克隆新基因和欲知基因方面，就更应该看作是目的基因获取的重要方法之一了。

3. 根据已知氨基酸序列人工化学合成 DNA 根据基因表达产物的氨基酸顺序，搞清楚基因的核苷酸序列，然后按“图纸”先合成一个个含少量核苷酸的 DNA 片段，再利用碱基对互补关系使它们形成双链 DNA 片段，再用连接酶把小的双链 DNA 片段逐个按顺序连接起来，使双链逐渐加长，最后得到一个完整基因。这种方法专一性非常强，基因合成效率大大提高。但这种方法目前仅限于合成核苷酸对较少的一些简单基因，而且事先要把它们的核苷酸序列搞清楚。这种合成基因的方法还有一个很大的优点，就是可以人工合成自然界不存在的新基因。

人工化学合成基因的限制：

(1) 不能合成太长的基因。目前 DNA 合成仪所合成的寡核苷酸片段仅为 50～60bp，因此，只适用于克隆小分子肽的基因。

(2) 遗传密码的简并使选择密码子困难。用氨基酸顺序推测核苷酸序列，得到的结果可能与天然基因不完全一致，易造成中性突变。

(3) 费用高。因为获取目的基因的方法从严格意义上说仍为有模板后的逆转录法，故不单另列出一个问题赘述。

(二) 目的基因的克隆重组与表达

该步骤的首要任务是提取供体生物目的基因，再将取得目的基因用“分子剪刀”（限制性内切酶）剪切供体 DNA 分子，把它切成一些比基因略长的片段，然后再从中找出包含所需目的基因的 DNA 片段。到目前为止，人们用这种方法已分离出 40 种大肠杆菌蛋白质基因、鸡的组蛋白基因等。

1. 载体 载体（vector）由于目的基因自身常无 DNA 复制所需信息，在细胞分裂时不能复制给子细胞，就会丢失，所以人们要把它连在一些能独立于细胞染色体之外复制的 DNA 片段上，这些 DNA 片段就叫载体。载体（图 1-2）是在基因工程重组 DNA 技术中将 DNA 片段（目的基因）转移至受体细胞的一种能自我复制的 DNA 分子。3 种最常用的载体是细菌质粒、噬菌体和动植物病毒。

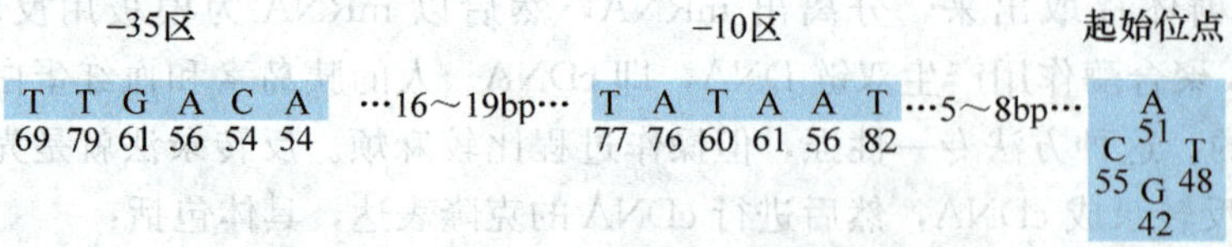

图 1-2 启动子由 3 个元件组成示意图

(1) 克隆载体（cloning vector）：克隆载体通常采用从病毒、质粒或高等生物细胞中获取的DNA作为克隆载体，在载体上插入合适大小的外源DNA片段，并注意不能破坏载体的自我复制性质。将重组后的载体引入到宿主细胞中，并在宿主细胞中大量繁殖。克隆载体的基本元件有：①在细菌或酵母等中的复制起始点；②有多克隆位点（切割并插入外源基因用）；③抗性或其他特殊基因（筛选用）；④有克隆的目的基因。

(2) 表达载体：表达载体（expression vector）上主要包含一些控制目的基因表达的元件，右启动子、增强子、终止子等：

1）启动子：启动子（promoter；P）是DNA分子上能与RNA聚合酶结合并形成转录起始复合体的区域，在许多情况下，还包括促进这一过程的调节蛋白的结合位点。启动子是基因的一个组成部分，控制基因表达（转录）的起始时间和表达的程度。启动子由核苷酸组成，本身并不控制基因活动，而是通过与称为转录（transcription）因子的这种蛋白质结合而控制基因活动的。转录因子通过RNA聚合酶（polymerases）的活动指导着RNA复制。RNA聚合酶同启动子结合的区域称为启动子区。将各种原核基因同RNA聚合酶全酶结合后，用DNase Ⅰ水解DNA，最后得到与RAN聚合酶结合而未被水解的DNA片段，这些片段有一个由5个核苷酸（TATAA）组成的共同序列，以其发现者的名字命名为Pribnow框（Pribnow box），这个框的中央位于起点上游10bp处，所以又称－10序列（－10 sequence），后来在－35 bp处又找到另一个共同序列（TT-GACA）。Hogness等在真核基因中又发现了类似Pribnow框的共同序列，即位于－25～－30bp处的TATAAAAG，也称TATA框（TATA box）。TATA框上游的保守序列称为上游启动子元件（upstream promoter element，UPE）或上游激活序列（uptream activating sequence，UAS）。另外在－70～－78bp处还有一段共同序列CCAAT，称为CAAT框（CAAT box）。

原核生物中－10区同－35区之间核苷酸数目的变动会影响基因转录活性的高低，强启动子一般为16～19bp，当间距小于15bp或大于20bp时都会降低启动子的活性（图1-2）。

在真核基因中，有少数基因没有TATA框。没有TATA框的真核基因启动子序列中，有的富集GC，即有GC框；有的则没有GC框。GC框位于－80～－110bp处的GCCACACCC或GGGCGGG序列。

2）增强子：增强子（enhancer）指增加同它连锁的基因转录频率的DNA序列。增强子是通过启动子来增加转录的。有效的增强子可以位于基因的5′端，也可位于基因的3′端，有的还可位于基因的内含子中。增强子的效应很明显，一般能使基因转录频率增加10～200倍，有的甚至可以高达上千倍。例如，人珠蛋白基因的表达水平在巨细胞病毒（cytomegalovirus，CMV）增强子作用下可提高600～1 000倍。增强子的作用同增强子的取向（5′～3′或3′～5′）无关，甚至远离靶基因达几千kb也仍有增强作用（图1-3）。

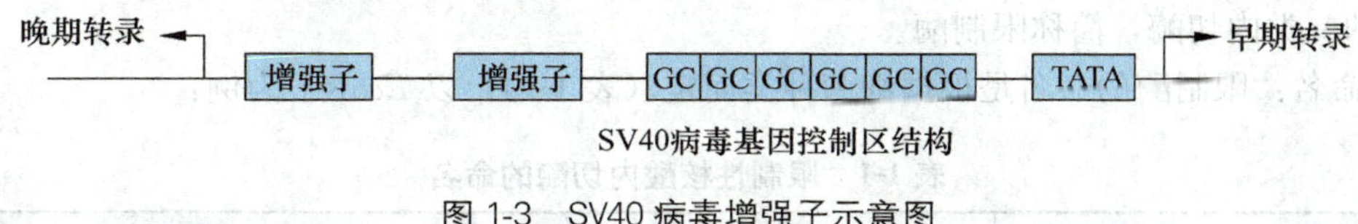

图1-3　SV40病毒增强子示意图

3）终止子：终止子（terminator）是DNA分子中终止转录的核苷酸序列。而终止密码子是作为转录终止的信号，在图1-4中，DNA分子下面一条被从左到右转录，从画线DNA转录来的RNA片段形成发夹环，因为两框中核苷酸含有互补碱基顺序，这就迫使DNA/RNA杂交区域裂开，因为随后包括氢链结合较弱的多聚腺苷酸和尿嘧啶mRNA分子就从这个位置脱离下来。

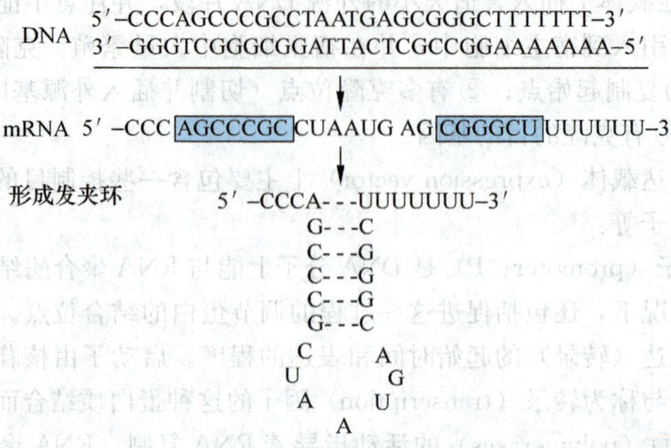

图 1-4 终止子形成示意图

终止密码子：UAA. UGA. UAG；起动子和终止子是不能转化为信使 RNA。

(3) 构建过程：目的基因、启动子、终止子、标记基因常用细菌质粒进行构建，构建过程中运用限制性核酸内切酶切割出与目的基因相合的末端（多为黏性末端，也有平末端），采用 DNA 连接酶连接，导入生物体实现表达。表达载体构建的基本过程包括（图 1-5）：

从克隆载体分离出特定 DNA，即"插入 DNA"

↓

根据实验目的选择合适载体

↓

对插入 DNA 与载体分别进行酶切或者脱磷酸化处理

↓

酶切完毕的 DNA 与载体连接

↓

连接 DNA 转入合适的宿主菌，获取重组体

↓

筛选、检测重组体

图 1-5 表达载体构建的基本过程示意图

归纳整个基因工程流程示意图见图 1-6。

2. 限制性核酸内切酶

(1) 定义：限制性核酸内切酶是可以识别 DNA 的特异序列，并在识别位点或其周围切割双链 DNA 的一类内切酶，简称限制酶。

(2) 命名：限制酶的命名是根据细菌种类而定（表 1-1），以 *Eco*RⅠ为例：

表 1-1 限制性核酸内切酶的命名

E	*Escherichia*	属
co	*coli*	种
R	RY13	品系
Ⅰ	首先发现	此类细菌中发现的先后顺序

（3）类型：根据限制酶的结构，辅因子的需求切位与作用方式，可将限制酶分为 3 种类型，分别是第一型（Type Ⅰ）、第二型（Type Ⅱ）及第三型（Type Ⅲ）。Ⅰ型限制性内切酶既能催化宿主 DNA 的甲基化，又催化非甲基化的 DNA 的水解；而Ⅱ型限制性内切酶只催化非甲基化的 DNA 的水解。Ⅲ型限制性内切酶同时具有修饰及认知切割的作用。

（4）识别：限制性内切酶识别 DNA 序列中的回文序列。有些酶的切割位点在回文的一侧（如 *Eco*RⅠ、*Bam*HⅠ、*Hind* 等），因而可形成黏性末端（图 1-7（a））。

另一些Ⅱ类酶如 *Alu*Ⅰ、*Bsu*RⅠ、*Bal*Ⅰ、*Hal*Ⅲ、*HPa*Ⅰ、*Sma*Ⅰ等，切割位点在回文序列中间，形成平整末端。*Alu*I 的切割位点如下（图 1-7（b））。

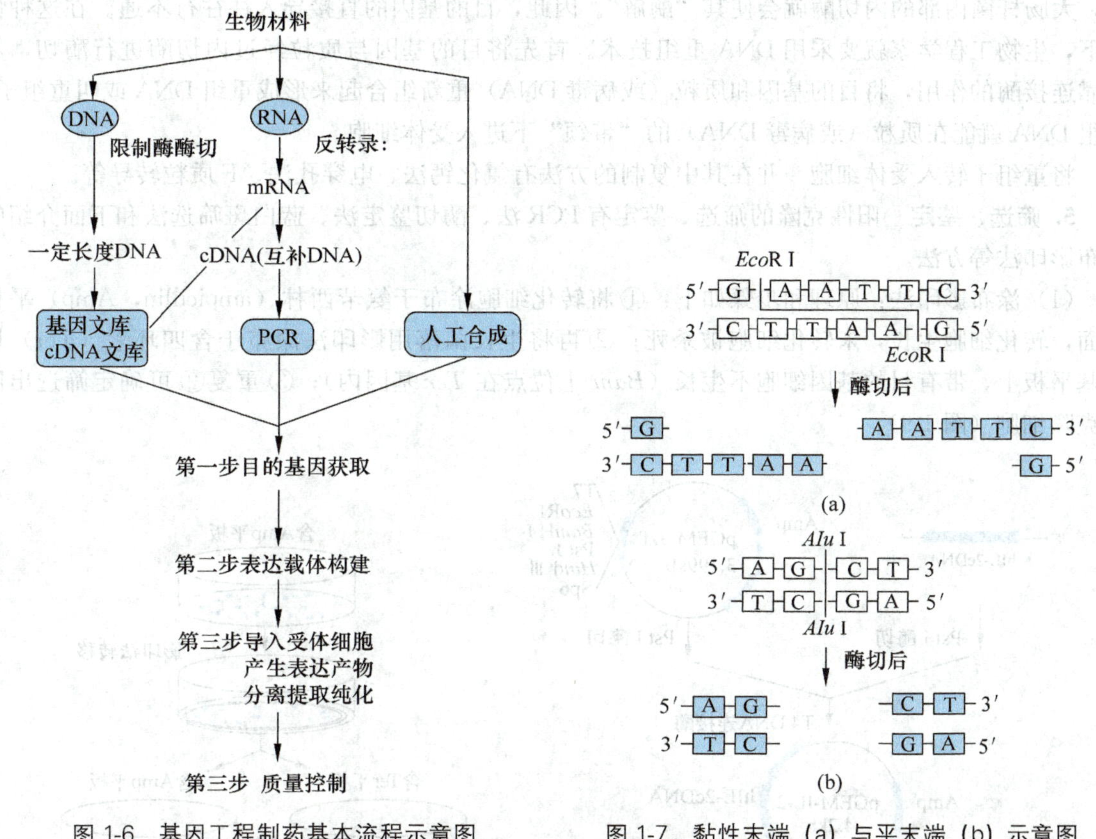

图 1-6　基因工程制药基本流程示意图

图 1-7　黏性末端（a）与平末端（b）示意图

在已发现的限制性内切酶中，近百种酶的识别顺序已被测定。有很多来源不同的酶有相同的碱基识别顺序，这种酶称为“异源同工酶”（isochizomer，同切限制内切酶；同裂酶）。应该注意的是，这些酶虽然有相同的识别顺序，但它们的切点并不完全一样。例如 *Xma*Ⅰ和 *Sma*Ⅰ都识别 6 核苷酸 CCCGGG，但 *Xma*Ⅰ的切点在 CCCGGG，而 *Ema* Ⅰ的切点则在 CCCGGGG，前者切割 DNA 分子，形成带有 CCGG 黏性末端的 DNA 片段，而后者并不形成黏性末端。当然，也有识别顺序和切点都相同的酶，如 *Hap*Ⅱ、*Hpa*Ⅱ、*Mno*Ⅰ，都在识别顺序 CCGG 内有一相同的切点，*Hal*Ⅲ和 *BsuR*Ⅰ同样在识别顺序 GGCC 内有一相同的切点。

（5）用途：用于 DNA 基因组物理图谱的组建；基因的定位和基因分离；DNA 分子碱基序列分析；比较相关的 DNA 分子和遗传工程等。

限制酶一般不切割自身的 DNA 分子，只切割外源 DNA。

3. 连接 指在T4 DNA连接酶能催化下，双链DNA或RNA的5′-磷酸末端和3′-羟基末端形成磷酸二酯键。该酶不仅能够催化平滑末端或黏性末端DNA之间的连接，还可以修复双链DNA、RNA或DNA/RNA杂交双链中的单链切口。将目的基因片段连接到另一个DNA分子（载体）上形成重组DNA，这一过程称为连接（图1-8）。

4. 转化 重组的载体DNA分子在一定条件下转化入大肠杆菌，形成携带质粒的菌株的过程叫"转化"，得到重组DNA的细胞叫"转化细胞"。目的基因难以直接送进受体细胞。因为地球上的生物都是长期历史进化的产物，都有保卫自身不受异种生物侵害和稳定地延续自己种族的功能。如果外来的DNA闯进受体细胞，受体细胞就会把它"消灭"。当外来的DNA进入大肠杆菌时，大肠杆菌内部的内切酶就会使其"酶解"。因此，目的基因的直接导入往往行不通。在这种情况下，生物工程学家就要采用DNA重组技术。首先将目的基因与质粒经过内切酶进行酶切，然后靠连接酶的作用，将目的基因和质粒（或病毒DNA）重新组合起来形成重组DNA或叫重组子。重组DNA就能在质粒（或病毒DNA）的"带领"下进入受体细胞。

将重组子转入受体细胞，并在其中复制的方法有氯化钙法、电穿孔法、F质粒转导等。

5. 筛选、鉴定 阳性克隆的筛选、鉴定有PCR法、酶切鉴定法、蓝白斑筛选法和下面介绍的涂布影印法等方法。

(1) 涂布影印法：原理和步骤如下：①将转化细胞涂布于氨苄西林（ampicillin，Amp）平板表面，转化细胞生长，未转化细胞被杀死；②再将生长菌落用影印法涂布于含四环素（Ter）培养基平板上，带有目的基因细胞不生长（*Bam* Ⅰ位点在*Ter*基因内）；③重复②可确定筛选出阳性克隆细胞（图1-9）。

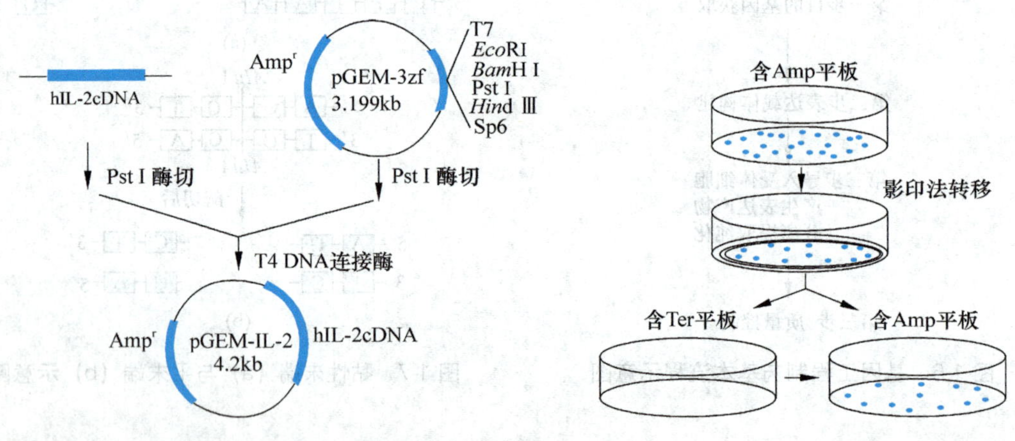

图1-8 hIL-2克隆表达质粒构建时的酶切与连接　图1-9 涂布影印法阳性菌落筛选示意图

(2) 蓝白斑筛选法：其原理是根据载体的遗传特征筛选重组子，如α-互补、抗生素基因等。现在使用的许多载体都带有一个大肠杆菌的DNA的短区段，其中有β-半乳糖苷酶基因（*LacZ*）的调控序列和前146个氨基酸的编码信息。在这个编码区中插入了一个多克隆位点（MCS），它并不破坏读框，但可使少数几个氨基酸插入到β-半乳糖苷酶的氨基端而不影响功能，这种载体适用于可编码β-半乳糖苷酶C端部分序列的宿主细胞。因此，宿主和质粒编码的片段虽都没有酶活性，但它们同时存在时，可形成具有酶学活性的蛋白质。这样，*LacZ*基因在缺少近操纵基因区段的宿主细胞与带有完整近操纵基因区段的质粒之间实现了互补，称为α-互补。由α-互补而产生的*LacZ*加上细菌诱导剂IPTG的作用，在生色底物X-Gal存在时产生蓝色菌落，因而易于识别。然而，当外源DNA插入到质粒的多克隆位点后，几乎不可避免地导致无α-互补能力的氨基端片段产生，使得带有重组质粒的细菌转化的钙化菌平板37℃温箱倒置培养12～16h后，有重组质粒的细菌形成白色菌落。

第2节　细胞工程制药

一、细胞工程

1. 细胞具有全能性　细胞是生物体的结构单位和功能单位，细胞具有全能性，即受精卵或高度分化的植物细胞仍然具有形成完整生物体的能力（图1-10）。采用组织与细胞培养技术对动、植物进行修饰，为人类提供优良品种和保存濒危珍稀物种，细胞是作为包括体细胞融合、核移植、细胞器摄取和染色体片段等才做目前的唯一重要的材料来源。

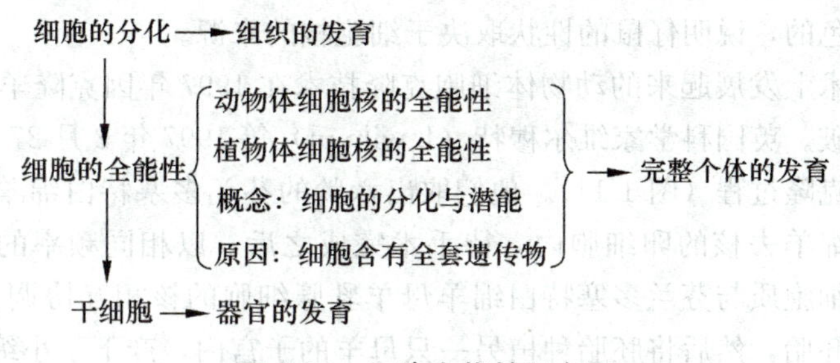

图1-10　细胞全能性示意图

2. 细胞工程　细胞工程（cell engineering）就是以细胞为单位，利用细胞的全能性，在细胞或细胞器水平上，按人们的意志，应用细胞生物学、分子生物学等理论和技术，使细胞的某些遗传特性发生改变，达到改良或产生新品种的目的，获得有用基因产物或加速细胞及生物体繁殖的综合技术，以及使细胞增加或重新获得产生某种特定产物的能力，从而在离体条件下进行大量培养、增殖，并提取出对人类有用的产品的一门应用科学。它主要由上游工程（包括细胞培养、细胞遗传操作和细胞保藏）和下游工程（即将已转化的细胞应用到生产实践中用以生产生物产品的过程）两部分构成。当前细胞工程所涉及的主要技术领域包括细胞融合技术、细胞核移植技术、染色体改造技术、转基因动植物、动物克隆技术、染色体工程、生物反应器和细胞大量培养技术等。

二、细胞工程制药

（一）动物细胞工程制药

1. 体细胞融合　体细胞融合（cell fusion）又称体细胞杂交（somatic hybridization）是指两个不同种类的细胞，加上融合剂，在一定条件下，彼此融合成杂交细胞，使来自两个亲本细胞的基因有可能都被表达，从而打破了远缘生物不能杂交的屏障，提供了创造新物种的可能。1975年，英国剑桥大学的科学家科莱尔（G. Kohler）和米尔斯坦（C. Milstein）用细胞融合技术将能分泌抗体的B淋巴细胞（绵羊红细胞、免疫小鼠脾细胞）与具有无限生长能力的肿瘤细胞（小鼠骨髓瘤细胞）融合，得到了既能持续产生单一抗体又能在体外无限繁殖的杂合细胞（杂交瘤细胞，hybridoma cell），通过细胞培养将杂合细胞克隆为单纯的细胞系（单克隆系），由此类细胞系可获得结构和特性完全相同的高纯度抗体，即单克隆抗体（monoclonal antibody，McAb）。这一技术的创立在生物医学领域取得重大突破，两位科学家因而荣获 1984 年诺贝尔生理医学奖。

如今这种细胞融合技术已在动物间实现了小鼠和田鼠，小鼠和小鸡，甚至于小鼠和人等许多远缘和超远缘的体细胞杂交。虽然目前动物的杂交细胞还只停留在分裂传代的水平，不能分化发育成完整的个体，但在理论研究和基因定位上都有重大意义。而植物间的细胞融合所得到的杂交细胞，获得了新的杂交植物，如西红柿与马铃薯细胞融合获得“西红柿马铃薯”，羽衣甘蓝与白菜型油菜细胞融合得到“甘蓝型油菜”等。

2. 细胞核移植 细胞核移植是将一种动物的细胞核移入同种或异种动物的去核成熟卵细胞内的显微操作技术。由于主要遗传物质存在于细胞核内，因而此技术可获得遗传上具同质性状的动物，对动物优良杂交种的无性繁殖和濒临绝迹的珍贵动物的传种具有重大意义。1952 年，美国科学家布里格斯（R. Briggs）首次利用豹纹蛙卵细胞建立了细胞核移植技术。1981 年，瑞士科学家 K. Illmense 率先对哺乳动物小鼠卵细胞进行核移植获得成功。他将灰鼠的细胞核注入到除去了精核和卵核的黑鼠的受精卵内，然后再将这一 f′Fh 黑鼠细胞质和灰鼠细胞核组成的卵细胞体外培养，得到的仔鼠是灰色的，说明仔鼠的性状取决于细胞核的来源。

在细胞核移植技术上发展起来的动物体细胞克隆技术在 1997 年因克隆羊“多莉”（Dolly）的诞生而取得了重大突破。英国科学家维尔穆特（I. wilmut）等 1997 年 2 月 27 日在《自然》发表论文描述了“多莉”的克隆过程（图 1-11）。他们取出六龄的芬兰多塞特白绵羊母羊的乳腺细胞核，将此核导入苏格兰黑绵羊去核的卵细胞内，待手术完成之后，以相同频率的电脉冲刺激换核卵，让苏格兰黑绵羊的卵细胞质与芬兰多塞特白绵羊母羊乳腺细胞的核相互协调，使这个“组装”细胞在体外发育成早期胚胎，然后将胚胎种植另一只母羊的子宫内，产下了小绵羊“多莉”。“多莉”不是由母羊的卵细胞和公羊的精细胞受精的产物，而是体细胞核加去核的卵细胞质，不经两性结合诱导出来的胚胎产生的。“克隆羊”的诞生表明：动物体中执行特殊功能、具有特定形态的所谓高度分化的细胞与受精卵一样具有发育成完整个体的潜在能力，多莉羊同样具有生育能力，很快它就生下它的第一个宝宝“邦尼”（图 1-12）。2003 年 2 月 14 日多莉因早衰并患有进行性肺炎，已经病入膏肓，无奈之下为多莉实施了安乐死。多莉生命只有 6 岁，寿命仅相当于普通羊的一半。

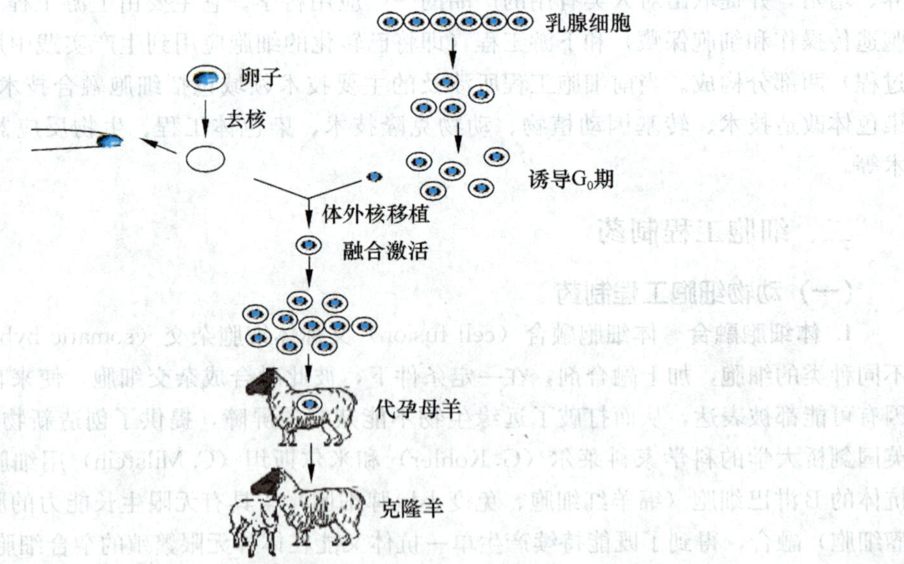

图 1-11 克隆羊“多莉”诞生的过程

1998年，日本科学家利用成年动物体细胞克隆的两头牛犊诞生；同年，美国科学家用成年鼠的体细胞成功地培育出了第三代共50多只克隆鼠；1999年，夏威夷大学的科学家利用成年鼠体细胞克隆出第一只雄性老鼠；2000年1月，美国科学家宣布克隆猴成功，这只恒河猴被命名为“泰特拉”；同年3月，曾参与克隆小羊“多莉”的英国PPL公司宣布，他们成功培育出5头克隆猪。核移植技术可用于具有良好发展前景的生物反应器的制备。其中乳腺生物反应器的研制是最为看好的一个转基因制药方向。基因打靶与核移植相结合很可能成为生产乳腺生物反应器更有效的途径，它在外源基因定点整合、消除位点效应、降低生产成本、节省时间方面具有明显的优势。核移植技术在我国特别是培育鱼类新品种方面已有多年的研究基础。目前我国在哺乳动物细胞核移植方面的研究也开展得很好，除了传统的胚胎细胞核移植外，体细胞克隆也在牛、山羊、小鼠等物种上均获得了成功。

图1-12 多莉羊与它的第一个宝宝“邦尼”

3. 转基因动物 21世纪制药工业中，最具诱人前景的无疑是应用转基因动物生产转基因药物。转基因动物是指经人的有意干涉，通过实验手段将外源基因导入动物细胞中并稳定地整合到动物基因组中，且能遗传给子代的动物。让动物成为制药工厂、创造人类急需的生物制品，这一直是人们梦寐以求的。转基因动物的出现使得这一梦想正逐步成为现实。

4. 动物细胞培养 动物细胞培养是指离散的动物活细胞在体外人工条件下的生长、增殖的过程。动物细胞培养开始于20世纪初，到1962年规模开始扩大，发展至今已成为生物、医学研究和应用中广泛采用的技术方法，利用动物细胞培养生产的具有重要医用价值的生物制品有各类疫苗、干扰素、激素、酶、生长因子、病毒杀虫剂、单克隆抗体等，已成为医药生物高技术产业的重要部分。

（二）植物细胞工程制药

1. 培养技术 涉及诸多理论原理及实际操作技术，首当其冲的自然是培养技术，也就是将植物的器官、组织、细胞甚至细胞器进行离体的、无菌的培养。是细胞遗传操作及细胞保藏的基础。近年来植物细胞培养技术主要致力于高产细胞株选育方法L2、悬浮培养技术、多级培养和固定化细胞技术、培养工艺优化控制L2、生物反应器研制、下游纯化技术等方面，并取得了较大进展。

2. 转基因植物 转基因植物是利用基因工程技术，把目的基因导入待改造的受体植物细胞，进而培育出获得了目的基因性状的植物，就是转基因植物。利用转基因植物生产重组蛋白具有以下优点：

（1）与动物细胞培养相比，植物细胞培养条件简单且易于成活，有利于遗传操作。

（2）植物培养细胞具有全能性，能够再生植株。

（3）转基因植物中的外源基因可通过植物杂交的方法进行基因重组，进而在植物体内积累多基因。

（4）转化植株系的种子易于贮存，有利于重组蛋白的生产和运输。

（5）用动物细胞生产重组蛋白，可能污染动物病毒，这对人类可能造成潜在危险，而植物病毒不感染人类，所以用植物细胞生产重组蛋白更为安全。

（6）植物细胞有与动物细胞相似的结构和功能，有利于重组蛋白的正确装配和表达。

利用转基因植物生产基因工程疫苗是当前的一大热点，研究主要集中在烟草、马铃薯、西红柿、香蕉等植物，至今已获得成功的有乙型肝炎表面抗原（HBsAg）、不耐热的肠毒素 B 亚单位（LT-B）、链球菌属突变株表面蛋白（spaA）和 SARS 尖钉蛋白（spike proteins）西红柿（图 1-13）等多种疫苗。转基因植物除了可用于生产疫苗以外，还可以用来生产其他蛋白制品。

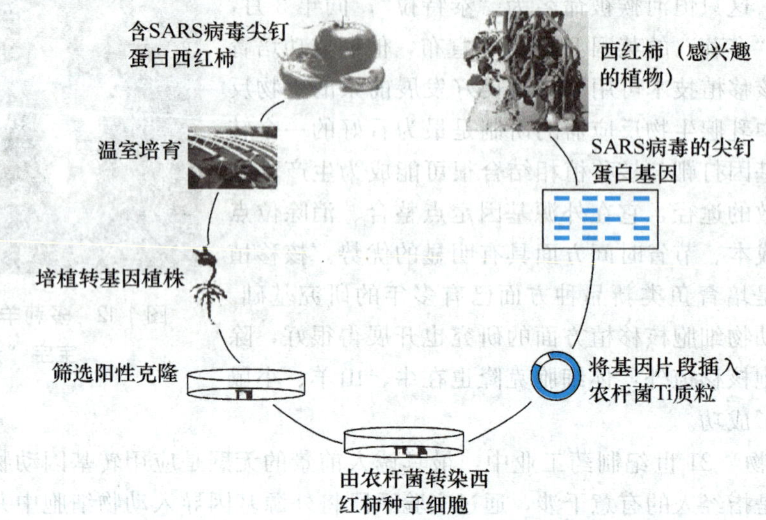

图 1-13 转 SARS 尖钉蛋白基因西红柿示意图
人们食入这种西红柿可以产生抗 SARS 尖钉蛋白抗体，有可能抵抗 SARS 的感染

第 3 节 酶工程制药

一、酶与酶工程

（一）酶

酶是生物体内的一种具有新陈代谢催化剂作用的特殊蛋白质，它们可特定地促成某个反应而自身却不参与反应，并具备反应效率高、反应条件温和、反应产物污染小、能耗低以及反应易于控制等优点。

（二）酶工程

酶工程就是通过对酶的修饰改造，提高酶的催化效率并在某一生物反应器中大规模生产的技术过程，主要包括酶的发酵生产、酶的分离纯化、酶分子修饰、酶和细胞固定化、酶反应动力学与反应器、酶的应用等。也就是将酶或者微生物细胞，动植物细胞，细胞器等在一定的生物反应装置中，利用酶所具有的生物催化功能，借助工程手段将相应的原料转化成有用物质并应用于社会生活的一门科学技术。它包括酶制剂的制备，酶的固定化，酶的修饰与改造及酶反应器等方面内容。酶工程的应用，主要集中于食品工业，轻工业以及医药工业。

二、酶工程制药

酶工程制药的应用主要集中于食品工业、轻工业以及医药工业中。例如，固定化青霉素酰化酶用于连续裂解青霉素生产；α-淀粉酶、葡萄糖淀粉酶和葡萄糖异构酶连续作用于淀粉，就可以生产出各类糖浆；利用葡萄糖苷酶可生产出低糖啤酒；蛋白酶用于除去毛皮中的特定蛋白，软化皮革等。加酶洗衣粉、用蛋白酶生产的嫩肉粉等，都是酶工程的产物。此外，酶工程还用于农副产品的加工利用。美国利用大豆生产出200余种产品，包括营养食品、药品、食品添加剂等，例如高纯度大豆卵磷脂、大豆蛋白等。

第4节 发酵工程制药

一、发酵与发酵工程

（一）发酵

“发酵”一词来源于拉丁语动词 fervere（发泡），意指利用酵母以果汁或麦芽汁为原料生产酒精饮料时出现的现象。传统的发酵技术有悠久的历史，早在几千年前人类就利用有益的微生物生产食品和药物，如酒、醋、酱、奶酪等。现代发酵的含义是在传统发酵工艺基础上结合基因工程、细胞工程、酶工程等现代高新技术发展而成，由于其主要以微生物培养为主，因而也称微生物工程。

（二）发酵工程

“发酵”有“微生物生理学严格定义的发酵”和“工业发酵”，词条“发酵工程”中的“发酵”应该是“工业发酵”。工业生产上通过“工业发酵”来加工或制作产品，其对应的加工或制作工艺被称为“发酵工艺”。为实现工业化生产，就必须解决实现这些工艺（发酵工艺）的工业生产环境、设备和过程控制的工程学的问题，因此，就有了“发酵工程”。发酵工程是用来解决按发酵工艺进行工业化生产的工程学问题的学科。微生物是发酵工程的灵魂。近年来，对于发酵工程的生物学属性的认识愈益明朗化，发酵工程正在走近科学。发酵工程是指采用现代工程技术手段，利用微生物的某些特定功能，为人类生产有用的产品，或直接把微生物应用于工业生产过程的一种新技术。发酵工程最基本的原理是发酵工程的生物学原理。

二、发酵工程制药

（一）发酵工程的组成与内容

发酵工程由3部分组成：上游工程、发酵过程和下游工程。其中上游工程包括优良菌株的选育、最适发酵条件（pH、温度、溶氧和营养组成）的确定、营养物的准备等。发酵过程主要指在最适发酵条件下，发酵罐中大量培养细胞和生产代谢产物的工艺技术。这里要有严格的无菌生长环境，包括发酵开始前采用高温高压对发酵原料和发酵罐以及各种连接管道进行灭菌的技术，在发酵过程中不断向发酵罐中通入干燥无菌空气的空气过滤技术，在发酵过程中根据细胞生长要求控制加料速度的计算机控制技术，还有种子培养和生产培养的不同的工艺技术。发酵工程的内容包括菌种的选育、培养基的配制、灭菌、扩大培养和接种、发酵过程和产品的分离提纯等方面。发酵工程是利用微生物的特性，通过现代化工程技术，在反应器中生产目的产物或提供所需服务的技术过程。

（二）发酵工程的特点与工艺

发酵工程的特点是：采用现代工程技术手段，利用微生物的某些特定功能，为人类生产有用的药品，或直接把微生物应用于工业生产过程的一种新技术。

发酵工程制药的工艺过程包括菌种的选育、培养基的配制、灭菌、扩大培养和接种、种子罐（空灭—配制培养基—实灭—无菌接种）扩大培养、发酵（空灭—配制培养基—实灭—无菌接种，通往无菌空气进行有氧发酵）生产和药品的分离（等电点法、离子交换法、溶媒萃取法等）、提纯（重结晶法）、干燥（喷塔、气流、烘干等）。包装（纸筒、铝筒、袋装等）等方面。

（三）微生物发酵产品的分类

1. 微生物细胞（生物量）作为产品　如单细胞（酵母）蛋白作为食品或饲料。

2. 微生物代谢物产品　目前医用抗生素、农用抗生素等已有近200个品种，绝大部分都是发酵产品。此外，发酵产品还包括酒精、氨基酸、柠檬酸和工业用酶等。味精、多种维生素等也是发酵工程的产品。

3. 基因工程产品　微生物（如大肠杆菌、芽孢杆菌、链霉菌和酵母等）是最常用的重组基因的表达系统。主要产品包括干扰素、胰岛素、牛凝乳酶、G-CSF（粒细胞集落刺激因子）、EPO（红细胞生成素）和tPA（重组组织型纤溶酶）。

第5节　蛋白质工程制药

一、蛋白质与蛋白质工程

（一）蛋白质

蛋白质（protein）是生命的物质基础，没有蛋白质就没有生命。因此，它是与生命及与各种形式的生命活动紧密联系在一起的物质。机体中的每一个细胞和所有重要组成部分都有蛋白质参与。蛋白质占人体重量的16.3%，即一个60kg重的成年人其体内约有蛋白质9.8kg。人体内蛋白质的种类很多，性质、功能各异，但都是由多种氨基酸按不同比例组合而成的，并在体内不断进行代谢与更新。蛋白质由核酸编码的α氨基酸之间通过α氨基和α羧基形成的肽键连接而成的肽链，经翻译后加工而生成的具有特定立体结构的、有活性的大分子。

（二）蛋白质工程

蛋白质工程也称“第二代基因工程”。蛋白质工程主要包括通过基因工程技术了解蛋白质的DNA编码序列、蛋白质的分离纯化、蛋白质的序列分析和结构功能分析、蛋白质结晶和蛋白质的力学分析、蛋白质的DNA突变改造等过程。蛋白质工程为改造蛋白质的结构和功能找到了新途径，推动了蛋白质和酶的研究，为工业和医药用蛋白质（包括酶）的实用化开拓了美妙的前景。

二、蛋白质工程制药

（一）蛋白质工程制药的概念与原理

1. 蛋白质工程制药的概念　蛋白质工程制药是对现有蛋白质加以定向修饰改造、设计和剪切，构建生物学功能比天然蛋白质更加优良的新型蛋白质药物，或从预期功能出发，或通过定向诱变、定向修饰和分子设计改造等一系列工序，合成自然界不存在的新型基因工程药物（图1-14），如CD4，IL-2与毒素结合的杂合蛋白和PIXY321等。对表达产物的后修饰也是改善蛋白质工程药物药理作用的有效手段。如PEG修饰能有效地改善多肽蛋白质类药物的免疫原性，增加稳定性，延长体内半衰期，减少不良反应等。应用重组DNA技术表达人源性抗体或将抗体小型化（如Fab抗体，单链抗体、单域抗体，分子识别抗体等），其免疫原性弱，穿透力强，表达效率高。所以人源化抗体药物和小型化抗体靶向药物正成为肿瘤治疗，自身免疫性疾病，器官移植排斥和艾滋病防治药物的又一研究热点。

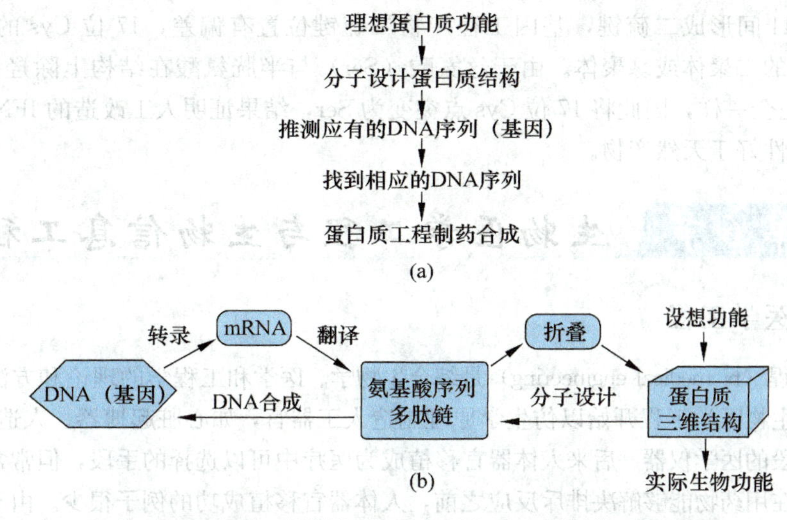

图 1-14　蛋白质工程制药 (a) 和蛋白质工程制药 (b) 流程

2. 蛋白质工程制药的崛起的理由

(1) 基因工程制药只能生产自然界已经存在的蛋白质药物，而有些自然界不存在的蛋白质、多肽可能有更好的药效作用，这需要用蛋白质工程制药来解决；

(2) 有些自然界已存在的蛋白质药物的结构与功能只能符合特定物种的生存却不一定符合人类的生存与生活，这也需要用蛋白质工程制药来解决。

3. 蛋白质工程制药的原理　蛋白质工程原理是中心法则的逆推，即按期望的结构寻找适当的氨基酸系列，通过计算机设计模拟特定氨基酸系列在细胞内或在体内环境中进行多肽折叠而成为三维结构的过程，并预测蛋白质空间结构和表达出生物学功能的可能及其高低程度。

（二）蛋白质设计技术与方法

1. 序列最简法　尽量使设计的复杂性最小，一般仅用少数几个氨基酸；设计序列往往具有一定对称性和周期性，并能检测出一些蛋白质折叠规律和方式。

2. 模板组装合成法　将各种二级结构片段通过共价键连接到一个刚性模板上，形成一定三级结构。绕过蛋白质三维结构中氨基酸序列研究蛋白质长程作用力，是研究蛋白质折叠规律和进行全新设计的有效手段。一般从三方面检测蛋白质：是否存在蛋白质多聚状态（圆二色谱、磁共振）、二级结构是否与预期吻合、是否具有三级结构（荧光、磁共振）。

3. 改变现有蛋白质结构　步骤包括分离纯化目标蛋白，分析一级结构，分析三维结构及其与生物学功能的关系，设计蛋白质一级结构引物、克隆目的基因。根据三维结构及其与生物学功能的关系和蛋白质改造目的设计改造方案，对目的基因进行定向突变（M13、PCR），改造后的基因在宿主细胞表达。分离表达蛋白分析其功能，评价是否达到预期目的。

（三）蛋白质工程制约应用举例

1. 胰蛋白酶　Arg117 位自熔点缺失突变，稳定性提高，将酶分子表面正电荷改变成负电荷，对精氨酸专一性提高。

2. 金属硫蛋白　a-结构域多聚体串联——转基因植物对重金属抗性加强。

3. IL-2　定点突变防止二硫键错配——热稳定性提高。

4. 重组人 p 干扰素（IFN p）　IFN p 的人工改造是蛋白质工程的一个最成功范例。蛋白质结构分析发现，人 IFN-β 由 154 个氨基酸组成，在 17、41、141 位有 3 个半胱氨酸（Cys），人体天然产物在41、141间形成二硫键，基因工程产物二硫键位置有偏差，17位Cys的巯基参与二硫键，形成无活性的二聚体或寡聚体。由于丝氨酸（Ser）与半胱氨酸在结构上除羟基（—OH）与巯基(—SH)外完全一样，因此将17位Cys点突变为Ser，结果证明人工改造的IFN产物活性提高出100倍，稳定性好于天然产物。

第6节 生物医学工程与生物信息工程

一、生物医学工程

生物医学工程（biomedical engineering）是综合生物学、医学和工程学的理论和方法而发展起来的新兴综合学科。生物医学工程开始以仿生学原理制造人工器官，如心脏起搏器、人造心脏、假肢等，以及用于诊疗手段的医学仪器。后来人体器官移植成为医疗中可以选择的手段，但常常要克服异体器官的排斥反应，在用药物能够解决排斥反应之前，人体器官移植成功的例子很少。由于生物技术迅猛发展，在DNA双螺旋结构发现50年后，人类基因组计划已经完成，对人类基因全面了解后，人们已经将眼光投到干细胞克隆和治疗性克隆（非生殖性克隆），一些国家如美国建立了胚胎的干细胞系，用于包括治疗性克隆等方面的研究。国外已经成功地从自体鼻窿腔内取出干细胞，导入心脏，去除心脏因炎症等留下的瘢痕，恢复了心脏的正常功能，以及用血液中的干细胞修复因车祸等造成四肢瘫痪患者的脊髓神经，使他们重新站立起来。这是因为即便是成人，一些在胚胎时期存在的干细胞仍可以留存在身体的各部分，或者作为专能干细胞，也在人体的器官中，这些干细胞能够在特定的情况下进一步分化为组织。利用自体的干细胞也免除了异体器官移植糟糕的排斥反应。这种利用人体自身干细胞修复人体受损部分已经成功的例子以及治疗性克隆的前景，为解除人类的病痛带来了福音。

二、生物信息工程

生物信息工程（biological information engineering）可以简单地定义为计算机与信息技术在生命科学中的应用，它是一个年轻和快速发展的领域。生物信息工程运用数学、计算机科学和生物学来阐明和理解大量生物学研究的实验数据中所包含的生物学意义，包括此类数据的采集、贮存、整理、归档、分析与可视化等。以人类基因组计划（human genome project，HGP）为序幕的生物信息学研究，是全面认识生命及其过程的重要手段，由此引发的生物信息革命，将从根本上改变生命科学和生物产业的思维方式和研究体系。人类基因图谱绘制既是生物学的突破也是计算科学的壮举。在生物学家看来，存在于基因组中的碱基对序列是宝贵的生物信息资源，是未来生物工程产业的支柱。人类3万～4万个基因的信息以及相应的染色体位置被阐明后，将成为医学和生物医药产业知识和技术创新的源泉。一些困扰人类健康的主要疾病，例如心脑血管疾病、糖尿病、肝病、癌症、老年痴呆症等都与基因有关，可以依据已知的基因序列和功能，找出这些基因并针对相应的靶位进行药物筛选，并设计新药。到2002年底，已有1 500多种致病基因被标记。信息技术有史以来首次成为推动实验生物学和医学发展的主要动力。这一趋势明显地表现在所有与了解疾病起因、新药开发相关的关键领域中——基因组学、蛋白质组学以及代谢途径的研究等，这些专业的研究需要依靠强大的计算机系统、数据和存储管理系统来完成大量的数据处理工作。而这些对生命的研究数据将帮助人类解开人体内数以万计蛋白质种类的基因编码秘密。此外，利用生物信息工程技术建立动、植物良种及相关有用基因数据库将有助于各种家畜、作物的基因改良。

结 语

生物制药在医疗保健、农业、环保、轻化工、食品等重要领域对改善人类健康与生存环境、提高农牧业和工业产量与质量都开始发挥越来越重要的作用。生物制药已经成为现代科技研究和开发的重点。在发达国家，生物制药已经成为一个新的经济增长点，其增长速度大致是在25%～30%，是整个经济增长平均数的8～10倍。中国生物制药正以较快速度发展。

在生物制药领域，中国已列出10大领域、35类关键技术，力争培育多家大型企业，以实现生物经济强国战略。未来中国将重点发展新兴疫苗、小分子药、新兴中药、高产优质农作物、生物农药、生物制药业、生物能源、环境生物技术。同时，扩大生物制药产业链，发展生物材料。

学习重点

本章重点是基因工程制药，所以要掌握基因工程制药的一些核心知识，以下便是学习本章时要强调的重点内容。

一、基因工程制药的基本步骤

基因工程制药的基本步骤主要由3大部分组成，即上游技术，下游技术和质量控制。

(一) 上游技术

1. 目的基因的获取。

2. 构建DAN重组体。

3. DAN重组体转入宿主菌。

4. 阳性工程菌主的筛选。

(二) 下游技术

1. 工程菌发酵表达。

2. 表达产物的分离纯化工艺。

(三) 质量控制

1. 结构组成、各种理化、生化性质。

2. 安全性、稳定性和生物学活性。

二、基因工程制药的具体步骤

(一) 目的基因的获取

(二) 目的基因的克隆重组与表达

思 考 题

1. 何谓生物制药学？生物制药主要包括哪几个研究领域？为什么说生物制药为今后药物的研究开辟了一条新的途径？

2. 基因工程制药的理论基础和技术支持有哪些？目的基因如何获取？如何克隆表达目的基因？试述阳性克隆筛选所用蓝白斑筛选法的原理。

3. 试述蛋白质工程制药及其流程。蛋白质工程制药设计要求是什么？

参考文献

胡显文，马清钧. 2007. 生物制药产业发展现状与趋势分析. 生物技术产业，(1)：16～31

Ahmad A，Pereira E O，Conley AJ. 2010. Green biofactories：recombinant protein production in plants. Recent Pat Biotechnol，4 (3)：242～259

Daniell H. 2006. Production of biopharmaceuticals and vaccines in plants via the chloroplast genome. Biotechnol J，1 (10)：1071～1079

Gupta Y K，Briyal S，Gulati A. 2010. Therapeutic potential of herbal drugs in cerebral ischemia. Indian J Physiol Pharmacol，54 (2)：99～122

Hakamata Y，Kobayashi E. 2010. Inducible and conditional promoter systems to generate transgenic animals. Methods Mol Biol，597：71～79

Houdebine L M. 2009. Production of pharmaceutical proteins by transgenic animals. Comp Immunol Microbiol Infect Dis，32 (2)：107～121

Huang C F，Lin S S，Liao PH，et al. 2008. The immunopharmaceutical effects and mechanisms of herb medicine. Cell Mol Immunol，5 (1)：23～31

Loza-Rubio E，Rojas-Anaya E. 2010. Vaccine production in plant systems-An aid to the control of viral diseases in domestic animals：Acta Vet Hung，58 (4)：511～522

Ma J K，Drake P M，Christou P. 2003. The production of recombinant pharmaceutical proteins in plants. Nat Rev Genet，4 (10)：794～805

Meng W，Xiaoliang R，Xiumei G. 2009. Stability of active ingredients of traditional Chinese medicine (TCM). Nat Prod Commun，4 (12)：1761～1776

Szpilman A M，Carreira E M. 2010. Probing the biology of natural products：molecular editing by diverted total synthesis. Angewandte Chemie International Edition，49 (50)：9592～9628

（郭葆玉）

第2章 基因工程制药

学习要求

1. 掌握质粒、噬菌体、黏粒载体的特性；目的基因与载体 DNA 片段的连接方式；重组体的导入式、转化子的筛选和重组子的鉴定；酵母菌基因表达载体的类型。
2. 熟悉杆状病毒载体的重组与筛选；表达产物分离纯化方法。
3. 了解表达产物的活性、安全性评价、稳定性考察。

随着现代生物技术的迅猛发展和日臻完善，利用基因工程细菌等表达人类一些重要基因片段，可产生具生理活性的肽类和蛋白质类药物，此技术可以大量廉价生产以前不敢想象的医药产品。例如，应用传统的技术方法提取生长激素抑制素（somatostatin），生产 1 毫克需要用 10 万只羊的下丘脑，所要耗费的资金大约等于经由人造卫星从月球上搬回 1kg 石头。而用基因工程方法生产这一激素只需 10L 大肠杆菌培养液，其价格大约为每毫克 0.3 美元，这就是基因工程技术的诱人之处，有着难以估量的社会效益和经济效益。目前，现代生物技术产业已成为全球经济新的增长点。

第 1 节 基因克隆表达

一、大肠杆菌表达系统

大肠杆菌表达系统是第一个用于重组蛋白生产的宿主菌，是目前应用最广泛的经典表达系统。大肠杆菌表达系统具有遗传背景清楚，培养操作简单，转化和转导效率高，生长繁殖快，成本低廉，可以快速大规模地生产目的蛋白等优点。

(一) 表达载体

一般来说，理想的基因工程载体应满足下述几点要求：①具有复制起始点，能在宿主细胞中复制繁殖，且具有较高的自主复制能力；②易于从宿主细胞中分离、纯化；③具有多种限制酶的单一识别位点，并位于 DNA 复制的非必需区，这些位点适用于各种限制酶产生的 DNA 片段的插入，可以满足基因克隆的需要；④具有 1 个或多个筛选标记（如对抗生素的抗性、营养缺陷型或显色表性反应等），当重组 DNA 进入宿主细胞后，这些特征可以作为重组 DNA 选择的标志；⑤相对分子质量相对较小，易于操作，利于容纳较长 DNA 片段；⑥具有较高的遗传稳定性。

1. 质粒载体 质粒（plasmid）是存在于细菌染色体外的、能够进行自主复制的闭合环状双链

DNA 分子。不同质粒分子大小在 2～300kb 之间。质粒分子含有一个复制起始点（ori）及与 DNA 复制有关的序列，使质粒能在宿主细胞内独立自主地进行复制，并在细胞分裂时恒定地传给子代细胞。质粒带有某些特殊的、不同于宿主细胞的遗传信息（如 Amp^r、Tet^r 和 Kan^r 等），从而赋予宿主细胞一些新的遗传性状，如对某些抗生素或重金属产生抗性等，根据质粒赋予宿主菌抗性表型可识别质粒的存在，这一性质被用于筛选和鉴定转化细菌。

质粒复制时，利用宿主细胞复制自身染色体的同一组酶系进行复制。质粒可分为“严紧型”质粒和“松弛型”质粒。“严紧型”质粒的复制是同宿主细胞染色体复制偶联的，复制数较少，每个细胞中只有 1 个到十几个拷贝；松弛型质粒的复制与宿主细胞染色体复制不偶联，每个细胞中有几十到几百个拷贝，更重要的是其拷贝数在宿主细胞蛋白质合成及染色体复制停止的情况下，可以继续扩增。在扩增松弛型质粒时，加入氯霉素抑制大肠杆菌蛋白质合成正是基于这个原理。因此，松弛型质粒是基因工程中常用的质粒载体。

质粒载体可以简便、快速、大量地制备某些克隆的 DNA 片段。早期改建的一些人工质粒大多来源于大肠杆菌天然质粒。常用的质粒载体有 pBR322、pUC 系列、pSC101 等多种。

质粒载体 pBR322 是研究得最多，使用最早且应用最广泛的大肠杆菌质粒载体之一。1977 年，F. Boliver 和 R. L. Rodriguez 等构建了一种比较方便的质粒，根据他们两人姓氏的首字母和实验编号，将它命名为 pBR322。虽然现在已有多种更优良特性的新型克隆载体，但是 pBR322 仍是理想的基因克隆载体之一。

pBR322 质粒载体的特点可归纳如下：① 分子质量小，仅为 2.6×10^3 kD，DNA 分子长度为 4363bp；② 具有一个复制起始点（ori），复制子为 ColE1，属于松弛型质粒；③ 可用氯霉素扩增其质粒拷贝数，便于制备；④ 含有两个标记基因，一个是氨苄青霉素抗性基因（amp^r），另一个是四环素抗性基因（tet^r）；⑤ 含有 24 种限制性内切酶的单一识别位点，其中 *Bam* HⅠ等 9 个单一切点位于 tet^r 基因内，Pst Ⅰ等 3 个单一切点位于 amp^r 基因内，为重组体 DNA 的制备提供了极大的方便（图 2-1）。

2. 噬菌体载体 噬菌体（phage）是一类细菌病毒，有双链噬菌体和单链丝状噬菌体两大类。前者为 λ 噬菌体类，后者包括 M13 噬菌体、f1 噬菌体和 fd 噬菌体。

λ 噬菌体是早期分子遗传学家使用的主要研究工具之一。由于它能够携带的外源 DNA 片段长度较大，而且其感染能力也大于质粒转化细菌的能力，所以 λ 噬菌体一直被作为基因组文库和 cDNA 文库的克隆载体。λ 噬菌体的基因组 DNA 长约 48kb，可在宿主体外与蛋白质结合包装为含有双链线状 DNA 分子的病毒颗粒。根据克隆的方式不同，λ 噬菌体载体分为插入型载体和取代（置换）型载体两类。插入型载体是指 λDNA 基因组缺失部分非必要基因，只含有 1 个可供外源 DNA 插入的限制性内切酶位点的 λ 载体。例如，λgt10、λgt11、λBV2、λNM540、λNM641、λNM607 等都是属于这种类型的载体，它们都具有单个克隆位点。也有一些插入型载体具有两个克隆位点，例如 λNM1149，它的两个克隆位点 *Hind* Ⅲ和 *Eco*RⅠ识别位点都是位于 imm^{434} 区段内，而且彼此靠近。插入型载体只能承受小相对分子质量（一般在 10kb 以内）的外源 DNA 片段的插入，广泛应用于 cDNA 及小片段 DNA 的克隆。取代型载体是在 λDNA 的可替换片段两端具有两个限制性内切酶位点，酶切后替换片段与带有所有必需基因的左右双臂分开，由外源 DNA 片段取代之。例如 Charon4、Charon10、Charon35 以及 λgtWES、λEMBL3 等，都是很有用的替换型载体。在构建此类载体时，安排在中央可取代片段两侧的多克隆位点是反向重复序列，因此当外源 DNA 插入时，一对克隆位点之间的 DNA 片段便会被置换掉，从而有效地提高了克隆外源 DNA 片段的能力。所以替换型载体可承受较大相对分子质量的外源 DNA 片段的插入，适用于克

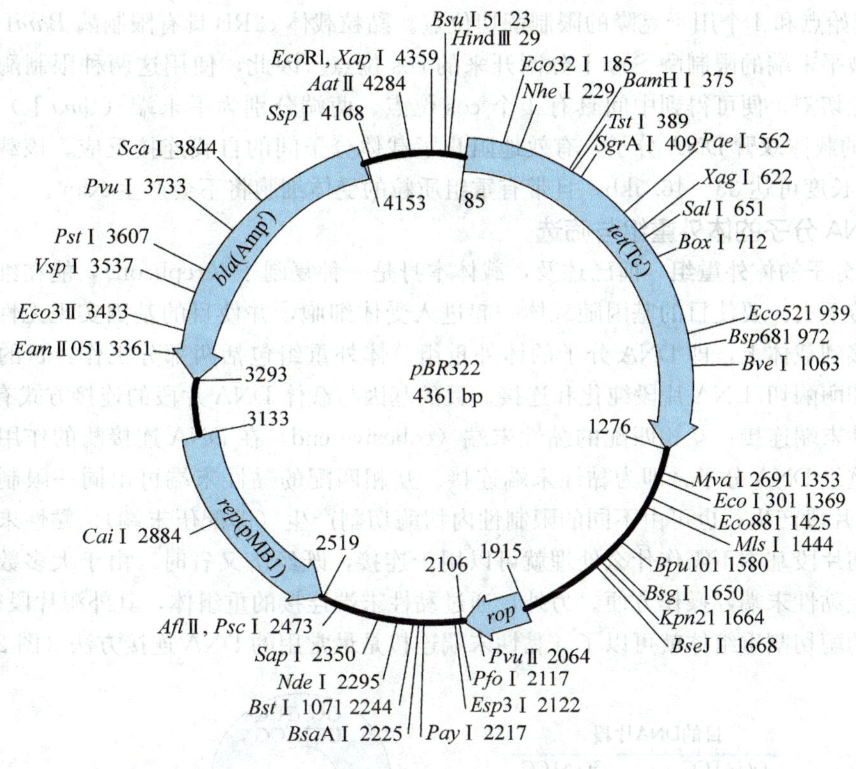

图 2-1 质粒载体 pBR322

隆高等真核生物的染色体 DNA。

将 λ 噬菌体导入非溶原性细菌时，能以两种状态存在：一种是自主的，即营养体状态，处在这种状态时 λDNA 不依赖宿主 DNA 而自行繁殖；另一种是整合的，即原噬菌体状态，处于这种状态时，λDNA 成为寄主 DNA 的一部分，并与其同步繁殖。

M13、f1 和 fd 是一类大肠杆菌丝状噬菌体，它们都含有长度为 6.4kb、彼此具有很高同源性的单链环状 DNA 分子。M13 噬菌体曾经被广泛用于制备单链 DNA 以进行 DNA 序列分析、体外定点突变等。自从 DNA 自动测序仪及 PCR 技术问世后，代替了 M13 在测序和定点突变等中的应用。目前用于克隆和测序的 pUC 载体系列就是利用质粒和 M13DNA 改造的。

3. 黏粒载体 黏粒（cosmid）又称柯斯质粒，是一类由人工构建的含有 λDNA 黏性末端 cos 序列和质粒复制子的杂种质粒载体。它是为克隆和增殖真核基因组 DNA 的大区段而设计的，是组建真核生物基因文库及从多种生物中分离基因的有效手段。黏粒载体具有下述特点：① 具有 λ 噬菌体的某些特性：黏粒载体在克隆了合适长度的外源 DNA，并在体外被包装成噬菌体颗粒之后，可以高效地转导对 λ 噬菌体敏感的大肠杆菌寄主细胞；② 具有质粒载体的特性：黏粒载体具有质粒复制子，因此在寄主细胞内能够像质粒 DNA 一样进行复制，并且在氯霉素作用下，同样也会获得进一步的扩增；③ 具有高容量的克隆能力：黏粒载体具有 1 个复制起始点、一两个选择标记、1 个或多个限制性内切酶位点和 λ 噬菌体的 cos 黏性末端等组成部分。黏粒载体大小为 4～6kb，能够携带的外源 DNA 片段长度为 31～45kb，此载体用于克隆大片段 DNA 分子特别有效；④ 具有与同源序列的质粒进行重组的能力：实验发现，一旦黏粒与一种带有同源序列的质粒共存在于同一个寄主细胞中时，它们之间便会形成共合体分子。

c2RB 黏粒载体长 6.8kb，含有两个 cos 位点、Amp^r 基因和 Kan^r（卡那霉素抗性）基因、1 个

ColE1 复制起始点和 4 个用于克隆的限制酶切位点。黏粒载体 c2RB 具有限制酶 *Bam*HⅠ的单克隆位点和两个被平末端的限制酶 SmaⅠ分割开来的 cos 位点。因此，使用这两种限制酶对该载体依次作双酶消化切割，便可得到中间具有 1 个 cos 位点、两端分别为平末端（*Sma*Ⅰ）和黏性末端（*Bam*HⅠ）的载体双臂 DNA 分子，有效地阻止了载体分子间的自我连接反应。该载体容纳的外源 DNA 区段长度可达 33～46.5kb，且带有重组质粒的受体细胞将不会产生 Kan^r。

（二）DNA 分子的体外重组与筛选

1. DNA 分子的体外重组 前已述及，载体本身是一种复制子（replicon），能在细胞中自我复制并稳定遗传下去。要使目的基因随载体一起进入受体细胞，并使目的基因实现无性繁殖，需将目的基因连接到载体上，即 DNA 分子的体外重组。体外重组包括两部分工作：目的基因和载体的限制性内切酶酶切/DNA 片段纯化和连接。目的基因与载体 DNA 片段的连接方式有以下几种。

（1）黏性末端连接：互相匹配的黏性末端（cohesive end）在 DNA 连接酶的作用下形成共价键，结合成重组 DNA 分子，即为黏性末端连接。互相匹配的黏性末端可由同一限制性内切酶切割不同 DNA 片段产生，也可由不同的限制性内切酶切割产生（即配伍末端）。黏性末端连接效率比较高，酶切片段基本不需作什么处理就可以用于连接，既经济又省时。由于大多数限制性内切酶都可以产生黏性末端，操作方便。另外，通过黏性末端连接的重组体，其外源片段很容易回收，只要用原来的酶切割重组体就可以了。黏性末端连接是最常用的 DNA 连接方法（图 2-2）。

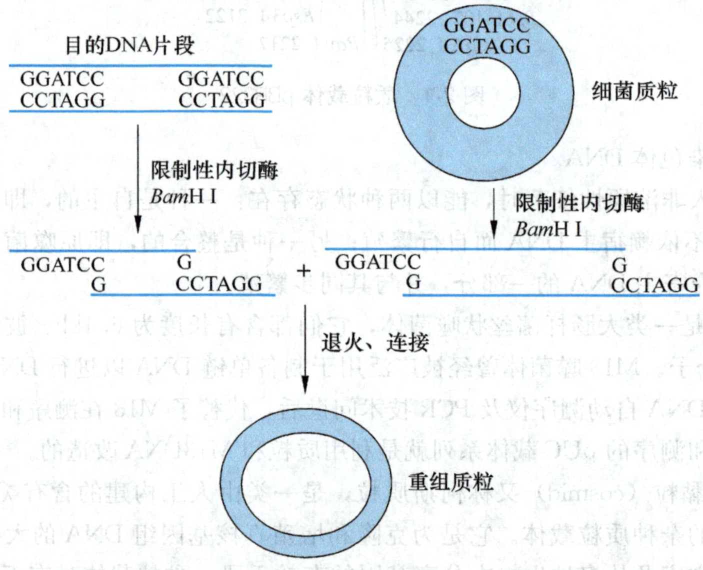

图 2-2 同一限制酶（*Bam*H I）切割 DNA 黏性末端的连接

（2）平端连接：就是利用 DNA 连接酶将具有平末端（blunt end）的双链 DNA 片段连接起来。可以利用相同或不同的限制性内切酶使 DNA 片段产生平端，也可对将黏性末端经特殊酶的处理，使单链突出补齐或削平，变成平端再进行连接。虽然平端连接要求较高的插入物（insert）浓度，连接效率比较低，但在缺乏合适的黏性末端时却是必需采用的策略。

（3）同聚物加尾连接：所谓同聚物加尾连接（homopolymer tails joining）就是利用末端转移酶在载体及外源双链 DNA 的 3′端各加上一段寡聚核苷酸，制成人工黏性末端，外源 DNA 和载体 DNA 分子要分别加上不同的寡聚核苷酸，如 dA（dG）和 dT（dC），然后在 DNA 连接酶的作用下，连接成为重组的 DNA。这种方法可适用于任何来源的 DNA 片段，但方法较繁，需要 λ 核酸外切酶、S1核酶、末端转移酶等协同作用。

同聚物加尾法实际上是一种人工黏性末端连接法，具有很多优点：①首先不易自身环化，这是因为同一种DNA的两端的尾巴是相同的，所以不存在自身环化；②因为载体和外源片段的末端是互补的黏性末端，所以连接效率较高；③用任何一种方法制备的DNA都可以用这种方法进行连接，所以是一种通用的体外重组的方法（图2-3）。

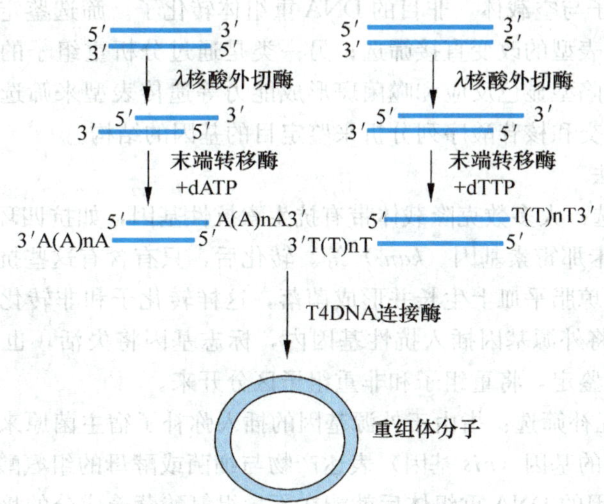

图2-3 同聚物加尾连接法

(4) 人工接头连接：对平端DNA片段或载体DNA，可在连接前将磷酸化的、含有适当的限制性内切酶位点的人工接头（linker）或DNA分子连到平末端，以使其产生新的限制性内切酶位点。再用识别这一位点的限制性内切酶切除接头的远端，产生黏性末端。

同聚物加尾、人工接头连接均为在克隆初期曾经采用过的策略，目前这种策略已被T载体的发明所取代。无论如何，学习这些策略的科学思维仍然必要。

2. 重组DNA分子的无性繁殖 含有目的基因的DNA片段与载体在体外连接成重组DNA分子后，需要导入到受体细胞（宿主细胞），使重组DNA分子得到复制、扩增，这是一个无性繁殖的过程。这个过程包括重组体的导入、转化子的筛选和重组子的鉴定。

(1) 重组体的导入：重组体必须被导入受体细胞后才能进行无性繁殖。受体细胞（宿主细胞）一般要具备以下条件：①受体细胞应具备接受外源DNA的能力，即是感受态细胞；②受体细胞应为限制性酶缺陷型，即外源DNA进入受体细胞后不被限制酶降解；③受体细胞一般应为DNA重组缺陷型，这样可保持外源DNA在受体细胞中的完整性；④受体细胞（细菌）不宜在非培养条件下生存，以保证安全，即安全宿主菌。重组体导入受体细胞的方式主要有：

1) 转化：将质粒或重组质粒DNA导入大肠杆菌细胞并使其获得新的表型的过程称为转化（transformation）。转化常用的细胞是大肠杆菌，是从K-12改造的安全宿主菌，在人的肠道几乎不能存活或存活率极低。大肠杆菌经过一定的处理后，处于容易接受外源DNA时状态，称为感受态细胞（competent cell）。处于感受态的受体细菌，其吸收转化子的能力为一般细菌生理状态的千倍以上，而且不同细菌间的感受态差异往往受自身的遗传特性、菌龄、生理培养条件等诸多因素的影响。制备感受态细胞的方法是$CaCl_2$处理法。感受态细胞与DNA温育，在短暂的“热休克”处理瞬间，DNA即可进入菌体内。

2) 感染：以噬菌体、柯斯质粒和病毒为载体的重组DNA分子，在体外经过包装成具有感染能力的病毒或噬菌体颗粒，感染适当的细胞，并在细胞内扩增。这一过程称为感染（infection），也称为转导（transduction）。感染的效率很高，但DNA包装成噬菌体或病毒的操作较麻烦。

（2）转化子的筛选和重组子的鉴定：由于重组体所含外源DNA并非都是目的DNA，因此无论采用何种方法导入重组载体，宿主都不可能完全被转化或感染，因此必须通过适当的筛选和鉴定方法区分转化子（接受DNA的转化细胞）与非转化子（没有接受DNA的转化细胞）、含有目的DNA的重组体转化子与空载体，非目的DNA重组体转化子。筛选鉴定方法可分两大类：一类是利用宿主细胞遗传学表型的改变直接筛选；另一类是通过分析重组子的结构特征进行鉴定。前者常用抗药性、营养缺陷型显色反应和噬菌斑形成能力等遗传表型来筛选；后者采用限制性内切酶酶切及电泳、探针杂交和核苷酸序列分析来鉴定目的基因的结构。

1）遗传标志筛选法

A. 抗药性标志筛选：大多数克隆载体带有抗生素抗性基因，如抗四环素基因（tet^r）、抗氨苄西林基因（amp^r）、抗卡那霉素基因（kan^r）等。转化后，只有含有这些抗药基因的转化细胞才能够在含有相应抗生素的琼脂平皿上生长并形成菌落，这样转化子和非转化子就可以区别开来。如果在构建重组DNA时将外源基因插入抗性基因内，标志基因将失活，也可以通过有或无抗生素培养基的对比培养进行鉴定，将重组子和非重组子区分开来。

B. 营养缺陷型的互补筛选：指由于外源基因的插入弥补了宿主菌原来的基因缺陷性状。如酵母咪唑甘油磷酸脱水酶的基因（*his*基因）表达产物与细菌或酵母的组氨酸合成有关。当该酶缺陷型细菌接受了含*his*基因的DNA重组体后就能在不含组氨酸营养成分的培养基中生长。

C. α-互补法：许多大肠杆菌质粒载体中含有β-半乳糖苷酶基因（*LacZ*）的调控序列及其氨基端146个氧基酸的编码基因，其编码产物为β-半乳糖苷酶的α片段。突变型（Lac^-）大肠杆菌可以表达该酶的ω片段（β-半乳糖苷酶基因的羧基端）。单独的α及ω片段均无β-半乳糖酶活性，当载体质粒转化突变型细菌后，质粒表达后可补充菌株缺失的α肽，使其产生有活性的β-半乳糖苷酶，分解半乳糖。这些细菌在加入了β-半乳糖苷酶基因表达诱导剂IPTG（异丙基硫代-β-*D*-半乳糖苷）和β-半乳糖苷酶作用底物X-gal（5-溴-4-氯-3-吲哚-β-*D*-半乳糖苷）的培养基上生长的菌落呈现蓝色。这种现象被称为α互补效应。如果将外源DNA片段克隆到上述载体的这个区段后，使*LacZ*基因失活，不再产生α肽，也不再产生有活性的β-半乳糖苷酶。这些细菌在加入IPTG和X-gal的平板上不再出现蓝色菌落而是白色菌落，由此可鉴别出重组子和非重组子（图2-4）。

2）核酸杂交筛选法：以上方法只能区别转化子，不能鉴定目的DNA。与以上筛选方法不同，核酸杂交法是利用放射性核素或生物素标记的探针与目的DNA杂交，从基因组文库、cDNA文库或重组质粒中直接筛选和鉴定目的基因的方法。探针序列可由已知的蛋白质或多肽（部分）序列演绎、设计而成。凡是含有与探针DNA互补序列的菌落或噬菌斑，在放射自显影后，都会在X射线片上产生阳性斑点，根据斑点在平板上相应位点，就可以挑选出含有目的基因的克隆。核酸杂交方法的两个特点是高度特异性及高度灵敏性。

A. 菌落杂交：在大量筛选重组的细菌细胞时，需要从中寻找出为数极少的含有目的基因的细胞。另外，在利用插入失活、显色反应等手段得到含重组质粒的细菌细胞后，还需要证明这些重组质粒是否含所需要的目的基因。如果将所得菌落逐个扩大培养，提取质粒DNA，然后用Southern杂交法固然可以鉴定重组质粒，但工作量大，而且又耗费财力。用菌落杂交（colony hybridization），就方便得多。

首先要将转化的受体菌在合适的琼脂平板上制成单个菌落，然后将菌落复制到硝酸纤维素滤膜上，保留主平板，将硝酸纤维素滤膜上的菌落进行原位溶菌、原位释放DNA、原位进行DNA

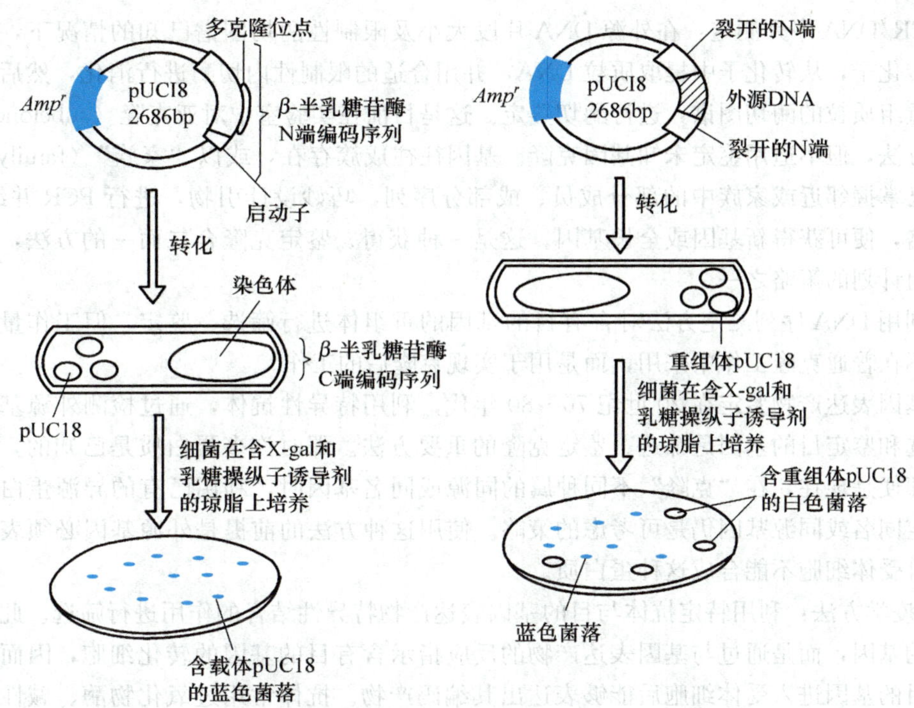

图 2-4 利用 α-互补原理筛选重组体 pUC18

（该图来自人民卫生出版社．查锡良主编．生物化学．第 7 版）

变性、中和洗涤后进行原位固定。最后用特异的探针进行杂交，通过放射自显影后，有杂交信号的即为重组体，对照主平板则可将重组体选择出来。

B. Southern 杂交：Southern 杂交（Southern hybridization）是 1975 年 Southern 建立起来的一种杂交方法，属固相-液相杂交。该法的主要特点是利用可毛细现象将 DNA 转移到固体支持物上，称为 Southern 转移或 Southern 印迹（Southern blotting）。它首先用适合的限制性内切酶将 DNA 切割后，再进行电泳分离，利用干燥的吸水纸产生毛细作用，使液体经过凝胶，从而使 DNA 片段由液流携带而从凝胶转移并结合在固体支持物表面，而后进行杂交。

C. Northern 杂交（Northern hybridization）：这是分析 RNA 的一种方法，它的基本原理是将 RNA 样品通过变性琼脂糖凝胶电泳进行分离，再转移到尼龙膜等固相膜载体上，用核素标记的 DNA 或 RNA 特异探针对固定于膜上的 mRNA 进行杂交，洗膜去除非特异性杂交信号，经放射自显影，对杂交信号进行分析。将杂交的 mRNA 分子在电泳中的迁移位置与标准相对分子质量分子进行比较，便可知道细胞中特定的基因转录产物的大小，对杂交信号的强弱比较，即可知道该基因表达 mRNA 的强弱。这一技术应用十分广泛，常用于基因表达调控、基因结构与功能、遗传变异及病理研究。主要用来检测外源基因在受体细胞中是否转录成 RNA。

Northern 印迹的原理同 Southern 印迹。但有两点不同：其一是转移的对象不同，Northern 印迹是将 RNA 变性及电泳分离后，将其转移到固相支持物上的过程；其二，虽然 RNA 电泳前不需向 DNA 那样进行酶切，但也需要变性。只不过变性方法不相同，它不能用碱变性，因为碱变性会导致 RNA 的水解。

Northern 杂交与 Southern 杂交的主要区别是在变性剂存在下，用琼脂糖进行电泳分离 RNA。变性剂的作用是防止 RNA 的二级结构发夹环的形成，使其保持单链线性状态。

3）PCR/DNA 序列测定：在外源 DNA 片段大小及限制性酶切图谱已知的情况下，经抗药性标志筛选转化子，从转化子中提取质粒 DNA，并用合适的限制性内切酶进行消化，然后根据电泳图谱分析重组质粒的酶切图谱，进行酶切鉴定。这是目前在实验室中对亚克隆（subclone）进行鉴定的常用方法，但不适用鉴定未知基因克隆。基因往往成簇存在，或以“家族”（family）形式存在。如果已掌握邻近或家族中的部分成员、或部分序列，巧妙设计引物，进行 PCR 并结合 DNA 测序的策略，便可获得新基因或全长基因。这是一种获得、鉴定克隆合二而一的方法，也是实施人类基因组计划的策略之一。

可以利用 DNA 序列测定方法对含有目的基因的重组体进行筛选、鉴定。但工作量大、不经济，一般不在普通克隆工作中采用，而是用于实现克隆后的工作。

外源基因表达产物鉴定在 20 世纪 70～80 年代，利用特异性抗体，通过检测外源基因编码蛋白质，筛选和鉴定目的基因是筛选、鉴定克隆的重要方法。那时许多蛋白质是已知的，而基因是未知的。即便是现在，在“克隆”不同种属的同源或同名基因时，利用已有的异源蛋白质的抗体筛选、鉴定同名或同源基因仍是可考虑的策略。使用这种方法的前提是外源基因必须表达其编码产物，并且受体细胞不能合成这种蛋白质。

4）免疫学方法：利用特定抗体与目的基因表达产物特异性结合的作用进行筛选。此法不是直接筛选目的基因，而是通过与基因表达产物的反应指示含有目的基因的转化细胞，因而要求实验设计要使目的基因进入受体细胞后能够表达出其编码产物。抗体常用过氧化物酶、碱性磷酸酶等标记，结合酶标抗体处，酶可催化特定的底物分解而呈现颜色，从而指示出含有目的基因的细胞集落位置。免疫学方法特异性强、灵敏度高，适用于从大量转化细胞集合体中筛选出少数几个含目的基因的细胞克隆。

（三）实现目的基因在大肠杆菌中高效表达的基本策略

大肠杆菌表达系统是目前应用最广泛的原核细胞表达系统。在大肠杆菌中高效表达外源基因需要采取以下基本策略。

1. 优化表达载体的构建 为了提高外源基因的表达效率，在构建表达载体时，需对转录起始的启动子序列和决定 mRNA 翻译的 SD 序列进行优化设计。① 在表达载体中组合近强启动子和强终止子；② 使 SD 序列（6～8 个碱基）与核糖体 16S rRNA 中的碱基完全互补配对；③ 根据待表达基因的情况，适当调整 SD 序列与起始密码 ATG 之间的距离及碱基的种类；④ 防止核糖体结合位点附近的序列转录后的 mRNA 形成二级结构等。

2. 提高稀有密码子的表达频率 大肠杆菌细胞对某些密码子的使用表现了较大的偏爱性，在几个同义密码子中往往只有一个或两个被频繁地使用。同义密码子的使用与细胞内相应的 tRNA 的丰度呈正相关，稀有密码子的 tRNA 在细胞内的丰度很低。在 mRNA 的翻译过程中，往往会由于外源基因中含有过多的稀有密码子而使细胞内稀有密码子的 tRNA 供不应求，最终使翻译过程终止或发生移码突变。通过点突变等方法，可将外源基因中的稀有密码子，转换为在大肠杆菌中高频出现的同义密码子。

3. 提高外源基因表达蛋白的稳定性、防止其降解 大肠杆菌中含有多种蛋白水解酶，某些外源基因的表达产物会被宿主细胞的蛋白水解酶识别而降解。因此，需采用多种措施提高外源蛋白在大肠杆菌细胞内的稳定性。常用的方法包括以下几点：① 采用分泌型表达系统，使外源基因表达的蛋白质分泌到细胞周质腔或直接分泌到配基中，避免细胞内的水解酶对表达蛋白的降解；② 使目的基因表达为融合蛋白的一部分，融合蛋白形成的杂合构象，能在较大程度上封闭外源蛋白分子上的水解酶作用位点，从而增加其稳定性；③ 选用某些蛋白水解酶缺陷型菌株作为受体菌，这种受体菌具有较低的水解酶活性或完全丧失某种水解酶活性，可保证基因表达产物在受体细胞内的相对稳定。

4. 工程菌发酵过程的优化 在进行工业化生产时，工程菌株发酵过程的优化设计和控制，对于外源基因的高效表达至关重要。发酵过程的优化主要包括以下几方面：① 选择合适的发酵系统或生物反应器；② 合理设计培养基的营养成分与细胞生长的关系；③ 调节发酵系统中合适的溶解氧、pH 值和温度等条件，控制细胞的生长速度和代谢活动；④ 优化外源基因表达条件，提高菌体浓度和表达水平，从而提高外源基因表达产物的总量。

二、酵母表达系统

酵母（yeast）是一类单细胞低等真核生物，它有完整的亚细胞结构和严密的基因表达调控机制。1978 年，Hinnen 等首先将来自一株酿酒酵母的 *leu2* 基因导入另一株酿酒酵母（缺失株）中，研究发现，前者可互补后者的 *leu2* 缺失，此实验标志了酵母表达系统的建立。迄今为止，已有众多的外源基因在酵母系统中得到表达，酵母菌具有生长快、易培养、成本低、遗传操作方便、能对表达的外源蛋白进行翻译后加工修饰等特点，酵母表达系统现已成为目前最理想的重组真核蛋白质生产制备用工具。

（一）酵母菌基因表达载体的组成元件

酵母菌基因表达系统的载体一般是一种穿梭质粒，即这些质粒既能在大肠杆菌中进行复制，也能在酵母菌中进行复制。酵母菌表达载体主要由下列元件组成。

1. DNA 复制起始区 酵母表达载体包含两类复制起始序列：一类是在大肠杆菌中进行复制的起始序列，另一类是由酵母菌种引导进行自主复制的序列，这两个序列区共同组成 DNA 复制起始区。

2. 选择标记 选择标记是载体转化酵母后筛选转化子时必需的构件，在酵母表达载体系统中的选择标记有两类：一类是营养缺陷型选择标记，它与宿主的基因型有关。宿主为营养缺陷型，表达载体则提供其代谢途径所必需的相应的基因产物；另一类是显性选择标记，如 G418 和 CYH（cycloheximide）等，它的优点是可用于各种类型的宿主细胞（包括野生型酵母菌），并提供直观的选择标记。

3. 有丝分裂稳定区 酵母表达载体不同于原核生物的质粒载体，它在细胞内的复制数较低，但相对分子质量较大，因此相当于微型染色体。决定载体在宿主细胞有丝分裂时，能平均地分配到子细胞中去，它来源于酵母菌染色体着丝粒片段。此外，来自酵母 2μm 质粒的 STB 片段也有助于提高游离载体的有丝分裂稳定性。

4. 整合介导区 这是与宿主菌基因组有某种程度同源性的一段 DNA 序列，它能有效地介导载体与宿主染色体之间发生同源重组，使载体整合到宿主染色体上。根据不同的实验目的和实验要求，可通过特定的整合介导序列人为地控制载体在宿主染色体上的整合位置与拷贝数。一般地说，酵母染色体的任何片段都可以作为整合介导区，但是最方便、最常用的单拷贝整合介导区是营养缺陷型选择标记基因序列。酵母基因组内的高拷贝重复序列（rDNA、Ty 序列）则可作为多拷贝整合介导区。

5. 表达盒 表达盒是酵母基因表达载体最重要的构件，它主要由启动子、分泌信号序列和终止子等组成。酵母启动子的长度一般在 1～2kb，在启动子的上游含有各种调控序列，如上游激活序列、上游阻遏序列和组成性启动子序列等。在启动子的下游有转录起始位点和 TATA 序列，如需要外源基因的表达产物分泌，在表达盒的启动子下游还应该包括分泌信号序列。由于酵母对异种生物的转录调控元件的识别和利用效率很低，所以表达盒中的转录启动子、终止子及分泌信号序列都应来自酵母本身。

分泌信号序列可引导蛋白质转移到细胞的适当靶部位，由于酵母细胞识别外源分泌蛋白信号肽的效率较低，所以需要依靠酵母本身的分泌信号肽来指导外源基因表达产物的分泌。常用的分泌信号序列有 α-因子前导肽序列、蔗糖酶和酸性磷酸酯酶的信号肽序列，其中 α-因子的前导肽序列指导表达产物最为有效，在各种酵母菌中的适用范围最广。

终止子是决定酵母中 mRNA3′端稳定性的重要结构，酵母中 mRNA3′端与高等真核生物类似，须经过前体 mRNA 的加工和多聚腺苷酸化反应。在酵母中这些反应都是偶联的，一般发生在基因 3′端的近距离内，因而酵母基因的终止子序列相对较短，一般不超过 500bp。

多数酵母菌株含有一种小的能独立复制的天然环状 dsDNA，称为 2μm 质粒。长约 6.3kb，有单一的复制起始点和一个自主复制区域（ARS 片段）。ARS 片段长 60bp，富含 AT，有特征性保守序列 AAAT（C）ATAAA，2μm 质粒存在于酵母核质中，每个细胞 50 个复制，其基因能编码两个 REP 功能蛋白。在质粒复制数低的时候，REP 能促进质粒复制，维持 2μmDNA 在酵母细胞中的稳定。

（二）酵母菌基因表达载体的类型

酵母表达载体可以根据载体在酵母中的复制形式、载体的用途、载体表达外源基因的方式等来分类，其中载体在酵母细胞中的复制形式应该是酵母载体最重要的特性。按此标准进行分类，可将它们分为：自主复制型质粒载体（YRp）、整合型质粒载体（YIp）、附加型质粒载体（YEp）、着丝粒型质粒载体（YCp）、酵母人工染色体（YAC）（图 2-5）。

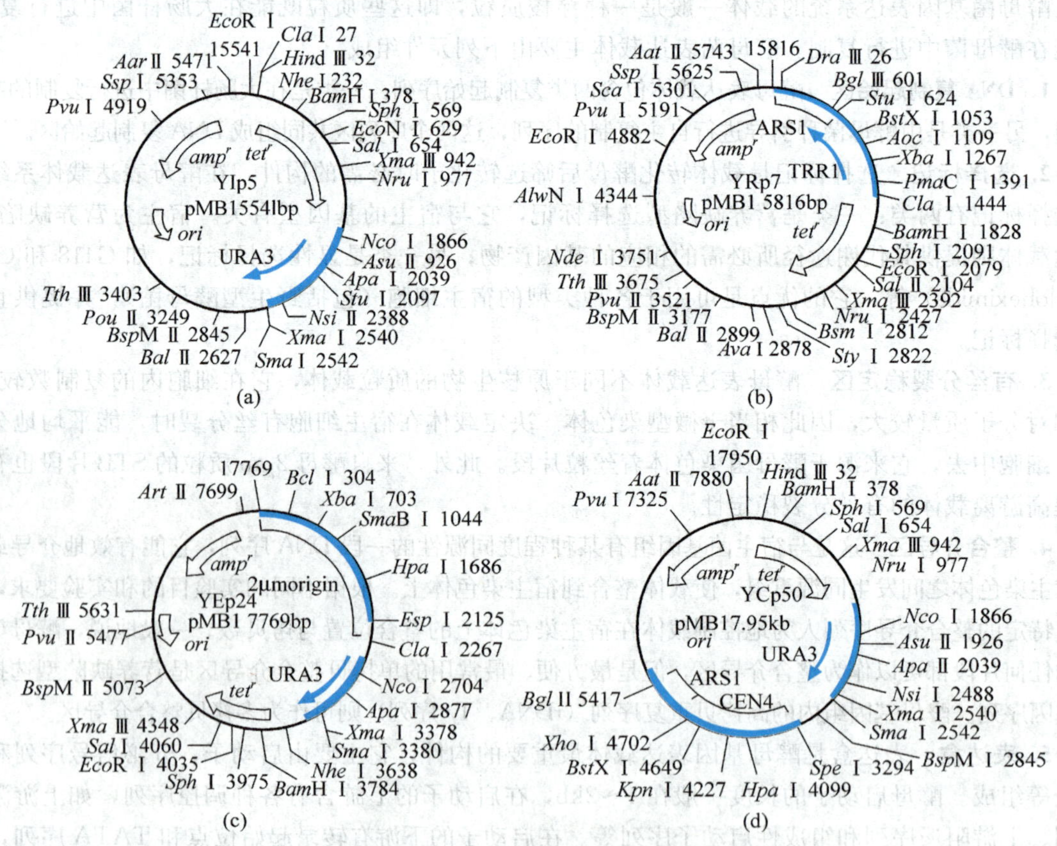

图 2-5　酵母质粒载体结构示意图

（a）为整合型质粒载体（YIp）；（b）为自主复制型质粒载体（YRp）；
（c）为附加型质粒载体（Yep）；（d）为着丝粒型质粒载体（YCp）

1. 整合型质粒载体（YIp） 整合型质粒载体（yeast integration plasmid，YIp）不含酵母 DNA 复制起始区，不能在酵母中进行自主复制，但含有整合介导区，可通过 DNA 的同源重组将外源基因整合到酵母染色体上，并随染色体一起进行复制。质粒与染色体 DNA 的同源重组主要有单交换整合和双交换整合两种方式。

2. 自主复制型质粒载体（YRp） 自主复制型质粒载体（yeast replicating plasmid，YRp）含有酵母基因组的 DNA 复制起始区、选择标记和基因克隆位点等元件。由于含有酵母基因组复制起始区，能够在酵母细胞中进行自我复制。载体的克隆位点序列来源于大肠杆菌的质粒载体，如 pBR322 等。这类载体的特点是转化效率高，并且每个细胞的质粒复制数可高达上百个。但由于质粒载体在细胞分裂过程中不能均匀地分配到子细胞中，因而即使在有选择压力的条件下，随着转化细胞不断地分裂繁殖，子代细胞中的 YRp 质粒复制数也会迅速减少。如果在没有选择压力的条件下培养，丢失了载体的细胞会以每世代高达 20%的速率积累，因此 YRp 质粒很难用于工业生产。

3. 着丝粒型质粒载体（YCp） 着丝粒型质粒载体（yeast centromeric plasmid，YCp）是在自主复制型质粒载体的基础上构建而成的，增加了酵母染色体有丝分裂稳定序列元件，因而能保证质粒载体在细胞分裂时平均地分配到子细胞中去，同时提高质粒在宿主细胞中的稳定性。由于 DNA 复制受到限制，细胞中其复制数通常只有 1～2 个。

4. 酵母人工染色体（YAC） 酵母人工染色体（yeast artificial chromosome，YAC）在酵母细胞中以线性双链 DNA 的形式存在，该载体包含自主复制序列、着丝粒序列、端粒序列、酵母菌选择标记基因、大肠杆菌复制子和选择标记基因等。在细胞分裂和遗传过程中，能将染色体载体平均分配到子细胞中，并保持相对独立和稳定性。YAC 载体主要是用来构建大片段 DNA 文库，特别用来构建高等真核生物的基因组文库，并不用作常规的基因克隆。

（三）表达外源基因的常用酵母宿主菌

1. 酿酒酵母 酿酒酵母（*Saccharomyces cerevisiae*）又名面包酵母，是迄今为止人们了解最完全的真核生物（其全部序列的测定已于 1996 年完成），也是人们最先建立的酵母表达系统，一直以来被称为真核生物中的“大肠杆菌”。目前，酿酒酵母已被广泛地用作外源蛋白表达的宿主，且有较高的安全性。

目前利用酿酒酵母为宿主系统，已表达了如乙型肝炎疫苗、人胰岛素、人粒细胞集落刺激因子等多种外源基因产物。缺点是酿酒酵母在高密度培养时，产生的乙醇迅速积累到毒性水平，限制了酵母的继续生长能力和外源蛋白分泌表达能力。此外，酿酒酵母在蛋白质加工过程中会发生高度糖基化作用，其分泌表达能力也有待提高。

2. 巴斯德毕赤酵母 巴斯德毕赤酵母（*Pichia pastoris*）是一种甲醇利用型酵母菌，甲醇可诱导与甲醇代谢相关酶基因的高效表达，如乙醇氧化酶基因（*AOX*1）的表达产物可在细胞中高水平积累。

所有的毕赤酵母表达载体均是大肠杆菌-毕赤酵母穿梭质粒，含有大肠杆菌复制起始点及一种或两种生物中起作用的筛选标记。绝大多数表达载体含有来自 *AOX*1 基因的表达盒，长约 0.9kb，由 5′启动子和 *AOX*1 转录终止子组成。在启动子和终止信号之间是供外源基因插入的 1 个或多个克隆位点。为了获得分泌型表达，可以选用含有巴斯德毕赤酵母酸性磷酸酶或酿酒酵母 α 因子信号肽的载体。以 *AOX*1 基因为启动子，选择 *AOX*1 基因缺失的突变株作为宿主细胞，可高效表达外源基因。目前也可选择组氨酸脱氢酶突变菌株作为受体细胞，利用该受体系统时，可对载体上携带 *his* 标记基因的转化子进行筛选。

所有毕赤酵母表达宿主菌均来源于 NRRL-Y11430。大多数宿主菌含有 1 个或多个营养缺陷型突变，必需添加相应的营养才能在基本培养基中生长。除了常用的 X-33、GS115、KM71 等宿主菌外，为了降低外源蛋白的降解，也常用蛋白降解酶缺陷宿主菌，如 SMD1163、SMD1165 和 SMD1168 等菌株。

在毕赤酵母中得到表达的重组异源蛋白有：乙型肝炎表面抗原、人肿瘤坏死因子、人表皮生长因子、链激酶等。

3. 乳酸克鲁维酵母 乳酸克鲁维酵母（*Kluyveromyces lactis*）的遗传背景比较清楚，某些质粒载体可在该酵母中稳定地保存下来，不易丢失。该酵母可表达分泌型和非分泌型异源蛋白，其表达水平和效果高于酿酒酵母。与其他酵母相比，乳酸克鲁维酵母具有许多优点，如超强的分泌能力，良好的大规模发酵特性、食品安全的级别及整合表达能力等，目前已有多种外源蛋白在该酵母系统中得到表达，如人白细胞介素-1 和 β-牛凝乳酶等。

三、昆虫细胞表达系统

昆虫细胞表达系统，即杆状病毒表达系统（Baculoviruses expression vector system，BEVS）是近年来应用较多的真核表达系统，该系统生物学特性独特，已日益受到人们的重视。

（一）杆状病毒的生物学特性

杆状病毒属于双链 DNA 病毒，其基因组 DNA（80～200kb）可在昆虫细胞核内复制和转录，复制后组装在杆状病毒的核衣壳内。绝大多数杆状病毒可以产生病毒多角体，病毒多角体主要由多角体蛋白形成，位于被感染昆虫细胞核中。形成多角体的细胞死亡后，可经多角体将病毒传染给其他昆虫细胞。

目前最常用的杆状病毒是苜蓿尺蠖核型多角体病毒（Autographa californica multiple nuclear polyhedrosis virus，AcMNPV 或 AcNPV）和家蚕核型多角体病毒（Bombyx mori，BmNPV）。最常用的宿主细胞是来自秋黏虫（*Spodoptera frugiperda*）的 Sf9 细胞。

（二）杆状病毒载体的重组与筛选

杆状病毒由于基因组庞大，外源基因的克隆不能通过酶切连接的方式直接插入，必须通过转移载体的介导才能实现其重组，即将多角体极晚期基因及其边界区克隆入细菌的质粒中，消除其编码区和不合适的酶切位点，保留其 5′端对高效表达必需的调控区，并在其下游引入合适的酶切位点供外源基因的插入，即得到转移载体。将要表达的外源基因插入其启动子下游，再与野生型 AcNPV DNA 共转染昆虫细胞，通过两侧同源边界区在体内发生同源重组，使多角体蛋白基因被外源基因取代，而将外源基因整合到病毒基因组的相应位置，由于多角体基因被破坏，则不能形成多角体。这种表型在进行常规空斑测定时，可同野生型具有多角体的病毒空斑区别开来，这就是最初的筛选重组病毒的方式。除上述方法外，β-半乳糖苷酶的蓝白筛选、体外酶促定位重组、*Bacmid*、*TK* 基因、*Neo* 基因等方法也用于筛选重组病毒。

（三）杆状病毒载体表达系统的特点

杆状病毒表达系统自从第一次用以表达干扰素以来，在许多重组蛋白的表达中得到广泛应用。相对其他表达系统，它具有以下几个方面的特点：① 重组蛋白具有完整的生物学功能：杆状病毒表达系统可为高表达的外源蛋白在细胞内进行正确折叠、二硫键的搭配及寡聚物的形成提供良好的环境，可使表达产物在结构及功能上接近天然蛋白；② 能进行翻译后的加工修饰：杆状病毒表达系统具有对蛋白质完整的翻译后加工能力，包括糖基化、磷酸化、酰基化、信号肽切除及肽段的切割和分解等；③ 表达水平高：与其他真核表达系统相比较，此系统最突出的特点就是能获得重组蛋白高水平的表达，最高可使目的蛋白的表达量达到细胞总蛋白的 50%；④ 能容纳大分子的插入片段：杆状病毒毒粒可以扩大，并能包装大的基因片段，目前尚不知杆状病毒所能容纳的外源基因长度的上限；⑤能同时表达多个基因：杆状病毒表达系统具有在同一细胞内同时表达多个基因的能力。既可采用不同的重组病毒同时感染细胞的形式，也可在同一转移载体上同时克隆两个外源基因，表达产物可加工形成具有活性的异源二聚体或多聚体。

第2节 各种产物表达形式采用的分离纯化方法

一、大肠杆菌细胞内不溶性表达产物

大肠杆菌表达系统表达的真核生物重组小分子目的蛋白，占菌体总蛋白的10%～50%。这样的高产量使某些目的蛋白质在细胞质的还原性环境中，以不溶性形式产生并聚集形成蛋白质聚合物——包涵体。以包涵体形式存在的蛋白质分子不具有正确的天然三维结构，表达蛋白不具有生物活性，因此在纯化过程中必须溶解包涵体并对表达蛋白进行复性。

包涵体的形成是基因工程下游处理工程的一大特点，也为重组蛋白的生产提供了几点优势。①包涵体具有高密度，并且在水溶液中通常很难溶解，可以通过简单的离心就可分离得到，可以较容易地与胞内可溶性蛋白杂质分离，有利于表达产物的分离纯化；②重组蛋白以包涵体的形式表达有效地防止大肠杆菌中蛋白酶对表达蛋白的降解；③对于生产那些处于天然构象时对宿主细胞有毒害的蛋白，包涵体的形成是最佳选择。包涵体的形式在一定程度上改变了传统分离纯化蛋白质的方法。

包涵体中重组蛋白质产物经过了一个变性复性过程，较易形成蛋白产物的错误折叠和聚合体。包涵体的分离及其中重组蛋白质的纯化通常包括以下步骤：细菌收集与破碎，包涵体的分离、洗涤与溶解，变性蛋白质的纯化，重组蛋白质的复性，天然蛋白质的分离等。

（一）菌体细胞的收集与破碎

发酵完毕，离心收集的湿菌体细胞可采用物理、化学和酶学3种方法进行破碎，使包涵体释放出来。物理方法有超声破碎、高压匀浆和加砂研磨，前者适于中小规模，后两者通常用于工业生产规模。化学方法最常用的是碱和表面活性剂，碱可有效地释放菌体中的蛋白质，缺点是引起目的蛋白的不可逆变性；表面活性剂包括离子型和非离子型，前者活性较强，在破菌同时将包涵体一起溶解，但不利于后期的纯化。酶解法常用溶菌酶溶解菌体细胞壁，适于中小规模。破碎前菌体细胞可用酸或热处理，或暴露于非极性溶剂（苯酚、甲苯）中，有利于提高蛋白的数量。

（二）包涵体的分离、洗涤与溶解

菌体细胞破碎后，包涵体从中释放出来。通过离心法进行液固相分离，使包涵体与上清液中的碎片及杂蛋白分开，与包涵体一起被离心沉淀的杂质有可溶性杂蛋白、RNA聚合酶的4个亚基、细菌外膜蛋白、16SrRNA和23SrRNA、质粒DNA以及脂质、肽聚糖、脂多糖等。可先用TE缓冲液反复洗涤以除去可溶性蛋白、核酸及外加的溶菌酶。

为使其杂质含量降至最低水平，在包涵体溶解前，常用低浓度弱变性剂（如尿素）或温和的表面活性剂（如TritonX-100）等处理，可去除其中的脂质和部分膜蛋白，使用浓度以不溶解包涵体中的目的蛋白为原则。此外，硫酸链霉素沉淀和酚抽提可去除包涵体中大部分的核酸，从而降低包涵体溶解后抽提液的黏度，有利于色谱分离。

包涵体的溶解是变性条件下进行的，其目的是将蛋白产物变成一种可溶的形式利于分离纯化。溶解包涵体需要打断包涵体中蛋白质分子内和分子间的非共价键、离子键和疏水作用，使多肽伸展。

溶解包涵体的试剂包括尿素、盐酸胍、SDS、碱性溶剂和有机溶剂等。各种试剂和溶解方法各有利弊，但从保护蛋白质生物活性和安全性等方面考虑，一般很少使用碱性溶剂和有机溶剂。

其他3种试剂较常用，它们溶解包涵体的原理不同，变性剂尿素和盐酸胍是通过离子间的相互作用使蛋白质变性和破坏高级结构，但分子内共价键和二硫键仍保持完整，而去污剂SDS主要是破坏蛋白质肽链之间的疏水作用。

此外，还有一种用离子交换树脂溶解包涵体的方法，溶解了的蛋白质能够折叠形成活性构象。然后选择合适的pH值和盐浓度洗脱可清除约90%吸附的菌体杂蛋白。

(三) 变性蛋白质的纯化

变性蛋白质的纯度是影响复性效果的重要因素，虽然在洗涤和溶解包涵体时，杂质已被大量去除，但要获得高纯度的重组变性蛋白，仍需对包涵体抽提物进一步分离纯化，通常可采用柱色谱、凝胶过滤、离子交换色谱和高效液相（HPLC）等方法进行分离纯化。

(四) 重组蛋白质的复性

采用适当的条件使伸展的变性重组蛋白质重新折叠成为可溶性的具有生物活性的蛋白质，即为复性。蛋白质复性方法目前有许多种，而每种方法都需要针对特定蛋白质进行优化选择，在有利于形成正确的二硫键以及空间结构的体系中对包涵体蛋白质进行复性。

为了得到具有天然构象的蛋白质和产生正确配对的二硫键，必须去掉过量的变性剂和还原剂，使多肽链处于一个氧化性的缓冲液中，可以通过多种方法进行复性，如透析、稀释以及液相色谱复性等。其中，透析复性是将变性的蛋白液对不含变性剂或含低浓度变性剂的复性缓冲液透析，使蛋白复性。

稀释复性是使用缓冲液稀释蛋白变性液，使蛋白变性液中变性剂的浓度下降，以促使蛋白复性。稀释复性可以有多种形式：① 一步稀释复性，是在复性一开始就将变性剂浓度和蛋白浓度降至很低浓度；② 连续稀释复性，在复性过程中将变性液连续缓慢地滴入复性体系中；③ 脉冲稀释复性，把变性蛋白液缓慢不连续地加入复性液中，在两次加入之间，应有足够的时间间隔使蛋白折叠通过易聚集的早期中间体阶段。

液相色谱复性包括疏水相互作用色谱（HIC）、离子交换法（IEC）、凝胶排阻色谱（SEC）与亲和色谱（AFC）。其中采用凝胶排阻色谱法（SEC）复性的优点，是保证变性蛋白质与复性冲液进行缓慢的交换，并在此过程中缓慢地完成复性，又可以使蛋白得到一定程度的纯化。

为了获得高产率的复性蛋白，重折叠时要考虑下列因素：蛋白质浓度、杂质的含量、重折叠速度、氧化还原剂的用量和比例、重折叠配体的掺加以及温度、pH值和离子强度等。

二、分泌型的表达产物

通常分泌型的表达产物体积大、浓度低、必须在纯化以前进行浓缩处理，以尽快缩小溶液体积。浓缩的方法包括沉淀和超滤等。沉淀包括中性盐、有机溶剂和高分子聚合物等方法，但由于各种原因，在基因工程产物浓缩中并不被广泛采用。

从重组菌诱导表达上清中纯化蛋白质产物可选用多种方法，如超滤、亲和层析、凝胶滤、离子交换色谱、疏水层析等方法。超滤是目前最常用的蛋白质溶液浓缩方法。其优点是不发生相变化，也不需要加入化学试剂，能耗低，目前已有多种截留不同相对分子质量的膜供应。超滤中的横流过滤效率高，较适于数十升以上体积的较大规模使用。蛋白产物经过浓缩后便可进一步分离纯化。

纯化方法的选择多根据发酵液中的有效成分和杂质之间的理化性质存在的差异来考虑选择。例如相对分子质量差异大可选择凝胶过滤，存在较大溶解度差异可选择沉淀法，电荷差异大可选用离子交换，对配体亲和力的差异大可选用亲和层析，疏水性强可选择疏水层析。因此，不同的样品应根据具体的情况来确定。一般来讲，为纯化某一蛋白样品可选出两种或更多种方法组成的纯化方案，其中纯化方法粗放、快速、有利缩小体积和利于后工序处理的方法通常放在前段工艺处理，而相对更精细、更费时、需要样品少的纯化方法则需放在后面处理。

三、大肠杆菌细胞内可溶性表达产物

某些细胞因子（如白细胞介素-2、白细胞介素-11）和硫氧还原蛋白的基因能在大肠杆菌胞内表达可溶性的融合蛋白。表达量占细胞总可溶蛋白的5%～20%，有的高达40%。这种表达方式可避免无活性的不可溶包涵体的形成，使外源蛋白在大肠杆菌细胞中能正确折叠从而获得特定空间结构和生物功能并以可溶性形式表达。同时，可大大简化工艺，降低纯化成本，获得高纯度高活性的目的蛋白。

经细胞破碎后的可溶性离心上清液，如果有可以利用的单克隆抗体或相对特异性的亲和配基，可选用亲和层析分离法。对处于极端等电点的蛋白，采用离子交换分离能去除大部分杂质，也可获较好的纯化效果。

四、大肠杆菌细胞周质表达蛋白

周质腔位于革兰阴性细菌的内膜与外膜之间，为氧化型环境。周质腔中有许多分子伴侣及二硫键异构酶，可以帮助重组蛋白正确折叠。获得有活性蛋白分子的另一种途径是应用引导序列指引蛋白分子进入细菌的周质腔。常用的引导序列有 pel B 序列和碱性磷酸酶导肽。

周质表达的蛋白是介于细胞内可溶性表达和分泌型表达之间的一种表达形式，它可以避开细胞内可溶性蛋白和培养基中蛋白类杂质，在一定程度上有利于蛋白产物的分离纯化。

为了获取周质蛋白，大肠杆菌细胞经低浓度溶菌酶处理后，一般用渗透压裂解法从周质腔中分离出目的蛋白，此方法的优点在于周质腔中的蛋白浓度较高，纯度也比较理想。由于周质中的蛋白仅有为数不多的几种分泌蛋白，同时又无蛋白水解酶的污染，因此通常能够回收到高质量的蛋白产物。

在某些情况下，目的蛋白在周质腔中形成沉淀，需要用变性剂溶解蛋白并进一步复性，从理论上讲，周质腔中的重组蛋白在分泌过程中曾经正确折叠，因此只要用尿素或盐酸胍等变性剂溶解目的蛋白，然后将变性蛋白对含有精氨酸等助溶剂的缓冲液透析就可使目的蛋白恢复天然构象，而具有原生物活性。

在一般情况下，与目的蛋白融合的信号肽在周质腔中被信号肽酶切除，但有时周质腔中的重组目的蛋白会穿过细胞外膜而“泄漏”到培养基中。重组目的蛋白的“泄漏”量取决于宿主菌特性、诱导条件和蛋白的一级结构，基本不受信号肽的影响。这种“泄漏”型表达有很多优点，有利于快速筛选分泌目的蛋白的重组子。

第3节 表达产物的活性、安全性评价、稳定性考察

一、生物活性（效价）测定

生物活性测定是保证基因工程药物产品有效性的重要手段，往往需要进行动物体内试验和通过细胞培养进行体外效价测定。体内生物活性的测定要根据目的产物的生物学特性建立适合的生物学模型。

体外生物活性测定的方法有细胞培养计数法、^{3}H-TαR 掺入法和酶法细胞计数等。采用国际或国家标准品，或经国家检定机构认可的参考品，以体内或体外法测定制品的生物学活性并标明其活性单位。重组蛋白质是一种抗原，均有相应的抗体或单克隆抗体，可用放射免疫分析法或酶标法测定其免疫学活性。

二、安全性评价

除了要保证无病毒、无菌、无热原、无致敏原等一般安全性要求外，还需要根据基因工程产品本身的结构特性，进行某些药代动力学和毒理学研究。有的产品虽然与人源多肽或蛋白质密切相关，但氨基酸序列或翻译后修饰上存有差异，这就要求对其进行致突变、致癌和致畸等遗传毒理性质的考察。

三、稳定性

药品的稳定性是评价药品有效性和安全性的重要指标之一，也是确定药品储藏条件和使用期限的主要依据。对于基因工程药物而言。作为活性成分的蛋白质或多肽的分子构型和生物活性的保持，都依赖于各种共价和非共价的作用力，因此它们对温度、氧化、光照、离剥浓度和机械剪切等环境因素都特别敏感。这就要求对其稳定性进行严格的控制。没有哪一种单一的稳定性试验或参数能够完全反映基因工程药物的稳定性特征，必须对产品在一致性、纯度、分子特征和生物效价等多方面的变化情况加以综合评价。

采用恰当的物理化学、生物化学和免疫化学技术对其活性成分的性质进行全面鉴定，要准确检测在储藏过程中由于脱氨、氧化、磺酰化、聚合或降解等造成的分子变化，可选用电泳和高分辨率的 HPLC 以及肽图分析等方法。

由于基因工程活性蛋白质结构十分复杂，可能同时存在多种降解途径，因此通过加速降解试验来预测基因药工程药物的有效期比并不十分可靠，必须在实际条件下长期观测其稳定性才能确定有效期限。

四、产品

基因工程制药是一个十分复杂的过程，不但要强调对最终产品的综合性鉴定，同时也要加强对原材料和生产全过程的严格控制。不同的培养条件和不同的提纯方法都会影响到最终产品的质量。表达系统遗传背景的稳定性、培养基的组成成分、血清及添加剂来源与质量等都应该给予特别关注，只有对从原料到成品的每一步骤都进行严格的条件控制和质量检定，才能确保各批最终产品都是安全有效，含量和杂质限度均符合标准规格。

结　语

基因工程制药技术是生物类药物生产的前提，具有广泛的应用前景。目前，大肠杆菌表达系统、酵母表达系统、昆虫细胞表达系统等为生物类药物的生产提供了主要技术平台。大肠杆菌表达系统是目前应用最广泛的表达系统，该系统具有遗传背景清楚、培养操作简单、转化和转导效率高、生长繁殖快、成本低廉、可快速大规模地生产等特点。酵母表达系统主要用于重组真核蛋白质，酵母菌具有生长快、易培养、成本低、遗传操作方便、能对表达的外源蛋白进行翻译后加工修饰。昆虫细胞表达系统，又称杆状病毒表达系统，其特点是能容纳大分子的插入片段、能同时表达多个基因、表达水平高、能进行翻译后的加工修饰，该系统表达的重组蛋白具有完整的生物学功能。在表达系统中，重组蛋白表达生成后，表达产物还需进一步分离纯化，获得的纯化蛋白还要进行活性检测、安全性评价、稳定性考察等，这些检测为重组蛋白的应用奠定基础。

学习重点

本章在掌握质粒载体、噬菌体载体、黏粒载体等基本特征的基础上，还要了解目的基因与载体 DNA 片段的连接，重组体的导入方式，转化子的筛选和重组子的鉴定。此外，酵母表达系统、昆虫细胞表达系统也为重组子的表达提供了重要的平台。重组蛋白表达生成后，表达产物的分离纯化、活性检测、安全性评价、稳定性考察等将为今后重组蛋白的应用奠定基础。

思考题

1. 理想的基因工程载体应满足哪些要求？
2. 目的基因与载体 DNA 片段的连接方式有哪几种？
3. 酵母菌基因表达载体的类型有哪些？

参考文献

查锡良．2008．生物化学．第 7 版．北京：人民卫生出版社．345～365

杨汝得．2004．基因克隆技术在制药中的应用．北京：化学工业出版社．127～150

张迺蘅．2003．生物化学．第 3 版．北京：北京大学医学出版社．371～384

Arbabi-Ghahroudi M，Tanha J，MacKenzie R. 2005. Prokaryotic expression of antibodies. Cancer Metastasis Rev，24（4）：501～519

Forstner M，Leder L，Mayr LM. 2007. Optimization of protein expression systems for modern drug discovery. Expert Rev Proteomics，4（1）：67～78

Gossen M，Freundlieb S，Bender G，et al. 1995. Transcriptional activiation by tetracyclines in mammalian cells. Science，268（5281）：1766～1769

Greene J J. 2004. Host cell compatibility in protein expression. Methods Mol Biol，267：3～14

Grosjean H，Fiers W. 1982. Preferential codon usage in prokaryotic genes：the optimal codon-anticodon interaction energy and the selective codon usage in efficiently expressed genes. Gene，18（3）：199～209

Hitchman R B，Possee R D，King LA. 2009. Baculovirus expression systems for recombinant protein production in insect cells. Recent Pat Biotechnol，3（1）：46～54

Peterson K R. 2003. Transgenic mice carrying yeast artificial chromosomes. Expert Rev Mol Med，5（13）：1～25

Saïda F，Uzan M，Odaert B，et al. 2006. Expression of highly toxic genes in E. coli：special strategies and genetic tools [J]. Curr Protein Pept Sci，7（1）：47～56

Theilmann D A，Chantler J K，Stweart S，et al. 1996. Characterization of a highly conserved baculovirus structural protein that is specific for occlusion-derived virions. Virology，218（1）：148～158

Weickert M J，Doherty D H，Best F A，et al. 1996. Optimization of heterologous protein production in Escherichia coli. Curr Opin Biotechnol，7（5）：494～499

（周宏博）

第3章 细胞工程制药

学习要求

1. 掌握细胞工程制药的含义、理论基础、研究目的以及核移植及转基因动物、植物研究步骤。

2. 熟悉动物细胞生物制药学的基本内容、方法。

3. 了解转基因植物疫苗的过程、种类及其安全性。

细胞工程制药是细胞为平台的基因工程技术在制药方面的应用。所谓细胞工程，就是以细胞为单位，按人们的意志，应用细胞生物学、分子生物学等理论和技术，进行设计，操作，使细胞的某些特性从遗传学的水平发生改变，达到改良或产生药物的目的，以及使细胞增加或重新获得产生某种特定药物的能力，从而在离体条件下进行大量培养、增殖，并提取出对人类有用的产品的一门应用科学和技术。它主要由上游工程（包括细胞培养、细胞基因工程操作和细胞保藏）和下游工程（即将已转化的细胞应用到生产实践中用以生产生物药物的过程）两部分构成。从现代细胞工程所涉及的主要技术领域的视角来看，它主要包括细胞融合技术、细胞器特别是细胞核移植技术、染色体改造技术、转基因动植物技术和细胞大量培养技术与产品的分离纯化技术等方面。作为现代生物技术之一的细胞工程技术在近半个世纪来突飞猛进，并已在医药领域取得了许多具有开创性的研究成果，如通过细胞融合技术形成的杂交瘤细胞生产的单克隆抗体已鼎足于临床治疗，并显示出独特的疗效，获得了很好的社会和经济效益。随着细胞工程技术研究的不断深入，它的前景及其产生的影响将会日益地显示出来。

第1节 细胞、细胞工程与细胞工程制药

一、细胞

（一）细胞的基础知识

1. 细胞的发现 细胞（cell）是由英国科学家虎克（Robert Hooke）于1665年发现的。当时他用自制的光学显微镜观察软木塞的薄切片，惊奇地发现其中存在着一个一个“单元”结构，放大后发现一格一格的小空间，就以英文的“cell”命名之。

2. 细胞的定义 细胞并没有统一的定义，近年来比较普遍的提法是：细胞是生命活动的基本单位。已知除病毒之外的所有生物均由细胞所组成，但病毒生命活动也必须在细胞中才能体现。

一般来说，细菌等绝大部分微生物以及原生动物由1个细胞组成，即单细胞生物；高等植物与高等动物则是多细胞生物。细胞可分为两类：原核细胞、真核细胞。但也有人提出应分为3类，即把原属于原核细胞的古核细胞独立出来作为与之并列的一类。世界上现存最大的细胞为鸵鸟的受精卵，直径5cm。人卵细胞直径0.1mm。器官的大小主要决定于细胞的数量，与细胞的数量成正比，而与细胞的大小无关，人们把这种现象称为“细胞体积的守恒定律”。

（二）细胞的全能性和重编程

1. 动物细胞核和植物细胞的全能性 理论上讲，只要细胞之中含有本生物物种的全套遗传基因，都具有发育成本生物个体的潜能，也就是说都具有全能性。细胞全能性的高低与细胞的分化程度呈反相关。相比较而言，植物细胞的分化程度低于动物细胞，而动物的细胞核在一定条件下能表现出全能性。不论动物还是植物，体细胞的全能性不一定要在离体培养的条件下，即在人工配制的培养基上才能够得到体现，或者在细胞核的移植时才能得到体现。

2. 体细胞重编程 体细胞重编程（somatic reprogramming）指的是分化的体细胞在特定的条件下被逆转后恢复到全能性状态，或者形成胚胎干细胞系，或者进一步发育成一个新的个体的过程（图3-1）。诱导体细胞重编程的方法有许多，如核移植、细胞融合、细胞提取物诱导、化学诱导以及分子调控诱导等。但到目前为止，唯一能诱导体细胞产生有功能个体的重编程的方法只有核移植，其他的方法只能在细胞、分子或生化水平上产生诱导。然而所有这些诱导体细胞重编程的技术都很不成熟，效率很低，体细胞重编程的机制还不清楚。虽然如此，但是体细胞重编程却有着非常广泛的应用前景，不仅在基础理论研究中，而且在应用研究中，例如家畜繁殖、动物保护以及生物制药等领域都有着重要的作用。

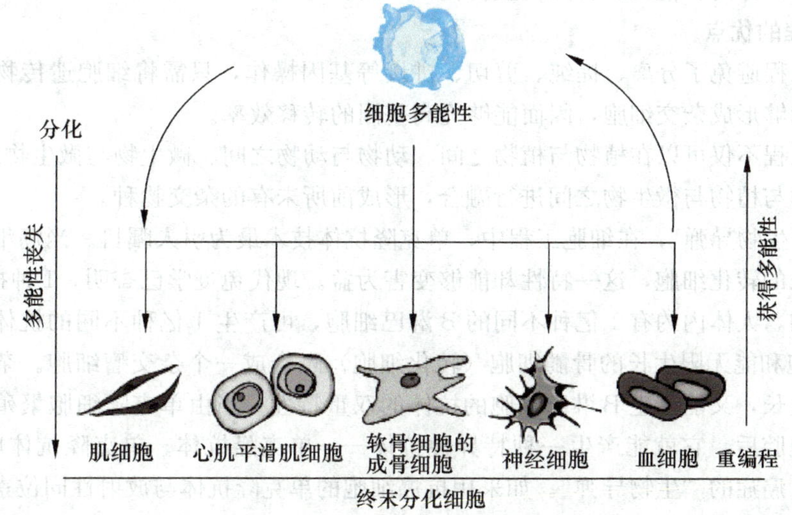

图3-1 细胞的全能性与细胞重编程

二、细胞工程

（一）细胞工程的定义

细胞工程是指应用现代细胞生物学、发育生物学、遗传学和分子生物学的理论与方法，按照人们的需要和设计，在细胞水平上的遗传操作，重组细胞的结构和内含物，以改变生物的结构和功能，即借助工程学原理与技术通过细胞融合、核质移植、染色体或基因移植以及组织和细胞培养等方法，快速繁殖和培养出人们所需要的新物种的一门综合性科学技术。

(二) 细胞工程的分类和研究领域

细胞工程根据研究材料的不同，可分为：

1. 植物细胞工程 是在细胞水平上针对植物细胞的细胞工程，它是细胞工程的一个重要组成部分，主要由两部分构成。

(1) 上游工程：包含细胞培养、细胞遗传操作和细胞保藏 3 个步骤；

(2) 下游工程：是将已转化的细胞应用到生产实践中去，以生产生物产品的过程。其中细胞培养是细胞工程的技术基础。

2. 动物细胞工程 是在细胞水平上针对动物细胞的细胞工程，其构成与技术基础同植物细胞工程。

3. 细胞工程主要技术和研究领域

(1) 细胞、原生质体的分离、培养。

(2) 细胞融合、原生质体融合和细胞核移植技术。

(3) 体细胞无性系变异的诱导、筛选与应用。

(4) 以细胞、原生质体作为基因工程受体的转基因技术。

(5) 转基因动植物细胞的筛选、鉴定与应用。

(三) 细胞工程的目的和优点

1. 细胞工程的目的是得到人们所需要的生物产品 要使已经改造好的细胞产生大量具有经济价值的产物，就必须依靠下游加工过程，也就是我们常说的下游工程。它的作用就是大量培养细胞，并从培养液中分离、精制出有关的生物化工产品。

2. 细胞工程的优点

(1) 细胞工程避免了分离、提纯、剪切、拼接等基因操作，只需将细胞遗传物质直接转移到受体细胞中就能够形成杂交细胞，因而能够提高基因的转移效率。

(2) 细胞工程不仅可以在植物与植物之间、动物与动物之间、微生物与微生物之间进行杂交，而且可以在动物与植物与微生物之间进行融合，形成前所未有的杂交物种。

(3) 制作“生物导弹”，在细胞工程中，单克隆抗体技术最为引人瞩目。当癌细胞离体后，就成为能无限生长的转化细胞，这一特性却能够变害为益。现代免疫学已查明，1 种抗体是由 1 种 B 淋巴细胞产生的，人体内约有 1 亿种不同的 B 淋巴细胞，可产生 1 亿种不同的抗体。科学家巧妙地把 B 淋巴细胞和能无限生长的骨髓细胞（转化细胞）融合成一个杂交瘤细胞。杂交瘤细胞就具备了既能无限生长，又能产生 B 淋巴细胞的抗体的双重特性。当由单克隆细胞繁殖的杂交瘤细胞注射进小鼠的腹腔后，它就能产生一种特异性抗体——单克隆抗体。单克隆抗体应用十分广泛，被人们誉为对付癌症的“生物导弹”。如采用抗癌细胞的单克隆抗体与放射性同位素、化学药物或毒素相结合，注入体内同癌细胞结合，能在原位杀死癌细胞，而对其他正常细胞则毫无损伤，因此，单克隆抗体还被喻为“抗癌明星”。单克隆抗体本身也可以起到治疗作用，比如，注射乙肝病毒的单克隆抗体可以达到预防乙肝的目的。

三、细胞工程制药

(一) 细胞组装

生物技术发展到今天，细胞则成了科学家们随意发挥想象力的乐园，他们甚至可以把生命像积木那样组装起来，进行细胞水平上的生命组合游戏。生命组合的一个最具代表性的游戏是我们在黑毛鼠、白毛鼠、黄毛鼠的受精卵分裂成8个细胞时用特制的吸管把8个细胞胚吸出输卵管，然后用1种酶将包裹在各个胚胎上的黏液溶解，再把这3种鼠的8个细胞胚放在同一溶液中使之组装成一个具有24个细胞的“组装胚”。还有科学家把“组装胚”移植到一只老鼠的子宫内，不久，一只奇怪的组装鼠问世了，这只组装鼠全身披着黄、白、黑3种不同颜色的皮毛。迄今为止，除组装鼠外，英国和美国还组装成功了绵羊和山羊的嵌合体——绵山羊。据说，世界各国科研人员热情高涨，正在组装“五位一体”、“六位一体”的生物，实在想象不出那样的生物会是什么样子。

（二）细胞工程制药将势必走向制药领域的前台

1. 细胞工程制药代表着生物技术制药最新的学科发展前沿，伴随着试管植物、试管动物、转基因生物反应器等相继问世，细胞工程制药在生命科学、医药、食品、环境保护等领域发挥着越来越重要的作用，细胞工程制药将代表着一种新的思维方式、新的工艺技术设计历史必然走向生物制药的前台。

2. 随着合成生物学的发展，采用计算机辅助设计、DNA或基因合成技术，人工设计细胞的信号传导与基因表达调控网络，乃至整个基因组与细胞的人工设计与合成，从而模糊了细胞工程与基因工程制药的界限，并由此带来生物计算机、细胞制药厂等新技术与产业革命。作为一门学科，细胞工程制药给我们带来下述方面的新的认识和挑战。

（1）先进性：是现代生物技术制药研究的制高点。

（2）交叉性：体现药学与生物学、生物化学、分子生物学等多学科交叉成果。

（3）应用性：创造出新的工程类、产品类与技术工艺学课程。

（4）争议性：给一些传统伦理道德观念带来的冲击。

第2节　动物细胞工程制药

一、动物细胞的全能性

（一）动物细胞核的全能性与核移植

1. 动物的卵细胞中有刺激全能性表达的物质，所以必须把体细胞核移植到卵细胞中，细胞核才能表现全能性，只有体细胞不行。而植物体细胞就能表达全能性，不需移植，所以植物的全能性较强。

2. 动物细胞核有全能性的本质是因为细胞核里面有全套遗传物质DNA。

（二）细胞融合与核移植技术

1. 细胞融合技术　细胞融合技术是用自然或人工的方法使两个或几个不同细胞融合为一个细胞的过程。可用于产生单克隆抗体等。

目前，动物细胞工程的发展中，技术最成熟应用最广的当数细胞融合。其中淋巴细胞杂交瘤在国内已普遍开展，并培育了许多具有很高实用价值的杂交瘤细胞株系，它们能分泌产生在诊断和治疗病症方面发挥重要作用的单克隆抗体。如甲肝病毒单克隆抗体、抗人1gM单克隆抗体、肿瘤疫苗等可用于治疗疾病；抗人结肠癌杂交瘤细胞系分泌的单克隆抗体、抗巨噬细胞集落刺激因子受体（macrophage colony-stimulating factor receptor，M-CSFR）胞外区的单克隆抗体等则对诊断疾病具有重要价值。由于技术已趋成熟，目前许多单克隆抗体已经进入产业化的生产阶段。

2. 核移植技术　核移植技术就是将1个动物的细胞核移植到卵细胞中发育生长。科学家们从绵羊身上取出一些细胞加以培养，把人类基因注入这些细胞中，然后取出细胞核，移入已去掉DNA遗传物质的绵羊卵细胞中去，使其发育成胚胎，种植“假母”体内。这样诞生的小羊羔经科学家们鉴定，体内确实含有人类基因。动物药厂往往是把基因转移和核移植两个技术结合起来（图3-2）。

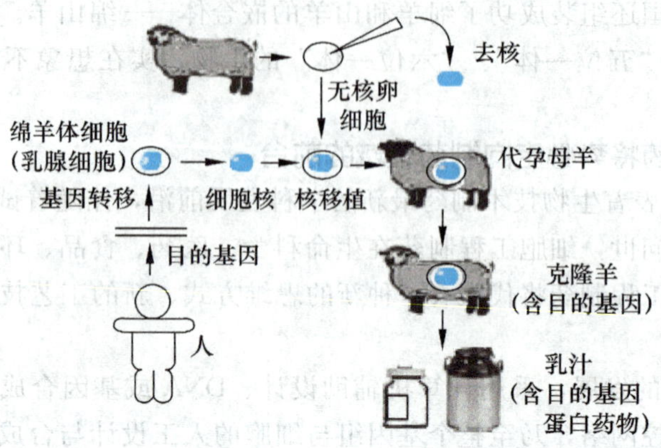

图3-2 动物药厂示意图

图3-3 我国抗凝血酶素Ⅲ和转β-干扰素基因克隆羊

2002年9月我国第一批共4只转基因克隆羊顺利出生。其中公羊呈呈和母羊祥祥为转抗凝血酶素Ⅲ基因羊，母羊姗姗为转β-干扰素基因羊，DNA检测证明，本次实验已获得了预期的转抗凝血酶素Ⅲ和转β-干扰素基因克隆羊（图3-3）。

以上所谈的技术比以前的技术进步之处在于用的是绵羊的体细胞，可一次培育出多只转基因动物，这样，人类想把动物变成制药厂的目标实现起来就方便多了。核移植技术可用于具有良好发展前景的生物反应器的制备。其中乳腺生物反应器的研制是最为看好的一个转基因制药方向。因为动物吃的是草，故利用转基因动物乳腺作为生物反应器，生产基因工程人类蛋白质药物，其成本较微生物发酵、动物细胞培养生产基因工程药物大大降低。但这些年来，显微注射技术一直是生产乳腺生物反应器的唯一所使用手段，由于它本身固有的缺陷，使得乳腺生物反应器未能有长足的进步。基因打靶与核移植相结合很可能成为生产乳腺生物反应器更有效的途径，它在外源基因定点整合、消除位点效应、降低生产成本、节省时间方面具有明显的优势。在利用转基因动物作为生物反应器生产基因工程药物方面，上海人类遗传病研究所、中国农业大学、中国科学院发育所、扬州大学、新疆畜牧科学院、解放军军事医学科学院和解放军军需大学等都先后获得了可能有潜在生产人用药物蛋白价值的转基因动物。

二、动物细胞工程制药中的转基因与细胞培养技术

（一）转基因动物技术

1. 转基因动物技术 转基因动物技术是指通过实验手段将外源基因导入动物细胞中并稳定地整合到动物基因组中，且能遗传给子代的动物。让动物成为制药工厂、创造人类急需的生物制品。在21世纪细胞工程制药领域中，最具诱人前景的无疑是应用转基因动物生产转基因药物。相比以

往的制药技术，转基因动物药物具有不可比拟的优越性。

2. “动物药厂”——哺乳动物生物反应器 转基因动物的每个细胞都有外源基因，如果让外源基因随意表达，就会影响动物的发育，出现畸形动物。而且要得到表达产物，必须宰杀好不容易培育的转基因动物。那么，表达在身体的哪一个部位最好呢？就基因药物而言，最理想的表达场所是乳腺。因为乳腺为分泌性器官，乳汁不进入体内循环，不会影响转基因动物本身的生长发育，从转基因动物的乳汁中获得药物，不但产量高、易提纯，而且经过加工，具有稳定的生物活性。所以，转基因动物可成为人类理想的制药厂。哺乳动物生物反应器在 21 世纪是最具希望和发展潜力的制药方向。尽管转基因动物生物反应器的生产应用仍处于初级阶段，尚有许多问题和限制因素存在，但是我们应该清楚地认识到应用转基因动物生物反应器生产药物的美好发展前景。目前利用转基因动物生物反应器生产药物在伦理学及商品化方面已不存在任何障碍。虽然这项技术的难度较大，成功率较低，而且目前通过转基因动物生物反应器生产的药物尚未形成产业化，但动物的乳汁或者血液可以源源不断地提供目的基因的药物，作为生物反应器的转基因动物可无限繁殖，产量高，易提纯，表达产物已经过充分修饰和加工，药物活性稳定的特点具有投资成本低、药物开发周期短和经济效益高等优点。可以说转基因动物的问世，为利用细胞工程手段获得低成本、高活性和高表达的药物开辟了一条重要途径。

预期在 21 世纪初它们就会鼎足于国际市场，使转基因动物的产业成为最具高额利润的新型产业。

至今已在以下动物的乳汁中生产出一些人类蛋白质药物：牛奶中有抗凝血酶、纤维蛋白原、人血清清蛋白、胶原蛋白、生育激素、乳缺蛋白、糖基转移酶、蛋白 C 等，山羊奶中有抗凝血酶原、抗胰蛋白酶、生育激素、血清清蛋白、组织型纤维溶原激活因子、单克隆抗体，绵羊奶中有抗胰蛋白酶、凝血因子 IX、纤维蛋白原、蛋白质 C，猪奶中亦有蛋白质 C、凝血因子 IX、纤维蛋白原、血红蛋白，我国在这方面的研究也很活跃，并取得了一些成果。我国学者分别在成功制备了有目的基因（人凝血因子 *IX* 基因）整合的转基因羊，其乳汁中含有活性的人凝血因子 IX 蛋白。另有学者制成转基因小鼠乳汁中成功地表达了人促红细胞生成素、人胰岛素原和人血清清蛋白等。

3. 转基因动物生物反应器有待突破的方面

（1）转入的基因在受体动物基因组中有随机整合、调节失控、遗传不稳定、表达率不高等问题，急需从理论上突破，获得更多的构建合理、有使用价值的结构基因。其关键问题是确保转入基因的有效表达并完全整合，关键技术是基因构建和位点整合。

（2）转基因动物的异位表达和表达产物的泄漏问题。

（3）转基因表达产物或产品的分离与纯化问题，即可能会出现要纯化的产物含量低，且要去除全部可以引起人类变态反应的非人类蛋白。

（4）转基因表达产物的结构和生物性与人体蛋白的相似性问题。转基因产品必须与人体产生的蛋白具有足够的相似性，以免人体对其产生免疫反应。作为现代生物技术之一的细胞工程技术在近半个世纪来突飞猛进，并已在医药领域取得了许多具有开创性的研究成果，如通过细胞融合技术形成的杂交瘤细胞生产的单克隆抗体已广泛用于临床治疗，并显示出独特的疗效，获得了很好的社会和经济效益。随着细胞工程技术研究的不断深入它的前景及其产生的影响将会日益地显示出来。

（二）动物细胞培养技术

1. 离散动物细胞培养技术 离散动物细胞培养技术是指离散的动物活细胞在体外人工条件下

的生长、增殖的过程。动物细胞培养开始于20世纪初，到1962年规模开始扩大，发展至今已成为生物、医学研究和应用中广泛采用的技术方法，利用动物细胞培养生产的具有重要医用价值的生物制品有各类疫苗、干扰素、激素、酶、生长因子、病毒杀虫剂、单克隆抗体等，已成为医药生物高技术产业的重要部分，其销售收入已占到世界生物技术产品的一半以上。

2. 细胞培养工艺 由于动物细胞体外培养的生物学特性、相关产品结构的复杂性和质量以及一致性要求，动物细胞大规模培养技术仍难以满足具有重要医用价值生物制品的规模生产的需求，迫切需要进一步研究和发展细胞培养工艺。目前，我国众多研究领域集中在优化细胞培养环境，使用微载体培养技术等提高产品的产率并保证其质量一致性上。

（三）动物细胞的染色体工程

1. 染色体转导术即动物细胞的染色体转导 又称为染色体工程，或染色体介导的基因的转移。染色体转导术，目前有两类：

（1）微细胞转移术：指应用低浓度秋水仙素长时间处理可使细胞微核化，经去核处理后，可得到只含相当于几个乃至1个染色体的微细胞。微细胞被导入完整细胞以后仍显示RNA合成，因而微核编码的基因信息可望在微细胞异核体内表达出来。如小鼠的微细胞可被导入至另一品系的小鼠或仓鼠乃至人的HeLa细胞内。电泳检测显示存在小鼠基因型的大分子物质，如脂酶D、嘌呤核苷磷酸化酶和肽酶B。已知前两种酶的结构基因定位于小鼠的第14号染色体上。提示小鼠的第14号染色体已进入宿主细胞内并行使其功能；

（2）染色体工程方法：染色体工程方法步骤是先诱发细胞同步分裂，继而用秋水仙素阻抑细胞于分裂中期，再破碎细胞，通过离心收集大量的中期染色体。科学家把此法得到的人或仓鼠的中期染色体转移到小鼠细胞内，并探查到有特异的供体基因的功能产物，动物的染色体工程与育种。

2. 染色体转导术的应用

（1）有人证明通过染色体介导的基因转移，不仅在宿主细胞的分裂过程中能稳定地传给子代，而且还能进行连续转移，如人染色体基因可以转移到小鼠细胞内，然后再使用同样的技术从小鼠细胞转移到中国仓鼠细胞内。这些实验是在染色体水平上进行基因转移的良好开端。

（2）胸苷激酶（TK）与次黄嘌呤磷酸核糖基转移酶（HPRT）通过染色体转导术后，推测整合到宿主小鼠内携带*TK*基因的染色体片段约大于17 000个碱基。

第3节 植物细胞工程制药

一、植物细胞的特点

（一）植物细胞全能性

1. 定义 指植物细胞经分裂和分化后仍具有形成完整有机体的潜能或特性。

一个完整植株的遗传基础，在一个适当的条件下可以通过分裂、分化再生成1个完整植株，这就是所谓的植物细胞全能性。一般来说，细胞全能性高低与细胞分化程度有关，分化程度越高，细胞全能性越低。

植物细胞全能性高于动物细胞，而生殖细胞全能性高于体细胞，在所有细胞中受精卵的全能性最高。

2. 特点

（1）高度分化的植物体细胞具有全能性，植物细胞直接培养，加些激素，就可以脱分化成愈伤组织，最后形成幼苗，而高度分化的动物细胞不行，只能将细胞核移植到卵细胞才能形成新个体。一般来说，动物细胞高度发达，全能性受到抑制，因此，一般认为是细胞核有全能性。而植物细胞分化程度则没有那么高。

(2) 动物已分化的体细胞全能性受限制，但细胞核仍具有全能性。植物细胞只要有完整的膜系统和细胞核，它就会有一整套发育成一个完整植株的遗传基础，在一个适当的条件下可以通过分裂、分化再生成一个完整植株，这就是所谓的植物细胞全能性（totipotency）。这是植物组织培养的理论基础。

3. 细胞全能性比较

(1) 一般来说，细胞全能性高低与细胞分化程度有关，分化程度越高，细胞全能性越低，全能性表达越困难，克隆成功的可能性越小。

(2) 植物细胞全能性高于动物细胞，而生殖细胞全能性高于体细胞，在所有细胞中受精卵的全能性最高。

(二) 诱导子

1. 诱导子定义与分类

(1) 定义：诱导子（elicitor）是植物抗病生理过程中诱发植物产生植物抗毒素和引起植物过敏反应（hypersensitive reaction，HR）也称抗性反应或自身防御反应（self-defense reaction）的因子，包括侵染植物的微生物及植物细胞内的分子（也称后感染防御物质，植保素 cryptogeion）。

(2) 诱导子的分类：

1) 生物诱导子：植物在防御过程中为对抗微生物感染而产生的物质，包括：分生孢子、降解细胞壁的酶类、有机体的细胞壁碎片、有机体产生的代谢物以及培养物滤液中的成分。

2) 非生物诱导子：不是植物细胞中天然成分但又能触发形成植物抗毒素信号的因子，如β-庚糖苷、光、外部培养条件。

3) 细胞内源性诱导子：来自植物细胞的分子，多为植物细胞壁在微生物作用下的降解产物(多糖：纤维素，果胶。糖蛋白）及沉积在细胞壁上的木质素。

4) 细胞外源性诱导子：真诱导子（genuine elicitor），病原微生物在入侵植物时自身被降解的产物及其代谢物。

2. 诱导子的作用

(1) 诱导子在植物与微生物的相互作用中，能快速、高度专一性地诱导特定基因的表达。

(2) 利用诱导子进行有目的的次生代谢产物调控及生物合成，成为大幅度提高培养物中代谢产物含量的重要方法之一。

二、植物细胞工程药物研究

(一) 传统药材研究目前面临的问题

我国的中药材是一个具有几千年历史的医药宝库。人类从植物中得到药物已有很长的历史。至今仍在中国和许多国家及地区广为有效使用。但传统药材研究目前面临着许多问题：

(1) 传统植物药物80%为野生资源，但由于盲目挖掘、采集，不仅使野生资源日益减少，还严重破坏了自然界的生态平衡。

(2) 人工种植又面临品质退化、农药污染和种子带病等问题。

(3) 人工种植的药材，活性成分的种类和数量往往因地区及气候不同而异，给药品质控制和标准化、规范化带来许多困难。

这些问题，严重影响了我国传统药材的生产和供应。据了解，在400余种经常使用的中药材中，每年短缺20%左右。因此，除了尽快制定政策法规保护我国不断减少的野生资源以外，更加重要的是必须找到一种治本的科学有效途径以彻底改变这种被动的局面。

(二) 植物细胞工程药物——解决植物药物的新途径

1. 植物细胞工程 植物细胞工程（plantcellengineering）是以植物细胞为基本单位，按照人们的设计蓝图，进行在细胞水平上的遗传操作及在体外条件下进行培养、繁殖，改变细胞的某些生物学特性，从而改良品种加速繁育植物个体或获得有用物质的技术。

2. 转基因药用植物 主要涉及对抗病、抗虫药用植物的研究、抗逆性药用植物研究以及高品质药用植物的研究，对于中药产业来说，转基因技术可以提高药材的抗逆性，可以提高药材的产量特别是品质，这可以增加产量及收入，降低成本，提供高品质的药材。

目前我国药用植物转基因技术的研究大多还处于实验阶段，但是，随着生物技术的发展，转基因植物会迎来一个发展的空间，我国应加大对转基因药用植物的研究投入并建立和完善转基因植物的安全性评价体系，以保证其健康发展。

植物细胞工程的兴起为保存和发展我国传统中药材提供了这种机会和方法。随着植物细胞培养、植物基因工程等植物细胞工程学的发展，植物药物的研究被赋予了新的内容和有着广阔的发展前景。

三、植物细胞融合与核移植技术

(一) 植物细胞融合工程

1. 植物细胞融合工程 是指用自然或人工的方法，使两个或几个不同的细胞融合成一个细胞的过程。植物细胞融合由于细胞壁的存在而受到极大的限制。因此，去除细胞壁分离原生质体的技术是植物细胞杂交的基础。获得杂种细胞及其再生植株后，即可进行物种间细胞核、染色体以及细胞器的转移。在植物方面，由于各类细胞具有全能性，植物间的体细胞融合所得到的杂交细胞，已达到了完整的植株水平，获得了新的杂交植物，如“西红柿马铃薯”、“拟南芥油菜”、“蘑菇白菜”、“曼陀罗和颠茄”、“烟草和矮牵牛”等属间杂种都已获得了再生植株。

2. 细胞融合的方法 动物细胞杂交或细胞融合将两个不同种的亲本细胞A和B，以灭活的仙台病毒或聚乙二醇（PEG）为融合诱导剂，使A和B两细胞融合成为一个具两个遗传性不同核的异核体（如遗传性相同的核融合在一起叫同核体）。随后异核体经有丝分裂成为两个具有A和B两亲本的杂种融合核。AB杂种经多次分裂，B亲本的染色体会逐渐减少到1个或完全消失。

3. 植物体细胞杂交

(1) 原生质体的分离：植物细胞之间有果胶质粘连，每个细胞之外还有一层纤维素组成的壁，因此，在分离原生质体时，首先要在一定浓度的酶液（果胶酶与纤维素酶）中保温，消去果胶质与纤维素后才能使原生质体分离出来；

(2) 原生质体的融合：不同种之间原生质体的融合须选用一种融合诱导剂（聚乙二醇），或合适pH值高钙诱导融合。它们的诱导率可达20%～50%；

(3) 杂种细胞的选择与培养：细胞融合后要把杂种细胞选择出来。一般都利用各种生化指标和遗传标记来选择和鉴定。例如，使用天然的或人工诱变的突变体，如白化苗、营养缺陷型、抗药性突变体等，或根据不同材料对激素敏感性不同，生长差异等，来设计适合的选择系统。如果融合的原生质体一个是白化，另一个具叶绿体，就可用机械的方法，把融合的细胞在倒置显微镜下把它们挑选出来进行培养。这些细胞培养到各个发育阶段，如愈伤组织、分化苗和根，都需要更换培养基，才能使它们顺利地再生成植株。

遗传特性改造仅仅对细胞进行培养还不够，要使培养的细胞能为人类服务，就要对其进行一定的改造，这就涉及了细胞的遗传操作。

(二) 植物细胞核移植中的“重组细胞”

在植物中，原生质体与核的融合以烟草、矮牵牛的核移植为例，其步骤是：

1. 先使矮牵牛游离核与烟草原生质体各自悬浮并沉淀在 0.25mol/L 硝酸钙溶液中，pH 值为 6。

2. 去掉上清液，再把它们悬浮起来，以适当比例使核与原生质体在试管中混合、离心，随后加入 45%PEG（聚乙二醇 1500）溶液 1ml 使之聚合。

3. 30min 后，徐徐加入 4ml 0.2mol/L 硝酸钙（在 pH 值为 9 的甘氨酸氢氧化钠缓冲液中）以诱导融合摄取核。

4. 15min 后加 0.2mol/L 硝酸钙（pH 值为 6）。

5. 再过 20min，原生质体用培养液冲洗。

6. 镜检后，将具有双核的（其中一个是矮牵牛的核）烟草原生质体进行培养。

用等渗密度梯度高速离心后，也可得到两种亚原生质体。

(1) 在低密度范围内可得到胞质体（去核原生质体）。

(2) 在高密度中，可得到小原生质体（核质体）。现在已能自玉米、烟草和胡萝卜细胞得到这两种亚原生质体。生化实验证明：去核原生质体代谢作用很低，而小原生质体由于减少了表面积和体积（仅及原生质体的 10%～15%），因此，摄取物质快，合成蛋白质也快，培养时发育迅速，是一种研究核质关系的好材料。由于这项工作才开始，迄今尚无明显结果。

四、转基因植物药物技术

(一) 利用转基因植物药物的优点

1. 与动物细胞培养相比，植物细胞培养条件简单且易于成活，有利于遗传操作。

2. 植物培养细胞具有全能性，能够再生植株。

3. 转基因植物中的外源基因可通过植物杂交的方法进行基因重组，进而在植物体内积累多基因。

4. 转化植株系的种子易于贮存，有利于重组蛋白的生产和运输。

5. 用动物细胞生产重组蛋白，可能污染动物病毒，这对人类可能造成潜在危险，而植物病毒不感染人类，所以用植物细胞生产重组蛋白更为安全。

6. 植物细胞有与动物细胞相似的结构和功能，有利于重组蛋白的正确装配和表达利用转基因植物生产基因工程疫苗是当前的一大热点，研究主要集中在烟草、马铃薯、西红柿、香蕉等植物，至今已获得成功的有乙型肝炎表面抗原（HBsAg）、不耐热的肠毒素 B 亚单位（LT-B）、链球菌属突变株表面蛋白（spaA）等多种疫苗。早在 1995 年我国科学家就成功地把牛生长激素基因导入马铃薯，得到了转基因植株，从而为从植物中大量获得动物生长激素奠定了基础。

(二) 转基因植物技术改造遗传特性

1. 遗传特性的改造　遗传操作是整个植物细胞工程中最为重要也最具挑战性的一环。仅仅对细胞进行培养还不够，要使培养的细胞能为人类服务，就要对其进行一定的改造，这就涉及了细胞的遗传操作。

2. 实验技术的发展　使精确、高效的遗传操作变得更加方便。将外源 DNA 导入靶细胞的方法不断完善，除了以前经常使用的质粒载体、病毒载体、转座因子和 APC（酵母人工染色体）等途径外，通过 lipoplex/polyplex 介导、裸 DNA、“基因枪”、超声波法和电注射法等非病毒方式转换细胞的方法也开始被广泛使用。

3. 转基因抗病植株 1986 年，Powell Abel 等报道，通过转 TBSV（西红柿丛矮病毒 Tomato bushy stunt virus）基因植物基因工程技术将 TMV（烟草花叶病毒）外壳蛋白基因转化烟草，获得高表达外壳蛋白的转基因烟草植株。这些转基因烟草表现出对 TMV 侵染的抗性。这一工作首次证明，表达病毒外壳蛋白的转基因植物可获得基因工程保护作用，由此确立了抗病毒植物基因工程这一新领域（图 3-4），自此以后，人们不断分离来源于病毒等的基因，设计并试验了许多不同的策略以研究通过植物基因工程技术获得抗病毒工程植物，为植物病毒病的防治开辟了一条崭新的途径。

（左）　　　　（右）

图 3-4 通过转 TBSV（西红柿丛矮病毒）基因植物基因工程技术将 TMV（烟草花叶病毒）外壳蛋白基因转化烟草，获得高表达外壳蛋白的转基因烟草植株（左）和受病毒感染株（右）

4. 转基因植物疫苗

（1）转基因植物疫苗作为一种口服疫苗，具有十分广阔的应用前景。传统疫苗在预防疾病的传播中发挥了重要作用，但因其生产成本较高、接种方式复杂及潜在安全性等问题，存在着许多不尽如人意的地方。口服疫苗能有效地诱导黏膜免疫，而且以口服途径给药，避免了注射疫苗所带来的安全问题，因此，口服疫苗是未来疫苗发展的方向。转基因植物疫苗由于具有生产简便、成本低廉、易于保存、免疫原性高、安全性好、可食用等优点越来越受到人们的青睐。

图 3-5 用烟草成功得到防艾滋病病毒抗体 2G12 植株

烟草中成功表达病毒、原虫基因采用农杆菌 LBA4404 介导的方法在烟草中成功表达重组 HIV 抗原基因、大肠杆菌热敏肠毒素 B 亚单位（*LT-B*）基因、狂犬病病毒糖蛋白（G 蛋白）基因、口蹄疫病毒 *VP1* 基因、轮状病毒基因等，通过口服后产生了针对各种传染病明显的免疫效果。特别值得一提的是德国弗劳恩霍夫分子生物和生态应用研究所成功地从转基因烟草中获取了防艾滋病病毒抗体 2G12（图 3-5），这种抗体与病毒表面的蛋白质结合后，可以阻止病毒进一步侵入人体的免疫细胞。Turpen 等将编码疟原虫抗原决定簇的基因片段插入到烟草花叶病毒（TMV）外壳蛋白的编码区中，构建了植物病毒载体，然后用它感染烟草，所产生的高水平重组融合蛋白经试验证明具有抗原活性，这表明通过转基因植物控制各种传染性疾病是可行的。含有抗乙肝病毒蛋白的转基因西红柿已由中国农业科学院生物技术研究所培育成功（图 3-6），在未来几年内，人们就可以从市场上买到这种西红柿了。

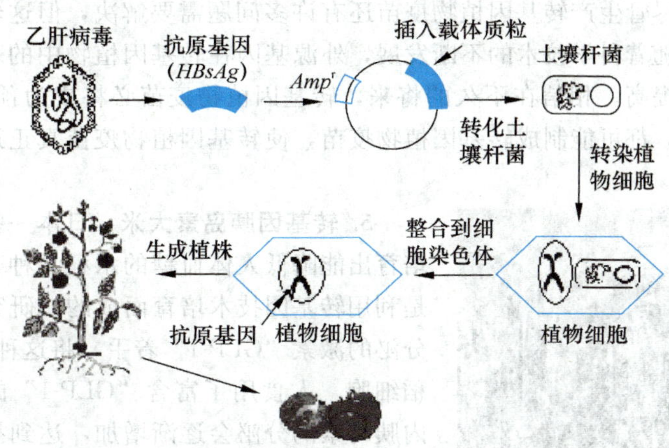

图 3-6　表现出对乙肝病毒表面抗原（*HBs Ag*）基因的转基因西红柿

作为世界乙肝高发区，我国采用高科技手段让预防乙肝变成品尝美味、简便易行又无痛苦的事，无疑会让百姓乐于接受。但是另一方面，人们又心存顾忌：把西红柿弄成转基因的，这西红柿成啥味了？万一吃出毛病来怎么办？往后这菜都能防病了，还能放心大胆地吃吗？

(2) 转基因植物疫苗的作用机制：口服疫苗到肠内黏膜诱导部位之前要经过胃内的不利环境，有效的口服疫苗必须防止被降解，否则会失去免疫原性。而植物细胞壁作为天然的生物胶囊，可使细胞中的疫苗抗原通过胃内的不利环境时受到细胞壁的保护，直接到达肠内黏膜诱导部位，诱导黏膜和全身免疫反应。不仅如此，转基因植物口服疫苗还可诱导消化道相关淋巴样组织(CALT) 产生分泌性的 Ig A，在病原体和宿主之间相互作用的起始部位直接诱发免疫反应，从而大大提高其免疫有效性。转基因植物疫苗是一个新兴的研究领域，尽管利用转基因植物生产疫苗有很多优点，但就目前的技术而言，仍然有很多因素限制着植物疫苗的发展和应用。

(3) 转基因植物疫苗的表达效率及稳定性：疫苗在植物中的产量取决于编码抗原蛋白的基因序列的利用率，以及构建合适的植物转化表达元件。在已报道的研究中，外源基因所表达的重组抗原蛋白只占植物可溶蛋白的 0.01%～0.37%，要达到提高外源蛋白表达量可从优化启动子和外源蛋白的表达部位入手。此外，也可将外源基因导入植物叶绿体基因中，以提高外源蛋白的含量。近年来，也有越来越多的科学家使用植物病毒作为瞬时表达载体来生产疫苗，使外源基因随着病毒复制而在植物体内增殖，瞬时高效表达外源蛋白。

(4) 转基因植物疫苗的生物安全性：用于筛选转基因植株的抗生素基因，可能对环境安全和人体健康产生潜在的危害。释放到环境中的转基因植物，对环境中的许多有益生物也将产生直接或间接的不利影响。此外，转基因植物还可能将一些抗病或对环境胁迫具有耐性的基因转移给杂草，严重威胁其他作物的正常生长和生存。另外，人或动物口服转基因植物后还可能对机体产生某些毒理作用或引起过敏反应，这些不良作用在进行临床实验前必须进行充分的验证，确保植物疫苗的安全性。

(5) 转基因植物疫苗的耐受性：机体对口服疫苗的免疫耐受性与免疫系统的抑制性 T 淋巴细胞（Ts）的功能密切相关。免疫耐受的程度与免疫剂量、免疫程序、抗原特异性等多种因素有关。减少疫苗服用次数，加大每次摄入量等方法可以减少免疫耐受的发生。因此，有必要对转基因植物疫苗进行免疫耐受方面的实验，找到避免口服免疫耐受的最佳免疫方案。

用转基因植物生产疫苗，与传统的微生物发酵、动物细胞和转基因动物等生产系统相比，具有许多潜在的优势。尽管生产转基因植物疫苗还有许多问题需要解决，但这丝毫不影响转基因植物疫苗的开发利用。随着科学技术的不断发展，外源基因在转基因植物中的表达效率和转基因产物的免疫性将进一步提高。相信在不久的将来，转基因植物疫苗必将成为预防疾病的重要途径，许多病毒和细菌抗原，都可能制成转基因植物疫苗，使转基因植物疫苗真正运用到医学实践和畜牧业生产中。

图 3-7　转基因胰岛素大米（水稻）

5. 转基因胰岛素大米　日本一家研究所的研究人员培育出能降低人体血糖的水稻品种（图 3-7）。这种水稻是利用转基因技术培育而成的。研究人员从促使胰岛素分泌的激素"GLP-1"着手，将这种激素的 DNA 种植水稻细胞。人食用了富含"GLP-1"的转基因大米后，体内胰岛素的分泌会逐渐增加，达到抑制血糖值升高的目的。胰岛素虽然能降低血糖值，但摄取过量，血糖下降过度，患者可能会突然失去知觉。而"GLP-1"只在血糖值过高的时候促使胰岛素分泌，不会使血糖值降到正常范围以下。研究证明，目前的大米蛋白质中含 10%～15%的"GLP-1"激素，转基因技术可使大米蛋白质中"GLP-1"的含量提高 3 倍以上。患者吃 1 碗饭就能摄入 500mg "GLP-1"，疗效与吃药几乎相当。研究人员计划通过动物实验，在确定有效性和安全性的基础上，在几年内把这种大米推向市场。

6. 转基因莴苣胰岛素胶囊　目前，为使胰岛素能直接进入血液，通常采用的给药方式是注射，而不是口服。由丹尼尔教授提议用莴苣代替烟草来制造胰岛素，因为种植莴苣的成本很低，而且可以避免与烟草相关的负面影响。由纤维素组成的植物细胞壁可以在口服后的初始阶段防止胰岛素被降解。当含有胰岛素的植物细胞到达肠壁后，肠居细菌开始将植物细胞壁缓慢分解，胰岛素随之被逐渐地释放到血液中。这项技术将为世界上成千上万名胰岛素依赖型糖尿病患者带来希望。

五、植物细胞培养工程

（一）植物细胞培养工程

1. 规模生物反应器中培养植物细胞　由于植物细胞的高度易碎性，对剪切力的敏感、细胞有去分化和聚集作用，增殖时间长等独特性，使其大规模培养技术明显比微生物和动物细胞的发展缓慢。生物反应器中培养烟草细胞但通过不懈的努力，现在已经具备在 2 万 L 规模的生物反应器中培养烟草细胞的能力。而日本的三井石化也已经在使用750L 发酵罐通过培养植物细胞而生产紫草宁，且产量较高，可满足全日本 40%的需要。相信随着理论与技术的不断完善，植物细胞的大规模的培养将会很快成为一种常规的生产手段。培养后的培养物经过处理后被分离、提纯。分离和精制过程所需的费用在整个生产过程中占有很大的比例，一般为 60%，有些甚至高达 80%～90%，而且还有继续加剧的趋向。因此该过程的落后也可能阻碍细胞工程的发展。世界各国现在已经都比较重视这个问题，英国早在1983年就发起了生物分离计划（BIOSEP），专门研究分离与精制，我国也曾经召开过专门会议。分离与精制的困难是由于培养液自身的理化特性所决定，这就需要在上游工程时就考虑到这方面的问题，同时不断推出新的分离纯化技术及方法，从而简化过程、降低成本，这在实际生产中是很重要的。

组织及细胞培养植物细胞工程涉及诸多理论原理及实际操作技术，首当其冲的自然是培养技术，也就是将植物的器官、组织、细胞甚至细胞器进行离体的、无菌的培养。它是细胞遗传操作及细胞保藏的基础。

2. 高产细胞株选育方法

（1）悬浮培养技术。

（2）多级培养和固定化细胞技术。

（3）培养工艺优化控制。

（4）生物反应器研制。

（5）下游纯化技术。

在上述5个方面的研究均取得了较大进展。

（二）植物药物的工业化生产

有些药用植物种类已实现工业化生产，如：

（1）从黄连细胞培养物中生产黄连碱。

（2）从人参根细胞中生产人参皂苷。

（3）从希腊毛地黄细胞培养物通过生物转化生产地高辛等。

相当种类的药用植物细胞大量培养已达到中试水平，如青蒿生产青蒿素、长春花生产吲哚生物碱、红豆杉生产紫杉醇、丹参生产丹参酮、三七生产皂苷、紫草生产萘醌等。

六、植物细胞的染色体工程

（一）染色体的消除与添加

1. 染色体的消除

（1）单体植物：起初是利用自然发生的单倍体普通小麦制作，现在则用人工诱导花粉或未受精的子房产生的单倍体植株为材料进行。这是因为普通小麦的单倍体植株只有21条染色体，都不是成对的，因此在成熟分裂（减数分裂）时没有联会的对象，故仍为单价染色体。这21个单价染色体能排列在赤道板上纵裂为二，在后期Ⅰ被平均分配到细胞的两极。但在第二次分裂时，这21个染色体不再纵裂，随机分开，结果产生了21种类型的配子。

（2）染色体的添加：同种染色体的添加，所添加的染色体来自同种个体，添加一个的叫三体植物（$2n+1$）；添加一对的叫四体植物（$2n+2$）。三体植物和单体植物一样，可得自单倍体、三倍体或缺体。

（3）染色体的替代：用同种或异种染色体来替代某特定染色体的技术，其目的是要把已知道的具有抗病或其他有利特性的某一染色体来替代另一个具有其他性状的染色体。

现在，应用染色体工程的方法，在许多添加和替代染色体工作中，已经获得了不少有遗传学和育种学价值的品系。例如，获得了添加单个冰草染色体的小麦品系中间，有的能抗粉露菌病、秆锈和叶锈。这种抗性均呈现显性单因子遗传。将黑麦第Ⅲ对染色体加到软粒小麦对粉露菌病有抗性。用冰草的一个染色体替代软粒小麦染色体3D，使软粒小麦对秆锈有抗性。这些在生产实践上都有实用价值。

2. 植物染色体组的添加

(1) 诱导增加或减少一个生物体内整套染色体组数的技术：增加同种染色体组数的叫同源多倍体；增加异种染色体组数的叫异源多倍体，异源多倍体必须经过杂交才能得到。

(2) 染色体组工程的方法：多倍体的诱发自发现了用秋水仙素诱发多倍体的方法以来，一般常用药剂（秋水仙素、富民隆等），也可用高温处理来诱发多倍体。其方法是把植物的种子或幼芽浸在0.05%～0.2%的秋水仙素水溶液中，处理24～96h 即可得到很好的效果。例如四倍体西瓜、甜菜、玉米和百合等都是用此法获得的。

(3) 染色体组工程的应用：诱导多倍体在植物育种上的应用是有限度的。由于作物类型不同，对多倍性诱变反应也不同。原来的倍性水平、染色体组的结构、繁殖方式、多年生性、植株实用部位，所有这些都关系到育种的成败。最适宜用染色体加倍方法改良的作物应该具有：① 染色体数目较少。② 以收获营养体为主。③ 异花授粉。④ 多年生和营养繁殖的习性等条件。

第 4 节 细胞工程制药的应用、前景和存在的问题

一、临床用细胞工程药物

(一) 单克隆抗体

1. 单克隆抗体的首次获得 自 1975 年英国剑桥大学的科学家利用动物细胞融合技术首次获得单克隆抗体以来，许多人类无能为力的病毒性疾病遇到了克星。用单克隆抗体可以检测出多种病毒中非常细微的株间差异，鉴定细菌的种型和亚种。这些都是传统血清法或动物免疫法所做不到的，而且诊断异常准确，误诊率大大降低。例如，抗乙型肝炎病毒表面抗原（HBsAg）的单克隆抗体，其灵敏度比当前最佳的抗血清还要高 100 倍，能检测出抗血清的 60%的假阴性。

2. "生物导弹" 近年来，应用单克隆抗体可以检查出某些还尚无临床表现的极小肿瘤病灶，检测心肌梗死的部位和面积，这为有效的治疗提供方便。单克隆抗体并已成功地应用于临床治疗，主要是针对一些还没有特效药的病毒性疾病，尤其适用于抵抗力差的儿童。人们正在研究"生物导弹"——单克隆抗体作载体携带药物，使药物准确地到达癌细胞，以避免化疗或放射疗法把正常细胞与癌细胞一同杀死的副作用。建立诊断和治疗和人体器官移植的动物模型与器官。

(二) 精确检测排卵期与建立"动物器官工厂"

1. 精确检测排卵期 单克隆抗体可以精确地检测排卵期。新一代免疫避孕药也在研制之中，其基本原理是用精子，卵透明带或早期胚胎来制备单克隆抗体，将它们注入妇女体内，人体就会产生对精子的免疫反应，从而起到避孕作用。人类体外受精技术的日趋成熟，使人类对生育活动有了较大的选择余地，促进优生优育，提高人口素质，也为不孕症患者或不宜生育的人带来福音。

2. 建立治疗人类疾病的动物模型和器官 转基因动物除了可在生产基因工程药物方面发挥重要作用外，还可用于建立治疗人类疾病的动物模型、生产可用于人体器官移植的动物器官等。英国科学家创造出了世界上首只人、羊细胞混合的"杂种"绵羊，这只绵羊长得仍然"羊模羊样"，但是其体内的不少器官却含有人类细胞。据报道，这只羊身上共有 15%的人类细胞和 85%的绵羊细胞。这项科学进展使得人类又向将动物器官用作人体移植的目标迈进了一步。我国新疆农垦科

学院畜牧院研究人员顺利降生含有人肝细胞再生增强因子（ALR）的两只转基因绵羊，并存活至今。这标志着对人体病损肝脏再生、修复的研究有着重要意义。

二、人源化抗体的研制与“分子药田”工程

（一）人源化抗体

1. 人源化抗体 人源化抗体的研制和生产抗体可以对抗各种病原体，亦可作为导向器，但目前的单克隆抗体多为鼠源性抗体，注入人体后会产生抗体（抗抗体）或激发免疫反应。目前国外已研究噬菌体抗体技术、嵌合抗体技术、基因工程抗体技术等来解决人源化抗体问题。为了获得疗效更好、更适于人体使用的抗体，我国的细胞工程研究工作者也应该在这方面有所作为。

2. “分子药田”工程 随着21世纪的到来，传统中药材在保障人类健康的社会医疗事业中的作用越来越重要。因为在传统中药材中包含着许多人们尚未认识和开发的具有新功能的化合物，其中不少有望成为新的药物。借助细胞工程技术，人们可望保存和繁殖那些濒临灭绝的药材资源，也可望扩增那些数量极少而又极有价值的新类型化合物，满足临床的需求，或在遗传上改变现存的传统药材的有效成分，附加新的遗传成分，成为“转基因药材”。

（二）与我国传统中草药研究相结合与低投入、高产出的细胞工程生物药物

1. 植物细胞的大量培养和天然药物的工厂化生产 从植物细胞工程方面来说，植物细胞的大量培养和天然药物的工厂化生产将是未来一段时间发展的重点，尤其是天然植物蕴藏量少、含量低，但临床效用高的成分，如藏红花、紫杉醇等，利用细胞工程方法进行大量培养生产。可以说，如何将植物细胞工程技术与我国传统中草药研究相结合，是我们面临的一个新的课题。

2. 低投入、高产出、高活性的细胞工程生物药物 生物药品主要有各种疫苗、菌苗、抗生素、生物活性物质，抗体等，是生物体内代谢的中间产物或分泌物。过去制备疫苗是从动物组织中提取，得到的产量低而且很费时。现在，通过培养、诱变等细胞工程或细胞融合途径，不仅大大提高了效率，还能制备出多价菌苗，可以同时抵御两种以上的病原菌的侵害。用同样的手段，也可培养出能在培养条件下长期生长、分裂并能分泌某种激素的细胞系。1982年美国科学家用诱变和细胞杂交手段，获得了可以持续分泌干扰素的体外培养细胞系，现已走向应用。可以说转基因动物的问世，为利用基因工程手段获得低成本、高活性和高表达的药物开辟了一条重要途径。

作为生物反应器的转基因动物，主要是利用其乳腺组织和血液组织进行定位表达，特别是用乳腺组织生产具有生物活性的多肽药物和具有特殊营养意义的蛋白质，已成为一个新兴的转基因制药业。

三、细胞工程药物的安全性

（一）安全性已引起了人们的广泛关注

1. 新组合、新性状是否会影响人类健康和生物环境还缺乏足够的认识与经验 诚然，细胞工程的神奇确实令人惊叹不已，但随着这一类技术的迅猛发展，基因产品的广泛应用，其安全性已引起了人们的广泛关注。虽然从本质上来讲，转基因植物和常规育成的品种是一样的，两者都是在原有品种的基础上对其一部分进行修饰，或增加新特性和消除原来的不利性状，但是，以前所用的有性杂交仅仅局限于种类和近缘种之间，而转基因植物却大胆突破了这一局限，其外源基因可以来自植物、微生物甚至动物。在这种情况下，人们对可能出现的新组合、新性状是否会影响人类健康和生物环境还缺乏足够的认识与经验。

2. 仍然存在的不可知性 至少从目前来说，我们还不可能很准确的预测某一引渡的外源基因在新的遗传背景中会产生什么样的相互作用。并且，转基因植物还可以对它所在的环境产生一定的影响。比如现在应用最多的抗除草剂基因就可能通过同属野生植物异花传粉而逐渐扩散进入自然界，从而使杂草的控制变得更加困难；而抗虫、抗病基因也有可能通过类似的途径转移到环境，给野生种群带来选择优势而变得无法收拾。虽然现在一般通过生殖隔离（设置缓冲作物带和隔离区）来防止基因漂流至临近作物，但若进行大规模生产和推广时就会难于加以控制。

（二）细胞工程是一柄双刃剑及不同的意见

1. 转基因作物可能造成对微生物的影响 自然界中存在着植物病毒间异源重组，病毒的异源包装（转移包装）可以改变其宿主范围。转基因植物表达的病毒外壳蛋白在体外实验中可以包装入侵的另一种病毒的核酸，产生一种新病毒，虽然在小规模的植物间实验中并未发现这种情况，但长期的规模化生产应用中会是怎样呢？此外，公众对转基因植物的接受性和标签问题得到也是我们应该考虑的问题。由此可见，细胞工程是一柄双刃剑，在造福于人类的同时也可能毁灭人类，甚至整个地球。

2. 一种相反的意见 还有一种意见认为上述说法未免有些太耸人听闻，本来就是人身上的东西为什么一听说是转基因产品就产生如此大的恐慌呢？这不是很荒唐的事吗？动物的肉类和蔬菜不都是异种另类吗？人类本来的东西转入另类物种生产出来的不仍然还是人类的吗？这种人类不可侵犯的理念其实早就被打破了。因此，只要在DNA水平序列准确无误，翻译后修饰加工确保得到的产物纯度达97%以上，应该说是安全的。我们应在大力发展的同时注意其安全性，不断完善理论和技术，使其更好地为人类服务。

结　语

利用动物细胞培养可生产人类生理活性因子、疫苗、单克隆抗体等产品；利用植物细胞培养可大量生产经济价值较大的植物有效成分，也可生产人活因子、疫苗等重组DNA产品。现今重组DNA技术已用来构建能高效生产药物动物、植物细胞株系或构建能产生原植物中没有的新结构化合物的植物细胞系。综上所述，细胞工程不仅可大量工业生产天然稀有的药物，而且其产品具有高效性和对疾病鲜明的针对性。因而，细胞工程药物的发展必将给制药工业带来一次革命性飞跃，在人类的医疗保健中发挥越来越重要的作用。

学习重点

核移植技术就是将一个动物的细胞核移植到卵细胞中发育生长。科学家们从绵羊身上取出一些细胞加以培养，把人类基因注入这些细胞中，然后取出细胞核，移入已去掉DNA遗传物质的绵羊卵细胞中去，使其发育成胚胎，种植“假母”体内。这样诞生的小羊羔经科学家们鉴定，体内确实含有人类基因。动物药厂往往是把基因转移和核移植两个技术结合起来。

转基因动物技术是指通过实验手段将外源基因导入动物细胞中并稳定地整合到动物基因组中，且能遗传给子代的动物。让动物成为制药工厂、创造人类急需的生物制品。最具诱人前景的无疑是应用转基因动物生产转基因药物。相比以往的制药技术，转基因动物药物具有不可比拟的优越性。

“动物药厂”——哺乳动物生物反应器。就基因药物而言，最理想的表达场所是乳腺。因为乳腺为分泌性器官，乳汁不进入体内循环，不会影响转基因动物本身的生长发育，从转基因动物的乳汁中获得药物，不但产量高、易提纯，而且经过加工，具有稳定的生物活性。所以，转基因动物可成为人类理想的制药厂。哺乳动物生物反应器在21世纪是最具希望和发展潜力的制药方向。

高度分化的植物体细胞具有全能性，植物细胞直接培养，加些激素，就可以脱分化成愈伤组织，最后形成幼苗，而高度分化的动物细胞不行，只能将细胞核移植到卵细胞才能形成新个体。一般来说，动物细胞高度发达，全能性受到抑制，因此，一般认为是细胞核有全能性。而植物细胞分化程度则没有那么高。转基因植物疫苗是一个新兴的研究领域，植物疫苗的发展和应用。

思考题

1. 何谓细胞的全能性和重编程？
2. 试述动物细胞工程制药和植物细胞工程制药的技术有哪些。
3. 我国传统中药与细胞工程制药如何结合？你有何奇思妙想？
4. 如何看待细胞工程药物的安全性？

参考文献

蔡建秀，肖华山. 1999. 植物组织细胞培养. 泉州师专学报（自然科学），17（6）：38～42

黄淑帧，张克忠，黄英，等. 1998. 乳汁中分泌有活性的人凝血因子Ⅸ的转基因羊的研制. 科学通报，43（7）：783～784

李刚，刘鹏，刘诚讯，等. 2002. 我国细胞工程制药的研究现状和发展前景. 中国现代药学应用杂志，19（4）：279～281

林福玉，陈昭烈，刘红. 2000. 5L生物反应器中长期灌流培养CHO工程细胞生产. 军事医学科学院院刊，24（1）：44～48

Jones，Heddwyn. 1996. Methods in Molecular Biology，Expressing Foreign Genes in Plants. Introduction of Cloning Plasmids into Agrobacterium tumefaciens，49：33～37

Paul J. Verma Alan O. 2006. Trounson Nuclear Transfer Protocols Methods in Molecular Biology. New York：Human Press

（郭葆玉 潘 卫）

第4章 酶工程制药

学习要求

1. 掌握酶的催化特性及影响酶催化的主要因素。
2. 熟悉酶的一般分类、药用酶的生产技术和药物的酶法生产技术。
3. 了解现代酶工程制药的现状和未来的发展方向。

酶工程制药主要包括药用酶的生产和酶法制药两方面的技术。药用酶的生产是指从生物体中直接提取或者采用生物或化学的方法合成具有治疗和预防疾病作用的酶的工程技术。酶法制药是指利用酶催化生产药物，是酶学理论和制药技术相结合而形成的一种技术。

酶法制药可以克服化学制药的诸多不利因素，比如反应步骤多，不良反应多，反应条件苛刻，能源高消耗，以及对环境造成的不良影响。基于经济利益和自然环境两方面的考虑，酶工程制药日益受到青睐。当前手性药物已成为国际上新药研究的一个重要方向，手性药物的销售额占全球药品总销售额近1/3，手性药物的大规模生产是一个重要的技术挑战，而酶法制药成为目前生产手性药物的关键技术平台。

酶工程制药作为生物制药的重要组成部分，近20年得到迅猛的发展。与化学制药相比，酶工程制药省去昂贵的金属催化剂，所需条件温和，无需强酸强碱、高温高压等极端条件，可大大降低对设备的要求，同时具备反应速度快、立体选择性高等优势，而且对环境污染小，属于绿色合成技术，因而成为最有前景的制药方法之一。

第1节 酶工程制药概述

一、酶及酶催化特性

酶是由活细胞产生的具有特殊催化功能的生物大分子，分为蛋白酶类和核酸酶类，这两类酶分子中起催化作用的主要成分分别是蛋白质和核酸。生物体内组成生命活动的大部分生化反应都是在酶的催化下进行的。没有酶的存在，就没有生物体的生命活动，就没有生命。酶是生物催化剂，具有催化剂的共同性质，能显著加快化学反应的速度，但不改变反应的平衡点，其本身在反应中保持结构和性质不变。酶催化反应具有以下特点：专一性强，效率高，条件温和。

1. 专一性强 大多数酶对所作用的底物和催化的反应都是高度专一的。不同的酶专一性程度不同。有的酶具有键专一性或者基团专一性，如酯酶可催化所有含有酯键的酯类物质水解成醇和酸，而胰蛋白酶（EC3.4.31.4）选择性地水解含有赖氨酰或精氨酰的羰基的肽键。大多数酶具有绝对专一性，如脲酶只催化尿素的反应，四膜虫 26S rRNA 前体等自我剪接酶只催化其本身 RNA 分子进行剪接。有的酶催化反应具有立体专一性，当酶的作用底物含有不对称碳原子时，酶只能作用于一种异构体，如天冬氨酸氨裂合酶（EC4.3.1.1）仅作用于延胡索酸（反丁烯二酸）经氨基化反应生成 *L*-天冬氨酸及其逆反应，而对马来酸（顺丁烯二酸）和 *D*-天冬氨酸都一概不起作用。

2. 效率高　每个酶分子每分钟可以催化 1 000 个左右的底物分子转化为产物，即酶的转换数为 10^3/min。有的酶的转换数甚至更高，比如碳酸酐酶的转换数高达 3.6×10^7/min。酶催化反应的速度比非酶催化反应的速度高 $10^7\sim10^{13}$。酶用量少，催化效率高，化学催化剂需要 0.1%～1% 的量，而酶只需要 $10^{-6}\sim10^{-5}$。

3. 反应条件温和　酶催化的是生物体内的化学反应，而所有的动物、植物以及微生物的细胞，只有在相对狭窄的温度范围内才能完成生命活动，因此酶催化化学反应的条件都很温和。大部分酶在 30～40℃的温度和靠近中性（pH 7）的条件下催化活性最佳。而某些特殊的酶能在更高的温度下应用，比如噬高温蛋白酶可工作在 60℃环境中用于皮革工业，而 *Pyrococcus woesei* 的热稳定 *α*-淀粉酶可在 120℃环境下实现淀粉液化。由于反应条件温和，酶催化反应对设备的耐热、耐压、耐腐蚀等要求不高，反应器设计及生产相应降低。

二、影响酶催化反应的主要因素

影响酶促反应的因素主要有底物浓度、酶浓度、温度、pH、抑制剂等。

1. 底物浓度的影响　根据 Henri 的“酶-底物-中间复合体”学说，酶促反应中，酶先与底物形成中间复合物，再转变成产物，并重新释放出游离的酶。

$$E+S \rightleftharpoons ES \rightarrow E+P$$

在酶浓度恒定的条件下，当底物浓度很小时，酶未被底物饱和，这时反应速度取决于底物的浓度，底物浓度越大，单位时间内 ES 生成也越多，而反应速度取决于 ES 的浓度，故反应速度也随之增高。当底物浓度加大后，酶逐渐被底物饱和，反应速度不再随着底物的浓度的提高按比例上升，继而当底物增加至极大值，所有酶分子均被底物饱和，所有的 E 均转变成 ES，此时的反应速度保持恒定。以［S］对 V 作图时，就形成一条双曲线（图 4-1）。

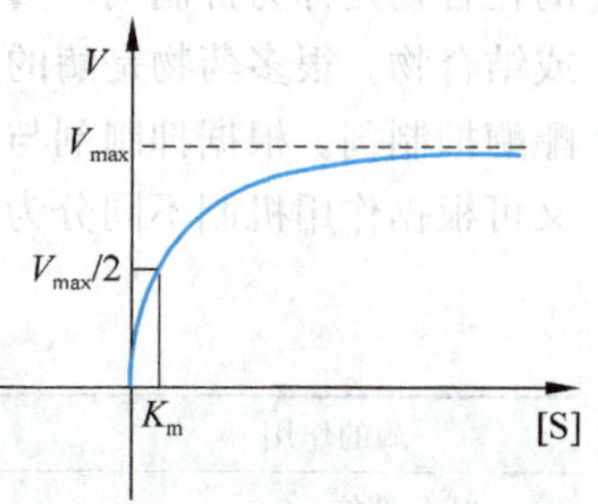

图 4-1　底物浓度对酶促反应速度的影响

1913 年 Michaelis 和 Menten 提出反应速度与底物浓度关系的数学方程式，即米-曼方程式，简称米氏方程式（Michaelis equation）。

$$v=\frac{V_{max}[S]}{K_m+[S]}$$

式中，［S］：底物浓度；v：不同［S］时的反应速度；V_{max}：最大反应速度（maximum velocity）；K_m：米氏常数（Michaelis constant）。

米氏方程是酶催化反应的基本动力学方程，它阐明了底物浓度与酶催化反应速度之间的定量关系。

2. 酶浓度的影响　在底物浓度足够高的条件下，酶促反应速度与酶浓度成正比，如图 4-2 所示。

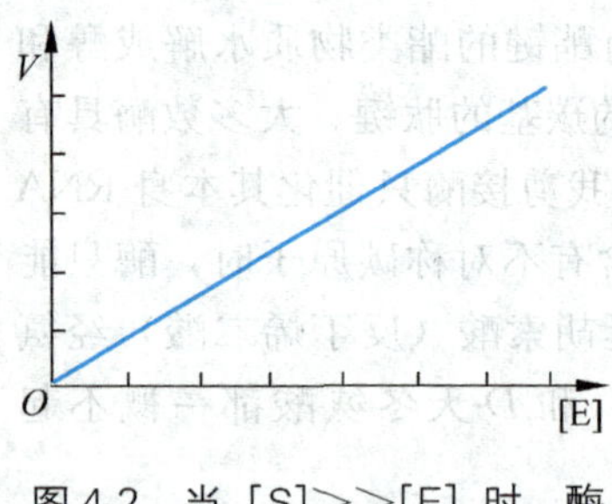

图 4-2 当 [S]>>[E] 时，酶浓度对酶促反应速度的影响

3. 温度的影响 温度升高，酶促反应速度加快。但温度升高超过一定值，酶的高级结构将发生变化或变性，导致酶活性降低甚至丧失。大多数酶都有一个最适温度。在最适温度条件下，反应速度最大。酶的最适温度与底物浓度、递质 pH、离子强度、保温时间等许多因素有关（图 4-3）。

4. pH 值的影响 大多数酶的活性受 pH 值影响较大。pH 影响酶以及底物的解离，进而影响酶与底物的结合。pH 还可以影响酶分子构象。酶在一定 pH 下表现出最大活力，高于或低于此 pH，活力均降低。酶表现最大活力时的 pH 称为酶的最适 pH。如图 4-4，不同的酶有不同的有效 pH 范围和最适 pH。

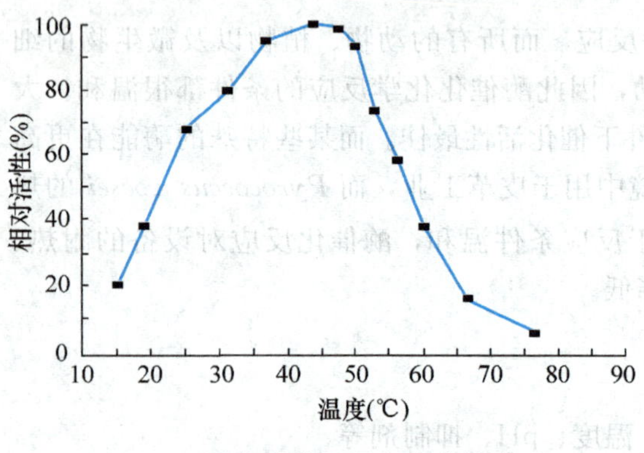

图 4-3 温度对酶促反应速度的影响

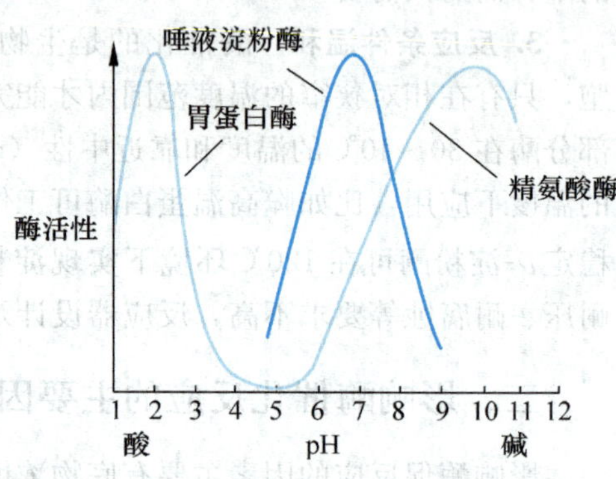

图 4-4 pH 值对酶促反应速度的影响

5. 抑制剂的影响 使酶的活性降低或丧失的现象称为酶的抑制作用。能够引起酶的抑制作用的化合物则称为抑制剂。酶的抑制剂一般能够与酶以非共价或共价的方式形成比较稳定的复合体或结合物。很多药物是酶的抑制剂，如磺胺类药物是二氢叶酸合成酶的抑制剂，新斯的明是胆碱酯酶抑制剂。根据抑制剂与酶结合的情况可分为可逆性抑制剂及不可逆性抑制剂，可逆性抑制剂又可根据作用机制不同分为竞争性抑制剂、非竞争性抑制剂和反竞争性抑制剂（表 4-1）。

表 4-1 抑制类型对酶促反应的影响比较

酶的作用	竞争性抑制	非竞争性抑制	反竞争性抑制
结合部位	活性中心	活性中心以外	活性中心以外
抑制剂结合组分	E	E、ES	ES
增加底物浓度	消除抑制	不能消除抑制	不能消除抑制
对 V_m 的影响	不变	降低	降低
对 K_m 的影响	增加	不变	降低

三、酶的分类

酶可以分为蛋白酶类和核酸酶类两大类别。根据催化反应的类型，蛋白酶类和核酸酶类又分为几大类，如图 4-5 所示。

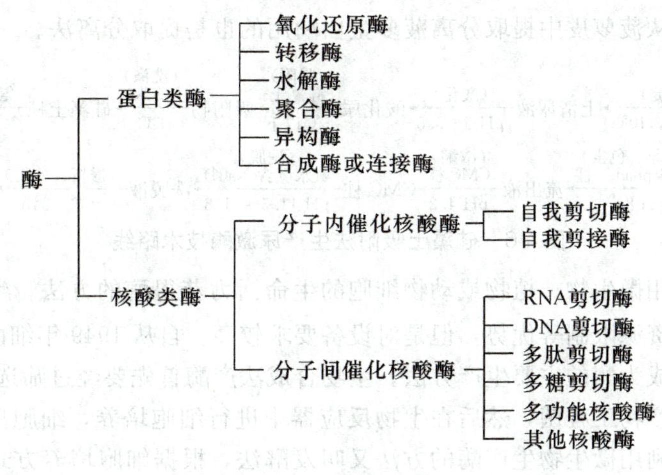

图 4-5　酶的分类

四、酶工程和酶工程制药

酶工程是利用酶的催化性质在一定的生物反应装置中，将相应原料转化成有用物质的技术。1971 年第一届国际酶工程会议提出的酶工程主要内容为：酶的生产，酶的分离纯化，酶的固定化，酶生物反应器，酶与固定化酶的应用等。酶工程是较早发展的一种现代生物技术，自 20 世纪 50 年代起，由微生物发酵液中分离出一些酶，制成酶制剂；60 年代后期，由于固定化酶和固定化细胞的崛起，酶制剂的应用技术得到质的改变；70 年代后期以来，由于微生物学，遗传工程及细胞工程的发展，酶的制备方法，应用范围和后处理工艺都得到更深入地发展。现有发现和鉴定的酶有 8 000 多种，大规模生产和应用的酶数十种。

酶工程制药是酶学理论和制药技术相结合而形成的一种新技术，是生物制药的主要手段之一，包括药用酶的生产和酶法制药两方面的技术。酶工程制药已经获得技术上和市场上的成功。例如，固定化青霉素酰化酶生产半合成青霉素的关键原料 6-氨基青霉烷酸，*L*-酪氨酸转氨酶制造多巴（L-二羟苯丙氨酸），核糖核酸酶生产核苷酸。药用酶的生产也有许多品种，例如，从植物和微生物中提取具有抗菌作用的溶菌酶；基因工程菌生产的组织纤溶酶原激活剂，可治疗血栓性疾病；分子修饰、诱导的抗体酶，清除各种致病性抗原。

第 2 节　酶工程制药技术

一、药用酶的生产技术

（一）药用酶的生产方法

药用酶的生产方法主要有提取分离法、生物合成法以及化学合成法。早期药用酶的生产主要是提取分离法，以动植物和微生物为原料，采用各种提取、分离技术，获得纯化的酶。提取方法有：盐溶液提取、酸溶液提取、碱溶液提取及有机溶剂提取。分离纯化技术有：离心分离、过滤分离、萃取分离、沉淀分离、层析分离、电泳分离以及浓缩、结晶、干燥等。在提取分离过程中，要考虑目标酶分子的特性，控制好 pH、温度、离子强度等各种条件，提高提取率并防止酶失活。提取分离法对设备要求简单，易操作，但是会受到资源的限制。许多药用酶的生产采用提取分离法，例如：临床上常用的溶栓药尿激酶就是通过硅藻土吸附逐步分离所得（图 4-6）。此外从动物胰脏分离胰蛋白酶、从菠萝皮中提取分离菠萝蛋白酶用的也是提取分离法。

男性尿 —(沉淀) pH 8.5，10℃→ 上清尿液 —(酸化) pH 5～5.5→ 酸化尿 —(吸附) 硅藻土 5℃以下→ 吸附物 —(洗涤) 冷水 5℃→ 硅藻土柱 —(洗脱) 氨水（含 NaCl）→

洗脱液 —(去热原、色素) QAE-Sephadex 柱 pH 8→ 流出液 —(浓缩) CMC 柱 pH 4.2→ CMC 柱 —(洗脱) 氨水（含 NaCl） pH 11.5～11.8→ 洗脱液 —(透析、冻干) 4℃，24h→ 尿激酶成品

图 4-6　硅藻土吸附法生产尿激酶技术路线

生物合成法是利用微生物、植物或动物细胞的生命活力获得酶的方法。生物合成法具有周期短，酶产率高，不受资源限制等优势，但是对设备要求较高。自从 1949 年细菌 α-淀粉酶发酵成功以来，生物合成法就成为酶的主要生产方法。生物合成法产酶首先要经过筛选、诱变、细胞融合、基因重组等方法获得产物工程菌，然后在生物反应器中进行细胞培养，细胞反应条件优化，分离纯化得到所需的酶。利用微生物生产酶的方法又叫发酵法，根据细胞培养方式不同又可分为液体深层发酵、固体培养发酵、固定化细胞发酵、固定化原生质体发酵等。现在普遍使用的是液体深层发酵技术。例如利用枯草杆菌生产淀粉酶，利用大肠杆菌生产谷氨酸脱羧酶。植物细胞和动物细胞培养生产酶从 20 世纪 70 年代开始发展，例如利用木瓜细胞培养生产木瓜蛋白酶，利用人黑色素瘤细胞生产血纤维蛋白溶酶原激活剂等。

化学合成法是 20 世纪 60 年代中期出现的新技术。1969 年，采用化学合成法得到含有 124 个氨基酸的核糖核酸酶，其后 RNA 的化学合成也取得成功。但化学合成法只能合成化学结构清楚的酶，而且成本高，难以工业化生产。因此，人们开始更加注意酶的模拟研究。人工模拟酶，即利用人工手段合成由非多肽结构组成的模型化合物，在生物条件下具有天然酶活性的酶型催化剂。如细胞色素 P450 高效模拟系统（图 4-7），该系统整合四个环糊精分子以及一系列过渡金属元素构成模拟酶主体，利用环糊精的亲水外缘和疏水内腔，能够像酶一样提供一个疏水的结合部位，作为主体（host）包络各种适当的客体（guest），如有机分子、无机离子以及气体分子等。一个经典的事例是 Breslow 和同事采用该系统实现了雄烷 C_6 位置的专一羟化（图 4-8）。当用亚碘酰苯作为氧化剂，β-环糊精四聚体能够选择环氧化芪底物，以及羟化二氢芪 12 位的碳。通过偶联把环糊精对准卟啉系统的锰，使雄烷 C_6 正好位于锰原子活性中心的正上方。该系统的缺陷是需要先链接几个导向基团才能顺利工作，反应完成后需要再去除。尽管如此，该系统的反应选择性还是给人留下深刻印象。

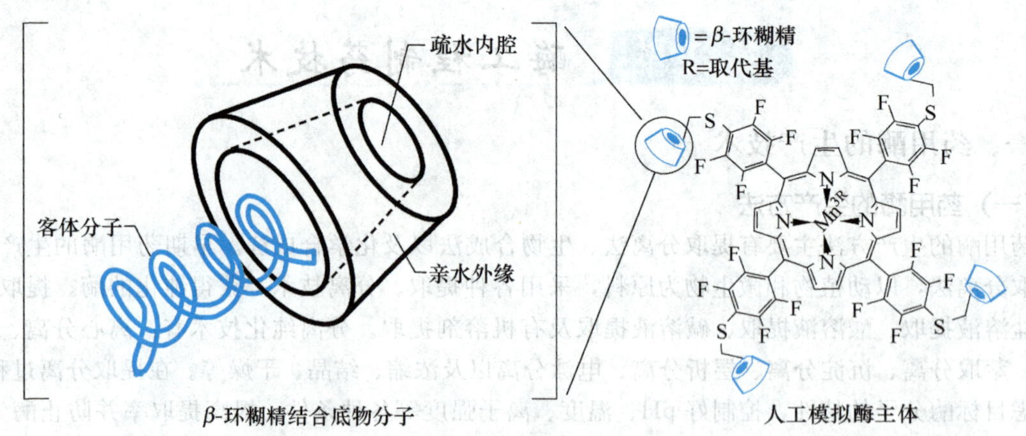

图 4-7　细胞色素 P450 高效模拟系统

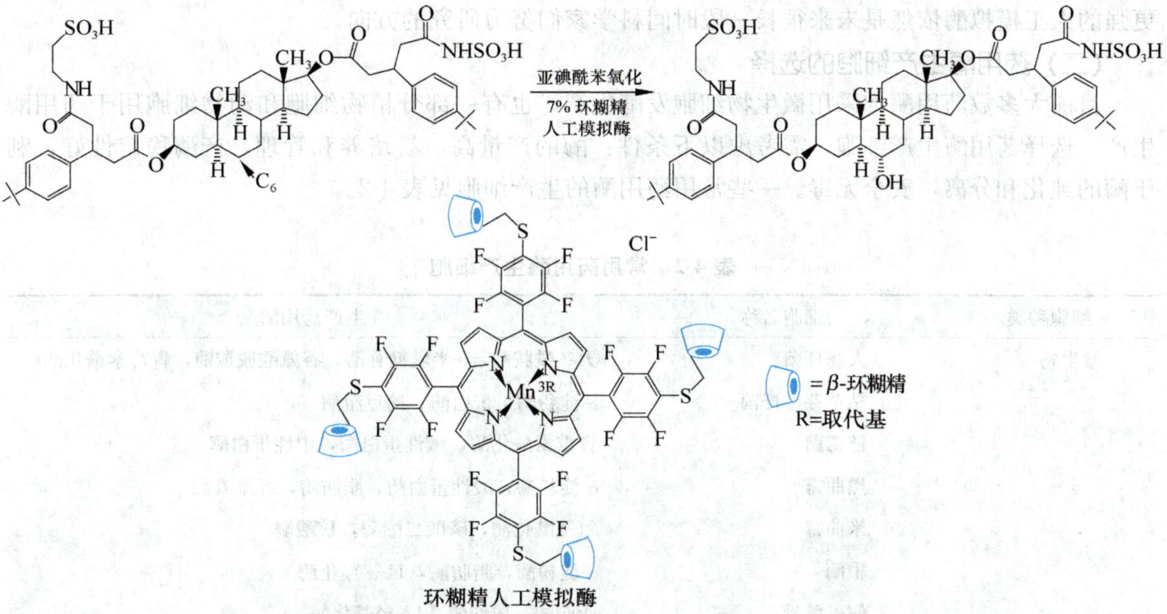

图 4-8　细胞色素 P450 人工模拟系统定向催化雄烷特定基团示意图

近 10 年，随着酶学基础理论研究的进展，对酶的结构功能以及催化作用的机制有了进一步了解，人工模拟酶的开发和应用也得到飞速发展，越来越多具有高催化效率的模拟酶模型逐渐走向成熟，同时一些兼具多种酶活性的新型多功能拟酶的出现无疑给快速发展的酶工程领域注入了新的活力！Kaushik Ghosh 在研究一系列新型 Cu（Ⅱ）复合物时，以 PhimpH 为配体，连续合成了 5 种复合物，发现其中复合物 1 和复合物 3 均同时具有超氧化物歧化酶活性（SOD activity）和核酸酶活性（nuclease activity），这一结果再次展示肯定了多功能模拟酶研制成功的可能性（图 4-9）。但坦率地讲，就酶活性而言人工酶和天然酶相比仍有很大的距离，因此合成催化效率更高、专一性

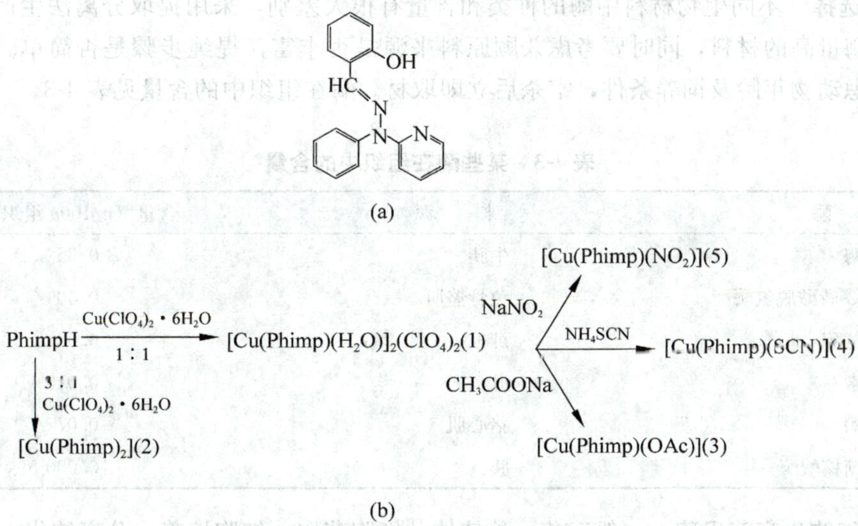

图 4-9　多功能模拟酶研究

(a) PhimpH 配体结构；(b) 复合物（1）～（5）合成路线

更强的人工模拟酶依然是未来很长一段时间科学家们努力研究的方向。

（二）药用酶生产细胞的选择

目前大多数药用酶都采用微生物细胞发酵生产，也有一部分植物细胞和动物细胞用于药用酶生产。选择药用酶生产细胞，需考虑以下条件：酶的产量高，易培养和管理，产酶稳定性好，利于酶的纯化和分离，安全无毒。一些常用药用酶的生产细胞见表 4-2。

表 4-2　常用药用酶生产细胞

细胞种类	细胞名称	生产药用酶
微生物	大肠杆菌	天冬酰胺酶，β-半乳糖苷酶，谷氨酸脱羧酶，青霉素酰化酶
	枯草芽孢杆菌	α-淀粉酶，蛋白酶，纳豆激酶
	链霉菌	青霉素酰化酶，碱性蛋白酶，中性蛋白酶
	黑曲霉	α-淀粉酶，酸性蛋白酶，脂肪酶，纤维素酶
	米曲霉	氨基酰化酶，磷酸二酯酶，核酸酶
	根酶	α-淀粉酶，脂肪酶，11-α 羟化酶
	假丝酵母	脂肪酶，尿酸酶，17-羟基化酶
植物细胞	木瓜细胞	木瓜蛋白酶，木瓜凝乳蛋白酶
	菠萝细胞	菠萝蛋白酶
	紫苜蓿细胞	β-半乳糖苷酶
动物细胞	人黑色素瘤细胞	组织纤溶酶原激活剂
	中国仓鼠卵巢细胞	抗凝血酶Ⅲ

（三）药用酶生产工艺优化

药用酶的生产工艺与其他酶的生产工艺大致相同。提取分离法包括原料选择，提取，分离纯化。生物合成法主要包括产酶细胞的选育，培养，酶的生产以及其分离纯化。

1. 原料选择　不同生物材料中酶的种类和含量有很大差别，采用提取分离法生产药用酶，首先要选择含酶量高的材料，同时要考虑兼顾原料来源是否丰富，提纯步骤是否简单。从动物器官提取酶要考虑动物年龄及饲养条件，宰杀后立即取材。酶在组织中的含量见表 4-3。

表 4-3　某些酶在组织中的含量

酶	来　源	含量（g/100g 组织湿重）
胰蛋白酶	牛胰	0.55
甘油醛-3-磷酸脱氢酶	兔骨骼肌	0.40
过氧化氢酶	辣根	0.02
细胞色素 C	肝	0.015
柠檬酸酶	猪心肌	0.07
脱氧核糖核酸酶	胰	0.000 5

2. 植物细胞生产药用酶　一般工艺：外植体→细胞获取→细胞培养→分离纯化→产物。

外植体是指从植株取出的一段枝条等组织器官，经预处理，用于植物组织培养和细胞培养。细胞是从外植体中获得，可以采用机械法或酶法进行直接分离，也可通过愈伤组织诱导法或原生质体再生法得到一定体积的细胞团或单细胞悬浮液。将获得的植物细胞在无菌条件下转入新鲜培养基，在人工控制条件的生物反应器中，进行细胞悬浮培养扩增植物细胞的生物量，并获得所需的酶。培养完毕，将细胞从培养液中分离，利用生化分离手段将培养液或者植物细胞中的酶分离出来。

工艺条件的控制包括以下内容。

1）培养基：植物细胞与微生物对培养基的要求有较大差别。植物细胞需要大量的无机盐，除了P、S、K、Ca、Mg等大量元素外，还需要B、Mn、Zn、Mo、Cu、Co、I等微量元素；需要多种维生素和植物激素，如硫胺素、吡哆素、烟酸、肌醇及激动素等；无机氮源，如硝酸盐和铵盐；碳源为蔗糖。

2）温度和pH值：植物细胞一般选用室温（25℃左右）培养。pH值一般在微酸性，即pH 5～6。

3）搅拌：植物细胞代谢较慢，需氧量小，而且过多氧气反而带来不良影响，对剪切力敏感，所以通风和搅拌不能太强烈。

4）诱导剂的应用：在培养基中添加适当的诱导剂，比如微生物细胞壁碎片和胞外酶，可以有效地提高某些产物的积累量。

3. 动物细胞生产药用酶 动物细胞培养方法有两种：一类是来自血液或淋巴组织的细胞、肿瘤细胞和杂瘤细胞等，采用悬浮培养；另一类是来自复杂器官的细胞，具有锚地依赖性，必须采用贴壁培养，如使用滚瓶培养系统和微载体系统。而固定化细胞培养既适用于锚地依赖性细胞，又适用于非锚地依赖性细胞。

工艺条件的控制包括以下内容。

1）温度：不同种类的动物细胞对温度的要求不同，如哺乳动物细胞的最适温度为37℃，昆虫类细胞为25～28℃，鱼类细胞为20～26℃。一般细胞对低温的耐受力强于对高温的耐受力。

2）pH值：大多数动物细胞最适pH 7.2～7.4，低于6.8或高于7.6时，细胞停止生长，甚至死亡。通常在培养基中加入一定浓度的磷酸缓冲液，用于防止培养过程中代谢产物造成pH值的变化。

3）溶氧：不同种类的动物细胞，或出于不同生长阶段的同种细胞，对溶解氧的要求都不一样。应根据具体情况，随时加以检测和调节控制。

4）渗透压：培养液的渗透压应与动物细胞内的渗透压处于等渗状态，一般控制在700～850kPa。

4. 微生物生产药用酶 微生物发酵法生产酶不受气候、地域、资源的限制，生产周期短，产量高，成本低，能大规模生产。另外还具有如下优点：发酵菌株种类繁多，可根据其应用特点和产酶要求，短时间内从成千个菌株里筛选出最佳的产酶菌株；发酵周期短，培养基便宜，优化培养条件可大规模、高产率、低成本地生产；通过改变微生物的遗传性质，选育优良的产酶菌株，提高酶活力。微生物发酵法产酶的先决条件是优良的菌株，而有效生产的条件则是适宜的培养条件，包括培养方法、培养基、培养温度、pH和通气量。此处的培养着重是指发酵，微生物发酵按培养基的状态分为固体发酵法和液体发酵法。

（1）一般工艺：选育优良菌株→微生物发酵→产酶→分离纯化→产物。

1）选育优良菌株：优良菌株的获得途径有从自然界分离筛选，使用物理或化学方法诱变，使用基因重组或细胞融合技术改良。

2）固体发酵法：固体发酵法通常以谷物的糠麸及农副产品的渣粕为原料。发酵的菌株通常有酵母、米曲霉、黑曲霉、白地酶等真菌，国际上利用嗜热、嗜碱及嗜温性细菌固体发酵产酶的研究远远多于国内。固体发酵法根据所用设备及通气方法又可分为浅盘法、转桶法、厚层通气法等。

固体发酵法周期较长，发酵过程中对温度、pH、培养基原料消耗和成分变化的检测相对困难，这些都是不利于大规模工业生产的原因。

3）液体发酵法：液体发酵法又分为表面发酵和液体深层发酵，其中液体深层发酵是现代普遍采用的方法。液体深层发酵又分为分批发酵，流加发酵及连续发酵。针对不同的酶，液体深层发酵法培养基的组成，培养条件的控制都有很大差别。

（2）工艺条件的控制包括以下内容。

1）温度：各种菌体对培养温度有不同的要求，一般真菌发酵产酶的温度控制在 25～30℃的范围内，细菌和放线菌在 37℃左右。发酵过程既包括营养物质合成菌体的细胞物质和酶的吸热反应，也包括菌体生长时营养物质分解代谢的放热反应，当放出的热量大于吸收的热量时，发酵液温度就上升，而通气带入的热量和搅拌产生的热量也会使温度升高，此时需要降温才能保证微生物生长繁殖和产酶所需的适当温度。需要注意的是，微生物发酵的最适温度的选择要考虑多方面的因素，适合菌体生长的温度不一定是产酶的最适温度。例如，酱油曲霉生产蛋白酶，在 28℃的条件下，蛋白酶的产率比在 40℃条件下高 2～4 倍；在 20℃的条件下，蛋白酶产率更高，但是菌体生长速度较慢。

2）pH 值：各种微生物的生长繁殖对 pH 要求不同，一般酵母菌生长最适 pH 为偏酸性（pH 4～6），细菌和放线菌生长最适 pH 在 7 左右。微生物产酶的最适 pH 与生长最适 pH 常常有所不同。微生物产酶的最适 pH 通常接近该酶催化反应的最适 pH，如米曲霉发酵生产碱性蛋白酶的最适 pH 为碱性（pH 8.5～9.0），生产中性蛋白酶的最适 pH 为中性或微酸性（pH 6.0～7.0），而酸性条件（pH 4.0～6.0）有利于酸性蛋白酶的产生。有些酶可生产不止一种酶，通过控制培养基的 pH，可以调节各种酶之间的产量比例。例如，黑曲霉可以同时生产 α-淀粉酶和糖化酶，当培养基的 pH 值为中性时，α-淀粉酶的产量增加而糖化酶产量减少；反之当培养基的 pH 值为酸性时，则糖化酶的产量提高而 α-淀粉酶的产量减少。在发酵过程中，随着微生物生长繁殖和新陈代谢产物的积累，发酵液中的 pH 值是不断变化的，这种变化是反映发酵液中各种生化反应因素的综合标志。一般来说，如果培养基成分中 C/N 值高，发酵液倾向于酸性；C/N 值低，发酵液倾向于中性或碱性。pH 值还与通气、糖和脂肪的氧化有关。在酶的生产过程中，需对发酵液的 pH 值进行调节和控制，可通过调节培养基原始 pH 值，调节培养基的组分及比例，控制 C/N 值，添加缓冲液，调节通气量等手段来实现。

3）溶氧：微生物在深层发酵中能利用的氧是溶解于培养基中的氧。空气中的氧溶解到液体培养基中，再透过细胞膜进入原生质，最后才能参与细胞中的氧化反应。这个过程称为氧的传递。迄今为止，产酶的微生物基本上都是好氧的，各种菌种在培养时期对通气量的要求也各不相同。微生物对氧的摄取量多少以其呼吸强度表示。增加周围环境中的氧，可以加强微生物的呼吸强度，但氧气浓度增加至一临界值后呼吸强度保持恒定为止。此临界值称为该微生物的临界氧浓度，供氧多少即以此值来定。供氧过少，则达不到临界氧浓度而抑制了微生物的正常生长；供氧过多，不仅造成浪费，而且还可能改变代谢途径。在其他条件不变的情况下，增大通气量，可以提高溶氧速率。

4）搅拌：好气性微生物在深层发酵中除了不断通气外，还需搅拌。搅拌能将气泡打碎，增加气液接触面积，加速氧的溶解速度。由于搅拌使液体形成涡流，延长了气泡在液体中的停留时间，增加了气液接触时间；搅拌还可增加液体湍流速度，因而减少气泡周围液膜厚度，减少溶氧的阻力，提高空气利用率；搅拌还可加强液体的湍流作用，有利于热交换和营养物质与菌体细胞的均匀接触，同时稀释细胞周围的代谢产物，有利于促进细胞的新陈代谢。

（四）提高药用酶产量的方法

1. 选育优良的产酶细胞 通过筛选、诱变或基因克隆、细胞融合等生物技术选育优良的产酶细胞，并保持细胞的高产、稳产特性。

2. 优化工艺条件 针对不同产酶细胞的特点，设计并调整培养基的组分及比例，优化工艺条件，满足细胞生长和产酶的要求。

3. 使用高效的生物反应器 生物反应器的优劣直接影响到酶产量的高低，设计并使用高效的生物反应器，方可保证产酶细胞正常的生长繁殖及新陈代谢，并提高酶产量。

4. 添加诱导剂 对于诱导酶的生产，在生产过程的某个时机添加适宜的诱导物，可以提高酶的产量。诱导物一般是酶的作用底物或者其类似物，还有酶催化反应的产物。例如，在含有蛋白胨、葡萄糖和少量无机盐的培养基中加入橄榄油，才能产生脂肪酶。橄榄油与菌的生长没有关系，但是它是该酶作用底物或其类似物，因而是诱导物。一般来说，不同的酶有不同的诱导物，有时一种诱导物可以诱导同一酶系的若干种酶的生物合成。如 β-半乳糖苷可以诱导乳糖系的 β-半乳糖苷酶，透过酶和 β-半乳糖乙酰化酶等三种酶的生物合成。同一种酶也可以有多种诱导物，如纤维素，纤维糊精、纤维二糖等都可以诱导纤维素酶的合成。因此，在细胞产酶过程中，加入适宜的诱导物对提高酶产量有重要作用。

5. 添加表面活性剂 表面活性剂可以与细胞膜相互作用，增加细胞的透过性，有利于胞外酶的分泌，从而提高酶的产量。用得最多的表面活性剂是吐温-80 和曲通-X。如，利用木霉发酵生产纤维素酶时，在培养基中添加 1%的吐温，可使纤维素酶的产量提高 1～20 倍。

（五）药用酶的应用

1. 治疗消化道疾病的药用酶 蛋白酶、淀粉酶、脂肪酶、纤维素酶。

2. 治疗炎症的药用酶 蛋白酶、溶菌酶。

3. 治疗血栓的药用酶 链激酶、尿激酶、纤溶酶、蛋白质 C。

4. 具有止血作用的药用酶 蛇毒凝血酶、凝血酶原激酶。

5. 降压降脂作用的药用酶 激肽释放酶、弹性蛋白酶。

6. 抗肿瘤作用的药用酶 天冬酰胺酶、谷氨酰胺酶。

7. 治疗痛风的药用酶 尿酸酶。

二、药物的酶法生产技术

（一）固定化酶催化技术

固定化酶是指固定在载体上并在一定的空间范围内进行催化反应的酶。酶经过固定化后，能够在一定的空间范围内进行催化反应，但是由于受到载体的影响，酶的结构发生了某些变化，从而使酶的催化特性发生改变。这种酶既有酶的催化特性，又能像一般化学催化剂一样有回收重复利用等的特点，从而使生产工艺可以实现连续化、自动化。

酶与载体结合后，在水中呈不溶状态时仍具有催化活性的这种现象，最早是由美国的奈尔森（Nelson）和格里芬（Griffin）在 1916 年发现的，他们将转化酶吸附在骨炭上仍显示出酶的催化活性。到了 20 世纪 60 年代，固定化技术迅速发展。1969 年，日本的千畑一郎由此在工业生产规模应用固定化氨基酰化酶从 D,L-氨基酸连续生产 L-氨基酸，是世界上固定化酶大规模引用的首例。

1. 固定化方法 酶的固定化方法多种多样，主要有吸附法、包埋法、结合法、交联法和热处理法，见图 4-10。

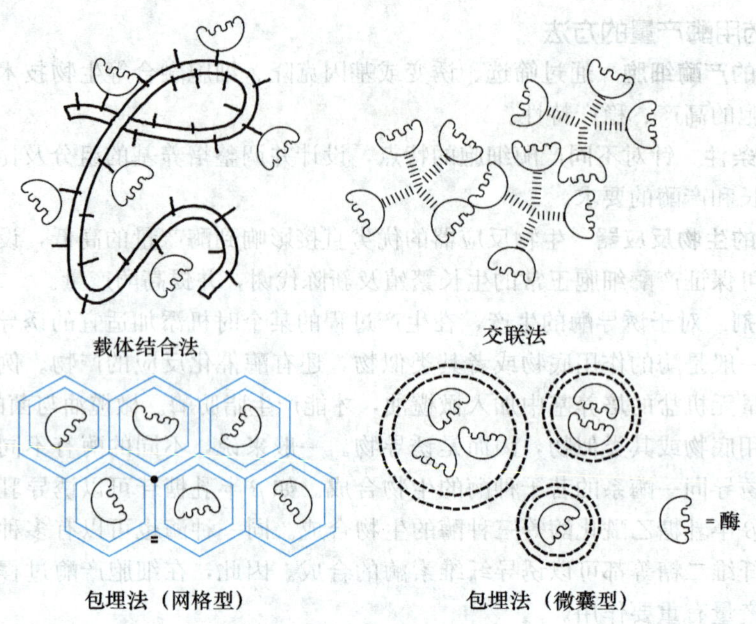

图 4-10 酶固定化模式图

1）吸附法

利用各种固体吸附剂将酶吸附在其表面上，而使其固定化的方法称为物理吸附法，简称吸附法。

物理吸附法常用的固体吸附剂有活性炭、氧化铝、硅藻土、多孔陶瓷、多孔玻璃、硅胶、羟基磷灰石、多孔塑料、金属丝网、微载体和中空纤维等。

工艺简便，条件温和是其显著特点，其载体选择范围很大，涉及天然或合成的无机有机高分子材料，吸附过程同时达到纯化和固定化，酶失活后可重新活化，载体可以再生。

2）包埋法

将酶包埋在各种多孔载体中，使其固定化的方法称为包埋法。

包埋法制备固定化酶时，根据载体材料和方法的不同，可分为凝胶包埋法，微胶囊包埋法，纤维包埋法。

A. 凝胶包埋法

将酶分子定位于凝胶内部的微孔中，制成一定形状的固定化酶称为凝胶包埋法。载体材料有聚丙烯酰胺，聚乙烯酰胺和光敏树脂等合成高分子材料以及淀粉、明胶、胶原、海藻酸和角叉菜胶等天然高分子化合物。

例如用聚丙烯酰胺凝胶包埋 SOD。聚丙烯酰胺作为包埋剂具有较好的机械强度、半透性、惰性，不与酶发生物理化学变化，包埋后酶的活性丧失较小等优点。固定化酶就有明显的热稳定性、抗酸碱性，保存时间较长及可重复使用等优点。

B. 半透膜包埋法

半透膜包埋法是将酶包埋在由各种高分子聚合物制成的小球内，制成固定化酶，只有小于半透膜孔径的小分子底物和小分子产物可以自由通过半透膜。常用于制备固定化酶的半透膜有聚酰胺膜，火棉胶膜等。

例如加入固定化的酶及亲水性单体（如乙二胺等）溶于水制成水溶液，另外将疏水性的单体

（如癸二酰氯等）溶于与水不相混溶的有机试剂中，然后将这两种不相溶的液体混合在一起，加入乳化剂（如 Span-85 等）进行乳化，使酶液分散成小液滴，此时亲水性的乙二胺与疏水性的癸二酰氯就在两相的界面上聚合成半透膜，将酶包埋在小球之内。再加入吐温-20，使乳化破坏，用离心分离即可得到用半透膜包埋的微胶囊型的固定化酶。

C. 纤维包埋法

将酶分子包埋在合成纤维的管状空腔内，制成固定化酶。并且可以将这种纤维制成酶布，适于大规模生产。

3）结合法

选择适宜的载体，使之通过共价键或离子键与酶结合在一起的固定化方法称为结合法。根据酶与载体结合的化学键不同，结合法可分为离子键结合法和共价键结合法。

A. 离子键结合法

通过离子键使酶与载体结合的固定化方法称为离子键结合法。

离子键结合法所使用的载体是某些不溶于水的离子交换剂。常用的有 DEAE-纤维素，TEAE-纤维素，DEAE-葡聚糖凝胶。

如将一定量的氨基酰化酶溶于 pH 7.0 的 0.1mol/L 的磷酸缓冲液中配成一定浓度的酶液，在 37℃ 的条件下，让酶慢慢流过离子交换柱，就可制备成固定化氨基酰化酶，用于拆分乙酰 *D*, *L*-氨基酸，生产 *L*-氨基酸。

B. 共价键结合法

通过共价键将酶与载体结合的固定化方法称为共价键结合法。共价键结合所采用的载体主要有纤维素、琼脂糖凝胶、葡聚糖凝胶、甲壳质、氨基酸共聚物、甲基丙烯醇共聚物等。要使载体与酶形成共价键，必须首先使载体活化，使载体活化的方法很多，主要有重氮法，叠氮法，溴化氰法和烷基化法。

a. 重氮法：将含有苯氨基的不溶性载体与亚硝酸反应，生成重氮盐衍生物，使载体引进了活泼的重氮基团（图 4-11）。例如我国独创的使用对-*β*-硫酸脂乙砜基胺（ABSE—）多糖（纤维素、葡聚糖、交联琼脂糖、交联琼脂及淀粉）便属于此类活化的载体。反应时将对-*β*-硫酸脂乙砜基胺化多糖，在碱性条件下醚化制得乙砜基苯胺衍生物，后又与亚硝酸反应经重氮化后解偶联酶而成（图 4-12）。

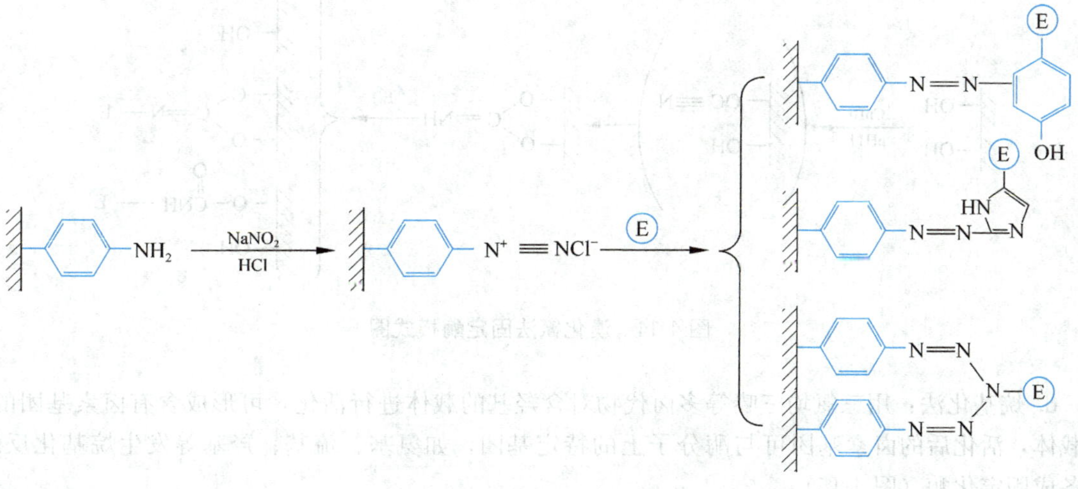

图 4-11 重氮法结合酶模式图

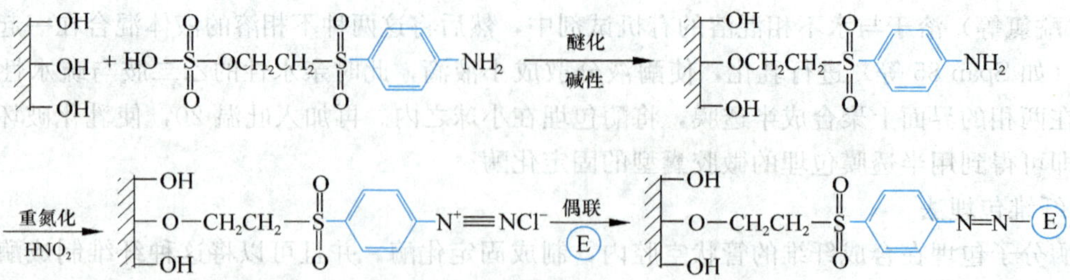

图 4-12　对-β-硫酸脂乙砜基胺化多糖偶联酶示意图

b. 叠氮法：含有酰肼基团的载体可用亚硝酸活化，生成叠氮化合物。带有羧基或羟基、羧甲基等的载体，首先在酸性条件下用甲醇处理使之酯化，再用水合肼处理形成酰肼，最后在 HNO_3 作用下转变成叠氮衍生物。此衍生物在低温下可与酶蛋白的羟基、酚基或巯基等反应，但产物可用中性羟胺水解掉，使之仅与—NH_2 反应（图 4-13）。例如以 CMC（CM-纤维素）叠氮衍生物为载体固定胰蛋白酶。首先，载体用甲醇甲酯化，产物洗涤并空气干燥，悬于甲醇中，加入 80%水合肼肼解。CMC 酰肼与 NaN_2 反应，偶联即为固定化酶。

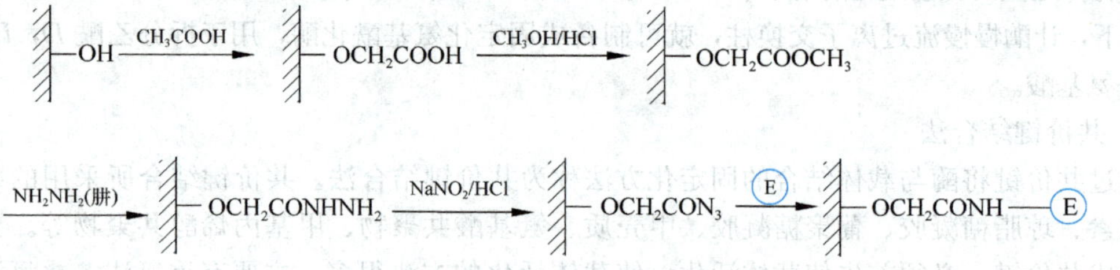

图 4-13　叠氮法固定酶模式图

注：斜面为树脂

c. 溴化氰法：含有羟基的载体，如纤维素，琼脂糖凝胶，葡聚糖凝胶等，可用溴化氰活化生成氨基碳酸衍生物（图 4-14）。

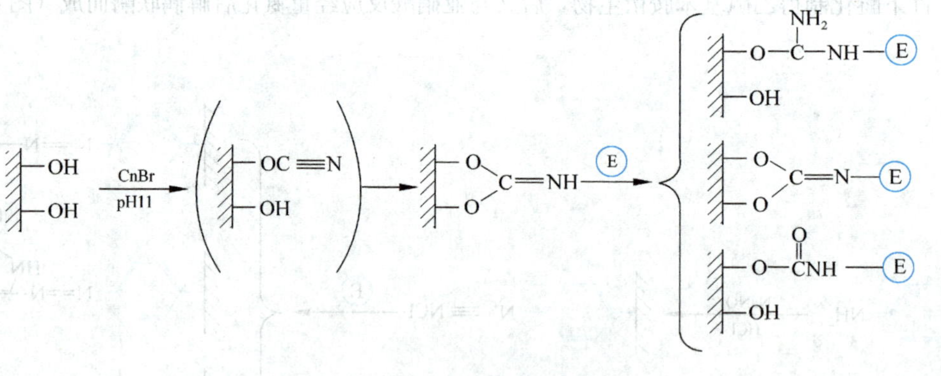

图 4-14　溴化氰法固定酶模式图

d. 烷基化法：用三氯均三嗪等多卤代物对含羟基的载体进行活化，可形成含有卤素基团的活化载体，活化后的卤素基团可与酶分子上的特定基团，如氨基、巯基、羟基等发生烷基化反应，制备成固定化酶（图 4-15）。

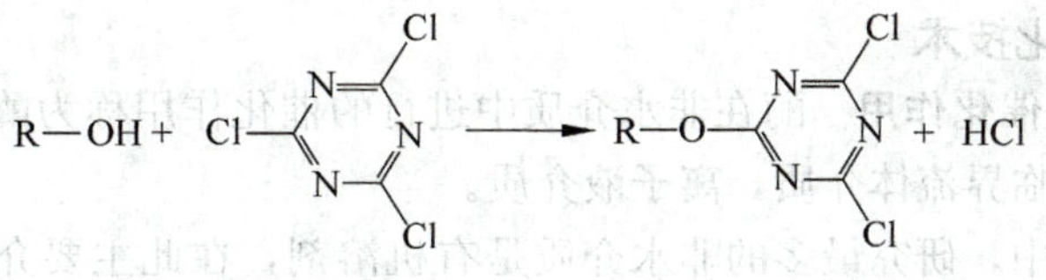

$$R-OH + \text{三氯均三嗪} \longrightarrow \text{活化载体} + HCl$$

三氯均三嗪　　活化载体

$$R-O-R'-Cl \longrightarrow R-O-R'-NH-(E) + HCl \;(H_2N-(E));\; R-O-R'-S-(E) + HCl \;(HS-(E));\; R-O-R'-O-(E) + HCl \;(HO-(E))$$

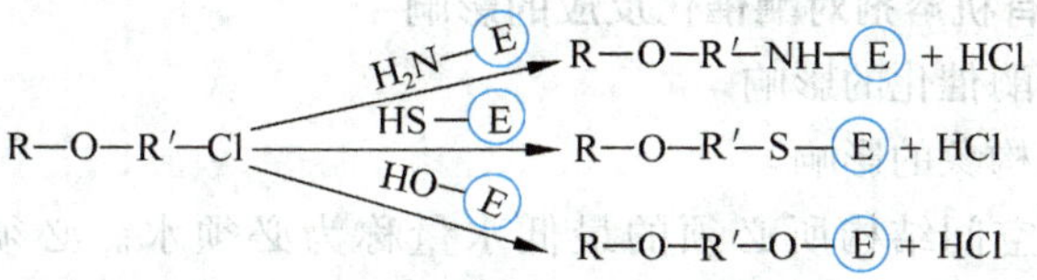

活化载体　　固定化酶

图 4-15 烷基化结合酶示意图

4）交联法

借助双功能团试剂使酶分子之间发生交联作用，制成网状结构的固定化酶的方法称为交联法。交联共有 4 种形式，包括酶直接交联法、酶辅助蛋白交联法、吸附交联法、载体交联法。

5）热处理固定化法

将含酶细胞在一定温度下加热处理一段时间，使酶固定在菌体内，而制备得到固定化菌体。热处理法只适用于那些热稳定性较好的酶。

2. 固定化酶的特性

1）稳定性

大部分固定化酶的稳定性比溶液酶有不同程度的提高，延长了使用寿命。主要表现在：对热的稳定性提高，保存稳定性好，可以在一定条件下保存较长时间，对蛋白酶的抵抗性增强，对变性剂的耐受性提高。

2）最适温度

固定化酶作用的最适温度可能会受到固定化方法和固定化载体影响，在使用时要加以注意。

3）最适 pH

最适 pH 的变动，依酶蛋白和水不溶性载体的电荷而定。一般来说，阴离子聚合载体制备的固定化酶，由于载体会吸引溶液中的阳离子，包括 H^+，使固定化酶周围的 H^+ 浓度比周围高，即偏酸，这样外部的 pH 值必须偏碱才能抵消环境作用，使其表现出最大活力。反之，只带正电荷的载体其最适 pH 值偏酸。

4）底物特异性

当一种酶用水不溶性载体固定化后，由于空间位阻，酶对高相对分子质量底物的活性明显减少。

3. 固定化酶在药物生产中的应用 将含有天冬氨酸 β-脱羧酶的假单胞菌菌体，用凝胶包埋法制成固定化天冬氨酸 β-脱羧酶，于 1982 年用于工业化生产，催化 *L*-天冬氨酸脱去 β-羧基，生产 *L*-丙氨酸。

1973 年日本用聚丙烯酰胺凝胶为载体，将具有高活力天冬氨酸酶的大肠杆菌菌体包埋制成固定化天冬氨酸酶，用于工业化生产，将延胡索酸转化生产 *L*-天冬氨酸。

（二）非水相酶催化技术

1. 非水介质中的酶催化作用 酶在非水介质中进行的催化作用称为酶的非水相催化，包括有机介质，气相介质，超临界流体介质，离子液介质。

在酶的非水相催化中，研究最多的非水介质是有机溶剂，在此主要介绍酶在有机介质中的催化作用。

2. 有机介质中水和有机溶剂对酶催化反应的影响

1）水对有机介质中酶催化的影响

A. 水对酶分子空间构象的影响

维持酶分子完整的空间结构所必须的最低水量称为必须水。必须水是维持酶分子结构中氢键，盐键等副键所必须，酶分子一旦失去必须水，就必将使其空间构象破坏而失去其催化功能。

B. 水含量对酶催化反应速度的影响

在催化反应速度达到最大时的水含量称为最适水含量。有机介质中水的含量对酶催化反应速度有显著影响。在实际应用时应当根据实际情况，通过实验确定最适水含量。

C. 水活度

为了确切地反应水与酶催化活性的关系，引进了水活度的概念。水活度是指体系中水的逸度与纯水逸度之比。研究表明，在一般情况下，最适水含量随着溶剂极性的增加而增加，而最佳水活度与溶剂的极性大小无关，所以采用水活度作为参数来研究有机介质中水对酶催化作用的影响更为确切。

2）有机溶剂对有机介质中酶催化的影响

A. 有机溶剂对酶结构与功能的影响

在有机溶剂中，酶分子不能直接溶解，而是悬浮在溶剂中进行催化反应。根据酶分子的特性和有机溶剂的特性不同，保持其空间结构完整性的情况也有所差别。

当酶悬浮于有机溶剂中，有一部分溶剂能渗入到酶分子的活性中心，与底物竞争活性中心的结合位点，降低底物结合能力，从而影响酶的催化活性。

B. 有机溶剂对酶活性的影响

有机介质酶催化过程中，应选择好所使用的溶剂，控制好介质中的含水量，或者经过酶分子修饰提高酶分子的亲水性，以免酶在有机介质中因脱水作用而影响其催化活性。

C. 有机溶剂对底物和产物分配的影响

有机溶剂与水之间的极性不同，在反应过程中会影响底物和产物的分配，从而影响酶的催化反应。

3）酶在有机介质中的催化特性

A. 底物专一性

在有机介质中，由于酶分子的活性中心的结合部位与底物之间的结合状态发生某些变化，致使酶的底物特异性会发生改变。所以不同的有机介质中，酶的底物专一性也不一样。一般来说，在极性较强的有机溶剂中疏水性较强的底物容易反应，而在极性较弱的有机溶剂中，疏水性较弱的底物容易反应。

B. 对映体选择性

酶在有机介质中催化，由于介质的特性发生变化，而引起酶的对映体选择性也发生改变。在疏水性强的有机介质中，酶的立体选择性较差。

C. 区域选择性

酶在有机介质中进行催化时，具有区域选择性，即酶能够选择底物分子中某一区域的基团优先进行反应。

D. 键选择性

化学键选择性是酶在有机递质中进行催化的另一个显著特点。键选择性与酶的来源和有机递质的种类有关。

E. 热稳定性

酶在有机递质中的热稳定性与介质中的水含量有关，在含水量低的有机递质中，酶分子的热稳定性显著提高。

F. pH 特性

研究结果表明，在有机递质反应中，酶所处的 pH 环境与酶在冻干或是吸附到载体上之前所使用的缓冲液 pH 相同。酶在有机介质中催化反应的最适 pH 通常与酶在水溶液中反应的最适 pH 接近或者相同。

4）有机介质中酶催化反应的条件及其控制

A. 酶的选择

在有机介质中进行催化反应，对酶的选择不但要看催化反应的速度的大小，还要特别注意酶的稳定性，底物专一性，对映体选择性，区域选择性，键选择性等。

B. 底物的选择和浓度的控制

由于酶在有机介质中的底物专一性与在水溶液中的专一性有些差别，所以要根据酶在所使用的有机递质中的专一性选择适宜的底物。酶在有机介质中进行催化，要考虑底物在有机溶剂和必须水层中的分配情况，应该根据底物的极性，结合有机溶剂的选择，控制好底物的浓度。

C. 有机溶剂的选择

有机溶剂是影响酶在有机递质中催化的关键因素之一，在使用过程中要根据具体进行选择。所以通常选用 $2<\lg P<5$ 的溶剂作为催化反应介质。P 指溶剂在正辛烷与水两相中的分配系数。

D. 水含量的控制

有机递质中，水的含量对酶分子的空间构象和酶催化反应速度有显著影响。最适水含量与溶剂的极性有关，通常随着溶解极性增大，最适水含量也增大。

E. 温度的控制

在微水有机介质中，由于水含量低，酶的热稳定性增强，所以其最适温度高于在水溶液中催化的最适温度。要注意的是，温度升高时，其立体选择性降低。

F. pH 的控制

在有机递质中，酶的催化活性与酶在缓冲溶液中的 pH 和离子强度有密切关系。有研究表明，在有机递质中加入某些有机相缓冲液，即某些疏水性酸或碱与其相应的盐组成的混合物，可以对反应的 pH 进行调节控制。

5）酶非水相催化在药物生产中的应用

酶的非水相催化在药物生产中主要用于手性药物的合成。例如 Tsai 对有机溶剂中脂肪酶催化的酯化反应进行了研究，证实在 80％的异辛烷与 20％的甲苯组成的有机溶剂中，酶促反应可大大提高 S-布洛芬的产率。又如抗真菌化合物 SCH56592，该药物是一种吡咯抗真菌药，最近已进入

Ⅱ期临床实验阶段，它对假丝酵母引起的全身性感染，以及由曲霉菌引起的肺部感染具有很高的治疗活性。SCH56592具有一个三吡咯环、一个二卤苯环和一个刚性侧链，它们都分布于中心五元环的周围，五元环中的两个立体化学中心的构型对发挥抗真菌活性是必不可少的。四氢呋喃磺酸酯2是SCH56592合成过程中的关键手性中间体，它的前体烷烃S-13c是由二醇烯烃10经Novo SP435脂肪酶催化生成，该反应在MeCN环境中进行，可使S-13c的收率达90.2%，对映体过量ee值达98.2%（图4-16）。

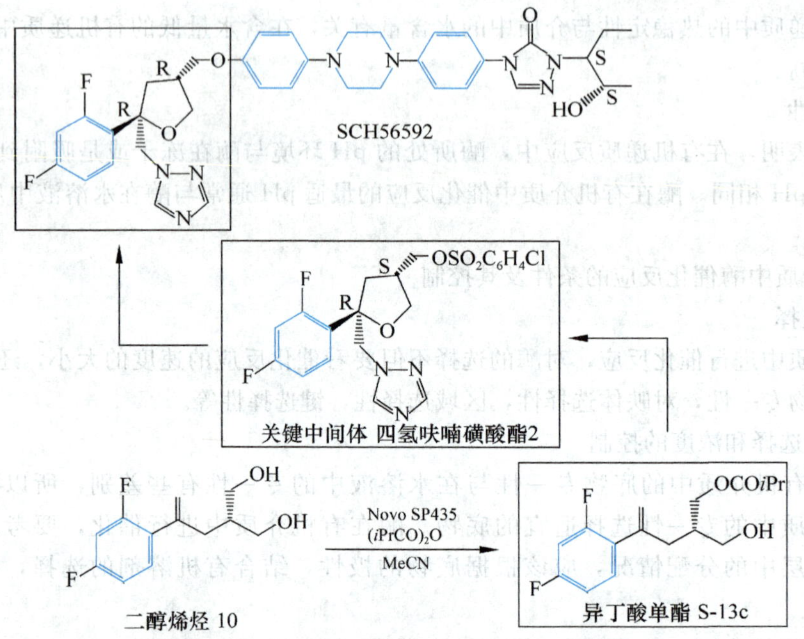

图4-16 Novo SP435脂肪酶非水相催化合成S-13c

3. 全细胞催化技术 游离酶与全细胞在酶工程制药中的应用各有优缺点，采用何种形式的酶完全取决于不同的生产需要。比如考虑到成本，工艺的可行性等，在需要辅因子的酶促制药中大多采用全细胞；相反，仅需单一酶促合成的反应则往往采用游离酶。

在20世纪70～80年代，酶在制药工程中的应用多集中在利用全细胞，生产工艺中要解决的技术难点不多，主要是承袭发酵工艺与技术。但由于存在副产物多，过程控制困难等缺点，同时由于酶工程技术的发展使得游离酶的生产工艺越来越受到重视。

4. 酶法制药的应用 现有药物多为低于50个原子组成的有机低分子，绝大多数具有手性，它们的药理作用是通过与体内高分子之间严格手性匹配与分子识别实现的。手性药物的不同立体异构体在生物体内的药理活性、代谢过程及毒性存在着显著的差异。手性药物合成的目标就是最大程度地获得具有药理活性的立体异构体，使某一个立体异构体的量占优势的不对称合成是手性药物合成的重要手段。当前手性药物已成为国际上新药研究的一个重要方向，手性药物的销售额占全球药品总销售额近1/3，手性药物的大规模生产是一个重要的技术挑战。

酶是具有光学活性的高分子，其对化学反应的催化具有高度立体选择性，尽管目前大部分不对称合成采用有机金属为催化剂的有机合成方法，但是酶催化在手性药物合成中的应用日益增多。例如，酮还原酶可以被用于立体选择性酮还原反应，生产手性醇；酰胺酶和腈水解酶可以用于酰胺和腈的立体选择性水解反应；酶催化的酰化、氧化和还原氨化也多有应用。立体选择性的酶催化还可用在天然产物的结构修饰上。新化学实体药物的开发有赖于新型先导化合物的发现，天然化合物以其丰富的结构类型和多种多样的生物活性成为药学家关注的重点，但是资源有限难于保障供应以及结构复杂无法用化学方法合成限制了天然药物的发展。对含量丰富的天然化合物进行结构修饰是获得新型先导化合物衍生物的主要途径，但常因天然化合物的结构复杂，难用化学法实现某些修饰，特别是立体选择性的修饰，因此酶催化被用于复杂天然化合物的结构改造。目前涉及的反应有氢化、羟基化、环氧化和酯水解等，涉及的化合物主要包括银杏内酯、白果内酯、白藜芦醇苷等。

1）青霉素酰化酶制造半合成抗生素

青霉素和头孢菌素同属 β-内酰胺抗生素，被认为是最有发展前途的抗生素。该抗生素可以通过青霉素酰化酶的作用，改变其侧链基团而获得具有新的抗菌特性即有抗 β-内酰胺酶能力的新型抗生素。工业上已用于固定化酶生产。

天然发酵生产的青霉素有两种，一种为青霉素 G，另一种为青霉素 V。通过青霉素酰化酶的作用，可以得到氨苄青霉素、羟氨苄青霉素、羧苄青霉素、磺苄青霉素、邻氯青霉素、双氯青霉素等。

2）β-酪氨酸酶制造多巴

β-酪氨酸酶可催化 L-酪氨酸氧化，生成二羟苯丙氨酸（DOPA，多巴）。该酶也可以催化邻苯二酚与丙酮酸和氨反应，生产多巴。

多巴是治疗帕金森症的一种重要药物。所谓帕金森症是 1817 年英国医生 Parkinson 所描述的大脑中枢神经系统发生病变的老年性疾病。其主要症状为手指颤抖，肌肉僵直，行动不便。病因是由于遗传病因或人体代谢失调，不能由酪氨酸生成多巴或多巴胺所致。

3）无色杆菌蛋白酶制造人胰岛素

无色杆菌蛋白酶可以特异性地催化胰岛素 B 链羧基末端（第 30 位）的氨基酸置换反应，由猪胰岛素（Ala30）转变为人胰岛素（Thr30），以增加疗效。

第 3 节 酶工程制药的现状与前景

绝大多数药物都是有机化合物，物理研究过程完成后，研究的精力总是转向有机化学合成。药物作用的专一性随分子结构复杂程度的增加而提高。对药物专一性的追求会促使研发更多的手性药物，将来设计和生产的药物都将是单对映体的。随着手性药物的重要性越来越明显，生物催化和生物转化的发展速度会超过其他药物合成方法。随着药物分子中手性中心数目的增加，生物催化和生物转化的医药甚至会超过其他立体选择性合成方法。

现代药物活性化合物的生产往往需要 10 多个合成步骤。一般认为，不对称有机合成只适于单手性中心化合物的合成，而利用生物催化更易于合成多手性中心的化合物。避免有毒有害的副产物，在药物中心中引进手性中心，许多药物分子的合成都离不开催化技术。生物催化的核心是酶，也是酶工程制药学的核心。因此酶工程制药未来发展的焦点和趋势大体主要有以下几个方面：①针对制药特殊需要，研制质量更高，催化速度更快，成本更低的酶；②发现针对药物合成新型反应的酶，催化更广泛多样的化学反应；③提高酶的稳定性、活性和与溶剂的相容性，延长酶的使用寿命；④发展分子模拟技术便于快速从头设计新的酶等。

单酶催化和复合酶的生物转化是药物前体合成和直接合成不可分割的一部分。酶与环境相互作用的研究将为酶动力学的调控，辅酶的人工再生系统和产品原位分离提供知识和技术基础。很多药物合成的灵感最初都来自于自然。但是，生物学的复杂性迫使药物化学家用非常不准确的方式模拟酶系统，发展人工催化剂，与结构精巧，相对分子质量多至 500kD 的酶相比，人工催化剂常常是一些相对分子质量在 500D 以下，结构简单的分子。在发展过程中，药物合成与分子生物学交汇于巨分子系统。这两个学科的交叉将能够设计新型多功能（生物）催化体系，用于设计代谢途径，或者用于高效级联催化多步药物合成。随着对代谢途径和生物识别现象的全面了解，也会发展出生物模拟催化系统。生物分子信息学的发展也有助于新型耐用催化剂的设计，从头设计酶。与定向进行方法结合，针对具体目标分子设计高度选择的新催化剂。关于活性部位结构，蛋白质修饰效果，酶系功能，细胞器甚至完整细胞知识的积累和深化研究是新突破的理论和技术基础。

酶工程制药的具体挑战可归纳如下：(1) 芳香化合物的直接衍生化，如石蜡的直接芳烃烷化/酰化代替 Friedel Crafts 类型化学反应。(2) 交叉连接反应，在当前的合成方法中占据重要地位。(3)（生物）催化的氧化和还原；无保护基转化。

酶工程制药的主要目标是用酶的催化能力进行纯粹化学方法不能完成的药物合成。用各种类型的生物催化剂（环氧化物水解酶、酒精脱氢酶、硫酸酯酶、消旋酶和脂肪酶）的化学基团，位置和空间选择能力合成非外消旋的复杂药物活性化合物，如维生素、激素和抗生素。如脂肪酶可广泛用于合成各种氨基酸、羧酸、手性醇等。利用酶在非水相中酯化或转酯化可折分得到光学纯的外消旋羧酸及醇手性药物中间体。蛋白酶用于不可逆的大肽链合成。糖基化转移酶可合成有医用价值的糖基化蛋白质。大多数醇脱氢酶及羟类固醇脱氢酶催化羟—酮的氧化还原制备药物、生物信息素、甾类、三羧酸铬复合物及合成纤维等。酵母醇脱氢酶主要催化脂肪醇或醛酮氧化还原，马肝醇脱氢酶对脂肪环烷醇或醛酮专一氧化还原，而甾醇脱氢酶主要催化稠环脂肪醇或醛酮的氧化还原，环化酶合成甾体和萜烯类化合物。

学术研究和制药工业对手性化合物的需求是现代合成化学发展的动力。鉴于现代制药工业的特殊要求，酶工程制药的应用常常受到天然酶性质的限制。定向进化技术已经用于改进这些酶的性质，使其更适合实验室和生产上的药物合成。人工模拟酶是另 1 个不同的发展手性催化剂的途径。人工模拟酶从天然酶的特征得到启发，但用非多肽结构实现。鉴于这个事实，人工酶研究领域最近的发展已倾向于脱离复杂分子的合理设计和多步合成途径。因为人们认识到，在概念中的任何小错误都有可能导致最终设计的酶没有活性。当前的对策已倾向于筛选方法整合。分子生物学，生物化学，组合化学和聚合物化学的进展为人工模拟酶的研究提供了独特和综合的解决方案。采用现代生物技术改进酶或加速酶的天然进化过程，能够发展出性质比自然界更为丰富和多样的酶。通过在实验室内模仿自然界的进化过程，可以使天然酶的基因正如在自然界那样进化，在实验室内的进化速度更高。以酶的结构-功能关系知识和研究经验为基础，利用专门的软件和超级计算机，能够模拟酶分子中一个氨基酸或几个氨基酸的改变对酶性能产生的可能影响。在实际实验中，可修改酶的基因编码，用工程菌株表达生产这种经过修饰的酶，通过实验测定来验证计算机模拟的正确程度。用这种方法和手段，已经获得了许多被赋予新特性的酶以及活性提高和底物专一性改变的酶。如 *D*-氨基酸酰胺酶催化 *D*-氨基酸酰胺的立体选择性水解转化为 *D*-氨基酸和氨。有望作为立体选择性生产 *D*-氨基酸的催化剂。经过两轮易错 PCR 和筛选，获得的酶 BFB40，与野生型酶比较，最适活性温度和热稳定性都提高了 5℃。对 *D*-苯丙酰胺的表观 K_m 没有明显的变化，而 V_{max} 提高大约 3 倍。利用大肠杆菌转化细胞在 2h 几乎完全水解 1.0mol/L 外消旋的苯丙酰胺盐酸盐，使用表达 BFB40 酶的大肠杆菌比表达野生型酶的大肠杆菌高快1.7倍。

酶是酶工程制药的核心，而从自然界筛选和发现新酶是酶工程制药发展的基础和前提。如从环境样品直接提取脱氧核糖核酸，随后克隆到适当的基因载体，构建复杂的基因组文库，克隆在某一时刻某一生活环境中所用微生物的总基因组——超级基因组。这个超级基因组文库是用DNA探针进行DNA-DNA杂交或者PCR筛选酶基因的基础。另一个更有前景的方法是基于活性的筛选策略。分子筛选技术能够在许多条件未知的情况下，不需要活性测定就分离出各种各样的酶。从一种生物中找到一种有趣的酶，就可以根据DNA同源性从另外许多生物中十分有效地分离出相似活性的未知酶的基因。目前已经成功筛选到的酶有甲壳质酶，淀粉酶，核酸酶，酯酶，蛋白酶，加氧酶。基因组研究的进展，也为新酶的发现提供了无限的机会。利用计算机辅助方法可以快速从基因组的数据库中寻找具有类似特征的酶，如活性中心保守，结构特征保守，或其他性质保守的酶。同时，用生物信息学方法通过对公用的或专利性的基因组数据库，蛋白质数据库进行计算机分析，可以鉴别出感兴趣的酶基因。基因工程与蛋白质工程构建酶是十分诱人的领域：在30亿年生物进化中，只发现了1 055种功能蛋白和酶，经计算300个氨基酸可组成不同序列的蛋白质有约10 390种，因而在自然界，绝大多数新蛋白或酶仍未产生，有待人类去进行人工定向进化，创造开发新酶类，其中对大量天然蛋白质的DNA测序，建立大量蛋白质功能基因库，为杂交提供重要信息，通过计算机模拟，从头设计及合成全新的非天然有用酶已成为可能。此外，利用天然酶的多样性，通过靶基因的定点突变噬菌体展示技术，结合化学修饰技术，赋予酶的新结构，新特性，改进酶的催化功能，可使酶工程制药进入一个崭新的时代。

构建有别于天然功能酶的新酶类，是酶工程制药的又一前沿领地。催化抗体（catalyticanti-body）并称抗体酶（abzyme）是人们赋予其催化功能的免疫球蛋白，抗体是目前最大的多样性家族，与抗原有结合部位与酶相似，但无催化活性。酶促催化在于与底物结合产生过渡态，降低能障。人们设想以过渡态类似物作为半抗原用诱导法、拷贝法、插入法、化学修饰法和基因工程法，制备有催化功能的抗体酶，在哺乳动物中已制备了50多种抗体酶，以及催化羧酸酯水解的分支酸变位酶，有胆碱酯酶及过氧化物酶活性的抗体酶，抗体酶的研究可为酶作用机制及过渡态理论提供依据，可以用来设计出专一性强的多肽水解酶去破坏病毒蛋白或清除血管凝血块的抗体酶或用于吸毒、癌症药物治疗减轻化疗不良反应，以及制药工业的对映体拆分，但大多数抗体酶催化效率与天然酶相比仍差很远，急需建立抗体基因文库，用基因克隆突变技术，催化辅因子引入技术，正确选择过渡态类似物，探讨酶结构与功能的分子关系，才能真正获得有特殊用途的抗体酶。

分子剪接——核酶（ribozyme）近年来发现RNA也是一种多功能催化剂，称为核酶，可催化四种类型的RNA自我切割及断裂反应，RNA还具有催化自身复制功能，这发现打破了只有蛋白质才有催化功能的概念，也提供了先有核酸，后有蛋白质的自然进化证据。我们可设计各种用途的核酶，治疗植物及人畜病毒病、遗传病或癌症。最终目标是构建出一套核酶能在细胞质中高效表达的系统。

辅酶在酶工程制药中是酶活性不可缺少的辅助因子。天然辅酶，如烟酰胺腺嘌呤二核苷酸（NAD^+，NADH）比较昂贵，性质不够稳定。Ansell和Lwo教授发展了一系列模拟辅酶。这些模拟辅酶能够模拟烟酰胺腺嘌呤二核苷酸的功能，但对pH更稳定，价格更便宜，也更容易用化学前体合成。模拟辅酶CL4有一个烟酰胺官能团通过三氮嗪与二苯磺酸连接组成。模拟辅酶CL4与马肝酒精脱氢酶（HLADH）及其他脱氢酶与天然的辅酶，烟酰胺腺嘌呤相互作用进行了比较。模拟辅酶 CL4 能够辅助马肝酒精脱氢酶氧化丁醇。最好的模拟辅酶在 pH 7.5 和 37℃时对马肝酒精脱氢酶的 V_{max} 是天然烟酰胺腺嘌呤二核苷酸活性的 4%，模拟辅酶还对巨大芽孢杆菌葡萄糖脱氢酶，葡萄糖-6-磷酸脱氢酶和绵羊肝脏山梨醇脱氢酶等都有活性。

随着酶工程制药领域的技术挑战，如对酶催化机制的了解还不够深入，对次级代谢途径的研究不够，包括途径的交互作用，改造细胞和酶，如代谢工程的方法有限，许多酶和辅酶的生产成本高，能够使用的酶的总数量越来越多，酶工程制药会发挥越来越重要的作用，也会给人类带来更多的益处。相信在电子信息技术，高物理、化学技术、生物高技术密切合作的时代，酶工程制药必然会走向深化境界，无论在理论上或在应用上都将有更大的创新性成就。

结　语

本章就药用酶的生产技术和酶法制药两部分内容结合新近事例简述了酶工程在制药方面的应用。酶工程对医药方面贡献巨大，以往采用化学合成、微生物发酵及生物原料提取等传统技术生产的药物，现在皆可通过现代酶工程生产，许多新型药物产品也可利用酶工程在传统制药基础上进行修饰和改造，使其效价和功能提高。目前，纤维素酶、淀粉酶、胃蛋白酶等很多可进行食物转化的酶都已进入医药领域，解除了胃分泌功能障碍患者的痛苦，还有用于治疗炎症的胰凝乳蛋白酶，降血压的激肽释放酶，抗肿瘤的冬酰胺酶、白喉毒素及新型青霉素产品等。此外酶工程制药的另一优势在于手性药物的合成。尽管也有方便快捷的化学合成法，但昂贵的过渡金属和手性配体却限制了这方面的应用。酶催化手性药物合成与化学法相比，具有立体选择性强，反应条件温和，操作简便，成本较低，污染少，环境友好的特点，且能完成一些在化学反应中难以进行的反应。

目前酶工程的应用领域已不再只局限于医药领域，食品加工、新能源开发、环境工程等 20 世纪热点领域也都具有酶法技术的发展空间，有理由相信随着酶法技术的不断突破，酶工程将是未来最具应用前景和发展空间的技术之一。

学习重点

本章重点是酶工程制药，因此掌握以下基本概念及相关技术对酶工程制药的理解是十分必要的。

（一）影响酶催化反应的主要因素

1. 底物浓度；
2. 酶浓度；
3. 温度；
4. pH 值；
5. 抑制剂及抑制类型。

（二）药用酶的生产方法

1. 提取分离法；

2. 生物合成法；
3. 化学合成法。
（三）药物的酶法生产技术
1. 固定酶的各种方法；
2. 非水相酶催化生产过程中酶的反应条件及控制因素。

思 考 题

1. 简述环境变化对酶活性的影响。
2. 简述药用酶生产的主要方法及各自的一般技术路线。
3. 比较常用酶固定化技术各自的优缺点。
4. 举例说明酶法制药的应用。

参考文献

郭勇. 2003. 酶的生产与应用. 北京：化学工业出版社
郭勇. 2003. 酶工程原理与技术. 北京：高等教育出版社
郭勇. 2004. 酶工程. 第 2 版. 北京：科学出版社
郭勇. 2007. 生物制药技术. 北京：中国轻工业出版社
李荣秀. 2004. 酶工程制药. 北京：化学工业出版社
罗贵民. 2003. 酶工程. 北京：化学工业出版社
梅乐和. 2006. 现代酶工程. 北京：化学工业出版社
孙君社. 2006. 酶与酶工程及其应用. 北京：化学工业出版社
杨汝德. 2004. 基因克隆技术在制药中的应用. 北京：化学工业出版社
袁勤生. 2005. 酶与酶工程. 上海：华东理工大学出版社

（杨 青）

第5章 发酵工程制药

学习要求

1. 了解发酵药物的分类和用途。

2. 掌握微生物生长及代谢规律。

3. 了解几种重要发酵药物的生物合成途径；掌握微生物制药发酵的一般流程；了解发酵过程中的影响因素。

发酵工程制药是指运用微生物学和生物化学的理论与方法，通过化学工程及自动化技术，依赖微生物在反应器内的生长繁殖及代谢来合成药物。

发酵工程制药与其他生物制药技术相比，有如下特点：① 菌种选育是发酵制药的重要环节，通过自然和人工选育获得的高产优良菌株，能生产出常规方法难以制备的产品；② 发酵过程的反应安全，要求条件简单；③ 发酵过程是通过微生物的自身代谢反应来完成的，反应专一性强，代谢产物较为单一；④ 目前发酵工业制药已达到分子水平的生产，在发酵中可采用定向发酵，突变生物合成和杂合生物合成等手段得到结构明确的产物；⑤ 由于发酵过程必须在无菌条件下进行，严防杂菌污染是至关重要的；⑥ 发酵工业与其他生物制药工业相比，投资少，见效快，也可以取得客观的经济效益。

20 世纪 40 年代，随着抗生素的大规模生产和深层发酵技术的建立，现代发酵工程制药迅速崛起。20 世纪 50 年代，人们利用代谢调控发酵生产出各类初级代谢产物（如氨基酸类、核酸类药物）。20 世纪 70 年代初，细胞连续发酵技术的发明又使发酵工程制药向前迈进了一步。近年来，随着生物工程的发展，尤其是基因工程和细胞工程技术的发展，使得发酵制药所用的微生物菌种不仅仅局限在天然微生物的范围内，新型的工程菌株能够生产天然菌株所不能产生或产量很低的生理活性物质，进而拓宽了微生物制药的研究范围。

第 1 节 发酵工程制药基础

在发酵制药工业中，微生物是药物的生源，对其代谢调控的研究更是发酵工艺设计的关键技术。学习微生物学和生物化学学科中与微生物制药相关的知识将有助于我们更深刻地理解微生物发酵制药的原理和途径。本章将介绍一些微生物发酵生产的药物，并结合微生物学和生物化学的知识简述发酵制药工业中常用微生物的特点及营养需求，微生物的代谢规律，微生物药物的合成。

一、微生物发酵生产的药物

目前，应用微生物发酵生产的药物品种繁多，按其化学本质和化学特征进行分类，大致可分为下面几类：

1. 抗生素类药 目前已发现的有抗细菌、抗肿瘤、抗真菌、抗病毒、抗原虫、抗藻类、抗寄生虫、杀虫、除草和抗细胞毒性等抗生素。临床常用抗生素如以青霉素和头孢霉素为代表的β-内酰胺类抗生素，以链霉素为代表的氨基糖苷类抗生素，以红霉素为代表的大环内酯类抗生素，以万古霉素为代表的糖肽类抗生素等。据不完全统计，约2/3的抗生素由放线菌产生，1/4由真菌产生，其余为细菌产生。放线菌中从链霉菌属中发现的抗生素最多，占80%。

2. 氨基酸类 目前氨基酸类药物分成个别氨基酸制剂和复方氨基酸制剂两类，前者主要用于治疗某些针对性的疾病，如用精氨酸和鸟氨酸治疗肝昏迷等。复方氨基酸制剂主要为重症患者提供合成蛋白质的原料，以补充消化道摄取的不足。除了可用发酵制药法外，酶转化法也可用来制此类药。

3. 核苷酸类药 目前临床常用该类药物有肌苷酸、肌苷、5′腺苷单磷酸（AMP)、腺苷三磷酸磷（ATP)、黄素腺嘌呤二核苷酸（FAD)、辅酶A（CoA)、辅酶I（NAD^+）等。

4. 维生素类药 利用微生物发酵生产的品种有维生素C的原料2-酮基-古龙酸、维生素A的前体β-类胡萝卜素、维生素D_2的前体麦角甾醇、维生素B_2、维生素B_{12}等。

二、发酵制药工业中的微生物

（一）常用制药微生物的种类

发酵制药工业中的微生物指的是生产药物的微生物。其中与发酵制药工程密切相关的微生物包括放线菌、真菌（包括丝状真菌与酵母）和细菌等。因此有必要在此简要介绍一下这些微生物的特点以及一些由它们产生的已投入生产和在临床上广泛使用的药物。

在发酵制药研究领域内，对放线菌的研究最多，相关发酵技术也最成熟。目前，应用于临床的微生物药物大部分都来源于放线菌的次级代谢产物，在已报道的数千种微生物产生的抗生素中，约有80%以上是由放线菌产生的，并仍不断有新的发现。抗生素的产生菌主要是放线菌，如红霉素的产生菌是红霉素链霉菌；而螺旋霉素、麦迪霉素、链霉素和金霉素等抗生素的产生菌也都是放线菌。若将放线菌产生的抗菌药物按化学类别分类，大致有β-内酰胺类、氨基糖苷类、四环素类、大环内酯类等。此外，放线菌也可作为一些抗肿瘤药物的产生菌，最常见的有阿霉素、道诺霉素、丝裂霉素等。

在发酵制药工业中涉及的真菌主要是霉菌（丝状真菌）和酵母。产黄霉菌作为青霉素的产生菌第一次被应用于临床，它的问世开创了抗菌治疗中的抗生素时代。此外，人们还在真菌中还发现了生产头孢菌素C的顶头孢霉、生产灰黄霉素的灰黄青霉等，以及具有其他生理活性的真菌药物如环孢菌素等。

细菌菌种在临床上作为抗生素的产生菌的应用并不多，但在基因工程药物、维生素药物、氨基酸药物方面应用较多，如氧化葡萄糖酸杆菌是维生素C的生产菌之一，大肠杆菌属是天冬氨酸、苏氨酸的产生菌。

1. 制药微生物的营养需求 在制药微生物的培养基中，除了水、氧气、碳源、氮源、无机盐及微量元素、生长因子等一般微生物生长必需营养外，有时还要在培养基中加入一些促进药物产物合成的物质，如前体、诱导物、促进剂与抑制剂。

（1）水和氧气：微生物的生长离不开大量的水和氧气。由于水是配制培养基的介质，当培养基配制完成后培养基中的水已足够供应微生物之所需。而在微生物的培养过程中，特别是在液体培养过程中，必须依靠特殊的装置来保证提供足够的氧气。

（2）碳源：微生物细胞中有机含碳物质的主要来源，既是用于构成菌体细胞核代谢产物的碳素来源，也是微生物代谢活动中所需能量的主要来源。在药物发酵生产中常用的碳源有：单糖（如葡萄糖和果糖）、寡糖（如双糖和三糖）和多糖（如淀粉和糊精）等糖类，脂肪，某些有机酸，醇或碳氢化合物及生产淀粉的原料。

（3）氮源：即微生物细胞中含氮物质（如氨基酸、蛋白质和核酸等）的主要来源。氮源可以分为有机氮源和无机氮源。有机氮源如玉米浆、花生饼粉、蛋白胨和酵母膏等，无机氮源有硫酸铵、硝酸盐、氨水、尿素等。同样，根据氮源被利用的速度也可将氮源分为快速利用的氮源（如硫酸铵、氨水等，其中所含的氮可直接被微生物利用）和缓慢利用的氮源（如花生饼粉、酵母膏等）。多种放线菌、霉菌或细菌都能利用各种无机氮源为主要氮源，常用的有铵盐、硝酸盐。氨水在发酵中除可以调节 pH 外，在抗生素的生产中也得到广泛使用。

（4）无机盐及微量元素：发酵工程药物的产生菌与其他微生物一样，也需要特定的无机盐类和微量元素参与其生命活动。除了磷和硫以外，还需要钾、钠、钙、铁、镁、铜、锰、锌等，这些物质主要作为生理活性物质的组成或生理活性作用的调节物。通常它们在低浓度时对微生物的生长和产物合成有促进作用，在高浓度时表现出明显的抑制作用。

（5）生长因子：指微生物生长代谢必不可少，但不能从普通的碳源、氮源合成的一类特殊的有机物质，包括氨基酸、维生素、嘌呤碱和嘧啶碱及其衍生物。不同微生物所需的生长因子互不相同，同一种产生菌所需的生长因子也会随生长阶段和培养条件的不同而有所变化。

（6）前体：在发酵工程药物的生物合成过程中，有些化合物能直接被微生物利用构成产物分子结构的一部分，而化合物本身的结构没有大的变化，这些物质称为前体。前体最早是从青霉素生产中发现的。前体必须通过产生菌的生物合成途径才能掺入到产物的分子结构中。例如，青霉素的前体物质是苯乙酸及有关衍生物；维生素 B_{12} 的前体物是钴化物；胡萝卜素的前体是 β-紫罗兰酮。

（7）诱导子：诱导物和促进剂以及抑制剂的区分并不明显，在这里统称为诱导子。诱导物是指一些特殊的小分子物质，在发酵过程中添加后能诱导代谢产物的生物合成，从而显著提高发酵产物的产量。例如链霉素的产生菌灰色链霉菌的发酵液中有一种被称为 A 因子的物质能使不产链霉素的突变株恢复产链霉素。促进剂和抑制剂是指在发酵培养基中加入某些微量的化学物质，可促进目的代谢产物的合成；反之，加入某些化学物质会抑制某些代谢途径的进行，同时会使另一代谢途径活跃从而获得某所需产物，这些物质称为抑制剂。例如在四环素发酵液中，加入硫氰化苄可控制三羧酸循环中某些酶的活力，促进四环素的合成；加入溴化物可抑制金霉素的生物合成，而使四环素的合成加强。

药物产生菌的培养基种类繁多，在发酵药物生产过程中，由于各种产生菌的生理生化特性、发酵设备和工艺条件不同，其培养基配比也是不同的。培养基的选择是微生物药物发酵的实验室研究、中试放大乃至生产的一个重要环节。

2. 制药微生物的选育和菌种保藏 菌种选育在发酵工程制药工业内极其重要，是确保正常生产的关键。药物高产菌株或分泌新型特效药物菌株的选育包括了自然选育和人工选育两种方法，后者又分为诱变育种、杂交育种和基因工程育种等方法。其育种原理都是通过基因突变或重组来获得优良菌株。

（1）自然选育：在生产过程中利用微生物自然突变而进行优良品种选育的过程。在大量生产实践中，这种突变在形成有利突变的同时，也会使不利突变的菌株渐渐占优势地位，表现出菌种衰退及产量下降。因此，为确保生产水平，生产菌种使用一段时间后，需进行纯化和淘汰退化的菌株，同时分离和筛选出优良的菌株，即所谓的菌株自然分离或自然选育。自然选育目前主要用于纯化菌种、选育高产菌株和复壮生产菌株。

(2) 诱变育种：由于微生物遗传基因的突变需要外部因素的刺激，而诱变育种就是利用诱变剂处理分散而均匀的微生物细胞群体，促进其基因发生突变，然后采用简便、高效的筛选方法，从而选出少数具有优良性状的突变菌株的育种技术。目前，发酵工业中使用的高产菌株几乎都是通过诱变育种而大大提高了生产性能的菌株。其中，诱变剂的种类很多，归纳起来可分为物理诱变剂、化学诱变剂和生物诱变剂三大类。

(3) 杂交育种：将两个基因型不同的亲株的某些遗传信息，通过杂交重新组合于同一个重组体中，形成新的遗传型个体的过程。通过杂交育种，菌种内部遗传物质重新组合，不利于突变的基因可被另一新株的等位基因所取代。传统的杂交育种在真核生物种可以通过有性杂交及准性杂交两种途径；在原核微生物中（如细菌和放线菌）则可通过接合杂交。20世纪70年代发展起来的原生质体融合杂交育种技术则有更大的实用意义。

(4) 基因工程育种：随着基因工程技术的发展，应用基因工程技术有目的地操纵微生物的遗传物质，改造其自身基因或加入外源基因使育种结果基本可以人为控制，从而改变菌株的代谢特性，以利于在工业生产中更好地通过代谢调控手段达到获得高产高质产品的目的。

在基因水平或菌种水平上实现了代谢调控后，就有可能获得：① 稳定的高产菌种；② 能产生新代谢产物的突变菌种或基因工程菌；③ 多组分代谢产物中主成分含量已明显提高的菌种；④ 用于研究目的的各种阻断突变株；⑤ 适应于简便发酵工艺的新菌种等。目前利用基因工程育种方法在临床上应用较多的有乙肝疫苗、干扰素的生产等。

微生物制药生产水平的高低与菌种的性能质量有直接关系。菌种保藏的目的在于保持菌种的活力及其优良性能。人们在长期的实践中根据微生物的不同要求摸索出了各种保藏方法，各类相关书籍已有了详尽的报道，可供参阅。由于篇幅有限，在此只列举出常用的几种保藏方法，见表5-1。

表5-1 常用菌种保藏法比较

方法名称	主要特点	适用范围	保藏期
斜面低温保藏法	传代培养，4℃保藏	各种微生物的短期保藏	1～6个月
石蜡油封存法	石蜡油隔绝空气，室温或4℃保藏	各种微生物的中短期保藏，不适用某些能分解烃类的菌种	1～2年
沙土管保藏法	沙土管作载体，干燥器中抽真空，室温或4℃保藏	产孢子微生物和芽孢细菌的长期保藏，不适用对干燥敏感的微生物	1～10年
麸皮保藏法	麸皮作载体，干燥，4℃保藏	产孢子霉菌和某些放线菌，工厂多采用此法	1年
甘油悬液保藏法	悬浮于10%～15%甘油中，需低温冰箱	基因工程菌	1年/10年
冷冻真空干燥保藏法	用保护剂制备悬液，快速冻结，减压抽真空，需冻干机	各类微生物	5～15年
液氮超低温保藏法	保护剂，超低温（－196℃），需超低温液氮设备	各类微生物	15年以上
宿主保藏法	与培养基混合直接低温保存	专性活细胞寄生微生物（如病毒）	

（二）微生物药物的生物合成

1. 发酵过程中微生物的代谢 人们将微生物的代谢产物按其与菌体生长、繁殖的关系分为初级代谢产物和次级代谢产物。对微生物药物来说，这两类产物都有，特别是抗生素这类次级代谢产物是微生物药物中最重要的一类。下面将分别介绍这两类产物发酵的代谢变化。

微生物初级代谢指的是与微生物的生长繁殖有密切关系的代谢活动。初级代谢的途径包括糖、核酸、蛋白质等的合成途径，外源营养成分的分解途径和产能代谢途径，如生物氧化、糖酵解途径等。初级代谢产物指的是与微生物的生长繁殖有密切关系的代谢产物，主要包括：氨基酸、蛋白质、核酸、核苷酸、维生素、有机酸等。

初级代谢产物发酵的代谢变化有如下特点：① 初级代谢存在于所有微生物细胞中，且代谢途径和产物基本相同；② 初级代谢产物的合成阶段与菌体生长期同步偶联：初级代谢产物在生长期阶段合成；③ 菌体的生长期分为延迟期、对数生长期、稳定期和菌体衰亡期；④ 营养物质的消耗与菌体生长紧密关联。

微生物次级代谢指的是与微生物的生长繁殖无关的代谢活动。次级代谢是微生物生理生化状态的反映，通常次级代谢产物是在菌体生长后期开始形成，当培养液中缺乏某种重要的营养物质而使细胞生长繁殖受到限制时，次级代谢产物的合成才被启动。次级代谢产物指的是与微生物的生长繁殖无关的代谢产物。主要包括大多数的抗生素、色素、生物碱、毒素和激素等物质。

微生物次级代谢产物具有以下基本特点：① 产生次级代谢的微生物具有明显的种属特异性，即次级代谢产物不是各类微生物共有的代谢产物，而是特定的菌种产生的代谢产物；② 次级代谢产物合成阶段与菌体生长期非同步偶联，次级代谢产物的发酵一般分为菌体生长、产物合成和菌体自溶 3 个阶段，而次级代谢产物只在产物合成期内产生；③ 进行次级代谢的产生菌能同时合成多种结构相似的次级代谢产物，次级代谢产物通常是几种结构相似物的混合物，因此往往称为同一产物的多个组分，需经菌种选育后得到较纯的产物。

虽然次级代谢产物的化学结构多种多样，但是其生源是由少数几种初级代谢产物构成，是以初级代谢产物为母体衍生而来，因此两者有着密切的关系（图 5-1）：① 初级代谢产物是次级代谢产物的前体或起始物；② 初级代谢的调控影响次级代谢产物的生物合成；③ 次级代谢的产物不仅能维持稳定初级代谢，同时也是初级代谢产物的储存形式之一。

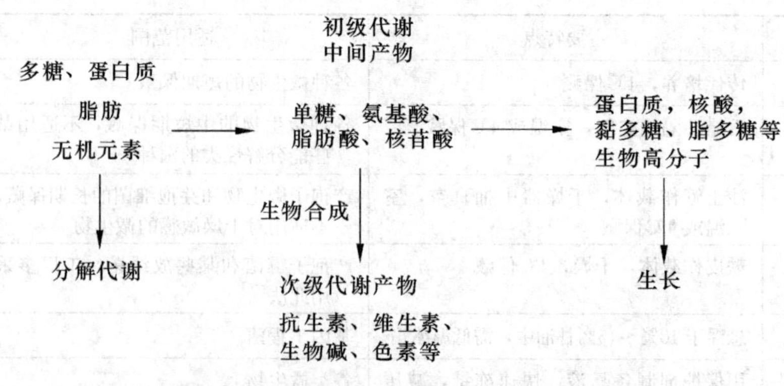

图 5-1　微生物初级代谢和次级代谢的关系

2. 微生物药物合成的基本途径　微生物以不同的前体和途径生成了次级代谢产物的生源，接下来这些构件单位通过特殊的酶促反应进行缩合形成聚酮体、寡肽、聚乙烯等，再经过一系列的化学修饰和装配构成具有多种多样的化学结构和生理活性的次级代谢产物。这些物质的合成途径修饰作用千差万别，主要取决于次级代谢产生菌的生理学特性。不同的产生菌在生物合成初期可能产生同属的结构类似物，而在生物合成的中后期则由于各种特异性的酶作用而生成结构各异的次级代谢产物。次级代谢产物合成的基本途径主要包括前体聚合、结构修饰和不同组分的装配。

（1）前体聚合：次级代谢产物中的构建单位称之为生源。一般次级代谢产物的生源都是直接或间接地来自于微生物代谢过程中产生的一些中间产物或是初级代谢产物，这些物质有的直接作为次级代谢产物的前体，有的经过修饰后作为特殊前体用于合成次级代谢产物。次级代谢产物的合成必须由其不同的生源前体通过不同的方式聚合在一起，形成次生代谢物的基本骨架。次级代谢产物的化学结构类型繁多，而且结构往往非常复杂。

(2) 修饰：次级代谢产物的各种单体聚合在一起，建立起基本骨架结构后，其中的某些基团往往还必须通过酶促反应进行修饰，才会形成具有生理活性的物质。这些酶促反应包括糖基化、酰基化、甲基化、羟基化和氨基化反应以及氧化还原等。也正是由于这些反应，使抗生素生产往往存在一系列类似物。例如：在四环素的生物合成中，先形成聚酮体，脱水闭环生成甲基预四环酰胺后经过一系列的氧化、氨基化、甲基化和还原反应的修饰，最终得到具有生物活性的四环素。

(3) 不同组分的装配：次级代谢产物所必需的几个部分按照一定的顺序在特异酶的催化下组装在一起才会形成具有生理活性的次级代谢产物。例如，新生霉素的几个组分有4-甲氧基-5′，5′-二甲基-*L*-来苏糖和对羟基苯甲酸，它们形成后装配在一起得到具有生理活性的新霉素。

3. 几种重要发酵药物的生物合成途径

(1) 抗生素的生物合成：抗生素多是通过微生物发酵法获得，也可以用化学合成法生产。将发酵法制得的抗生素用化学、生物或生化方法进行分子结构改造而制成各种衍生物，成为半合成抗生素，如氨苄西林（ampicillin）。那些在低浓度下有效，但只能用化学方法合成的化疗药物，如抗真菌的克霉唑等不属于抗生素范围。按抗生素的化学结构可分为β-内酰胺类、大环内酯类、四环类、氨基糖苷类等。

A. β-内酰胺类抗生素　β-内酰胺类抗生素是分子中含有β-内酰胺环的一类天然和半合成抗生素的总称（分子式见图5-2）。由于它们的毒性在已知抗生素中最低，容易进行化学改造，并可产生一系列高效、广谱、抗耐药菌的半合成抗生素，且具有良好的药物学性质，已成为目前品种最多、使用最广泛的一类抗生素。临床应用的β-内酰胺类抗生素可分为青霉素、头孢菌素和新型β-内酰胺3类，它们绝大多数都是由天然β-内酰胺类抗生素用半合成法得到，其中青霉素G和头孢菌素是天然β-内酰胺类抗生素的代表。下面介绍一下青霉素的生物合成。图5-2为青霉素G和头孢菌素C的生物合成途径。

青霉素的基本结构是由β-内酰胺环和噻唑烷环骈联组成的*N*-酰基-6-氨基青烷酸。当发酵培养基中不加侧链前体物时，能产生多种*N*-酰基取代的青霉素混合物，但只有青霉素G和青霉素V在临床上有疗效，它们具有相同的抗菌谱（抗革兰阳性细菌）。

B. 大环内酯类抗生素　大环内酯类抗生素是以1个大内酯环（也称糖苷配基）为母核，通过糖苷键与糖分子相连接的一类化合物。根据大内酯环的结构，可分为大环内酯抗生素（也称非多烯大环内酯抗生素）和多烯大环内酯抗生素。

到目前为止，已发现能产生大环内酯类抗生素的微生物，绝大部分是链霉菌属，小部分是小单胞菌属。通常情况下，大环内酯类抗生素是用于治疗由耐青霉素细菌引起的感染，而泰乐菌素和某些其他大环内酯类抗生素则被用为动物饲料添加剂。

红霉素是最早应用于临床，由红霉内酯环、红霉糖和红霉糖胺3个亚单位构成的十四元大环内酯类抗生素。红霉素的生物合成似乎与菌株的培养特征有关，即与孢子的颜色（由白到粉红色）或在琼脂培养基中生成米色至淡橙色的色素有关。另外，红霉素高产菌株对正丙醇的利用率比低产菌株高4～5倍，并且高产菌株对正丙醇的利用速度和红霉素的形成速度都比较快，能使约45%的正丙醇结合到红霉内酯结构中，而低产菌株只能结合15%。

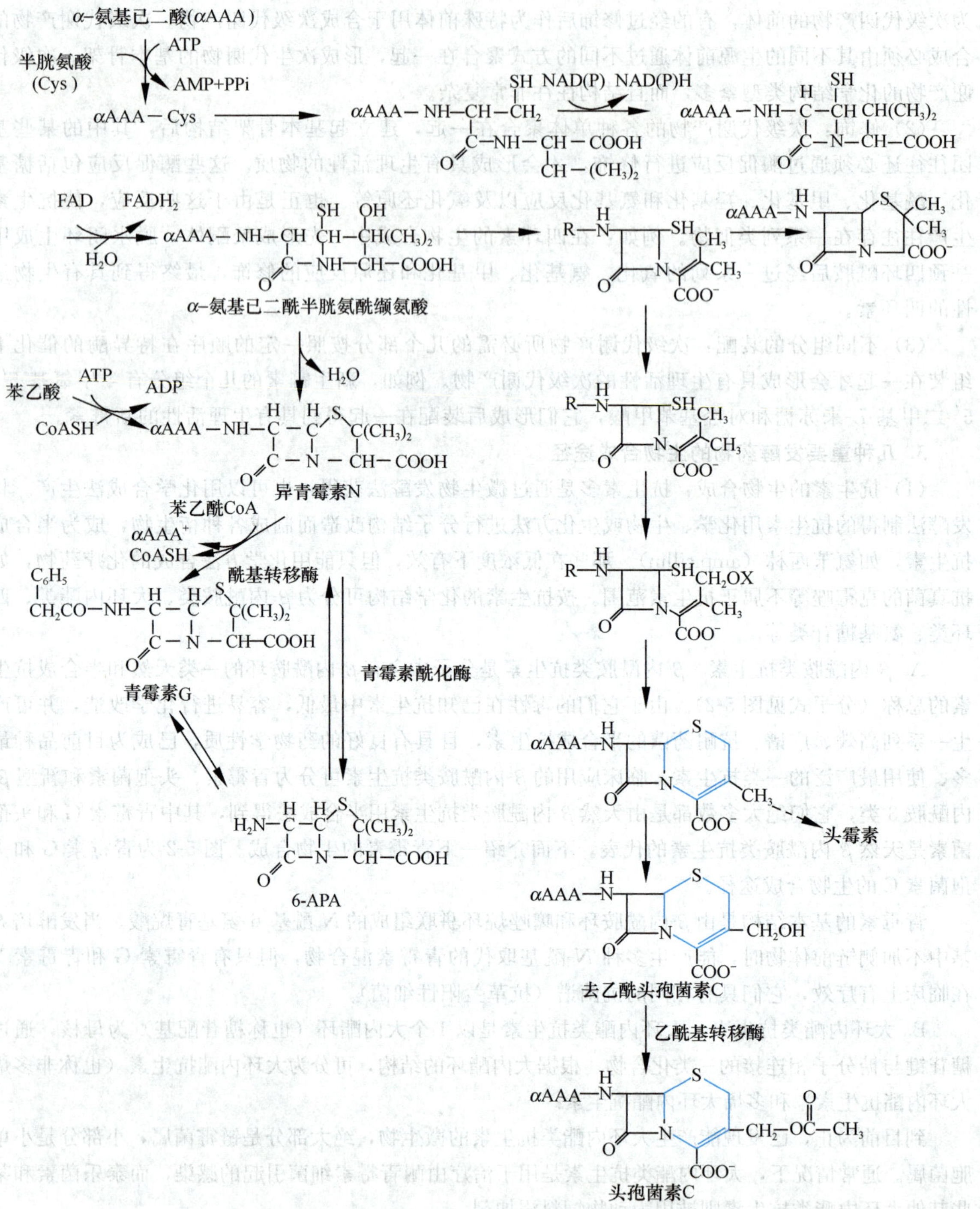

图5-2 青霉素G和头孢菌素C的生物合成图

C. 四环类抗生素

四环类抗生素是以四骈苯（萘骈苯）为母核的一类有机化合物。其中由微生物合成并用于临床的品种有四环素、5-羟基四环素（即土霉素）、7-氯四环素（即金霉素）、6-去甲基-7-氯四环素（即去甲基金霉素）等。另外，通过化学半合成法合成了一系列半合成衍生物，如强力霉素、甲烯土霉素、二甲胺四环素等。

四环类抗生素是一类广谱、低毒、几乎没有过敏反应、口服吸收良好、成本低廉、应用广泛的抗生素，对很多革兰阳性和阴性细菌都有很强的抑杀作用，对某些立克次体、大型病毒和某些原虫也有一定的抑制作用。

通过一系列的研究，四环类抗生素的生物合成途径已基本清楚。合成四环素的起始化合物是丙二酰胺辅酶分子重复缩合、脱羧，形成一个直链化合物。β-多酮次甲基链，然后经过重复闭环等反应，形成四环类抗生素。

D. 氨基糖苷类抗生素

氨基糖苷类抗生素是一类分子中含有一个环已醇配基，以糖苷键与氨基糖（有的与中性糖）相结合的有机化合物，也曾称为氨基环醇类抗生素。氨基糖苷类抗生素是控制细菌感染的广谱抗生素，对革兰阳性和阴性细菌均有较强的抗菌活性，是临床上重要的抗感染药物。

根据此类抗生素的结构特征，并按分子中环已醇衍生物的结构和被取代的方式将该抗生素分为 5 大组，其中链霉胺衍生物应用得最多，其中链霉素又称为链霉素 A，是含有链霉胍的氨基糖苷类抗生素的主要成员，它是由链霉胍、链霉糖、*N*-甲基-*L*-葡萄糖胺构成的假三糖化合物，化学名称为 *N*-甲基-*α*-*L*-葡萄糖胺-（1→2）-*α*-*L*-链霉糖-（1→4）-链霉胍。

链霉素生产使用的菌种为灰色链霉菌，后来又发现比基尼链霉菌、灰肉链霉菌等也能产生链霉素。灰色链霉菌的孢子的柄直而短，不呈螺旋形，孢子量多，孢子由断裂生成，呈椭圆球状，气生菌丝和孢子都呈白色。菌落生长旺盛，呈梅花形或馒头形，直径为 3～4mm，营养菌丝透明，在固体培养基中能产生淡棕色色素。图 5-3 表示了链霉素的生物合成途径。

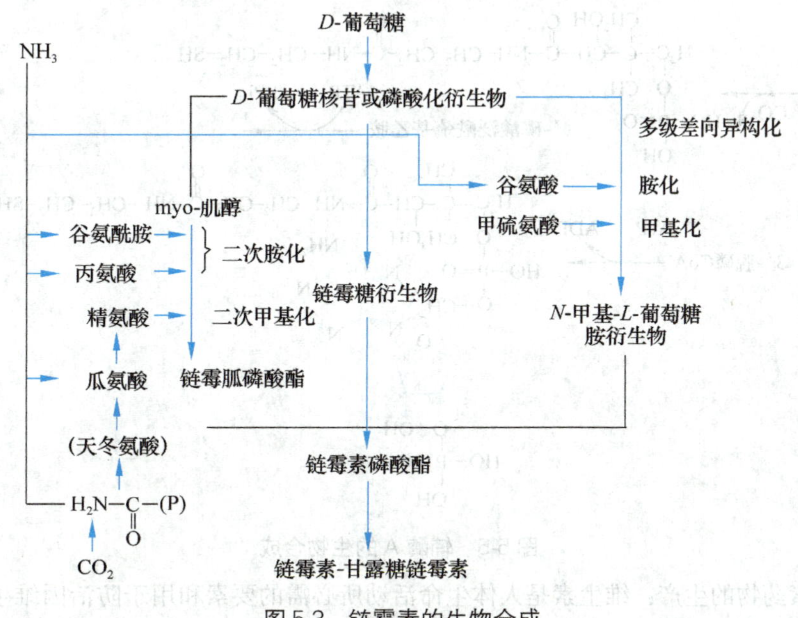

图 5-3 链霉素的生物合成

（2）氨基酸药物的生物合成：氨基酸是微生物的初级代谢产物，这类产物的生物合成途径在生物化学等有关书籍中已有详细的论述。下面以辅酶 A 的生物合成为例加以说明。

辅酶 A 广泛地存在于动植物组织中，它最基本的生物功能是作为生物体内能量的供体或参与各种酶反应的载体体系。它是肝脏芳香族氨基酸乙酰化有关的辅酶，并参与脂肪酸代谢、三羧循环、卟啉和胆甾的生物合成，乙酰化的解毒功能中辅酶 A 起了主导作用。

辅酶 A 的结构见图 5-4。

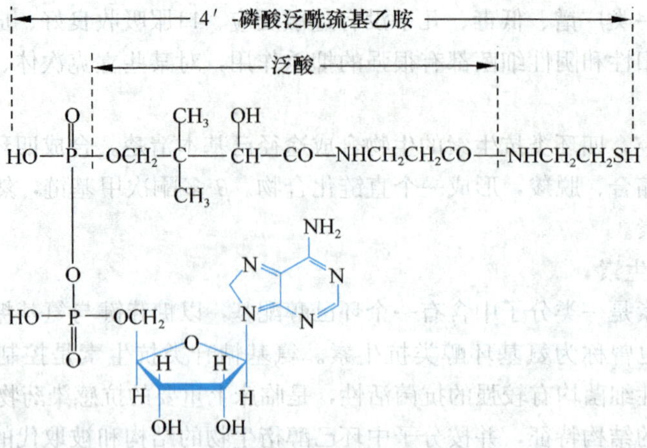

4′-磷酸泛酰巯基乙胺

泛酸

HO—P(=O)(—O—CH₂…)—OCH₂—C(CH₃)₂—CH(OH)—CO—NHCH₂CH₂CO—NHCH₂CH₂SH

图 5-4 辅酶 A 的分子结构

辅酶 A 的生物合成是一个需要能量的过程，合成的初始物质为泛酸，整个过程需 4 个 ATP，具体如图 5-5 所示。反应过程中泛酸激酶受中间产物 4′-磷酸泛酰硫氢乙胺和终产物的强烈抑制，而且 4′-磷酸泛酰硫氢乙胺也能反馈抑制磷酸泛酰半胱氨酸脱羧酶的脱羧反应。

辅酶 A 的生物合成途径见图 5-5。

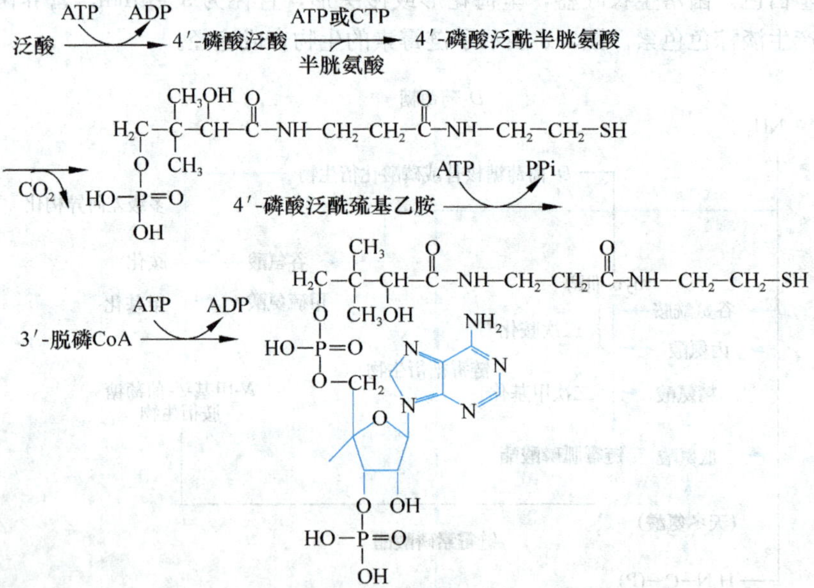

泛酸 —(ATP → ADP)→ 4′-磷酸泛酸 —(ATP或CTP，半胱氨酸)→ 4′-磷酸泛酰半胱氨酸 —(CO_2)→ 4′-磷酸泛酰巯基乙胺 —(ATP → PPi)→ 3′-脱磷CoA —(ATP → ADP)→ 辅酶 A

图 5-5 辅酶 A 的生物合成

(3) 维生素药物的生产：维生素是人体生命活动所必需的要素和用于防治因维生素不足而引起的各种疾病的首选药物，许多维生素可由微生物合成，但大部分产量较低，因而目前在生产上只有少数几种应用微生物发酵法来制造的。目前，工业上主要由微生物发酵法制备的维生素有维生素 B_2、B_{12}，并用微生物转化反应完成维生素 C 生产中的某些步骤。

维生素 B_2 由异咯嗪环与核糖构成，异咯嗪环中第 1 位和第 10 位上的两个氮原子可以被还原，在生物代谢过程中有递氢作用，它与机体内的 ATP 作用生成黄素单核甘酸（FMN），FMN 再与 ATP 作用生成黄素腺嘌呤二核苷酸（FAD）。FMN 和 FAD 是多种脱氢酶的辅酶，是重要的递氢酶的辅酶，是重要的递氢体，可促进生物氧化作用。维生素 B_2 是动物发育和微生物生长的必需因子，还是治疗眼角膜炎、白内障、结膜炎的主要药物。

维生素 C 又称为抗坏血酸，是细胞氧化还原反应的催化剂，它释放两个氢原子后变成氧化型维生素 C，当有供氢体存在时，脱氢抗坏血酸可以接受两个氢原子变成抗坏血酸。维生素 C 参与人体内多种新陈代谢过程，可用于防止坏血病和抵抗传染性疾病，促进创伤和骨折愈合等。另外，维生素 C 作为抗氧化剂已在药品、食品工业等方面获得广泛应用。维生素 C 为酸性己糖衍生物，是烯醇式己糖酸内酯。其分子结构有 L 和 D 型两种异构体，只有 L 型有生理功能。维生素 C 的生产方法有化学合成法、半合成法。

第 2 节　微生物制药发酵工艺

(一) 微生物制药发酵生产一般流程

发酵工程药物的生产过程是从微生物种子制备开始，经一定条件的繁殖培养，通过发酵生产，采用适当的化学、物理手段，从发酵液中提取出来，经精制，制成适于临床使用的药品。严格地讲，我们可以将完整的发酵制药工艺细分三部分：① 培养发酵过程是从制备菌种到发酵培养；② 精细化工过程是从产物的提取、精制，到制成药品；③ 产品检验过程是药品的质量检测到上市。为了使大家对整个工艺流程有个宏观的认识，现将其工艺顺序分步简单介绍如下：

1. 培养发酵过程

(1) 生产菌种：生产菌种指具有性能稳定、容易培养、有效代谢产物分泌量高、其组成成分较单纯、提取相对简单易行的某一种特定的微生物种。生产菌种必须以休眠状态保存在无菌沙土管或冷冻干燥管中，通常保存于 4℃的干燥环境中。工厂生产用的起始菌种，多是从微生物科研部门或其他厂家购进的。新菌种购进后，要进行生产能力测试。经过优化选育，掌握菌种性能，再复制出一批用于生产的沙土管（或冷冻干燥管）。购进的菌种，一般不直接用于生产。沙土管保存期一般为 1～2 年。生产菌种应不断复壮纯化，以防菌种衰退，影响产量。若生产上出现不明原因的产量水平下降，长期确定不了影响因素，可考虑更换菌种。

(2) 孢子制备：从沙土管中取出休眠状态的种子，置于斜面培养基上培养，长成孢子斜面。从沙土管转接的斜面称为母斜面。从母斜面传至另一空白斜面，培养出的斜面称子代斜面，又称"传代"。生产上多用子代进行繁殖培养，也有用斜面进行繁殖培养的。一般来讲，代数传得越多，其生产水平越有下降趋势。在菌种保持传代培养中，如何保持其特性，保持其优良的复制和代谢水平，是菌种工作者的责任。严格按规范操作，防止出现易引起菌种变异的各种不良条件，并经常纯化菌种，保持其优良的代谢和分泌产物的能力，是微生物制药工程中最有效和最经济的手段。

(3) 种子制备：微生物在进入发酵作业阶段以前，必须制备足够数量的菌丝。从斜面孢子到发酵前的菌丝培养，一般工艺过程（图 5-6）是斜面孢子在无菌操作下接入摇瓶培养，将数只培养好的摇瓶种液，在无菌室内并入特制的接种器内，经无菌操作，接入灭菌后的种子罐培养液中进行培养，至种子发育成束、团状后，再移入二级种子罐，进行扩大繁殖培养，培养到菌丝成稀网状，培养液在试管中目测不分层（俗称长浓），移至发酵罐进行 3～5 天发酵培养。在生产中，某些发育快的菌种种子培养工艺也可缩简，用数只子代孢子斜面，在无菌室，用无菌水制成孢子悬浮液，并入特制的接种器，直接接入种子罐培养。也有采用一级种子罐培养成熟后接入发酵罐的，当种子罐染菌，发酵罐按生产进度要接种而没有正常种子液时，亦可选择长势较好的前期发酵罐，将其菌液倒入待进种的发酵罐进行发酵生产，其产量稍有影响。在不影响产量的前提下，选择最简便的接种方法，寻找最短的培养工艺流程，是工厂所追求的。

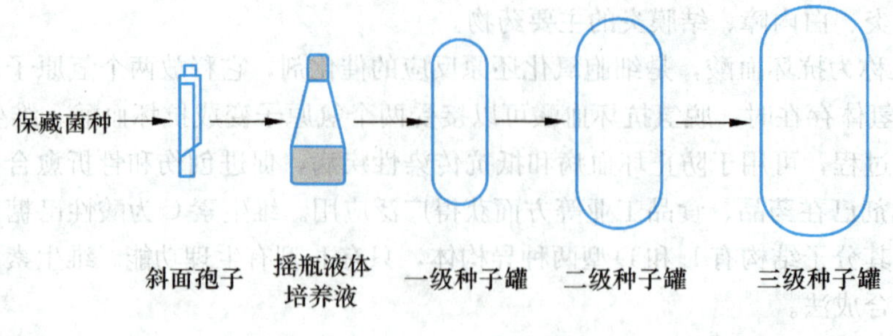

图 5-6　种子扩大示意图

（4）发酵过程：发酵是微生物制造或生产某种产品的过程。微生物药物生产中的发酵是指将长好的种子移入发酵罐，微生物在发酵罐中生长与代谢活动得到最大限度的发挥。其间，人为地最优化地提供其生长与代谢所需要的各种营养、前体、水分、温度和通气，以求得到人们所需的代谢产物的最大产量。不同的菌种对发酵条件的需求有差异，工业生产所有工作目的落实到一点，就是创造和保证最优化的发酵条件。

发酵过程要防止杂菌污染，这是发酵生产成败的关键。为了保证微生物生长、代谢过程中对氧的需求，微生物制药发酵必须投资比较大的动力系统和空气系统。发酵液中溶氧不足，也会影响其产量。发酵过程中为了确保全程的各种条件符合微生物的需要，要定时进行一系列参数的监测。例如，要定期测温度、压力、溶解氧、搅拌转速、泡沫情况、发酵液黏度、菌丝形态、菌丝量、pH 值及糖、氨基氮、溶磷和代谢产物浓度。根据工艺要求，对各种参数要适时调整，以求发酵终结时达到最大产量。

发酵工艺有分批发酵和连续发酵。分批发酵较为普遍，即将培养好的种子液移入发酵罐在发酵罐内完成一个发酵周期的培养后即将发酵液全部排出，转入提取工序。连续发酵生产指发酵工艺中，在微生物培养至生长对数期时，一方面以一定流速向发酵罐中不断加入新鲜培养液，同时又以相同速度从发酵罐中放出含有细胞的培养液，这样使罐中发酵液始终保持一种恒定的状态，但微生物制药生产中，因菌种代谢机制不同，其生长最旺盛时期不一定是药品生产中所需代谢产物分泌量最大的时期，并不是每种微生物都能适用这种发酵工艺。

在菌种特性较为稳定的情况下，通过对发酵过程进行调控，将对微生物代谢物产量产生直接的影响。发酵过程中某些条件，即使是短时的失控，对微生物代谢的影响有时也是不可逆的。所以，除了要保持菌种的优良的生产能力外，严格控制发酵条件是稳定生产的关键所在。一种原材料的改变、一次补料时机操作不当，都将对生产产生非常明显的影响。

2. 精细化工过程

（1）发酵液预处理：发酵结束后，将发酵液从发酵罐里放出，移入发酵液预处理罐（或桶、池），对发酵液进行提取前的化学或物理方法的处理，以便于过滤、分离。发酵过程中，加入了许多有机的、无机的物质，微生物生长过程对这些有机物不可能完全分解利用，其生化合成过程又产生了许多化合物。发酵液中的无机盐杂质亦会影响后工序的提取纯度。发酵液预处理就是为了减小提取过程的分离难度，先沉淀发酵液中的某些杂质或采用过滤方法、离心分离方法、分子膜反渗透方法将发酵液中的菌丝体及沉淀的杂质分离开。

（2）提取和精制：提取过程是将微生物产物从发酵液滤液中逐步浓缩和纯化的一系列工艺操作，采用的方法一般有吸附法、沉淀法、溶剂萃取法和离子交换法。精制多是指提取产物在成为成品液（指各项质量指标达到成品标准的非成品形态）前的最后一道纯化工序。

精制多是用活性炭来除色素、热原等，再经结晶或重结晶，或经无菌过滤、喷雾干燥等方法得到成品。

(3) 成品制造和检验过程：微生物发酵生产的成品是指工业化生产出的大包装的原料药。根据国家对原料药的质量标准的要求不同，成品生产工序、环境亦不同。对要求无菌的原料药，其最后一道工序必须在洁净室内完成，所有接触该药物的设备、容器必须灭菌，而青霉素无菌粉末的生产从无菌过滤后的所有工序都是在洁净室内完成的。

成品检验依据国家有关规定进行，为确保成品生产工序一次成功，在进入最后一道工序前要进行严格的质量控制。例如，在进行精制炭脱工序后，要进行工序质量控制项目检验，若条件许可，或认为有某种必要，则要进行全部项目的检测，避免制成成品后因不合格而返工造成的经济损失。

图 5-7 总结了发酵工程制药的完整过程。在整个发酵制药过程中，微生物的发酵工艺是其技术核心。考虑到篇幅有限，在下一小节我们将重点围绕发酵过程工艺展开讨论。

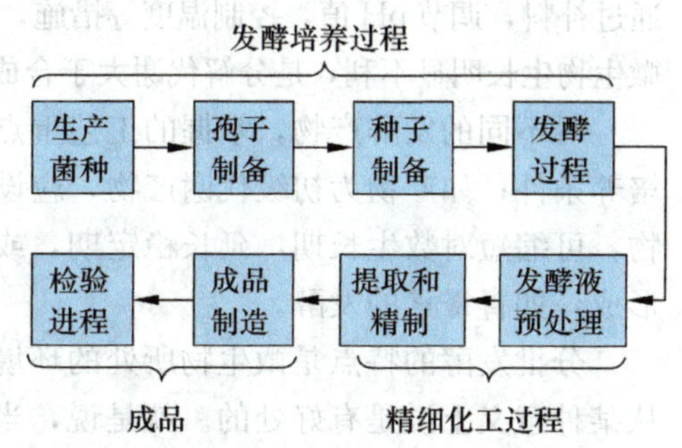

图 5-7　发酵制药流程示意图

(二) 微生物制药发酵过程

微生物反应属于自催化反应，因此微生物发酵过程不同于化学反应过程。它既涉及生物细胞的生长、生理和繁殖等生命过程，又涉及生物生化反应及产物的生成。所以，发酵是生物、化学和工程等学科的理论和技术的综合利用的学科。

发酵过程是微生物制药生产中决定产量的主要过程，微生物发酵过程按其工艺特点一般有 4 种操作方式：分批、补料-分批、半连续和连续等几种方式。由于操作方式不同，必然会使微生物代谢规律发生变化。为了充分发挥生产菌的自身特性，就有必要了解在不同操作条件下微生物菌株的变化规律，下面就简要地介绍一下这几种发酵方式及其特点。

1. 分批发酵　分批发酵是将发酵培养基组分一次性投入发酵罐，经灭菌、接种和发酵后，再一次性地将发酵液放出的一种间歇式发酵操作类型，又称间歇式发酵。分批发酵是一种准封闭系统，在发酵过程中除了控制温度，不断进行通气（好氧发酵）和加入酸碱溶液调节 pH 外，与外界没有其他物料交换。这是目前最为广泛使用的一种发酵方式，分批发酵流程见图 5-8。

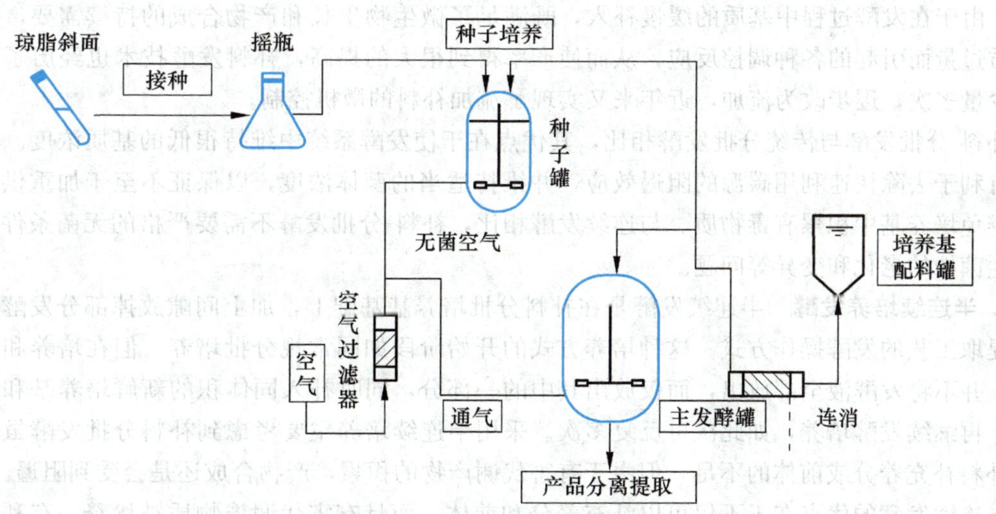

图 5-8　分批发酵流程示意图

分批发酵系统属于封闭体系，微生物处在限制性的条件下生长，表现出典型的生长周期。当菌种接种到新鲜的培养基中，为产生诱导酶或合成有关的中间代谢物，需要有一段适应期，这一时期叫延滞期。在这一时期，细胞生长速率常数为零。在发酵工业上需设法尽量缩短延滞期，可通过增加接种量（群体优势，适应性增强），采用对数生长期的健壮菌种，调整培养基的成分，使种子培养基与发酵培养基详尽和选用繁殖快的菌种等方法缩短该时期。接着细胞以几何级数速度分裂，大量繁殖，进入对数生长期。发酵工业上尽量延长该期，以达到较高的菌体密度，有利于初级代谢产物的积累。随着细胞的大量繁殖，培养基中的营养物质迅速消耗，加上有害代谢物的累积，细胞的生长速率迅速下降，进入稳定期。在这一时期，开始合成次级代谢产物（如抗生素），是发酵生产的重要时期，生产上常常通过补料，调节 pH 值，控制温度等措施，延长稳定期，以积累更多的代谢产物。最后由于培养环境对微生物生长明显不利，是分解代谢大于合成代谢，最终导致细胞大量死亡，进入衰亡期。

对不同的发酵产物，掌握的工艺重点不同。如产物是菌体本身，应采用能支持最高生长量的培养条件；如产物为初级代谢产物，应设法延长与产物关联的对数生长期；如产物是次级代谢产物，可缩短对数生长期，延长稳定期，或降低对数生长期的生长速率，从而使次级代谢产物更早形成，如青霉素的发酵。

分批发酵的特点是微生物所处的环境在发酵过程中不断地变化，因而分批发酵是不稳定过程，从某种意义上说是有好处的。就是说，当菌体生长的最适条件与代谢产物形成的最佳条件不同时，就可通过代谢参数的变化观察其与菌体生长或产物形成之间的相关性，从而为发酵控制提供依据。分批发酵在工业生产上仍有重要位置，因其操作简单，周期短，不易染菌，生产过程和产品的质量容易掌握，但分批发酵存在基质抑制问题，对基质浓度敏感的产物过次级代谢产物，如抗生素，用该发酵方式不合适，主要是由于养分的耗尽，无法继续维持。

2. 补料-分批发酵　补料-分批发酵是在分批发酵过程中间隙或连续的以某种方式补入新鲜料液，克服由于养分不足，导致发酵过早结束的问题。由于只有料液的输入，没有输出，因此，发酵液的体积在增加。

补料-分批发酵是介于分批发酵和连续发酵之间的一种发酵技术。由于向发酵罐中补加物料，该系统不再是封闭系统，同一般的分批发酵有着明显的区别。并且同连续发酵也不同，该系统并不向外放出发酵液，因此，发酵罐内培养液的体积不再是常数，而是随时间和物料流速而变化的变量。由于在发酵过程中基质的缓慢补入，既满足了微生物生长和产物合成的持续需要，又避免了基质过量而引起的各种调控反应，从而使产率得到很大的提高，补料发酵技术也经历了少次多量，少量多次，逐步改为流加，近年来又实现了流加补料的微机控制。

补料-分批发酵与传统分批发酵相比，其优点在于使发酵系统中维持很低的基质浓度。低基质浓度有利于去除快速利用碳源的阻遏效应，并维持适当的菌体浓度，以保证不至于加重供氧；同时可避免培养基中积累有毒物质。与连续发酵相比，补料-分批发酵不需要严格的无菌条件，也不会产生菌株的老化和变异等问题。

3. 半连续培养发酵　半连续发酵是在补料分批培养基基础上，加上间隙放掉部分发酵液进入下游提取工艺的发酵操作方式。这种培养方式的开始阶段如同常规分批培养，但在培养和发酵结束时，并不将发酵液全部放出，而仅放出其中的一部分，同时补入同体积的新鲜培养基和必要的组分，再继续发酵培养，如此次可反复多次。采用半连续培养主要考虑到补料分批发酵虽然可以通过补料补充养分或前体的不足，但由于有害代谢产物的积累，产物合成还是会受到阻遏。

半连续发酵的优点在于不仅可以补充养分和前体，而且有害代谢诶物质被稀释，有利于产物的继续合成。但半连续培养也存在一些缺陷。首先放掉发酵液的同时会损失未被利用的营养物质和正处于代谢活跃状态的菌体细胞；其次中间补料会造成发酵液稀释，增加下游提取液的体积；再次，发酵液中一些有代谢产生的前体有可能会丢失，造成发酵产物产量的影响。此外，半连续发酵过程中染菌问题也是影响发酵过程能否进行的重要因素。

4. 连续发酵 连续发酵是当发酵过程进行到一定阶段时（如产物合成时期）一边连续补充发酵培养液，一边以相同的流速放出发酵液，维持发酵液原来的体积的发酵方式，微生物在稳定状态下生长和代谢。

与分批发酵相比，连续发酵具有如下优点：① 与补料分批发酵相似，能维持低基质浓度；② 可提高设备利用率和单位时间产量，节省发酵罐的非生产时间；③ 使微生物的生长和代谢活动保持旺盛的稳定状态，从而使产率和产品质量也相应保持稳定；④ 能够更有效地实现机械化和自动化，降低劳动强度。当然连续发酵也存在一定的问题：① 由于是开放体系，加上发酵周期长，容易污染杂菌；② 在长周期连续发酵中，微生物易发生变异；③ 对设备、仪器及控制元件的技术要求较高；④ 黏性丝状菌菌体容易附着在器壁上生长或发酵液内结团，带来操作困难。总之，连续发酵营养物利用率低于单批培养，一般只能维持数月至1年。

（三）几种重要的药物发酵工艺

1. 抗生素药物的生产 抗生素主要由微生物发酵生产，另外也可来自于人工半合成和化学全合成。青霉素是最早发现并用于临床的一种抗生素。下面介绍青霉素的发酵生产过程。

生产种子的制备是将沙土孢子用甘油、葡萄糖和胨组成的培养基进行斜面培养后，移植到大米或小米固体培养基上，于25℃培养7d，孢子成熟后进行真空干燥，并以这种形式低温保存。目前全世界用于生产青霉素的高产青霉素大规模生产是用三级发酵，其目的主要是使青霉菌菌体数量逐步扩大和适应发酵，发酵罐连续使用、缩短发酵周期。一级发酵通常在小罐进行，主要使孢子萌芽形成菌丝；二级发酵主要是大量繁殖青霉菌菌丝体；三级发酵除了继续大量繁殖菌丝体外主要是产生青霉素。由于每级发酵目的不同，因此要对培养基配方和培养条件进行控制。比如，产黄青霉素生产过程如下：将孢子液接种到一级种子罐内，27℃培养40h内作用，通气比为1∶3wm，搅拌转速为300～350r/min。一级种子长好后，按10%的接种量移种到二级种子罐内，于25℃培养10～40h便可作为发酵罐的种子。培养二级种子时，通气量为（1∶1）～（1∶5）wm，搅拌转速为250～280r/min（图5-9）。

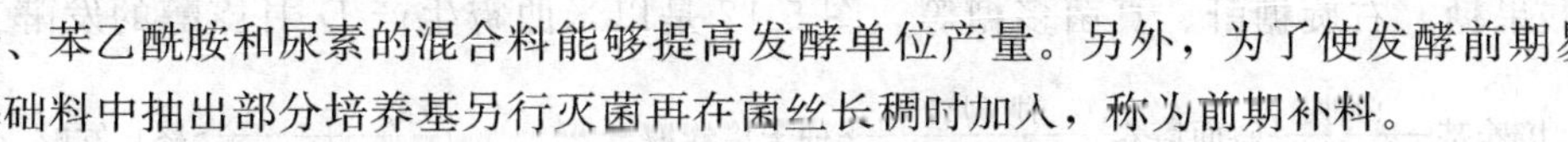

培养基 —菌种，(25±1)℃→ 斜面培养 → 孢子悬浮液 —一级种子罐，27℃，40h→ 二级种子液 —三级发酵，250～280r/min→ 发酵终止

图5-9 产黄青霉素生产青霉素工艺流程

青霉素发酵中，通常采用补料方式对容易产生阻遏、抑制和限制作用的底物（葡萄糖、铵、苯乙酸等）进行缓慢流加，以维持最适浓度，提高发酵效率。比如，丝状菌发酵于45～50h左右时，处于合成青霉素能力最旺盛的时期，这时基础培养基内原有的前体已经消耗，此时补入含有花生饼粉、苯乙酰胺和尿素的混合料能够提高发酵单位产量。另外，为了使发酵前期易于控制，可以从基础料中抽出部分培养基另行灭菌再在菌丝长稠时加入，称为前期补料。

青霉素发酵过程要求延长分泌期，缩短菌丝生长繁殖期，并通过工艺控制时自溶期尽量晚出现。影响青霉素发酵产率的因素包括环境因素和生理因素两个方面。前者如温度、pH、培养基种类及浓度、溶解氧饱和度等；后者包括菌体浓度、菌体生长速度、菌丝形态等。

2. 维生素药物的生产 维生素的化学结构各不相同，决定了它们生产方法的多样性。在工业上大多数维生素是通过化学合成法获得的，近年来发展起来的微生物发酵法代表着今后维生素的生产方向，从生物材料中直接提取的并不多。许多维生素可由微生物合成，但大部分产量较低，因而目前在生产上只有少数几种完全或部分应用微生物方法来制造。工业上目前主要由微生物发酵法制备的维生素有 B_2、B_{12}，并用微生物转化反应完成维生素 C 生产中的某些步骤。下面以维生素 B_2 的发酵过程为例。

能进行维生素 B_2 生物合成的微生物有细菌、酵母菌和真菌等，但应用于生产中最重要的是棉病囊霉及阿氏假囊酵母。维生素 B_2 发酵工业上采用三级发酵，将在 28℃培养成熟的维生素 B_2 产生菌的斜面孢子用无菌水制成孢子悬浮液，接种到种子培养基中培养，培养温度为 30℃，培养时间为 30～40h。将上述种子液移种到二级种子罐培养，培养温度同前，培养时间为 20h。将二级种子罐的种子，移种到三级发酵罐发酵，发酵温度为 30℃，发酵终点时间为 160h。嘌呤类化合物作为维生素 B_2 合成前体对维生素发酵有促进作用，肌醇与葡萄糖作为刺激剂联合使用，采用半连续滴入方式加入，发酵单位明显提高（图 5-10）。

培养基 —菌种 (25±1)℃→ 斜面培养 → 孢子悬浮液 —一级种子罐 (30±1)℃，0.1MPa→ 种子液

—二级种子培养 20h→ 二级种子液 —三级发酵 (30±1)℃，0.1MPa，160h→ 终止发酵

图 5-10 维生素 B_2 生产工艺流程

3. 氨基酸类药物的生产 目前，全世界天然氨基酸的年总产量在百万吨，其中产量较大者有谷氨酸、蛋氨酸及赖氨酸，其次是天冬氨酸、苯丙氨酸及胱氨酸等。所有微生物在发酵时都能产生氨基酸。利用微生物发酵生产氨基酸的关键是解除反馈调节，使氨基酸能过量积累。现以谷氨酸为例介绍氨基酸的发酵生产。

工业上常用的重要谷氨酸产生菌已有很多了，谷氨酸发酵生产主要包括斜面种子培养、种子扩大培养和发酵阶段。在 32℃培养 24h 的斜面孢子接种到摇瓶中扩大培养，培养温度为 32℃，培养时间为 12h，液体培养基由葡萄糖、玉米浆、尿素、硫酸镁等组成，二级种子采用小罐进行，然后以接种量 5%～10%移种到三级发酵罐发酵，发酵温度前期控制 33～35℃，中后期为 36～38℃。为了获得谷氨酸高产，在发酵的中后期还必须根据 pH 变化情况流加尿素或氨水。发酵约 12h 后，菌体浓度基本不变，转入谷氨酸合成期，由于谷氨酸分泌于培养基中，使发酵液 pH 下降，这一阶段应及时流加尿素提供氨。临近发酵结束尿素流加量可适当减少（图 5-11）。

培养基 —菌种→ 斜面培养 —摇瓶 (32±1)℃，24h→ 孢子悬浮液 —小罐→ 二级种子液 —三级发酵 10%接种量→ 终止发酵

图 5-11 谷氨酸发酵工艺流程图

4. 糖类药物 糖类药物中研究最多的是多糖类药，多糖类药物在抗凝血、降血脂、提高机体免疫的抗肿瘤、抗辐射、抗感染等方面都具有显著的药理作用与疗效。来源于微生物的多糖、主要有酵母多糖、细菌脂多糖、香菇多糖、灵芝多糖、蘑菇多糖等。主要的发酵糖类药物有 *D*-甘露醇、1,6-二磷酸果糖、右旋糖酐、真菌多糖等。图 5-12 是以米曲霉生产 *D*-甘露醇的发酵工艺。

培养基 —菌种→ 斜面培养 —种子培养 (32±1)℃，24h→ 种子培养液 —发酵 pH 3～6，30～32℃，4～5d→ 终止发酵

图 5-12 米曲霉生产 *D*-甘露醇工艺流程图

第 3 节 微生物发酵工艺过程的控制

对发酵过程进行调控对于提高代谢产物的发酵产量是非常必要的。由于发酵过程是微观的生

物化学反应过程，它的变化难以用肉眼观察到。因此发酵过程的控制远比一般的物理过程或一般的化学过程控制要复杂得多。

为了使发酵生产能够取得最佳效果，需要采用不同方法测定与发酵条件和代谢变化有关的各种参数，以及各种环境条件对发酵的影响，根据各种参数的变化，结合代谢调控的基础理论，有效地控制发酵过程，使药物产生菌的代谢变化沿着人们所需要的方向进行，以达到提高生产水平的目的。

(一) 发酵制药工艺中的重要参数

微生物发酵是在一定条件下进行的，其代谢变化是通过各种检测参数反映出来的。特别是菌体生长代谢过程中 pH 值的变化，它是菌体生长和代谢的综合表现。一般发酵过程控制的主要参数可分为物理参数和生化参数。物理参数包括温度、罐压、空气流量、搅拌转速、搅拌功率、黏度、密度、浊度、泡沫、补料流加速度、传质系数等；生化参数包括菌体浓度、pH 值、溶解氧浓度、呼吸商 RQ、溶解 CO_2、氧化还原电位、基质浓度等。下面简要地介绍一些重要的参数及其检测意义，见表 5-2、表 5-3。

表 5-2 发酵工艺中常用的物理参数

	参数名称（单位）	测试方法	意义及作用
物理参数	温度（℃，K）	传感器	维持生长合成，对酶活有影响
	罐压（Pa）	压力表	维持正压，防止杂菌，避免污染，保证纯种
	搅拌转速（r/min）	传感器	物料混合，提高 k_La
	搅拌功率（kW）	传感器	反映搅拌情况、k_La
	黏度（Pa·s）	黏度计	反映细胞生长或细胞形态，菌丝分裂情况
	浊度（%）	传感器	反映菌体生长情况
	泡沫	传感器	反映发酵代谢情况
	补料流加速率（kg/h）	传感器	反映基质消耗情况
	传氧系数 k_La（h^{-1}）	间接测量	反映溶氧的传递情况
	空气流量（m^3/h）	传感器	供氧、排泄废气、提高 k_La

表 5-3 发酵工艺中常用的生化参数

	参数名称	测试方法	意义及作用
生化参数	菌体浓度（g/L）	取样	反映菌体生长情况
	菌体中 RNA、DNA 含量（mg/g）	取样	了解菌体生长情况
	溶解氧浓度（μl/L）	传感器	反映氧的供需情况
	排气中氧的浓度（%）	传感器	了解耗氧情况
	呼吸商 RQ	间接计算	了解菌的代谢途径
	pH 值	传感器	反映菌的代谢情况
	氧化还原电位 E_h（mV）	传感器	反映菌的代谢情况
	基质浓度（mg/ml）	取样	对菌体的生长与产物的合成有影响
	产物浓度（mg/ml）	取样	了解产物合成情况
	前体或中间体浓度（mg/ml）	取样	前体或中间体利用情况
	氨基酸及矿物质浓度（mg/ml）	取样	了解氨基酸或离子含量变化对发酵的影响
	溶解 CO_2 浓度（%）	传感器	了解 CO_2 对发酵的影响
	排气中 CO_2 浓度（%）	传感器	了解菌体呼吸情况

上述参数中的大多数可利用传感器或取样直接测定，还有一些需要通过计算，根据发酵液的菌体量和单位时间的菌体浓度、溶氧浓度、糖浓度、氮浓度和产物浓度等的变化值，即可分别算出菌体的比生长速率、氧比消耗速率、糖比消耗速率、氮比消耗速率和产物比生成速率。这些参

数也是控制产生菌的代谢、决定补料和供氧工艺条件的主要依据，多用于发酵动力学的研究中。还有跟踪细胞生物活体的其他化学参数，如 NAD-NADH 体系、ATP-ADP-AMP 体系、DNA、RNA、生物合成的关键酶等，需要时可查有关资料。

通过已获得的各参数的变化和发酵过程现象，将其与发酵代谢规律联系起来，找出它们之间的相互关系和变化规律，建立数学模型，通过计算机在线控制反复验证模型的可行性和适应范围，进而获得应用。

（二）发酵过程中的影响因素及其控制

微生物发酵生产药物的水平不仅取决于生产菌种的性能，而且还需要合适的环境条件即发酵工艺加以配合，才能使它的生产能力充分地表现出来。因此，必须研究影响发酵过程的各种影响因素，如温度、pH 值、溶氧、CO_2等，设计合理的发酵工艺，使生产菌种处于最佳的产物合成条件下，达到最佳发酵效果，获得最高的产品收率。

1. 种子及菌体浓度对发酵的影响及控制 发酵期间生产菌种生长的快慢和产物合成的多寡在很大程度上取决于种子的质量。而种子的质量可从两个方面来考虑：接种菌龄和接种量。接种菌龄是指种子罐中的培养物开始移种到下一级种子罐或发酵罐时的培养时间。一般以对数生长期的后期，即培养液中菌浓接近高峰时所需的时间较为适宜。不同品种或同一品种不同工艺条件的发酵，其接种菌龄也不尽相同。接种量是指移种的种子液体积和发酵液体积之比。接种量的大小是由发酵罐中菌的生长繁殖速度决定的。通常，采用较大的接种量可缩短生长达到高峰的时间，使产物的合成提前，比如抗生素发酵的接种量有时可增加到 20％～25％，但是若接种量过大，也可能使菌种生长过快、培养基中有害物质增加，导致溶氧不足，影响产物的合成。因此种子接种量应控制在合适的范围内。

菌浓的大小对发酵产物的产率有着重要影响。菌浓越大，产物的产量也越大；但菌浓过高时，营养物质消耗过高，有毒物质积累，引起溶氧下降，最终可能会改变菌体的代谢途径。因此在发酵过程中要设法控制菌浓在合适的范围内，一般可采取调节培养基浓度、中间补料、补入无菌水等方法。

2. 温度对发酵的影响及其控制 微生物的新陈代谢都是在各种酶催化下进行的，温度是保证酶活性的重要条件，因此在发酵过程中必须保证稳定而合适的环境温度。

在发酵过程中引起发酵温度变化的因素有生物热、搅拌热、蒸发热、辐射热和显热。发酵热就是发酵过程中释放出来的净热量，表达式如下：

$$Q_{发酵}=Q_{生物}+Q_{搅拌}-Q_{蒸发}-Q_{显热}-Q_{辐射}$$

由于生物热、蒸发热和显热，特别是生物热在发酵过程中是随时间变化的，因此发酵热在整个发酵过程中也随时间变化，引起发酵温度发生波动。一般抗生素发酵过程的最大发酵热为 12570～29330kJ（3000～7000kcal）/(m^3・h)。

不同时期，温度对微生物生长和产物合成的影响是不同的。首先在菌体生长期，发酵温度升高，酶反应速率增大，生长代谢加快，生产期提前。而随着温度的升高，酶反应速率也增加，但有一个最适温度，超过这个温度酶的催化活力下降，表现在菌体容易衰老，发酵周期缩短、影响最终产量。其次在产物合成阶段，温度的变化会改变发酵液的物理性质，例如氧的溶解度和基质的传质速率以及菌对养分的分解和吸收速率，来间接影响产物的合成；温度还会影响生物合成的方向，例如四环素发酵中金色链霉菌同时能生产金霉素，在低于 30℃下，合成金霉素的能力较强。合成四环素的比例随温度的升高而增大，在 35℃下只产生四环素；此外，近年来发现温度对代谢有调节作用。在低温 20℃，氨基酸合成途径的终产物对第一个酶的反馈抑制作用比在正常生长温度 37℃的更大。

微生物发酵所用的菌体大多数是中温菌，如真菌、放线菌和一般细菌。它们的最适生长温度一般在20～40℃。在发酵过程中，需要维持生产菌适当温度，才能使微生物的生长和产物合成顺利进行；同时温度是保证酶活性的重要条件，故发酵过程中必需保证最适宜的温度环境。

最适温度的选择从理论上讲应根据不同菌种及发酵的不同阶段进行相应的调整。首先，温度选择要考虑菌种及生长阶段的因素。如青霉素生长温度是30℃，而谷氨酸棒状杆菌为30～32℃。其次发酵前期为了促进菌体迅速生长应取稍高的温度；发酵中期的温度应稍低一些，可以延长稳定期从而提高产量；发酵后期产物合成能力下降，则应该提高温度刺激产物合成。另外，温度选择还应根据培养条件综合考虑，如通气可适当降低温度，使菌体呼吸速率减慢。

在实际生产时，所谓对发酵过程中温度的控制一般指冷却，因发酵中释放了大量的发酵热，所以不需要加热。工业上常利用自动控制或手动调整的阀门，将冷却水通入发酵罐夹层或蛇形管中来保持恒温发酵。

3. pH对发酵的影响及其控制 微生物菌体的生长及药物产物的合成不仅需要合适的温度，同时还需要在合适的pH条件下进行。发酵液pH值的变化乃是菌体代谢的综合效果，影响因素包括菌种遗传特性、培养基成分和培养条件。其中培养基配比是引起pH值变化的主要原因。

pH值对微生物的生长繁殖的影响表现在如下方面：①pH会影响酶的活性，当pH值抑制菌体中某些酶的活性时，会阻碍菌体的新陈代谢；②pH影响微生物细胞膜所带电荷的状态，改变细胞膜的通透性，影响微生物对营养物质的吸收；③pH影响培养基中某些组分的解离，进而影响微生物对这些成分的吸收。

在产物合成阶段，pH对产物合成的影响更直接：①pH值不同，往往引起菌体代谢过程的不同，使代谢产物的质量和比例发生改变；②合适的pH可以大幅提高产物的产量和缩短发酵时间；③pH对代谢产物的稳定性有影响。

因此，对微生物发酵来说，有各自的最适生长pH值和最适生产pH值。各种不同的微生物对pH值的要求也不同。多数微生物生长都有最适pH值范围及其变化的上下限：上限都在8.5左右，超过此上限，微生物将无法忍受而自溶；下限以酵母为最低（2.5）。但菌体内的pH值一般认为是在中性附近。pH值对产物的合成有明显的影响，因为菌体生长和产物合成都是酶反应的结果，仅仅是酶的种类不同而已，因此代谢产物的合成也有自己最适的pH值范围，如合成青霉素的最适pH值范围为6.5～6.8；链霉素和红霉素为6.8～7.3；四环素为5.9～6.3。最适生长pH值和生产pH值对发酵控制来说是很重要的参数。另外，pH值还会影响某些霉菌的形态。

在了解发酵过程中合适pH值的要求之后，就要采用各种方法来进行控制。首先需要考虑和试验培养基的基础配方，使它们有个适当的配比，是发酵过程中的pH值变化在合适的范围内。如果上述方法达不到要求，则可以考虑通过加酸碱或中间补料来控制。比如在基础培养基中加入碳酸钙，它能与酮酸等物质反应起到缓冲作用。在分批发酵中常用这种方法来控制pH的变化。

4. 溶解氧对发酵的影响及其控制 在发酵过程中，影响耗氧的因素有以下几方面：①培养基的成分和浓度显著影响耗氧，培养液营养丰富，菌体生长快，耗氧量大；发酵浓度高，耗氧量大；发酵过程补料或补糖，微生物对氧的摄取量随之增大；②菌龄影响耗氧即呼吸旺盛时，耗氧量大。发酵后期菌体处于衰老状态，耗氧量自然减弱；③发酵条件影响耗氧即在最适条件下发酵，耗氧量大。

溶氧是需氧发酵控制最重要的参数之一。由于氧在水中的溶解度很小，在发酵液中的溶解度亦如此，因此，需要不断通风和搅拌，才能满足不同发酵过程对氧的需求。溶氧的大小对菌体生长和产物的形成及产量都会产生不同的影响。对抗生素发酵来说，氧的供给就更为重要。在发酵过程并且在已有设备和正常发酵条件下，每种产物发酵的溶解氧浓度变化都有自己规律。一般发酵前期，由于生产菌大量繁殖，需氧量不断大幅度地增加，如果此时需氧量超过了供氧，会使溶解氧明显下降；在发酵中后期，溶解氧浓度明显受工艺控制手段的影响，如补料、加前体、加消泡剂等。发酵液的溶氧浓度，是由供氧和需氧两方面所决定的。也就是说，当发酵的供氧量大于需氧量，溶氧浓度就上升，直到饱和；反之就下降。在好氧发酵中，需氧发酵并不是溶氧越大越好，溶氧高虽然有利于菌体生长和产物合成，但溶氧太大有时反而抑制产物的形成。

此外，微生物对供氧有一个最低要求，即满足微生物呼吸的最低氧浓度，叫做临界溶氧浓度，用C临界表示。在临界氧浓度以下，微生物的呼吸速率随溶解氧浓度降低而显著下降。一般好氧微生物临界溶解氧浓度很低，约为0.003～0.05mmol/t，需氧量一般为25～100mmol/（L·h）。其临界溶解氧浓度大约是饱和浓度的1%～25%。当不存在其他限制性基质时，溶解氧浓度高于临界值，细胞的比耗氧速率保持恒定；如果溶解氧浓度低于临界值，细胞的比耗氧速率就会大大下降。细胞处于半厌氧状态，代谢活动受到阻遏。培养液中维持微生物呼吸和代谢所需的氧保持供氧与耗氧的平衡，才能满足微生物对氧的利用。液体中的微生物只能利用溶解氧，气液界面处的微生物还能利用气相中的氧，强化气液界面也将有利于供氧。

由上可知，生物合成最适氧浓度与临界氧浓度是不同的，为避免发酵处于限氧条件下，需要考察每一种发酵产物的临界氧浓度和最适溶氧浓度，并使发酵过程保持在最适溶氧浓度。

那么，如何能控制好发酵液中的溶氧浓度呢？应该从供氧和需氧两方面着手。在供氧方面，主要是设法提高氧传递的推动力和液相体积传氧系数k_La值。在工业生产中就是采取适当的措施来提高溶氧浓度，如降低发酵培养温度、改变发酵液性质、调节搅拌转速或通气速率来控制供氧。

另一方面，供氧量的大小还必须与需氧量相协调，也就是说要有适当的工艺条件来控制需氧量，使产生菌的生长和产物生成对氧的需求量不超过设备的供氧能力，使产生菌发挥出最大的生产能力。发酵液的需氧量，受菌体浓度、基质的种类和浓度以及培养条件等因素的影响，其中以菌体浓度的影响最为明显。发酵液的摄氧率随菌体浓度增加而按比例增加，但氧的传递速率是随菌体浓度的对数关系减少的，因此可以控制菌的比生长速率比临界值略高一点的水平，达到合适浓度。这是控制最适溶氧浓度的重要方法。最适菌体浓度既能保证产物的比生成速率维持在最大值，又不会使需氧大于供氧。

5. 二氧化碳对发酵的影响及其控制 CO_2是微生物呼吸和分解的代谢产物，几乎所有发酵均产生大量CO_2。CO_2在发酵液中的浓度变化受到许多因素的影响，如菌体的呼吸强度、发酵液流变学特性、通气搅拌程度、外界压力大小和设备规模大小等因素。

CO_2对细胞作用机制是影响细胞膜的结构。溶解CO_2及HCO_3^-主要作用影响细胞膜结构，它们分别作用于细胞膜的不同位点。CO_2主要作用在细胞膜的脂肪核心部位，HCO_3^-则影响磷脂，亲水头部带电荷表面及细胞膜表面的蛋白质。当细胞膜的脂质相中CO_2浓度达临界值时，膜的流动性及表面电荷密度发个变化。这将导致许多基质的跨膜运输受阻，影响了细胞膜的运输效率，使细胞处于"麻醉"状态，生长受抑制，形态发生了改变。

CO_2对发酵的影响也可从其对菌体生长及产物合成两方面进行讨论。首先，CO_2对菌体的生长有直接作用，会影响菌体的形态。比如CO_2对产黄青霉生长状态的影响，用扫描电子显微镜观察发现，菌丝形状随CO_2含量不同而改变。当CO_2含量在0～8%时，菌丝主要呈丝状；上升到15%～22%时，则呈膨胀状；CO_2分压再提高8kPa时，则出现球状或酵母状细胞，使青霉素合成受阻。

其次，大量实验表明CO_2对氨基酸、抗生素等代谢产物的发酵有抑制或刺激作用。大多数微生物适应低CO_2浓度（0.02%～0.04%）。当CO_2浓度高于4%时微生物的糖代谢与呼吸速率下降，青霉素合成和菌体呼吸强度都受到抑制。在CO_2分压达到8.1kPa时，青霉素的比生产速率下降50%；红霉素产量减少60%，而对产生菌生长并不影响。四环素发酵也有一个最适的CO_2分压；精氨酸发酵中有一最适CO_2分压，为0.125×10^5Pa，高于此值的精氨酸合成有较大影响。

CO_2浓度的控制应随它对发酵的影响而定。如果CO_2对产物合成行抑制作用，则应设法降低其浓度，若有促进作用，则应提高其浓度。通气和搅拌速率的大小，不但能调节发酵液中的溶解氧，还能调节CO_2的溶解度，在发酵罐中不断通入空气，既可保持溶解氧在临界点以上，又可随废气排出所产生的CO_2，使之低于能产生抑制作用的浓度。因而通气搅拌也是控制CO_2浓度的一种方法，降低通气量和搅拌速率，有利于增加CO_2在发酵液中的浓度；反之就会减小CO_2浓度。在$3m^3$发酵罐中进行四环素发酵试验，发酵40h以前，通气量减小到$75m^3/h$，搅拌为80r/min，以此来提高CO_2的浓度；40h以后，通气量和搅拌分别提高到$110m^3/h$和140r/min，以降低浓度CO_2，使四环素产量提高25%～30%。

CO_2的产生与补料工艺控制密切相关，如在青霉素发酵中，补糖会增加排气中CO_2的浓度降低培养液的pH值。因为补加的糖用于菌体生长、菌体维持和青霉素合成3方面，它们都产生CO_2，使CO_2产量增加。

6. 加糖、补料对发酵的影响及其控制　补料分批发酵在实际发酵生产中得到了广泛的应用，显著地提高了发酵产物的产量。补料的作用有以下几点：① 控制抑制性底物的浓度；② 解除或减弱分解产物阻遏；③ 优化发酵过程。

不同的补料方式、补料时机和补料量都会对发酵产生一定的影响。以大肠杆菌发酵为例，通过补料控制溶氧；适时补入葡萄糖、蔗糖及适当的盐类，对产率的提高有利；用补料方法控制生长速率在中等水平有利于发酵产率的提高。

7. 泡沫对发酵的影响及控制　在大多数微生物发酵过程中，由于发酵液中有CO_2、糖、蛋白质和代谢物等稳定泡沫的物质存在，在通气条件下，培养液中就形成了泡沫。泡沫的存在可以增加气液接触的表面，有利于氧的传递。另一方面，泡沫也带来许多负面作用：大量起泡，控制不及时，会引起"逃液"，招致产物的流失；会增加污染的危险性；降低了发酵罐的利用率，占用了培养基所需的空间；增加了菌群的非均一性，引起菌的分化，甚至自溶，从而影响菌群的整体效果。

泡沫的多寡，通气搅拌的剧烈程度和培养的成分有关。玉米浆、蛋白胨、酵母粉等是发泡的主要因素。此外培养基的灭菌方式，灭菌温度和时间也会改变培养基的性质，进而影响培养基的起泡能力。

泡沫的控制方法可采用3种途径：① 调整培养基中的成分（如少加或缓加易起泡的原材料），改变某些物理化学参数（如pH值、温度、通气和搅拌）或者改变发酵工艺（如采用分次投料），以减少泡沫形成的机会，但这些方法的效果有一定限度；② 采用机械消泡或化学消泡剂这两种方法消除已形成的泡沫；③ 筛选不产生流态泡沫的菌种，来消除起泡的内在因素，如用杂交方法选出来不产生泡沫的土霉素生产菌株。

机械消泡是一种物理消泡的方法，利用机械强烈振动或压力变化而使泡沫破裂。有罐内消泡和罐外消泡两种方法。该法的优点是：节省原料，减少染菌机会。但消泡效果不理想，仅可作为消泡的辅助方法。

消泡剂消泡是指加入表面张力较小的表面活性剂使泡沫破碎的方法，消泡剂的作用是通过降低泡沫液膜的机械强度或是降低液膜的表面黏度来达到破裂泡沫的目的。

8. 发酵终点的判断 微生物发酵终点的判断，对提高产物的生产能力和经济效益是很重要的。生产能力是指单位时间内单位罐体积的产物积累量，生产过程不能只单纯追求高生产力，而不顾及产品的成本，必须把二者结合起来，既要有高产量，又要降低成本。

不同类型的发酵要求达到目标不同，因而对发酵终点的判断标准也应有所不同。

结语

发酵工程制药是微生物学、生物化学和化学工程学的有机结合。根据这一特点，本章从三个方面对发酵工程制药的理论和生产实践进行探讨。首先，结合微生物学和生物化学的知识，浅谈了发酵工业制药的理论基础；其次，以化学工程学为基础，简要介绍了发酵制药的工艺流程、操作方式以及一些重要药物的工艺路线；最后，从工业实践出发，讨论了发酵制药过程的影响因素、检测参数以及控制手段。希望通过这章的学习，大家能够掌握发酵工程的制药原理，熟悉发酵制药的工艺流程，了解工艺中的影响因素，从而认识发酵制药的重要性。

目前，经过发酵条件的控制和优化、各种突变株的应用等已经使用更多。无论是传统的发酵产品，还是现代基因工程的生物技术产品，大都需要通过发酵生产来获得。近年来，随着基因工程和细胞工程等现代生物技术的发展，应用微生物技术研究开发新药，改造和替代传统制药工业技术，扩大和加快医药生物技术产品的产业化规模和速度是当代医药工业的一个重要的发展方向。利用发酵工程已生产了很多新型的生理活性多肽和蛋白质类药物，如干扰素、组织纤溶酶原激活剂、白介素、促红细胞生成素、集落细胞刺激因子等。

学习重点

本章重点是微生物制药发酵工艺及其工艺过程的控制，所以要掌握发酵工程制药的一些核心知识，以下便是学习本章时要强调的重点内容：

（一）发酵工程制药基础

1. 微生物发酵生产的药物。

2. 发酵制药工业中所涉及的微生物原理。

（二）微生物制药发酵工艺

1. 微生物制药发酵过程。

2. 几种重要的药物发酵工艺。

（三）微生物发酵工艺过程的控制

发酵过程中的影响因素及其控制。

思考题

1. 简述发酵过程中微生物的一般代谢规律。

2. 举例说明微生物发酵制药的一般流程。

3. 简述发酵过程的几种方式及各特点。

4. 简述发酵过程中的影响因素及其控制。

5. 探讨当今微生物制药领域的技术瓶颈及其改进方向。

参考文献

储炬，李友荣. 2002. 现代工业发酵调控学. 北京：化学工业出版社
郭勇. 2007. 生物制药技术. 北京：中国轻工业出版社
贺小贤. 2003. 生物工艺原理. 北京：化学工业出版社
李伟平. 2009. 新编生物工艺学. 北京：科学出版社
吴剑波. 2003. 微生物制药. 北京：化学工业出版社
吴晓英. 2009. 微生物制药工艺. 北京：化学工业出版社
杨艺虹. 2006. 绿色制药技术. 北京：化学工业出版社
俞俊棠，唐孝宣，李友荣等. 2003. 生物工艺学. 北京：化学工业出版社
周珮. 2007. 生物技术制药. 北京：人民卫生出版社
朱宝泉. 2004. 生物制药技术. 北京：化学工业出版社

（杨　青）

第6章 蛋白质工程制药

学习要求

1. 掌握蛋白质工程药物的原理和基本过程。
2. 了解改造蛋白质的常用方法和手段。
3. 掌握蛋白质定向技术的原理和基本步骤。
4. 了解蛋白质工程药物的优点。

自从1978年美国贺契生（C. A. Hutchison）使用了莱德伯格（J. Lederberg）于1960年推荐使用寡脱氧核糖核苷酸作为体外诱变剂，经他重新确定此诱变剂的顺序，成功地实现了定位突变（Site-directed mutagenesis）试验，培育出了具有各类生物学特性的突变株。1981年美国Genen公司厄尔默（K. Ulmer）则将此定位突变试验冠以"蛋白质工程"以来，全世界许多大学、著名实验室及经营生物工程高技术产业的公司都投入了大量人力物力，进行研究和开发。目前全世界科学家已掌握的各类蛋白质分子构造，总数已达到300种左右。平均每年能弄清楚10～20种各类新的蛋白质分子结构的细节，此外还将不断有人工设计的全程合成的新的蛋白质分子问世。蛋白质工程是在基因重组技术、生物化学、分子生物学、分子遗传学等学科的基础之上融合了蛋白质晶体学、蛋白质动力学、蛋白质化学和计算机辅助设计等多学科而发展起来的新兴研究领域。其内容主要有两个方面：根据需要合成具有特定氨基酸序列和空间结构的蛋白质；确定蛋白质化学组成、空间结构与生物功能之间的关系。在此基础之上，实现从氨基酸序列预测蛋白质的空间结构和生物功能，从头设计合成具有特定生物功能的全新的蛋白质，这也是蛋白质工程最根本的目标之一。目前，蛋白质工程尚未有统一的定义。一般认为蛋白质工程就是通过基因重组技术改变或设计合成具有特定生物功能的蛋白质。实际上蛋白质工程包括蛋白质的分离纯化、蛋白质结构和功能的分析、设计和预测，通过基因重组或其他手段改造或创造蛋白质。从广义上来说，蛋白质工程是通过物理、化学、生物和基因重组等技术改造蛋白质或设计合成具有特定功能的新蛋白质。通过蛋白质工程手段可以提高重组蛋白的活性，改善制品的稳定性，提高生物利用度，延长在体内的半衰期，降低制品的免疫原性等。蛋白质工程技术在单抗人源化和制造融合蛋白方面也发挥了重大作用。当然蛋白质工程产品也有潜在缺点，如可能因结构与天然蛋白不同而增加免疫原性或降低了生物活性与治疗价值或改变了药效学和药代动力学性质，因此临床研究时，应特别仔细观察。

第1节 蛋白质工程制药的概念

一、蛋白质工程制药研究的核心内容和基本概念及方法

（一）蛋白质结构、功能和设计改造

1. 蛋白质分子结构 蛋白质工程的核心内容之一就是收集大量的蛋白质分子结构的信息。以便建立结构与功能之间关系的数据库，为蛋白质结构与功能之间关系的理论研究奠定基础。三维空间结构的测定是验证蛋白质设计的假设即证明是新结构改变了原有的生物功能的必需手段。晶体学的技术在确定蛋白质结构方面有了很大发展。但是最明显的不足是需要分离出足够量的纯蛋白质（几毫克至几十毫克），制备出单晶体，然后再进行繁杂的数据收集、计算和分析。对于那些很微量的蛋白质来说，是比较困难的。另外，蛋白质的晶体状态与自然状态也不尽相同。在分析的时候要考虑到这个问题。磁共振技术可以分析液态下的肽链结构，这种方法绕过了结晶、X-射线衍射成像分析等难点，直接分析自然状态下的蛋白质的结构。现代磁共振技术已经从一维发展到三维，在计算机的辅助下，可以有效地分析并直接模拟出蛋白质的空间结构、蛋白质与辅基和底物结合的情况以及酶催化的动态机制。从某种意义上讲，磁共振可以更有效地分析蛋白质的突变。国外有许多研究机构正在致力于研究蛋白质与核酸、酶抑制剂与蛋白质的结合情况，以开发具有高度专一性的药用蛋白质。

2. 蛋白质结构、功能的设计和预测 根据对天然蛋白质结构与功能分析建立起来的数据库里的数据，可以预测一定氨基酸序列肽链空间结构和生物功能；反之也可以根据特定的生物功能，设计蛋白质的氨基酸序列和空间结构。通过基因重组等实验可以直接考察分析结构与功能之间的关系；也可以通过分子动力学、分子热力学等，根据能量最低、同一位置不能同时存在两个原子等基本原则分析计算蛋白质分子的立体结构和生物功能。目前，正加紧这方面的工作。虽然尚在起步阶段，但在可预见的将来，建立一套完整的理论来解释结构与功能之间的关系，用以设计、预测蛋白质的结构和功能。

（二）蛋白质的创造和改造的途径

蛋白质的改造，从简单的物理、化学法到复杂的基因重组等等有多种方法。

1. 物理、化学法 对蛋白质进行变性、复性处理，修饰蛋白质链官能团，分割肽链，改变表面电荷分布促进蛋白质形成一定的立体构象等等。

2. 生物化学法 使用蛋白酶选择性地分割蛋白质，利用转糖苷酶、酯酶、酰酶等去除或连接不同化学基团，利用转酰胺酶使蛋白质发生交联等。以上方法只能对相同或相似的基团或化学键发生作用，缺乏特异性，不能针对持定的部位起作用。

3. 采用基因重组技术或人工合成 DNA 不但可以改造蛋白质而且可以实现从头合成全新的蛋白质。蛋白质是由不同氨基酸按一定顺序通过肽键连接而成的肽构成的。氨基酸序列就是蛋白质的一级结构，它决定着蛋白质的空间结构和生物功能。而氨基酸序列是由合成蛋白质的基因的 DNA 序列决定的，改变 DNA 序列就可以改变蛋白质的氨基酸序列，实现蛋白质的可调控生物合成。在确定基因序列或氮基酸序列与蛋白质功能之间关系之前，宜采用随机诱变，造成碱基对的缺失、插入或替代，这样就可以将研究目标限定在一定的区域内，从而大大减少基因分析的长度。一旦目标 DNA 明确以后，就可以运用定位突变等技术来进行研究。

二、改造蛋白质的一些方法

（一）定位突变

蛋白质中的氮基酸是由基因中的三联密码决定的，只要改变其中的 1 个或两个就可以改变氨

基酸。通常是改变某个位置的氨基酸，研究蛋白质结构、稳定性和催化特性。噬菌体 M13 的生活周期有两个阶段，在噬菌粒子中其基因组为单链，侵入宿主细胞以后，通过复制以双链形式存在。将待研究的基因插入载体 M13，制得单链模板，人工合成一段寡核苷酸（其中含一个或几个非配对碱基）作为引物，合成相应的互补链，用 T4 DNA 连接酶连接成闭环双链分子。经转染大肠杆菌，双链分子的胞内分别复制，因此就得到两种类型的噬菌，含错配碱基的就为突变型。再转入合适的表达系统合成突变型蛋白质。

（二）盒式突变

1985 年 Wells 提出的一种基因修饰技术——盒式突变。1 次可以在 1 个位点上产生 20 种不同氨基酸的突变体，可以对蛋白质分子中重要氨基酸进行“饱和性”分析。利用定位突变在拟改造的氮基酸密码两侧造成两个原载体和基因上没有的内切酶切点，用该内切酶消化基因，再用合成的发生不同变化的双链 DNA 片段替代被消化的部分一次处理就可以得到多种突变型基因。

（三）PCR 技术

DNA 聚合酶链式反应是应用最广泛的基因扩增技术。以研究基因为模板，用人工合成的寡核苷酸（含有 1 个或几个非互补的碱基）为引物，直接进行基因扩增反应，就会产生突变型基因。分离出突变型基因后，在合适的表达系统中合成突变型蛋白质。这种方法直接、快速和高效。

（四）高突变率技术

从大量的野生型背景中筛选出突变型是项耗时、费力的工作。有两种新的突变方法具有较高的突变率。

1. 硫代负链法 核苷酸间磷酸基的氧被硫替代后修饰物（a·（S）—dCTP）对某些内切酶有耐性。在有引物和 dCTP 存在下合成负链，然后用内切酶处理，结果仅在正链上产生“缺口”，用核苷外切酶Ⅰ从 3～5 扩大缺口并超过负链上错配的核苷酸，在聚合酶作用下修复正链，就可以得到两条链均为突变型的基因。

2. UMP 正链法 大肠杆菌突变株 RZ1032 中缺少脲嘧啶糖苷酸和 UTP 酶，M13 在这种宿主中可以用脲嘧啶（*U*）替代胸腺嘧啶（T）掺入模板而不被修饰。用这种含 *U* 的模板产生的突变双链转入正常大肠杆菌，结果合成的正链被寄主降解，而突变型负链保留并复制。

（五）蛋白质融合

将编码一种蛋白质的部分基因移植到另一种蛋白质基因上或将不同蛋白质基因的片段组合在一起，经基因克隆和表达，产生出新的融合蛋白质。这种方法可以将不同蛋白质的特性集中在一种蛋白质上，显著地改变蛋白质的特性。现在研究的较多的所谓“嵌合抗体”和“人源化抗体”等，就是采用的这种方法。

第 2 节 蛋白质工程制药方法

蛋白质定向进化技术（directed evolution）作为蛋白质工程制药的重要组成，在近年来得以产生和发展，它不需要事先了解蛋白质的三维结构及作用机制，而是在体外模拟自然进化的过程（随机突变、重组和选择），使基因发生大量变异，并定向选择出所需性质或功能的蛋白质，从而在几天或几周内实现自然界需要几百万年才能完成的事情。

一、随机诱变

（一）易错 PCR

易错 PCR（error prone PCR）是一种简便快速地在 DNA 序列中随机制造突变的方法。其基本原理是通过改变传统 PCR 反应体系中某些组分的浓度（如 Mg^{2+} 的浓度），或使用低保真度的 DNA 聚合酶等，使碱基在一定程度上随机错误引入而创造序列多样性文库。易错 PCR 的关键在于选择适当的突变频率，一般有义突变的频率很低，绝大多数突变是有害的或中性的。当突变频率太高时，几乎无法筛选到有义突变；当突变频率太低，则未发生任何突变的野生型在突变群体中将占优势，也很难筛选到理想的突变体。一般目标基因内有 1.5～5 个碱基发生碱基替换时，诱变结果最理想。它一般适用于片段小于 1 000bp 的基因。

（二）其他随机诱变技术

化学诱变剂介导可产生随机诱变。如在 65℃下直接用羟胺处理带有目的基因片段的质粒，用限制性内切酶切下突变了的基因片段，再克隆到表达载体中进行功能筛选。由致突变菌株（mutator strain）也可产生随机突变。美国 Stratagene 公司成功地进行了这方面的实验。Murakami 等提出一种新的突变库建立方法，称为 RID 突变（random insertion/deletion mutagenesis）。这种方法是通过模拟自然界中的一种重要进化过程——随机插入和缺失，在目的基因上随机引入密码子突变。最近，Misa 等提出 SSG 和 RDL 突变（site specific genomic mutagenesis and random domainlocalized mutagenesis）。Tuck 等提出 SeSaM 突变（sequence saturation mutagenesis）。

二、体外重组

（一）DNA 改组技术

DNA 改组技术（DNA shuffling）由美国人 Stemmer 于 1994 年首次提出，是指通过对目的基因酶切成随机片段，然后进行 PCR 重聚，由于同源重组而产生基因突变的方法。因为该方法在 DNA 片段组装过程中也可能引入点突变，所以它对从单一序列指导进化蛋白质也是有效的。其基本原理如图 6-1 所示。这种方法产生的多样性文库，可以有效积累有义突变，排除有害突变和中

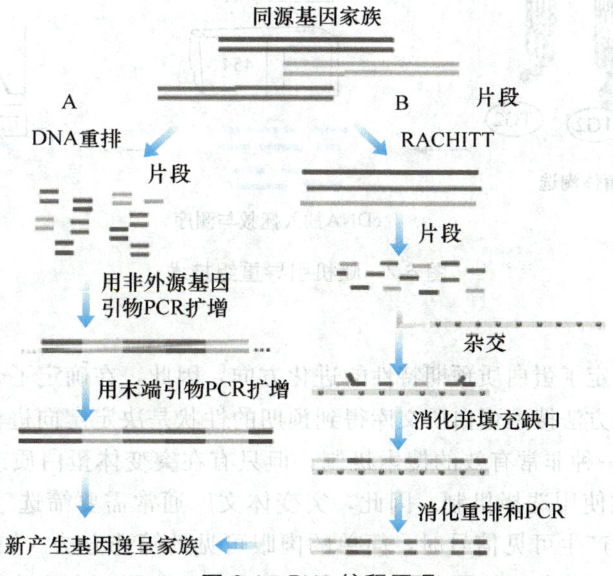

图 6-1 DNA 编程原理

性突变，同时也可实现目的蛋白多种特性的共进化。通过单一序列的改组定向进化蛋白质有很多成功的实例，但有时效果不理想。Crameri 等改进了 DNA 改组技术，提出基因家族改组技术（DNA family shuffling），基因家族改组技术与基因改组技术最大的区别在于出发序列的同源性。Crameri 等在实验中选用了 4 个 1.6kb 来自不同菌属，但同样编码头孢菌素 C 酶的基因，它们之间具有 58%～82%的同源性。此 4 个基因共同作为出发序列进行 DNA 改组，酶活性增加了 270～540 倍，而单基因改组只增加了 8 倍。

（二）其他体外重组技术

Arnold 于 1998 年提出了一种有效的新方法——随机引导重组技术（random priming recombination，RPR）见图 6-2。Arnold 等又建立了交错延伸技术（staggered extension process，STEP）见图 6-3。Coco 等创建了过渡模板随机嵌合生长技术（random chimeragenesis on transientemplates，RACHITT）见图 6-4。Ostermeier 等也引入了一种新方法，叫增加平截法（incremental truncation）见图 6-5。需要说明的是，以上提及的体外重组技术，任何一种都不是万能的。在实际应用中，应针对具体问题，选择合适的技术或技术组合，以达到事半功倍的效果。

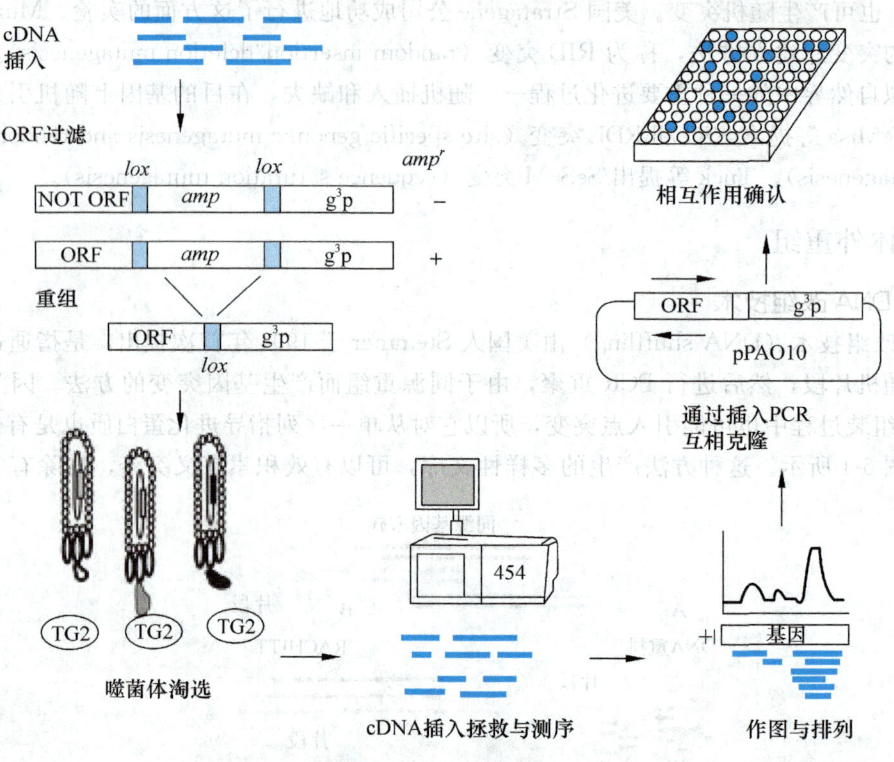

图 6-2　随机引导重组技术

（三）筛选

由于筛选的条件确定了蛋白质预期特性的进化方向，因此，在确定了合理的方法产生突变体文库之后，建立有效的方法搜索蛋白质文库得到预期的性状是决定定向进化成功与否的关键。虽然选择（selection）是一种非常有效的搜索机制，但只有在突变体蛋白质或酶可赋予宿主细胞生长或存活的优势时才能使用选择机制。因此，突变体文库通常需要筛选（screening）而非选择。当我们感兴趣的功能可产生可见信号时，简单的肉眼可见的筛选方法（如易被观察的菌落表型）被广泛地应用。例如，菌落分泌的蛋白酶可在含酪蛋白的琼脂平板上产生清晰的水解圈，其大小

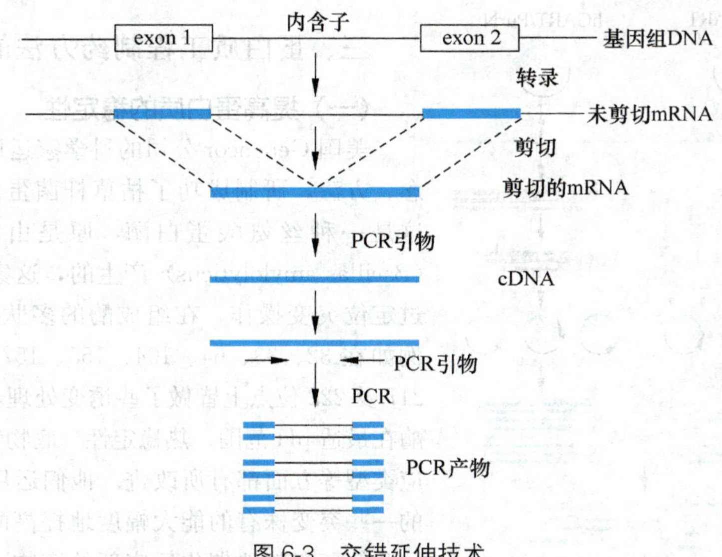

图 6-3 交错延伸技术

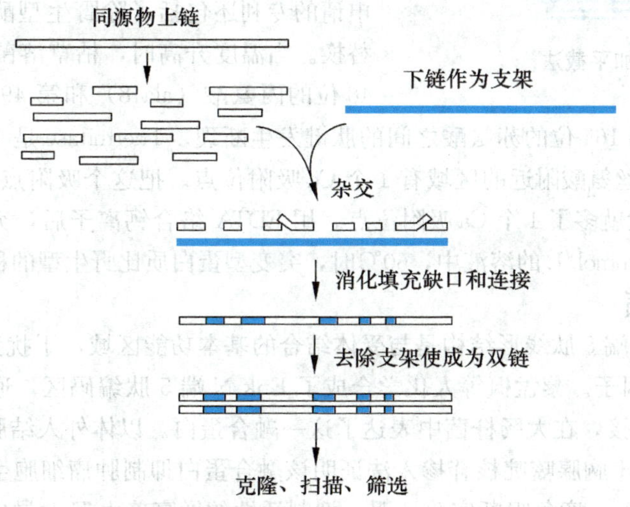

图 6-4 过渡模板随机嵌合生长技术 RACHITT

与水解活性成正比。又如，采用在高温并有蓝色木聚糖底物存在的条件下，根据菌落周围底物的颜色变化这一肉眼可见的简单信号来筛选耐高温的木聚糖酶。近几年，与创建多样性突变体文库的发展相适应，在高流通量和超高流通量筛选技术方面也取得了令人瞩目的成就。其中核糖体展示技术与 mRNA 展示技术，由于在体外无细胞翻译体系中进行，不受细胞转化效率的限制，大大提高了文库容量和筛选通量（10^{12}～10^{14}）。其他高通量筛选方法还有细胞表面展示技术和噬菌体表面展示技术；将靶活力与转录信号相偶联的三杂交体系；以发光信号为指示的反射增进系统等等。重组蛋白质药物在药品中占有重要地位，其主要产品有细胞因子、生长因子和酶。通常情况下，许多这类产品有不良反应，可以引起严重的并发症，或者使用时有条件限制，因而不利于广泛应用。用蛋白质定向进化技术可以选择性改造这些产品的基因，获取所需的性质，排除不利的活性。

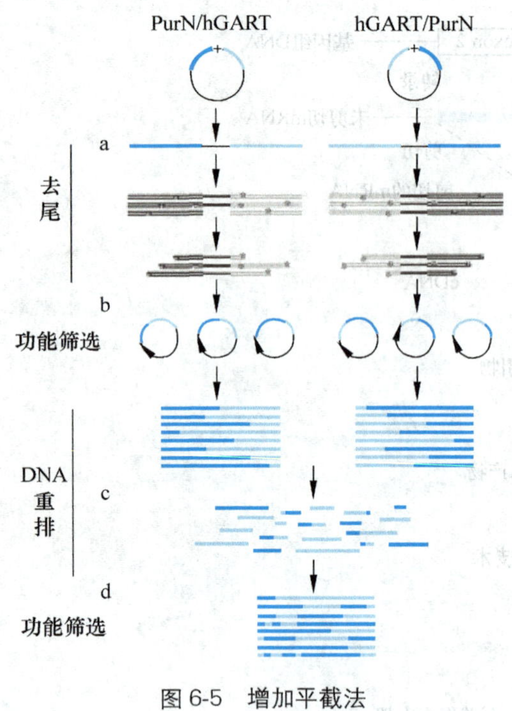

图 6-5 增加平截法

三、蛋白质工程制药方法的常用目的

（一）提高蛋白质的稳定性

美国 Genencor 公司的科学家运用蛋白质工程的概念、方法，研制成功了枯草杆菌蛋白酶（subtilisin）。这是一种丝氨酸蛋白酶，原是由溶淀粉芽孢杆菌（Bacillas amylolyticus）产生的，这家公司的科学家通过定位突变操作，在组成酶的多肽链某些特异部位，例如在 32、33、64、104、155、157、166、169、189、217 及 222 位点上皆做了些诱变处理，构建成功的工程酶在最适 pH 范围、热稳定性、底物特异性以及酶的反应类型等方面都有所改进。他们运用蛋白质工程获得的一些突变株有的能大幅度地提高酶的催化速率，另一些使酶有效地催化反应新的底物。这是自蛋白质工程问世以来获得的第一项产品，并已申请到专利。已申请的专利还包括了除野生型酶以外的所有的氨基酸替换。当温度升高时，枯草溶菌素就会发生自溶在第 48 位的丙氨酸（ala48）和第 49 位的丝氨酸（ser49）、第 163 位的丝氨酸和第 164 位的苏氨酸之间的肽键发生断裂。Thermitase 是 1 个与枯草溶菌素结构相似的酶，在第 49 位丝氨酸附近的区域有 1 个 Ca 吸附位点。把这个吸附点嫁接到枯草溶菌素上，这样突变后枯草杆菌素就多了 1 个 Ca 吸附位点。用 EDTA 络合钙离子后，突变型蛋白质不如野生型稳定，但是在 Ca 10mmol/L 的溶液中，60℃时，突变型蛋白质比野生型的稳定性提高 10 倍。

（二）融合蛋白质

脑啡肽（Enk）N 端 5 肽线形结构是与受体结合的基本功能区域，干扰素（IFN）是一种广谱抗病毒抗肿瘤的细胞因子。黎盂枫等人化学合成了 Enk N 端 5 肽编码区，通过一连接 3 肽编码区与人 a1 型 IFN 基因连接，在大肠杆菌中表达了这一融合蛋白。以体外人结肠腺癌细胞和多形胶质瘤细胞为模型，采用 H-胸腺嘧啶核苷掺入法证明该融合蛋白抑制肿瘤细胞生长的活性显著高于单纯的 IFN，通过 Naloxone 竞争阻断实验证明，抑制活性的增高确由 Enk 导向区介导。

（三）蛋白质活性的改变

通常饭后 30～60min，人血液中胰岛素的含量达到高峰，120～180min 内恢复到基础水平。而目前临床上使用的胰岛素制剂注射后 120min 后才出现高峰且持续 180～240min，与人生理状况不符。实验表明，胰岛素在高浓度（大于 10mol/L）时以 2 聚体形式存在，低浓度时（小于 100mol/L）时主要以单体形式存在。设计速效胰岛素原则就是避免胰岛素形成聚合体。类胰岛素生长因子-Ⅰ（IGF-Ⅰ）的结构和性质与胰岛素具有高度的同源性和三维结构的相似性，但 IGF-I 不形成二聚体。IGF-1 的 B 结构域（与胰岛素 B 链相对应）中 B28-B29 氨基酸序列与胰岛素 B 链的 B28-B29 相比，发生颠倒。因此，将胰岛素 B 链改为 B28Lys-B29Pro，获得单体速效胰岛素。该速效胰岛素已通过临床实验。

（四）治癌酶的改造

癌症的基因治疗分两个方面：药物作用于癌细胞，特异性地抑制或杀死癌细胞；药物保护正常细胞免受化学药物的侵害，可以提高化学治疗的剂量。疱疹病毒（HSV）胸腺嘧啶激酶

(TK)可以催化胸腺嘧啶和其他结构类似物，如GANCLCLOVIR和ACY CLOVIR无环鸟苷磷酸。GANCLCLOVIR和ACYCL0VIR缺少3端羟基，就可以终止DNA的合成，从而杀死癌细胞。HSV-TK催化GANCICLOVIR和ACYCLOVIR的能力可以通过基因突变来提高。从大量的随机突变中筛选出一种，在酶活性部位附近有6个氨基酸被替换，催化能力分别提高43倍和20倍。O^6-烷基-鸟嘌呤是DNA经烷基化剂（包括化疗用亚硝基药物）处理以后形成的主要诱变剂和细胞毒素，所以这些亚硝基药物的使用剂量受到限制。O^6-烷基-鸟嘌呤烷基转移酶Alkyguaaine-DNA alkyltransferase（AGT）能够将鸟嘌呤O^6上的烷基去除掉，起到保护作用。通过反向病毒转染。人类AGT在鼠骨髓细胞中表达并起到保护作用。通过突变处理，得到一些正突变*AGT*基因且活性都比野生型的高，经检查发现一个突变基因中的第139位脯氨酸被丙氨酸替代。

（五）嵌合抗体和人源化抗体

免疫球蛋白呈Y型，由两条重链和两条轻链通过二硫键相互连接而构成。每条链可分为可变区（N端）和恒定区（C端），抗原的吸附位点在可变区，细胞毒素或其他功能因子的吸附位点在恒定区。每个可变区中有3个部分在氨基酸序列上是高度变化的，在三维结构上是处在折叠端头的松散结构（CDR），是抗原的结合位点，其余部分为CDR的支持结构。不同种属的CDR结构是保守的，这样就可以通过蛋白质工程对抗体进行改造。鼠单克隆抗体被人免疫系统排斥，它潜在的治疗作用得不到利用。嵌合抗体就是用人抗体的恒定区替代鼠单克隆抗体的恒定区，这样它的免疫原性就显著下降。如用于治疗直肠结肠腺癌（colorectal adenol carcinoma）的单克隆抗体Mab 17-1A。尽管嵌合抗体还存在着免疫原的问题，但仍有几种嵌合抗体通过了临床实验。所谓人源化抗体就是将抗原吸附区域嫁接到人抗体上，这样抗体上的外源肽链降低到最小，免疫原性也就最小。但是，仅将CDR转接到人抗体上，其抗原吸附能力很小，必须带上几个框架氨基酸残基，才能保持原有的吸附力。这样就存在免疫原性与抗原吸附力之间的矛盾。通过逐个氨基酸替代或计算机模拟分析，可在保持原有吸附力的基础之上，尽可能地降低免疫原性。第一个临床上应用的用于治疗淋巴肉芽肿病和风湿性关节炎的人源化抗体CAMPATH-1H，尽管疗效显著，但仍有半数以上的患者有免疫反应。而其他人源化抗体如治疗脊髓性白血病的ANTI-CD33等，其免疫反应可以忽略不计。

第3节 蛋白质工程制药现状

生物技术药物的发展已进入蛋白质工程药物新时期，第一代重组生物技术药物逐渐被第二代所取代，蛋白质工程技术日新月异，点突变技术、融合蛋白技术、定向进化、基因插入及基因打靶等技术使蛋白质工程药物新品种迅速增加，见表6-1。

表6-1 已批准的蛋白质工程药物

产品名称	公　司	蛋白质工程技术特点	改构物的特性
retavase（改构tPA）	Boehringer Mannheim/Centocor	除去天然tPA5个结构域的3个结构域（N-端指形结构域EGF结构域和Kringle2结构域）	加速血栓溶解作用
ecokinase rapilysin（改构胰岛素）	GalenusMannheim BoehringerMannheim Humalog &liprolog Elilily	改构tPA，保留天然tPA2个结构域除了B链PK序列的28，29氨基酸残基改变外，其他序列与天然人Ins一致	急性心肌炎产生更快速的胰岛素作用
novoRapid	NovoNordisk	除了B链Pro-28被Asp取代外，其他氨基酸序列与人天然Ins一致	产生快速胰岛素作用

续表

产品名称	公　司	蛋白质工程技术特点	改构物的特性
lanrus	Aventis	与人胰岛素不同处是 Asp21 被 Gly 取代，在 B 链 C 末端加了 2 个 Arg 残基	产生长效胰岛素作用
合成干扰素 infergen	Amgen	合成Ⅰ型干扰素含有人 IFNα 亚型在相应位置上最常见的氨基酸残基	比 IFNα-2a 或 IFN-γ2b 具有更高抗病毒活性和抗增殖作用及 NK 细胞激活性
factor reFacto（改构血液因子）	Genetic Institute	与天然Ⅷ因子的不同处是去除其 B 结构域	产生较低相对分子质量的产品而仍然具有和天然Ⅷ因子完全一样的生物活性，将毒素选择性靶向表达 IL-2 受体的细胞
ontak（融合蛋白）	Seragen/Ligand	由白喉毒素与 IL-2 组成的融合蛋白	将毒素选择性靶向表达 IL-2 受体的细胞
enbrel	Immunex Chimeric andtibodies	同TNFR（p750）的胞外配体结合部位与 IgG Fe 部位连接构成的融合蛋白	通过结合此融合蛋白抑制 TNF 活性
mabthera rirxan	HoffmanLaRuche Genentech/IDEC	嵌合抗体由小鼠抗体可变区与人的抗体衡定区组成	降低了免疫原性和激活人体应答功能和能力
remicade	Centocor	定向 TNF-α 的嵌合型单抗	提高靶向性，针对细胞表面含 IL-2 受体的结合
simulect	Novartic	针对 IL-2 受体的 α 链的单抗	
synagis	Medimmume/Ab-bott	人源化单抗由人抗体序列组成进入鼠源凌单抗 CDRs（抗原结合区）	极大地减少和消除免疫原性，和激活人全应答功能活性
zenapax	HoffmanLaRache	针对 IL-2 受体的 α 链的单抗	增强抗排斥反应

一、蛋白质定点突变改造

（一）改善原有药物性能

1. 改善原有药物性能以期得到新一代速效、长效和增效产品　这些重要的蛋白质药物已取得重大进展，如肿瘤坏死因子突变体通过结构改造获得多种 TNF-α 突变体：TNF-αD3a、TNF-60、TNF-α 突变体（Δ17＋P8R＋s9K＋D10K＋L157F）、TNF-ΔDb、［Lys2］-TNF-α、TNF-DK2 等；神经营养因子突变体 GF-1，N-端缺失 3 个氨基酸［des（1-3）2GF-1］，突变体 SCF 是 CNTF 的 N 端 1 个氨基酸置换成甲基；人降钙素突变体是优化鲑鱼降钙素与人降钙素结构设计而成的人降钙素类似物 huCT-2，其生物效价比天然品高 1 个数量级；尿激酶突变体构建了 Scu-PA 序列中 Arg154 改变为谷氨酸，活性大大优于天然品，构建 Scu-PA 缺失 150～156 氨基酸残基缺失突变体，其对纤维蛋白的亲和性明显提高；重组水蛭素突变体将水蛭素 HV2 中第 47 位突变位 Lys，提高了热稳定性和生物活性 61%，k_i 降低了 93%。Amgen 公司的 EPO 药物 Aranesp 是通过蛋白质工程手段将 N-糖链从 3 条增至 5 条，分子质量从 30kD 变成 37kD，其半衰期延长了 3 倍，给药方式也从每周 2～3 次减少至 1 次。该产品的年销售额达 32.7 亿美元，超过了第一代 EPO（EPOGEN）的 24 亿美元。以速效和长效胰岛素和溶栓剂为例，介绍蛋白质工程药物的设计的基本过程。

2. 蛋白质工程技术研制速效和长效胰岛素 FDA已经批准了5个胰岛素突变体药物。其基本原理是改变胰岛素分子结构以改变药物吸收速度或药代动力学，从而起到速效或长效的作用。胰岛素的蛋白质工程研究，得到了诸如胰岛素B链 *N*-端修饰的突变体、A链链内二硫键缺失的胰岛素、双倍C肽的胰岛素原以及去B链C端三肽胰岛素等突变蛋白，并完成了理化及生物活性的分析。同时，对小的蛋白质在大肠杆菌胞内表达产物的稳定性也提出了较新的见解。对于C肽的研究表明，它的柔性及亲水性都非常强，在双倍C肽胰岛素原及胰岛素原分子中的C肽构象十分相似，双倍C肽并没有阻止A，B链的正确配对。值得指出的是在高蛋白质浓度下双倍C肽胰岛素原的重组率远远大于胰岛素原的重组率，提示C肽可能利用其较高的柔性及亲水性在A，B链的正确折叠中发挥了“分子伴侣”的作用。这也许正是C肽在体内的生物学功能对于A链链内二硫键重要性的研究，得到了链内二硫键缺失的胰岛素，其结构与天然胰岛素有较大的相似性，保留了天然的免疫原性。但其受体活性只剩0.3。丧失了体内的生物学活性，说明这对二硫键对于胰岛素生物活性的发挥是必需的。近期还完成了A19及A21的缺失突变，以及A19的几个置换突变，在大肠杆菌内表达并分离纯化了A19缺失以及置换的几个胰岛素类似物。完成A链链内二硫键（A6～A11）缺失胰岛素的A，B链重组研究工作，发现其重组率（7）远低于天然链（22），提示胰岛素A链链内这对二硫键对于维持A链折叠时初步的二级结构，进而再与B链进行正确的识别起关键作用，其结果对研究蛋白质的折叠过程有较重要的意义。另一突变体（A6～A12）已完成基因突变、表达、纯化及活性分析，虽然A链内二硫键进行了位移，但似乎胰岛素的三维结构还是得到了较好的形成（受体活性虽为0.1，但免疫活性仍达80）。

（二）抗凝溶栓剂的蛋白质工程

丝氨酸蛋白酶类在动物凝血与溶栓系统中起着关键的作用。参与凝血作用的凝血酶和多种凝血因子以及与溶栓有关的纤溶酶和纤溶酶原激活剂均属于丝氨酸蛋白酶类。由血栓引起的心脑血管疾病给人类健康造成极大危害，已有一些凝血酶抑制剂和纤溶酶原激活剂作为抗凝溶栓药物在临床上取得较好治疗效果。然而，迄今所用抗凝溶栓药物仍有不尽人意之处，如用量大、易再栓塞、脑内出血等。因此需要通过蛋白质工程予以改造，构建出新的安全有效抗凝溶栓药物。

1. 嵌合型纤溶酶原激活剂的构建 组织型纤溶酶原激活剂（t-PA）和单链尿激酶型纤溶酶原激活剂（seu-PA）是两种具有纤维蛋白专一性的溶栓剂，只在纤维蛋白（血栓）表面才有激活作用，不良反应较小。但在临床治疗中大剂量使用的情况下两者的专一性均有限，仍可引起全身性的纤溶酶原激活。近年来，人们从人胎盘cDNA库中克隆了人全长SCH-PA cDNA，然后又在昆虫杆状病毒表达系统中得到了高表达，活性测定每升可达30mg。在此基础上，进行了多种新的溶栓药物的研究，根据t-PA和SCH-PA对纤维蛋白专一性作用机制的差异，构建两者的嵌合分子有可能增强其对纤维蛋白的选择性，使纤溶酶原的激活定位在血栓部位。

2. 含RGD肽的抗凝溶栓剂 血小板糖蛋白GPⅡb-Ⅲa属整合素类的受体蛋白，与这类受体蛋白相互作用的多肽和蛋白质共同以Arg-Gly-Asp（RGD）序列作为识别序列。蛇毒中一类含RGD序列的蛋白可与血纤维蛋白原竞争结合在糖蛋白GPⅡb-Ⅲa上，从而抑制血小板凝聚。将RGD序列在一定构象限制下导入溶栓剂，可获得对血栓（富含血小板）的特异性结合和抗凝作用，同时保留原有的溶栓活性。选择SCH-PA的K区Gly67-Lys68作为插入RGD肽的位点，构建突变体分子8CU-PA-RGD。用基于蒙特卡罗迭代求解法模拟退火进行分析，筛选出100种候选构象。它们的主链构象主要采取1个扭曲的转角，与大多数有活性的RGD主链结构相符。

Asp-Arg的距离在一定程度上反映RGD的侧链结构，可据此判断其活性构象。将RGD序列插入该位点得到的突变体，保留原有的溶栓活性，并显示了较强的体外抑制血小板凝聚的活性。

此外，将RGD序列插入无活性胰岛素的C肽，得到了对血栓形成有抑制作用的胰岛素类似物分子。此分子在体内无降血糖作用、保持胰岛素天然的免疫原性、且可大量地用基因工程的技术生产。此项工作不仅构建了一种新的抗凝剂，也为药物设计提供了新的思路。

3. 导向溶栓剂的研制 上述t-PA的A链及RGD肽均具有导向血栓的功能。显然，单克隆抗体有更强的导向功能。我们用双功能试剂N-琥珀酰亚胺-3（3-二硫吡啶）丙酸酯（SPDP）作交联剂，合成了尿激酶（UK）-抗人交联纤维蛋白降解物D、二聚体单抗（MA-HID）化学偶合体（UK·MA-HID）。纯化的偶合体中酶比活为53 000IU/mg尿激酶蛋白，与偶联前54 300IU/mg蛋白相仿，免疫反应性与偶联前单抗的反应性也相当。另外，我们还将低分子尿激酶原（32kD）与抗活化血小板膜受体蛋白的单抗偶联，以获得导向溶栓剂；并利用噬菌体抗体构建导向抗凝溶栓药物。

用蛋白质工程来改造特殊蛋白质为制造特效抗癌药物开辟了新途径。如人的B-干扰素和白细胞-2是两种抗癌作用的蛋白质。但在它们的分子结构中，有一个不成对的基因，是游离的，因而很不稳定，会使蛋白质失去活性。当通过蛋白质工程修饰这种不稳定的结构就可以提高这两种抗癌物质的生物活性。美国的Cetus公司成功地修饰了这两种治疗癌瘤的蛋白质，大大提高了它们的稳定性，已用于临床试验并取得了良好的效果。具有抗癌作用的蛋白质工程产品免疫球蛋白质是一种高效治癌药物，它能成为征服癌症的“生物导弹”，即具有对准目标杀死特定癌细胞而不伤害正常细胞的特效。近年来，澳大利亚医学科学研究所的一个微生物研究课题组经过多年的研究后发现了激发基因开始或停止产生癌细胞的蛋白质。这种蛋白质在癌细胞生长过程中对癌基因起着开通或关闭的作用。这个发现，对于通过蛋白质工程研制鉴别与控制多种类型的血液癌、固体癌的蛋白质有很好的作用，并为诊断和治疗癌症提供了新的方法。目前，应用蛋白质工程研究开发抗癌及抗艾滋病等重大疑难病症等方面，均取得了重大进展。另据实验，蛋白质工程还可以改变抗胰蛋白（ATT）。运用此工程技术在ATT的Met358和Ser359之间切开后，可以与嗜中性白细胞弹性蛋白酶迅速结合而引发抑制作用。在病理学的氧化条件下可导致Met358变成蛋氨酸硫氧化物使ATT不可能与弹性蛋白酶的弹性位点相结合。通过位点直接诱变，Met358被Val代替就成为抗氧化疗法的AAT突变体。含AAT突变体的血浆静脉替代疗法已经用于AAT产物基因缺陷疾病患者的治疗，并已取得明显疗效。

结　语

蛋白质工程技术日新月异，点突变技术、融合蛋白技术、DNA重组、定向生化、基因插入及基因打靶等技术使蛋白质工程药物新品种迅速增加。当前，第二代生物技术药物正在逐渐取代第一代多肽、蛋白质类替代治疗剂。第一代重组药物是一级结构与天然产物完全一致的药物。第二代生物技术药物是应用蛋白质工程技术制造的自然界不存在的新的重组药物。

蛋白质工程技术的运用，可以提高重组蛋白的活性，改善制品的稳定性，提高生物利用度，延长在体内的半衰期，降低制品的免疫原性等。蛋白质工程开创了按照人类意愿改造、创造符合人类需要的蛋白质的新时期。

学习重点

本章重点是蛋白质，所以要掌握蛋白质工程的基础知识和基本过程，以下便是学习本章时要强调的重点内容。

1. 改造蛋白质的基本方法：定位突变，盒式突变，PCR技术，高突变率技术和蛋白质融合。
2. 蛋白质定向进化技术：随机诱变，体外重组，筛选。
3. 蛋白质工程制药的目的：提高稳定性，提高活性，融合蛋白质和嵌合抗体，和人源化抗体改造。
4. 蛋白质工程制药现状：各类溶栓剂、胰岛素等研究现状。

思考题

1. 随机诱变有哪几种？DNA体外重组技术有哪些？
2. 蛋白质工程药物改造的抗凝溶栓剂有哪些？
3. 蛋白质工程在改造抗癌药物中有哪些应用？

参考文献

陈建华，吴梧桐. 2001. 药物基因组学，药物蛋白组学与现代药物研究. 中国药学杂志，36 (3)：145～150
吴梧桐. 2000. 生物药物——基因工程药物的发展与展望. 世界药品信息，1 (1)：87
吴梧桐. 2003. 生物技术药物学. 北京：高等教育出版社
张海银，叶言山. 1995. 蛋白质工程. 生物学通报，(1)：21～22
Assaf Friedler，2011. From peptides to proteins：lessons from my years at the Centre for Protein Engineering Protein Engineering，Design and Selection，24 (1～2)：241～245
Fersht A R. 1992. The folding of an enzyme. I. Theory of protein engineering analysis of stability and pathway of protein folding，J. Mol Biol，224：771
Itzhaki L S. 1995. The Structure of the Transition State for Folding of Chymotrypsin Inhibitor Analysed by Protein Engineering Methods：Evidence for a Nucleation-condensation Mechanism for Protein Folding，J Mol Biol，254：260
Walsh G. 2001. Biopharmaceutical benchmark. Nature Biotechnology，18：831
Karen M Polizzi，Cody U Spencer. 2005. Anshul DubeySimulation Modeling of Pooling for Combinatorial Protein Engineering. J Biomol Screen，10：856～864
Kraulis P J. 1991. Molscript：a program to produce both detailed and schematic plots of protein structure. J Appl Crystallogr，5 (24)：946

（王 栋）

第7章 核酸类药物

学习要求

1. 掌握反义药物的作用机制、设计策略、合成与纯化方法、RNAi 的作用机制、RNAi 的特点。

2. 熟悉反义药物的作用特点、siRNA 的制备方法、miRNA 的基本特征、siRNA 和 miRNA 的异同。

3. 了解反义核酸类药物的临床试验现状与前景、RNAi 的临床试验现状与前景。

核酸类药物又称核苷酸类药物。由某些动物、微生物的细胞中提取出的核酸（包括核苷酸和脱氧核苷酸），或者用人工合成法制备的具有核酸结构（包括核苷酸和脱氧核苷酸结构）同时又具有一定药理作用的物质，称为核酸药物或核酸类生化药物。

第1节 反义核酸药物

反义技术（antisense technology）出现于 20 世纪 80 年代，是根据碱基互补原理，用人工合成或生物体合成的特定 DNA 或 RNA 片段抑制或封闭基因表达的技术。利用反义技术研制的药物称为反义核酸药物（简称反义药物），包括反义 DNA（antisense deoxyribonucleic acid）、反义 RNA（antisense ribonucleic acid）和核糖酶（ribozyme），通常指反义脱氧寡核苷酸（antisense oligodeoxynucleotide，ASODN）。根据核酸杂交原理，反义药物能与特定基因杂交，在基因水平干扰致病蛋白的产生过程。蛋白质是生物体结构和功能的主要物质，在人体代谢中扮演非常重要的角色，几乎所有的人类疾病都是由蛋白质的异常引起的。传统药物主要是直接作用于致病蛋白本身，反义药物则作用于编码致病蛋白的基因，因此可应用于多种疾病治疗。

一、反义药物的作用机制

（一）反义 RNA 和反义 DNA

反义 RNA 是指能和 mRNA 完全互补的一段低分子 RNA 或寡聚核苷酸片段，反义 DNA 是指能与基因 DNA 双链中的有意义链互补结合的短小 DNA 分子。反义 RNA 和反义 DNA 主要是通过 mRNA 的翻译和基因 DNA 的转录而发挥作用：① 抑制翻译：反义核酸一方面通过与靶 mRNA 结合形成空间位阻效应，阻止核糖体与 mRNA 结合，另一方面其与 mRNA 结合后激活内源性

RNase 或 ribozyme，降解 mRNA；② 抑制转录：反义 DNA 与基因 DNA 双螺旋的调控区特异结合形成 DNA3 聚体（triplex），或与 DNA 编码区结合，终止正在转录的 mRNA 链延长。此外，反义核酸还可抑制转录后 mRNA 的加工修饰，如 5′端加帽、3′端加尾（poly A）、中间剪接和内部碱基甲基化等，并阻止成熟 mRNA 由细胞核向细胞质内运输。

（二）核酶

Cech 等发现四膜虫核糖体 RNA 前体在成熟过程中，可精确地自我切除某些片段并重新连接，这种具有酶催化活性的 RNA 称之为核酶。

核酶广泛存在于生物细胞中，有锤头状和发夹两种结构。酶活性中心由两个臂和中间的功能区组成。两个臂序列高度保守，与靶 RNA 特异互补结合，相当于一种反义 RNA，而功能区则可通过降解 RNA 的磷酸二酯键而分解消化靶 RNA，而核酶本身在作用过程中并不消耗。核酶裂解分子依赖严格的空间结构形成，裂解部位总是位于靶 RNA 分子中 GUX 三联体（X：C、U、A）下游方向即 3′端。

核酶除天然存在外，也可人工合成。根据核酶的作用位点、靶 mRNA 周围的序列和核酶本身高度保守序列，可方便地人工设计合成核酶的特异性序列。此外，利用基因工程将核酶的编码基因克隆在 SP6 或 T7 等启动子下游，通过转录合成所需核酶。核酶能特异切割 RNA 分子，阻断基因表达，特别是使阻断有害基因的表达成为可能。如果已知靶 mRNA 中 GUX 三联体的位置，可将核酶的编码基因插入反义表达载体的适当位置，这样转录所产生的含有核酶的反义 RNA 具有双重功能：一方面具有反义抑制作用，另一方面具有切割靶 mRNA 的催化作用。核酶在抗肿瘤、抗病毒方面具有十分诱人的前景，第一个应用核酶进行艾滋病基因治疗的临床计划已获准，核酶作为一种遗传信息药物，在肿瘤基因治疗中必将日益受到重视。

根据 Crick 的中心法则，正常情况下，在细胞核中 RNA 多聚酶以 DNA 的有义链为模板转录成 mRNA，mRNA 通过核孔进入细胞质与核糖体结合形成复合物，载有氨基酸（AA）的 tRNA 以自身的反密码子与 mRNA 上的密码子配对，前 1 个 tRNA 上 AA 的羧基和相邻后 1 个 tRNA 上 AA 的氨基发生脱水反应形成酰胺键，随着肽链的延长最后形成 N→C 的蛋白质分子。以使用 ASODN 类药物处理为例，当 mRNA 进入细胞质后，特定 ASODN 分子与 mRNA 上的特异位点杂交形成 DNA-RNA 复合物，抑制 mRNA 与核糖体的结合，同时激活 RNase-H 降解 mRNA，从而没有蛋白质产物的产生。鉴于 ASODN 与 mRNA 存在非特异性的结合，ASODN 分子需要达到一定的长度，通常在 15～20 个脱氧核苷酸。实验证明短到 7 个核苷酸的 ASODN 分子就可以激活由 RNase-H 介导的靶 mRNA 降解作用（图 7-1）。

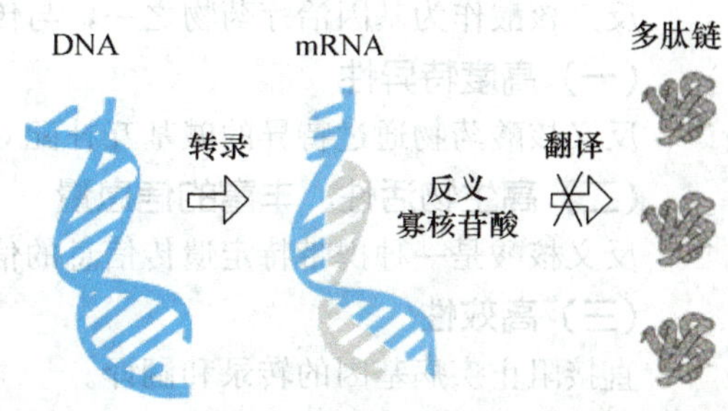

图 7-1 反义技术原理

二、反义药物的设计策略

假设应用 1 个反义 RNA 或反义 DNA 来抑制某种肿瘤，病毒性疾病或遗传性疾病的基因表达而实现治疗目的，反义核酸应符合以下要求（又称 3 个 S）。

（一）选择性（selectivity）

目前，许多癌基因和病毒基因的序列已经弄清。因此，只要对其 mRNA 序列选择 1 个区段设计所要合成的反义 DNA/RNA 序列。这些区段主要包括：5′端帽结构区；mRNA 的起始编码区或编码区；核前体 mRNA 的拼接区；反转录病毒的引物区等。这些区段均为基因表达的关键区或敏感区，对基因的调控起到“四两拨千斤”的作用。一般而言，只要人工设计合成 12 个以上碱基序列的反义 DNA 或反义 RNA（即反义寡脱氧核苷酸或反义寡核苷酸），就足以使此反义核酸与靶 mRNA 形成结合作用，且这种结合调节是非常特异性的。

（二）稳定性（stability）

反义寡核苷酸（antisense oligonucleotide，ASON）或反义寡脱氧核苷酸（antisense oligodeoxynucleotide，ASODN）的功能在很大程度上取决于其稳定性，ASON 或 ASODN 在体内生理条件下，很容易被各种核酸酶（DNase、RNase）降解，这样就根本无法达到阻遏 mRNA 翻译的目的。因此，人们对反义核酸的结构进行各种化学修饰以提高其稳定性，增加对核酸酶的抗性。修饰方法有多种，如硫代、磷酸三酯、甲基磷酸化、α-寡核苷酸、二硫代磷酸酯、2′-修饰、2′-5′连接及肽核酸等。此外，ASODN 能引起人体的免疫反应，在真核细胞的 DNA 序列中，胞苷酸后紧接鸟苷酸（C-G）是罕见的，如果出现这种情况，胞苷酸上的碱基将不能被甲基化，而在细菌中则包含未被甲基化的 C-G 目标序列，对于这种未被甲基化的 C-G 序列，哺乳动物的免疫系统会发生强烈的非特异性免疫应答，刺激 T 细胞释放淋巴因子、B 细胞分泌抗体，因此在设计 ASODN 时，应避免 C-G 序列的产生。

（三）溶解性（solubility）

从反义核酸的作用原理来看，它必须溶解于水且又能透过细胞膜，进入细胞中才能与 mRNA 发生作用。故 ASON 或 ASODN 的水溶性与脂溶性必需有一个恰到好处的平衡。由于 ASON 带负电荷且有较强的亲水性，因此不易与带同样电荷的靶细胞接触，更不易透过细胞膜进入细胞内。其通透性主要决定于其碱基序列的多少，碱基序列较少就会降低药物对靶基因的序列特异性，而碱基序列太多、分子过大则难以透过细胞膜发挥疗效。为了解决上述缺陷，目前主要采用对 ASODN 自身化学结构进行修饰和改造，或是选择合适的药物传递系统对其进行保护和传递。通过对 ASODN 原始结构中不同位点的化学修饰和改造，可以降低或避免核酶对其的降解，提高 ASODN 与靶细胞膜的亲和性和细胞透过率，更准确地找到靶基因，并与之特异性结合，从而提高药效。

三、反义药物的作用特点

反义核酸作为基因治疗药物之一，与传统药物相比具有诸多优点。

（一）高度特异性

反义核酸药物通过特异的碱基互补配对作用于靶 RNA 或 DNA，犹如“生物导弹”。

（二）高生物活性、丰富的信息量

反义核酸是一种携带特定遗传信息的信息体，碱基排列顺序可千变万化，不可穷尽。

（三）高效性

直接阻止疾病基因的转录和翻译。

（四）最优化的药物设计

反义核酸技术从本质上是应用基因的天然顺序信息，实际上是最合理的药物设计。

（五）低毒、安全

反义核酸尚未发现其有显著毒性，尽管其在生物体内的存留时间有长有短，但最终都将被降解消除，这就避免了如转基因疗法中外源基因整合到宿主染色体上的危险性。

四、反义核酸药物的合成与纯化

（一）ASODN 药物的合成

1. 自动合成仪合成 目前，ASODN 药物广泛使用 DNA 自动合成仪合成，由于其有效和快速的偶联以及起始原料的稳定性，已成为大多数实验室和药厂的首选方法。该固相合成自动化方法的建立已经在分子生物学、生物技术及生物化学领域产生了巨大的影响。在核酸化学方面的发展很快，包括骨架的修饰、非标准碱基的合成以及在3′或5′端进行非放射性标记等。目前，GE Healthcare公司生产的系列DNA/RNA合成仪是ASODN药物生产的必备仪器。

2. 载体 应用最广泛的载体是控孔玻璃（controlled pore glass，CPG）和聚苯乙烯。CPG由于价廉易得、刚性、粒度好而受到欢迎。最近，一种具有2-（羟甲基）-6-硝基苯甲酰（HMNB）保护基团的CPG用于合成3′-氨基烷基化的寡核苷酸，55℃浓氨水氨解2h可以从载体上完全切除带有游离3′氨基基团的寡核苷酸。但CPG作为大规模合成的载体仍受到限制（载量40μmol/g，合成规模2mmol/L，用量50g以上），因为CPG很难做到高载量（100μmol/g以上）。聚苯乙烯则可以制得高载量（100μmol/g以上）的载体，为大规模合成制备开辟道路。新研制的高效反义核酸固相合成载体PrimerSupport200，是以30mm的均一聚苯乙烯为基质反义核酸合成的载体，专为研究及生产高纯度药用级的反义核酸载体，具有高载量（载量200μmol/g）、高合成效率、低合成失败片段、低试剂消耗、高重复性的特点。

3. 硫代试剂 ASODN药物中研究开展较早、了解比较深入的是硫代寡核苷酸，硫代寡核苷酸是核苷磷酸键中一个非桥联的氧原子被硫原子取代所生成的产物。它的合成工艺成熟并已有临床产品上市。高效的硫转移步骤所需的硫代试剂是硫代寡核苷酸合成的关键。许多实验室已相继合成了苯甲酰甲基二硫化物、二苯甲酰四硫化物、3H-1，2-苯并二硫酚-3-酮1，1-二氧化物（Beaucage试剂）、四乙基秋兰姆二硫化物（TETD）、双（O，O二异丙氨基硫代磷酸）二硫化物（s-Tetral）等硫代试剂，其中后3种较常用。Beaucage试剂是一个极其快速的硫代试剂，但大规模使用时，其合成和稳定性是关键问题。TETD是经济可用的，可以大量而廉价制备，相对稳定，但其硫代速度慢，并且效率较低。S-Tetral是一种相对廉价、易于处理和高效的硫代试剂，但不适于大规模的合成。最近有报道苯乙酰二硫化物（PADS）作硫代试剂，室温放置超过1个月也能有效地发挥作用，具有多数其他硫代试剂所不具有的溶液稳定性。

4. 脱保护试剂 传统上使用标准的二氯乙酸/三氯乙酸溶于二氯甲烷作为脱保护试剂。实验证明，二氯乙酸/三氯乙酸溶于甲苯作为脱保护试剂进行合成，能得到和用二氯甲烷作溶剂一样的产率和纯度，避免了高挥发性、高毒性和高致癌性的二氯甲烷的使用。最近许多新型的核酸药物如siRNA、miRNA等成为又一研究热点，这类RNA药物具有合成单体贵、单体供应不如反义DNA好、脱保护所包含化学反应复杂等特点，但是合成方法都与传统的ASODN药物合成方法类似，都是亚磷酰胺或者修饰的亚磷酰胺化学合成法。优化的高质量试剂、干燥的合成环境是得到高偶联效率和高纯度产品的关键。

（二）ASODN药物的纯化

纯化寡核苷酸的方法主要有聚丙烯酰胺凝胶电泳（polyacrylamide gel electrophoresis，PAGE）、薄层层析（thin layer chromatography，TLC）、寡核苷酸纯化柱芯（oligo purification，OPC）和高效液相层析（high performance liquid chromatography，HPLC）。其中HPLC是纯化ASODN药物常用的方法，并适用于大规模纯化。

1. 聚丙烯酰胺凝胶电泳（PAGE） PAGE根据电荷和质量不同分离ASODN药物，是一简单的高分辨纯化技术，能同时处理一批样品。该法的缺点是需脱盐，且耗时长，洗脱后样品中的凝胶污染物虽然可通过乙醇沉淀或反相柱的分批萃取去除，但回收率降低。对于长于20个碱基的寡核苷酸，回收率更低。

2. 薄层层析（TLC） TLC根据不同组分与吸附剂和展开剂的亲和力差别导致的各组分在薄

板上移动距离不同达到分离。方法简单，不需要特殊的仪器设备，可获得高纯度产品。

3. 寡核苷酸纯化柱芯（OPC） OPC基本工具是一个安装有注射器的小柱芯，柱芯内装有对DMTASODN药物有亲和力的吸附材料。该方法快速，全部操作只需15～20min，可以同时进行几个OPC操作，样品不需制备，比较简易，是小量纯化常用的方法，但所得产品纯度较低。

4. 高效液相层析（HPLC） HPLC是纯化ASODN药物的主要方法，包括分子排阻层析、离子交换层析、混合式层析、反相层析、离子对层析和亲和层析。其中较常用的是反相HPLC和离子交换HPLC。反相HPLC是靠不同长度ASODN药物之间的疏水性差别进行分离。反相HPLC纯化ASODN药物的流动相常为0.1mol/L的醋酸三乙胺（TEAA）水溶液，伴随着乙腈的浓度梯度变化，随着ASODN药物长度的增加而增加乙腈的比例。这对ASODN药物是否带DMT都适用。但是收集到的带DMT的ASODN药物必须脱DMT使其变为有活性的化合物。反相HPLC的局限主要与ASODN药物的长度有关，也与因没有变性条件，在链内或链间的碱基配对形成二级结构有关。反相吸附剂分辨ASODN药物的能力随着ASODN药物的长度增加而减小，较长的ASODN药物因为体积大不能进入固相基质的微孔，从而影响了柱容量。只有1个碱基之差的较长的ASODN药物在疏水性上显示的差别很小，导致保留时间接近，以及分辨率降低。因为反相HPLC的色谱条件不能引起充分的变性，所以对富含鸟嘌呤的ASODN药物，特别是当有4个连续的脱氧鸟苷堆在一起表现出与自身互补寡核苷酸相似特征时，反相HPLC可能也是无效的。如果脱氧鸟苷的数量足够大，色谱图甚至会没有主峰。离子交换HPLC根据不同长度ASODN药物所带电荷不同进行分离。离子交换HPLC的流动相常用氯化钠（NaCl）等高盐的碱性缓冲液。粗混合物的分离通过缓慢地增加流动相的离子强度来实现，较长的ASODN药物将比较短的后洗脱出来。这对ASODN药物是否带DMT都适用。离子交换HPLC分离较长的ASODN药物时分辨率降低，因为长的ASODN药物之间的电荷差小于短的ASODN药物。而且，当ASODN药物长度增加时，色谱峰会加宽。目前，有利用DMT基团的疏水性，在SOURCE 15Q为填料的离子柱上预先用高盐缓冲液洗脱不带DMT的合成失败序列，然后直接在柱上用三氟乙酸切割脱DMT后，用盐浓度梯度分离硫代不完全片段和（n-x）片段，从而在1个柱子上获得目的产物。但是离子交换HPLC纯化的ASODN药物必须进行脱盐。小量ASODN药物可以用OPC脱盐，量大时常采用反相HPLC脱盐或者分子筛HPLC脱盐方法。另一种有用的HPLC柱技术采用聚合物吸附剂为填料，该填料与目前市面上其他硅胶基质柱相比，具有很好的热稳定性（可在大于80℃温度环境下使用），同时对酸碱和腐蚀性化学流动相稳定。而且，因为流动相的高pH，柱温升高样品变性，大多数的二级结构问题可以解决。填料技术的发展使填料具有更大的容量和更高的pH使用范围，配合各种柱和洗脱液的使用，使得HPLC成为快速、高分辨率、高回收率和高纯度大规模纯化合成ASODN药物的强有力工具。

第2节 短小干扰RNA（siRNA）

RNA干扰（RNA interference，RNAi）是指在细胞内由双链RNA（double-stranded RNA，dsRNA）介导的降解同源序列的mRNA，从而抑制相应基因表达的现象。它是转录后基因沉默的一种，RNA干扰不仅是基础研究的热点，也是临床应用研究的热点。小干扰RNA（small interfering RNA，siRNA）药物虽然在国际上已有部分进入Ⅰ～Ⅲ期临床研究，但是siRNA的脱靶效应、siRNA的导入等实际问题一直是RNA干扰临床治疗的最大障碍。核酸药物比传统的化学分子甚至比蛋白质更容易被降解，而RNA干扰药物的有效传递依旧是RNAi药物临床应用的拦路虎，该技术一旦被攻克，将会被广泛应用于基因性疾病、传染性疾病及恶性肿瘤的临床治疗。

RNAi 现象首先在植物中发现。1990 年初，科学家在矮牵牛花中导入与花青素合成有关的查尔酮合成酶基因。原以为转基因的牵牛花会变得更鲜艳，结果却发现，一些花反而被漂白了。这种过度表达内源基因而引发的基因沉默被称为共阻遏。在上述研究的背景下，1998 年 Fire 等在进行线虫基因沉默研究中，分别注射肌肉蛋白的正义、反义和双链 RNA，结果表明，双链 RNA 的抑制效果是单链 RNA 的 10～100 倍，他们将这种双链 RNA 抑制基因表达的现象称为 RNA 干扰（RNAi），把引发 RNA 干扰现象的 RNA 称为干扰 RNA。他们因此获得了 2006 年诺贝尔生理学或医学奖。此后，RNA 干扰现象被证明广泛存在于真菌、线虫、果蝇、植物、动物等多种生物中。

低分子干扰 RNA（short interfering RNA，siRNA）是由 RNase 家族中的 Dicer 核酸内切酶在细胞中剪切自然存在的 dsRNA 过程中产生的，它是 RNA 干涉的关键调控因子，其为 21～23nt 的双链 RNA，该双链的 3′端有 2 个突出的碱基，此结构对基因沉默效应十分关键，5′端则具有磷酸基。siRNA 具有稳定、持久、特异性，作用强大等特点。

一、RNAi 的作用机制

对于 RNAi 的作用机制目前认为有两种：一种是存在于线虫、真菌和植物中依赖 RNA 的依赖性 RNA 聚合酶（RNA-depenent RNA polymemse，RdRP）的干扰途径；另一种是存在于果蝇和哺乳动物中不依赖 RdRP 的干扰途径。

线虫体内，RNAi 引起的转录后沉默分为两个重要阶段（图 7-2）。

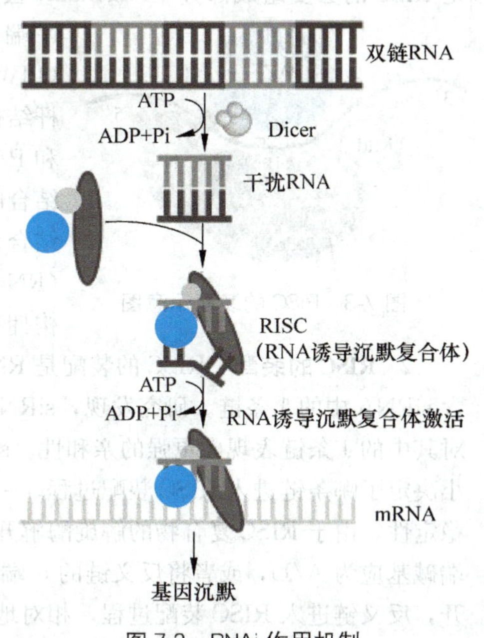

图 7-2 RNAi 作用机制

（一）起始阶段

第一阶段为起始阶段，是长链双链 RNA（dsRNA）被切割为 21～23bp 长的 siRNA 的过程。RNaseⅢ家族的内切酶 Dicer 以 ATP 依赖的方式逐步切割 dsRNA，将其降解为 21～23bp 的双链 siRNA，与所作用的靶信使 RNA（mRNA）序列具有同源性，从而在 RNAi 调控途径中起着关键的作用。

1. RNaseⅢ家族 RNaseⅢ家族分为 3 型：Ⅰ型存在于细菌和酵母体内，仅含 1 个 RNaseⅢ结构域；Ⅱ型存在果蝇体内，包含 2 个 RNaseⅢ结构域，命名为 Drosha。Ⅲ型存在果蝇和人体内，包含 1 个 N 末端的 RNA 解旋酶结构域、1 个 PAZ 结构域、2 个 RNA 酶Ⅲ结构域和 1 个 C 末端 dsRNA 结合序列，命名为 Dicer。2001 年，对果蝇研究中最早确定了 1 种Ⅲ型 RNaseⅢ（CG4792）是降解 dsRNA 的关键酶，并命名为 Dicer 1。目前基本认同Ⅲ型 RNaseⅢ（Dicer）是 RNAi 的启动因子。

2. RNaseⅢ作用机制 真核生物将各种外源导入的 dsRNA 加工成 siRNA，需要 Dicer 的核酸内切酶作用。Dicer 作用机制的基本模式为：Dicer 的 PAZ 结构域与 dsRNA 末端结合，2 个 RNA 酶Ⅲ结构域以反向平行的排列方式形成假二聚体，构成活化中心，分别水解 dsRNA 的两条单链。2 个 RNA 酶Ⅲ结构域的相互位置关系决定了产生的 siRNA 3′端均有 2 个未配对碱基；而假二聚体构成的活化中心与 PAZ 结构域末端结合位点之间的距离决定了 siRNA 的长度，约 21～23bp。切割完成后，形成新的dsRNA末端，为下一轮的Dicer作用提供结合位点。研究表明，Dicer必须结合到dsRNA的末端才能发挥作用，一旦这种末端结合被阻断，则Dicer的核酸内切酶作用大大削弱。

（二）效应阶段

第二个阶段为效应阶段，是与siRNA互补的mRNA降解过程。siRNA和解旋酶、内切核酸酶等结合形成RNA诱导的沉默复合物（RNA-induced silencing complex，RISC）。RISC的核酸部分起到靶向性的作用，蛋白部分则起到降解mRNA的作用。经RISC中的解螺旋酶解链后，siRNA的反义链引导RISC与互补mRNA结合，将mRNA降解。siRNA作为引物，与mRNA靶向性结合，在RdRP作用下再次形成新的dsRNA，dsRNA又被Dicer酶切割成siRNA。新形成的siRNA则又可以进入下一轮循环而达到数量扩增的目的，显著增加了对基因表达的抑制效果。

1. RISC的构成 最早Fire提出在RNAi过程中存在一种序列特异性的核酸酶复合物，随后Hannon等通过果蝇实验研究证明存在一种通过降解同源mRNA而介导沉默过程的RNA介导的沉默复合物，并将其命名为“RISC”。目前认为siRNA和具有核酸内切酶活性的Argonaute蛋白是RISC的必要组成部分。Argonaute蛋白有1个月牙型的底座，它是由3部分组成的，分别为N-端（amino-terminal）、中部（middle）和PIWI结构域（PIWI domain）等，在月牙底座上面有一个PAZ部分，由茎杆结构支撑（图7-3）。在Argonaute蛋白的组成中，其中PIWI和PAZ是最重要的2个结构域，PAZ结构域含有一个核苷酸结合的模体，这个模体可以特异性和小RNA中的单链3′末端结合，PIWI结构域中两个保守的精氨酸残基与核酸内切酶（RNaseH）中催化型的精氨酸具有相似的排列，说明这部分结构拥有核酸酶的活性。

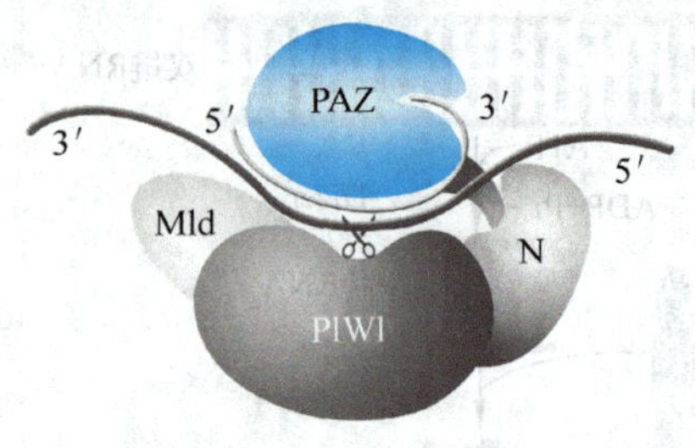

图7-3　RISC的装配示意图

2. RISC的装配 RISC的装配是RNAi过程中的一个关键步骤，每一个活化的RISC中只包含siRNA中的1条链。研究发现，siRNA的2条链表现出在RISC装配过程中的不平衡，即RISC对其中的1条链表现出更强的亲和性。siRNA 5′端的碱基是否配对以及配对碱基之间的结合力大小决定了哪条链进入RISC装配过程。一般来说，G：C碱基对比A：U碱基对具有更高的热力学稳定性。由于RISC复合物的解旋酶解开siRNA双链的起始位点在siRNA 5′端，因此反义链的5′端碱基应为A/U，或者将反义链的5′端变成不能与正义链配对的碱基，则有利于siRNA双链解开，反义链进入RISC装配过程。相对地，正义链的5′端应为G/C，则具有较高的热力学稳定性，防止从这段区域开始解链，从而避免正义链引起的非靶向效应。

3. RISC作用机制 RISC中的解旋酶利用ATP解开siRNA双链，反义siRNA与Argonaute蛋白形成活化的RISC。Argonature蛋白有一个明显的凹槽贯穿整个蛋白，凹槽内壁带正电有利于与RNA带负电的磷酸骨架结合。siRNA解旋后，siRNA单链的3′端伸入PAZ的裂缝中，整个单链沿着PAZ伸展开，同时目的片段mRNA结合于新月型底座。mRNA与siRNA互相配对形成双链后，在离单链siRNA 5′端9个碱基处（即离siRNA3′端11～12个碱基处）切割mRNA。由于切割产物5′端无帽子结构和3′端polyA尾巴的保护，使得降解的mRNA随后迅速的被细胞内其他的RNA酶所降解，从而使目的基因沉默。同时RISC释放，再次特异性地降解下1个mRNA，经多次循环后，大部分mRNA被降解。

哺乳动物体内的RNAi作用机制与低等生物中RNAi作用机制类似，但哺乳动物体内的RNAi过程是非RdRP依赖的，因此外源性siRNA介导的RNAi在人细胞中持续的时间比较短。

二、RNAi 的特点

(一) 高序列特异性

RNAi 基因靶与 siRNAs 为靶序列严格碱基配对，具有高度的序列特异性，涉及众多的基因蛋白复合物，构成一个以 siRNAs 为核心的真核基因调控系统，只降解与其序列相应的单个内源基因的 mRNA，不影响其他无关基因的表达，从而保证了对目的基因的精确沉默。它可以参与染色质水平，转录水平，转录后水平参与基因表达的调节。

(二) 高效性

RNAi 对基因表达的抑制具有很高的效率，极少量的 dsRNA 就能有效地抑制靶基因的表达，产生强烈的 RNAi 效应，甚至可达到缺失突变体表型的程度。

(三) 可传播性和可遗传性

RNAi 抑制基因表达的效应可以越过细胞界限，越过胞间屏障向其他细胞和组织扩散，在不同的细胞间长距离传递和维持，甚至传播至整个有机体，并可遗传。在植物中 RNAi 信号（如 siRNA 分子）可以通过胞间连丝在短距离的细胞间传递；还可以通过纵横交错的脉管系统进行长距离的传送。而在动物中 RNAi 信号的扩散需要特殊的蛋白参与。

(四) 高稳定性

siRNA 是 3′端带有 2 个 TT 碱基的 dsRNA，化学性质稳定，无需像反义核苷酸那样进行广泛的化学修饰以提高半衰期。

(五) dsRNA 长度限制性

在原核细胞中，有效的 dsRNA 不得短于 21 个碱基，并且长链 dsRNA 在细胞内被 Dicer 酶切割为 21nt 的 siRNA，由 siRNA 介导 mRNA 切割；在哺乳动物细胞中，dsRNA 长度超过 21～23nt 就会超出抑制范围，引起广泛而非特异的基因沉默；如果短于 21～23nt，特异性又会显著降低。但新技术的研究已经能较好地解决 dsRNA 长度的问题，即在长 dsRNA 中使其中一条增加缺口变成多条，而另一条为单长链，这样的分子进入体内后单长链在其互补链缺口处断裂，形成多个 siRNA 分子而发挥作用。

(六) RNAi 效应的依赖性

RNAi 具有浓度、时间双重依赖性。RNAi 通常出现在 dsRNA 注射 6h 以后，可持续 72h 以上。沉默效应的强度与初始 dsRNA 浓度相关。

此外，RNAi 还具有 ATP 依赖性、选择性作用于靶基因位点、作用迅速等特点。

三、siRNA 的制备方法

(一) 化学合成法

直接通过化学方法，以单核苷酸为原料，合成两条互补的长约 21～23nt 的 RNA 单链，然后退火形成双链复合体。该方法主要用于大量合成已经找到的最有效的 siRNA，但成本较为昂贵。

(二) 体外转录合成

在针对靶序列的有意义链和反意义链的上游接上 T7 启动子，体外转录获得单链 RNA，杂交形成 dsRNA，再经 RNA 酶消化，获得 siRNA。该方法适用于筛选有效的 siRNA，但不适用于对特定 siRNA 进行长期研究。

(三) RNaseⅢ体外消化长片段 dsRNA

体外转录制备 200～1000bp 的长片段 dsRNA，RNase Ⅲ酶体外消化得到各种不同的 siRNA 混合物。该方法省时、省力，跳过了检测和筛选有效 siRNA 序列的步骤，但有导致非特异性基因沉默的可能。

(四) 载体表达法

通过转染含有 RNA 聚合酶Ⅱ/Ⅲ的启动子 U6 或 H1，及其下游一小段特殊结构的质粒或病毒载体到宿主细胞内，转录出 shRNA，该 RNA 在细胞内被 Dicer 酶剪切成 siRNA 而发挥作用。该方法的优点是细胞特异性强，适用于基因功能的长时间研究。

(五) siRNA 表达框架法

利用引物延伸法进行 PCR，产生包含 1 个 RNA 聚合酶Ⅲ启动子 U6 或 H1、一小段编码 shRNA 的 DNA 模板和 1 个 RNA 聚合酶Ⅲ终止位点的表达框架，然后直接转染到细胞内。该方法为筛选有效的 siRNA 片段和合适的启动子提供了较为便捷的工具。

第 3 节 miRNA

microRNAs 即微小 RNA（miRNA）是指长度约 21～25nt 小分子单链 RNA。位于基因组的非编码区，进化上高度保守，可在翻译水平上对基因表达进行调节的 RNA 家族。

miRNA 是 1993 年 Lee 等在研究线虫（*C. elegam*）发育缺陷时发现的，基因 *lin*4 通过转录生成的 RNA 调控其发育过程。7 年后，人们又在线虫中发现了另外一种具有类似功能的微小 RNA-let-7。在线虫中首次发现的 lin-4 和 kt-7 是第 1 个被确认的 miRNA，它们通过部分序列互补结合到目的 mRNA 靶的 3′非编码区（3′UTRs），以一种未知方式诱发蛋白质翻译抑制，这样通过调控一组关键 mRNAs 的翻译调控线虫发育进程。

随着 miRNA 研究不断深入，发现 miRNA 在其他种系中都能找到同源体。迄今已发现的 miRNA 数量众多，其中包括果蝇中 78 种、秀丽隐杆线虫（*Caenorbabdiris elegans*）116 种。Clbriggsae 73 种、人 207 种、大鼠 214 种、小鼠 186 种、斑马鱼 30 种、拟南芥 111 种、水稻 125 种、鸡 121 种、EB 病毒 5 种。

一、miRNA 的基本特征

miRNA 基因以单复制、多复制或基因簇等多种形式存在于基因组中，大约 60%miRNA 单独表达，15%miRNA 以基因簇的形式表达，而 25%miRNA 位于基因的内含子中，与基因同时被转录。

miRNA 基因的表达具有特定模式：阶段特异性和组织特异性，在不同组织中表达有不同类型的 miRNA，在生物发育的不同阶段里有不同的 miRNA 表达，如 lin-4 及 let-7 在线虫发育过程中为阶段特异性表达，另外还有一些 *miRNA* 基因的表达为组织特异性，如 mir-1 专一地表达于人类的心肌组织，在其他组织中检测不到。Mir-1 的表达也具有阶段特异性，只在小鼠的胚胎形成阶段可以探测到其存在，这也就是说多细胞动物中每一种细胞在每一个发育阶段都有一个特定的 miRNA 表达谱，其中包括表达量的差别。

二、miRNA 的作用机制

(一) 起始阶段

生物体细胞核内出现初级 miRNA（pri-miRNA）经过 Drosha 等酶剪切到形成前体（pre-miRNA），然后 miRNA 核转运因子或称为输出蛋白 5（exportin5），将 pre-miRNA 从细胞核转运至细胞质内，由 Dicer 等酶进行第二次切割，即与该酶的 C 末端结构域结合，特异性地被裂解为 21～23nt 的 dsRNA。

(二)效应阶段

主要是RNA诱导的沉默复合体(RNA-induced silencing complex，RISC)的作用。RISC中成熟的miRNAs链称为引导链(guide strand)，相对应的另一条链为过客链(passenger strand)。一旦成熟miRNAs引导链被装载入RISC，根据碱基互补原则，它将会与其靶mRNA结合，使目的基因沉默，产生RNAi现象(图7-4)。

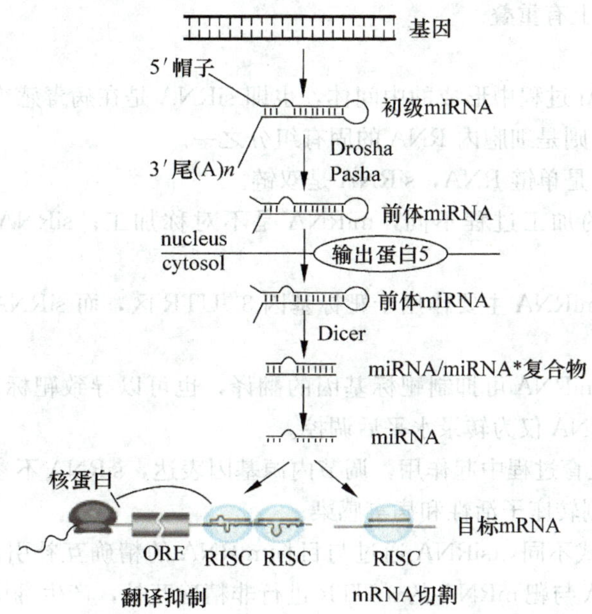

图7-4 miRNA干扰的作用机制

三、siRNA和miRNA的异同

RNAi沉默是真核细胞的监控机制，它能识别、清除dsRNA或与细胞同源的单链RNA，对外源入侵的核酸如病毒，转座子和转基因提供了一种防御措施。miRNA与siRNA之间存在许多相同点和不同点(图7-5)。

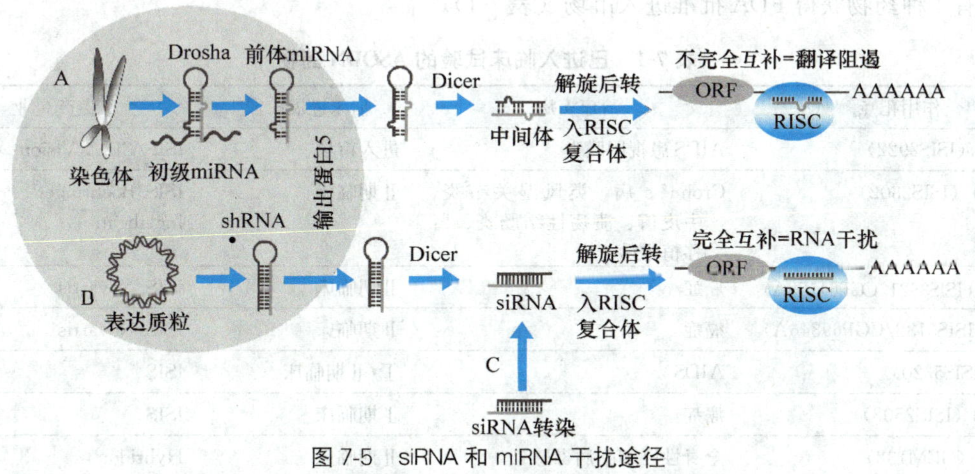

图7-5 siRNA和miRNA干扰途径

(pri-miRNA，初级miRNA；pre-miRNA，前体miRNA；shRNA，小发卡或短发卡RNA；ORF，开放阅读框架)

(一) 相同之处

1. 长度约 22nt。

2. 都依赖 Dicer 酶的加工，是 Dicer 的产物，因此具有 Dicer 产物的特点。

3. 二者生成都需 Argonaute 家族蛋白的存在。

4. 都是 RISC 的组分，与 RISC 结合都有优势结合和等式结合 2 种方式，因此在 siRNA 和 miRNA 介导的沉默机制上有重叠。

(二) 不同之处

1. siRNA 是在 RNAi 过程中形成的中间体，也即 siRNA 是在病毒感染或人工插入 dsRNA 后诱导而成的，而 miRNA 则是细胞内 RNA 的固有组分之一。

2. 结构上，miRNA 是单链 RNA，siRNA 是双链。

3. Dicer 酶对二者的加工过程不同，miRNA 是不对称加工；siRNA 是对称地来源于双链 RNA 的前体的两侧臂。

4. 在作用位置上，miRNA 主要作用于靶标基因 3′-UTR 区，而 siRNA 可作用于 mRNA 的任何部位。

5. 在作用方式上，miRNA 可抑制靶标基因的翻译，也可以导致靶标基因降解，在转录后和翻译水平起作用，而 siRNA 仅为转录水平后调控。

6. miRNA 主要在发育过程中起作用，调节内源基因表达，siRNA 不参与生物生长，是 RNAi 的产物，原始作用是抑制转座子活性和病毒感染。

7. 对基因调控的方式不同，siRNA 通过与目标 mRNA 的精确互补引起互补区域降解；动物 miRNA 主要通过 miRNA 与靶 mRNA 的 3′UTR 进行非精确互补，产生翻译抑制。植物 miRNA 主要通过类似 siRNA 的途径与靶 mRNA 精确配对，介导 mRNA 降解。

第 4 节 核酸类药物的临床试验现状与前景

一、反义核酸类药物的临床试验现状与前景

目前，一些 ASODN 药物已经进入临床试验，包括针对癌症、感染性疾病和炎症的 ASODN，其中已有 1 种药物获得 FDA 批准进入市场（表 7-1）。

表 7-1 已进入临床试验的 ASODN 药物

作用靶点	治疗疾病	临床进展阶段	生产企业
HCMV（ISIS2922）	AIDS 患视网膜炎	进入市场	ISIS/CIBA Vision
ICAM-1（ISIS2302）	Crohn's 病、类风湿关节炎、牛皮癣、溃疡性结肠炎、肾移植排斥	Ⅱ期临床	ISIS/Boehringer Ingelheim
PKC-α（ISIS3521/CGP64128A）	癌症	Ⅱ期临床	ISIS/Novartis
C-raf（ISIS5132/CGP69846A）	癌症	Ⅱ期临床	ISIS/Novartis
HIV（ISIS5320）	AIDS	Ⅰ/Ⅱ期临床	ISIS
Has-ras（ISIS2503）	癌症	Ⅰ期临床	ISIS
HCMV（GEM132）	全身性巨细胞病毒感染	Ⅱ期临床	Hybridon
	巨细胞病毒性视网膜炎	Ⅰ/Ⅱ期临床	

续表

作用靶点	治疗疾病	临床进展阶段	生产企业
HCMV（ISIS13312）	AIDS 患视网膜炎	Ⅲ期临床	ISIS
LR-3280	球囊扩张后再狭窄的预防	Ⅱ期临床	Lynx/Schuarz/Tanabe
BCL-2（G3139）	非霍奇金淋巴瘤 急性髓性淋巴细胞性白血病慢性髓性淋巴细胞性白血病骨髓净化	Ⅰ/Ⅱ期临床 Ⅰ/Ⅱ期临床	Genta Lynx
HIV（AR177）	AIDS	Ⅰ期临床	Aronex
HIV（Gps0139）	AIDS	Ⅰ期临床	Chugai
c-myb（c-myb）	急性髓性淋巴细胞性白血病慢性髓性淋巴细胞性白血病	Ⅰ/Ⅲ期临床	
c-myc（c-myc）	再狭窄	Ⅰ期临床	
HIV（GEM92）	AIDS	Ⅰ期临床	Hybridon
PKA（GEM231）	癌症	Ⅰ期临床	Hybridon
VEGF	视网膜炎	Ⅰ期临床	Hybridon

ISIS2922（商品名：Vitravene）是世界上第一个上市的反义核酸药物，1998 年 8 月 26 日经过 FDA 批准进入市场。Vitravene 主要用于局部治疗对其他治疗措施不能耐受或有禁忌以及对 HCMV 视网膜炎治疗方案没有明显效果的 AIDS 的 HCMV 视网膜炎。

ISIS2302 是互补于 ICAM-1 的 PS-ASODN，在 20 例胆固醇治疗的活动性 Crohn 病患者的双盲对照中，以 0.5、1 和 2mg/kg 剂量静脉注射 26d，观察到治疗组 47%的患者病情缓解，对照组 20%的病情缓解。半年后，7 例病情缓解者中 5 例稳定，1 例可的松用量降低。在治疗期间，外周血淋巴细胞（PBL）明显增加，肠黏膜 ICAM-1 表达水平下降。另有 2 例并发瘘管形成的患者，经 ISIS2302 治疗，瘘管痊愈，消化道梗阻症状缓解。

ISIS3521/CGP64128A 在Ⅰ期临床中治疗 4 例卵巢癌患者，1 例呈部分反应，2 例标志物 CA-125 降低。目前，ISIS3521/CGP64128A 进入Ⅱ期临床，治疗各种实体瘤，包括卵巢癌、前列腺癌、脑瘤及结肠癌等。

二、RNAi 的临床试验现状与前景

RNAi 治疗药物在人类疾病的治疗中有巨大潜力，目前国际上已有多个 RNAi 治疗药物进入临床试验（表 7-2）。

表 7-2 目前国际上进入临床试验的小干扰 RNA 药物

siRNA 药物	作用靶点	临床进展阶段	治疗疾病	生产企业
Bevasiranib	以 VEGF 为靶向	Ⅲ期终止 Ⅱ期临床	湿性老年性黄斑变性 糖尿病黄斑水肿	Opko Corporation
Sirna-027	以 VEGFR1 为靶向	Ⅱ期临床	湿性老年性黄斑变性	Sirna Therapeutics
ALN-RSV01	以病毒衣壳 *N* 基因为靶向	Ⅱ期临床	呼吸道合胞病毒病	Alnylam 公司
CALAA-01	以核糖核苷酸还原酶 M2 亚基为靶向	Ⅰ期临床	实体肿瘤	Calando Pharmaceuticals 公司
ALN-VSP02	靶向 KSP 和 VEGF	Ⅰ期临床	肝癌	Alnylam 公司
Anti-tat/rev shRNA	靶向 HIV 的 tat 和 rev	Ⅰ期临床	艾滋病相关淋巴瘤	Benitec 公司和 The City of Hope National Medical Center

续表

siRNA 药物	作用靶点	临床进展阶段	治疗疾病	生产企业
TD101	靶向角蛋白基因 *K6a*	Ⅰ期临床	先天性厚甲症	PC Project 与 TransDerm 公司
RTP-80li-14	专利靶位 RTP801，调解 mTOR 和 HIF-1 的表达	Ⅰ期临床	湿性老年性黄斑变性	Pfizer 公司
Akli-5	肾细胞 P 53	Ⅰ期临床	急性肾损伤	Quark 公司

（一）眼部疾病

血管内皮生长因子（vascular endothelial growth factor，VEGF）具有显著的促血管内皮细胞增殖和血管渗透作用，它刺激湿性老年性黄斑变性患者视网膜上血管的生长。异常新生血管增长是导致患者视力丧失的原因所在。Bevsiaranib 是经特殊设计的小干扰 RNA 药物，可使产生 VEGF 的基因沉默，从而抑制血管新生。Bevsiaranib 于 2004 年被美国 FDA 批准进行临床试验。

（二）抗病毒

siRNA 药物 ALN-RSV01 经鼻腔给药后能有效对抗小鼠呼吸道合胞病毒，Ⅰ期临床试验显示其有较好的安全性和耐受性，有望成为治疗此病的候选药物。该药于 2008 年 5 月进入Ⅱ期临床试验，目前已完成该期试验。

（三）癌症

RNAi 药物 CALAA-01 通过静脉注射全身给药，活性成分 siRNA 包被在环糊精—转铁蛋白—AD-PEG 纳米颗粒中，防止被核酸酶降解。其中的人转铁蛋白，可以靶向地与膜表面高表达人转铁蛋白受体的癌细胞结合，通过细胞内吞作用顺利进入肿瘤细胞，干扰靶基因。siRNA 的主要靶基因是核糖核苷酸还原酶 M2 亚基，siRNA 通过 RNAi 作用降低核糖核苷酸还原酶 M2 亚基的表达，达到抑制肿瘤生长。缩小肿瘤体积的作用。这是 RNAi 干扰药物治疗癌症的首例临床试验。

（四）艾滋病相关淋巴瘤

目前，Benitec 公司与 the city of Hope National Medical Center 启动了一个治疗艾滋病相关淋巴瘤的 RNAi 干扰药物的Ⅰ期临床试验。该药物作用的原理是利用聚合酶Ⅲ启动子表达的短发卡 RNA（short hairpin RNA，shRNA）靶向 HIV 的 tat 和 rev 共有的外显子。该 shRNA 先被插入到慢病毒表达载体上，导入造血干细胞，将此造血干细胞注射入患者体内，即利用自体同源的骨髓移植的方法治疗艾滋病相关淋巴瘤。

（五）皮肤病

先天性厚甲症（pachyonychia congenita）是一种少见的常染色体显性遗传性皮肤病，是由于角蛋白基因 *K6a*、*K6b*、*K*16、*X*17 发生突变引起。PC Project 与 TransDerm 公司合作研发了一个靶向 PC 的角蛋白基因 *K6a* 的 RNA 干扰药物 TD101。2008 年 1 月启动Ⅰ期临床试验。已经有 6 位患者接受了治疗。TD101 标志着首次将 siRNA 技术用于治疗皮肤疾病，同时也是针对突变基因的首个 siRNA。

（六）其他疾病治疗

Quark Pharmaceuticals 与 Silence Therapeutics 合作开发了 RNAi 药物 RTP-80li-14，目前已转让给 Pfizer 公司，用来治疗黄斑变性（maculardegeneration，AMD）及一些其他适应证。该化合物于 2007 年初被批准进入Ⅰ期临床试验，Silence Thrapeutics 还将另 1 个 AtuRNAi 化合物 AKli-5 转让给 Quark 公司，用于治疗急性肾损伤，现在处于Ⅰ期临床试验阶段。

结 语

反义药物由反义DNA、反义RNA、核酶等构成药物的主要成分。对于反义药物的设计，应该遵循选择性强、稳定性高、溶解性好的原则进行。反义药物可以通过仪器自动合成，并且可以通过聚丙烯酰胺凝胶电泳、薄层层析等多种方式进行纯化。

RNAi药物是根据双链RNA可介导同源序列的mRNA降解进而抑制相应基因表达的原理所设计的，是对基因沉默技术的一种临床应用。RNAi药物可以通过化学合成、体外转录合成、RNaseⅢ体外消化长片段dsRNA、载体表达法、siRNA表达框架法等多种方式制备。

目前RNAi的治疗途径还不成熟，仍然有许多问题需要克服。siRNA作为药物的障碍主要在：体内干扰素反应、体内的不稳定状态、靶向性和脱靶效应、递药系统、给药方式以及安全性等。

尽管如此，RNAi药物在基因疾病、肿瘤等人类束手无策的疾病上还是显现出了极大的应用前景。随着RNAi机制的逐渐阐明，RNAi技术的日趋完善，基因功能的研究将被大大推进，各种疾病的治疗将开辟出新的途径，医药生物学的发展也将受到深远的影响。

学习重点

反义药物是根据反义技术所诞生的新型的药物，用人工合成等方法合成特定DNA或RNA片段抑制或封闭基因表达，使得治疗更直接有效，其设计要遵循3个S原则，其合成制备有多种方法，应根据不同的情况选择不同的方法。RNAi分为siRNA干扰和miRNA干扰等类型，其中siRNA为外源性及外源核酸插入细胞后经诱导产生，而miRNA为机体固有的成分。RNAi过程中比较重要的酶是DICER酶和RISC复合体。反义核酸类药物现进入临床试验的药物并不多，但其前景却非常广阔。

思 考 题

1. 反义药物的作用机制是什么？
2. RNAi的作用机制是什么？
3. 比较siRNA和miRNA的异同？

参 考 文 献

陈莉，秦婧，朱远源．2009. 在医药领域中RNA干扰研究进展．药物生物技术，16（1）：83～89
樊鹏程，贾正平，马骏等．2008. siRNA设计研究进展及在线设计．细胞与分子免疫学杂志，24（2）：202～203
郭佳佳，王建军，徐根兴．2010. siRNA的体内递送及药物代谢动力学特性．药学与临床研究，18（4）：363～365
胡颖，洪蝶，谢幸等．2007. RNA干扰机制的分子生物学研究进展．国际病毒学杂志，14（6）：185～190
李敏，郝琳林，刘松财等．2007. siRNA和miRNA的研究进展．现代农业科技，（22）：145～146
林元藻．2000. 反义核酸的研究及其应用．广东药学院学报，16（1）：48～51
史毅，金由辛．2008. RNA干扰与siRNA（小干扰RNA）研究进展．生命科学，20（2）：196～201

王庆晓，王建军，徐根兴．2010. RNAi 药物的临床研究进展．药学与临床研究，18（2）：127～130

吴东．2008. 反义核酸药物进展．科技信息（科学教研），(12)：20～22

于凤波，王思玲．2006. 反义寡核苷酸类药物及给药系统的研究．世界临床药物，27（7）：437～442

张宏燕，鲁丹丹，吴利霞等．2008. 反义核酸药物的合成和纯化．军事医学科学院院刊，32（01）：73～76

Baker B F，Monia B P. 1999. Novel Mechanisms for Antisense-mediated Regulation of Gene Expression. Biochim Biophys Acta，1489（1）：3～18

Bernstein E，Caudy A A，Hammond S M，et al. 2001. Role for a bidentate ribonuclease in the initiation step of RNA interference . Nature，409（6818）：363～366

Dykxhoorn D M，Novina CD，Sharp PA. 2003. Killing the messenger：short RNAs that silence gene expression. Nat Rev Mol Cell Biol，4（6）：457～467

Feldman E J，Alberts DS，Arlin Z，et al. 1993. Phase I clinical and pharmacokinetic evaluation of high-dose mitoxantrone in combination with cytarabine in patients with acute leukemia . J Clin Oncol，11（10）：2002～2009

Fire A，Xu S，Montgomery M K，et al. 1998. Potent and specific genetic interference by double-stranded RNA in Caenorhabditis elegans. Nature，391（6669）：806～811

Green D W，Roh H，Pippin J，et al. 2000. Antisense Oligonucleotides：An Evolving Technology for the Modulation of Gene Expression in Human Disease . J Am Coll Surg，191（1）：93～105

Gregory R I，Chendrimada T P，Cooch N，et al. 2005. Human RISC couples microRNA biogenesis and posttranscriptional gene silencing. Cell，123（4）：631～640

Harborth J，Elbashir SM，Bechert K，et al. 2001. Identification of essential genes in cultured mammalian cells using small interfering RNAs. J Cell Sci，114（Pt 24）：4557～4565

Levin A A. 1999. A Review of Issues in the Pharmacokinetics and Toxicology of Phosphorothioate Antisense Oligonucleotides . Biochim Biophys Acta，1489（1）：69～84

McCaffrey A P，Meuse L，Pham T T，et al. 2002. RNA interference in adult mice. Nature，418（6893）：38～39

Peters L，Meister G. 2007. Argonaute proteins：mediators of RNA silencing. Mol Cell，26（5）：611～623

（周宏博）

第8章 多肽类药物

学习要求

1. 掌握多肽类药物的定义、分子组成、优点。
2. 熟悉人工合成多肽的方法和注意事项。
3. 了解多肽类药物的应用情况、安全性和稳定性。

众所周知，蛋白质是一切生物细胞结构中最重要的有机物质之一。研究人员在研究蛋白质时发现，有一类由氨基酸构成，但又不同于蛋白质的中间物质，这类具有蛋白质特性的物质便是“多肽”。从生物学角度看，多肽和蛋白质的区别只是前者结构小一些，后者结构大一些。在人的生命活动中，蛋白质不断分解变化，蛋白质分解后形成多肽，多肽聚合又形成蛋白质。从制药学的角度来看，多肽是涉及各种细胞功能的生物活性物质，几乎所有的细胞都能合成多肽，所有细胞又受多肽调节，当体内由于一些疾病引起生理功能出现失调或病理变化时，这些多肽可被视为是生物药物的一种而起到调节或治疗的作用，而生命科学之所以将目光投向多肽，原因恰恰在于多肽在人体内现今担当的这种独特的生理和生化反应的信使与药物的角色。目前在人体中已发现了1 000多种具有生物学活性的多肽，它们在神经、内分泌、生殖、消化、生长等系统中发挥着不可或缺的作用。

鉴于多肽生物活性高，一些肽在人的生长发育、细胞分化、大脑活动、肿瘤病变、免疫防御、生殖控制、抗衰防老及分子进化等方面又具有极其特殊的功能，多肽类药物的研发自然成为近年生命科学的一大热门。例如，目前已发现能治疗糖尿病、胃溃疡、胰腺炎的多肽是14肽；人体生长激素多肽能治疗侏儒症；具有杀菌抗炎性质的环孢是一种环状的11肽；而目前广泛使用的肾上腺皮质激素，则是39肽，主要应用于治疗风湿性关节炎、支气管炎和肾病。

第1节 多肽类药物的概念和优点

一、多肽、多肽药物的概念

（一）多肽的定义与分子结构

1. 定义 多肽（polypeptide）是一种与生物体内各种细胞功能都相关的生物活性物质，它的分子结构介于氨基酸和蛋白质之间，是由多种氨基酸按照一定的排列顺序通过肽键结合而成的化合物。

2. 分子结构 所谓多肽，它是分子结构介于氨基酸和蛋白质之间的一类化合物。但与蛋白质又有所不同，是由多个分子 α-氨基酸的—NH_2 与—COOH 互相缩合失水后形成 10～50 个肽键（—CONH—）的长链化合物。它包括多种在人的机体中具一定生理活性和药效作用的化合物，可以从动物组织中提取，也可以人工合成。由两个氨基酸分子脱水缩合而成的化合物叫做 2 肽，同理类推还有 3 肽、4 肽、5 肽等，一直到 9 肽。如果一种肽含有的氨基酸少于 10 个就被称为寡肽，超过的就称为多肽，氨基酸为 50 多个以上的多肽称为蛋白质（图 8-1）。多肽的分子质量低于 10kD，能透过半透膜，不被三氯乙酸及硫酸铵所沉淀。实际上，蛋白质有时也被称为多肽也就是这个道理。多肽生物活性高，它能调节各种生理活动和生化反应。到现在，人们已发现和分离出 100 多种存在于人体的多肽，对于多肽的研究和利用，在世界范围内已经出现了一个空前的繁荣景象。

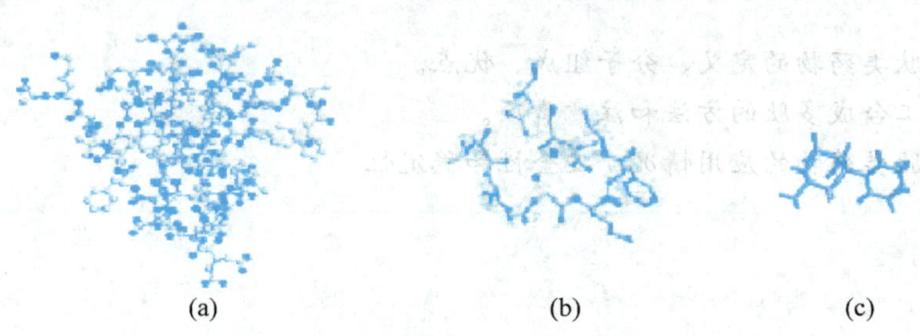

图 8-1 蛋白质（a）、多肽（b）、寡肽分子（c）结构示意图

（二）多肽药物

1. 多肽药物 多肽与多肽药物的界定一般是这样认为的，能作为药物在临床上用做生理机能调节和免疫力增强、抗菌和抗病毒、抗炎和抗肿瘤并可作为疫苗、有药物拮抗和协同等有药效作用的多肽就可以看作为多肽药物（也有人称之为活性多肽或生物活性肽）。

2. 生物活性肽 多肽有生物活性多肽和人工合成多肽两种。生物提取的多肽具有很强的活性，所以叫做活性肽。只有活性的肽才能作为药物对人体产生很好的效果，活性肽主要控制人体的生长、发育、免疫调节和新陈代谢，它在人体处于一种平衡状态，若活性肽减少后，人体的功能发生重要变化，对于儿童来说，他的生长、发育变得缓慢，甚至停止，长久下去就形成了侏儒，对成年人或老年人，缺少活性肽后，自身的免疫力就会下降，新陈代谢紊乱，内分泌失调，引起各种疾病的产生，如失眠、身体消瘦或水肿。由于活性肽还作用于神经系统，因此人体就会变得动作迟缓，头脑不再聪慧，更主要的是活性肽减少，直接引起人身体各部位逐渐出现全面衰老，引发各种疾病，但是人工合成的多肽有很多是没有活性的，是需要筛选的，只有活性肽才能被人体安全使用。

3. 人工合成肽 蛋白质即是以各种氨基酸按一定顺序以肽键形成的长链肽，是通过多种次级键交联结合而成的高分子化合物。蛋白质具有复杂的四级结构，通过不同程度的水解，可得包括多肽等的产物：蛋白质→蛋白脉（proteose）→蛋白胨（peptone）→多肽→寡肽（oligopeptide）→氨基酸（amino acid）。这同时也表明了蛋白质的合成途径。因此，借人工合成多肽，不仅可用于生化制药工业，还可用来研究阐明蛋白质的合成途径及其结构。

4. 多肽的功能 人体很多活性物质都是以肽的形式存在的，经研究发现人体干重的 70％以上都是蛋白质，所以说没有肽，就没有活性，就没有生命。而多肽又涉及人体的激素、神经、细胞生长和生殖各领域，其重要性在于调节体内各个系统和细胞的生理功能，激活体内有关酶系，促进中间代谢膜的通透性，或通过控制DNA转录或影响特异的蛋白合成，最终产生特定的生理效应。多肽还在人体作为神经递质，传递信息。

二、多肽药物的优点

多肽药物具有多肽的所有优点。多肽药物相比氨基酸而言更易吸收，生物利用度高，还同时具有防病、治病，调节人体生理功能的功效，这些功效是原蛋白质及其所组成的氨基酸所不具备的。

(一) 优于高蛋白 (高分子蛋白质)

(1) 信息的信使：引起各种各样不同的实效的正/负生理活动和生化反应调节。

(2) 活性高：在微量和低浓度的情况下，多肽仍能发挥其独特的作用。

(3) 相对分子质量小：易于改造修饰，相对于蛋白质而言较易人工化学合成。

(4) 透过多肽的片段可以深入研究蛋白质的性质，并且为改变和合成新的蛋白质提供基础材料。

(二) 优于氨基酸

(1) 较氨基酸吸收快速。

(2) 以完整的形式被机体吸收。

(3) 主动吸收 (氨基酸属被动吸收)。

(4) 低耗，多肽药物吸收具有低耗或不需消耗能量的特点，多肽药物通过十二指肠吸收后，直接进入血液循环而到达人体各个部位。

(5) 药物多肽吸收具有不饱和的特点。

(6) 氨基酸只有20种，功能有限，而药物多肽是以氨基酸为底物合成的，种类极多。

(7) 各种肽之间运转无竞争性和不存在抑制性。

(三) 多肽易吸收消化

过去的科学研究认为，蛋白质经消化道酶促水解后，主要以氨基酸的形式被吸收。近两年的科学研究认为，人体吸收蛋白质的主要形式不是以氨基酸，而是以多肽的形式吸收的，这是人体吸收蛋白质机制研究的重大突破。科学试验证明，多肽的作为药物其吸收机制相对蛋白质而言具有以下特点：

1. 不需消化直接吸收：人工合成的多肽药物表面有一层保护膜，不会受到人体的促酶、胃蛋白酶、胰酶、淀粉酶、消化酶及酸碱物质二次水解，它以完整的形式直接进入小肠，被小肠所吸收，进入人体循环系统，发挥生物学功能。

2. 吸收快速：口服剂如同针剂。人工体外合成的多肽，口服进入人体，其速度很快，有的科学家把它称为生物导弹，快速地穿过人的口腔、胃，直接进入小肠，被小肠吸收，最终进入人体血液循环系统、器官及细胞组织，迅速发挥其生理作用和生物学功能。

3. 多肽具有吸收后，不会有任何排泄物，而且是全部被人体吸收和利用。

4. 多肽具有主动被人体吸收的特点。对于因消化系统缺陷、障碍、损伤，而不能吸收营养者，多肽具有主动让人体吸收或迫使让人体吸收的特点。这对于那些消化能力差，营养缺乏，身体虚弱，体弱多病者，有着重要的意义。

5. 多肽具有优先被人体吸收的特点。人们平常所食的营养物质，在吸收上，与多肽的竞争中，多肽具有优先吸收的特点。这与其主动吸收的特点是分不开的。

6. 人体对多肽的吸收，具有不需耗费人体能量，不需增加消化道，特别是胃肠功能负担的特点。多肽自身具有极强的活性和能量，它的主动吸收、迫使吸收，就是自身的活性和能量在起作用。因此，它在被人体吸收时，不是人体要耗费自身的能量去吸收它，而是多肽以自身的能量让人体吸收。由此看来，它的这一显著特点对消化系统未发育成熟的婴幼儿，对消化系统开始退化的老年人以及因过度运动而急需氮源，而又不能增加胃肠功能负担的运动员、体力劳动者有着重要意义。

7. 多肽在人体中表现出载体作用，可将平常人所食的营养物质，特别是钙等对人体有益的微量元素，吸附、粘贴、装载在本体上。

8. 多肽可在人体中起运输工具的作用。可将人平常所食的各种营养物质吸附在本体上后，然后运载输送到人体各个细胞、器官、组织，同本体一起被人体吸收和利用，发挥各自不同的功能作用。这就是目前世界上人们把多肽原料中间体作为药品和食品配方的原因，其目的是要加强药效，增强吸收率。

9. 多肽被人体吸收后，可在人体中起信使作用。它作为神经递质传递信息，指挥神经，发挥自身作用，维护人体神经的团队精神和整体效应，使人体变得更加灵活、灵敏、聪慧。总之，多肽的吸收机制与其他各种物质的吸收机制大不相同。因此，它的吸收机制的发现，对人类的生理健康具有极其重要的意义。

（四）多肽药物分子设计与人工合成

1. 结构改造的方法 对肽进行结构改造方法的基本思路有两大类。一类是在不改变蛋白质本质基础上进行的改造。包括通过定位突变或化学修饰来实现的“小改”、对来源于不同蛋白的结构进行拼接组装的“中改”和完全从头设计全新的蛋白质的“大改”。另一类是目前研究较少的把肽结构变换成非肽分子，同时保留其药效基团及其所需要的三维排布，也就是替换肽骨架，同时保持三维药效基团以设计新的分子，主要的办法有肽的二级结构的分子模拟和设计非肽配体。

2. 核苷酸突变的设计 天然肽在人体内半衰期短、稳定性差和存在免疫原性等特点，严重地限制了肽类药物的临床应用。可以通过核苷酸突变的设计以延长半衰期，增加稳定性。对蛋白多肽进行结构改造如构建融合多肽药物，赋予其双重和多重的治疗功能，如将胸腺肽（28 肽）与抗炎肽（MCD）融合形成 Tα1-M（图 8-2）可明显抑制小鼠烫伤病理过程。与对照组比较愈合提前一周和炎性渗出明显减少的疗效，故而这种融合肽表现出促进组织愈合，抗炎的双重作用。

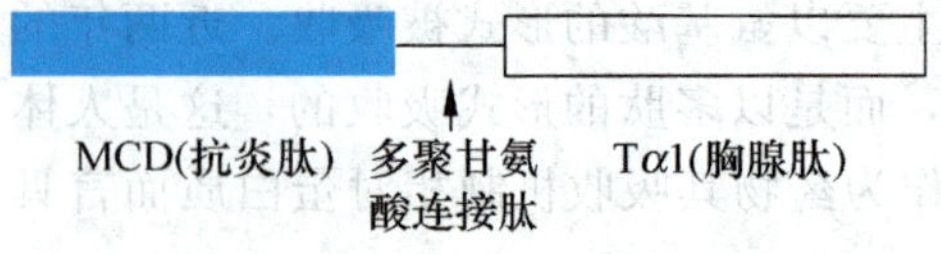

图 8-2 胸腺肽的固相合成示意图

目前，多肽药物生产是人工合成为主，即利用多肽合成仪完成，研究可用小型多肽合成仪，小到毫克级纯度可达 98% 以上。生产用多肽药物由大型多肽合成仪完成，其量产可达数公斤以上，经 HPLC 纯化后完全达临床应用纯度要求，质量控制可完全去除致热原、细菌、病毒、残余 DNA 等来自原材料、生产和纯化过程中内外的污染物，安全性好。

第 2 节 多肽药物的制备

一、固相合成法

1963 年，Merrifield 首次提出了固相多肽合成方法（SPPS），由于其合成方便，迅速，成为多肽合成的首选方法，而且带来了多肽有机合成上的一次革命，并成为了一支独立的学科——固相有机合成，固相合成的发明同时促进了肽合成的自动化。世界上第一台真正意义上的多肽合成仪出现在20世纪80年代初期。其基本原理是：

(一) 固相合成的基本原理

多肽合成是一个重复添加氨基酸的过程，固相合成顺序一般从C端（羧基端）向N端（氨基端）合成。过去的多肽合成是在溶液中进行的称为液相合成法，现在多采用固相合成法，从而大大地减轻了每步产品纯化的难度。为了防止不良反应的发生，参加反应的氨基酸的侧链都是被保护的；而羧基端是游离的，并且在反应之前必须活化。化学合成方法有两种，即Fmoc和tBoc。由于Fmoc比tBoc存在很多优势，现在大多采用Fmoc法合成（图8-3）：

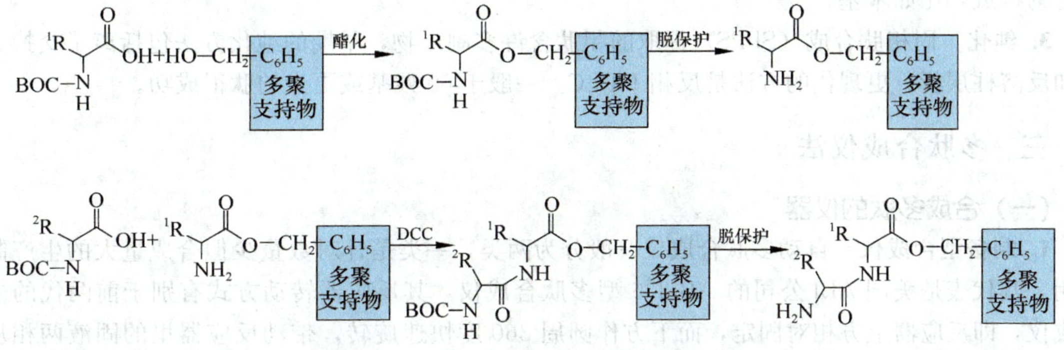

图8-3 固相合成的基本原理

(二) 肽链延长的3步法

肽链合成中，每个循环由3步反应构成，反复循环直到肽链延伸至所需的长度。肽链延长的3步法如下：

(1) 脱保护：Fmoc保护的氨基酸必须用一种碱性溶剂（piperidine）去除氨基的保护基团。

(2) 活化：待连接的氨基酸的羧基被活化剂所活化。

(3) 偶联：活化的羧基与前一个氨基酸裸露的氨基反应，形成肽键。在此步骤使用过量的试剂促使反应完成。

二、液相合成法

(一) 肽链的合成反应

基于将单个N-α保护氨基酸反复加到生长的氨基成分上，合成一步步地进行，通常从合成链的C端氨基酸开始，接着的单个氨基酸的连接通过用DCC，混合炭酐，或N-carboxy酐方法实现。Carbodiimide方法包括用DCC做连接剂连接N-和C-保护氨基酸。重要的是，这种连接试剂促接N保护氨基酸自己碳基和C保护氨基酸自由氨基间的缩水，形成肽链，同时产出N，N-dyaylcohercylurea副产物。然而，此方法因其导致消旋的不良反应，或在强碱存在时形成5（4H）-oxaylones和N-acylurea而受到影响。庆幸地是，即便达不到完全消除，这些不良反应也是最小化了。方法是加入像HoSu或HoBT这样的连接催化剂，此外，此方法也可用于合成N保护氨基酸的活性酯衍生物。依次产生的活性酯将自发与任何别的C保护氨基酸或肽反应形成新的肽。

(二) HPLC分析和纯化

HPLC分两类一为离子交换；二为反相HPLC。

1. 离子交换 离子交换HPLC依靠多肽和固相间的直接电荷相互作用。柱子在一定pH范围带有特定电荷衍变成一种离子体，而多肽或多肽混合物，由其氨基酸组成表现出相反电荷。分离是一种电荷相互作用，通过可变 pH 值，离子强度，或两者洗脱出多肽，通常，先用低离子强度的溶液，以后逐渐加强或一步一步加强，直到多肽火柱中洗脱出。离子交换分离的一个例子使用强阳离子交换柱。如 sulfoethylaspartimide 通过酸性 pH 中带正电来分离。

2. 反相 HPLC 反相 HPLC 条件与正常层析正相反。多肽通过疏水作用连到柱上，用降低离子强度洗脱，如增加洗脱剂的疏水性。通常柱子由共价吸附到硅上的碳氢烷链构成，这种链长度为 G4～G8 碳原子。由于洗脱是一种疏水作用，长链柱比短链对小的，高带电肽好。另一方面大的疏水肽用短链柱洗脱好。然而，总体实践中，这两类柱互变无多少显著差别，别类载体由碳水化合物构成，比如苯基。

3. 纯化 固相肽合成（SPPS）提取的粗肽含许多副产物，早期的纯化方法包括离子交换、分溶和反溶柱层析，更现代的方法是反相 HPLC，一般于 60 残基或更少的肽很成功。

三、多肽合成仪法

（一）合成多肽的仪器

1. 制备型合成仪 自动多肽合成仪一般分为两类，一类是针对数量少但合成量大的生产制备应用，其代表是美国 ABI 公司的 ABI336 型多肽合成仪，其反应器转动方式有别于前两代的多肽合成仪，即反应器上方相对固定，而下方作圆周 360 度快速旋转，带动反应器里的固液两相从底部向上作螺旋运动，一直达到反应器的最上方。

2. 科研分析型 此类多肽合成仪主要针对药物研发、基因研究等科研性应用，其代表是德国 Intavis AG 公司的 ResPep SL 和 MultiPep RS 系列，可以同时提供固相合成和膜合成的应用，并能自动帮助客户进行图谱筛选同时完成高通量的多肽合成工作。

（二）合成原理

1. 固相合成为反应原理 多肽合成仪以固相合成为反应原理，在密闭的防爆玻璃反应器中使氨基酸按照已知顺序（序列，一般从 C 端-羧基端向 N 端-氨基端）不断添加、反应、合成，操作最终得到多肽载体。这样大大地减轻了每步产品提纯的难度。为了防止不良反应的发生，参加反应的氨基酸的侧链都是保护的。羧基端是游离的，并且在反应之前必须活化。

2. 具体合成由下列几个循环组成

（1）去保护：Fmoc 保护的柱子和单体必须用一种碱性溶剂（piperidine）去除氨基的保护基团。

（2）激活和交联：下一个氨基酸的羧基被一种活化剂所活化。活化的单体与游离的氨基反应交联，形成肽键。在此步骤使用大量的超浓度试剂驱使反应完成。循环：这两步反应反复循环直到合成完成。

（3）洗脱和脱保护：多肽从柱上洗脱下来，其保护基团被一种脱保护剂（TFA）洗脱和脱保护。

四、酶解法制备多肽

（一）酶解法

除了合成法外，酶解法制备多肽也是多肽药物获取的一种有效实用的方法，这主要是以蛋白酶降解蛋白质获得的多肽，例如，蛋白质的酶解卵蛋白、乳蛋白、酪蛋白、鱼蛋白、昆豆蛋白等动物蛋白降解获得的多肽豆有促进、增强、调节免疫的生理功能。此类酶法多肽服食进入循环系统和人体组织后，能刺激机体的免疫系统发生特异性免疫反应。

（二）酶解多肽在体内的作用

有文献报道酶解多肽在体内有多种作用，归纳如下：

1. 多肽进入人体后，可诱导和促进T细胞分化、成熟；刺激B细胞产生并分泌免疫球蛋白（抗体）参与人体免疫反应。

2. 多肽药物能提高自然杀伤细胞（NK）活力：在无抗体参与的情况下，杀伤肿瘤细胞，发挥广谱抗肿瘤、抗感染作用。

3. 刺激吞噬细胞的吞噬能力：主要提高其吞噬消化功能、分泌功能。

4. 提高白细胞介素-2（IL-2）的产生水平和受体表达水平。

5. 增强外周单核细胞 γ-干扰素的产生；增强血清中SOD活性。

6. 能有效防止辐射核放化疗及空气、水、食物、环境污染中毒而导致的白细胞减少。

7. 能防止恶性肿瘤放化疗引起的 CD_4^+ 降低。

此外，多肽还可以食用，如稳定性好，给药途径也有方便之处。

第3节 多肽药物的稳定性、检测、制剂与给药途径

一、多肽药物的稳定性

（一）多肽药物的稳定性差

与传统的小分子有机药物相比，多肽具有稳定性差，由于稳定性对于保证药效是一个非常重要的环节，故本节注重多肽药物的稳定性、缓释系统、非注射途径三方面对多肽类药物制剂的研究特别进行介绍。

（二）引起多肽不稳定的原因

1. 脱酰胺反应 在脱酰反应中，Asn/Gln残基水解形成Asp/Glu。非酶催化的脱酰胺反应的进行。在Asn-Gly-结构中的酰胺基团更易水解，位于分子表面的酰胺基团也比分子内部的酰胺基团易水解。

2. 氧化 多肽溶液易氧化的主要原因有两种，一是溶液中有过氧化物的污染，二是多肽的自发氧化。在所有的氨基酸残基中，Met、Cys和His、Trp、Tyr等最易氧化。氧分压、温度和缓冲溶液对氧化也都有影响。

3. 水解 多肽中的肽键易水解断裂。由Asp参与形成的肽键比其他肽键更易断裂，尤其是Asp-Pro和Asp-Gly肽键。

4. 形成错误的二硫键 二硫键之间或二硫键与巯基之间发生交换可形成错误的二硫键，导致三级结构改变和活性丧失。

5. 消旋 除Gly外，所有氨基酸残基的 α 碳原子都是手性的，易在碱催化下发生消旋反应。其中Asp残基最易发生消旋反应。

6. β-消除 β-消除是指氨基酸残基中 β 碳原子上基团的消除。Cys、Ser、Thr、Phe、Tyr等残基都可通过 β-消除降解。在碱性pH下易发生 β-消除，温度和金属离子对其也有影响。

7. 变性、吸附、聚集或沉淀 变性一般都与三级结构以及二级结构的破坏有关。在变性状态，多肽往往更易发生化学反应，活性难以恢复。在多肽变性过程中，首先形成中间体。通常中间体的溶解度低，易于聚集，形成聚集体，进而形成肉眼可见的沉淀。

多肽药物的表面吸附是其贮存、使用过程中遇到的另一个令人头痛的问题，如rIL-2在进行曲灌注时会吸附在管道表面，造成活性损失。

（三）如何提高多肽药物稳定性

1. 定点突变 通过基因工程手段替换引起多肽不稳定的残基或引入能增加多肽稳定性的残

基，可提高多肽的稳定性。

2. 化学修饰 多肽的化学修饰方法很多，研究最多的是 PEG 修饰。PEG 是一种水溶性高分子化合物，在体内可降解，无毒。PEG 与多肽结合后能提高热稳定性，抵抗蛋白酶的降解，降低抗原性，延长体内半衰期。选择合适的修饰方法和控制修饰程度可体质或提高原生物活性。

3. 添加剂 通过加入添加剂，如糖类、多元醇、明胶、氨基酸和某些盐类，可以提高多肽的稳定性。糖和多元醇在低浓度下迫使更多的水分子围绕在蛋白质周围，因而提高了多肽的稳定性。在冻干过程中，上述物质还可以取代水而与多肽形成氢键来稳定多肽的天然构象，而且还可以提高冻干制品的玻璃化温度。此外表面活性剂如 SDS、Tween、Pluronic，能防止多肽表面吸附、聚集和沉淀。

4. 冻干 多肽发生的一系列化学反应如脱酰胺、β-消除、水解等都需要水参与，水还可以作为其他反应剂的流动相。另外，水含量降低可使多肽的变性温度升高。因此，冻干可提高多肽的稳定性。

（四）多肽类药物制剂的存放时间测定

1. 动力学行为 Arrhenius 公式不适合多肽制剂，这是因为在多肽药物加速实验时有 3 个问题难以解决。

（1）多肽的降解途径较多，各途径活化能不同，升高温度会改变多肽降解的主要方式。

（2）温度会改变多肽的构象，从而改变降解反应的活化能。

（3）对冻干制品，若实验温度高于玻璃化温度（T_g），固体制剂将由玻璃态变为黏塑性状态，化学反应速率将急剧增加。

2. 加速实验 如果能解决上述问题，利用加速实验进行稳定性预测就可以成为评价多肽药物制剂的有效工具。Yoshioka 等人通过加速实验确定了 6 种多肽制剂在于 25℃存放的有效时间，结果表明与实测结果基本接近。这说明在一定条件下可用加速实验估算多肽制剂的货架时间，特别是在研究初期，用加速实验可节省大量时间和物力。但是，最终货架时间的确定还是需要采用留样观察法。

二、多肽类药物制剂的分析方法

（一）多肽类药物制剂研究常用的分析方法

（1）SDS-聚丙烯酰胺凝胶电泳法。

（2）等电聚焦电泳法。

（3）凝胶过滤层析法。

（4）反相液相层析法。

（5）紫外光谱法。

（6）荧光光谱法。

（7）红外光谱法。

（8）圆二色性光谱法，是一种测定分子不对称结构的光谱法。这种色谱吸收程度与波长的关系称圆二色谱，在分子生物学领域中主要用于测定蛋白质的立体结构，也可用来测定核酸和多糖的立体结构，图 8-4 为 4 种不同核酸用圆二色性光谱法测定的结果，可见不同核酸所测到的峰值是不同的。

（9）量热法以及生物活性测定法。

（二）量热法

1. 量热法（calorimetry）原理 量热法的原理是通过测定样品在受热过程中的放热和吸热过程中的放热与吸热行为来研究样品中各组分的相互作用及状态变化的一种方法，常用的是差示扫描量热法（differential scanning calorimetry）。该方法广泛用于多肽的热稳定性分析、各种添加剂对多肽结构的影响、多肽与配基之间的相互作用等研究，还用于测定冻干物品的玻璃化温度和共熔点。

2. 量热法的应用实例 Chan 等用 DSC 研究了添加剂对 rhDNase 溶液热变性的影响。蛋白质浓度为 10mg/ml，扫描速率为 1.2℃/min。测得 rhDNase 在纯水中的 T_m＝67.4℃，H_m＝18.0J/g。加入 Ca^{2+} 有利于 rhDNase 的热稳定，加入 Mg^{2+}、Mn^{2+} 则不利于 rhDNase 的稳定。当 CaD12 浓度为 20～100mmol/L 时，T_m＝76.4℃，H_m＝20～22J/g。CaD12 和乳糖对 rhDNase 的稳定有符合作用。同时加 50mmol/L CaD12 和 100mg/ml 乳糖，可使 rhDNase 的 T_m 值提高到 76.4℃，H_m 值提高到 21.9J/g。Chang 等用 DSC 测定了 rhIL-lra 制剂的玻璃化温度、反玻璃化温度和共熔点。冷冻蛋白制剂的各种物理变化，如玻璃化、反玻璃化和共熔点都会影响冻干过程。根据测定结果，作者确定了冻干温度和升温速度，仅用 6h 就完成冻干过程。

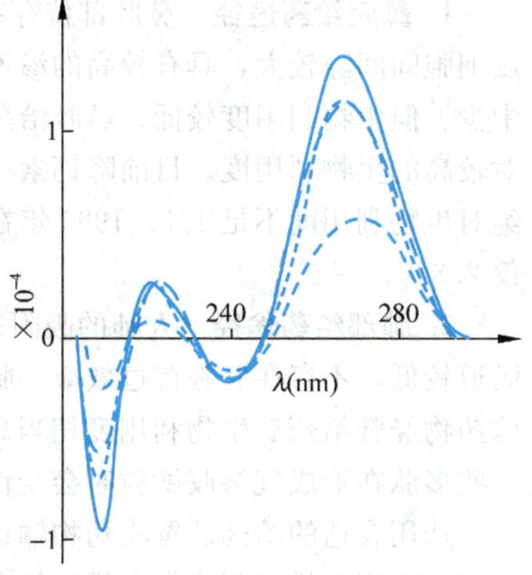

图 8-4 圆二色性光谱法示意图
（不同曲线表示不同的核酸）

三、多肽类药物的缓释制剂研究

（一）用于多肽药物的一些缓释和控释技术

多肽类药物在血液中的半衰期一般很短，静脉注射后很快就被清除或降解，因此需要经常给药，给病人带来较多不便。为了减少给药次数可采用缓释或控释技术：

1. 在注射液中加入高分子聚合物（如透明质酸），提高黏度、延缓药物扩散速度。

2. 将多肽包裹在脂质体中，使多肽从脂质体中缓慢释放出来。

3. 将多肽包裹在固体微粒中，使多肽从微粒中缓慢释放出来。

在上述方法中研究最多的是微粒递释系统，适于制备微粒的生物可降解材料有：聚乳酸、丙交酯和乙交酯共聚物（PLCA）、聚己内酯、聚氨基酸、聚原酸酯、聚酐、聚腈基丙烯酸烷基酯。

（二）聚酯材料 PLGA

PLGA 微粒释放蛋白质的典型曲线分 3 相：

1. 起始爆释相：起始爆释是指位于微粒表面或表面的蛋白质在几小时内的快速释放。

2. 扩散控释相：扩散控释是蛋白质通过微粒中孔道。

3. 分解控释相：是指聚合物分解形成的孔隙使包裹的蛋白质连续释放，而主要的困难是降低起始爆释。

4. 已用该法制备了许多多肽药物的微粒剂型，如 LHRH（黄体生成素释放激素）、TRH（促甲状腺素释放激素）、胰岛素、GH、SOD 等。其中 LHRH 类似物 le-uprolide 的微粒制剂可控制释放药物长达 1 个月。

四、多肽药物的给药途径

（一）非注射给药途径研究

据报道，多肽非注射给药研究途径有：鼻腔、肺部、眼、舌头、口服、直肠、阴道、皮肤等，其中研究最多的是鼻腔给药、肺部给药和口服给药。

1. 鼻腔给药途径 鼻腔部位存在丰富的毛细血管和淋巴管，鼻腔上皮与血管壁紧密相连，上皮细胞间间隙较大，具有较高的渗透性，能避免肝脏的首过效应，鼻腔部位蛋白酶含量也比胃肠中少。但生物利用度较低。鼻腔给药的方式有滴鼻给药法和喷雾给药法，采用后一方法可获得相对较高的生物利用度。目前降钙素（32 肽）已有鼻腔递释制剂在欧洲、日本及美国上市，尽管其绝对生物利用度不足 1%。1990 年在美国上市的 nafarelin（10 肽）鼻腔喷雾剂，其生物利用度也仅 2.8%。

2. 肺部给药途径 人肺的吸附表面积有 $140m^2$，血流量达 5000ml/min，蛋白酶活性相对于胃肠道较低，不存在肝脏首过效应。肺泡壁比毛细血管壁还要薄，通透性好。动物实验表明一些多肽药物经肺给药后生物利用度相当高，可达 20%～50%。但某些多肽易被肺中蛋白酶降解，还有一些多肽在形成气溶胶微粒时会变性。哪一种多肽适合于经肺给药需逐例分析研究。

选用合适的给药装置将药物输送至肺泡组织是肺部释药的关键。粉雾剂将是肺部递释的主要剂型。理想的粉雾剂应是：粉末处方组分在低流速和低压力差时，大部分药物粒子能够解聚，进入粉雾气流中；吸入装置则易产生流速较高的湍流。目前多肽药物的肺部给药还在研究阶段，除 pulmozyme（作用于肺部）外，还没有一种多肽药物的肺部递释制剂上市。

3. 口服给药途径 口服给药是最受人们欢迎的给药途径，多肽类药物也不例外。但是正常情况下，大多数肽类药物很少或不能经胃肠道吸收。其原因主要有：

（1）多肽脂溶性差，难以通过生物膜屏障。

（2）胃肠道中存在着大量多肽水解酶可降解多肽。

（3）吸收后易被肝脏消除（首过效应）。

（4）存在化学和构象不稳定问题。

（二）提高生物膜通透性方法

目前人们研究的重点放在克服两个障碍上，即如何提高多肽的生物膜透过性和抵抗多肽酶降解这两个方面。

1. 使用吸收促进剂来提高生物膜通透性是目前研究中采用的主要方法。促进剂包括水杨酸、胆酸盐、脂肪酸、螯合剂、酰基肉碱等。而 Emisphere 公司的研究人员在研究中发现某些氨基酸衍生物能过促进降钙素和生长激素的口服吸收。大量研究还表明吸收促进剂具有多肽特异性。

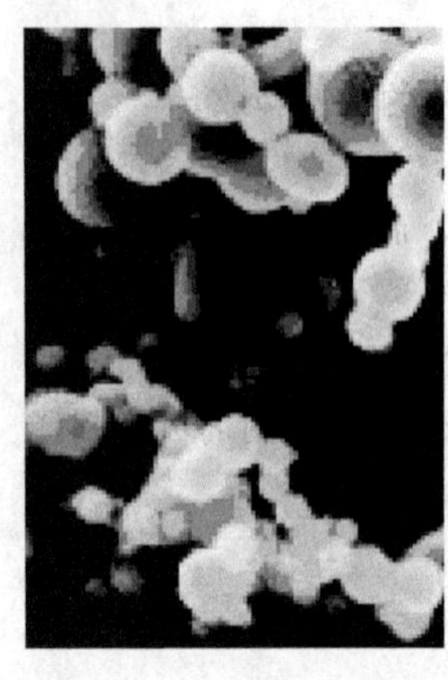

图 8-5 纳米粒示意图

提高生物膜通透性的其他方法还有：

（1）将多肽与 VB12 连接，通过受体介导吸收。

（2）用脂肪酸修饰多肽，提高脂溶性。

2. 克服多肽口服吸收酶障的方法

（1）用 PEG 修饰多肽，抵抗酶解。

（2）使用酶抑制剂。

（3）应用微乳制剂。

（4）应用纳米粒（nanoparticle）（图 8-5）制剂。

（5）应用生物黏附性颗粒。直径为 100nm 的 PLG 纳米粒在肠道中能大部分被吸收，突破酶障和膜障。科研人员用 Technosphere 技术制备降钙素的口服制剂，狗体内的绝对生物利用度达 26%。

除环孢菌（环肽）外，至今还未见多肽口服制剂的临床应用报道。据称 Cortecs 公司的降钙素口服制剂已进入Ⅲ期临床研究，有望成为第一个真正的多肽口服制剂。

此外在多肽透皮给药方面也有新进展。利用超声技术可使皮肤上形成小孔，促进多肽透皮吸收。

第4节 多肽药物的应用

一、多肽疫苗

1999年美国NIH公布了两种HIV-Ⅰ病毒多肽疫苗，对人体进行的Ⅰ期临床试验结果，证实两种多肽能刺激机体产生特异性抗体和特异性细胞免疫，并有较好的安全性。我国清华大学也证实HIV-Ⅰ膜蛋白内一段多肽有很强的免疫原性。丙肝病毒多肽疫苗也显示有良好的发展前景。

二、抗肿瘤多肽

选择特异性小肽作用于肿瘤发生时所需的调控因子等，封闭其活性位点，可防止肿瘤发生。现在已发现很多肿瘤相关基因及肿瘤产生调控因子，筛选与这些靶点特异结合的多肽，已成为寻找抗癌药物的新热点。美国学者发现了1个小肽（6个氨基酸），它在体内能显著抑制腺癌的生长，包括肺、胃及在大肠腺癌为治疗这一病死率很高的恶性肿瘤开辟了一条新路。瑞士科学家发现另外1个小肽（8个氨基酸），它能进入肿瘤细胞，激活抗癌基因 *p*53，诱导肿瘤细胞的凋亡。

三、抗病毒多肽

HCV非结构蛋白3区（NS3）是1个与病毒复制密切相关的蛋白酶，其活性位点已被确定，并且加拿大、意大利等国家均从肽库内筛选到1个6肽（DDIVPC）能显著抑制该酶活性。同样已从肽库内筛选到能与HIV复制必需的反转录酶结合的小肽，以及能与HIV外膜蛋白结合防止病毒进入细胞的小肽。其中部分小肽已进入临床试验。

四、多肽导向药物

将能和肿瘤细胞特异结合的多肽与特异性地集中在肿瘤部位的活性因子进行融合，则可大大降低毒素、细胞因子的使用浓度，降低其不良反应。比如，在很多肿瘤细胞表面存在表皮生长因子（EGF）的受体，其数量较正常细胞上的数目高几十倍，甚至上百倍，将毒素或抗肿瘤细胞因子与表皮生长因子融合，可将这些活性因子特异地聚集到肿瘤细胞，作为导向药物，因其相对分子质量小，比鼠源性的单克隆抗体更有效。

五、抗菌性活性肽

当昆虫受到外界环境刺激时产生大量的具有抗菌活性的阳离子多肽，已筛选出百余种抗菌肽，体内外实验证实，多个抗菌肽不仅有很强的杀菌能力还能杀死肿瘤细胞。例如，从蚕体内筛选的抗菌肽D表现了很好的应用前景，并能利用基因工程技术生产。从蛇毒内分离出一个13个氨基酸（inkaiaalakkll）小肽，其对G^{+}及G^{-}菌均有极强的杀菌能力。

六、细胞因子模拟肽

利用已知细胞因子的受体从肽库内筛选细胞因子模拟肽，近年成为国内外研究的热点。已筛选到了人促红细胞生成素、人促血小板生成素、人生长激素、人神经生长因子及白细胞介素1等多种生长因子的模拟肽，这些模拟肽的氨基酸序列与其相应的细胞因子的氨基酸序列不同，但具有细胞因子的活性，并且具有分子量小的优点。这些细胞因子模拟肽正处于临床前或临床研究阶段。

七、用于心血管疾病的多肽

我国科学家从大豆内加工分离出的活性多肽，可通过小肠直接吸收，能防治血栓、高血压和高血脂，还能延缓变老，提高肌体肿瘤力。

八、其他药用小肽

小肽药物除在上述几大方面已取得较大进展外，在其他很多领域也取得一些进展。比如有的合成肽（TP508）能促进伤口血管的再生，加速皮肤深度伤口的愈合；有的小肽（RTR）4 能防止碱损伤角膜内炎症细胞的侵润，抑制炎症反应。

九、诊断用多肽

多肽抗原比天然微生物或寄生虫蛋白抗原的特异性强，且易于制备，因此装配的检测试剂，其检测抗体的假阴性率和本底反应都很低，易于临床应用。现在用多肽抗原装配的抗体检测试剂包括：甲、乙、丙、庚肝病毒、艾滋病病毒、人巨细胞病毒、单纯疱疹病毒、风疹病毒、梅毒螺旋体、囊虫、锥虫、莱姆病及类风湿等。

目前已经生产，结构又清楚的多肽激素和活性肽，有垂体多肽如 CATH、缩宫素、加压素等。苏联早期将其提取物做成滴眼剂，提高视网膜的功能。消化道多肽有促胰液素（27 肽）和从猪十二指肠中提取的多肽激素。缩胆囊素（32 肽）可治疗胆绞痛。胰高血糖素（29 肽）美国药典已收载，丹麦也有生产。SQ14225 是合成肽，用于原发性及肾性高血压。降钙素（32 肽）、胸腺素 a1（28 肽）、胸腺生成素Ⅱ（49 肽）和胸腺 5 肽（5 肽）。生长抑素（14 肽），还有舒缓激肽（8 肽）、蛙皮降压肽（8 肽）等都是人工合成的多肽药物。

由海南中和药业股份有限公司生产的胸腺肽高端产品胸腺 5 肽（TPS）是目前世界上处方量居第一位的免疫调节剂。胸腺 5 肽是胸腺生成素Ⅱ的活性片段（thymopoietin 32～36），序列为 H-Arg-Lys-Asp-Val-Tyr-OH，简称 TP-5（图 8-6）。它保留了胸腺生成素Ⅱ原有生物活性，对机体的免疫系统具有双向调节作用，适应证广，对恶性肿瘤、急慢性肝炎、外科大手术及严重感染、皮肤病、性病、自身免疫功能紊乱性疾病均有独特疗效。正是由于胸腺 5 肽优良的免疫调节功能，使其在“非典”时期的医药市场上十分抢手。

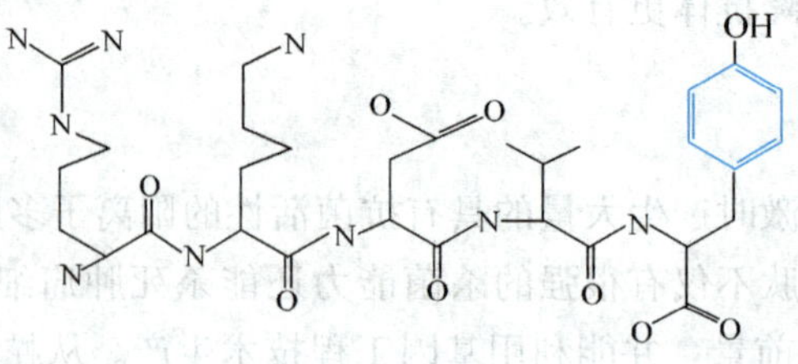

图 8-6　胸腺 5 肽结构式，序列为 H-Arg-Lys-Asp-Val-Tyr-OH

内吗啡肽-1 是国内学者研究较深入的另一个具有开发前景的镇痛多肽。内吗啡肽-1 是近年来发现的具有强烈镇痛活性的多肽，其活性高于吗啡。它存在于哺乳动物脑内，是内源性的 μ 阿片受体的激动剂。内吗啡肽-1 是迄今所知对 μ 阿片受体亲和力和选择性最高的生物活性肽。由于它只含有 4 个氨基酸，国内学者采用液相合成方法，方便快速、纯度高，且能大量合成。

结 语

多肽药物的研究与开发作为国际上新兴的生物高科技领域，具有极大的市场潜力。目前我国的生物技术药物研究已开始步入自主创新时期，尤其是利用现代生物技术生产多肽类药物将成为我国今后多肽类药物生产和改进的主要途径。

1. 利用组合化学与药物高通量筛选相结合的技术开发多肽类药物。

2. 新型活性肽突变体的研究，通过定位突变可以达到增强药物的稳定性与生物活性，降低不良反应等目的。

3. 融合蛋白的研究，目前研究制备的融合多肽有水蛭素12肽/尿激酶融合蛋白，具有溶栓和抗栓的双重功能。穿膜肽HIV-Tat49-57/CTL表位融合多肽疫苗，穿膜肽HIV-Tat49-57可将人黑色素瘤分化抗原MART-1的HLA-A2限制性CTL表位多肽携带进入活细胞。作用于HIV包膜蛋白亚基gp41的多肽类融合抑制剂，具有抑制HIV与靶细胞融合的活性等。

4. 克隆天然活性肽基因、重组表达新的多肽类药物已表达获得人胰岛素、南瓜胰蛋白酶抑制剂Ⅰ、人组表位肽12、人心钠肽等。克隆天然活性肽基因、重组表达新的多肽类药物仍将是多肽类药物产业化的主要方向之一。

5. 表面展示术将被展示的多肽与其基因联系在一起，构成庞大的构象库，从中可以选择出具有特定功能的多肽。这些多肽可能根本不存在于自然界，或是野生型多肽经改进性能后的突变体。针对药物作用靶目标的特点在这一构象库中进行有效筛选，从而选出优良的多肽进行研究和开发。

6. 利用酶工程生产多肽类药物酶工程是利用酶的催化作用进行的物质转换技术，是将酶学理论与化工技术结合而成的新技术。

7. 利用植物细胞工程开发研制多肽类药物近年来从植物中获得天然活性多肽成为多肽类药物的一个新的重要来源，随着植物基因工程的发展，以植物细胞培养技术为基础生产天然的多肽类药物特别是稀有植物产生的活性肽大有可为。

8. 利用转基因动植物生产多肽类药物，目前已经利用转基因烟草生产了红细胞生成素，并利用转基因萝卜生产了干扰素。

和发达国家相比，我国在这一领域有一定差距，我们应该充分利用现有的资源，加强产品开发和技术创新，使多肽药物成为我国医药市场的又一新的增长点。

学习重点

1. 多肽药物 多肽与多肽药物的界定一般是这样认为的，能作为药物在临床上用做生理功能调节和免疫力增强、抗菌和抗病毒、抗炎和抗肿瘤并可作为疫苗、有药物拮抗和协同等有药效作用的多肽就可以看作为多肽药物（也有人称之为活性多肽或生物活性肽）。

2. 多肽药物的优点、给药途径和主要应用领域。

3. 多肽的不稳定性是其制剂研究中存在的主要问题之一，其原因较多。但对某一个多肽药物来说引起不稳定的主要原因并不多。详细研究外界条件（如pH、温度、光照、氧浓度等）对多肽稳定性的影响有助于设计合理的制剂配方。尽管添加剂稳定多肽的机制还不十分清楚，使用添加剂仍是目前提高多肽制剂稳定性的主要手段之一。应用 CD、DSC 等分析手段可帮助快速筛选到合适的添加剂。

4. 应用微粒系统控制释放多肽药物是目前多肽缓释研究的方向之一。这方面研究的主要难点有：① 改善微粒制备方法，提高收率；② 解决微粒制备过程中多肽的稳定性；③ 提高药物载量；④ 降低起始爆释率，获得药物连续释放。目前国外一些生物技术制药公司与药物控释研究公司利用各自的优势进行合作，研究开发进展较快。国内这方面研究也已开始。

5. 近年来对多肽的非注射途径给药研究虽取得一些进展，但面临的困难仍很多。几乎所有多肽药物的黏膜传递都需要渗透促进剂，而其种类繁杂，存在的问题是如何降低其刺激作用以及长期使用是否影响上皮完整性。用微粒代替渗透促进剂也许是很有前景的口服给药方法。目前，在克服渗透障和酶障方面虽取得了一些成绩，但尚无突破性进展。另外，多肽的肝清除问题应该受到重视，弄清肝清除机制、结构与清除之间的关系将有助于实现多肽口服给药的梦想。

思 考 题

1. 何谓多肽？何谓多肽药物？多肽药物有何优点？
2. 获取多肽药物有哪几种方法？试述其原理与过程。
3. 哪些因素造成了多肽药物的不稳定性？如何解决多肽药物的不稳定性？
4. 试述多肽药物的剂型及用途。

参 考 文 献

方晨，郭葆玉. 2008. 两种促进烫伤小鼠愈合的融合肽，第二军医大学学报，29（3）：23～27

徐铮奎. 2008. 多肽类药物研究开发新进展. 中国制药信息，24（6）：1～3

Eftekhari S，Edvinsson L. 2010. Possible sites of action of the new calcitonin gene-related peptide receptor antagonists. Ther Adv Neurol Disord，3（6）：369～378

Hui L，Diandong H，Baoxia Z，et al. 2008. Serum Proteomic Profiling Associated with Immune System Impaired by Stress Using ProteinChip Technology. Neuroimmunomodulation，14（6）：326～330

Johnson R M，Harrison S D，Maclean D. 2011. Therapeutic applications of cell-penetrating peptides. Methods Mol Biol，683：535～551

Singh S. 2010. Nanomedicine-nanoscale drugs and delivery systems. J Nanosci Nanotechnol，10（12）：7906～7918

Zilberstein G，Korol L，Shlar I，et al. 2008. High-resolution separation of peptides by sodium dodecyl sulfate-polyacrylamide gel "focusing". Electrophoresis，29（8）：1749～1752

（潘 卫 郭葆玉）

第9章 治疗性抗体药物

学习要求

1. 掌握抗体的相关知识，抗体药物分为哪几类。
2. 熟悉各种抗体药物及其在医学上的应用。
3. 熟悉各种抗体药物的制备原理。
4. 了解抗体药物的发展趋势。

抗体是机体受抗原刺激后由B淋巴细胞产生，并且能与该抗原发生特异性结合的具有免疫功能的球蛋白，是体液免疫应答中发挥免疫功能的最主要的免疫分子，主要分布于血清中，在组织液和外分泌液中也存在。常规抗体是针对多种不同抗原决定簇产生的抗体，又称为多克隆抗体；而针对某种抗原决定簇产生的抗体称单克隆抗体（monoclonal antibody，McAb），一般由杂交瘤细胞分泌。在临床上，抗体可用于抗肿瘤、抗感染、抗器官移植排斥反应、抗血栓形成和解毒，以及构建独特型疫苗、治疗自身免疫性疾病和变态反应疾病，此外还可用于体外诊断和发挥体内药物导向作用。基因工程抗体在临床上可发挥更多更重要的作用。

第1节 抗体概述

一、抗体的基本结构

免疫球蛋白单体是由4条肽链通过链间二硫键连接组成的一个"Y"字形分子（图9-1），是构成免疫球蛋白分子的基本单位。其中相对分子质量较大的一对长链称为重链（heavy chain，H链），相对分子质量较小的一对短链称为轻链（light chain，L链），组成同一免疫球蛋白单体的4条肽链两端游离的氨基和羧基的力向是一致的，分别命名为氨基端（N端）和羧基端（C端）。

（一）重链和轻链

1. 重链 免疫球蛋白的每条H链相对分子质量约为50～75kD，由450～550个氨基酸残基组成，在H链上结合有不同量的糖基，故免疫球蛋白属糖蛋白。不同的H链恒定区氨基酸的组成和排列顺序等不尽相同，其免疫原性也存在差异。组成免疫球蛋白的H链有μ、γ、α、δ和ε 5种，由它们参与组成的免疫球蛋白分别称为IgM、IgG、IgA、IgD和IgE。同一类免疫球蛋白又可根据铰链区氨基酸组成、重链间二硫键的数目和位置的不同，分为不同的亚类，人IgG可分为IgG1～IgG4共

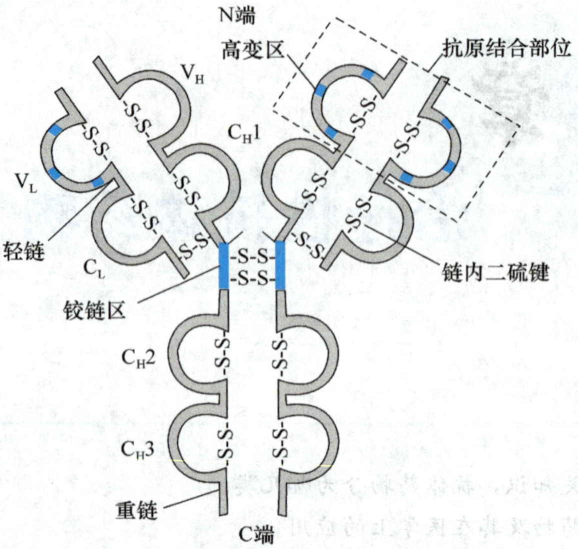

图 9-1 免疫球蛋白的基本结构示意图

4 个亚类，IgA 可分为 IgA1 和 IgA2 两个亚类，目前尚未发现 IgM、IgD 和 IgE 有亚类。

2. 轻链 免疫球蛋白的每条 L 链相对分子质量约为 25kD，由 214 个氨基酸残基组成，由二硫键共价结合征 H 链 N 端。L 链有 κ 链和 λ 链两种，据此可将免疫球蛋白分为 κ 型和 λ 型。天然 Ig 分子上两条轻链的型别总是相同的。

（二）可变区与恒定区

在研究免疫球蛋白重链和轻链的氨基酸序列时发现，靠近氨基末端（N 端）的氨基酸序列变化很大，其他序列则相对恒定，从而将重链和轻链分为可变区（variable region，V 区）和恒定区（constant region，C 区）。

1. 可变区 在多肽链的氨基末端（N 端），占轻链的约 1/2（由 107 个氨基酸组成）或重链的约 1/5（由 107～130 个氨基酸组成），这个区域的氨基酸排列顺序随抗体特异性的不同而变化因此称为可变区（V 区）。重链和轻链的 V 区分别称为 V_H 与 V_L。

在 V 区内，某些区域的氨基酸序列比 V 区内其他区域更易变化。如 H 链的第 30～35 位、第 50～63 位、第 95～102 位和 L 链的第 24～34 位、第 50～60 位、第 89～97 位，这些区域称为超变区（hypervariable region，HVR），它是特异性抗原与免疫球蛋白结合的位置。H 链和 L 链的 3 个超变区各形成 3 个环状结构，它们共同形成 1 个稳定的抗原接触面。这些超变区序列与特异性抗原的决定簇互补，故超变区又称决定簇互补区（complementarity-determining region，CDR）（图 9-2），可用 CDR1、CDR2 和 CDR3 表示。不同的抗体其 CDR 序列不同，产生了不同的抗体特异性。从免疫球蛋白的抗原性考虑，其独特型决定簇（idiotypic determinant）即该免疫球蛋白分子所具有的独特遗传标记结构，主要就在该区域。

可变区中的非 HVR 部位，其氨基酸组成与序列变化相对较少，通过这些氨基酸残基，使可变区形成较稳定的支架结构，稳定着 CDR 的空间构象，故称为骨架区（framework region，FR）。

2. 恒定区 靠近免疫球蛋白分子多肽链的羧基末端（C 端）的轻链的 1/2 和重链的 3/4 区域，氨基酸的数目、种类、序列及含糖量都比较稳定，称为恒定区（constant region，C 区）。重链和轻链的 C 区分别记为 C_H 与 C_L。

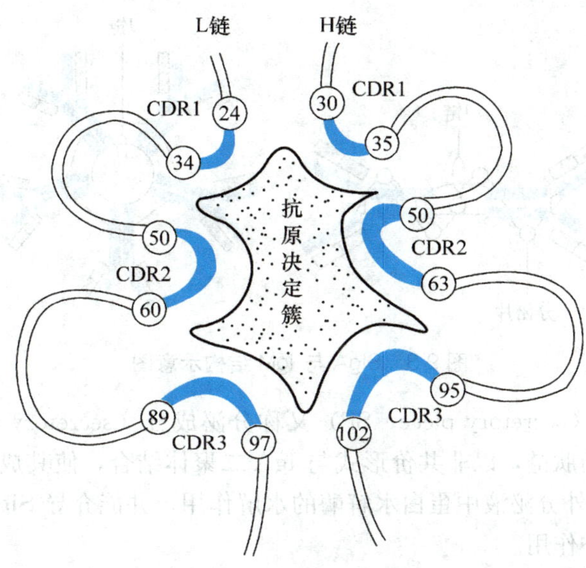

图 9-2 Ig 决定簇互补区结构

(三) 铰链区

铰链区位于 C_H1 与 C_H2 之间，该区域富含脯氨酸，具有弹性和伸展性，可改变 Ig 两个抗原结合部位之间的距离，有利于 Ig 与抗原分子表面不同距离的抗原表位结合或使 Ig 能同时与两个抗原分子表面相应的抗原表位结合；也利于暴露 Ig 分子上的补体 Clq 结合位点，为激活补体创造条件。铰链区对木瓜蛋白酶和胃蛋白酶敏感，经酶处理后可水解 Ig 为不同的片段。IgM 和 IgE 无铰链区。

(四) 结构域

免疫球蛋白的多肽链分子可在链内二硫键作用下折叠成球形结构，称为功能区或结构域(domain)。各功能区由约由 110 个序列相似或高度同源的氨基酸组成，每个功能区一般具有独特的功能。轻链有两个功能区，氨基端为可变区（V_L），羧基端为恒定区（C_L）。重链在不同的类或亚类可以有 4 个（如人类的 IgG、IgA、IgD）或 5 个功能区（如人类的 IgM、IgE）。其氨基端为可变区（V_H），其余是恒定区，分别命名为 V_H1、V_H2、V_H3 和 V_H4。

结构域功能如下所述。

1. V_H、V_L 是免疫球蛋白分子特异性识别和结合抗原的部位。由于高变区的氨基酸组成和排列随所结合的抗原特异性不同而不同，故其氨基酸的种类和排列顺序千变万化，可形成很多能与不同特异性抗原表位结合的抗体。

2. C_L 和 C_H 某些同种异型的遗传标记存在于该区。

3. IgG 的 C_H2 和 IgM 的 C_H3 有补体 Clq 的结合位点，与补体经典途径的激活有关。IgG 的 C_H2 与 IgG 通过胎盘屏障有关。

4. C_H3 或 C_H4 可与多种细胞表面的相应的 Fc 受体结合，产生不同的免疫效应。人的 IgG1、2、4 亚类 C_H3 与葡萄球菌 A 蛋白（SPA）结合，可用于纯化抗体和免疫诊断等。

(五) 免疫球蛋白的其他成分

1. J 链 连接链（joining chain，J 链）是由浆细胞合成的 1 条富含半胱氨酸的多肽链，功能可将单体 Ig 连接为多聚体（图 9-3），并使之稳定。如连接分泌型 IgA（secretory IgA，SIgA）成双体，连接 IgM 成为 5 聚体。而 IgG、IgD 和 IgE 无 J 链，均为单体。

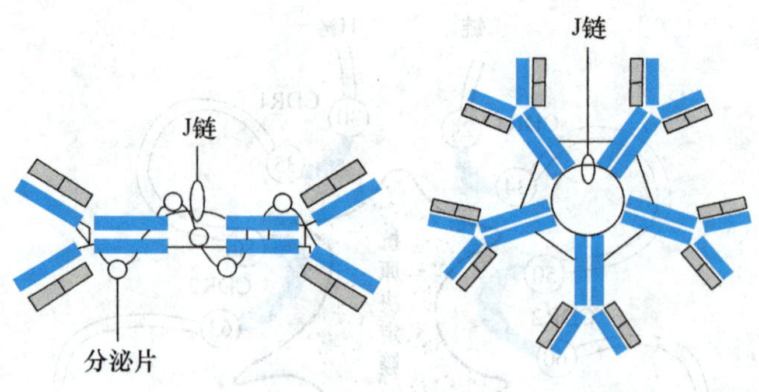

图 9-3 SIgA 与 IgM 结构示意图

2. 分泌片 分泌片（secretory piece，SP）又称分泌成分（secretory component，SC），是由黏膜上皮细胞合成含糖的肽链，以非共价形式与 IgA 二聚体结合，使其成为分泌型 IgA（SIgA）。其功能是保护 SIgA 免受外分泌液中蛋白水解酶的水解作用，并能介导 SIgA 的转运，使其分泌至黏膜表面，发挥黏膜保护作用。

二、抗体的基因组成

（一）Ig 基因的基本结构

人类 B 淋巴细胞内存在 3 个编码 Ig 的基因库，即重链 H 基因库及轻链 κ 和 λ 基因库，分别位于第 14、2 和 22 号染色体。每一基因库均由数目不等的一组基因组成。其中编码 V 区肽链的基因称 *V* 基因（variable gene）；编码 C 区肽链的基因称为 *C* 基因；在 *V* 基因和 *C* 基因之间还有连接基因（joining gene），称为 *J* 基因；在 H 链基因库中，还有若干多样性基因（diversity gene），称为 *D* 基因。这些基因被插入序列所分隔，不能作为独立的单位表达，需经基因重排后才具转录功能。Ig 的这种基因重排是骨髓始祖 B 细胞经前体细胞向成熟 B 细胞分化的过程中发生的。

（二）Ig 重链基因的结构和重排

人类 Ig 的 H 链基因库中编码蛋白的基因片段包括至少 100 个 *V* 基因、9 个 *C* 基因、6 个 *J* 基因和 27 个 *D* 基因片段的外显子，在上述各外显子之间都有无编码功能的碱基序列插入。*VDJ* 基因经基因重排构成编码 IgV 区的基因，然后再与 *C* 基因片段重排形成编码 Ig 重链 *DJC* 的完整基因。

（三）Ig 轻链基因的结构和重排

在 Ig 的 H 链基因重排后，L 链可变区基因片段随之发生重排。在 L 链中 κ 链基因先发生重排，如果 κ 链基因重排无效，随即发生 λ 基因的重排。L 链的 CDR1，CDR2 和大部分 CDR3 由 V_κ 或 V_λ 基因片段所编码（V_κ 编码 95 个氨基酸残基），J_κ 或 J_λ 基因片段编码 CDR3 的其余部分和第四个骨架区（J_λ 编码从 96 位至 108 位氨基酸）。L 链无 D 基因片段。

（四）Ig 的类别转换

Ig 类别转换（class switch）又称同种型转换（isotype switch）或 S/S 转换，是指 B 细胞接受抗原刺激后首先合成 IgM，在多种因素影响下可转变成合成 IgG、IgA 或 IgE 的 B 细胞。是因为一个 B 细胞克隆在分化过程中，*V* 基因不变，而 C_H 的基因片段发生不同重排，比较 C_H 的基因片段重排后基因编码的产物，其 V 区相同，而 C 区不同，即识别抗原的特异性相同，而 Ig 的类或亚类发生改变。

（五）免疫球蛋白的等位基因排除现象

成熟 B 细胞两条同源染色体中只有一条染色体 Ig 的基因得到表达，称为等位基因排除现象（allelic exclusion）。在轻链则不仅等位基因中只有 1 个表达，κ 链和 λ 链也只有 1 个得到表达。这一现象保证了 1 个 B 细胞膜表面所表达的 10 多万个 Ig 分子及其后所分泌的 Ig 分子都具有相同的特异性。

通过以上多种机制使得抗体可以具有无限的多样性，即可使机体识别任何一种外来抗原，可在抗原刺激后提高抗体的亲和力，对机体提供有效的保护作用。

三、抗原识别特异性的产生

能与数量众多的抗原发生特异性结合是抗体分子的主要特征，这是由抗体分子上抗原结合部位（antigen binding site）和抗原决定簇（antigen determinant 或 epitope，亦称抗原表位）相互作用的结果。探讨抗体-抗原结合性质和机制一直是备受重视的研究领域。早在 20 世纪 60 年代末期，通过对氨基酸序列的分析就发现轻链和重链可变区内分别有 3～4 个高变区，并推测它们与抗体-抗原的特异性结合有关，这些高变区后又被称作互补决定区（CDR）。随后用亲和标记实验鉴定抗原结合部位的氢基酸残基，即将半抗原带上化学活性基团，在抗原抗体反应后，该活性基团与其相互作用的氨基酸残基发生共价结合，然后分离含有半抗原的肽段，测定氨基酸序列，结果证明亲和标记均发生在 CDR 或其邻近的氨基酸。随着蛋白质分子立体结构研究技术的进展，抗体分子成为研究得最多的蛋白质分子，到 1994 年，各种抗体和抗体分子片段 X 衍射晶体结构数据已累积达 80 多个，其中绝大多数为 Fab 段。目前可变区的立体构象已基本阐明，其骨架区形成 9 个反向平行 β 折叠，这些 β 折叠组成两个片层结构，由 1 个链内二硫键固定，V_H 和 V_L 紧密地结合在一起，形成 1 个致密的球状结构，成为 Fv 段，6 个 CDR 襻位于 Fv 段的 N 端，形成一个面积约为 $2800A^2$ 的表面，叫做 CDR 表面（CDR surface），CDR 表面的形状和特性取决于 CDR 襻位的氨基酸组成和数目，可以有凹陷和凸起，可以有深袋和裂隙。通过对抗体-抗原复合物的 X 衍射晶体结构分析证明，抗体和抗原的结合主要涉及这个表面，因此 CDR 表面即抗原结合部位，也称互补位（paratope）。抗体和抗原的结合不涉及共价键的形成或断裂，仅涉及非共价性质的作用力，包括疏水键、氢键、范德华力和离子键（静电作用力）等。抗体抗原结合的特异性来源于抗原结合部位与抗原决定簇的结构互补，这一方面是几何构象的互补，如凹陷与凸起的互补，也有理化性质的互补：如促进疏水键或离子键的形成等等。

在 CDR 表面，重链的 CDR1，CDR3 和轻链的 CDR3 位于中央，而 CDR1-L，CDR2-L 和 CDR2-H 3 个襻只有一部分靠近中央，一部分则远离中央。根据目前已有的抗体-抗原复合物晶体结构，发现抗体抗原结合时的包埋面为 151～$882A^2$，最多仅占 CDR 表面的 1/3 左右，结合部位在 CDR 表面的中央。对 CDR 襻在结合抗原时的利用情况分析表明，有些 CDR 襻有时不与抗原相接触，唯有两个 CDR3 总是参与抗原的结合，说明 CDR3 在抗体结合抗原时的重要作用。CDR3 还在轻重链可变区相互作用形成 Fv 时有重要功能，V_H 和 V_L 的接触影响了骨架区-骨架区、骨架区-CDR3、CDR3-CDR3 的相互作用，涉及 CDR3 上的多个氨基酸残基，因此 CDR3 的变化不仅影响抗原结合部位的结构，也可影响到 Fv 的立体构象，可以看出 CDR3 在抗体多样性形成中的关键地位。

抗体抗原结合是否会引起立体构象的改变一直有争议，提出了构象互补结合的锁匙机制（lock and key）和伴随有明显立体构象改变的诱导契合机制（induced fit）。这只有同时得到同一抗体分子在游离状态和与抗原结合状态时的晶体结构数据才能加以证实，早期用针对半抗原的 Fab 段所进行的研究未发现构象的改变，符合锁匙机制，近年来用大分子抗原的研究发现抗原与抗体结合后，可诱发明显的结构改变，证实了诱导契合机制的存在，所诱发的构象变化包括侧链方向的改变，主链片段的变化，CDR 襻构象的改变以及 V_H、V_L 相对位置的移动。诱导契合机制的存在使基因工程抗体的设计更为复杂化，它说明涉及抗体-抗原结合的氨基酸残基会更隐蔽更复杂，预测抗体抗原结合后的构象也更困难。

四、亲和力与结合力

抗体的亲和力（affinity）指的是抗体与其抗原相结合的紧密程度，亲和力越强，则结合越牢固，它是用于评价抗体性质最重要的指标之一。

抗原-抗体的结合反应，通常是处于平衡状态下的。对于一对一的结合反应，它可以表示为：

$$A+B \rightleftharpoons AB$$

这里，A代表抗体，B代表抗原，而AB代表抗原-抗体复合物。上式表示的是一种平衡与可逆的状态。当条件改变时，平衡即发生破坏并导致新的平衡产生。例如，减少体系中抗原或抗体的浓度，就破坏了原有的平衡，并使一部分已形成的抗原-抗体复合物解离，即［AB］的浓度降低，以生成一些新的游离的抗原或抗体，直至达到新的平衡状态。在平衡状态下，这种作用可以用化学上描述平衡常数的方法加以表达：

$$A+B \underset{K_d}{\overset{K_a}{\rightleftharpoons}} AB$$

$$K_a=\frac{[A\cdot B]}{[A]\cdot[B]}$$

$$K_d=\frac{[A]\cdot[B]}{[A\cdot B]}$$

这里K_a代表抗原-抗体生成复合物的结合常数，K_d表示抗原-抗体复合物解离常数，加上中括号的符号，［A］、［B］和［AB］分别表示抗体、抗原以及它们结合生成的复合物的浓度，其单位为mol/L。

一般，既可以用结合常数，也可以用解离常数来表征亲和力的大小。如使用结合常数，则数值越高，亲和力越强，表示抗原-抗体结合的牢固度越高。而以解离常数表征则相反，其值越低，则亲和力越强。虽然，这两种表示方法字面上显得有点不一致，但两个数值很容易换算。

上述表征亲和力的方法，是一种表征平衡状态的方法，只表示平衡时的状态而不涉及它们是如何达到平衡的中间过程与速度，亦即它难以表征抗原-抗体结合的动态过程。但在实际上，抗原-抗体的结合，以及抗原-抗体复合物的解离，都需要有一定的时间。结合的快与慢，也是结合的难易的表现。因此，需要有一个表征动态过程的方法，即动力学的方法。

从动力学的角度来看抗原-抗体反应，其结合作用的快慢，可以用单位时间内抗原、抗体或它们相互作用所生成的复合物的浓度的变化来表征。例如，对于1个抗原与1个抗体作用生成的1个复合物的反应，即：

$$[A]+[B] \underset{\kappa_{diss}}{\overset{\kappa_{ass}}{\rightleftharpoons}} [AB]$$

此结合反应的反应速率γ，即在单位时间内原料浓度的降低或产物的浓度增加可以表示为：

$$\gamma=-\frac{d[A]}{dt}=-\frac{d[B]}{dt}=-\frac{d[AB]}{dt}$$

从反应速率γ的表达式可以得知，结合反应的速率的单位必然是mol/（L·s）。抗原-抗体的结合是一个可逆反应，根据动力学分析，在其正向反应中，正向反应的速率为$\gamma_{正}$，

$$\gamma_{正}=\kappa_{ass}[A][B]$$

式中κ_{ass}称为正向反应的速率常数，即结合速率常数或称为比速率，其意义为反应物浓度为1mol/L时反应速率。此时，逆向反应也在同时进行，其反应速率为$\gamma_{反}$，$\gamma_{反}=\kappa_{diss}[AB]$。

而式中的κ_{diss}则称为逆反应的速率常数。随着结合反应进行，［A］、［B］，即抗原和抗体的浓度逐渐下降，因而，$\gamma_{正}$降低、反应减慢。但同时，［AB］即抗原-抗体复合物的浓度却逐渐上升，

亦即 $\gamma_{反}$ 逐渐升高，逆反应加快。这样，必然在某一时间内 $\gamma_{正}=\gamma_{反}$，反应达到了平衡。此时，复合物的生成速度与其解离速率相等。若以数学式表达，即：

$$\kappa_{ass}[A][B]=\kappa_{diss}[AB]$$

将上式加以整理可知：

$$K=\frac{\kappa_{ass}}{\kappa_{diss}}=\frac{[AB]}{[A][B]}$$

从化学热力学观点可以得知，这里的常数 K 恰巧也即前边讨论过的平衡状态下的平衡常数，即结合常数 K_a。但要注意的是，这里的 κ_{ass} 和 κ_{diss}，与平衡状态下的 K_a 和 K_d 是不同的，前者是一种速率常数，它会随反应时间的不同而改变；而后者只表示已达平衡状态下的结合与解离常数，它不会随时间而改变。

五、类别转换

Ig 的类别转换（class switch）是指 1 个 B 细胞克隆在分化过程中，保持已重排的 V-D-J 功能性不变，而与不同 C 基因重排，从而产生不同类别 Ig 的过程。因此 Ig 类别转换是在形成功能性 V-D-J 基因后发生的。对其类别转换机制尚不清楚，可能与转换重组酶（switch recombinase）有关。

在 Ig 重链的众多 C 区基因中，除 δ 基因外，其余各 C 区基因上游都有 1 个转换序列（switch sequence，S 序列），亦称 S 区（sequence region），分别命名为 $S\mu$、$S\gamma$、$S\alpha$、$S\varepsilon$ 等。S 序列含一系列高度保守的重复序列，各 S 序列有一定同源性，在转换重组酶作用下，它们能经互补结合的方式，彼此相连，形成 S-S 重排，以使各类 C_H 基因均有机会表达。图 9-4 和图 9-5 简述了 $C\mu$ 与 $C\gamma1$ 基因转换的过程，首先呈线性排列的 C_H 基因形成环状，使 $C\mu$ 基因的 $S\mu$ 与 $C\gamma$ 基因的 $S\gamma1$ 互补结合，形成 $S\mu$-$S\gamma1$ 重排，然后经酶切除环状部分的 $C\mu$、$C\delta$ 和 $C\gamma3$，从而使 V-D-J 与 $C\gamma1$ 基因紧密相连，在 DNA 水平完成 $C\mu$ 基因向 $C\gamma1$ 基因的转换，最后经转录、剪接加工、翻译等步骤，产生具有相同 V 区的 $\gamma1$ 多肽链。

通过类别转换，1 个 B 细胞克隆可产生 V 区相同、C 区不同的多种类别的 Ig，这些不同类别的 Ig 具有完全相同的抗原结合特异性，可识别并特异性结合同一种抗原决定基（图 9-5）。外周 B 细胞在接受 TD 抗原刺激后发生类别转换是抗体产生过程中的一个普遍规律。同一 B 细胞克隆首先产生 IgM，当其达高峰后开始下降时，发生 Ig 类别转换，产生特异性 IgG，这两种抗体分属不同类别，但均具相同的 CDR 和独特性抗原决定基，可与同一种抗原决定基特异结合。

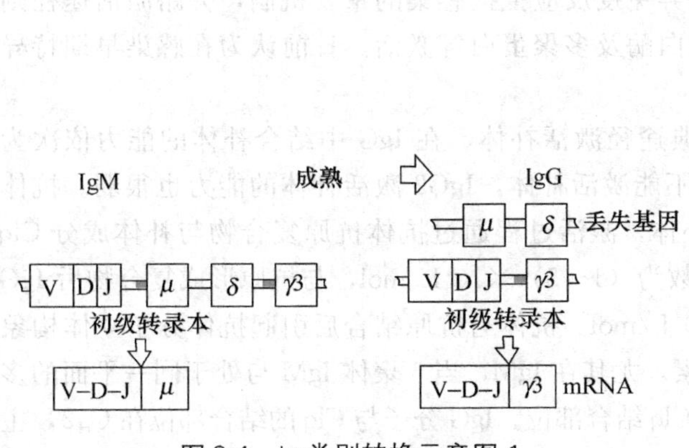

图 9-4　Ig 类别转换示意图 1

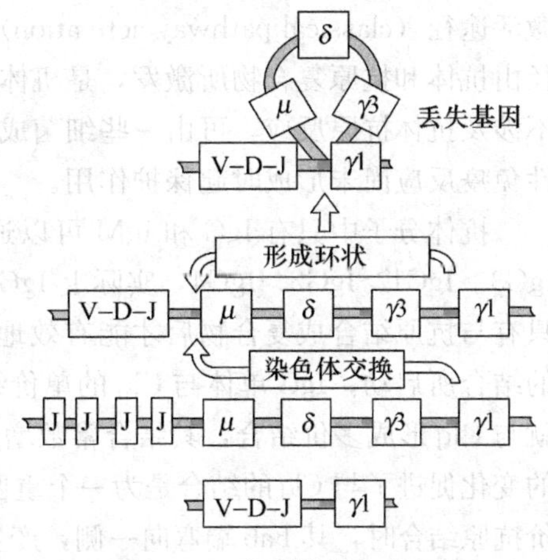

图 9-5　Ig 类别转换示意图 2

综上所述，Ig 的产生具有多基因控制、基因重排、类别转换和等位基因排斥等遗传控制特征。

六、药物代谢动力学

为研究抗体的体内代谢，最常用且较精确的方法是注入放射性核素标记的抗体，继而分析血浆中放射活性的变化，计算出抗体的半衰期（half life）。

抗体的代谢特征为：① IgG 的半衰期最长，为 23d，转化率最低，为（4%～10%）/12h，但 IgG3 的半衰期仅为 7d，IgA 为 5～6d，IgM 为 5d；② 大多数抗体均匀分布在血管内外环境中，但 IgM、IgD 和含量较小的 IgG3 主要分布在血管内；③ IgA1 的合成速率为 24mg/(kg・d)，与 IgG1 的 25mg/(kg・d) 相近，但 IgA1 的血清浓度只有 IgG1 的 1/3，因 IgA1 的转化速率为 24%/d，是 IgG1 的 3 倍；④ IgE 转化速率最高为 74%/d，半衰期最短为 2.4d，合成速率最低，为 0.02mg/(kg・d)。

IgG 的分解代谢在很大程度上受循环 IgG 浓度的影响。IgG 高浓度时，分解代谢较快；而在低浓度时，分解减慢。出现这种现象的原因，可能是 IgG 高浓度时，吞饮泡内的多数 IgG 分子不能与泡内表面的受体结合而被降解，从而导致了高分解代谢率。

B 细胞在受抗原刺激和增殖分化的过程中，最初几代只合成 IgM 抗体。若有足够的抗原存在，细胞继续增殖分化，最后几代形成的浆细胞可合成 IgG、IgA、IgD 和 IgE 类抗体。但单个浆细胞而言，只能产生一种抗体。而且只能形成含一种类型重链和轻链的抗体分子。由浆细胞产生的抗体与原来 B 细胞所携带的表面膜免疫球蛋白（SmIg）的特异性是一致的。

七、效应功能

抗体与抗原结合后在少数情况下可对机体直接提供保护作用，如中和毒素的毒性或抑制病毒对宿主细胞的感染等。但大多数情况下需要通过效应功能灭活或清除外来抗原以保护机体，这些效应功能是由 Fc 介导的，可造成靶细胞的杀伤，促进细胞吞噬作用，诱发生物活性物质的释放，引起炎症反应等等一系列生物学效应。引起效应功能的机制可分为两类，一类是通过补体激活，另一类是通过抗体分子 Fc 段与各种细胞膜表面 Fc 受体相互作用。

（一）补体激活

补体系统是机体防御体系的重要组成部分，是体液免疫反应的效应和效应放大系统，可产生多种生物学效应。目前认为其最重要的功能是抗感染，尤其是抗细菌感染。补体激活可通过经典激活途径（classical pathway activation）或旁路激活途径（alternative pathway activation），经典途径由抗体和抗原复合物所激发，是机体通过特异免疫反应抵抗感染的重要机制，旁路激活途径则不涉及抗体抗原反应，可由一些细菌成分、蛋白酶及多聚蛋白等激活，目前认为在感染早期特异性免疫反应尚未形成时起保护作用。

抗体分子中只有 IgG 和 IgM 可以通过经典途径激活补体，在 IgG 中结合补体的能力依次为 IgG3>IgG1>IgG2>IgG4，实际上 IgG4 几乎不能激活补体，IgG2 激活补体的能力也很弱。抗体只有与抗原结合成复合物后才能有效地激活补体，激活过程通过抗体抗原复合物与补体成分 Clq 的结合所启动，IgG 单体与 Clq 的单价结合常数为（1～5）$\times 10^4$ L/mol，与抗原形成复合物后 IgG 就与 Clq 形成多价结合，其结合常数增加到 10^8 L/mol。抗体与抗原结合后引起抗体分子立体构象的变化促进了与 Clq 的结合是为一个重要的因素，尤其在 IgM，当 5 聚体 IgM 与处于同一平面的多价抗原结合时，其 Fab 端弯向一侧，产生新的 Clq 结合部位。IgG 分子与 Clq 的结合部位在 C_H2，主要涉及第 318 位的谷氨酸，第 320 和 322 位的赖氨酸。IgG4 也具有这个结合部位，但是由于分子结构上的缺陷而不能结合补体。IgM 分子上结合 Clq 的具体部位可能主要涉及 Cμ3 的第 430 位的组氨酸、第 432 位的天冬氨酸或甘氨酸以及第 436 位的脯氨酸。

补体激活过程可分为两相，第一相是 Clq 结合后所导致的 Clr、Cls、C4 以及 C2 的连续激活，造成 C3 的裂解和 C3b 与邻近分子的结合，这是一个连续性的蛋白酶依次激活过程。第二相从 C5 被裂解开始通过 C6、C7、C8 及 C9 的序贯结合形成膜攻击单位（membrane attack complex，MAC）。

补体激活后可以产生多种生物学效应：

1. 细胞裂解 C5 被 C3 激活后产生的 C5 转化酶裂解为 C5a 和 C5b 两个片段，C5b 可以和 C6、C7 相继结合形成复合物 C5b67，C5b67 发生构象变化暴露出疏水区，可插入到靶细胞的双脂膜层中，这时 C8 与复合物结合，增加了复合物插入双脂膜层的能力，继之多个 C9 与复合物结合，形成膜攻击单位，造成细胞膜穿孔，细胞裂解。补体通过这一效应功能协助抗体裂解靶细胞尤其是感染的细菌。哺乳类细胞有多种机制使其不受自身补体的裂解伤害，有些细菌也因其细胞壁结构的不同而对补体裂解有抵抗性。

2. 免疫黏附及调理作用 抗体抗原复合物激活补体后，其表面的 C3b、iC3b、C4b 等分子可与中性粒细胞、单核巨噬细胞等细胞的膜表面补体受体（complement receptor，CR）相结合，促进吞噬细胞的吞噬功能，称为调理作用（opsonization），这主要由Ⅰ型和Ⅲ型补体受体（CR1 和 CR3）介导。激活补体后的抗体抗原复合物还可黏附到其他有补体受体的细胞，如红细胞，形成较大的颗粒，促进吞噬作用，称为免疫黏附（immune adhesion）。免疫黏附及调理作用对促进病原微生物和免疫复合物的清除极为重要。补体系统有缺陷时易于发生免疫复合物性疾病（即Ⅲ型变态反应），说明补体在免疫复合物的正常处理中有重要作用，其机制尚不清楚。

3. 促进炎症反应 补体活化过程中产生多种可促进炎症反应的补体成分片段，其中较为突出的是 C3a、C4a 和 C5a，被称为过敏毒素（anaphylatoxin），它们可以引起血管痉挛，通透性增加，具有趋化作用，吸引中性粒细胞和单核巨噬细胞，引起炎症反应。其中 C5a 的作用最强，以 C4a 的作用最弱。

4. 免疫调节作用 许多免疫细胞表达有各种不同的补体受体，许多实验证据表明补体在免疫应答中有重要功能，其具体的作用方式和机制还有待进一步研究。如 B 细胞表达有 CR1 和 CR2，它们在 B 细胞的激活中有重要作用。又如脾脏和淋巴结生发中心的树突状细胞表达 3 种型号的补体受体 CR1、CR2 和 CR3，这与其持久的呈递抗原有关，而树突状细胞较长期地保留抗原为记忆性 B 细胞的形成所必须，当补体系统缺陷时，记忆性 B 细胞及特异型免疫反应的产生受到明显影响。

（二）Fc 受体介导的效应功能

在许多免疫细胞的表面表达有可结合抗体 Fc 段的受体（Fc receptor，FcR），这些细胞通过这些 FcR 的介导执行多种重要的效应功能。近年来已发现多种不同的 FcR，所有 FcR 都含有 1 个可与 Fc 结合的多肽链，称为 α 链，它与 1 个或多个涉及信号传导的多肽链（β 和 γ 链）形成多聚体，在已克隆基因并完成序列测定的 FcRα 链中除 IgEⅡ型 Fc 受体外，都属于免疫球蛋白超家族。

1. Fc 受体的分类及表达 FcγRⅠ依其所结合的抗体类别的不同分为 5 种：FcγR（结合 IgG），FcεR（结合 IgE），FcαR（结合 IgA），FcμR（结合 IgM）及 FcδR（结合 IgD），在每一种 FcR 中存在有分子结构不同的受体用罗马数字表示，如 FcγRⅠ（CD64），FcγRⅡ（CD22），FcγRⅢ（CD16）等，有些 FcR 分子结构相似但由不同的基因编码，以 A，B，C，…表示，如 FcγRⅡA，FcγRⅡR，…。

IgG 的 Fc 受体分为 3 组，FcγRⅠ具有较高的亲和力，可与单体 IgG 结合，其细胞分布较其他

FcγR 更为局限。FcγRⅡ的 α 链至少有 3 个编码基因（ⅡA，ⅡB 和ⅡC），其中ⅡB 可因 RNA 的不同剪接产生 3 种不同的转录体，ⅡA 可由于不同的 RNA 剪接方式生成两种转录体，因此 FcγRⅡ可有 6 种不同形式。FcγRⅢ的 α 链有两个编码基因——ⅢA 和ⅢB，FcγRⅢB 没有穿膜部分，靠磷脂酰肌醇多糖固定在细胞膜上，并仅表达于中性粒细胞。FcγRⅡ和 FcγRⅢ与 IgG 结合的亲和力较低，仅能与免疫复合物或多聚体 IgG 结合。

IgE 的 Fc 受体有两种，FcεRⅠ为高亲和力受体（亲和力达 10^{10} L/mol），很容易与单体 IgE 结合，FcεRⅠ表达于嗜碱性粒细胞和肥大细胞，与 IgE 的结合部位主要在 C_H3，可介导Ⅰ型变态反应。也表达于嗜酸性粒细胞，可介导 ADCC。FcεRⅡ（CD23）的结构与其他 FcR 不同，它不属于免疫球蛋白超家族，其在细胞膜上的固定方式也较为特殊，氨基端的 23 个氨基酸位于细胞内，而羧基端游离在细胞外。FcεRⅡ由于转录起始部位和 RNA 剪接的变异有两种表达形式，仅造成氨基端（于细胞内）数个氨基酸的不同，称为 FcεRⅡa 和 FcεRⅡb，前者仅见于 B 细胞，后者存在于嗜酸性粒细胞、巨噬细胞、B 细胞以及一些 T 细胞系等。FcεRⅡ为低亲和力受体，功能尚不清楚。

IgA Fc 受体也属于 Ig 超家族，对 IgA 1、IgA 2、单体 IgA、双体 IgA，以及分泌型 IgA 都具有相同的结合能力，二者的结合涉及 IgA 分子的 C_H2 和 C_H3。FcαR 表达于中性粒细胞、嗜酸性粒细胞和单核细胞。

IgM Fc 受体和 IgD Fc 受体目前了解得较少，FcμR 在 B 细胞分化中有一定功能，FcδR 的功能不明。

FcR 的异质性反映出 Fc 受体必然存在功能的多样性，但目前对于不同 FcR 介导的功能了解还很不充分，仅发现不同的 FcR 可具有多种激发性效应功能，也可有抑制性功能，除了效应功能还具有涉及多方面的转运功能。

2. FcR 介导的吞噬功能 单核巨噬细胞和中性粒细胞等吞噬细胞在 Fc 受体介导下对结合有抗体的抗原的吞噬能力大大增强，称作调理作用。FcγR 尤其是 FcγRⅠ是介导这种效应功能的主要受体。

3. 抗体依赖性细胞介导的细胞毒作用（antibody dependent cell-mediated cytotoxicity，ADCC） 抗体分子与靶细胞表面抗原结合后，可通过其 Fc 段与杀伤细胞表面的 Fc 受体相结合，促进对靶细胞的杀伤作用，称为 ADCC，具有 ADCC 活性的效应细胞有单核巨噬细胞，中性粒细胞和 NK 细胞，但以 NK 细胞为主。其介导的受体主要为 FcγRⅢ，这是一种低亲和力受体，只能与细胞表面抗原的 IgG 结合，不能结合循环中的单体 IgG。表面覆盖 IgG 的靶细胞与 NK 细胞的 FcγRⅢ结合后可激活 NK 细胞，释放穿孔素（perforins），穿孔素与靶细胞的细胞膜结合后发生构象变化，暴露出分子中的脂结合区，插入双脂膜，然后多个穿孔素分子形成多聚体，在靶细胞的细胞膜上造成穿孔。嗜酸性粒细胞可通过其表面的 FcεR 介导一种特殊的 ADCC，可抗某些寄生虫。

4. 激发细胞代谢的变化和生物活性物质的释放 FcγR 与抗体抗原复合物的相互作用可激发单核巨噬细胞和中性粒细胞的呼吸暴发（respiratory burst），此时细胞的耗氧量增加，产生一系列反应性氧中间物，包括过氧化氢、超氧阴离子（O_2^-）、单态氧（$^1O_2$）及氢氧根等，在效应细胞对许多病原微生物的细胞内杀伤和对靶细胞的细胞外杀伤中有重要作用。Fc 受体还可激发单核巨噬细胞，粒细胞等释放多种生物活性物质，如蛋白水解酶类、炎症介质、补体成分等。

5. 免疫调节 Fc 受体对免疫反应的调节作用在 FcR 介导的 B 细胞反馈性抑制中得到了证实，B 细胞表面的 FcγRⅡB 可以介导抗体反馈性抑制（antibody feedback），当 IgG 与抗原形成的免疫复合物通过其抗原部分与 B 细胞表面的抗原受体结合，并通过 IgG Fc 与 FcγRⅡB 结合，形成 BCR 与 FcR 的交联，则通过 FcγRⅡB 胞内部分酪氨酸的磷酸化引起 B 细胞的抑制。

6. IgE FcR 介导的效应功能 FcεRⅠ可以高亲和力结合于 IgE Fc 段的第 301～363 位氨基酸残基，当多价抗原与固定在细胞膜上的 IgE 结合引起交联后，激发细胞产生 3 种效应：①诱发细胞的脱颗粒反应，释放出多种预先形成的生物活性物质，如组胺、中性蛋白酶、缓激肽等；②合成并分泌脂类物质，如前列腺素、白细胞三烯等；③合成并分泌细胞因子，如 IL-3、IL-4、IL-5、TNF-α 等，导致 T 型变态反应，即速发型变态反应。FcεRⅠ还可以表达于嗜酸性粒细胞，介导 ADCC，在抗寄生虫免疫中有重要作用。

7. Fc 受体介导的转运功能 除了上述 FcR 介导的效应功能，目前已确定一些 Fc 受体可以介导与转运相关的功能。母亲的 IgG 可通过胎盘和肠道转运到新生儿体内对其提供保护作用，此转运功能是通过一种 IgG Fc 受体 FcRn 完成的，FcRn 的分子结构与主要组织相容复合体Ⅰ（MHC Ⅰ）的结构很相似，由一个穿膜蛋白（重链）与 β_2-微球蛋白以非共价键结合组成，表达于内皮细胞表面，由该受体介导母体的 IgG 通过胎盘或从母乳通过肠道进入新生儿体内。成年人在多种内皮细胞表面表达与比 FcRn 类似的 Fc 受体，是一种保护性受体，它与循环中的 IgG 结合进入细胞后可保护 IgG 在细胞内不被降解，然后将其转运到细胞外回到循环中，成为 IgG 半衰期较长的重要机制。另外一种与转运相关的 Fc 受体是黏膜上皮细胞表达的多聚 Ig 受体（pIgR），它可以与多聚体 IgA 结合并将其转运到外分泌液中。

第 2 节 治疗性小型化抗体

在我国尽管已有多种治疗性抗体批准上市，但这些抗体药物的销售量并不大。主要原因是现有的抗体药物价格比较昂贵，一般患者难以承受。

抗体药物之所以价格昂贵，主要原因是目前上市的抗体药物都为完整抗体药物，需要糖基化修饰。而糖基化抗体需要由哺乳动物细胞表达产生，技术含量和生产成本都较高；其次是完整抗体药物在临床上的用药量较大，治疗费用也会随之增加。因此，努力寻找疗效好、价格低的新型抗体药物是目前国内外医药研发人员的共同目标。

现已找到的途径主要有两种：一种是抗体药物的小型化。因为小型化抗体药物不需要糖基化修饰，可以在原核细胞中表达，操作方便，生产成本较低。另一种是抗体药物的高效化。抗体连接上对肿瘤细胞有强烈杀伤作用的“弹头”，可降低药物的用量，减少治疗费用。这二者可谓殊途同归，而联合这两种手段所产生的抗体药物往往效果更好。

抗体药物小型化研究表明，鼠源性完整抗体可诱发人抗鼠抗体反应，临床应用效果不佳。而小型化抗体删除了 Fc 段，可使免疫原性大大降低。此外，抗体的相对分子质量庞大，抗体及其偶联物均为高分子物质，难以通过毛细血管内皮层和细胞外间隙到达实体瘤深部。因此，研制小型化抗体药物对提高疗效有重要意义。小型化抗体可以用酶解或基因工程手段获得，包括 Fab 片段、单链抗体、双特异抗体、3 价抗体、微型抗体等。

全长抗体在实体瘤中存在着穿透性较差、抗体难以进入实体瘤的障碍。因此，人们设想将抗体进行小型化，增加在实体瘤中的穿透性，以期提高疗效。于是出现了低分子抗体，如：Fab 片段、F（ab）$_2$ 片段和 Fc 片段，很容易通过重组 DNA 技术制备，经过诸如核素活性标签的标记，可以用来作为诊断或治疗制剂。完整的嵌合或人源化抗体治疗更为有效，而抗体片段因较低的相对分子质量对肿瘤的穿透力强。然而这种低分子抗体在体内半衰期均很短，影响了抗肿瘤疗效。

为提高其半衰期，人们很自然想到应用基因治疗方法，使其长时间稳定表达，但由于Fc与抗原的亲和力、特异性相对较差；加之缺乏Fc段，不产生ADCC及CDC效应，其临床实验中对肿瘤的治疗效果也不明确，所以目前只有Ⅰ期临床研究的报道。同时由于抗体片段的半衰期很短，且不能激活免疫效应作用，更常作为影像诊断用。

抗体及其偶联物均为高分子物质。IgG型抗体的分子质量约为150kD，庞大的抗体或偶联物分子难以通过毛细管内皮层和细胞外间隙到达实体瘤深部的肿瘤细胞。因此，研制小型化抗体药物对提高疗效有重要意义。通过酶切方法获得的Fab片段，其相对分子质量约相当于完整抗体的1/3。通过基因工程技术制备的单链抗体ScFv，相对分子质量约相当于完整抗体的1/6。来源于骆驼的纳米抗体（nanobody）相当于单域抗体，相对分子质量更小。研究表明，抗体片段较易穿透细胞外间隙到达深部的肿瘤细胞。与完整抗体相比，抗体片段的免疫原性较弱。使用抗体片段，可能降低人体的抗体反应。但另一方面，由于上述抗体片段缺乏Fc段，丧失完整抗体所具有的效应功能，难以杀伤靶细胞。因此，研制小型化抗体需要使用“弹头”分子，包括高效的“弹头”药物或放射性核素。

高效小型化抗体药物已经取得重大进展。高度有效的“弹头”药物已被连接到许多能识别不同肿瘤抗原的抗体上，吉妥单抗（卡利奇霉素与抗体偶联物）已成功上市，使得抗体药物的用量下降了九成多。目前还有10多种抗体药物偶联物在临床研究阶段。其中SGN-35正在进行Ⅰ期临床试验，探讨对于霍奇金淋巴瘤的治疗作用，Ⅱ期临床研究针对系统性间变性大细胞淋巴瘤、霍奇金淋巴瘤和CD30阳性恶性血液病。已有少数放射性抗体偶联物获得FDA批准用于临床肿瘤治疗，包括异贝莫单抗和托西莫单抗。放射性抗体偶联物对一些抗体耐药的肿瘤有效，已有15种以上放射性免疫偶联物在临床研究阶段。到目前为止，大多数免疫毒素在血液肿瘤治疗中取得成功。有20多种高效小型化免疫毒素在临床研究阶段，用于恶性血液肿瘤和实体肿瘤治疗。

第3节 单链抗体(ScFv)、单域抗体

抗体分子的抗原结合部位局限在可变区组成的Fv段，从而可以构建相对分子质量较小的具有抗原结合功能的分子片段，称为小分子抗体。由于小分子抗体的相对分子质量较小而具有以下优点：①可以在大肠杆菌等原核细胞表达，通过细菌发酵生产，从而降低生产成本；②因其相对分子质量小，易于穿过血管壁或组织屏障，进入病灶部位，有利于对肿瘤等疾病的治疗；③不含有Fc段，不与Fc受体结合，可减少因广泛分布的Fc受体而带来的不利影响，如放射免疫显像时的本底；④在体内半衰期较短，这虽在靶向治疗中是不利因素，但有利于体内毒性物质的清除和降低放射免疫显像的本底；⑤易于进一步进行基因工程改造，如构建抗体融合蛋白等。表9-1显示不同分子质量抗体特性的比较。

表9-1 不同抗体分子的特性

抗体部分	分子质量（kD）	体内清除率	肿瘤穿透力	肿瘤摄取率
IgG	155	+	+	++++
$F(ab)_2$	100	++	++	+++
Diabody	50	+++	+++	++
ScFv	25	++++	++++	+

常见的低分子抗体包括：Fab、Fv及单链抗体（single-chain Fv，ScFv），单区抗体和最小识别单位。

（一）Fab

Fab由重链Fd段和完整的轻链组成，两者通过1个链间二硫键连接，形成异二聚体，是完整抗体分子的1/3，仅有1个抗原结合位点。早期Fab段的制备通过木瓜蛋白酶对完整抗体分子酶解后分离纯化获得，现已能从大肠杆菌获得。从大肠杆菌表达有功能的抗体分子片段一度受阻，这是因为抗体分子与抗原的结合依赖于抗体分子的立体构象，即需要可变区正确的立体折叠、链内二硫键的形成，以及轻链重链可变区两个分子间互相作用形成正确的立体构象，这一过程在B细胞内是在粗面内质网腔内完成。在大肠杆菌表达蛋白质常常需要在体外进行复性，这一过程对抗体这样复杂的分子效率很低，后发现大肠杆菌细胞壁的周质腔（periplasm）可提供类似于内质网的环境。将重链*Fd*基因与轻链基因5′端接上细菌蛋白的前导序列，所表达的蛋白在细菌前导肽的引导下可分泌到周质腔，前导肽被前导肽酶（signal piptidase）所裂解，生成的Fd段和轻链在周质腔内完成立体折叠和链内、链间二硫键的生成，形成异二聚体，成为有功能的Fab段。

与下述的单链抗体相比，Fab段由于有二硫键连接轻链和Fd段，分子结构比较稳定，且较好地保持了天然抗体分子的Fv段的结构。但其在原核细胞的表达因双链结构而较为困难，分泌型表达受到蛋白分子穿过内膜和折叠效率低下的影响表达量较低，因此其在生物技术领域的应用受到了限制，现主要用作实验室研究工具。

（二）Fv和ScFv

Fv段是抗体分子中保留抗原结合部位的最小功能片段，它由轻链可变区和重链可变区组成，两者以非共价键结合在一起。由于通过对完整抗体分子进行蛋白酶水解来制备Fv段的难度很高，故在基因工程技术成功地获得Fv段以前研究的较少。用前述表达方法，通过将V_H和V_L转送到大肠杆菌周质腔，可获得有功能的Fv段。在Fab段，轻链恒定区和重链C_H1之间有1个二硫键，使抗原结合部位的结构极为稳定，而在Fv段，重链和轻链可变区是由非共价键结合在一起，在浓度较低时有解离的倾向，而极不稳定，不同Fv段的解离常数不同，一般在10^{-5}～10^{-4} mol/L之间，因此欲获得稳定的Fv段，需设法将两个可变区比较稳定地结合在一起。曾经有人用戊二醛处理Fv段，通过化学方法使V_H和V_L交联，因方法比较烦琐，并且未经广泛的验证，采用的人很少。随着基因工程抗体的进展，人们通过DNA重组技术解决这一问题，使用最为广泛的就是单链抗体。

单链抗体：单链抗体分子是由1条单一肽链按V_H-linker-V_L或V_L-linker-V_H的顺序组成。其大小仅为完整抗体分子的1/6，是抗体与抗原结合的最小单位。单链抗体的制备流程较简单，易进行分子改造，单链抗体基因片段还可以与适当的酶基因或霉素蛋白基因重组，用于产生酶联抗体或重组免疫霉素。

单链抗体是将抗体轻链可变区C末端的基因与抗体重链可变区N末端的基因重组后，转入大肠杆菌中，表达后的产物为抗体的混合可变区单链，这种抗体既包括了原双联抗体轻链的C末端片段，同时又包含了重链N末端片段，因此和原完整抗体相比，二者与抗原的结合力以及特异性相同。表现在临床应用时有许多优点：由于仅仅具有原抗体的可变区单链部分，相对分子质量非常小，所以其免疫原性低，可以进入实体瘤周围的微循环。ScFv是由一条连接肽（linker）将V_H和V_L连在一起所形成的两个可变区首尾相接的单一肽链，通过正确折叠，两个可变区由非共价键形成具有抗原结合功能的Fv段，此单一肽链的结构既有利于在大肠杆菌的表达和进行基因重组操作，也增加了 Fv 的稳定性。由于其易于构建和表达，是目前报道最多的基因工程抗体。

在构建 ScFv 时，V_H和 V_L取向可有两种方式，V_H-linker-V_L或 V_L-linker-V_H，两种构建方式都被证明了不影响 ScFv 的特异性和亲和力。ScFv 分子中的 linker 的设计对保持亲本抗体的亲和力有重要影响，它应当不干扰 V_H和 V_L立体折叠，并且不对抗原结合部位造成妨碍，为不使 Fv 的立体结构变形，linker 和长度就不短于 3.5nm，由于相邻肽键的距离约为 0.38nm，linker 应至少含有 10 个氨基酸残基，linker 也不宜过长，以免对抗原结合部位造成干扰，目前文献中报道的 linker 大多含有 14～15 个氨基酸残基。Linker 的氨基酸组成设计应使 linker 具备亲水性，易于折叠，不宜有过多的侧链，以减少抗原性。目前已报道的 linker 设计绝大多数获得了成功。用的最广泛的 linker 是重复出现的 4 个甘氨酸和 1 个丝氨酸（GGGGS）$_3$，其中甘氨酸是相对分子质量最小，侧链最短的氨基酸，可增加侧链的柔性，丝氨酸是亲水性最强的氨基酸，可增加 linker 的亲水性。

ScFv 可在多种系统进行表达，如：原核，酵母，植物，昆虫，哺乳类细胞等，但常用的是大肠杆菌。从大肠杆菌表达 ScFv 可有两种表达方式：一种是表达为包含体或非包含体性不溶蛋白，这种表达方式的产量较高，可达到细胞总蛋白的 5%～30%，但需进行变性-复性等后续工作，使其完成正确的立体结构，恢复抗体活性；另一种是分泌型表达，与 Fab 段表达的原理相同，将细胞的前导序列与 ScFv 的氨基酸连接起来，使 ScFv 分子分泌到周质腔内，在周质腔内完成二硫键的形成和肽链折叠，成为有活性的单链抗体分子。这种方式可直接表达出有抗原结合活性的抗体分子，但其产量比较低。

(三) 单区抗体和最小识别单位

根据抗体分子的结构特点，Fv 段是结合抗原的最小结构，但由于发现有些抗体的重链可变区单独也可以结合，从而提出了相对分子质量更小的单域抗体（single domain antibody，也称为纳米抗体 nanobody）。单域抗体的优越性在于：① 相对分子质量进一步减小，有利于低分子抗体的应用；② 操作简便，避免了 Fv 段需分别克隆轻链和重链可变区基因的麻烦，也无须使轻重链可变区正确配对；③ 单域抗体因不存在 V_H和 V_L间的相互作用，因而较 Fv 和 ScFv 更为稳定；④ 经对骆驼 V_H抗体的立体构象分析，发现其抗原结合部位的构象较为特殊。通常情况下 Fv 段的抗体结合部位可形成凹陷、沟槽或平面，半抗原常与凹陷结合，肽抗原常与沟槽结合，较大的抗原如蛋白质则常为平面型结合。但骆驼的 V_H抗体可形成 CDR3 凸出的抗原结合部位，这在 Fv 的构象中尚未见过，它可造成特殊的抗体抗原结合形式：抗体 CDR 襻插入抗原表面的凹陷中。这在制备酶的抑制剂中有重要意义，因酶的催化部位常常位于蛋白表面的凹陷中，这些部位通常不易制备相应抗体。骆驼 V_H抗体的这一特殊结构使其可用于制备酶的抑制性抗体，这也展示了骆驼化人单区抗体的应用前景。

来源于抗体的识别是否还可以更小？抗体与抗原的结合主要涉及 CDR，而 CDR 中以 CDR3 尤其重链 CDR3 最为关键。基于这一事实有人用来自 CDR 的短肽模拟了亲本抗体的特异结合活性，证实 CDR 确有可能成为特异结合抗原的最小分子，被称为最小识别单位（minimal recognition unit，MRU）或分子识别单位（molecular recognition unit，MRU），后者还包括其他具有特异结合功能的短肽。由于其穿透能力强，半衰期短，显像时本底低，故在临床显像诊断中具有应用前景，也有人通过分析 MRU 的结构，用非肽类化学结构进行模拟，开发治疗性药物。

第4节 重组人鼠嵌合单克隆抗体

抗体分子由两个相同的轻链和两个相同的重链组成，具有典型的功能区结构，其与抗原的结合完全取决于氨基端的可变区。这种分子结构特征促进了最早的人源化抗体——人-鼠嵌合抗体的出现。由于恒定区与抗体抗原的结合无关，而恒定区又是抗体分子免疫原性的主要部位，因此可通过用人的恒定区取代鼠单抗的恒定区进行人源化，消除其大部分异源性，并能够保留亲本鼠单抗结合抗原的特异性和亲和力（图9-6）。抗体分子的功能区结构特点又使得嵌合抗体的构建相对比较容易，因为各功能区形成相对独立的空间构象，使得恒定区的置换操作较简单可行。迄今已构建了许多人-鼠嵌合抗体，通过大量的实验和应用证明嵌合抗体确实保留了亲本鼠单抗的抗原结合能力并能降低免疫原性。

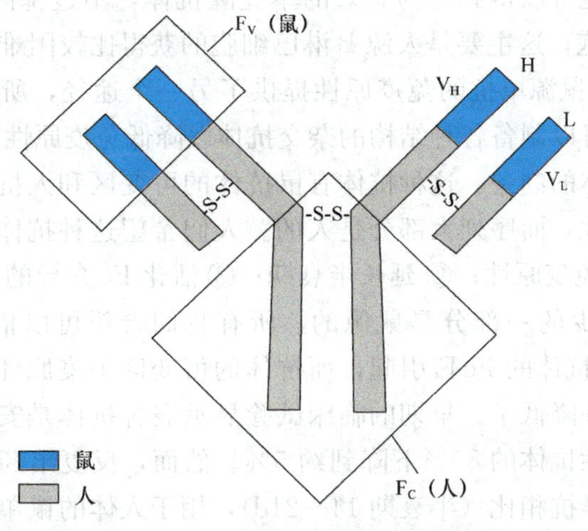

图9-6　人-鼠嵌合抗体的结构

嵌合抗体可将同一个可变区与不同类别的恒定区连接在一起，比较在相同特异性情况下不同类别的功能，进一步根据需要选择适当的同种型。如通过构建一株抗胃肠道腺癌鼠单抗17-1A的嵌合抗体，发现IgG1和IgG3嵌合抗体可有效介导ADCC，而IgG2和IgG4的ADCC活性很弱，IgM则有补体介导的细胞毒活性。在大量的嵌合抗体研究中发现有时其生物学效应并不一定与预期某类别的功能完全相符。

嵌合抗体的制备主要包括可变区基因的克隆，表达载体的构建及嵌合抗体的表达。可变区基因的克隆在早期主要从杂交瘤细胞的基因组文库中克隆出带有完整上游转录调控序列的轻重链可变区基因DNA片段，组装到含有相应人恒定区基因的表达载体中。PCR方法的建立和发展为抗体可变区基因的克隆提供了简便有效的方法，尽管抗体分子可变区有着数量巨大的多样性，但其骨架区的序列相对保守，其前导序列也相对保守，因此用第一骨架区序列或前导序列作为5′端引物，以J段或恒定区序列的互补寡核苷酸为3′端引物，以杂交瘤细胞总RNA为模板，通过反转录PCR（RT-PCR），很容易克隆到可变区基因。这个方法较以前的基因文库法要简便容易得多，但由于来自mRNA的可变区基因没有内含子剪接信号和表达调控元件，这些成分需由表达载体提供。用RT-PCR方法克隆可变区基因时，需要在引物中设计内切酶位点，用于将可变区基因克隆入表达载体。根据保守序列设计的引物与亲本抗体基因的原始序列也会有所不同，这些因素都可能改变可变区成熟蛋白氨基端的序列。尽管氨基端位于第一骨架区，但已证明在一些抗体中，氨基端的变化可影响 CDR 平面的构象，从而影响抗体的抗原结合能力。从前导序列的氨基端设计引物则可避免这一缺陷，不会影响成熟可变区蛋白的氨基端的序列，但前导序列的保守程度不如可变区的第一骨架区高，在设计引物时难度更高一些，其克隆的成功率也会受到影响。

人-鼠嵌合抗体是将鼠源单抗的可变区与人抗体的恒定区融合而得到的抗体。嵌合抗体是利用基因重组技术，将控制小鼠抗体重链和轻链中可变区的基因片段与控制人抗体重链及轻链中的不变区的基因片段在体外连接形成重组基因，然后导入真核细胞的某种表达质粒中，再将这种含有重组基因的表达载体转化哺乳动物骨髓瘤细胞，筛选能分泌完整的鼠-人单克隆抗体的转化子。这种转化子分泌的抗体中，鼠抗体含量仅占 20%，而人抗体占 75%～80%，因此临床上应用于人体时，可以大大降低鼠单克隆抗体的免疫原性，减少人抗鼠抗体反应，增加了临床上反复使用单克隆抗体治疗的可能性。从嵌合抗体的制作过程中可以看出，单克隆抗体并非通过杂交瘤细胞才能得到，利用基因重组方式也可以得到更为有效的单克隆抗体，不过基因重组的供体 DNA 片段还得来自于鼠脾脏 B 淋巴细胞，这主要是人源 B 淋巴细胞的获得比较困难。

重组 DNA 技术为减少鼠源单抗的免疫原性提供了另一个途径，所有人免疫球蛋白亚型的基因都已被克隆，这样，就可以制备各种结构的杂交抗体以降低免疫原性。

第一种策略是嵌合抗体的制备，这种抗体有鼠抗体的可变区和人抗体的恒定区组合。嵌合抗体保留了鼠源抗体的特异性，而序列大部分是人的。人们希望这种抗体与鼠源抗体相比，能够具有以下优点：① 大大降低免疫原性；② 延长半衰期；③ 活化 Fc 介导的各种作用。

因为嵌合抗体只有很少的一部分是鼠源的，所有我们希望可以借此降低免疫原性。而且，HAMA 反应通常主要是有抗体的 Fc 段引起，而抗体的可变区免疫原性很小。事实上，我们确定观察到嵌合抗体的免疫原性降低了。早期的临床试验显示嵌合抗体是安全无毒性的，单次给药后免疫反应的发生率从鼠源性抗体的 80%下降到约 5%。然而，反复给药后大部分受试者免疫反应会逐渐增强。与人源单克隆抗相比（半衰期 14～21d），用于人体的鼠单抗半衰期相对较短（30～40h）。嵌合抗体的半衰期要高出 5 倍左右典型的是 230h。当抗体用于治疗目的时，人们希望半衰期越长越好，因为这样可以减少给药频率。嵌合抗体也可以激活 Fc 介导的免疫效应（如激活补体等），因为嵌合抗体的 Fc 段也是人源的。

尽管嵌合抗体包含整个鼠源单抗的可变区，实际上只有其中的互补决定区决定了其抗原特异性。要降低鼠源抗体的免疫原性就是要进一步人源化，就是要将鼠源抗体的 6 个 CDR 区的序列移植到人抗体基因上，显然，这样得到的杂交抗体除了 CDR 区就全部是天然的人的序列了。

将鼠源抗体的 CDR 序列移植到人抗体框架上有时导致抗原亲和力的下降。因此有时会将鼠的框架区一道移植过来，这个过程（抗体重构）有助于抗体 CDR 区折叠为天然构象，也就是说，这可以恢复抗原-抗体结合的亲和力。这样的抗体 95%以上的序列是人源的，临床试验证实这类蛋白确实与天然的人单抗具有相似的生物学行为。目前美国已正式批准 4 个人-鼠嵌合抗体上市，在临床应用中取得良好效果。

第 5 节 重组人源化单克隆抗体

人源化抗体是对嵌合抗体进一步改造的结果，即仅用鼠源单克隆抗体的 CDR 区替换人源抗体的 CDR 区所获得的杂合抗体，其 95%的序列来自人源抗体，5%序列来自鼠源抗体，从而极大限度地使鼠源抗体人源化（图 9-7）。抗体的抗原结合特性保留，在体内产生的免疫原性的程度降到最低。

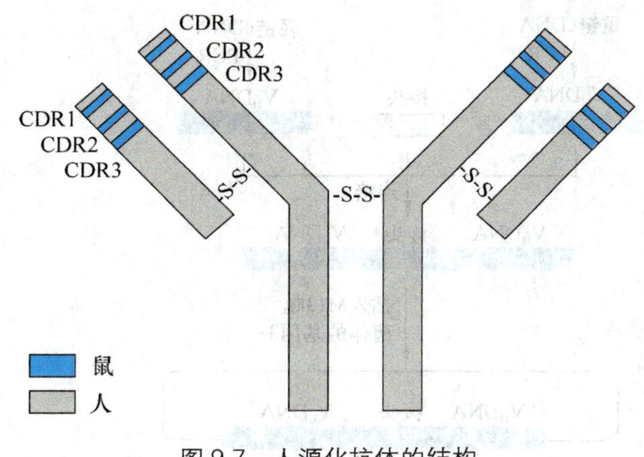

图 9-7 人源化抗体的结构

一、人单克隆抗体

由于鼠源抗体存在免疫原性，人们一直在努力制备完全人源化的抗体，即人源性抗体。目前主要有两种方法用来制备人源单克隆抗体。

(一) 噬菌体抗体库

噬菌体抗体库技术是噬菌体表面展示技术在基因工程抗体应用上的一个成功范例，它可以模拟体内 B 淋巴细胞受到刺激后分化、成熟直至分泌抗体的过程。通过噬菌体表面展示技术，可将目的蛋白或多肽的编码基因与编码 M13 噬菌体颗粒末端蛋白的基因Ⅲ构建成融合基因，将含有融合基因的重组 M13 噬菌体转染大肠杆菌，可以在噬菌体颗粒表面展示目的蛋白。通过基因重组技术，将全套人抗体重链和轻链的 V 区基因与 M13 噬菌体基因Ⅲ构建成融合基因，在噬菌体表面以抗体 Fv 片段-末端蛋白融合蛋白的形式表达，表达这些融合蛋白的噬菌体群体就构成了噬菌体抗体库（phage antibody library）（图 9-8）。通过免疫法筛选，可从中得到针对某一抗原的人抗体 Fv 编码基因。利用噬菌体抗体库，不需要杂交瘤细胞就可得到目的单克隆抗体的编码基因，而且是人源性的。从理论上讲，噬菌体抗体库具有 B 细胞所编码的全部抗体信息，从抗体库中可筛选到任何一种抗体。出于该抗体库中重、轻链是随机组合的，又称组合文库。迄今已成功制备出多种人源单克隆抗体。

以上构建的是天然抗体库，为获得特异性高的抗体，可增大库的容量。库越大，就可以获得更多链的组合，筛选出特异性抗体的概率就越大。有两种方法可增大库的容量，其一是链替换（chain shuffling）。从来自不同的未经免疫的个体及来其他来源的 B 细胞扩增出 CDR 片段的编码基因，经过重叠延伸 PCR 技术，与 V 区中的 CDR 片段以外骨架区的编码基因片段以及连接肽编码基因片段再重新组配成单链抗体的编码基因，从而产生进一步多样化的抗体库。从这样的抗体库中筛选到亲和力提高了 300 倍的单链抗体；其二是体外突变法，对抗体可变区基因人为地进行体外突变以模拟体内 B 细胞超突变分泌成熟抗体的过程，例如用易错 PCR 方法可在噬菌体抗体可变区基因或 CDR 区域的碱基中产生随机位点突变，从而提高抗体库的多样性。

(二) 人源性抗体转基因小鼠

通过构建转基因小鼠，可使小鼠产生人源性单克隆抗体。用人的抗体基因转入小鼠替代小鼠相应基因，产生分泌人抗体的转基因小鼠。第一个获得的人源性抗体是抗破伤风类毒素的单克隆抗体。

在转基因小鼠基础上，建立了一种产生人抗体的小鼠模型（xcno mouse）。将小鼠的全套抗体基因敲除掉，同时将人的大部分轻链和重链基因插到小鼠染色体中，当利用抗原刺激时就产生人源性

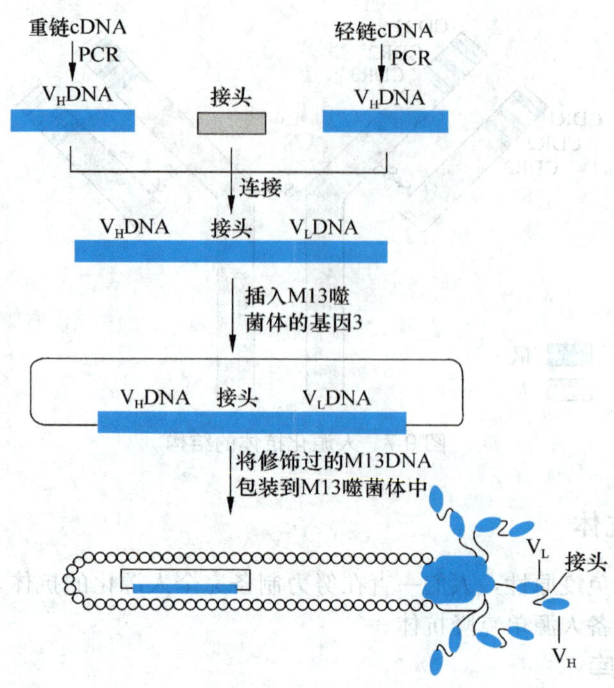

图 9-8 利用噬菌体表面展示技术构建 Fv 抗体库示意图

抗体。利用该模型已制备了多种类型的人单克隆抗体，如抗人表皮生长因子受体的人源性抗体。

第 6 节 抗体药物与化疗药物的联合应用

实验室研究表明，抗体药物与某些化疗药物联合，具有协同作用。临床研究结果表明，利妥昔单抗（rituxan）、曲妥珠单抗（herceptin）、贝伐单抗（avastin）、西妥昔单抗（erbitux）、帕尼单抗（vectibix）等抗体药物与化疗药物联合，比单独用药有更高的疗效。因此应进一步研究抗体药物与各种化疗药物的协同作用及其作用机制，并研究抗体药物与放射治疗的联合应用以及多种抗体药物的联合应用。

至今全球已报道的抗体有 10 多万种，其中基因工程抗体有 1 000 多种，人源化抗体有 200 多种，抗体药物治疗肿瘤有着独特的优势。目前，国际上已有 500 多种抗体用于诊断与治疗，美国食品药品管理局（FDA）至今已批准 18 种抗体上市，其中有 8 种是用于肿瘤治疗的靶向抗体。抗体用于肿瘤的靶向治疗得益于两个关键性技术的突破，一是人鼠嵌合抗体、人源化抗体和人抗体技术及制备技术的成熟，基本上可以克服鼠源性抗体用于人体产生抗抗体的问题；同时半衰期也延长到数天，甚至可达 21d 之久；二是抗体库的建立和筛选以及多价重组抗体制备技术的发展，使人们能够直接获得特异性强和亲和力高的单克隆抗体，如 SLAM 法制备的抗体的亲和力比杂交瘤技术制备的提高了 1000 倍。

抗体药物治疗肿瘤有着独特的优势。实验表明，抗体对肿瘤细胞有选择性杀伤作用；有更高的疗效或较低的毒性，体内显示呈特异性分布；与肿瘤相关的分子靶点有特异性作用；对抗药性肿瘤细胞有杀伤作用。近年来，治疗肿瘤的抗体药物研究开发取得了突破性进展，目前已有 8 种产品上市销售。如，rituxan 是 1997 年第一个获 FDA 批准上市的抗肿瘤抗体药物，用于治疗 B 细胞性非霍奇金淋巴瘤，已治疗了 30 多万例病人，单药治疗总反应率为 50%，其疗效与化疗治疗相同，但几乎无不良反应，联合化疗有效率高达80%以上；针对血管表皮生长因子（VEGF）的抗体avastin，使晚期结肠癌患者的生存期平均延长了5个月，FDA认为它几乎对所有的晚期结肠癌患者都有帮助，因此被批准作为晚期结肠癌的一线用药。此外，在目前处于临床前期、临床Ⅰ期与临床Ⅱ期研究与开发的各类生物技术药物中，抗体药物的品种数量位居前列。

目前抗体药物治疗实体瘤仍存在着三大难题。一是实体瘤的细胞被致密的基质包裹，抗体难以穿透这一屏障。大多数实体瘤都存在淋巴回流障碍，导致间质内压力升高，阻碍了抗体进入肿瘤实体。而小部分进入实体瘤内部的抗体，首先遇到的是血管周围的肿瘤细胞而被结合，使得抗体无法到达距离血管较远的肿瘤细胞。因此，目前应用抗体药物治疗大体积实体瘤的效果仍不理想。很多研究者建议，对于实体瘤进行抗体药物治疗，主要应考虑选择将其用于肿瘤的微小残留或微转移病灶中。但是，这种疾病的治疗需要长时间及大规模的多中心临床试验才能评估其疗效，这也使抗体药物治疗实体瘤的临床应用及推广受到了一定的限制；二是治疗肿瘤的抗体需要量极多，要求产品纯度极高，但目前的生物工程生产比较困难，生产成本及价格均非常昂贵。据悉，使用avastin治疗10个月将花费4.4万美元，这使它几乎成为目前市场上最昂贵的抗肿瘤药物；三是肿瘤细胞的异质性。目前的抗体治疗是针对肿瘤细胞的某个特异性受体，而肿瘤细胞并非均一，因此单一清除含有某种受体的肿瘤细胞并不代表治愈了肿瘤。目前一些治疗方法是在抗体中标上核素或毒素，尽管可提高疗效，但不良反应亦随着增加。因此，抗体药物治疗肿瘤依然路途艰辛，尚需做大量的研究工作。甄永苏院士认为，抗肿瘤抗体药物研究的主要趋势是：①降低免疫原性，研制嵌合抗体或人源化抗体，或研制小型化抗体；②提高对实体瘤的穿透性，研制小型化抗体药物，包括酶水解获得的Fab片段和Fab′片段等；③提高对肿瘤细胞的作用强度，研制高效化抗体药物，将抗体或其片段与具有极强细胞毒性的化疗药物或毒素连接制成偶联物，或制成基因工程融合蛋白。

临床研究与应用的结果表明，抗体药物与化疗药物联合使用可以提高疗效。其依据是：抗体药物单独使用有确定的疗效，抗体药物的不良反应与化疗药物不同，两者的作用机制有差异，抗体药物可能提高肿瘤细胞对化疗药物的敏感性。有报道称，抗体药物与化疗药物如阿霉素、罗红霉素、丝裂霉素、平阳霉素或博安霉素等，连接制成的免疫偶联物经动物实验证明有显著的疗效。2000年FDA批准用于治疗急性复发性髓性白血病的Mylotarg是由抗CD33单抗与抗肿瘤抗生素calicheamicin构成的偶联物，也是第一个获批准用于临床治疗的以化疗药物为“弹头”的抗体药物。抗体药物与化疗药物结合为研制新型肿瘤靶向药物开辟了广阔途径，其技术基础在于：一是抗体药物的特异性。可针对特定的单一抗原表位，具有高度的特异性，这是抗体药物发挥治疗作用的重要基础；二是抗体药物的多样性。主要表现在靶抗原的多样性、抗体结构的多样性与作用机制的多样性、可作为“弹头”的化疗药物的多样性；三是制备抗体药物的定向性。抗体药物的重要特点之一是可以定向制造，即根据需要制备具有不同治疗作用的抗体药物。可以针对特定的靶分子，定向制备相应的抗体；也可以根据需要选择相应的“弹头”药物或“效应分子”，制备相应的免疫偶联物或融合蛋白；四是特定的化疗药物与不同的抗体偶联或构建融合蛋白，可以作为一种技术平台，制备系列化的抗体药物。随着人们对肿瘤的基因及其功能认识的不断深入，对肿瘤的发病机制也将会越来越清楚，这为肿瘤靶向治疗的研究奠定了良好的基础。新一代抗体药物将凭借其特异性与靶向性，在肿瘤治疗中发挥越来越重要的作用。

结语

抗体药物从产业化方面潜力很大，高风险，但高回报，这引起了人们的广泛关注。但是在临床使用方面存在一定的问题，由于价格昂贵能承担得起的病人很少，医疗保险可能也很难承担这部分费用，这里存在一个很大的空间，从产业化也好，从将来的回报来讲，都非常大。但是也说明了一个任务，就是说用抗体药物治疗肿瘤，恐怕将来在推广方面还是比较困难的，我们从研究角度来说，怎样改进用量少也能达到效果，这是我们要努力的一个方向。

学习重点

1. 熟悉抗体的基本结构及抗体药物分类。
2. 熟悉各种抗体药物的制备原理。
3. 熟悉各种抗体药物及其在医学上的应用。
4. 了解治疗性小型化抗体。
5. 了解重组人源化单克隆抗体。
6. 了解重组人鼠嵌合单克隆抗体。
7. 了解单链抗体（ScFv）、单域抗体（纳米抗体 nanobody）。
8. 了解抗体与化学药物偶联研制生物靶向性药物的策略。
9. 了解抗体药物的发展趋势。

思考题

1. 抗体药物一般分为哪几类？
2. 抗体药物制备的原理是什么？
3. 何谓人源化单克隆抗体？如何制备？
4. 抗体与化学药物偶联产生什么药物？

参考文献

陈慰峰．2005．医学免疫学．第4版．北京：人民卫生出版社
邵传森．2003．医学免疫学．杭州：浙江大学出版社
沈倍奋，陈志南，刘民培．2005．重组抗体．北京：科学出版社
孙万邦．2005．医学免疫学与微生物学．北京：高等教育出版社
唐恩洁．2004．医学免疫学．成都：四川大学出版社
王廷华，李官成．2005．抗体理论与技术．北京：科学出版社
甄永苏，邵荣光．2002．抗体工程药物．北京：化学工业出版社

（臧林泉）

第10章

治疗性细胞株

学习要求

1. 掌握干细胞疗法、树突状细胞共培养的细胞因子、治疗性克隆、核移植与重编程的主要特点以及干细胞的生物学特征。

2. 熟悉干细胞疗法、治疗性克隆和核移植的主要过程及其在医学上的应用。

3. 熟悉树突状细胞共培养的细胞因子的作用机制以及核重编程的主要过程。

4. 了解干细胞的分类、治疗性克隆和核移植过程中存在的主要问题以及生殖性克隆与治疗性克隆的区别。

随着分子生物学与细胞生物学理论及其研究的飞速发展，采用细胞分子水平的手段对人体的某些疾病进行治疗已经取得较好的效果。近年来，应用最为广泛的当属干细胞疗法、树突状细胞共培养的细胞因子治疗、治疗性克隆以及核移植与重编程等。

干细胞的研究是20世纪90年代以来医学和生物学领域中最引人注目的热点之一。在美国*Science*杂志评选出的年度科学进展中，干细胞排名第一。干细胞作为一类既有自我更新能力、又有多分化潜能的细胞，具有非常重要的理论研究意义和临床应用价值。树突状细胞是目前所知的功能最强大的专职抗原提呈细胞，是体内唯一具有激活幼T淋巴细胞诱导初次免疫应答能力的抗原提呈细胞。治疗性克隆所应用的技术一般也称体细胞克隆技术或核移植技术，其原理是将体细胞的细胞核与卵细胞核进行替换，以发展成新的胚胎干细胞。治疗性克隆是现代医学发展的一个重要方向，它打开了再生医疗的大门，具有无限的潜力。核移植是指将胚胎细胞或体细胞核移入去核的卵母细胞或合子中，使供核与受卵胞质体融合，并完成供核的重编程与激活及重构胚胎的发育等一系列过程。核移植完成后，核重编程立即开始进行。其过程包括染色体结构重建、DNA甲基化、组蛋白乙酰化、印迹基因表达、端粒长度恢复、X染色体失活等。

第1节 治疗性细胞株——干细胞疗法

干细胞（stem cell，SC）是受精卵经多次分裂而成，在显微镜下呈球形。它是一种具有多种分化潜能，自我更新和高度增殖能力的细胞，能产生出与自己完全相同的子细胞，同时还能分化成为祖细胞。通俗地说，干细胞是一种具有多分化潜能和自我复制功能的早期未分化细胞，它能在人体内分化成任何细胞类型。

(一) 干细胞的分类

干细胞根据其分化程度的不同可分为多能干细胞（如胚胎干细胞）和专能干细胞（如造血干细胞、神经干细胞、皮肤干细胞、淋巴干细胞等）。多能干细胞可经进一步的特异分化发展为专能干细胞；而专能干细胞只能分化成某一类型的细胞。根据来源及其在动物体中所存在的部位的不同又可将干细胞分为胚胎干细胞和成体干细胞（即专能干细胞）。成体干细胞来源于胚胎干细胞，它们是动物发育成完整个体以及动物体内组织器官后天修复再生的基础。胚胎干细胞的分化程度最低，具有很大的分化潜能。

(二) 干细胞的生物学特性

干细胞的生物学特性包括多能性、具有自我更新能力以及高度的增殖能力。

(1) 多能性或全能性：全能性或多能性是干细胞的关键特性。干细胞具有分化为多种细胞类型的潜能，但是不同干细胞的分化潜能有所不同。如胚胎干细胞系细胞（embryonic stem cells, ES）具有全能性，即具有分化发育为构成机体任何一部分组织器官的能力。成体干细胞具有多能性，即到了个体发育的一定阶段甚至成体，仍有一部分细胞分化，负责组织的更新和修复。成年干细胞多向分化的潜能与其所处的微环境有一定关系。

(2) 自我更新能力：干细胞一旦形成，在机体内终生都具有自我更新的能力，这完全不同于祖细胞，许多类型的祖细胞只具有有限的自我更新能力。干细胞通过不均一分裂进行自我更新并产生分化祖细胞。成年机体干细胞能反复分化充满组织，这对维持机体组织器官的稳定性具有非常重要的意义（图 10-1）。

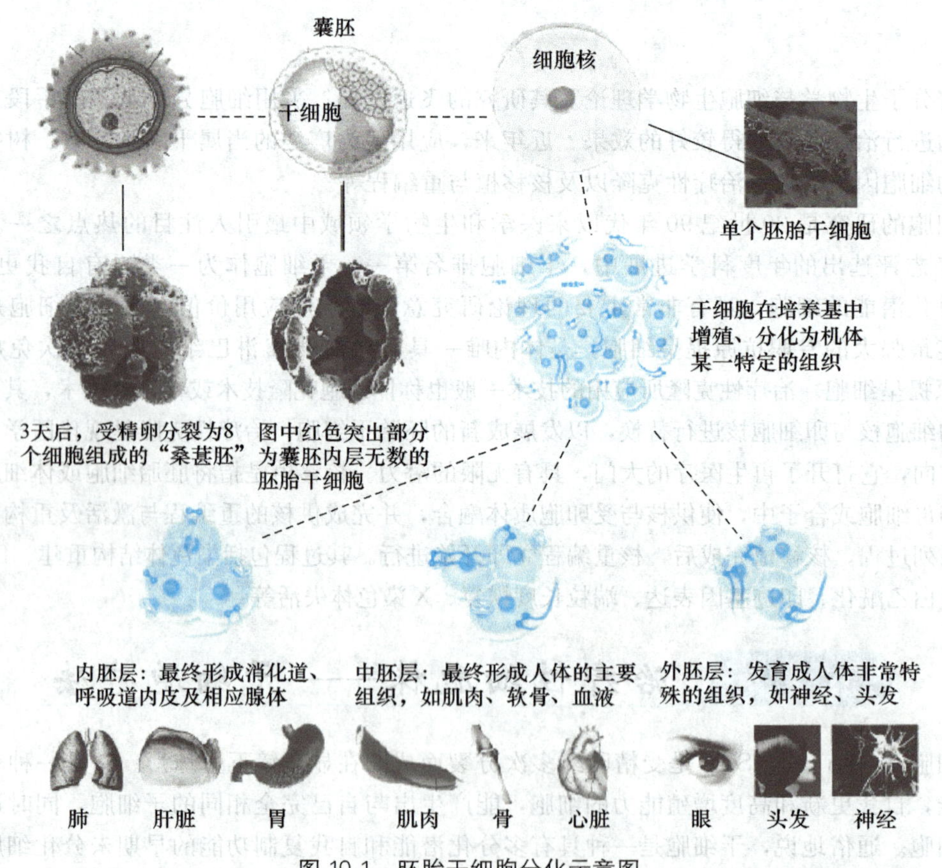

图 10-1 胚胎干细胞分化示意图

(3) 高度的增殖能力：高度增殖是干细胞的生物学特性之一。在体外扩增干细胞是干细胞研究及应用的前提和关键，干细胞虽具有多能性，但其数量不多，只有通过体外扩增，得到大量的干细胞，才可进一步应用于科学研究或临床治疗。干细胞高度扩增不但对干细胞的研究和应用有着重要的作用，而且对机体正常功能的维持也起着重要的作用，如造血干细胞通过高速扩增，可补充由于细胞正常衰老死亡而丧失的血细胞。

(三) 干细胞疗法在医学上的应用前景

干细胞特有的生物学特征及潜在的生物学应用价值已成为近年生物学领域的热点课题。正因为干细胞的特殊科学意义及在医学上的应用前景，1990年的诺贝尔医学和生理学奖授予了造血干细胞的研究者托马斯。1999年和2000年干细胞研究进展两次被美国《科学》杂志评选为年度世界十大科学进展之首。目前干细胞疗法主要用于治疗中枢神经系统疾病、心肌梗死、糖尿病、白血病等。

(1) 神经干细胞移植治疗中枢神经系统疾病：神经干细胞在神经发育及损伤的修复中发挥作用。中枢神经系统在损伤后既不能萌发新的神经元，也不能产生有功能的轴突。临床上神经系统的许多疾病都是由于神经细胞死亡而引起的，比如常见的帕金森病、早老性痴呆症、多发性肌萎缩等。成体神经干细胞能够发育为有功能的神经元，并整合入原有神经回路。这就为神经系统损伤性、退行性疾病的修复治疗提供了可能。治疗的策略主要有两种：①移植外源性神经干细胞，使其分化为神经元、星型胶质细胞和少突胶质细胞，并可与邻近的神经元建立突触。和其他外源性移植不同，由于存在血脑屏障及干细胞所特有的原始细胞特性，神经干细胞移植的免疫排斥反应很弱，几乎不构成影响；②利用调控手段，刺激和促进内源性神经干细胞进行更新修复。这两种方法并非孤立。在病理状态下，干细胞的迁移、分化所需的微环境都被破坏，即使存在干细胞，修复也难以进行，只能是移植细胞大量死亡或仅分化生成神经胶质细胞。因此单纯移植外源性干细胞很难达到满意的修复效果。仅仅依靠刺激内源性神经干细胞，在某些情况下也难以奏效，如自身神经干细胞已被彻底破坏或退变严重，刺激不能产生正确应答，外源性神经干细胞的输入就不可缺少了。细胞移植是修复和替代受损神经元的有效方法，可部分重建细胞环路和功能，主要用于治疗病变较局限的神经变性病，这使得干细胞移植成为多数中枢神经系统损伤后最有前途的神经组织替代性治疗策略。

这种疗法为帕金森症患者的康复提供了希望，同时对脊髓损伤及中风也有治疗的可能。并且随着对神经干细胞特性、分化、移植等方面研究的日益深入，神经干细胞移植在中枢神经系统疾病治疗方面具有越来越重要的地位。

(2) 干细胞移植治疗心肌梗死：近年来，冠心病已经成为影响人民身体健康的“头号杀手”，心肌细胞缺乏增殖分化能力，心肌梗死后心肌细胞不能再生，最终为瘢痕组织替代，而这正是造成心肌梗死患者顽固性心力衰竭和死亡的主要原因。目前常规的治疗手段很难从根本上恢复心肌细胞数量，改善心脏舒缩功能。而心脏移植因供体缺乏、费用高、创伤大以及免疫排斥反应等原因使其应用受到限制。心肌的修复包括心肌的再生和血管的再形成。骨髓或外周血干细胞主要包括3种成分：间充质干细胞、造血干细胞和内皮祖细胞。其中间充质干细胞可能诱导分化成心肌细胞，而内皮祖细胞可作为很好的血管再生底物。因此，理论上讲，骨髓或外周血来源的干细胞治疗心脏病是极为有用的治疗手段。且随着干细胞移植研究的不断深入，以移植干细胞取代坏死心肌细胞、增加有功能的心肌细胞数量，从而改善心功能，从而为心肌梗死的治疗开辟了一条崭新的途径。

(3) 干细胞疗法治疗血液血管疾病：血液血管相关疾病包括白血病和其他难治性血液病、血栓性心脑及周围血管病、恶性肿瘤、急性放射损伤、系统性红斑狼疮和结缔组织病等，是我国发病率、病死率和致残率较高的疾病。干细胞移植技术是一些难治性血液病和免疫性疾病治愈的较好途径。其中造血干细胞用于血液病的治疗最为容易，它可以参与血液中所有血细胞的重建。造血干细胞分为短效和长效两种，通过荧光激活细胞分离技术或者根据细胞表面标志物阳性筛选富集造血干细胞进行静脉注射，可补充血液病某些血细胞的不足。

(4) 干细胞疗法用于治疗糖尿病：糖尿病是当今危害人类健康最为严重的疾病之一。全世界糖尿病患者已经超过1亿，且每年以200万人的速率增加。糖尿病的糖代谢紊乱引发一系列并发症，虽然给予外源性的胰岛素在一定程度上能够改善糖尿病人的糖代谢状况，但不能有效地防止或逆转糖尿病引起的微血管病变及并发症。

胰岛移植是治疗糖尿病的一个热点，胰岛移植不仅能够纠正糖尿病人的糖代谢紊乱，而且能有效地防止或逆转糖尿病的微血管病变。但供体的缺乏和存在免疫排斥反应限制了其应用。胰腺干细胞能定向分化成胰岛细胞，这为胰岛移植提供新的材料来源。同时，胰腺干细胞能向外分泌腺组织定向诱导，对于急、慢性胰腺炎的发生、发展及治疗具有重要作用，并能修复胰腺外伤导致的胰腺功能不全。

(5) 干细胞疗法用于治疗肝脏损伤：肝功能衰竭是多种急慢性肝病导致的临床综合征。急性肝功能衰竭经内科治疗后死亡率仍高达80%，慢性肝功能衰竭也是死亡率极高的危重症。目前的血液净化技术只能代替肝脏的部分解毒功能，疗效不太令人满意。肝移植对肝衰竭的治疗有效，但供体短缺及免疫排斥问题仍难以解决，费用昂贵且毒副作用多。生物型人工肝支持系统不但具有解毒功能，还具有肝脏的代谢与生物转化等其他功能，是比较理想的人工肝脏。以这种人工肝辅助支持肝脏功能，帮助病人度过危险期或等待肝移植，可提高急慢性肝功能衰竭患者的存活率。利用肝干细胞的强增殖能力，采用细胞移植来修复与治疗受损或病变的组织和器官，将是一个经济理想的治疗方法。

(6) 在其他方面的应用：正是由于干细胞具有的多潜能分化的性质，干细胞疗法用于整形外科、关节、肌肉骨骼和皮肤疾病的治疗。同时可用于视网膜病变的治疗和眼球表面疾病的治疗。

干细胞在各个疾病领域的治疗应用已初露头角，并显示出巨大的发展潜能，这为目前各种难治性疾病的治疗带来了曙光。

第2节 树突状细胞共培养的细胞因子

树突状细胞（dendritic cells，DC）是Steinman和Cohn于1973年首先报道的。因其成熟时有树突样或伪足样突起而得名。是白细胞中的一种，约占外周血单个核细胞的1%，是人体内最有效的专职抗原呈递细胞，可以摄取、处理、呈递不同类型的抗原，激活初始T细胞，引发抗原特异性免疫应答等。

DC分布于全身各组织脏器（除脑组织外）。郎罕氏细胞（langgerhans cells，LC），分布于表皮、胃肠道上皮；胃肠树突状细胞（interstitial DC）分布于心、肝、肺、肾等脏器；滤泡树突状细胞［follicular dendritic DC（FDC）］分布于淋巴结滤泡区；IDC（interdigitating cell），分布于胸腺依赖区和胸腺髓质。骨髓、外周血、脐血、胎肝、肿瘤组织和正常组织等均能分离或诱导出DC。DC的分化过程主要包括3个阶段：前体期、未成熟期和成熟期。①前体期：存在于外周血、骨髓、脐血和胎肝。具有产生各种髓系DC的潜能，是维持体内组织中DC数量和正常分布的源泉；②未成熟期：存在于外周免疫组织和其他器官。表达MHC-Ⅰ类分子、MHC-Ⅱ类分子、FcγR

Ⅱ、C3b 受体和某些 Toll 样受体。摄取、加工处理抗原能力较强，呈递抗原能力较弱。摄取抗原后向外周免疫器官迁移；③ 成熟期：存在于淋巴结等外周免疫器官，表达 CD1a、CD11c 和 CD83，高表达特异性抗原、MHC-Ⅰ、Ⅱ类分子、CD54、CD80、CD86、CD40 等黏附分子和共刺激分子，同时能分泌 IL-12。加工处理抗原能力弱，向 T 细胞呈递抗原能力强。

成熟的 DC 表现以下主要特征：① 细胞表面有许多树突样不规则突起；② 细胞表面具有丰富的有助于抗原呈递的分子，如 MHC Ⅰ类、Ⅱ类分子，共刺激分子 B7-1、B7-2，细胞黏附分子 ICAM-1、ICAM-3 以及淋巴细胞功能相关抗原 LFA-1、LFA-3 等；③ 在混合淋巴细胞反应中，既能激活 MHC 相同的自身反应性 T 细胞，又能激活 MHC 不同的同种反应性 T 细胞，而其最大特点是能够显著刺激初始型 T 细胞（naive T cells）增殖并建立初级免疫应答；④ 具有向局部淋巴细胞 T 细胞区迁移的能力；⑤ DC 激发 T 细胞增殖及抗原呈递能力是巨噬细胞和 B 细胞的 100～1000倍。体外培养获得的 DC 与纯化的体内成熟 DC 具有同样的抗原呈递功能，这是 DC 用于临床治疗恶性肿瘤的基础（图 10-2）。

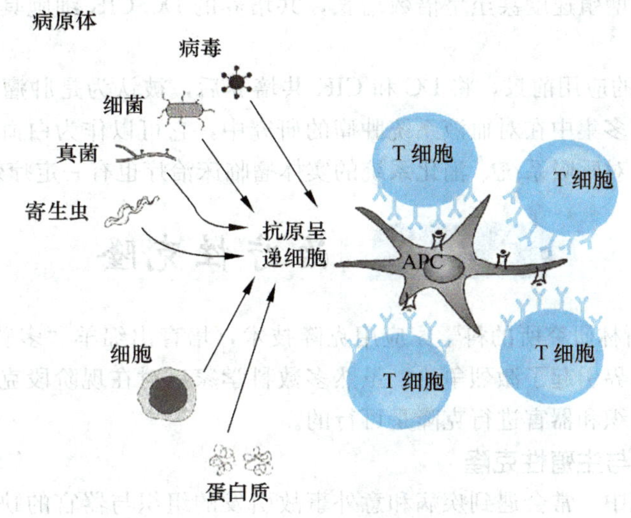

图 10-2　树突状细胞对抗原的呈递

细胞因子诱导的杀伤细胞（cytokine-induced killers，CIK）是将人外周血单个核细胞在体外经过多种细胞因子（如 IFN-7、rIL-2、抗 CD3McAb 和 IL-lα）共同诱导获得的一群异质细胞。CIK 在肝脏中分布最多，其次为外周血，在人的骨髓细胞中至今未发现 CIK 细胞的存在。CIK 可同时表达 CD3 和 CD56 两种膜蛋白分子，它同时具有 T 细胞强大的抗肿瘤活性和 NK 细胞的 MHC 限制性杀瘤特点。CIK 的抗瘤作用特点是增殖速度快，杀瘤活性高，抗瘤谱广，对正常骨髓造血前体细胞毒性小，对多重耐药肿瘤细胞敏感，能抵抗肿瘤细胞引起的效应细胞 Fas-FasL 的凋亡等。它比淋巴因子激活的杀伤细胞（lymphokine activated killer cells，LAK）具有更强大的肿瘤杀伤活性。

目前认为 CIK 细胞的抗肿瘤作用机制主要是：① 释放具有细胞毒性的细胞质颗粒物杀伤靶细胞。CIK 释放胞质颗粒入细胞外间隔，通过颗粒内含物发挥对靶细胞直接杀伤作用。CIK 也可通过与黏附分子 LFA-1/ICAM-1 相互结合而分泌大量的含有 α-氮-甲苯碳酰基-左旋-赖氨酸硫甲苯酯的胞质毒性颗粒，这些颗粒能够直接穿透封闭的靶细胞膜进行胞吐，从而导致肿瘤细胞的裂解；② 产生大量的炎性细胞因子直接或间接杀伤肿瘤细胞。CIK 可分泌多种细胞因子（如 TNF-α、IL-2、GM-CSF、IFN-T 等），不仅对肿瘤细胞有直接抑制作用，还可通过调节机体免疫系统反应性间接杀伤肿瘤细胞；③表达 FasL，诱导肿瘤细胞凋亡。CIK 在培养过程中表达 FasL，能抵抗 FasL+肿瘤细胞引发的效应细胞 Fas-FasL 凋亡，又可诱导 Fas+肿瘤细胞凋亡，发挥对肿瘤细胞慢性杀伤作用，保证抗瘤活性的长期持久；④促进 T 细胞增殖活化。CIK 体内抗瘤作用可能与促进宿主体内 T 细胞增殖活化有关，原始的 $CD3^+$、$CD56^+$ T 细胞随 CIK 输注体内后，在宿主机体状态或肿瘤抗原刺激下转变成具有杀瘤活性的细胞毒性 T 细胞，发挥抗瘤作用。此外，DC 能够分泌刺激分子和细胞因子，促进 CIK 的活化和分化；通过刺激抗原特异性 T 细胞增殖，间接启动 CIK 而促进这一机制的实现。CIK 细胞对肿瘤细胞的杀伤具有非 MHC 限制性，因而 CIK 细胞对多种不同组织来源的肿瘤细胞均有杀伤作用。

DC 与 CIK 是肿瘤免疫治疗的两个重要部分，前者识别病原，启动获得性免疫系统，后者通过发挥自身细胞毒性与分泌细胞因子杀伤肿瘤。DC 与 CIK 共培养时，两者所分泌的细胞因子及表面分子表达的改变促进两者增殖，提高细胞毒效应，使机体的先天和后天免疫均被启动，具有增殖活性高、细胞毒性强、细胞因子释放量大、表面标志表达量高等特点。在共培养过程中，DC-CIK 的数目显著增多，增殖速度甚至呈倍数增长，共培养的 DC-CIK 细胞具有更高的肿瘤杀伤活性以及更广的抗瘤谱。

DC-CIK 具有广泛的应用前景，将 DC 和 CIK 共培养后，被认为是肿瘤过继免疫治疗的新希望。目前 DC 联合 CIK 多集中在对血液系统肿瘤的研究中，它可以作为白血病骨髓移植后的免疫治疗，降低其复发率。对呼吸系统、消化系统的实体瘤临床治疗也有一定疗效。

第 3 节 治疗性克隆

1997 年，英国罗斯林研究所的科学家应用克隆技术，培育出绵羊“多莉”后，“克隆人”的问题在世界各国及学术界引起了激烈争论。虽然多数科学家反对在现阶段克隆人类自身，但普遍认为，对病人所需的组织和器官进行克隆是可行的。

（一）治疗性克隆与生殖性克隆

在日常的医疗实践中，常会遇到疾病和意外事故引发的组织与器官的缺损或衰竭，此时就需要进行器官、组织的移植或修复。虽然目前器官移植手术已日臻成熟，但由于天然器官的来源极其有限，加之异体器官的排斥反应，更使手术的实施率和成功率很低。现在，异种器官移植技术尚在探索实验中。人造器官虽已被采用，但由于外形、材料等原因，目前多数还只能作为一种装置，供病人装在体外使用，而且价格也十分昂贵。所以，利用克隆技术来培育出人体的各种组织和器官，目前已成为许多国家的重点研究课题。

治疗性克隆所应用的技术一般也称体细胞克隆技术或核移植技术，其原理是将体细胞的细胞核与卵细胞核进行替换，以发展成新的胚胎干细胞。这一点与生殖性克隆是相通的。所不同的是，生殖性克隆通过将克隆的人类胚胎种植母体，导致克隆人的产生；而治疗性克隆利用胚胎干细胞克隆人体器官或组织，以供医学研究和临床治疗使用。在治疗性克隆研究中，科学家们希望利用这种换核胚胎干细胞诱导分化成治疗所需要的细胞，或所需要的组织，当然最理想的是诱导分化成所需要的器官。治疗性克隆的目的在于治病救人。

目前常用的克隆方法，是将体细胞的细胞核种植去核卵细胞中，当种植的细胞核与卵细胞融合后，卵细胞质中的蛋白质便会对种植细胞核的基因重新编码，使其 DNA 恢复到胚胎状态，使得种植的细胞核像普通胚胎一样发育。随着对治疗性克隆研究的不断深入，利用胚胎干细胞也可以培育出所需的人体组织，这种方法显然更符合伦理的要求。近年来，利用核移植技术和胚胎干细胞技术相继建立了人核移植胚胎干（nuclear transfer embryonic stem cell，ntES）细胞系和人-兔异种间 ntES 细胞。这两项阶段性研究成果的取得，标志着治疗性克隆研究的巨大进步。

（二）治疗性克隆的过程

治疗性克隆的过程主要包括核移植、胚胎干细胞的分离培养、体内外的诱导分化、胚胎干细胞的移植等方面（图 10-3）。

核移植是建立在核移植技术与人胚胎干细胞技术的基础上的。在具体实施这一方法有两条可行途径。其一是将病人体细胞核通过核移植技术显微注射至去核的人卵细胞中，待这种杂合卵细胞在体外培养发育成囊胚后，从中分离并扩增人的胚胎干细胞。其二是将病人体细胞核直接转入去核的已经分离并且稳定的胚胎干细胞中，形成杂合的胚胎干细胞。这两种胚胎干细胞在体外都可能诱导分化成所需移植的与病人遗传物质完全相同的细胞、组织乃至器官。核移植的成功受到许多因素的影响，包括受体细胞的类型、来源、重构的方法、激活、胚胎的培养、供体细胞的类型、供体和受体细胞周期的时期及卵母细胞供体的营养状况等。

胚胎干细胞系细胞（embryonic stem cells，ES）具有全能性，即具有分化发育为构成机体任何一部分组织器官的能力。囊胚内附在一侧的细胞团（内细胞群）是 ES 的常用来源。一般采用免疫外科手术、组织培养、机械剥离等手段分离 ES 并尽力避免内细胞群以外的胚外滋养层细胞的污染，以保证 ES 的纯度。同时，利用亚克隆纯化 ES 集落的方法可以得到生物学及形态学性状均一的 ES 细胞集落。ES 的培养条件极为严格，目的是保持 ES 细胞的全能性分化能力。常用的抑制 ES 细胞和原始生殖细胞（embryonic germ cell，EG）分化的因子是白血病抑制因子，维持 ES 细胞体外生长的因子是碱性成纤维细胞生长因子，去除这些因子时 ES 细胞和 EG 细胞会自发分化。目前检测 ES 未分化的指标有碱性磷酸酶、膜蛋白 ECMA-7、SSEA-1 和 OCT-4 等。

ES 细胞在适当的干细胞生长微环境下可以分化为体内任何一种成体干细胞。细胞因子对 ES 细胞的诱导分化具有以下特点：① 转化生长因子-1 和激活素-A 抑制内外胚层细胞发生，促进中胚层如肌肉细胞分化；② 视黄酸、碱性成纤维细胞生长因子、骨形成蛋白-4 和表皮生长因子可以诱导内胚层和中胚层细胞的分化；③ 肝细胞生长因子和神经细胞生长因子无特异性地促进 3 个胚层细胞发育。

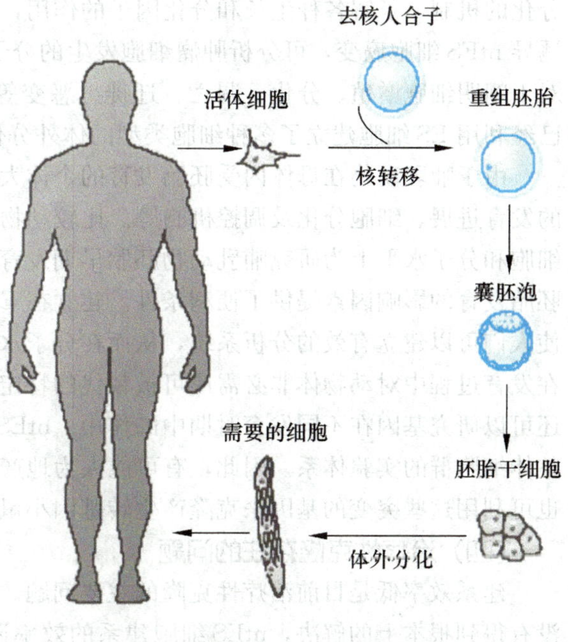

图 10-3 治疗性克隆示意图

ES 细胞的移植一般是利用组织工程学的方法，将治疗性克隆种植在一定支持物上，形成活的组织或器官替代物，用于修复、维持和改善人体组织和器官的功能。为保证稳定移植，避免畸胎瘤，ES 细胞必须为性状均一的未分化细胞。分化后的 ES 细胞在功能上必须与正常组织细胞相同，用于治疗时是安全的。因此在种植人体内之前，围绕此种细胞的有效性及核遗传物质的安全性需作大量研究。

（三）治疗性克隆的应用前景

20 世纪末生命科学的三大突破——基因工程、人体基因组计划、克隆技术兴起，其科学意义不亚于19世纪末物理学的三大发现——X射线、电子、放射性元素，克隆技术的兴起和发展。特别是体细胞克隆动物的成功，推翻了传统的细胞分化不可逆转的理论，提供了基础研究的新模型，而克隆技术和最新的人胚胎干细胞技术结合而产生的治疗性克隆更成为人类医疗历史上革命性的技术，是生命科学研究具有里程碑意义的重大突破。

ES细胞在生物医学的各个领域均有广阔的应用前景，ntES细胞也有着同样广阔的前景，为临床治疗学、细胞生物学、生物发育学、比较动物学等研究提供研究材料和方法。

在临床疾病的治疗方面，ntES细胞与普通的细胞移植治疗相比，具有革命性的进步。它以患者的体细胞为核供体，通过核移植技术获得的ntES细胞，与患者的遗传物质相同，可以消除受体对供体的免疫排斥反应，为目前多种疾病如心脏病、脊髓损伤、帕金森病、1型糖尿病等的治疗带来了新的希望。特别是一些目前还没有找出致病基因的遗传病，如脊髓侧索硬化症，ntES细胞移植是最有希望的治疗方法。目前已经应用ntES细胞在体内外分化成多种细胞，包括神经细胞和生殖细胞。目前，以能使ntES细胞向中枢神经系统细胞特定分化，能产生高效率的神经胶质细胞、寡突细胞、神经元细胞，包括多巴胺能神经元、γ-氨基丁酸能神经元等。细胞治疗的途径有两种：一是ntES细胞定向分化后移植。细胞扩增后，体外定向分化，对分化细胞进行纯化，将获得的目的细胞移植到病变部位，替代丧失功能的部分细胞；二是ntES细胞原位移植。与定向分化后相比，ntES细胞原位移植由于没有经过纯化，可能将污染的异源饲养层细胞带进移植部位；同时，ntES细胞没有转入经选择基因，无法控制种植细胞的命运，可能发生癌变；另外，ntES细胞分化成分复杂，目的细胞分化成分少，可能出现大量非必须细胞的分化。

在细胞生物学方面，通过研究ntES细胞的体外分化特性，可以识别某些靶基因，对人类新基因的发现，功能基因的研究，以及基因治疗的研究均有重要意义。通过探讨ntES细胞体外增殖和分化的机制，了解各种生长和分化因子的作用，为组织再生和修复的研究提供了新的工具；通过诱导ntES细胞癌变，可分析肿瘤细胞发生的分子机制；ntES细胞作为一种得天独厚的研究材料，对于阐明细胞增殖、分化、凋亡、迁徙、恶变等机制有着重要意义；自发现ES细胞以来，人们已经利用ES细胞建立了多种细胞类型的体外分化系统。

由于哺乳动物在母体内受胚胎发育的个体大小和内环境条件的限制，很难系统地研究其早期的发育进展、细胞分化及调控机制等。比较动物卵母细胞质对同种或异种细胞核发育的影响，在细胞和分子水平上为研究哺乳动物胚胎早期发育的调控机制提供了良好的材料与方法，也为研究胚胎发育的影响因素提供了便利条件。建立在ES细胞和基因打靶技术基础上的复杂的转基因系，使人们可以建立有效的分析系统，从而在分子水平上研究不同的生物学问题。它不仅可以将一些在发育过程中对动物体非必需或可被替代的特定基因进行敲除，在体内进行功能缺失研究，而且还可以研究基因在不同发育时期中的作用。ntES细胞作为一种体外细胞系，提供了一个研究处理整体细胞群的实验体系。因此，有可能人为地产生一些基因突变，如对胚胎致死性基因的研究等，也可利用这些突变的基因来克隆产生转基因小鼠，从而建立基因突变的模型。

（四）治疗性克隆存在的问题

建系效率低是目前治疗性克隆的主要问题。由于目前核移植和干细胞自身的许多基础问题还没有得到根本上的解决，ntES细胞建系的效率还很低。在建立由患者自身染色体编码的ntES细胞系研究中，体细胞核分化程度的高低决定了制备人ntES细胞的效率。源于不同类型供核细胞衍生的囊胚建立的ntES细胞系效率有很大差别，用终末分化的供体细胞如淋巴细胞、NK细胞和神经元为供核的低于10%，成纤维细胞平均为20%，而ES细胞则可达50%左右，神经干细胞甚至可达64%。研究结果表明，NT胚胎发育效率较低主要是由于核的重编程不完全而造成的。在正常发育过程中，早期胚胎进行一系列精密调控的 DNA 甲基化和组蛋白修饰，一般认为，这一系列变化在建立适于早期胚胎基因表达的染色质状态中起着重要的作用。低甲基化的神经干细胞和高度甲基化的体细胞经化学处理降低甲基化水平后作供核可有效提高 ntES 细胞的建系效率。因而采用患者的成体干细胞或经处理的体细胞作为供核有望提高 ntES 建系效率。

另外，在人、动物 ntES 细胞的研究中，供体核的年龄对 ntES 细胞的形成效率影响不明显，但是对囊胚形成早期有影响。供体核的年龄对囊胚形成早期有影响，但是在囊胚期，年龄对体细胞核的重编程潜力没有影响。治疗性克隆的理论基础是核移植后的重编程，但对这一过程的认识仍较为肤浅。重编程的质量与囊胚形成效率乃至胚胎干细胞建系效率是密切相关，因此，通过核移植建 ntES 细胞系效率的进一步提高有待于对重编程机制更深入的认识。

建立 ntES 的卵母细胞的来源也是目前治疗性克隆所面临的问题。卵母细胞的来源是目前治疗性克隆发展的一个重要的限制因素。NT 胚胎的发育率低及 ntES 细胞建系的效率低下的直接后果是大量宝贵的卵母细胞损耗，对人而言，卵母细胞的来源主要依靠志愿者捐献和切除的卵巢，数量非常有限。解决这一问题的关键是用新的策略获得卵母细胞。一种方法是诱导 ES 细胞分化成卵母细胞。从理论上可以收集到数量无限的卵母细胞，大大减少对人卵母细胞的需要量。Oct4 蛋白是一种 DNA 结合蛋白，在胚胎发育早期，*Oct4* 基因的表达在促进胚胎生殖细胞的形成中起重要作用，被认为是生殖细胞特异性基因。

在 ntES 细胞的产生过程中，去核卵母细胞只是为供核重编程发育至囊胚提供了一个环境，除了线粒体 DNA（mtDNA）以外，去核卵母细胞并不携带自身的遗传物质。因此，另一种方法就是利用非灵长类异种哺乳动物的卵母细胞，倒如用兔的卵母细胞获得了人-兔异种 ntES 细胞。正常胚胎发育过程中，mtDNA 通过卵母细胞传递给后代。然而在重构胚中，mtDNA 主要来自卵母细胞及也有部分来自供核细胞。目前已证实，在异种核移植胚线粒体的来源存在 3 种变化模式。第一种是供体细胞线粒体随着胚胎发育逐渐消失，受体卵母细胞中的线粒体增殖。最后在数量上占主导地位。这在同种克隆和亲缘很近的异种核移植中常见；第二种是供体细胞线粒体随着胚胎发育不断增殖，而受体卵母细胞线粒体则逐渐消失。最后供体线粒体完全取代受体线粒体；第三种是供体和受体的线粒体两者共存。这些都为制备人异种 ntES 细胞时卵母细胞的来源提出了挑战，有研究表明，组织相容性复合物可能通过线粒体进行转移。已观察到体细胞中失活的 X 染色体能够在核移植重编程中被再度激活，但这样的重编程并不能有效调节 X 染色体在随后发育进程中有序的失活，而造成各种发育异常。因此，也许选用与人亲缘较近的灵长类动物卵母细胞作人的体细胞异种核移植，有望解决异种动物线粒体产生对人不利的影响。另外，人和动物的重构胚还存在安全性问题（如动物卵母细胞携带病原体等），尚待解决；受体卵质中所带的异种蛋白，包括细胞器及 mRNA，它们的命运，是否电会像线粒体一样完全被供核体所取代或共存，还有待进一步证明。利用动物去核卵母细胞与人体细胞融合而产生的异种胚胎来制备 ES 细胞的伦理问题，也是争论的一个焦点，人畜细胞不可避免的结合和相互作用侵犯了生命的尊严。因此，从长远看，应该发展非卵母细胞依赖的 ES 细胞培育方法。

治疗性克隆同样面临着 ES 细胞的培养与诱导分化问题。目前所建立的人 ES 细胞系大多都是采用小鼠饲养层和动物血清进行培养，由于异源细胞和蛋白的污染，这些细胞系只能用于实验，不能供临床使用。因而在无动物源性培养条件下建立人胚胎干细胞系是用于临床治疗的先决条件。而随着相关研究的不断深入，证实了人血清和人成纤维细胞可替代动物源性的血清和饲养层用于人 ES 细胞的分离和长期培养。同时，在 ES 细胞移植过程中，仍需对有效控制种植的 ES 细胞不向肿瘤细胞分化的条件进行研究。

第 4 节 核移植与重编程

核移植（nuclear transfer，NT）是指将胚胎细胞或体细胞核移入去核的卵母细胞或合子中，使供核与受卵胞质体融合，并完成供核的重编程与激活，及重构胚胎的发育等一系列过程。这种不经过受精而获得新个体的方法又称克隆（cloning）。

细胞核移植技术的出现可以追溯到三四十年前，英国和美国的一些科学家相继完成了青蛙、蟾蜍的细胞核移植，培养出没有父代的小青蛙、小蟾蜍。到了 1977 年，哺乳类动物的细胞核移植成功了，7 只“身世神秘”的小老鼠来到了世上。而中国武汉的科学家们奉献的“鲤-鲫鱼”，则是不同种动物间细胞核移植的一次创举。

（一）核移植的分类

按照供体细胞核来源的不同，可将核移植分为胚胎细胞核移植、胚胎干细胞核移植和体细胞核移植；按移植目的的不同，可分为治疗性克隆和生殖性克隆；而按供受体种间关系的不同又可将核移植分为同种核移植和异种核移植。

（二）核移植的技术操作过程

核移植的技术操作过程主要包括核受体和核供体的处理和制备、核移植、重组胚的体外或体内培养、核移植胚胎移入代孕母畜（寄母）等步骤。

（1）核受体细胞的准备：作为细胞核移植的受体细胞主要有去核的卵母细胞、受精卵和 2-细胞胚胎 3 类，其中卵母细胞应用最为广泛。这是因为在卵母细胞的细胞质含有某种特定的因子，可以使移植核中所含有的基因表达程序发生重新排列，使已经分化了的细胞重新回到发育过程的原点，同受精卵一样开始个体发育过程。研究证明，体外成熟培养的卵母细胞核移植成功率不如体内成熟的卵母细胞，其原因可能是卵母细胞在体外成熟过程中，需要合成一些蛋白质来完成第一次减数分裂，体外成熟的一些卵母细胞其活动有可能受到抑制。而卵母细胞的来源有两种方式：一是用激素对雌体进行超排处理，从输卵管冲出体内成熟的 MⅡ 卵母细胞；二是从屠宰场收集卵巢，吸出滤泡中的卵丘-卵母细胞复合体（COCs），在体外培养成熟后作为受体。

（2）核供体细胞的准备：供体核可以是早期胚胎细胞、胚胎干细胞和体细胞。早期都采用合子核到 64 细胞期的胚胎细胞核质体分裂球作供体细胞核。从 20 世纪 80 年代开始，随着胚胎干细胞（embryo stem cells，ES）的建立及对其研究的深入，人们对胚胎干细胞在核移植方面的应用前景寄予厚望，但 ES 建系太困难，仅在小鼠上获得成功。从 1997 年多莉羊的出现，开始了体细胞的核移植并得到了较快的发展。在核移植操作中，细胞核供体细胞首先必须是完整的二倍体，该细胞必须保持有供体动物完整的基因组；其次，供体细胞核必须能够在受体细胞质的作用下，产生细胞分化过程的倒转，变得如同刚刚受精的合子一样，能重新完成从受精到发育成一个正常动物个体的全过程。卵母细胞去核程序与重构胚中再程序化状况密切相关，去核率越高，其克隆胚最终发育成正常胚的可能性越大。去核率的高低与卵母细胞所处的成熟时期以及所采用的方法密切相关。

卵母细胞去核常见的方法有盲吸法、半卵法和末Ⅱ期去核法等。盲吸法是用微细玻璃管在第一极体下盲吸，吸除第一极体及处于分裂中期的染色体和周围的部分细胞质，缺点是成功率低。为提高去核率，利用 Hoechst33342 染料对染色质的特异性染色作用，在荧光显微镜下去核后判断去核是否完成，可使去核准确率大为提高。半卵法是用微细玻管针在透明带上做一切口后，用微细玻璃管吸去一半染色质至另一半空透明带内，即将卵母细胞分为两半，然后用 Hoechst33342 染色，确定不含染色体的一半为细胞质受体。末Ⅱ期去核法是把卵母细胞先激活使之处于末Ⅱ期，在排出第二极体时吸出第二极体及周围的少量细胞质，从而达到去核。这种方法避免使用 DNA 染料和经紫外线照射来定位染色体，并且去除的细胞质相对较少。该去核方法比 MⅡ期去核的成功率有显著提高，缺点是细胞质容易老化，且不确定能否对基因组完全重排序并顺利完成后期发育。

(3) 细胞核移植：常用的方法有两种，即胞质内注射和透明带下注射。胞质内注射是用一个外径 5～8μm 的注核针吸取供体核后直接注射进卵母细胞胞质内的方法。透明带下注射则是把供体细胞核注射在透明带与卵母细胞之间的卵周隙中，核移植后用电刺激进行细胞融合。

(4) 激活：卵母细胞的激活涉及的因素很多，无论是受精引起的卵母细胞激活还是人工的激活，都会引起卵母细胞发生一系列的反应，这些反应是胚胎发育所必需的。其激活原理是通过电刺激、钙离子载体等方法，使卵母细胞从 MⅡ期中解放出来，并转到“受精”的状态。对于 G_2 期和 M 期的供体核即 4 倍 DNA 供体，在融合时可采用不引起卵母细胞活化的仙台病毒或细胞质内注射，然后再给予激活处理，使一半 DNA 以极体方式排出，随后形成原核及正常二倍体细胞；对于 G_0、G_1 及 S 期供体核，可采用融合前激活和融合时激活两种方式，以防止供体核形成中期板而导致染色体的不正常。通常只有成熟的去核卵母细胞被激活前或激活后 30min 进行融合，移入的供体细胞核才发生降解，并重新聚合形成新核膜，若超过 30min 再融合，虽然移入的供体核才发生降解，这可能会使供体染色质与受体细胞质诸因子的有效相互作用受到抑制，从而使再程序化过程受阻。

融合率与受体卵母细胞的时龄有关，并且还与核供体接触的面积和接触的紧密程度有关，而与移入的卵裂球处于什么时期无关，卵裂球体积变小对融合率也无显著的影响，且与细胞期也无显著差异。随着卵母细胞在体外成熟时间的延长，进而老化，成熟促进因子（MPF）下降，易激活。体外成熟老化的牛卵母细胞对温度诱导激活高度敏感，在一定的温度诱导激活下，卵母细胞染色质聚缩，“自动去核”的频率高。幼稚卵母细胞不容易在室温下激活，即使激活也不稳定，可能逆转到中期（图 10-4）。

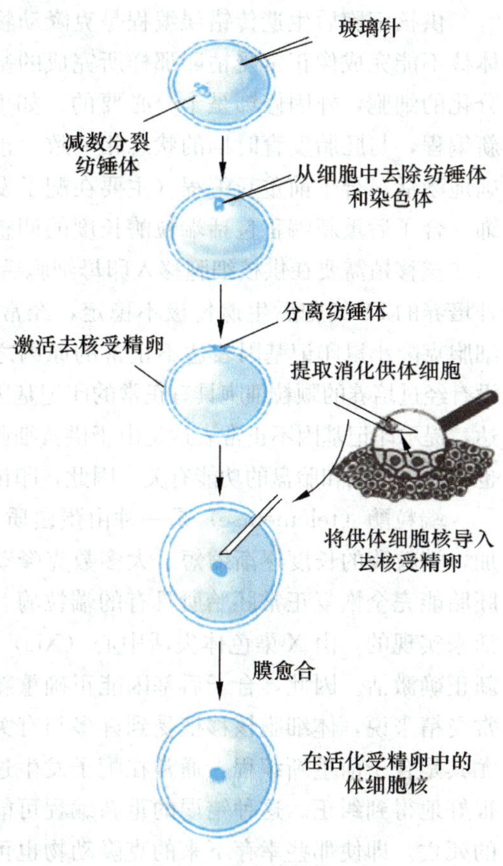

图 10-4 核移植操作过程

(5) 重组胚的体内或体外培养：经融合和激活的重组胚移入中间受体作体内或体外培养，观察重组胚的发育率。羊、牛、猪的核移植胚常采用体内培养方法获得桑葚胚和囊胚，即羊和牛的重组胚用琼脂包埋后移入休情期的母羊结扎的输卵管中体内培养 4～7d，发育至桑葚胚和囊胚。猪的核移植重组胚移入同期化受体母猪输卵管内作体内培养 7d，发育为囊胚。大鼠、小鼠和兔的核移植胚多作体外培养 6d，发育至桑葚胚或囊胚。

(6) 胚胎移植：重组克隆胚胎移植的受体母畜要选择皮毛颜色与供体品种不同、繁殖性能强、体格稍大的当地品种，进行同期发情处理，按常规方法移植至代孕母畜（寄母）的子宫中，待其发育到产仔。

（三）核移植技术的应用

由于核移植所具有的诸多特点，核移植技术可广泛用于：制备转基因克隆动物，进行生物药物生产；培育优良畜种，扩大良种种群；开展异种动物克隆，拯救濒危动物；与干细胞技术结合，开展治疗性克隆；利用核移植技术，研究生物学的基本问题。

（四）核移植存在的问题及可能的发生原因

目前大多数克隆动物在妊娠早期死亡，只有少数能出生或存活；且由于动物种类和细胞类型不同，克隆出来的动物都存在一定程度的异常，如出生体重增大、肺部发育不全、早衰等。目前，核移植总体效率很低，其影响因素很多，如卵母细胞质量、供核细胞的种类、核质互作关系、供核重新编程、操作水平、培养条件及外界环境等，众多因素可能引起的核不完全重新编程是核移植效率低的主要原因。供核细胞后生遗传的错误编程：有些克隆动物的异常与供体细胞的类型有联系，但一般情况下这些异常表型不会遗传给下一代；虽然不同物种自然产生的后代之间存在很大的差异，但是所有物种克隆后代发育异常却很接近，机体老化和细胞体外培养过程中基因的异常会不断地堆积。这说明是后生遗传（epigenetic）而不是基因组本身造成的这些异常。后生遗传的变化在DNA或染色质上是可以逆转的，通常在生殖细胞中可以消除。

供核细胞后生遗传错误编程是克隆动物发育异常的最可能的原因，也就是说来自体细胞的供体核不能完成像正常受精卵那样所完成的基因组次生性修饰。体细胞核移植中，体细胞作为高度分化的细胞，外因修饰是十分必要的。如DNA甲基化，组蛋白修饰以及整个染色质结构都要重新编程，与胚胎发育时期的状态相一致。正确地重新编程确保胚胎发育过程中各个基因有序地正确地激活。合子前重新编程（主要在配子发生过程完成）包括基因印记的获得及大多数基因的修饰。合子后重新编程包括端粒酶长度的调整和X染色体失活。

核移植需要在供核细胞移入卵母细胞后很短时间内完成像正常发育过程中合子前重新编程。体外培养的ES细胞后生遗传极不稳定，经常获得或失去基因组印记（genomic imprints），这也是ES细胞克隆小鼠印记基因表达不正常的原因之一。供核细胞不正常的印记基因在核移植后不能纠正。没有经过培养的颗粒细胞具有正常的印记基因，但以其作为核供体克隆小鼠也有不正常的印记基因表达，提示印记基因不正常表达是由于供核细胞后生遗传状态和核移植程序共同作用的结果。印记基因也与胎儿生长和胎盘的功能有关，因此，印记基因的异常表达也是造成克隆动物不正常的原因。

端粒酶（telomerase）是一种由蛋白质和RNA构成的核糖核蛋白体。随着细胞分裂次数的增加，端粒酶的长度逐渐缩短。大多数克隆动物端粒酶长度保持正常甚至比正常的还长。说明克隆胚胎能完全恢复正常胚胎所具有的端粒酶。在雌性哺乳动物，剂量补偿是通过一条X染色体的失活来实现的，由X染色体失活中心（Xic）控制。雌性体细胞克隆胚胎中，失活的X染色体能重新正确激活。因此，合子后基因能正确重新编程，并不妨碍克隆胚胎的发育。总之，相对体内正常受精来说，体细胞核移植受到许多与有关供体细胞后生遗传重新编程等基础生物学问题的限制。尤其是合子前重新编程，通常在配子发生过程完成修饰作用，一些异常基因在核移植过程中不能很好地得到纠正。这种错误的重新编程可能导致不正常的表型、异常基因表达及大多数克隆胚胎的死亡。即使那些幸存下来的克隆动物也可能表现出多种多样不同程度的异常。

含有完整细胞核的动物细胞携带形成完整个体所必需的全部遗传信息，具有结构上的完整性和功能上的全能性（totipotency），因此，任何一种分化阶段和分化类型的细胞都可以在内外环境因素的影响下重新程序化产生新的表型和功能，导致细胞命运的改变，这个过程称为细胞核重编程（nuclear reprogramming）。核重编程是指核移植后核供体停止本身的基因表达程序，恢复为胚胎发育所需的胚胎化基因表达程序状态，即核移植后基因活性的变化。分为核重塑和重编程两个方面。该过程包括染色体结构的重建、DNA甲基化、组蛋白乙酰化、印记基因表达、X染色体失活等。经过核重编程供体核的基因由分化状态重新恢复为初始基因表达状态。

(五)细胞核重编程

正常哺乳动物的胚胎发生从受精开始，精子与处于第二次减数分裂中期的卵子结合后，卵子迅速完成第二次减数分裂，精子和卵子的细胞核分别称为雄原核和雌原核。两个原核在细胞中部靠拢、核膜消失、染色体混合，形成二倍体受精卵。受精卵在向子宫行进的同时，便开始了不断的卵裂，经多次卵裂，成为一个有很多细胞的桑葚胚，桑葚胚的细胞继续分裂发育为囊胚。囊胚中心为囊胚腔，囊胚壁由单层细胞构成，称滋养层，以后发育为胎盘的绒毛膜。位于囊胚腔内一侧的一大群细胞，称内细胞团（inner cell mass)，将来发育为胚胎。在以后的发育过程中，细胞开始分化，以特定的形态和功能参与组织器官的形成。过去一直认为细胞的命运一旦确定，将不再发生改变。1997年多莉羊的出生向人们证明，高度分化的体细胞在一定的环境中可以发生去分化，并且完全可以发育为新的个体。将体外受精发育到囊胚期的内细胞团细胞，在体外合适的条件下培养可以建立胚胎干细胞系。在受精卵形成和早期胚胎发育过程中，经历了一系列细胞核的重编程变化，重编程并不是依靠对基因本身实际序列的调整得来的，而是对表观遗传学特征进行重新编写。

血液、皮肤、中枢神经系统、肝脏、胃、骨骼肌、睾丸等组织中还广泛存在组织特异性干细胞，能够不断分化为所在组织类型细胞，使受损的组织得到再生并维持组织的动态平衡。比如持续缺血、缺氧刺激会导致损害的肾小管上皮细胞转变为肌成纤维细胞，直接参与肾间质纤维化过程；乳房脂肪细胞在女性孕育期转化为泌乳细胞，孕育期过后又重新逆转为脂肪细胞。因此，细胞核重编程是个体发育、适应机体病理生理变化需求的一个策略。

核重编程包括染色体结构的重建、DNA甲基化、组蛋白乙酰化、印记基因表达、X染色体失活等。了解正常胚胎的细胞核重编程是进一步研究胚胎干细胞核移植后细胞核重编程的基础。

(1) 染色体结构的重建与组蛋白乙酰化：组蛋白是一种碱性蛋白，主要包含有核心组蛋白H2a、H2b、H3、H4以及连接组蛋白H1。核心组蛋白八聚体与连接组蛋白H1以及环绕在其周围的一段DNA链共同组成了染色体的基本单位——核小体，其中H3、H4富含精氨酸；连接组蛋白H1富含赖氨酸；H2a、H2b介于两者之间。组蛋白尾端存在有大量的赖氨酸和精氨酸残基，并伸向核小体外。组蛋白乙酰化是一个可逆过程，其在组蛋白乙酰基转移酶（histone acetylase，HAT）和去乙酰基转移酶（histone deacetylase，HDAC）的作用下，将乙酰辅酶A上的乙酰基结合到组蛋白N端的赖氨酸残基上或去除，以实现对基因表达的调控，一般作用于组蛋白H3的Lys9、Lys14、Lys18、Lye23和H4的Lys5、Lys8、Lys12、Lys16位点。乙酰基在组蛋白HAT的作用下与这些赖氨酸残基位点相结合，以中和组蛋白所带正电荷，降低其与DNA链的亲和性，干扰染色质的稳定结构，有效防止染色体的折叠，使转录核小体处于开放状态，并且刺激RNA聚合酶催化转录。HAT通过影响染色质结构来增加转录活性，而HDAC作用下的去乙酰化过程也可能与基因转录的激活有关，二者可能分别促进一些特定的转录因子形成转录复合物，从而激活或抑制基因转录。因此，组蛋白的乙酰化和去乙酰化与染色质的结构、基因的表达有着密切的联系。

哺乳动物精子形成过程中，细胞核中的组蛋白被鱼精蛋白取代，使染色质高度浓缩，精子基因组处于无转录活性状态。一旦受精后，精子核直接与卵的细胞质作用，发生核膜破裂和染色质去浓缩，随后在去浓缩的染色质周围重建核膜，形成雄原核。在去浓缩过程中原先精子核中的鱼精蛋白迅速被卵母细胞胞质中乙酰化的组蛋白替换，该过程在受精后数小时内完成，DNA随即通过ATP依赖途径缠绕到组蛋白八聚体上。八聚体包括H2A、H2B、H3和H4。它们之间通过连接组蛋白来稳定。这种特殊的H1蛋白在2-细胞期前都与DNA相连，正常时直至4-细胞期时由体细胞H1蛋白替代。

组蛋白重新取代鱼精蛋白是精子染色质重新活化和DNA复制的前提，这个过程使精子核更暴露而容易接近，并拥有更易转录的染色体构型。组蛋白的修饰状态与基因表达密切相关，组蛋白中被修饰氨基酸的种类、位置和修饰类型称为组蛋白密码（histone code），它决定了基因表达调控的状态。通常组蛋白在转录活性区域乙酰化，使与其结合的基因处于转录活化状态，而低乙酰化的组蛋白位于非转录活性的区域。组蛋白H3/H4的乙酰化和H3K9的甲基化可引起更为开放的染色质结构，使转录因子更易接近。组蛋白取代鱼精蛋白的过程与核膜的形成和父源基因组去甲基化同步，父源DNA的进行性去甲基化又伴随着组蛋白的修饰、卵母细胞特有的组蛋白Hloo的丢失和非组蛋白的募集。在有丝分裂末期到来时，着丝粒复合体组成蛋白中的着丝粒蛋白A和B组装到DNA上。在主动去甲基化完成时，随着S期的开始，转录因子（如：TATA盒蛋白和Spl）将结合到DNA上为转录作准备。

（2）DNA甲基化：DNA甲基化（DNA methylation）是哺乳动物基因组表观遗传修饰的主要方式，是最常见的表观遗传学现象。DNA甲基化是指在DNA甲基转移酶（DNMT）的作用下，将S-腺苷甲硫氨酸（SAM）的甲基有选择性地转移到DNA分子中的胞嘧啶残基5-碳原子上形成5-甲基胞嘧啶的过程。截至目前，已经发现的DNA甲基转移酶有3种，即DNMT1、DNMT2和DNMT3。其中DNMT1的主要作用是识别处于半甲基化状态的CG序列，并在细胞分裂过程中对新合成的DNA链进行甲基化和维持其DNA的甲基化模式；DNMT2的生物活性较低，目前对其具体功能的了解还不清楚；DNMT3由DNMT3a和DNMT3b共2种酶组成，属于从头甲基转移酶，主要作用是建立新的甲基化模式，对未甲基化DNA链进行半甲基化，进而再全甲基化，通常出现于甲基化早期并参与细胞生长分化调控。DNA甲基化在基因表达调控、基因组印记、分化发育和细胞增殖等方面都起着重要作用。哺乳动物基因组甲基化是一种动态的表观遗传修饰方式，其表达水平因细胞种类、细胞分裂周期的不同而有所差异。一般情况下，哺乳动物体细胞的甲基化程度较高，而生殖细胞甲基化程度较低，其中卵子的甲基化程度较精子低。

在甲基转移酶作用下，将甲基加在DNA分子的碱基上。常见的DNA甲基化发生在胞嘧啶第5位碳原子和甲基间共价结合，胞嘧啶被修饰为5-甲基胞嘧啶。与DNA甲基化相反的是DNA去甲基化，就是5-甲基胞嘧啶被胞嘧啶代替的过程。去甲基化一般分为主动去甲基化和被动去甲基化（又称复制相关去甲基化）两种方式，主动去甲基化是在去甲基化酶作用下利用核苷酸切除和连接步骤而进行的核苷酸替代过程；而被动去甲基化是由于DNA复制而造成甲基化的丢失，可能是通过对核中Dnmt的清除来实现的。在哺乳动物早期胚胎的发育过程中，基因组甲基化状态有很大的变化。在雌雄配子中的DNA甲基化程度很高，受精后的早期胚胎发育中，在新合成的DNA上不能维持原有的甲基化，使整个DNA甲基化程度出现阶梯式下降。雄原核中父源DNA在结合组蛋白后迅速发生主动去甲基化，这种去甲基化一般在父源DNA复制开始前完成。在快速父源染色体基因组范围去甲基化之后，出现缓慢的被动去甲基化。父源DNA去甲基化的机制还不清楚，可能与卵细胞质中某些因子有关，它们能诱导DNA去甲基化而使父源基因发生重编程。雌原核中母源DNA在后续的分裂中被动去甲基化。早期胚胎发育中，在桑葚期甲基化程度降到最低点，到囊胚期早期多数基因已经完成去甲基化，但基因组中仍保留一些甲基化区域，如印记基因、着丝粒卫星等。在DNA甲基化程度到最低点后，从桑葚期（牛）或囊胚期（鼠）开始又出现DNA重新甲基化，重新甲基化与胚胎时期第一次分化事件同步，产生内细胞团和滋养层的两个细胞系，其中内细胞团和滋养层细胞发生有差异的甲基化（图 10-5）。

DNA 甲基化直接影响基因组印记的形成和维持。人们在对小鼠和人体中印记基因的研究中发现，大部分基因组印记受同一 DNA 链上的印记控制区位点调控，而这些位点则是甲基化的直接目标。来自父本和母本的等位基因中，有一方等位基因的调控区位点会被甲基化，当这些位点的甲基化模式出现异常则可能导致其印记基因的异常表达，从而造成克隆动物的失败。由于 DNA 甲基化异常所造成的印记基因的异常表达，在一定程度上也导致了克隆效率的低下和克隆动物发育的异常。目前，人们主要通过使用一些药物来降低核移植胚胎的 DNA 甲基化水平，例如 5-氮-2′-脱氧胞苷作为一种胞嘧啶核苷类似物，可以与 DNA 甲基转移酶结合，有效降低其活性，从而达到去甲基化的作用。

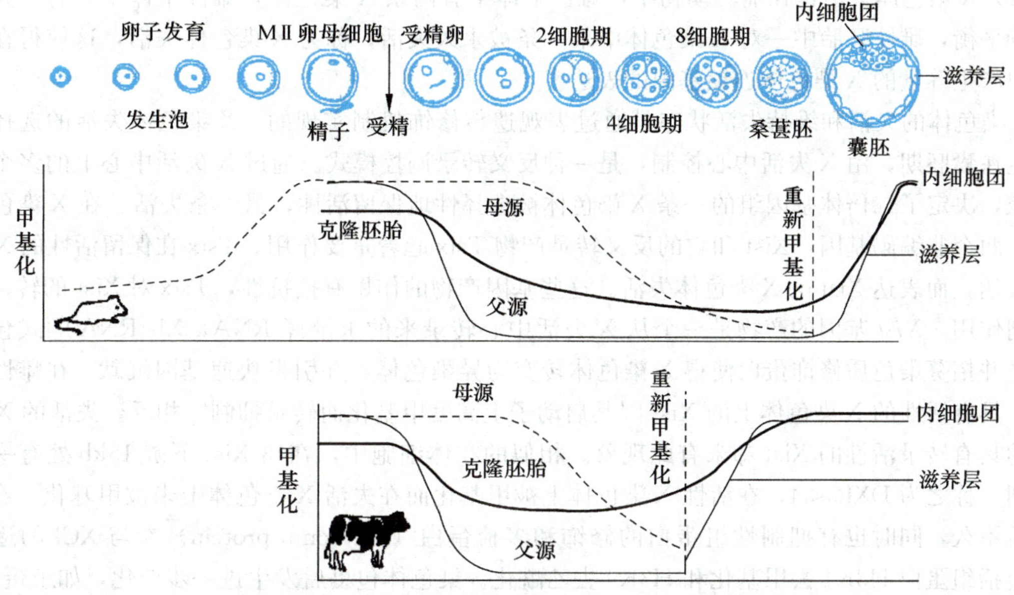

图 10-5　在正常早期胚胎和克隆胚胎发育过程中的 DNA 甲基化变化

在小鼠中，生发泡的 DNA 甲基化随卵母细胞的增大而增多。受精后，父源基因组（实线）DNA 主动去甲基化以及母源基因组（虚线）DNA 被动去甲基化。重新甲基化在囊胚阶段发生，并且内细胞团和滋养层有着差异甲基化。在克隆胚胎中（粗线），DNA 去甲基化发生在囊胚阶段前，在核移植后但在重新甲基化前，并且存在滋养层的甲基化异常（超甲基化）。

在牛中同样存在父源 DNA 的主动去甲基化与母源 DNA 的被动去甲基化，并随后在 8-到 16-细胞期时重新甲基化。在克隆胚胎仅在 4-细胞期就发生“早熟”的重新甲基化，并且滋养层超甲基化。

（3）基因组印记：基因组印记（genomic imprinting）或基因印记（gene imprinting），是指亲代起源的等位基因选择性的表达，即来自父方或母方的等位基因在通过精子和卵子传递给子代时发生了修饰，使后代仅仅表达父源或母源等位基因的一种，基因组印记的机制与 DNA 甲基化密切相关。小鼠和人体中有 100 多个印记基因，其中 80%成簇，受位于同一链上的印记控制区位点调控，这些位点是甲基化的直接目标，来自双亲的两个等位基因之一的印记控制区会被甲基化，配子形成过程中印记控制区附近的序列和非组蛋白都参与了这种特异性甲基化。

对印记的进化有许多假说，最受认同的是它反映了父源和母源基因不同的利益关注，包括在怀孕期间母亲和后代之间对母亲资源的竞争，即基因抗争理论。这一理论的基础是很多印记基因是在哺乳动物的胚胎或胎盘中起作用的，一些重要的印记基因仅在胎盘中显示出对某一特定亲源基因的表达，然而在胚胎细胞系中两个等位基因均表达。印记基因等位基因的显著表达形式可以早在2-细胞期就建立起来，在囊胚阶段可以观察到许多印记基因的单个等位基因表达，即在发育早期全基因组的DNA甲基化的重新建立后发生。受精的胚胎含有甲基化DNA，其中一些位于印记基因上，而大多数的甲基化位于非印记序列。在早期胚胎发育过程中进行非印记基因序列的去甲基化，但印记基因不受这种去甲基化的影响，印记基因也不参与全基因组的重新甲基化。在小鼠和人的胚胎中发现，卵母细胞特有Dnmtl（Dnmtlo）被认为在维持印记特征中起重要作用，除了8-细胞期外，Dnmtlo在种植前一直定位于胚胎细胞的细胞质中，在8-细胞期转移到细胞核中维持印记基因的甲基化水平。大部分印记基因在胎儿的生长和发育中起着作用，尤其是对胎盘发育中的作用，印记基因对出生后的行为和认知有一定影响，印记错误会造成发育缺陷及引起疾病。

（4）X染色体失活：在哺乳动物中，雌性个体中有两条X染色体，雄性个体中只有一条，为了保持平衡，雌性胚胎中一对X染色体中某一条被永久失活，称为X染色体失活，这使得在雌雄个体中产生等量的X染色体连锁基因的表达。

X染色体的失活和维持失活状态是通过表观遗传修饰机制实现的。X染色体失活的选择和启动发生在囊胚期，由X失活中心控制，是一种反义转录调控模式。通过X失活中心上的多个元件的调控，决定了二倍体基因组的一条X染色体被选择性地保留活性，另一条失活。在X染色体失活中，两个非编码基因，Xist和它的反义转录产物Tsix起着重要作用。Tsix在保留活性的X染色体上表达，而表达Xist的X染色体失活。这些基因产物的作用有拮抗性，Tsix对Xist的转录调控起抑制作用。*Xist*基因的产物是一个从X失活中心转录来的未翻译RNA，XistRNA顺式包裹X染色体并招募染色质修饰蛋白使得X染色体转变为异染色体，并引发快速基因沉默。在雌性体细胞中，具有活性的X染色体上的Xist因其启动子上高度甲基化而转录抑制，相反，失活的X染色体上的具有转录活性的Xist却未有此现象。相似的在体细胞中，在离Xist下游15kb处有一段重复序列，称之为DXPas34，在活性X染色体上被甲基化而在失活X染色体上未被甲基化。在Xist出现后不久，同时也有抑制性组蛋白的修饰和多梳蛋白（polycomb protein）参与XCI的逐渐形成，包括组蛋白H3K4去甲基化和H3K9去乙酰化。染色体包裹后发生进一步变化，如组蛋白H3的低乙酰化和组蛋白H3K9、H3K20、H3K27的甲基化。XCI同样有印记效应，在小鼠研究中表明，印记XCI在着床前的发育中发生，此时使父源的X染色体选择性沉默。在小鼠滋养层中，X染色体失活只发生在父源X染色体上，只有母源的X染色体在胎盘中表达。而在内细胞团中，X染色体失活随机发生在父源或母源X染色体上。哺乳动物染色体失活的选择完成后，染色体的活性或失活状态将在体细胞随后的细胞分裂全过程中保持下去。

与正常受精胚胎一样，在克隆胚胎形成和早期胚胎发育过程中，经历了一系列细胞核重编程变化，各种表观遗传修饰在核移植完成后立即开始进行。首先，体细胞必须停止自身特有基因产物的表达；其次，供体核必须按照卵母细胞的胞质信息来初始化一系列和发育有关的基因表达；再次，从供体细胞继承而来的遗传特征必须从染色体中清除。重编程内容同样涉及染色质重塑、组蛋白乙酰化、DNA甲基化、印记基因表达、X染色体的失活、端粒长度的恢复等。同时，与正常胚胎相比，克隆胚胎的细胞核重编程存在一定程度的异常。

（六）影响核重编程的因素

影响核重编程的因素贯穿于核移植的各个参与元素及其技术过程本身，主要有供核因素、受核因素、重构胚的培养以及核移植的技术因素等。

不同的细胞类型，对克隆的成功率影响很大。表皮细胞由于长期处于外界紫外线照射下，导致了细胞DNA的损害，尽管这种损害大部分在细胞分裂过程中修复，但当这些细胞作为供体细胞用于克隆时，细胞离开了本来的分化过程，重新开始去分化和转分化，其DNA结构的轻微损伤对克隆胚也是致命的。这种损伤可能影响发育起始，使得胚胎不被激活。即使胚胎发育开始，在发育的过程中，开始定向发育时，一些印记基因的损伤便表现出来，从而导致重构胚发育阻断、畸形等不正常的发育情况。

供体细胞与受体卵母细胞的相互作用即核质关系对重组胚的发育影响主要表现在两个方面，一是维持重组胚染色体的正常组型；二是诱导分化的供体核去分化，重编程，恢复全能性。所以它们各自所处的细胞周期阶段以及相互之间周期的协调性对核移植胚胎的成功发育非常重要，也可以说是保证重组胚正常发育率的必要条件。体细胞周期不同于胚胎细胞周期，需要不同的调控机制。在核移植后，胚胎的成功发育要求卵母细胞的调控体系必须与供体核相适应。

结　语

21 世纪以来，正是由于干细胞、核移植、核重编程以及治疗性克隆等研究的不断深入，越来越多的科研工作者不断将新的理论用于实践，并取得了一系列令人瞩目的成绩。从多莉羊开始，越来越多的核移植以及治疗性克隆均获得了令人欣喜的成功。而最近，运用这些新兴的医疗技术，美国科学家已经让瘫痪的老鼠恢复了正常。这些振奋人心的成功，预示着新的医学时代的到来，也给一些目前难治疾病的患者带来了康复的曙光。诚然，这些新技术也伴随着不少尚待解决的问题及争论，都或多或少地影响了这些技术的应用。相信随着相关研究的不断深入及科研工作者们的不断努力，有朝一日这些问题都可迎刃而解。

学习重点

1. 掌握干细胞的生物学特征，掌握干细胞疗法、树突状细胞共培养的细胞因子、治疗性克隆、核移植与重编程的主要特点。

2. 熟悉干细胞疗法、治疗性克隆和核移植的主要过程及其在医学上的应用。

3. 熟悉树突状细胞共培养的细胞因子，细胞因子作用机制以及核重编程的主要过程。

4. 了解干细胞的分类、治疗性克隆和核移植过程中存在的主要问题以及生殖性克隆和治疗性克隆的区别。

参考文献

J. 萨姆布鲁克. 2002. 分子克隆实验指南. 第 3 版. 北京：科学出版社
布朗. 2007. 基因克隆和 DNA 分析. 第 5 版. 北京：高等教育出版社
吕特曼. 2010. 免疫学. 北京：科学出版社
裴雪涛. 2003. 干细胞生物学. 北京：科学出版社
朱玉贤. 2007. 现代分子生物学. 第 3 版. 北京：高等教育出版社

（臧林泉）

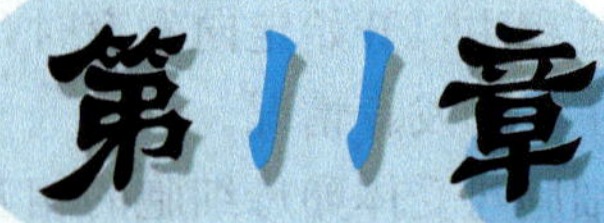

第11章 细胞因子类药物

学习要求

1. 掌握细胞因子类药物的分类及这些药物各自的临床应用适应证。
2. 熟悉各类细胞因子药物的生物活性和作用机制。
3. 了解各类细胞因子药物的结构和基因工程制备方法。

细胞因子（cytokine）是由机体各种细胞分泌的，具有免疫、抗炎、抗病毒、抗肿瘤、调节细胞增殖、分化和生理活性并参与病理反应等多种作用的多肽类或蛋白质。是除免疫球蛋白和补体之外的另一类免疫分子。细胞因子的产生主要由活化免疫细胞和非免疫细胞完成，所产生的细胞因子通过结合细胞表面的相应受体发挥生物学作用，并且这些合成和分泌的细胞因子具有高活性、多功能、低分子量的生物学特点。因此，细胞因子已经广泛应用于疾病的预防、诊断和治疗过程中，细胞因子药物的临床应用和分类如图 11-1 所示。

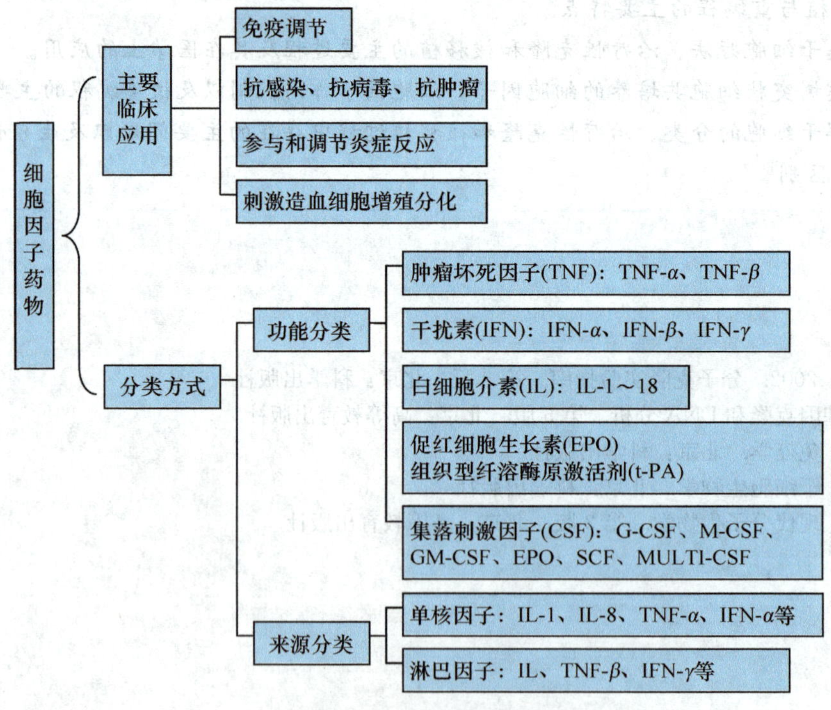

图 11-1 细胞因子药物的临床应用和分类

由于细胞因子最初是通过细胞产生，而后释放出来，需要经过分离、提取、纯化等手段得到，此过程需要大量的生物样品。随着分子生物学和基因工程等各项技术的飞速发展，目前大多数细胞因子均可以利用 DNA 重组技术而获得。自干扰素（interferon，IFN）在 1986 年第一个得到美国 FDA 批准上市以来，随着基因工程技术的发展，多种细胞因子药物的应用在临床特别是生物抗肿瘤领域取得了一定的成果，并以其低剂量、高疗效的特点受到了人们的广泛关注。有理由相信，在不久的将来，会有更多的细胞因子药物在临床治疗中得到更广泛的应用。

第 1 节 重组人干扰素

一、概述

干扰素的产生其实是人体细胞对病毒的防御反应结果，是由病毒或其他 IFN 诱生剂刺激单核细胞和淋巴细胞所产生的一组具有多种功能的分泌性蛋白质（主要是糖蛋白）。它们在同种细胞上具有广谱的抗病毒、影响细胞生长，以及分化、调节免疫功能等多种生物活性。经近 30 年的临床研究和临床应用，说明它是一种重要的广谱抗病毒、抗肿瘤治疗药物。

（一）天然 IFN

天然 IFN 种类繁多，相对分子质量也不同，亦有不同的抗原性。根据国际 IFN 命名委员会的建议，天然 IFN 一般首先按动物来源分类，比如人 IFN（HuIFN），牛 IFN（BovIFN）等，再按 IFN 的抗原特异性和分子结构分成不同的型别，加以命名。根据 IFN 蛋白质的氨基酸结构、抗原性和细胞来源，世界卫生组织规定，将人细胞所产生的几种 IFN 分为 α-IFN（IFN-α）、β-IFN（IFN-β）和 γ-IFN（IFN-γ）。通过核酸内切酶切割分析，阐明了其全部核苷酸的顺序，由此推导出全部氨基酸顺序。在 α、β 与 γ 3 型 IFN 中又因各型中有氨基酸的顺序不同，可分为若干亚型，IFN-α 至少有 20 个以上的亚型，而 IFN-β 则有 4 个亚型，IFN-γ 只有 1 个亚型。IFN-α 的亚型为 IFN-α1、IFN-α2、IFN-α3 等或 IFN-αA、IFN-αB、IFN-αC 等。

（二）非天然 IFN

主要指基因工程 IFN，即以 DNA 重组技术生产的 IFN。基因工程 IFN 具有与天然 IFN 完全相同的生物学活性。这种 IFN 的制备是从 cDNA 途径建立 IFN-2α 无性繁殖系的基本步骤，包括：人 IFN-αmRNA 的诱生；mRNA 的提取与纯化；基因克隆与重组；转化大肠杆菌和基因表达。

二、IFN 的性质、结构和功能

IFN 的分类不仅仅是由于氨基酸的数量不同，在氨基酸的排列上也有不同之处。IFN-α 主要由人白细胞产生，IFN-β 主要由人成纤维细胞产生，α 和 βIFN 属于Ⅰ型 IFN，抗病毒作用较强。IFN-γ 由 T 细胞产生，为Ⅱ型 IFN（免疫 IFN），其免疫调节作用较抗病毒作用强。用仙台病毒刺激白细胞可以产生 IFN-α；用多聚核苷酸刺激成纤维细胞则可以产生 IFN-β；而用抗原刺激淋巴细胞则会产生 IFN-γ。

（一）IFN-α 和 IFN-β

现代研究表明，IFN-α 和 IFN-β 结合相同的受体，IFT-α/β R 基因定位于 21 号染色体，且分布相当广泛。

IFN-α 分子不同亚型由 166/165 个的氨基酸组成，无糖基，相对分子质量约 19kD，而人 IFN-β 分子含 166 个氨基酸，有糖基，相对分子质量为 23kD。α 和 β 型 IFN 的氨基酸序列有 60%～

70%的相似性，基因的碱基序列有30%～40%的相似性。两种*IFN*基因都来自同一个祖先基因(common ancester gene)；且由相同的细胞在相同的刺激物诱导下产生；两种*IFN*基因如果结合相同的受体，将发挥相似的生物学效应。

α和β型IFN都位于人9号染色体和小鼠4号染色体，并连锁在一起。*IFN-α*基因至少有20个，成串排列在同一个区域，无内含子，而同种属IFN-α不同基因产物其氨基酸同源性≥80%。人和小鼠*IFN-β*基因只有1个，无内含子，与*IFN-α*基因连锁在一起。IFN-β与IFN-α氨基酸组成有26%～30%同源性。

IFN-α由2个亚族（subfamily）组成，分别称为IFN-α1和IFN-α2，其中IFN-α1至少由20个有功能的基因组成，由165个或166个氨基酸组成，彼此间有90%左右的同源性；其结构上有两个特点：①第139～151之间的氨基酸领域有较高的保守性；②第1和98/99之间，第29和138/139之间有S—S键结合。除此之外，第1和98/99之间S—S键的结合与其生物活性无关。IFN-α2亚族有5～6个基因成员，则由172氨基酸组成，目前只发现1个有功能的基因，其余是假基因。IFN-α分子含有4个半胱氨酸，在Cys1-99，Cys29-139之间形成两个分子内二硫键。

人IFN-β分子含有3个半胱氨酸，分别在17、31和141位氨基酸。31与141位半胱氨酸之间形成的分子内二硫键对于IFN-β生物学活性有着非常大的影响，141Cys被Tyr替代后则完全丧失抗病毒作用，Cys17被Ser替代后不仅不影响生物学活性，反而使IFN-β分子稳定性更好。但是人IFN-β分子中的糖基对生物学活性无影响。小鼠IFN-β分子只有一个Cys17，分子内无二硫键。

（二）IFN-γ

小鼠成熟IFN-γ分子由133个氨基酸残基组成。人IFN-γ成熟分子由143个氨基酸组成，糖蛋白，以同源双体形式存在，相对分子质量为40kD，其生物学作用有严格的种属特异性。IFN-γ在氨基酸序列上则与α和β型无同源性。而且人和小鼠IFN-γ基因分别定位于12号和10号染色体，人和小鼠IFN-γ在DNA水平上有65%左右同源性，在氨基酸水平的同源性只有40%左右。与α和β型IFN基因也完全不同。并且三者的性质也大不相同。IFN-α/β在pH 2或pH 11以及热（56℃）条件下仍稳定，而IFN-γ则很易丧失活性。人IFN-γ受体基因定位于第6号染色体，小鼠的受体基因则定位在第10号染色体。IFN-γ受体分布也相当广泛，其N末端与IFN-α/β受体有一定的同源性，具有种属特异性。目前认为人IFN-γR可能存在第二条链。IFN的性质特点见表11-1。

表11-1 IFN的性质和特点

IFN的性质特点		IFNα	IFNβ	IFNγ
物理性质	相对分子质量	1.8～2.0kDa	2.0kDa	1.7～2.5kDa
	氨基酸数	166	166	146
	糖链	有*	有	有
	酸稳定性（pH 2）	稳定	稳定	不稳定
	热稳定性	稳定	稳定	不稳定
	等电点	5.7～7.0	6.5	8
遗传学	基因定位	人9号染色体	人9号染色体	人12号染色体
	编码基因	≥16	1	1
	同源性	与β有29%同源性	与α有29%同源性	与α、β无同源性
	内显子	无	无	有
	产生蛋白质的种类	<14	1	1

续表

IFN 的性质特点		IFNα	IFNβ	IFNγ
生物学特征	来源	白细胞，B 细胞（白细胞型 IFN）	成纤维母细胞（成纤维母细胞型 IFN）	淋巴细胞，T 细胞（免疫型 IFN）
	诱导剂	前体病毒	poly I：poly C	抗原，促细胞分裂剂，病毒，PHA，Con A
	抗原型	α	β	γ
	活性结构	单体	二聚体	三或四聚体
	受体	与 β 作用同受体	与 α 作用同受体	γ 受体
	产生时间（体外）	3～12h	3～12h	3～24h
作用特点	种属特异性	不严格，对牛肾细胞感受性高	不严格，对牛肾细胞感受性低	严格
	抑制细胞生长活性	较弱	较弱	强
	诱导抗病毒速度	快	很快	慢
	与 Con A 结合力	小或无	结合	结合

PHA：phytohemagglutinin，植物血凝素；Con A：concanavalin A，刀豆球蛋白 A

IFN-α、β 和 γ 的种属特异性不同，如人 IFN-α 不仅对猴有效，对家兔也有效，且对牛肾细胞也有较高的感受性；人 IFN-β 与人 IFN-α 在种属特异性上大致相同，但是对牛肾细胞感受性较低，人 IFN-β 和人 IFN-α 的种属特异性并不严格。与此相对应，IFN-γ 则具有严格的种属特异性，如人的 IFN-γ 对猴则无效。

三、IFN 的生物学活性和作用机制

（一）抗病毒作用

IFN 作为一种广谱抗病毒的细胞因子药物，不能直接灭活病毒，其抗病毒作用并不是直接杀伤或抑制病毒，而是通过诱导细胞合成抗病毒蛋白（AVP）发挥效应。IFN 首先作用于细胞的 IFN 受体，经信号转导等一系列过程，激活细胞基因表达多种抗病毒蛋白，从而实现对病毒的抑制作用。

IFN 抗病毒的作用特点：①间接性：通过诱导细胞产生抗病毒蛋白等效应分子起到抗病毒作用。②广谱性：抗病毒蛋白属于酶类，无特异性作用。且对多数病毒均有一定抑制作用。③种属特异性：其抗病毒作用一般对异种细胞无活性，而在同种细胞中活性较高。④发挥作用迅速：IFN 既能限制病毒扩散又能中断受染细胞的病毒感染。在感染初期，即体液免疫和细胞免疫发生作用之前，IFN 就已经开始发挥重要作用。

同时 IFN 还可增强自然杀伤细胞（NK 细胞）、巨噬细胞和 T 淋巴细胞的活力，从而起到免疫调节作用，并增强抗病毒能力。

目前已经发现，与 IFN 的抗病毒作用最密切的有两条链 RNA 依赖的蛋白激酶（double stranded RNA-dependent protein kinase，PKR）、2′，5′-寡腺苷酸合成酶（2′，5′-oligoadenylates synthetase，2-5AS）系统和 Mx 蛋白（mixovirus resistance protein）。

IFN 与细胞膜上的 IFN 受体结合后，将信息传递到细胞核内，主要通过 3 条途径抑制病毒的增殖（图 11-2）。

1. PKR　IFN 与其受体相结合后，通过 PKR 途径，在病毒两条链 RNA 的激活及 ATP 的参与下使无活性型的 PKR 磷酸化，从而转化为活性型的 PKR。此后真核生物多肽链开始因子 2α

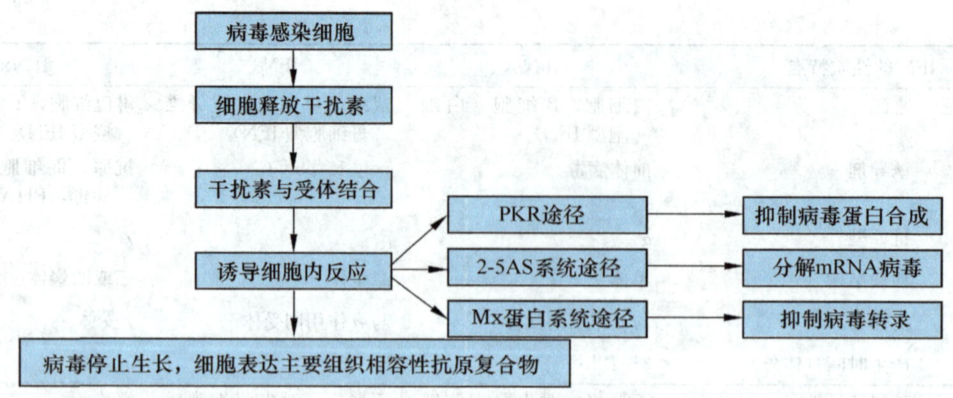

图 11-2 IFN 的抗病毒机制

(polypeptide chain initiation factor 2α，eIF2α）磷酸化，通过一系列信息传递过程抑制病毒蛋白质的合成，从而抑制病毒的增殖。

2. 2-5AS 系统 IFN 除了可通过 PKR 途径外，还可激活 2-5AS 系统。在病毒两条链 RNA 的激活下，将无活性型的 2-5AS 磷酸化，转化成活性型的 2-5AS。而后在 ATP 的参与下，2-5AS 转化为 2-5A。2-5A 与无活性的单量体内因性 RNA 分解酶（RNase L）结合从而形成同系二量体（homodimeric）然后激活 RNase L，活性型 RNase L 可导致病毒 mRNA 分解，进而起到抑制病毒的增殖的作用。2-5AS 系统是 IFN 抗病毒作用的重要系统，目前临床上经常以测定 2-5AS 的活性变化来判断 IFN 的疗效。

3. Mx 蛋白系统 Mx 蛋白有 GTP 结合领域，属 GTP 酶系，相对分子质量为 70～80kD。IFN 与其受体结合后，在 GTP 的参与下被激活，从而发挥其抑制病毒 RNA 转录的生物活性，起到抑制病毒复制和增殖的作用。

(二) 抗肿瘤作用

IFN 有明显的抗肿瘤作用，早在 IFN 发现后不久就已经被证明，IFN 可以抑制某些 RNA 或 DNA 肿瘤病毒在试管内的细胞转化作用。并且，在动物实验中也已证实，IFN 不论对由肿瘤病毒引起的动物肿瘤，还是对动物移植肿瘤均有明显的抑制作用。例如：在肾癌，IFN-α 可降低 EGF 受体的表达。

另外，IFN 不仅能抑制细胞的 DNA 合成，还能减慢细胞的有丝分裂速度；而这种抑制作用有明显的选择性，对肿瘤细胞的作用比对正常细胞的作用强 500～1 000 倍。

现代研究表明，IFN 抗肿瘤机制如下：① 直接对抗肿瘤细胞的增殖；② 通过调节免疫应答间接抗肿瘤。如 IFN-α/β 杀伤肿瘤细胞主要是通过促进机体免疫功能，提高巨噬细胞、NK 和细胞毒 T 淋巴细胞（CTL）的杀伤水平。还能促进主要组织相容性抗原（MHC）的表达，使肿瘤细胞易于被机体免疫力攻击。

(三) 免疫调节作用

IFN 对于整个机体的免疫功能（包括免疫监视、免疫防御、免疫稳定）均有不同程度的调节作用。临床研究表明，通过观察接受 IFN 治疗的肿瘤患者，其周围血淋巴细胞的 NK 活力有明显增加，甚至在每日注射 IFN 长达 9 个月的病人，这一增加仍然持续。在用大剂量的人 IFN-α 制剂治疗病毒性疾病的过程中，也发现接受 IFN 治疗患者的周围血淋巴细胞对植物血球凝集素（PHA）的反应受到抑制。

1. 对巨噬细胞的作用 IFN-γ 可促进巨噬细胞吞噬免疫复合物、抗体包被的病原体和肿瘤细胞。并可使巨噬细胞表面 MHCⅡ类分子的表达增加，从而增强其抗原呈递能力。

2. 对淋巴细胞的作用 IFN 对淋巴细胞的作用可受剂量和时间等因素的影响而产生不同的效应。应用低剂量 IFN 或者在抗原致敏之后加入 IFN 则能产生免疫增强的效果。而在抗原致敏之前使用大剂量 IFN 或将 IFN 与抗原同时投入则会产生明显的免疫抑制作用。

3. 对其他细胞的作用 研究表明，IFN-γ 有刺激中性粒细胞，从而增强其吞噬能力的作用；并且 IFN-γ 可以使某些正常不表达 MHCⅡ类分子的细胞（如血管内皮细胞、某些上皮细胞和结缔组织细胞）表达 MHCⅡ类分子，从而发挥抗原递呈作用。

四、IFN 的基因工程制备

作为蛋白质类药物，IFN 主要存在生物半衰期短和活性不稳定的问题，前者要求病人进行频繁注射，后者则存在药物在大剂量或长期使用时产生较大不良反应的可能性，因此开发长效和高效的 IFN 是目前的发展方向。

IFN 制剂的分类，按制备方法的不同，可分为利用基因工程生产的重组 IFN-α 和人自然 IFN 两大类。

基因工程 IFN 再按照基因表达分子结构和抗原性可分为 α、β、γ 型，同一型内按照氨基酸组成的差异再分 20 多个亚型：α1、α2、α3、…而在同一亚型内又因氨基酸的差异而再次细分，如 α2 有 3 种：α2a、α2b、α2c。

人自然 IFN 是通过分别刺激各类细胞，然后提纯制备而得（表 11-2）。

表 11-2 3 种可供大量生产人 IFN 的细胞

项目	白细胞	成纤维母细胞	类淋巴细胞
培养方法	悬浮培养	表面培养	悬浮培养
细胞传代性	原代	35～45 代	无限
细胞来源情况	困难	较容易	容易
诱生剂	病毒	聚肌胞	病毒

目前市场上能大量供应的只有由类淋巴母细胞产生的 IFN（IFN-αN1），其为天然多亚型的混合物，而临床常用的主要是重组制剂，例如 α2a、α2b 和 α1b。

（一）传统的 IFN 生产

传统的 IFN 是从人体白细胞中通过纯化技术提取的，不仅量少，且含有很多杂质，导致纯度低、活性低。此外，由于提取纯化技术的差异，没有可以遵循的质量标准，使得不同厂家、不同批号 IFN 的疗效明显不同。上述缺点，限制了传统 IFN 的生产和发展。

（二）基因工程 IFN

1. 概述 基因工程 IFN 即指将两种不同的 DNA 分子进行体外重组，并用大肠杆菌表达，基因工程 IFN 的产量是传统技术所不能比拟的，因此能够进行大规模生产。1987 年，3 种 IFN 的制备开始产业化，并大量进入市场。1992 年，我国研制了基因工程 IFN-α，这是我国第一个进入产业化的基因工程药物。

2. 基因工程 IFN 的制备 由于 DNA 重组技术应用，IFN 制备技术也得到很大提高，经历了人血提取白细胞 IFN、第一代基因工程 IFN 和第二代基因工程 IFN 3 个阶段。

（1）基因的克隆、基因文库的构建和调用：克隆到 IFN 的基因序列，并将其构建成文库，以便于随时调取和使用，是基因工程 IFN 的制备的第一步。IFN 的基因文库构建一般是用诱导剂对可以产生 IFN 的肿瘤细胞株进行诱导，从中取出 mRNA，通过相应的引物对 IFN 的 mRNA 进行反转录-PCR 扩增，将其与一定的质粒相连接后用合适的宿主菌进行培养、扩增即可。

如果是为了构建嵌合 IFN 需要的 IFN 片段，则需要对已经构建好的文库进行亚克隆，即将从噬菌体文库中调出的 cDNA 片段，用含有较多酶切位点的限制性内切酶进行切割，将切割后的混合物用琼脂糖凝胶电泳纯化，并选择性地洗脱不同分子量的 DNA 片段，将其与新的质粒载体连接，即可得到 IFN 的亚克隆文库。

而在克隆了 IFN 的基因序列，将其构建成文库后，目的就是为了在基因重组中提供随时调用。如要从构建好的噬菌体文库中调用 *IFN* 基因，可以用 ^{32}P 标记的 DNA 探针与噬菌体文库进行 Southern 印迹，根据 IFN 的编码序列人工合成的一段 DNA 短链或其他种属的 IFN 外显子编码序列作为探针。而对已知基因序列的 IFN，基因文库的调用可以用其序列 3′端和 5′端部分事先用核素标记过的序列作为探针，通过杂交的方法进行调用。

(2) 基因的表达：一直以来，大肠杆菌都被用作表达外源基因的宿主菌，并成功地表达了多种外源性蛋白，但是由于大肠杆菌不能表达结构复杂的蛋白质，且分泌型表达的产量较低。因此，以大肠杆菌作为基因表达的宿主菌有其相对局限性。近年来，酵母被开发作为外源基因表达系统越来越多地受到广泛关注。其优点为：① 其属于单细胞低等真核生物，有原核生物易于培养、繁殖快、便于基因工程操作和高密度发酵等特性；② 酵母有适于真核生物基因产物正确折叠的细胞环境和糖链加工系统；③ 能分泌外源蛋白到培养液中，利于纯化。

酵母菌虽然是一种常用的表达宿主，但是其外源基因的大量表达必须在缺少无机磷的条件下才能进行。现代基因工程技术通过对其酸性磷酸酯酶的阻遏物基因，以及温度敏感型负调控基因进行改造，就可以使酵母菌在 35℃的温度下生长，在 25℃下诱导表达，其表达与无机磷的含量无关。酵母菌在基因工程制药中作为外源基因表达有越来越广泛的应用。

(3) IFN 的提取、纯化和鉴定：对 IFN 的提纯可分为粗提和进一步纯化。对 IFN 的分离纯化方式是根据其分子的理化性质与生物学特性来决定的。分离纯化的方法包括离子交换层析、反相色谱、亲和层析、凝胶过滤等多种方式，一般为先采取低分辨率操作单元（如沉淀超滤、吸附等）去除非蛋白质类杂质，之后再采用高分辨率操作单元（如离子交换层析和亲和层析）进行进一步纯化。而后采用凝胶过滤，以达到最大的分离纯化效果。

(4) 质量控制：为了保证基因重组 IFN 在产业化生产中的质量，在其出厂前的成品质量控制主要包括：① 生物活性测定：需通过动物体内试验和细胞培养，进行体外效价测定；② 理化性质测定：包括特异性、非特异性鉴别；相对分子质量的测定；等电点测定以及肽图的分析、氨基酸组成分析等；③ 重组 IFN 的浓度测定和相对分子质量的测定：一般应用双缩脲法进行分析；④ 纯度分析：即采用 SDS-PAGE、等电聚焦、各种 HPLC、毛细管电泳等方法进行含量测定；⑤ 杂质检测：即用免疫分析法检测对除 IFN 以外的其他蛋白质和利用热原法等检测非蛋白质杂质的存在。

（三）新型 IFN

由于基因文库的构建为利用 IFN 基因片段构建嵌合 IFN 提供了方便，现代基因重组技术可以对 IFN 进行结构修饰或嵌合，其目的是为了生产出活性更高、稳定性更强、效果更好的 IFN。例如：重组人 IFNα-2a、重组人 IFNα-2b、重组人 IFNβ-1a、重组人 IFN-γ 转移因子等现在临床经常使用的 IFN，不光可以增强疗效，更重要的是重组 IFN 还可以降低不良反应的发生率。

1. 活性增加、稳定性增加的 IFN

通过定点突变或 IFN 的嵌合技术可提高 IFN 的活性。新型杂合的 IFNαD 对 NK 细胞的调节能

力比亲本提高了 $10^{\prime}$～400 倍，如将 IFNα4 与 IFNα1 进行嵌合，得到的 IFN 活性分别是亲代的 4 倍及 20 倍。此外，如将重组 IFNβ17 位的 Cys 改为 Ser，可将 IFN 的抗病毒活性提高 10 倍。而以重组 IFN 的保存为例，亲代 IFN 在－70℃ 75d 后大多数丧失抗病毒活性，而诱导突变后的 IFN 在同样条件下可以保存 150d 仍不失活，增加了稳定性。

2. 改变抗原性和种属特异性的 IFN

如将 IFN β1 的 141 位上 Cys 用 Tyr 代替，则其抗原性发生改变，变成不与体内自然存在的 IFN β1 争夺受体。尽管这种抗原性改变的几率很小，但是对指导改变 IFN 的抗原性研究来说还是至关重要的。IFNαD 在牛细胞株中活性最高，IFNαA 在人细胞系中活性最高，而其嵌合体与两个亲本都不相同，在鼠细胞中的活性最高，即改变了种属特异性。

3. 聚乙二醇 IFN

传统 IFN 和基因工程 IFN 常被称为普通 IFN，这种普通 IFN 的半衰期短（约 4h），血药浓度不稳定，病人需要频繁注射，在一定程度上限制了其临床应用。为了克服 IFN 半衰期短的缺点，将聚乙二醇（polyethylene glycol，PEG）与 IFN 结合，从而制成了 IFN 的新剂型：聚乙二醇化 IFN（PEG-IFN）。其有以下优点：① 半衰期长，约为 40h，可以在血液内达到稳态血药浓度，从而在体内对病毒起到持久抑制作用，所以又称其为“长效 IFN”；② 只需 1 周给药 1 次，减少病人的用药痛苦，提高了患者的临床治疗依从性；③ 与普通 IFN 相比，其不良反应并没有增加。将 IFN 进行 PEG 化的研究，经历了从线性 PEG 到支链 PEG 对 IFN 进行修饰的过程，并先后研发了小分子直链 PEG-IFNα-2b（半衰期约为 40h）和大分子支链 PEG-IFNα-2a（半衰期约为 80h）等制剂。PEG-IFN 可浓聚于靶器官如肝脏，已被 FDA 批准用于慢性丙型肝炎和慢性乙型肝炎的临床治疗。

五、IFN 的临床应用及不良反应

（一）IFN 的临床应用

不同分型的 IFN 因其来源、结构等差异，在临床应用上也有所不同。

1. 抗病毒 IFN 具有很强的抗病毒活性，而且一种 IFN 能够抑制多种病毒的增殖。此外，IFN 还可以通过其免疫调节作用提高机体抵抗力。IFN-α 用于治疗乙型、丙型肝炎疗效是肯定的。而且，基因重组技术为 IFN 的临床应用提供了广阔的天地。例如，治疗慢性丙型肝炎的最新药物派罗欣（聚乙二醇 IFNα-2a 注射液），是中国市场上第一个长效 IFN 类药物，可以在丙肝病毒基因分型基础上进行抗病毒治疗。此外，IFNα 还可以用来治疗尖锐湿疣、流行性感冒、带状疱疹、病毒性角膜炎等常见病毒性疾病。

2. 抗肿瘤 IFN 也有抗癌细胞增殖的作用，并已应用于乳腺癌、骨髓癌等多种癌症的临床治疗。IFNα 对部分肿瘤疗效确切，尤其在肿瘤负荷小时作用明显。目前多主张 IFNα 长期低剂量使用，同时配合采用瘤内或区域内给药，并与放疗、化疗合用效果更佳。IFNγ 单独应用对抗肿瘤无效，但与一些细胞因子合用则有抗肿瘤活性。如 IFNγ＋TNF 配合其他化疗药物治疗胃肠道肿瘤、黑色素瘤和肉瘤有一定的治疗作用。

3. 其他 IFN 可用于治疗多发性硬化病；IFN 可以治疗慢性肉芽肿；利用 IFN 的免疫调节作用还可用于脓毒性休克、类风湿性关节炎的治疗等。

（二）IFN 的不良反应

1. 发热 初次用药时常出现高热现象，以后逐渐减轻或消失。

2. 感冒样综合征 多在注射后 2～4h 出现。有发热、寒战、乏力、肝区痛、背痛和消化系统症状，如恶心、食欲不振、腹泻及呕吐。治疗 2～3 次后逐渐减轻。对感冒样综合征可于注射后 2h，给扑热息痛等解热镇痛剂对症处理，不必停药；或将注射时间安排在晚上。

3. 骨髓抑制 出现白细胞及血小板减少，一般停药后可自行恢复。治疗过程中白细胞及血小板持续下降，要严密观察血象变化。当白细胞计数＜3.0×10^9/L 或中性粒细胞计数＜1.5×10^9/L，或血小板计数＜40×10^9/L 时，需停药，并严密观察，对症治疗，注意出血倾向。血象恢复后可重新恢复治疗。但需密切观察。

4. 神经系统症状 如失眠、焦虑、抑郁、兴奋、易怒、精神病。出现抑郁及精神病症状应停药。

5. 癫痫、肾病综合征、间质性肺炎和心律失常等 出现这些疾病和症状时，应停药观察。

6. 诱发自身免疫性疾病 如甲状腺炎、血小板减少性紫癜、溶血性贫血、风湿性关节炎、红斑狼疮样综合征、血管炎综合征和Ⅰ型糖尿病等，停药后可减轻症状。

第 2 节 重组人白细胞介素

一、概述

白细胞介素（interleukin，IL）（简称白介素）在白细胞或免疫细胞间相互作用的细胞因子，它和血细胞生长因子同属细胞因子。两者相互协调，相互作用，共同完成造血和免疫调节功能。IL 在传递信息，激活与调节免疫细胞，介导 T、B 细胞活化、增殖与分化及在炎症反应中起重要作用，是淋巴因子（lymphokins）家族中的成员，由淋巴细胞、巨噬细胞等产生。

IL 最初是指由白细胞产生又在白细胞间起调节作用的细胞因子。现在是指一类分子结构和生物学功能已基本明确，具有重要调节作用而统一命名的细胞因子，按照发现的先后顺序在其名称后加阿拉伯数字编号以示区别，例如 IL-1、IL-2 等。IL 是非常重要的细胞因子家族，它们参与机体的多种生理、病理反应，并且在免疫细胞的成熟、活化、增殖和免疫调节等一系列过程中均发挥重要作用。

二、各类 IL

（一）IL-1

IL-1 主要由活化的单核－巨噬细胞产生。又称淋巴细胞刺激因子。

1. 产生 IL-1 的细胞 IL-1 虽然主要由巨噬细胞产生，但几乎所有的有核细胞，如 B 细胞、NK 细胞、角质细胞及平滑肌细胞等都可以产生 IL-1。在正常情况下，只有皮肤、汗液和尿液中含有一定量的 IL-1，而绝大多数细胞在受到外来抗原或丝裂原刺激后，才能合成和分泌 IL-1。

2. IL-1 分子 IL-1 有两种不同的分子形式：一种称为 IL-1α，由 159 个氨基酸组成；另一种称为 IL-1β，含 153 个氨基酸；两者分别由不同的基因进行编码。虽然两者的氨基酸序列仅有 26% 的同源性，IL-1α 和 IL-1β 能够以同样的亲和力结合于相同的细胞表面受体，而发挥相同的生物学作用。

3. IL-1 受体（IL-1R） IL-1R 几乎存在于所有有核细胞表面，且每个细胞的 IL-1R 数目不等。IL-1 受体也主要有两种类型：一种为 IL-1 受体 1，由于其伸入细胞质内的肽链部分较长，起着传递活化信号的作用；另一种为 IL-1 受体 2，因其胞内部分的肽段较短，则不能有效地传递信号，而能够将胞外部分的肽链释放到细胞外液中去，并以游离形式与 IL-1 结合，发挥负反馈作用。

4. IL-1 的生物学活性及机制

（1）免疫调节作用：IL-1 其可与抗原协同作用，可使 $CD4^+$ T 细胞活化，并促 IL-2 受体表达。此外还可促进 B 细胞的生长和分化，并使脾细胞的溶血空斑数（pfc）增加 100 倍，这表明 IL-1 可促进抗体的形成。

IL-1 可与 IL-2 或 IFN 协同作用增强 NK 细胞活性，并吸引中性粒细胞，引起炎症介质释放，从而使趋化作用增加。另外，IL-1 可刺激多种不同的间质细胞释放蛋白分解酶并产生效应，如类风湿性关节炎的滑膜病变（胶原破坏、骨质重吸收等）就是由于关节囊内巨噬细胞受刺激后活化并分泌 IL-1，使局部组织间质细胞分泌大量的前列腺素和胶原酶，分解损伤滑膜所致。

（2）较强的致热作用：动物实验已证明，IL-1 的大量分泌或注射可以作用于下丘脑而引起发热，但这种作用明显与细菌内毒素不同。内毒素致热曲线为双向，潜伏期至少为 1h；而 IL-1 致热曲线为单向、潜伏期 200min 左右。内毒素耐热性较好，而 IL-1 对热敏感，易被破坏。

（3）IL-1 可促进骨髓细胞库的中性粒细胞活化并释放到血液，从而增强其杀伤病原微生物的能力。

（4）IL-1 可与 CSF 协同促进骨髓造血祖细胞增殖能力，使之形成巨大的集落，并促使造血细胞定向分化。

IL-1 虽然并未广泛用于人体研究，但由于 IL-1 也参与了机体的多种病理过程，而且其对免疫系统的特殊生物活性使其在临床应用方面有相当诱人的前景。目前已经利用基因重组技术，成功克隆出 IL-1 受体拮抗剂（IL-1 receptor antagonist，IL-1ra），该拮抗剂与天然拮抗剂不同的是，在其氨基端加了一蛋氨酸残基，现已批准投放市场，并与甲氨蝶呤（MTX）合用治疗中重度类风湿性关节炎（RA）患者。

（二）IL-2

IL-2 也称为 T 细胞生长因子（T cell growth factor，TCGF），细胞来源主要由 T 细胞（特别是 $CD4^+$T 细胞）产生。IL-2 是体内最强，也是最主要的 T 细胞生长因子。

1. IL-2 的结构和性质　IL-2 是分子质量为 15.5kD 的糖基化蛋白，是由 133 个氨基酸残基组成的多肽。天然 IL-2 在 N 端含有糖基，但糖基对 IL-2 的生物学活性无明显影响。IL-2 分子有 3 个半胱氨酸，分别位于第 58、105 和 125 位，其中 58 位与 105 位半胱氨酸所形成的链内二硫键对保持 IL-2 生物学活性起重要作用。人 *IL-2* 基因定位于第 4 号染色体，由 4 个外显子和 3 个内含子组成，长约 5kb，人和小鼠 *IL-2* 基因 DNA 序列有 63%同源性。

IL-2 受体包含 3 条多肽链：1 条为 α 链，相对分子质量 55kD；1 条为 β 链，相对分子质量 75kD；另 1 条为 γ 链，相对分子质量 64kD。因 α 链的胞内区较短，则不能向细胞内传递信号，而 β 链和 γ 链的胞内区较长，具有传递信号的能力。若 3 种肽链单独与 IL-2 结合，亲和力则较低，只有当 3 种肽链同时表达时才能产生高度亲和力。IL-2 基因的表达主要受转录水平的调控。TATAAA 序列（TATA 盒）位于翻译起始部位上游 77bp 处，转录起点在距起始部位 53bp 处。并且在 IL-2 基因 5′端上游有典型的启动子和增强子序列。

2. IL-2 的生物活性　IL-2 的生物活性具有沿种系谱向上有约束性，向下却无约束性的特点。如人的 IL-2 能促进小鼠 T 细胞的增殖，反之则不行。

（1）促 T 细胞生长作用：Th、Tc 和 Ts 细胞都是 IL-2 的反应细胞：IL-2 对静止 T 细胞作用较弱。因为静止的 T 细胞表面不表达 IL-2 受体，对 IL-2 没有反应；受丝裂原或其他刺激活化后 T 细胞才能表达 IL-2 受体，成为 IL-2 的靶细胞；IL-2 能够进一步诱导靶细胞增加 IL-2 受体的表达。

但是，IL-2 受体在 T 细胞上的表达是一过性的，一般会在活化后 2～3d 达到高峰，6～10d 左右消失。随着 IL-2 受体的消失，T 细胞即失去对 IL-2 的反应能力。因此，要维持正常 T 细胞在体外长期生长，必须持续存在丝裂原或其他刺激物，以维持 IL-2R 的表达。胸腺细胞和 T 细胞经抗原、有丝分裂原或同种异体抗原刺激活化后，具有在 IL-2 存在的条件下进入 S 期，维持细胞的增殖的潜力。

(2) 诱导细胞毒作用：IL-2 可诱导 CTL、NK 和 LAK 等多种杀伤细胞的分化和效应功能，例如可增强 CTL 细胞穿孔素（perforin）基因的表达；同时，能诱导杀伤细胞产生 IFN-γ、TNF-α 等细胞因子。

(3) 对 B 细胞的作用：IL-2 对 B 细胞的生长及分化均有一定促进作用，可直接作用于 B 细胞，促进其增殖、分化和 Ig 分泌，诱导 B 细胞由分泌 IgM 向分泌 IgG_2 转换。

(4) 对巨噬细胞的作用：IL-2 可活化巨噬细胞。单核-巨噬细胞在受到 IL-2 的持续作用后，其抗原递呈能力、杀菌力、细胞毒性均明显增强，且分泌某些细胞因子的能力也得到进一步加强。

(5) 对肿瘤细胞的作用：已有实验表明，IL-2 在体外可诱导 PBMC 或肿瘤浸润淋巴细胞（TIL）成为淋巴因子激活的杀伤细胞（LAK）。因此，IL-2 的抗肿瘤作用主要是通过诱导部分淋巴细胞转化为 LAK 细胞杀伤肿瘤细胞。除此之外，IL-2 的抗肿瘤作用还与其诱导 NO 的产生有关。实验发现对 LAK 无效的 Meth A 小鼠皮肤癌，用 IL-2 治疗则可见存活期延长，且小鼠尿中 NO 含量较对照组高 8 倍；但同时应用 NO 诱导抑制剂 L-NMMA，尿中 NO 含量则下降 60%，IL-2 组的存活期也会大大缩短，提示 IL-2 诱导 NO 合成，是其抗肿瘤作用机制之一。

3. IL-2 的临床应用

(1) 抗肿瘤：由于 IL-2 能诱导和增强细胞毒活性，LAK/IL-2 对肾细胞癌、黑素瘤、非霍奇金淋巴瘤、结肠直肠癌有较明显疗效，对肝癌、卵巢癌、头颈部鳞癌、膀胱癌、肺癌等则有不同程度的疗效。值得提出的是，IL-2 的抗肿瘤作用通常都需要较大剂量，常伴随较严重的药物不良反应。如贫血、低血压等。最常见、最严重的不良反应为毛细血管渗漏综合征。

(2) 抗感染：IL-2 本身无直接抗病毒活性，但其通过增强 CTL、NK 活性以及诱导 IFN-γ 产生而抗病毒感染。因此在临床上可用于病毒、细菌、真菌或原虫导致的感染，如 AIDS、活动性肝炎、单纯疱疹病毒感染、结核杆菌感染、结节性麻风等。

(3) 免疫佐剂治疗：IL-2 可作为佐剂刺激机体对疫苗的免疫应答。应用 IL-2 作为佐剂可与免疫原性弱的亚单位疫苗联合应用，用于提高机体保护性免疫应答的水平。IL-2 还可用于免疫缺陷病及自身免疫病的临床治疗，如抗 AIDS 治疗。

4. IL-2 的制备

(1) 概述：基因重组 IL-2 的临床应用与天然 IL-2 相同，但用量低且不良反应小。虽然酵母和哺乳动物细胞已成功表达了重组人 IL-2，但大量生产重组 IL-2 主要还是使用大肠杆菌，所产生抗体的比例比天然 IL-2 高得多，长期应用 IL-2 时应测定其抗体。

在 IL-2 基因产物的提纯和复性过程中，二硫键配错或分子间形成二硫键都会降低 IL-2 的活性。因此，目前已应用点突变技术，将第 125 号位半胱氨酸突变为亮氨酸或丝氨酸，使之只能形成一种二硫键，从而保证了在 IL-2 复性过程的活性。另有报道显示，用蛋白工程技术生产新型 rIL-2，将 IL-2 分子第 125 位半胱氨酸改为丙氨酸，改构后 IL-2 的活性比天然 IL-2 有明显增加。且 IL-2 在体内的半衰期只有 6.9min。有报道称用 PEG 对 IL-2 加以修饰，不影响生物学活性，同时可延长半衰期 7 倍左右。

(2) 制备方法：利用定点突变技术，应用侧链性质相对稳定的丝氨酸（Ser）和丙氨酸（Ala）

取代天然 IL-2 第 125 位半胱氨酸（Cys），分别得到新型 Ser^{125} IL-2 和 Ala^{125} IL-2。且 Ser^{125} IL-2 可占菌体总蛋白的 36％以上。经过裂菌，收集包涵体，变性、复性及 Sephacryl S-200 柱层析，则可使基因重组的 IL-2 纯化到 95％以上；而 Ala^{125} IL-2 可占菌体蛋白的 42.7％。若经超声破菌，离心收集包涵体，Sephacryl S-200 凝胶过滤及用氧化剂复性和透析除盐的过程，所得到的 Ala^{125} IL-2 纯品经 HPLC 分析鉴定，其纯度达 99％以上。比活性可达 1×10^7 U/mg，比野生型 IL-2 平均提高 30％。

（三）其他 IL

1. IL-3 由于 IL-3 可刺激多能干细胞和多种祖细胞的增殖与分化，又称为多重集落刺激因子（multi-colony stimulating factor，multi-CSF）。主要由活化 T 细胞或 T 细胞克隆产生。人类的 IL-3 基因位于第 5 号染色体长臂区，IL-3 的基因组含有 5 个外显子和 4 个内含子。N 端 26 氨基酸残基为信号肽，有 166 氨基酸残基，含有糖基，相对分子质量为 25～28kD。IL-3 的主要作用为促进骨髓中多能造血干细胞的定向分化与增殖，产生各种类型的血细胞。由于 IL-3 对早期阶段造血细胞的作用较广，临床上常用于放疗或化疗后患者造血系统的重建或骨髓增生不良症，IL-3 还可用于自身骨髓移植与抗癌治疗后防止白细胞减少症。

2. IL-4 IL-4 由激活的 T 细胞和肥大细胞产生。人 *IL-4* 基因与 IL-3、IL-5 一样，也位于第 5 号染色体长臂上。*IL-4* 基因长度约为 10kb，是现知淋巴因子基因中较大的一个，含 4 个外显子和 3 个内含子。成熟人 IL-4 分子由 129 氨基酸残基组成，含 6 个半胱氨酸，参与分子内二硫键的组成。有 2 个糖基化点，人与鼠 IL-4 DNA 水平上有 70％同源性。

IL-4 的生物学活性如下：IL-4 对于 B 细胞、T 细胞、巨噬细胞等都有免疫调节作用。① 对 B 细胞的作用：IL-4 可促使抗原或丝裂原活化的 B 细胞分裂增殖，该作用远弱于 IL-2；IL-4 作用于静息 B 细胞，可诱导静息 B 细胞 MHC Ⅱ类抗原和Ⅰa 抗原表达，使 B 细胞较快进入 S 期。同时，IL-4 可诱导 B 细胞由产生 IgM 转为产生 IgG_1，诱导脂多糖激活的 B 细胞产生 IgE，从而增强 B 细胞的抗原递呈能力，因此曾称为 B 细胞刺激因子；② 对 T 细胞的作用：IL-4 是 T 细胞自身分泌的生长因子，IL-4 对成熟 T 细胞，在丝裂原（PHA、ConA）或 PMA 协同下，可促进 T 细胞增殖，具有 T 细胞生长因子的作用；③ 对其他细胞的作用：IL-4 与 IL-3 可协同维持和促进肥大细胞的增殖，并与 IL-3 和 G-CSF 等协同，刺激骨髓 GM 前体细胞增殖，促进红细胞和巨核细胞前体细胞集落形成。

重组 IL-4 在临床上主要用于治疗某些癌症和免疫缺陷病。另外，由于体内、体外均证实 IL-4 可以抑制 IL-1、IL-6 和 TNF 分泌，并促进 IL-1Ra 产生，因此应用 IL-4 可能为治疗败血症休克提供一种新的方法。IL-4 本身没有抗癌活性，其肿瘤抑制作用为 IL-4 所介导的非特异性和特异的免疫记忆。IL-4 通过激活 $CD4^+$ 细胞，可以引起多种淋巴因子和化学趋向因子释放，从而使多种效应细胞聚集于肿瘤附近的淋巴结。而这些炎症性反应有利于诱导肿瘤特异的、系统的和持续的免疫反应。

3. IL-6 IL-6 是由淋巴细胞及非淋巴细胞及某些肿瘤细胞和细胞系产生的一种多功能因子，在调节免疫应答、骨髓造血及炎症反应中起着非常重要的作用。人 *IL-6* 基因定位于第 7 号染色体短臂的 7p21 区，长度约为 5 kb，含 5 个外显子和 4 个内含子。成熟 IL-6 为 184 氨基酸残基，相对分子质量 26kD。IL-6 分子由 4 个 α 螺旋和 C 端（175～181 位氨基酸）受体结合点所组成，其中 179 位精氨酸残基对于与受体的结合非常重要。IL-6 的生物学活性及临床应用如下：① 增强免疫功能：IL-6 对淋巴细胞、造血干细胞等细胞具有促生长、诱导分化的功能。还可促进 B 淋巴细胞分化和抗体蛋白的分泌、并能增强 IL-2 诱导的 LAK 细胞的杀伤瘤细胞的活性，因此有增强免疫的功能；② 抗肿瘤作用：IL-6 可抑制 M1 髓样白血病细胞系的生长，促其成熟和分化，因此临床上可以用于抑制黑色素瘤和乳腺癌的生长。对肿瘤放疗引起的辐射损伤等不良反应都有治疗作用；③ 对造血细胞的作用：IL-6 可在骨髓造血干细胞的增殖分化中起重要作用。与 IL-3、CSF 等有较强的协同刺激效应，可缩短造血干细胞 G_0 期，使之进入细胞增殖期。因此，IL-6 对因化疗、放疗引起的血小板减少都有肯定的疗效，为目前最有效的治疗血小板减少症药物；④ 抑制瘢痕增生：IL-6 对瘢痕疙瘩以及正常皮肤的成纤维细胞均有抑制作用，临床用于治疗瘢痕疙瘩和增生性瘢痕。

4. IL-10 小鼠和人的 *IL*-10 基因都定位于第 1 号染色体，其基因组含 5 个外显子和 4 个内含子。由于不同糖基化可使相对分子质量有所差别，在 35～40kD 之间，酸性条件下不稳定。主要由 Th2 细胞产生，也可由单核细胞等产生。

IL-10 能够抑制活化的 T 细胞产生细胞因子，从而抑制细胞免疫应答，因此曾称为细胞因子合成抑制因子（CSLF）。IL-10 还可以降低单核巨噬细胞表面 MHCⅡ类分子的表达水平。此外，IL-10 还能干扰 NK 细胞和巨噬细胞产生细胞因子，刺激 B 细胞分化增殖，促进抗体生成。

5. IL-12 IL-12 是体内最主要、最强的 T 细胞生长因子，主要由 B 细胞和单核-巨噬细胞产生的一种异型二聚体。IL-12 可提高 T 细胞数量和活性以增强整体的免疫功能；也可诱导和增强 NK 和 CTL 的效应；还可以促进多种细胞因子及其受体的表达。

IL-12 主要作用于 T 细胞和 NK 细胞，曾经被命名为细胞毒性淋巴细胞成熟因子（CLMF）和 NK 细胞刺激因子（NKSF）。IL-12 可刺激活化型 T 细胞增殖，诱导 CTL 和 NK 细胞的细胞毒活性，并促进其分泌 TMCSF 等细胞因子。此外，同时促进 NK 细胞和 IL-2Ra、TNF 受体及 CD56 分子的表达。

IL-12 在抗肿瘤免疫及抗感染免疫中都起重要作用，特别是 IL-12 可协同 IL-2 促进 CTL 和 LAK 细胞的生成，这提示 IL-12 与 IL-2 联用有望构成一种更有效的肿瘤免疫治疗方法。

（四）IL 受体和融合蛋白

1. IL 的受体 目前的研究显示，IL 的受体与临床某些疾病的成因有关。例如：临床研究发现精神分裂症患者的可溶性 IL-2 受体明显高于正常人，提示 IL-2 受体与精神分裂症的发病有关。而 IL-4 受体与 IL-4 结合的高度特异性和极高的亲和力使之非常适合作为理想的 IL-4 拮抗剂而应用于哮喘等疾病的临床治疗。

IL 受体拮抗剂（IL-Ra）的研究日益受到重视。它们能与 IL 受体结合，其亲和力与 IL 类似，但无 IL 类似活性。

应用 DNA 重组等技术能产生一种与 IL 受体有高度亲和力的 IL 类似物，该物质被称为“超白细胞素（superleukins）”。例如改造 IL-2 氨基酸末端的螺旋结构可以产生一种 IL-2 类似物，能够以高亲和力与 IL-2 受体结合但是不能刺激 T 细胞生长，因而有可能作为拮抗剂应用。

鉴于 IL 及其受体广泛的生物学活性，对其分子进行更进一步的研究和开发从而应用于临床已成为细胞因子药物研究的必然趋势。

2. IL 的融合蛋白 融合蛋白（fusion protein）也称为融合因子，融合蛋白要求各因子间要有协同作用，且在受体分布上有关联，但是不能存在竞争作用。此外，还要求两因子间接头处的序列要合理。因此，融合蛋白的生物功能越来越多被人们所重视。例如：将 IL-6 与其可溶性受体 sIL-6Ra 通过基因操作连接起来，得到融合蛋白，而该融合蛋白的生物活性是 IL-6 和 sIL-6Ra 协同作用的 100～1 000 倍。这种被称为“设计因子”（designer cytokines）的药物研究有望在不远的将来广泛应用于临床治疗中。

第 3 节 粒细胞集落刺激因子

粒细胞集落刺激因子（granulocyte colony-stimulating factor，G-CSF）、粒巨噬细胞集落刺激因子（granulocyte macrophage colony-stimulating factor，GM-CSF）分别是促粒系、粒-单系造血

祖细胞增殖、分化及成熟，并增强其成熟细胞功能的特异造血调控生长因子。重组 DNA 技术的发展，使利用基因工程方法大量生产细胞因子成为可能。目前，G-CSF、GM-CSF 基因重组产品已广泛应用于临床。在血液病的治疗，造血干细胞移植及恶性实体瘤的放化疗支持治疗等方面发挥着重要作用。

一、结构与性质

（一）粒细胞集落刺激因子

1986 年 G-CSF cDNA 克隆成功，人类有两种不同的 G-CSF cDNA，均有 30 个氨基酸的先导序列，分别编码含 207 个和 204 个氨基酸的前体蛋白，成熟蛋白分子分别为 177 个和 174 个氨基酸；人G-CSF全长 2.5kb，含 5 个外显子和 4 个内含子，相对分子质量为 19.6kD，O-糖基化，对酸碱（pH 2～10）、热以及变性剂等相对较稳定。人 *G-CSF* 基因位于 17 号染色体，不仅与 IL-6 无论在基因水平以及氨基酸水平上都有很高同源性，还与小鼠 *G-CSF* 基因约有 73%同源性。

（二）粒细胞和巨噬细胞集落刺激因子

T 细胞、B 细胞等均可产生 GM-CSF。其中内皮细胞、成纤维细胞可能通过 IL-1 和 TNF 的诱导而产生。而 T 细胞和巨噬细胞一般在免疫应答或炎症介质刺激过程中直接产生。1984 年和 1985 年小鼠和人 GM-CSF 的 cDNA 分别克隆成功。人的 GM-CSF 则位于第 5 号染色体长臂，在 *IL-3* 基因下游 9kb 处，基因组约 2.5kb 长，含 4 个外显子和 3 个内含子。人和鼠 GM-CSF 基因 DNA 序列有高度同源性。

二、G-CSF、GM-CSF 的临床应用

1. 治疗白血病 G-CSF 用于治疗慢性、特发性中性粒细胞减少症，GM-CSF 则在治疗艾滋病伴发的白细胞减少症的临床治疗中取得切实的疗效。G-CSF、GM-CSF 在白血病治疗中的辅助作用也逐渐被人们所认识。临床应用结果显示 G-CSF、GM-CSF 可促进白血病化疗后中性粒细胞减少的恢复，并降低中性粒细胞减少的持续时间。而且，部分研究还显示两者应用，可降低中性粒细胞减少相关的严重感染率的发生、抗生素使用时间及住院天数。另外还有少数研究表明 G-CSF、GM-CSF 还可诱导白血病细胞的终末分化。

2. 干细胞移植 近年来自体或异基因外周血干细胞移植已渐渐代替自体骨髓移植，成为癌症、造血系统疾病等的重要治疗手段。G-CSF、GM-CSF 可促使外周血中造血干祖细胞数量增加，减少同时应用细胞毒性干细胞动员剂所带来的骨髓抑制的不良反应，在骨髓移植后应用既能明显加速粒细胞的恢复，又能增强粒细胞的功能。

目前在一些恶性肿瘤大剂量化疗配合外周血干细胞移植治疗中，采用 G-CSF、GM-CSF 作干细胞动员剂及支持骨髓移植后造血功能的恢复，是现在临床的常规治疗手段。

3. 恶性实体瘤放化疗 临床应用 G-CSF、GM-CSF 显示，在恶性实体瘤化疗结束 24h 或 48h 后应用，可显著缩短化疗后中性粒细胞减少的程度、从而可以保证化疗如期进行。临床研究结果显示，G-CSF、GM-CSF 的应用可明显缩短发热性中性粒细胞减少症（腋下体温大于 38℃，中性粒细胞绝对数小于 1×10^9/L）的住院天数及抗生素用药天数。另外，有资料显示若两者与化疗药同时给药，可增加药物剂量强度，从而提高药效。目前，G-CSF、GM-CSF 被广泛用于治疗恶性实体瘤化疗所致的中性粒细胞减少。

三、G-CSF、GM-CSF 的不良反应

G-CSF 的不良反应一般较轻，常见的为髓性骨痛，发生率约为 15%～39%。血清中碱性磷酸酶及乳酸脱氢酶也常见升高，一般认为是由于白细胞酶的大量释放所致，而非肝脏或肌肉毒性。另外，药物可加重原已存在的炎性改变，如湿疹、牛皮癣、血管炎等。发热及注射部位反应很少发生。迄今为止，尚无抗 G-CSF 抗体的报道。仅有极少数文献报道有类似过敏反应发生。

GM-CSF 的不良反应较 G-CSF 为重，临床常表现为流感样症状，如发烧、寒战等；胃肠道症状，如恶心、呕吐及注射部位反应等。其应用途径可影响不良反应的类型，例如静脉注射常伴有皮疹及初次剂量反应，而皮下注射则主要引起注射部位的反应，却很少发生初次剂量反应。初次剂量反应是以一过性潮红、呼吸困难等为临床指征的。曾有文献报道约 4%的病人出现了抗 GM-CSF 抗体。抗体的存在使 GM-CSF 生物活性减弱。因此，在治疗中应考虑到抗 GM-CSF 抗体对 GM-CSF 生物功能的影响。

四、基因重组人 G-CSF 和 GM-CSF

基因重组人 G-CSF（rhG-CSF）系将含人 G-CSF 基因的重组质粒转化到大肠杆菌中，使其高效表达人 G-CSF，经发酵、分离、纯化制成。1991 年美国 FDA 批准 Amgen 公司的重组人 rhG-CSF 应用于临床，1993 年国外 rhG-CSF 制剂在中国注册进口，1995 年我国首次批准国产 rhG-CSF 产品进入临床试用。目前已有十几家的国产 rhG-CSF 制剂用于临床。rhG-CSF 的结构与天然的人 G-CSF 略有不同，但其生物活性相似。

基因重组人 GM-CSF（rhGM-CSF）已在大肠杆菌、酵母、植物细胞、昆虫细胞、家蚕细胞和哺乳动物中表达。各种体系所表达的重组 rhGM-CSF 与天然 GM-CSF 略有差异。在大肠杆菌中表达 rhGM-CSF 最常见的是先形成不溶性的包涵体，然后经过提取包涵体、变性裂解、复性和纯化等步骤得到 rhGM-CSF。这种方式的生产和加工步骤虽较为繁琐，但具有成本低、产量高等优点。大肠杆菌表达的 rhGM-CSF 其 N 位点和 O 位点均未被糖基化，相对分子质量为 14.6kD。虽然糖基化对 rhGM-CSF 的活性来说不是必需的，但糖基化和非糖基化的产物有不同的免疫原性。原核表达系统表达产物在人体可产生抗体而真核表达系统表达产物则不易产生抗体，原因可能是寡糖链的存在可使糖蛋白具有很好的溶解性，防止形成聚集体，而不易引起抗体反应。rhGM-CSF 在大肠杆菌中表达的缺点是基因容易发生突变，可能潜在地影响表达蛋白质的稳定性。

临床试验证明，酵母体系表达和大肠杆菌体系表达的 rhGM-CSF 相比，前者的毒性较低、不良反应较少；植物细胞体系表达 rhGM-CSF 水平高；昆虫细胞表达 rhGM-CSF 具有生物活性好、表达水平较高等优点；哺乳动物体系表达的 rhGM-CSF 虽与天然 rhGM-CSF 的生物学活性相同，但成本较高。

第 4 节 促红细胞生成素

促红细胞生成素（erythropoietin，EPO）是第一个被发现并应用于临床的造血生长因子，其主要生理作用是促进红细胞生成。EPO 特异地作用于红细胞前体细胞，对其他造血细胞几乎没有作用，是迄今所知作用最单一的造血生长因子。促红细胞生成素又称血细胞生成素、红细胞刺激因子，属酸性糖蛋白，是调节前体红细胞增殖、分化以及保持外周血中红细胞浓度处于正常生理范围内的最主要激素。它可与红细胞前体细胞 EPO 受体结合，促进其血红蛋白的合成使之增殖分

化成红细胞，从而调节体内红细胞和血红蛋白的生理平衡。

一、*EPO* 基因和分子结构

EPO 基因位于 7q11～22，包含了 4 个内含子和 5 个外显子。其基因产物为 193 个氨基酸的前体肽，其中前 27 个氨基酸为分泌信号肽。成熟的 EPO 由 166 个氨基酸组成，分子内有 2 个二硫键、3 个 N-糖基化位点和 1 个 O 糖基化位点。2 个二硫键的功能是维持活性构型。尽管去糖基化不直接影响 EPO 的体外活性，但可使其体内半衰期从 4～6h 缩短为 2min，导致 EPO 的体内活性迅速消失。因此糖基化对维持 EPO 的生物活性十分重要。色谱分析表明，超过 50%的 EPO 分子的二级结构为 α 螺旋，预测的三级结构由四个反向平行的 α 螺旋形成，同其他造血生长因子相似（图 11-3）。

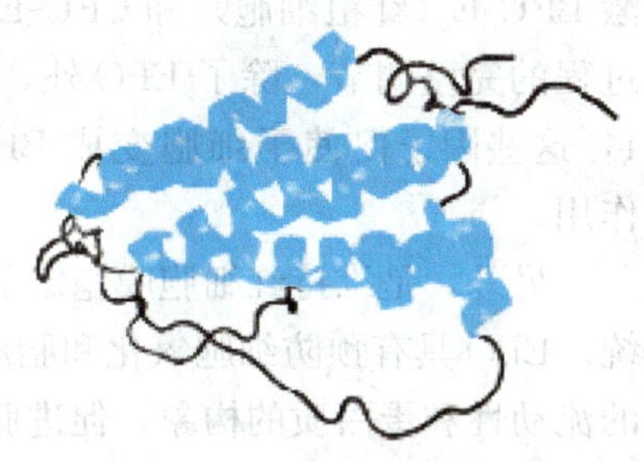

图 11-3　EPO 的三维结构示意图

二、EPO 的产生及性质

（一）产生部位

胚胎 19 周脐血中即可检出 EPO，其产生部位为胎儿心脏。从 9 个月胎儿至 4 个月的婴儿发育过程中，肾脏逐步替代了肝脏产生 EPO 的功能，在成人中仅有 5%～15%的 EPO 由肝脏产生。肾脏产生 EPO 的细胞主要位于皮质区近曲小管周围的间质。另外，经生物活性测定、RIA、Northern blot 分析和（或）原位杂交证实，能产生 EPO 的其他人组织细胞还有某些肾细胞癌、某些血管细胞瘤、肿瘤细胞系、$HepG_2$、Hep3B、克隆的肾癌细胞系等。

（二）分泌与调节

健康成人的 EPO 是由肾脏分泌的一种重要激素。血浆中 EPO 水平为 10～20U/L，晚上 8 时分泌量最高，可达基础量的 160%。EPO 的产生受机体内血含量、氧压力的调节。生理情况下它能促进红细胞系列的增殖、分化、成熟；病理状态下，与多种贫血，尤其与终末肾脏疾病贫血密切相关。其血清浓度随血氧含量的变化而发生相应的改变，当缺氧 4h 以上时，血清 EPO 即增加。它通过一反馈环路调节红细胞的产生，以维持机体在低氧或高环境中正常的生理功能。在失血、低氧的刺激下，EPO 含量迅速上升，急性失血达 25ml 血浆时 EPO 即可上升，失血 250ml 时血浆 EPO 量可增加 5 倍，慢性失血时血细胞比容（HCT）降至 0.20 可使 EPO 增加 100 倍以上，此为临床应用剂量的依据。另外，在某些肿瘤病人中，可见 EPO 产生异常升高，骨髓造血反应不良的贫血病人，其 EPO 也升高。

（三）理化特征

重组 EPO 的等电点为 4.5，在 pH 3.5～10 范围内活性稳定。对蛋白水解酶、烷基化及碘化作用敏感，二硫键打开后生物活性丧失，不宜冻干，通常制成含白蛋白保护剂的水溶液。EPO 对热稳定，在 80℃不变性，利用此性质可去除粗制品中的杂蛋白及蛋白酶活性，它还能耐受多种有机溶剂如丙酮、6mol/L 盐酸胍、8mol/L 尿素、95%乙醇等。天然和重组 EPO 脱糖基后在体外仍有很强的生物学活性。

（四）生物学活性

EPO 是一个强有力的造血生长因子，它是调节和维持红细胞生理循环的重要激素，体外分析显示在 0.05～1U/ml 的浓度时即具有剂量依赖效应。1971 年 Stephenson 等证实在 EPO 存在条件下，将骨髓细胞培养于甲基纤维素中或凝血块上，成功地获得了幼红细胞和红细胞的集落。在大量 EPO（10～100 倍）存在条件下，长时间培养可获得大型的集落，称其为幼红细胞集落形成细胞（burst forming unit-erythroid，BFU-E）；在少量 EPO 存在下，短期培养可获得小型的集落，称其为红细胞集落形成细胞（colony-forming unit-eeythoid，CFU-E）。因此，EPO 可刺激 BFU-E（红祖细胞）和 CFU-E（早幼红细胞）形成成熟的红细胞集落。当然，对红细胞造血过程的完整调节，除了 EPO 外，还需要其他因子的协同作用，包括 Multi-CSF、GM-CSF 和 IL-1，这些因子促使干细胞变成 BFU-E，并联合刺激使红细胞早期增殖，随后才是 EPO 的增值作用。

另外，是维持红细胞膜稳定的调节因子。正常时红细胞内有多种对活性氧有抗氧化作用的系统。EPO 具有预防细胞氧化和脂质氧化的抗氧化作用。EPO 可以稳定红细胞膜，改善细胞膜脂质的流动性和蛋白质的构象，促进膜 Na^{+}-K^{+}-ATP 酶活，维持膜内外正常渗透压，对 CFU-GEMM、CFU-Meg、CFU-GM 也有一定刺激作用。

（五）EPO 的体内过程

正常人静脉注射 rHuEPO，血浆峰值出现在注射后 0.5h，半衰期在首次注射为 5h，多次注射后减至 4h。在慢性肾衰竭病人，半衰期较正常人为长，但多次注射后亦明显缩短。多次注射后血浆清除率的增加机制不明，一般认为是 rHuEPO 反应细胞膜上受体数量或敏感性的上调而不是由于抗 rHuEPO 抗体的产生。皮下注射 rHuEPO 的代谢过程与静脉注射不同，血浆峰值出现在注射后 12～24h，半衰期达 20h 以上。在注射后 48h，血中浓度仍保持较高水平。

血中 rHuEPO 水平的降低是通过与红系前体细胞结合的方式抽提出血清；肝脏在代谢中的作用不明；从肾脏排出的未经代谢的 rHuEPO 在 5%以下。

当前使用的 rHuEPO 都是单体 EPO。慢性贫血病人常需要大剂量长期应用，用药量相当可观。Dalle 等利用基因重组技术合成了一种二聚体 EPO，它与单体 EPO 在药代动力学方面性质类似，但体内、外实验都证明二聚体 EPO 有高于单体数倍的促红细胞再生能力。

（六）EPO 作用的胞内信号转导机制

红系造血细胞表面分布有 EPO 受体（EPOR）。EPOR 与生长激素、集落刺激因子及一些 IL（ILs）的受体同属一个受体家族。该家族受体的信号传导具有一定共性。目前，EPOR 的三维结构已被探明。当 EPO 与受体结合后，EPOR 在其胞外部分一个 20 个氨基酸组成的片段的引导下发生同种二聚反应，使与受体相连的 Janus 激酶（JAK2）发生转磷酸化而被激活，继续引发下游信号转导过程。此信号转导过程有多条途径，其中研究比较透彻的是 EPOR-JAK2-STAT5 途径：JAK2 活化后，作用于受体胞质部分，使得两个基（Y343，Y401）磷酸化，导致构型发生改变，暴露出剪切酶的作用位点，水解含有 SH-2 片段的特定胞质蛋白，产生信号转导与转录激活因子（STAT5），最终启动相关基因。

此外，EPO 已被证实的信号传导机制还包括：① EPOR-JAK2-PI3K（磷脂酰肌醇-3-激酶）途径；② EPOR-JAK2-ERKs（胞外信号调节激酶-1，2）途径；③ EOR-JAK2-NF-KappaB（核因子 KappaB）途径；④ EPOR-JAK2-Ras 蛋白-MAPK（有丝分裂原活化蛋白激酶）途径等。可见，EPO 胞内信号传导不是单一的级联通路，而是多个通路交联、互补、形成网络的复杂传导过程。

三、重组人 EPO 的制备

1983 年 10 月，Amgen 公司的 Fu-Kuen Lin 成功克隆了 *EPO* 基因。1985 年科学家应用基因重组技术大批量生产重组人 EPO（rhEPO）。1989 年，美国食品药品管理局（FDA）批准了 EPO 在临床上的使用。

目前临床使用的 EPO 是通过重组技术由 CHO 细胞表达的重组人 EPO（rhEPO）（表 11-3）。天然 EPO 为含唾液酸的酸性糖蛋白，相对分子质量为 34kD，从 CHO 中表达的重组 EPO 同天然 EPO 相比其糖基化形式基本相同，但相对分子质量略小，为 80kD。只有在真核细胞中表达的重组 EPO 才有体内生物活性。EPO 基因能在大肠杆菌中表达，但是却不能用大肠杆菌的基因工程菌生产人的 EPO，因为大肠杆菌不能使人的 EPO 糖基化。因此，目前利用基因重组技术生产 rhEPO 的工程细胞通常都使用带有人 EPO 基因的重组质粒转染的 CHO/dhfr（中国仓鼠卵巢细胞/二氢叶酸还原酶基因缺陷型细胞）细胞系。因为，CHO 是重组糖蛋白生产的首选体系，而 rhEPO 就是一种糖蛋白。rhEPO 是应用此工程细胞系在无血清培养基中固定各项培养参数进行培养，得到分泌产物后，再对其进行分离纯化而得到的。此无血清培养基是在合成培养基内添加不同种类的补充因子（如必需补充因子：胰岛素、转铁蛋白和亚硒酸钠；及特殊补充因子：激素、生长因子、贴壁因子等）。

表 11-3　获准或进入临床实验阶段的商品化 EPO

产　品	阶　段	公　司
Epogen（重组人 EPO）	获批	Amgen
Procrit（重组人 EPO）	获批	Ortho Biotech
Neorecomon（重组人 EPO）	获批	Boehringer-Mannheim
Aranesp（重组 EPO 类似物）	获批	Amgen
Nespo（重组 EPO 类似物）	获批	Dompe Biotec
重组 EPO	临床试验	Aventis

但是，对于此种方法所得的 rhEPO 需要进行杂质的检测。其杂质检查项为：① 利用斑点杂交法进行外源 DNA 的检查；② CHO 细胞蛋白的检查；③ 牛血清清蛋白的检查；④ 枸橼酸离子的检查；⑤ 细菌内毒素及异常毒性的检查；⑥ 可见异物的检查等。

当前临床所使用的 rhEPO 都是单体 EPO。而慢性贫血病人因为经常需要大剂量长期应用，所以用药量相当可观。最近，Dalle 等利用基因重组技术，合成了一种二聚体 EPO，它与单体 EPO 在药代动力学方面性质类似，但体内、体外此二聚体 EPO 有高于单体数倍的促红细胞再生能力。

如表 11-3 所示，Neorecomon 是一种 CHO 工程细胞中表达的 rhEPO，其氨基酸序列同天然 EPO 完全一致。而 Aranesp 和 Nespo 同天然 EPO 相比，氨基序列上发生了变化，增加了两个新的 N 糖基化位点。由此产生的重组蛋白具有五个糖基位点，可使蛋白在血清中的半衰期由 4～6h 延长至 21h。

四、临床应用

自 1985 年重组人 EPO（rhEPO）问世以来，EPO 已被证实可用于治疗多种贫血。近年来，rhEPO 的应用领域不断扩展并取得了一些成熟的经验。临床应用于以下几个方面：

（一）肾性贫血

该类型贫血主要是由于内源性 EPO 产生不足造成在 EPO 批准前，这种疾病只能依靠输血治疗。EPO 对这类贫血治疗效果良好，呈明确效量依赖关系。对于正在接受透析治疗或未接受透析的病人 EPO 均有效果。EPO 可刺激红细胞数量增加和血红蛋白含量升高，减少病人输血量，乃至完全替代输血。但 EPO 并不能改善肾脏功能。另外，使用 EPO 后，造血功能增强，铁需要量增加，故应适当补充一定量的铁。

（二）其他慢性病所致的贫血

贫血常常是一些慢性疾病如风湿性关节炎、系统性红斑狼疮等的并发症。使用EPO可以提高患者的血细胞比容和血红蛋白水平。严重的慢性感染也会导致贫血。而使用药物往往会使贫血更严重。例如8%的非症状性HIV感染病人有贫血表现，而在出现AIDS相关并发症的人群贫血的发病率是20%，在出现Kaposi's肉瘤的病人中，贫血的发病率超过60%，超过1/3用齐多夫定治疗的AIDS病人出现贫血。EPO可以提高AIDS病人的血细胞比容和血红蛋白量，同时减少输血量。许多恶性肿瘤会导致贫血，伴随有血清EPO减少，以及缺铁、失血、肿瘤浸润入骨髓等。同时化疗药物的使用常导致干细胞损伤，进一步加重贫血状况。给肿瘤或接受化疗的肿瘤患者使用EPO已经取得了令人鼓舞的结果，超过半数的病人的血细胞比容值显著提高。美国一个大规模研究（2000名肿瘤患者，大多数接受化疗）皮下注射EPO的平均计量为150IU/kg，1周3次，进行4个月。需要输血的病人由22%下降至10%，自我感觉良好以及总体生活质量显著提高。EPO对肿瘤相关性贫血的缓解率从32%到85%不等。

（三）早产儿贫血婴儿

尤其是早产儿，常伴有贫血，其特征为产后8周血红蛋白持续下降。尽管其中造成的因素众多，但低于正常的血清EPO水平是主要原因。将这些婴儿的BFU-E和CFU-E细胞分离至体外，用EPO刺激，可产生促红细胞生成反应。据此一些指导性的临床试验已经开展。300～600IU/(kg·w)的剂量能够提高红细胞生成，并降低30%的所需输血量。

（四）异体骨髓移植

接受异体骨髓移植的患者在移植后6个月内出现特征性的EPO减少。临床研究证实给予EPO可以明显地加速红细胞生成作用，使得病人的血细胞比容在移植后能尽快达到正常水平。

另外，有关资料提示EPO也可用于外科手术前的自体输血及手术后贫血的恢复，骨髓异常增生综合征贫血，妊娠期及产后贫血，血红蛋白病的镰状红细胞贫血及地中海贫血，再生障碍性贫血等。

五、EPO的不良反应

（一）高血压

血压升高或高血压病情恶化是用EPO治疗期间常出现的不良反应。初次使用EPO高血压的发生率约20%。临床表现可能较严重，白天收缩压和夜间舒张压升高最明显，某些患者早在治疗的第二周即发生高血压，而有些患者则于治疗开始4个月才发生。一组多中心非对照的临床资料表明，EPO纠正贫血后35%～45%出现高血压，35%～45%原来存在的高血压加重。血压升高的机制，可能是由于周围血管阻力增加，EPO纠正贫血后，红细胞量增加，出现血压黏滞度增高，而心排出量不能相应增加。为了减少高血压的危险性，在EPO治疗过程中应使体重减轻，加强或调整降压治疗，无效时可减少EPO用量，调整透析方案。血红蛋白的升高，应控制在每月约1g/dl，最多不超过每月2g/dl。控制血细胞比容（HCT）在30%～35%。皮下给药是避免诱发高血压的一项有效措施。

（二）血管瘘管栓塞

EPO能导致血小板在正常范围内轻微上升（特别是经静脉注射）血液黏稠度增高而出现血管瘘管栓塞。有研究报道了两例患者治疗期间发生动脉内瘘内血栓形成，经用肝素后恢复。动物实验还发现急性肾衰竭、心肌梗死及脑血管意外等并发症，原因是血栓形成，值得重视。虽然血小板增多症极为罕见，但需在最初8周治疗期中定期检测血小板。使用EPO的血透病人，往往因血细胞比容升高而需加肝素剂量。如肝素剂量不适当，可能发生透析器堵塞，偶尔会出现分流器栓塞。对有低血压趋向，或动静脉瘘呈现并发症（血管狭窄）病人，建议及早预防血栓栓塞发生(如使用阿司匹林)。

(三) 癫痫

过去报道癫痫发病率 2%～17%，通常与血压控制不佳有关，有人报道了 3 例慢性肾功能不全贫血患者，应用 EPO 期间发生癫痫，并提出致癫痫发生主要与短时间内 HCT、血压迅速上升有关。EPO 使用应个体化，特别是对有高血压、脑动脉硬化、冠状动脉硬化及老年患者，更应注意用量，必要时加用钙离子拮抗剂或血管紧张素转化酶抑制剂。

(四) 高血压脑病

因急剧的血压上升有引起头痛、意思障碍、痉挛等高血压脑病，甚至有脑出血症状发生的可能。对这类病人应予以密切监护，特别是对出现急性针刺样偏头痛者。

(五) 脑梗死

凝血研究表明，使用 EPO 治疗数月以后，大多数病人的出血时间可以明显改善甚至正常，但是蛋白 C 和蛋白 S 的下降又预示病人容易出现血栓栓塞，所以应注意密切观察，如发现异常，应尽早停药并作适当处理。

除以上几种可能出现的不良反应之外，在使用 EPO 的过程中，偶尔还会出现休克、肝功能受损、感觉异常以及血液疾病等。

综上所述，EPO 是一种可以增加人体血液中红细胞数量、提高血液含氧量的激素，在正常人体内有一定的含量，用于维持和促进正常的红细胞代谢，可以被用来增加贫血患者体内的红细胞数量，用于改善贫血状况。同样是依靠这种能力，在运动项目中，人为地增加血液中 EPO 的浓度，对提高运动员的运动成绩和提高运动员的耐力，也能够起到一定的作用，因此 EPO 也是反兴奋剂检测中最主要的项目之一。

第 5 节　组织型纤溶酶原激活剂

一、概述

组织型纤溶酶原激活剂（tissue-type plasminogen activator，t-PA）又可称血管纤溶酶原激活物（tissue-type plasminogenactivator，t-PA）或纤溶酶原激活因子（tissue plasminogen activator），是体内纤溶系统的生理性激动剂；属于糖蛋白，丝氨酸蛋白酶类，是一种新型的血栓溶解剂。

t-PA 由血管内皮细胞合成，广泛存在于各组织细胞中，在人体纤溶和凝血的平衡调节过程中发挥着关键性的作用。因此，当这些组织受损时，其中的 t-PA 就可释放入血，促进纤溶酶原的激活，这可以解释在这些器官手术时常有较多出血和伤口溶血的现象。

1990—1993 年，以美国为首的 GUSTO 研究组对治疗心肌梗死进行了一次大规模临床试验计划，从而发现早期应用 t-PA 溶解血栓是治疗心肌梗死的最佳方案。这项研究加速了 t-PA 的进一步研究和其在临床的应用，使之成为用重组 DNA 技术开发的首批生物技术药物之一，同时也使 t-PA 成为目前市场上销售额最高的基因工程药物之一。

二、性质、结构和功能

天然的或用重组技术制备的 t-PA 是一单链分子，相对分子质量为 67～72kD，为含 527 个氨基酸的糖蛋白（图 11-4），有 17 对二硫键和 3 个糖基化位点，当受纤溶酶、组织激肽释放酶等的作用时，Arg275-Ile276 的肽键则被裂解形成双链。C 端为轻链或 B 链，N 端为重链或 A 链。而重链按顺序依次分别为指状结构区（finger domain，F 区），生长因子同源结构区（growth factor homologous domain，G 区）和 2 个环状或 Kringle 结构区（K1 区和 K2 区）。而轻链与其他丝氨酸酶有同源性，其活性中心则由 His^{325}、Asp^{374} 和 Ser^{481} 组成。t-PA 必须糖基化才具有生物学活性。而根据其糖基化程度可将 t-PA 分为两种类型，Ⅰ型在 120、181 和 451 位糖基化，Ⅱ型仅在 120 和 451 位糖基化，二者相对分子质量相差 3kD。

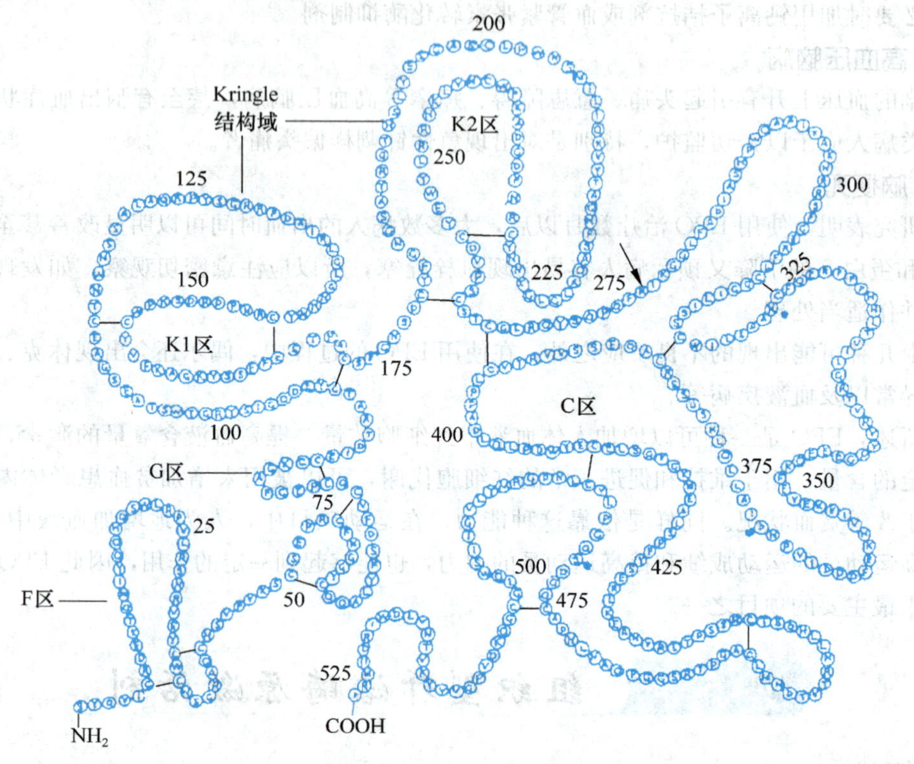

图 11-4 t-PA 的分子结构

t-PA 的结构特点与其功能休戚相关。前述的 t-PA 几个区域的特定结构决定着 t-PA 的生物功能特点。研究其构效关系，对通过 t-PA 的结构改造，进一步开发出生物学活性更优、疗效更强、稳定性更好、作用时间更长的 t-PA 有着重要的指导意义。t-PA 的结构与功能的关系见表 11-4。

表 11-4 t-PA 的结构与功能的关系

结构分区	F 区	G 区	K 区（K1 和 K2）	C 区
肽链定位	6～43	44～92	93～297	298～527
同源性	与牛的纤维连接蛋白第一指状区有 34%同源性	与人的 EGF 有同源性		
功能	与t-PA 和纤维蛋白的结合有关	与t-PA 的体内清除有关	与t-PA 和纤维蛋白的亲和性有关	与细胞膜受体结合有关
缺失影响	若用蛋白酶降解 t-PA，使其在 N 端丢失一段肽序列，则 t-PA 与纤维蛋白的结合力减弱	无G 区的变异型 t-PA，在血液循环中的清除率降低		

三、生物学活性及作用机制

1. 作用机制　t-PA 作为第二代溶栓药，其优点就在于对血栓的特异性溶栓作用。游离的 t-PA 对纤溶酶原的亲和力很低，对血液中的纤溶酶原一般不会有激活作用，但是对纤维蛋白却有很强的亲和力。与纤维蛋白结合后的 t-PA 对于纤溶酶原的激活作用比游离的 t-PA 强 100 倍。由于正常人的血液中少有纤维蛋白，一般不会产生非特异性的全身性纤溶状态。可是在血栓里却存在着大量纤维蛋白，故 t-PA 会主要结合于血栓局部，与局部的纤溶酶原一起，构成纤维蛋白、t-PA 和纤溶酶原三元复合物，激发 t-PA 对纤溶酶原的激活作用，形成纤溶酶，使血栓溶解。而所形成的纤溶酶多数仅结合在复合体中起作用，只有少量可进入血液，但由于其可被 $\alpha 2$-抗纤溶酶作用而失活，因此，也就避免了对全身纤溶系统的作用。

t-PA 在靠近纤维蛋白-纤溶酶原结合的部位，通过其赖氨酸残基与纤维蛋白结合，并激活与纤维蛋白结合的纤溶酶原使之转变为纤溶酶。这种作用比激活循环中游离型纤溶酶快数百倍。但是，在没有纤维蛋白存在的条件下 t-PA 对纤溶酶原的激活作用很弱。而纤维蛋白可大大增强这一作用，这是由于纤溶酶原和 t-PA 能结合在纤维蛋白的表面的缘故。在无纤溶酶原的情况下，t-PA 与纤维蛋白结合的解离常数 Kd 为 140～1400nmol/L，若有纤溶酶原存在，则结合力增强约 20 倍，其机制可能由于纤溶酶原、t-PA、纤维蛋白形成一种复合物，或 t-PA 结合于纤溶酶原后再结合纤维蛋白时，可将纤溶酶原从一种关闭的构型变为开放型，使纤溶酶原极易被激活，产生纤溶酶从而发挥其功能。

纤维蛋白溶解的主要过程是无活性的纤维蛋白溶酶原（plasminogen，又称纤溶酶原）在 t-PA 等许多因子的作用下，转变为有活性的纤维蛋白溶酶（plasmin，又称纤溶酶）。此过程在开始阶段就被因子Ⅻa、激肽释放酶（kallikrein，Ka）、链激酶-纤溶酶原复合物（complex of streptokinase and plasminogen，CSP）、尿激酶（urokinase）、t-PA 以及与纤维蛋白结合的纤溶酶原（plasminogen binding with fibrin，PBF）等激活。纤维蛋白溶解药（fibrinolytics）可使纤维蛋白溶酶原转变为纤维蛋白溶酶，后者迅速水解纤维蛋白和纤维蛋白原，从而使血栓溶解，故又称血栓溶解药（thrombolytics）。链激酶（streptokinase）和尿激酶及 t-PA 等均为纤维蛋白溶解药。

2. 生物学活性　正常人血浆中 t-PA 的浓度约为 2～5μg/L。t-PA 的 $t_{1/2}$ 约为 5min，其主要在肝中代谢，并且严重肝病时血浆中 t-PA 可升高。为此，研究者利用基因工程技术改变 t-PA，以求来改善药物代谢动力学或其功能性质。

除了血管内皮细胞合成 t-PA 外，单核、巨核及内皮细胞等均能产生 t-PA。IL-1、脂多糖等也可不同程度影响血管内皮细胞中 t-PA 的基因表达。此外，外科手术创伤、缺氧、酸中毒、应激状态等内源性物质或因素也都可促进 t-PA 从血管内皮细胞中释放，从而使血浆中的 t-PA 升高；高脂血症、口服避孕药等情况均可导致 t-PA 释放减少。

研究显示，t-PA 的活性表现为时辰差异性，即在夜间及清晨活性最低，而白天的活性为夜间及清晨的 3 倍，这说明内皮细胞对 t-PA 合成与时辰有关。在血浆中存在着 t-PA 的抑制剂（PAI-1），其可抑制 t-PA 活性。

四、基因工程制备 t-PA

第三代纤维蛋白溶解药是指通过基因重组技术，改良了天然溶栓药物的结构，提高选择性溶栓效果，延长半衰期，减少用药剂量和不良反应的药物。

虽然 t-PA 具有较好的溶栓效果，但由于它在体内的半衰期太短，剂量需要很高，所以病人负担较重。因此，利用基因工程技术去除 t-PA 分子中的某些部分或者将其中几个氨基酸进行突变，即可合成雷特普酶（reteplase，rPA）和替奈普酶（tenecteplase，TNK-t-PA），这两个 t-PA 的衍生物作为第三代纤维蛋白溶解药已被 FDA 分别在 1999 年和 2000 年批准上市。

最初的 t-PA cDNA 克隆和在大肠杆菌中的表达可以追溯到 1983 年，Pennica 等从能合成和分泌活性 t-PA 的人黑色素瘤细胞克隆出了 t-PA cDNA，并且首次在大肠杆菌中表达成功。以后的研究者们在此基础上，利用已知的 cDNA 作为探针，获得了 *t-PA* 基因的全序列，并分析其中的外显子、内含子以及 5′端和 3′端侧翼序列。

此后，人重组 *t-PA* 基因相继在大肠杆菌、酵母等中表达成功。但是在大肠杆菌中表达的 t-PA 由于没有糖基化，与天然 t-PA 活性不同。操作过程复杂且吸收率低，并且无糖基化的 t-PA 药学品质差，生物利用度低，更容易被体内首过代谢和酶水解。因此后来将 t-PA cDNA 插入酵母表达载体，置于酵母磷酸酶（PHOS）基因启动子下游，表达单链 t-PA 蛋白，且产物糖基化。而选用酿酒或毕氏酵母表达完全可以解决前述问题，并且具有表达产率高、工艺简单、无需复性等优点。但是由于酿酒或毕氏酵母的糖基化与人 t-PA 只有 7%的同源性，非常容易造成频繁发生的免疫毒理学问题，带来不必要的不良反应。因此，选用动物细胞 CHO 表达 t-PA 是最接近人源性 t-PA 的做法，但是过高的生产成本对市场销售量不大的产品来说无疑是个无法承受的负担。

近年来，多个研究组开展了 t-PA cDNA 在 CHO（中国仓鼠卵巢细胞）细胞中高效表达的研究，构建并筛选了十几种表达质粒，终于得到了符合标准的持续稳定高效表达重组 t-PA 的 CHO 工程细胞株。

为了获得临床治疗效果更好的基因工程产品，科学家还尝试着进行 t-PA 的嵌合体表达。所谓嵌合体表达是指选择性地将 t-PA 的不同功能区通过优化组合来合成 t-PA 的变异体，从而提高其特异性、增强生物活性等。如前述的 t-PA 衍生物雷特普酶和替奈普酶即为 t-PA 的变异体。目前国外已得到多种重组 t-PA（rt-PA）突变体。比如，缺失 F、E 和 K1，仅存 K2 和 P 结构域的，即只保留了特异性结合位点及催化活性中心，所得到的就是一个非糖基化突变体。而其可以在体内半衰期延长至 4～5 倍。此外，替代或缺失 1 个或几个 f、e 结构域中的氨基酸也起到良好效果，比如说用 Ser 替代 E 区 cys84，其半衰期也可由原来的 6min 延长至 20min。

五、重组 t-PA 的临床应用

目前临床上将重组 t-PA 用于治疗肺栓塞和急性心肌梗死。其阻塞血管再通率比链激酶高，且不良反应小。t-PA 可广泛用于临床治疗血栓，其冠脉开通率为 75%左右，优点为血栓选择性高。

临床研究已经表明，t-PA 与肝素联合使用，可提高冠脉开通率，降低病死率；t-PA 与阿司匹林合用，也可使血管再栓塞率由 25%降至 11%。此外，t-PA 与凝血酶抑制因子联用更适合于治疗心肌梗死。由于 t-PA 是存在于人体内的天然酶蛋白，不像链激酶那样会引起变态反应，因此是一种相对较安全的血栓溶剂。目前，临床上一般用于治疗心肌梗死、异体肾脏移植后排斥反应、肾病综合征、下腔静脉血栓形成等疾病。t-PA 在临床上可直接用于静脉注射，而由于血栓溶解的时间与 t-PA 剂量有关，因此可根据不同的病情选择不同的剂量。

第 6 节 肿瘤坏死因子

一、概述

肿瘤坏死因子（tumor necrosis factor，TNF）系由激活的单核细胞和巨噬细胞系统产生的一种能直接杀伤肿瘤细胞的糖蛋白。是具有广泛生物学功能的一种可溶性多效细胞因子。由单核一巨噬细胞产生的 TNF 是一种单核因子，被称为 TNFα；由 T 淋巴细胞产生的 TNF 是一种淋巴因子，被称为 TNFβ，二者的结构和作用大同小异。存在于细胞上的 TNF 受体主要有 TNFRⅠ和 TNFRⅡ两种，血清中存在的是可溶性的 TNFR（s TNFRⅠ，s TNFRⅡ）。TNF 与其相应受体的相互作用不仅对多种肿瘤细胞有细胞毒作用，还与炎症、发热反应、关节炎、败血症以及多发性硬化等疾病有密切关系。TNF 还被称为“恶病质素”（cachectin），这是因为晚期肿瘤病人发生的恶病质（表现为进行性消瘦、脂肪重新分布等）与 TNF 的作用有关而得名。最近还发现了 TNF 家族的一些新成员，包括 LTβ、TRAIL（TNF-related apoptosis-inducing ligand）等。目前已经能用基因工程的方法大量生产 TNF，并发现除能杀伤瘤细胞外，TNF 还有多种生物学作用。

二、TNF 的分子结构与功能

（一）TNF-α

人和小鼠的 *TNF-α* 基因分别长约 2.76kb 和 2.78kb，结构非常相似，均由 4 个外显子和 3 个内含子组成，与 *MHC* 基因群密切连锁，分别定位于第 6 对和第 17 对染色体上。人 TNF-α 前体由 233 个氨基酸残基组成，含 76 个氨基酸残基的信号肽，切除信号肽后成熟型 TNF-α 为 157 氨基酸残基，非糖基化，第 69 位和 101 位两个半胱氨酸形成分子内二硫键；成熟的小鼠 TNF-α（rMuTNF-α）分子质量为 17kD。rHu TNF-α 与 rMu TNF-α 有 79%氨基酸组成同源性。

天然型 TNF-α 分子为三聚体，其立体结构同生物学活性紧密相关。人 TNF-αN 末端与 TNFR 结合，产生生物学活性。N 末端 4 位、7 位或 8 位氨基酸残基缺失的突变型 TNF-α 依然对肿瘤细胞显示细胞毒活性。TNF-α 是迄今为止发现的抗癌作用最强的细胞因子，其对肿瘤细胞的作用机制，是与细胞表面高亲和性的受体结合，激活一系列死亡相关信号，启动肿瘤细胞凋亡。TNF-α 通过影响免疫效应细胞的增殖、分化、趋化等功能，调节机体免疫反应。TNF-α 也能有效刺激机体 T 细胞和 B 细胞分化和增殖，并可活化巨噬细胞，诱生多种免疫调节介质，诸如 IL-1、IL-6 和 IL-8 等；TNF-α 能抑制病毒蛋白合成，从而干扰病毒蛋白复制，并可诱导 IFN 产生，且 TNF-α 与 IFN 二者具有协同抗病毒作用。此外，TNF-α 参与炎症反应，诱导机体毛细血管增生和促进细胞增殖等一系列组织修复过程。

通过基因工程技术表达 N 端少 2 个氨基酸（Val、Arg）的 155 个氨基酸的人 TNF-α，这种改构的 TNF-α 具有更好的生物学活性和抗肿瘤效应。此外，还有用基因工程方法，使 TNF-α 分子氨基端 7 个氨基酸残基缺失，再将 8Pro、9Ser 和 10Asp 改为 8Arg、9Lys 和 10Arg，或者再同时将 157Leu 改为 157Phe，改构后的 TNF-α 比天然 TNF 体外杀伤 L929 细胞的活性增加 1 000 倍左右。

（二）TNF-β

又名淋巴毒素 α（lymphotoxin α，LTα）。人的 TNF-β 由 1.4kb mRNA 编码，其前体蛋白含有 233 个氨基酸。人和小鼠 *TNF-β* 基因分别定位于第 6 和第 17 号染色体。HuTNF-β 分子由 205 个氨基酸残基组成，含 34 氨基酸残基的信号肽，成熟型 Hu TNF-β 分子为 171 个氨基酸残基，分子质量 25kD。rMu TNF-β 分子由 202 氨基酸残基组成，包括 33 个氨基酸残基的信号肽，成熟分子 169 个氨基酸残基，与 Hu TNF-β 有 79%的同源性。Hu TNF-β 与 Hu TNF-αDNA 同源序列达 56%，氨基酸水平上同源性为 36%。

三、TNF 的生物活性和临床应用

TNF-α 与 TNF-β的生物学作用极为相似，这可能与分子结构的相似性和受体的同一性有关。TNF 的体内效应呈剂量依赖性，低剂量时主要通过自分泌和旁分泌作用于局部白细胞和内皮细胞，参与局部炎症反应；中等剂量 TNF 可进入血液循环，参与全身抗感染，可导致发热、抑制骨髓、激活凝血系统等；极高剂量 TNF（如内毒素性休克）可导致明显的全身毒性反应，引起循环衰竭，甚至 DIC、多脏器功能衰竭而导致死亡。TNF 的生物学活性似无明显的种属差异性。TNF 的生物学活性如下：

（一）杀伤或抑制肿瘤细胞

TNF 杀伤肿瘤的机制还不十分清楚，与补体或穿孔素（perforin）杀伤细胞相比，TNF 杀伤细胞没有穿孔现象，而且杀伤过程相对比较缓慢。TNF 杀伤肿瘤组织细胞可能与以下机理有关。

1. 直接杀伤或抑制作用 TNF 与相应受体结合后向细胞内移，被靶细胞溶酶体摄取导致溶酶体稳定性降低，各种酶外泄，引起细胞溶解。也有认为 TNF 激活磷脂酶 A2，释放超氧化物引起 DNA 断裂，磷脂酶 A2 抑制剂可降低 TNF 的抗病效应。TNF 可改变靶细胞糖代谢，使细胞内 pH 降低，导致细胞死亡。用放线菌素 D、丝裂霉素 C、放线菌酮等处理肿瘤细胞，可明显增强 TNF 杀伤肿瘤细胞活性。

2. 调节免疫功能 通过 TNF 对机体免疫功能的调节作用，促进 T 细胞及其他杀伤细胞对肿瘤细胞的杀伤作用。TNF 也有增强 NK 细胞和巨噬细胞的细胞毒性作用。TNF 的免疫调节作用旨在促使白介素-1、粒细胞-巨噬细胞集落刺激因子和 IFN 的释放，增强巨噬细胞、NK 细胞和粒细胞等杀伤癌瘤的活性作用。TNF 作用于内皮细胞，能诱发实验肿瘤结节的出血坏死，促进血小板和中性粒细胞聚集。IFN-γ 能调节 TNF 受体的表达，增强 TNF 对肿瘤细胞的直接杀伤作用。

3. 血管损伤和血栓形成 TNF 作用于血管内皮细胞，损伤内皮细胞或导致血管功能紊乱，使血管损伤和血栓形成，造成肿瘤组织的局部血流阻断而发生出血、缺氧坏死。

（二）提高中性粒细胞的吞噬能力

TNF 预先与内皮细胞培养可使其增加 MHC Ⅰ类抗原、ICAM-1 的表达以及 IL-1、GM-CSF 和 IL-8 的分泌，并促进中性粒细胞黏附到内皮细胞上，从而刺激机体局部炎症反应，TNF-α 的这种诱导作用比 TNF-β 强。TNF 刺激单核细胞和巨噬细胞分泌 IL-1，并调节 MHC Ⅱ类抗原的表达。

（三）抗感染

如抑制疟原虫生长，抑制病毒复制（如腺病毒Ⅱ型、疱疹病毒Ⅱ型），抑制病毒蛋白合成、病毒颗粒的产生和感染性，并可杀伤病毒感染细胞。TNF 抗病毒机理还不十分清楚。

（四）促进细胞增殖和分化

TNF 促进 T 细胞 MHC Ⅰ类抗原表达，增强 IL-2 依赖的胸腺细胞、T 细胞增殖能力，促进 IL-2、CSF 和 IFNγ 等淋巴因子产生，增强有丝分裂原或外来抗原刺激 B 细胞的增殖和 Ig 分泌。

（五）参与骨吸收和组织重塑

TNF 在体外可以引起破骨吸收和骨胶原蛋白的合成。TNF 的破骨吸收活性是通过破骨细胞量的增加和骨基质钙化减少造成的。TNF 还参与结缔组织的重塑，在成纤维细胞和滑膜细胞中，TNF 诱导胶原酶和其他金属蛋白酶的释放。

四、TNF 的制备

hTNF-α 在真核表达系统的构建为应用 RT-PCR 的方法，从足月妊娠期高血压疾病患者的胎盘组织中，扩增出 hTNF-α cDNA，连接至载体 pMD 18-T vector 中，经酶切鉴定与序列测定证实后，以亚克隆法构建于真核表达载体 pcDNA3，1-myc-his（—）A，B，C 的相应酶切位点，通过 RT-PCR 检测其在体外转导绒癌耐药细胞后 hTNF 基因的表达。

hTNF-α 在原核系统中表达的主要目的是，应用 PCR 技术，将 *hTNF-α* 基因的 5′端 17 个氨基酸的编码序列删除，基因中 Pro^{8}-Ser^{9}-Asp^{10} 的编码序列用 Arg-Lys-Arg 的编码序列取代，同时 Leu^{157} 的密码子被 Phe 的密码子所取代。将 *hTNF-α* 突变基因，插入原核高效表达载体 pBV220 中，构建高表达工程菌株。对连续 3 批制备的新型 nrhTNF-α，按人用《重组 DNA 制品质量控制要点》检定要求进行鉴定，纯化表达产物。

在表达产物的鉴定中，生物学活性分析应用 L929 细胞进行杀伤实验，以中国药品生物制品检定所提供的 hTNF-α 标准品为对照。蛋白质含量测定按《生物制品化学鉴定规程》的 Lowry 法进行，表达产物的纯度鉴定应用 SDS-PAGE 和高效液相色谱法。相对分子质量（M_r）的测定应用电喷雾电离质谱法。

结　语

作为机体免疫应答效应分子和各细胞间信息传递网络的中介，具有广泛生物活性的多肽物质-细胞因子在机体受到内外环境刺激时，可发挥多种生物学效应。在调节、损伤和创伤等病理生理过程，增强机体免疫功能和防止肿瘤生长等方面发挥着重要功能。但是，过去应用常规技术方法，难以大量获取体内含量甚微的细胞因子，因此不能满足临床应用。

随着分子生物学和基因工程技术迅猛发展，DNA 重组工程使生产和提供大量高度纯化的治疗用细胞因子成为可能。愈来愈多的细胞因子得以商品化生产，它们的生物学特性和相应天然细胞因子的生物学特性相同，从而为细胞因子研制生产并不断提供临床治疗应用奠定了基础。

学习重点

本章重点是各类细胞因子基因工程制备的方法和特点。以干扰素为例，要重点掌握基因工程干扰素的制备及新型干扰素的分类。包括基因的克隆、基因文库的构建和调用；基因的表达；干扰素的提取、纯化和鉴定以及质量控制。此外，还要掌握新型干扰素的分类，如活性增加、稳定性增加的干扰素、改变抗原性和种属特异性的干扰素以及聚乙二醇干扰素的制备方法和优点。

思　考　题

1. 简述细胞因子类药物的特点以及发展基因工程细胞因子类药物的重要意义。

2. 试述重组干扰素、重组细胞集落刺激因子、重组白细胞介素、重组肿瘤坏死因子以及重组人促红细胞生成素的临床应用。

3. 简述重组干扰素的基因工程制备方法并比较新型干扰素的应用特点。

4. 简述重组干扰素的抗病毒的作用特点及机制。

5. 试述组织型纤溶酶原激活剂的分子结构与功能的关系，并阐明该药物的作用机制及临床应用。

参考文献

郭葆玉. 2009. 生物技术药物. 北京：人民卫生出版社

宋磊，李新国. 2003. 人白介素-6表达质粒的构建及在酿酒酵母中的表达. 上海师范大学学报（自然科学版），32（4）：73～76

Barreda D R，Hanington P C，Belosevic M. 2004. Regulation of myeloid development and function by colony stimulating factors. Dev Comp Immunol，28（5）：509～554

Disis M L. 2005. Clinical use of subcutaneous G-CSF or GM-CSF in malignancy. Oncology（Rew），19（42）：5～9

Duh M S，Weiner J R，White L A，et al. 2008. Management of anaemia：a critical and systematic review of the cost effectiveness of erythropoiesis-stimulaiting agents. Pharmacoeconomics，26（2）：99～120

Heuser M，Ganser A，Bokemeyer C. 2007. Use of colony-stimulating factors for chemotherapy-associated neutropenia：review of current guidelines. Semin Hematol，44（3）：148～156

Kröger A，Stirnweiss A，Pulverer JE，et al. 2007. Tumor suppression by IFN regulatory factor-1 is mediated by transcriptional down-rugulation of cyclin D1. Cancer Res，167（7）：2972～2981

Luo S P，Leng X G. 2005. PCR-based site-directed mutagenesis. Biomedical Engineering Foreign Medical Sciences，28（3）：188～192

Lyu M A，Rosenblum M G. 2005. The immunocytokine scFv23/TNF sensitizes HER-2/neu-overex-pressing SKBR-3 cells to tumor necrosis factor（TNF）via up-regulation of TNF receptor-1. J Mol Cancer Ther，4（8）：1205～1213

Makishima H. 2008. Analysis of chemokine receptor expression in aggressive NK-cell leukemia and chronic NK-cell lymphocytsi. Rinsho Ketsueki，49（1）：3～9

Marsh Rde W，Walker M H，Jacob G，et al. 2005. Breast implants as a possible etiology of epithelioid hemangioendothelioma and successful therapy with interferon-alpha2. Breast J，11（4）：257～261

Ringwood L，Li L. 2008. The involvement of the interleukin-1 receptor-associated kinases（IRAKa）in cellular signaling networks controlling inflammation. Cytokine，42（1）：1～7

Savona M R，Silver SM. 2008. Erythropoietin-stimulating agents in oncology. Cancer J，14（2）：75～84

Todaro M，Perez Alea M，Scopelliti A，et al. 2008. IL-4-mediated drug resistance in colon cancer stem cells. Cell Cycle，7（3）：309～313

Wong M，Ziring D，Korin Y，et al. 2008. TNFalpha blockade in human diseases：mechanisms and future directions. Clin Immunol，126（2）：121～136

（刘　琦　刘克辛）

第12章 基因治疗

学习要求

1. 掌握基因治疗的概念及基因转移方法分类。
2. 掌握基因转移的载体类型。
3. 熟悉基因治疗的临床应用。
4. 了解基因治疗的研究现状及目前存在的问题。

医学理论及其技术发展至今，仍有许多疾病无法被攻克，如恶性肿瘤、遗传性疾病、心血管疾病及艾滋病等，而这些疾病的发生发展往往都与人类基因有着直接或间接的联系。基因治疗作为一种全新的疾病治疗手段，在很大程度上改变了人类疾病治疗的历史进程，通过DNA重组技术纠正了人体异常基因的表达，这无疑将为疾病的治疗策略带来革命性的变化。基因治疗即是在基因水平上，将功能正常的基因或其他基因，通过基因转移方式导入到患者体内，使之表达功能正常的基因，或表达患者原来不存在或表达很低的外源基因，从而达到治疗疾病的目的。随着分子生物学、病毒学、免疫学等相关学科的发展和交叉渗透，基因治疗研究取得了突飞猛进的发展，在不远的将来，我们相信基因治疗必将掀起新一代的研究热潮，取得重大的突破性进展，并带来具有深远意义的医疗革命，也必将对制药产业产生巨大的影响。

第1节 基因治疗研究现状

一、基因治疗的现状

基因治疗从20世纪60年代起发展至今，主要经历了三个阶段：萌芽期、实践期和快速发展期。

(一) 萌芽期 (1960—1989年)

在这一时期，科学家们积累了大量的动物基因治疗的资料和经验，同时也在舆论上做了很多的准备。1962年，建立了人体细胞中DNA介导的遗传转化方法，这为以后的人工转移遗传物质奠定了坚实的基础。1967年，Nirenberg首先提出基因可用于人类疾病治疗的设想。随后，美国内科医生Rogers首次尝试用基因疗法治疗人类疾病，并和德国医生一起治疗了精氨酸血症，但并未取得成功。1980年，Cline博士采用磷酸钙介导的基因转移方法治疗β-地中海贫血患者，也未成功，从而引发对基因治疗的责难，暂时禁止了基因治疗的实施。1985年，美国国立卫生研究院(NIH)成立了基因治疗委员会，明确规定严格禁止生殖细胞基因治疗的实施，只允许进行体细胞基因治疗，并必须获得 NIH 的批准。1989 年，NIH 首先批准了将抗新霉素基因导入黑色素瘤患者的肿瘤浸润淋巴细胞，进行癌症治疗。

（二）实践期（1990—1996 年）

经过了长期的基础实验研究，1990 年在美国进行了人类第一例基因治疗临床试验。患者是一位 4 岁女孩，她从父母身上各继承了一个缺失免疫系统完成正常功能所必需的腺苷脱氨酶（adenosine deaminase，ADA）基因的染色体，表现为严重综合性免疫缺陷症。研究人员利用逆转录病毒为载体将含有正常人的 ADA 基因导入淋巴细胞中，经过一定的细胞培养后，将含有正常人腺苷脱氨酶基因的淋巴细胞转入患者体内，随后发现患者症状得到明显地改善，症状消失超过 10 年。同年，Blease 等应用逆转录病毒介导的基因转移来纠正严重联合免疫缺陷病患者的 T 淋巴细胞中 ADA 缺乏，随后发现，患者的淋巴细胞数量增多，ADA 含量增加，各项免疫功能均恢复正常。这两次基因治疗的成功，具有基因治疗划时代的意义，在全世界范围内掀起了基因治疗的研究热潮，标志着基因治疗时代的来临。

随后，首次在黑色素瘤晚期癌症患者中进行了基因治疗试验，将外源肿瘤坏死因子转入肿瘤浸润淋巴细胞来治疗癌症。研究者在实验动物中应用阳离子脂质体进行基因转移，1992 年 Wells 等用逆转录病毒为载体行胚系基因转移，建立肥大性肌营养不良鼠模型治疗疾病。Bayever 等首次应用反义寡核苷酸治疗白血病，1993 年首次进行单纯疱疹病毒/胸苷激酶/苷昔洛韦基因治疗系统的临床实验。1996 年，第一次批准遗传治疗公司回体基因治疗的首份专利。1999 年，《科学》（*Science*）公布了一例基因治疗临床试验的失败案例，一位名叫泽西·杰辛格的患者因鸟氨酸氨甲酰基转移酶（OTC）缺陷，接受了基因治疗。宾夕法尼亚大学基因治疗研究所的研究者采用导管经由股动脉将携带正常基因的重组腺病毒导入人体，外源基因的表达可望校正 OTC 缺陷导致的高血氨症，但患者经治疗后，出现发热、凝血症状，最终导致死亡，这就是所谓的“杰辛格事件”。此次事件所引发的教训是深刻的，提醒我们要着重研究安全有效的基因治疗方法和基因转移载体系统。

（三）快速发展期（1997 年至今）

1997 年以后，基因治疗进入快速发展期。1997—2006 年年均约有 90 个基因治疗临床试验方案被批准。2004 年，在我国，重组人 *p*53 腺病毒基因治疗药物被正式批准上市，标志着基因药物进入产业化阶段。历年被批准进行基因治疗的临床试验数目参见表 12-1 及表 12-2（数据引自彭朝晖，2009）。

表 12-1　国际上历年批准进行的基因治疗临床试验数

年份	1989	1990	1991	1992	1993	1994	1995	1996	1997	1998	1999
数目	1	2	8	14	37	38	67	51	82	68	116
合计	1	3	11	25	62	100	167	218	300	368	484

表 12-2　国际上历年批准进行的基因治疗临床试验数续表

年份	2000	2001	2002	2003	2004	2005	2006	2007	2008	未知
数目	96	108	95	85	101	112	117	89	108	132
合计	580	688	783	868	969	1081	1198	1287	1395	1527

来自彭朝晖的研究称，根据《基因医学杂志》（*Journal of Gene Medicine*）公布的数据，截至 2008 年 12 月底．全球共有 1527 个基因治疗临床试验得到批准，其中恶性肿瘤治疗占 64.6%，心血管疾病占 8.9%，艾滋病感染性疾病占 7.9%，单基因遗传病占 8.1%，其他疾病占 5.0%，基因示踪和健康志愿者试验占 5.6%。Ⅰ期临床试验 918 项，占 60.1%，Ⅰ/Ⅱ期临床试验 288 项，

占 18.7%，Ⅱ期临床试验 254 项，占 16.5%；Ⅱ/Ⅲ期临床试验 13 项，占 0.8%，Ⅲ期临床试验 52 项，占 3.4%。基因治疗发展至今，美国开展的研究最为深入和广泛，见表 12-3。总方案中，美国占 63.4%，欧洲占 27%，日本和澳大利亚分别为 1.1%和 1.8%，其他国家和地区占 1%。亚洲的基因治疗工作的开展主要集中在中国、日本和韩国。研究表明，中国正在进行的基因治疗临床试验项目有 31 项，其中 29 项是在 1998 年后批准实施的，还有几十项处于临床前研究和基础试验阶段。

表 12-3 美国的基因治疗临床试验（引自彭朝晖，2009）

病种分类	基因治疗方案	方案数
感染性疾病	针对艾滋病毒 HIV	46
	针对其他感染性疾病病毒	5
	合计	51
肿瘤	反义核酸	10
	化学打孔法	15
	免疫因子基因（in vivo）	214
	免疫因子基因（ex vivo）	215
	HSV-TK＋更昔洛韦	53
	肿瘤抑制基因	40
	单链抗体	2
	癌基因下调	10
	载体介导的肿瘤	48
	显性失活突变	5
	放疗诱导	2
	细胞程序性死亡诱导	5
	自杀基因	1
	合计	620
心血管疾病	外周血管病	41
	冠心病	22
	心力衰竭	5
	动脉再狭窄	3
	合计	71
单基因遗传病		70
其他疾病		44
总计		856

综上所述，目前基因治疗主要集中在肿瘤、感染性疾病、心血管疾病和单基因遗传病等，且绝大部分基因治疗方案尚处于临床试验阶段。现阶段的基因治疗主要处于研究阶段，大规模的临床应用还比较少。

二、目前基因治疗存在的问题

（一）伦理学问题

基因转移技术不同于一般的新药应用，它既充满了很大希望，又存在潜在的风险，将其应用于临床，势必使人们产生对基因治疗的极大关注，有较大的超前性。因此，基因治疗一经提出，便产生了伦理学问题。

（二）安全性问题

因基因治疗多采用病毒作为载体进行基因转移，更突出的是安全性问题。基因治疗实施过程中，一般应考虑到受治病人是否会受到野生病毒的感染，是否可能发生有害突变以致诱发肿瘤，医务工作者与患者家属需准备如何应付患者医学与心理学并发症。

（三）目的基因和靶细胞的选择

目前，已用于临床试验的基因治疗主要集中在少数基因上，而对于大部分疾病，如恶性肿瘤、高血压、冠心病等致病基因还有待进一步研究。在体细胞基因治疗是目前基因治疗的主要方法，在临床应用中需要把病人的靶细胞取出，在离体状态下将正常基因导入，再回输到病人体内，治疗过程中病人所产生的免疫排斥反应是亟须解决的主要问题。

从整体上看，基因治疗仍在探索过程中，并将持续相当长一段时间，前景光明而任重道远。我们要不断在基础研究上锐意创新，在临床治疗上谨慎使用。只有这样，才能真正将医学科学研究成果造福于人类，同时在探索过程中尽可能减少不必要的伤害。

第2节 基因转移的方法

一、基因治疗的概念及步骤

（一）基因治疗的概念

基因治疗是指在基因水平上将功能正常的基因或其他基因，通过基因转移方式导入到患者体内，使之表达功能正常的基因，或表达患者原来不存在或表达很低的外源基因，从而达到治疗疾病的目的。基因治疗不同于基因工程药物治疗，前者是将基因重组于表达载体并直接导入患者体内，而后者是将重组基因导入宿主细胞，如大肠杆菌和酵母等，所获得的表达产物蛋白质或多肽应用于人体，进行治疗。

（二）基因治疗的步骤

基因治疗的基本步骤包括：目的基因的准备、靶细胞的选择和培养以及基因转移方法和途径。

1. 目的基因的准备 基因治疗首先必须获得目的基因，目的基因可以是人体正常的基因，也可以是人类基因组所不存在的野生型基因，但这些基因必须保持结构和功能的完整性，以保证在靶细胞中正常表达。基因治疗一般是将目的基因重组于含有调控序列的质粒或病毒等表达载体的适当位置，再将其导入靶细胞中使之表达。

2. 靶细胞的选择和培养 基因治疗的靶细胞分为两类：生殖细胞和体细胞。生殖细胞基因治疗是将正常基因转移到患者的生殖细胞或胚胎早期，使其发育成正常个体。但由于伦理学问题，生殖细胞一般不作为人类基因治疗的靶细胞，仅在动物中进行，用于建立转基因动物（transgenic animal）来生产治疗药物或制作动物疾病模型。人类基因治疗一般根据基因治疗目的的不同选择不同的体细胞作为靶细胞，该细胞应易于从体内取出和回输，容易在体外生长并可进行在体外环境中进行基因操作，能高效表达外源基因以及具有较长的存活期。目前，基因治疗中靶细胞的选择原则是对于不同疾病的基因治疗选用不同类型的靶细胞，如以肝细胞作靶细胞治疗家族性高胆固醇血症，以肌细胞为靶细胞治疗肌营养不良症，以中枢神经系统细胞为靶细胞治疗帕金森病等。现今常用的靶细胞有骨髓肝细胞、肝细胞、成纤维细胞、淋巴细胞、肿瘤细胞、肌细胞和内皮细胞等。

3. 基因转移方法和途径 不含启动子的目的基因，必须重组于表达载体启动子下游的适当位置，再导入细胞，在特定的调控序列指导下进行表达。表达载体通常选用质粒或病毒。目的基因要通过一定的基因转移方法被导入靶细胞中，目前基因转移方法分为非病毒介导基因转移和病毒介导基因转移两种。含目的基因的表达载体经体内（in vivo）直接转移即一步法和回体转移途径实现基因转移，前者将含目的基因的病毒或脂质体直接导入患者体内，后者将患者的细胞取出，在体外培养并导入外源目的基因，再回输到患者体内。基因转移的具体方法详见“二、基因转移方法”。

二、基因转移方法

基因转移是指用适当的方法将外源目的基因导入体内或体外细胞中的过程。常用的基因转移方法分为非病毒介导和病毒介导两大类。前者又分为物理法（裸 DNA 直接注射法、颗粒轰击法、显微注射法、电穿孔法、超声波法）、化学法（磷酸钙共沉淀法、二乙胺乙基葡聚糖法）和融合法（脂质体介导法、阳离子多聚物法、原生质体融合法），后者包括逆转录病毒载体介导法、腺病毒载体介导法、腺相关病毒载体介导法及单纯疱疹病毒载体介导法等。

（一）非病毒介导的基因转移

不含启动子的目的基因，必须重组于表达载体启动子下游的合适位置，然后导入靶细胞，在特定的调控序列指导下方可进行表达，表达载体通常选用质粒和病毒。其中质粒载体一般采用物理法、化学法或融合法等非病毒介导方法被导入靶细胞或靶组织中。

1. 物理法

（1）裸 DNA 直接注射法：裸 DNA 载体系统是基因治疗中最简单的非病毒载体系统，将质粒 DNA 或 RNA 直接注入靶组织。该法简便、安全、便宜，而且可携带较大剂量的 DNA，但转染率低，基因表达时间较短，一般只用于皮肤和肌肉组织，不用于深部组织的基因转移。电穿孔法和颗粒轰击法的出现，大大提高了裸 DNA 的转染效率，而且可使 DNA 直接到达细胞核，避免了细胞内各种酶对其的降解。

（2）颗粒轰击法（particle bombardment）（“基因枪”法）：是将目的基因吸附于金属微粒（通常为直径 $1\times10^{-7}\sim3\times10^{-5}$m 的金粒或钨粒）的表面，通过高压电极将其直接喷射到细胞或组织表面，使 DNA 穿透细胞膜进入细胞内部。该法操作简单，易于控制；具有广泛的基因传递谱，可向各种组织传递基因；适用于皮肤、黏膜、外科手术暴露部位的基因转移及肿瘤细胞的基因治疗。

（3）显微注射法（microinjection）：是采用显微注射器在显微镜下将目的基因导入靶细胞的过程。由于该法每次只能转化一个细胞，且注入单个细胞的遗传物质数量有限，故仅适用于胚胎细胞的转化。

（4）电穿孔法（electroporation）：是利用电场在细胞膜上形成纳米级别的微孔，将治疗性 DNA 导入细胞内的方法。与化学及病毒介导的转染相比，电穿孔法具有重复性好，简便、快速等优点，但其转化效率较低，适用于瞬时转染和稳定转染细胞。

（5）超声波法：超声波可增加细胞膜的通透性，使细胞膜表面产生微泡并形成裂口，从而使质粒 DNA 被动扩散进入细胞内。由于超声波可聚焦于受限的部位或体腔，故可用于体内转染。

2. 化学法

（1）磷酸钙共沉淀法：将 DNA、二氯化钙和磷酸盐缓冲液混合，即形成 DNA-磷酸钙沉淀微粒，这些共沉淀微粒可以吸附于细胞表面，通过胞吞作用被吸收入细胞内，达到基因转移的目的。

该法适用于体外基因转移，是较常用的离体细胞的基因转移方法。

（2）二乙胺乙基葡聚糖法：二乙胺乙基葡聚糖法是将目的DNA与二乙胺乙基葡聚糖混合，形成DNA-二乙胺乙基葡聚糖复合物，再将此复合物注入靶细胞或靶组织中使其充分表达的方法。

3. 融合法

（1）脂质体介导法：脂质体种类繁多，其中最为常用的是阳离子脂质体。阳离子脂质体是一类人工合成的表面带正电荷的双层脂质膜，在静电引力的作用下，与带负电荷的DNA分子紧密结合，以脂质体-DNA复合物的形式由细胞内吞作用转移入细胞内。脂质体介导的基因转移方法具有操作简便、安全，可携带较大的DNA分子，可转染的靶细胞类型较多等优点；但也存在转染率低，缺乏细胞选择性，进入细胞后易被溶酶体降解等缺点。随着脂质体转染率、稳定性和靶向性的进一步提高，其临床应用前景越来越好，研究者们已用脂质体-DNA复合物在体内治疗黑色素瘤及囊性纤维化，并取得了成功。

（2）阳离子多聚物法：是利用带正电荷的阳离子多聚物与DNA静电结合，再结合到细胞膜或通过携带的靶向配体与细胞膜上的受体结合，内吞后形成吞噬泡，通过两性分子肽避过吞噬泡溶酶体的降解而进入细胞内，利用核定位信号肽与胞质内转运子结合，将目的基因转入细胞核，从而表达目的基因。在浓缩DNA方面，阳离子多聚物比阳离子脂质体更有效。常采用的阳离子多聚物包括多聚左旋赖氨酸（poly-*L*-lysine，PLL）、多聚左旋鸟氨酸（poly-*L*-ornithine，PLO）、多聚乙烯亚胺（polyethylenermine，PEI）和脱乙酰壳多糖（chitosan）等。

（3）原生质体融合法：将携有外源目的基因的质粒重组菌于体外大量扩增后制成感受态细菌，在溶菌酶作用下，释放出原生质体，加入到靶细胞中，使其表达目的基因。

（二）病毒介导的基因转移

病毒是在自然界中存在的无细胞结构的最小的、最简单的生命物质。它们通常可以高效率地进入某些种类的细胞内，表达自身蛋白并产生新的病毒粒子，因此，病毒首先被改造作为基因治疗的载体。病毒载体系统利用病毒天然的感染性进入细胞，具有转染效率高等优点。

基因治疗的病毒载体必须具备以下基本条件：①携带外源基因并能包装成病毒颗粒；②在一定类型的细胞内可以介导外源基因的转移和表达；③具有靶向性，易于进入靶细胞或靶组织；④对机体无致病性；⑤可浓缩和纯化，易于生长。大多数野生型病毒对机体都有致病性，因此，需要对其进行改造后方可用于人体。

1. 逆转录病毒载体 逆转录病毒（retrovirus，RV）由单链正链RNA基因组构成，含双复制，感染靶细胞后，在逆转录酶作用下，可将*RNA*基因组转变成双链DNA，病毒中的整合酶可介导双链DNA整合到靶细胞基因组中，并可在细胞分裂后传递给子代细胞。逆转录病毒可高效地感染许多类型的宿主细胞，并稳定地整合到宿主细胞的基因组中。逆转录病毒是最先被应用也是目前应用最为广泛的基因转移载体。

（1）逆转录病毒载体系统：逆转录病毒载体系统包括携带外源基因的逆转录病毒载体和能反式提供病毒结构蛋白的包装细胞系。

1）逆转录病毒载体：逆转录病毒基因组长约9kb，包含两部分：顺式作用元件和反式作用元件。顺式作用元件包括长末端重复区（long terminal repeat sequence，LTR）和包装信号ψ，是病毒复制的必需调控区；反式作用元件含有3个最重要的基因：①*gag*：功能是编码核心蛋白；②*pol*：功能是编码逆转录酶；③*env*：功能是编码病毒包膜蛋白。逆转录病毒载体构建的基本原理是对野生型逆转录病毒进行改造，以外源基因取代其反式作用元件（*gag*、*pol*和*env*），保留负责病毒整合的LTR和包装信号ψ等顺式作用元件，构建成逆转录病毒外源基因重组体，见图12-1。常用的逆转录病毒是莫氏鼠白血病病毒（MoMuLV）。供选择的标记基因（*neo*^{r}）替代了病毒的 *gag* 和 *pol* 基因，用人类基因替代了 *env* 基因。

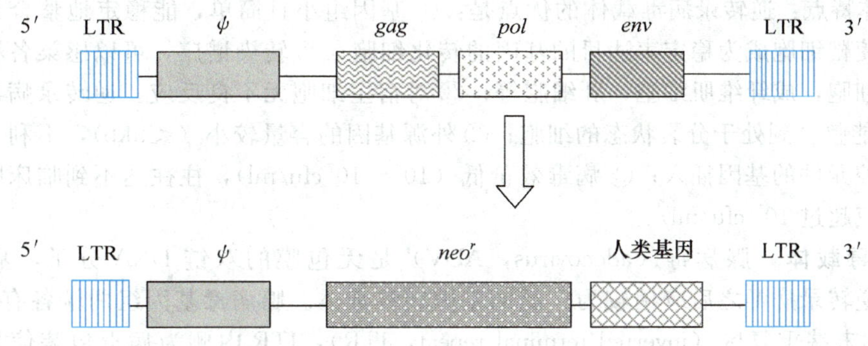

图 12-1 外源基因替代病毒基因组中的 *gag*、*pol* 和 *env* 基因

2）包装细胞系：由于逆转录病毒重组体中删除了与包装有关的基因，因此，逆转录病毒载体系统还需要含有 *gag*、*pol* 和 *env* 等结构基因的包装细胞系的参与，进而制成有感染力的病毒颗粒。包装细胞系无包装信号 *ψ*，因而不能将转录出的 RNA 包装为病毒粒子，只有当带有外源基因的并含有重组体 LTR 和包装信号 *ψ* 的重组体进入包装细胞后，由包装细胞系提供逆转录酶、整合酶和包膜蛋白，在包装信号的引导下，才能将外源基因 RNA 转录产物包装成重组逆转录病毒粒子，见图 12-2。

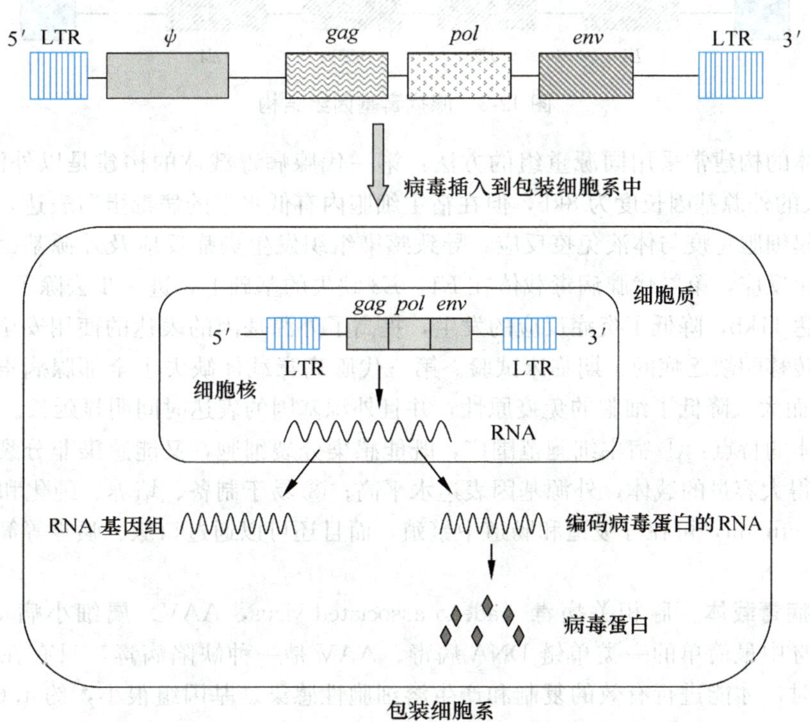

图 12-2 目的基因导入到包装细胞系中

包装细胞系分为单向性和双向性包装细胞系。单向性包装细胞系包括 *ψ*2，*ψ*CRE 和 GP＋E-86 等，经单向性包装细胞系包装的病毒，只能转染啮齿类动物细胞，这类细胞上存在病毒的单向性受体，为一类阴离子转运载体；双向性包装细胞系如 PA317、*ψ*CRIP 和 GP＋Am 等，由其包装出

来的病毒宿主范围扩大，不仅可转染啮齿类动物细胞，还可转染鸡、狗和灵长类动物的细胞，其受体为钠离子依赖的磷酸盐同向转运载体。

（2）载体特点：逆转录病毒载体的优点是：①基因组小且简单，能稳定地整合到宿主细胞基因组中，使靶细胞成为稳定表达目的基因的转化细胞；②转染谱广，可以感染各种类型的细胞，如淋巴细胞，成纤维肌细胞，肝细胞等；③对宿主细胞无不良反应。逆转录病毒载体的缺点是：①仅能整合到处于分裂状态的细胞；②外源基因的容量较小（<8kb），不利于较大基因或需较长调控元件的基因插入；③病毒效价低（10^6～10^7 cfu/ml），往往达不到临床肿瘤基因治疗的要求（应超过 10^{10} cfu/ml）。

2. 腺病毒载体 腺病毒（adenovirus，ADV）是无包膜的双链 DNA 分子，基因组长约 36kb，是继逆转录病毒之后应用较为广泛的基因转移载体。腺病毒基因组两端各有一个 102～160kb 的反向末端重复区（inverted terminal repeat，ITR），ITR 内侧为病毒包装信号，两端的 ITR 和包装信号是病毒的顺式作用元件，为病毒 DNA 复制和包装所必需的。腺病毒基因组上分布着 4 个早期转录元（*E*1、*E*2、*E*3 和 *E*4）和 1 个晚期转录元，前者承担调控功能，后者负责结构蛋白的编码。*E*1 区编码产物负责病毒的包装，*E*2 和 *E*4 区编码产物是病毒复制所必须的，*E*3 区编码产物与细胞免疫有关，见图 12-3。常用来构建腺病毒载体的有人类血清 5 型腺病毒 ADV-5。

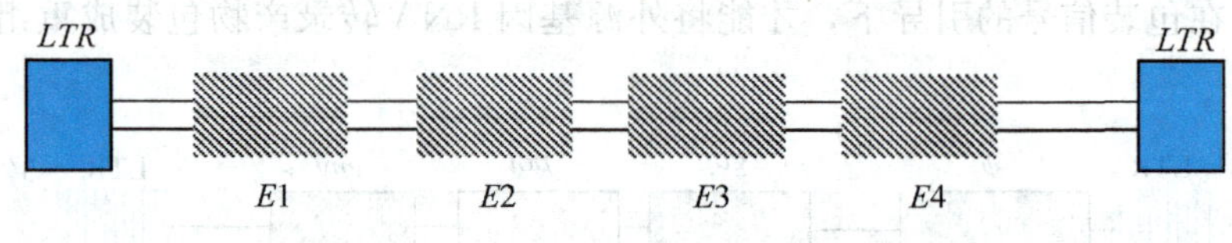

图 12-3 腺病毒基因组结构

腺病毒载体的构建常采用同源重组的方法：第一代腺病毒载体的构建是以外源基因替代 *E*1 和 *E*3 区，插入的外源基因长度为 8kb，但在宿主细胞内有低水平的病毒蛋白表达，病毒蛋白和外源目的蛋白引起细胞免疫与体液免疫反应，导致感染组织发生炎症反应及外源基因表达消失。为了降低免疫排斥反应，第二代腺病毒载体在 *E*1、*E*3 缺失的基础上，进一步去除了 *E*4 区，插入的外源基因长度达 11kb，降低了炎症反应的发生，提高了外源基因的表达的使用安全性，被用于鸟氨酸氨甲酰基转移酶缺乏症的Ⅰ期临床试验。第三代腺病毒载体缺失了全部腺病毒基因，载体容量达 36kb，从而大大降低了细胞的免疫原性，并且外源基因的表达时间明显延长。

腺病毒载体的特点：①宿主细胞范围广，既能感染分裂细胞，又能感染非分裂细胞，感染效率高；②能获得大容量的载体，外源基因表达水平高；③易于制备、培养、纯化和浓缩；④病毒效价达 5×10^{11} cfu/ml，可在呼吸道和肠道中繁殖，而且还可以通过口服、喷雾等简单易行的方法进行基因治疗。

3. 腺相关病毒载体 腺相关病毒（adeno associated virus，AAV）属细小病毒科，无包膜，是目前动物病毒中最简单的一类单链 DNA 病毒。AAV 是一种缺陷病毒，只有在与腺病毒等辅助病毒共转染时，才能进行有效的复制和产生溶细胞性感染。基因组很小，约 4.6kb，含 3 个启动子（P5、P19 和 P40），3 个编码基因（*lip*、*rep* 和 *cap*）和位于基因组两端的反向末端重复区 ITR。*lip* 基因负责编码木质过氧化物酶，*rep* 基因编码非结构蛋白，参与病毒复制、转录的调节，并与基因组的整合有关，*lip* 和 *rep* 由 P5、P19 启动子调控；*cap* 基因编码病毒衣壳蛋白，由 P40 启动子调控；反向末端重复区 ITR 对病毒的复制、整合、包装和病毒从宿主细胞的切除等过程有重要的调控作用，见图 12-4。

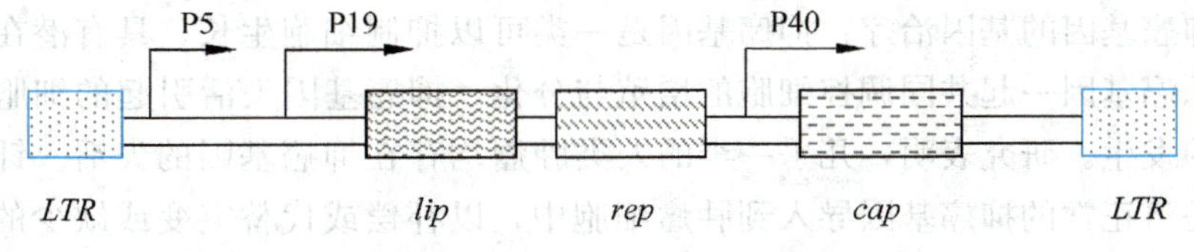

图 12-4　腺相关病毒基因结构

腺相关病毒载体的构建方法是以外源基因取代野生型腺相关病毒的 *lip*、*rep* 和 *cap* 基因，经过适当的包装，制成可以携带外源基因的病毒重组体。包装策略与逆转录病毒类似，即以另外一种质粒、病毒或包装细胞系反式提供 *rep* 和 *cap* 功能。

腺相关病毒载体的显著特点是可高效地整合到人类 19 号染色体的特定区域，减少了插入突变，这在基因治疗具有重要价值；感染谱广，可有效感染脑细胞，骨骼肌细胞和肝细胞等；免疫原性弱，无致病性，安全性好；但其装载外源基因容量有限（<4.7kb），病毒滴度低（<10^4 cfu/ml）。

4. 单纯疱疹病毒载体　单纯疱疹病毒（herpes simplex virus，HSV）宿主范围较广，可感染迄今研究过的脊椎动物所有类型的细胞。HSV 是一种嗜神经性病毒，在体内感染时，优先传播至神经系统，在神经元内，病毒颗粒可通过逆行和前行机制运动，选择性地通过突触转移，因而，病毒可以从周围进入中枢神经系统。*HSV* 基因组庞大，为 152kb 的双链 DNA 分子，含有 84 个基因、3 个启动子和 3 个包装信号。84 个基因中的一半为非必需基因，病毒在半数基因被取代后仍能在某些细胞中复制，因而 HSV 病毒载体容量可达 50kb 以上。目前单纯疱疹病毒载体已用于恶性间皮瘤、帕金森病等的治疗研究中。

单纯疱疹病毒的选择特点是只要有包装信号，外源基因就可被包装入病毒颗粒，且缺失多个基因仍能复制；但外源基因表达水平较低。

第 3 节　基因治疗的应用与安全性

一、基因治疗的应用

基因治疗的范围包括恶性肿瘤、遗传病、心血管疾病、病毒性肝炎及艾滋病等。

（一）恶性肿瘤

恶性肿瘤是严重危害人类健康和生命的重大疾病之一，其发病率和病死率位于各类疾病的前列。传统的肿瘤治疗通常采用外科手术治疗、化学治疗、放射治疗及中医药治疗等，然而这些治疗方法往往伴随着较严重的不良反应和易复发等缺点。近年来，随着基因治疗研究的深入、基因转移方法的不断完善以及基因治疗社会知晓度和认可度的不断提高，临床上对于基因治疗恶性肿瘤的呼声越来越高，患者和家属更易于接受这种新型疗法，伦理学问题较少，故恶性肿瘤的基因治疗成为近 20 年来基因治疗的研究热点。

研究现已证实，肿瘤的发生主要与原癌基因的激活、抑癌基因的失活及凋亡相关基因的改变导致的细胞增殖分化和凋亡失调有关。恶性肿瘤的基因治疗，就是将外源目的基因导入肿瘤细胞或其他体细胞内，以纠正过度活化的基因或补偿缺陷的基因，从而达到治疗肿瘤的目的。目前，恶性肿瘤基因治疗的策略主要包括病因性基因治疗、免疫性基因治疗、自杀基因疗法及多药耐受基因治疗。

1. 肿瘤病因性基因治疗　对肿瘤的病因学研究表明，与肿瘤的产生直接相关的包括以下三方面：抑癌基因的失活、原癌基因的激活以及细胞周期调控机制的异常。

(1) 针对抑癌基因的基因治疗：抑癌基因是一类可以抑制细胞生长、具有潜在抑癌作用的基因，在体内与原癌基因一起共同调控细胞的增殖与分化，抑癌基因失活引起的细胞基因调控异常便可导致肿瘤的发生。研究表明，几乎一半的人类肿瘤均存在抑癌基因的失活。针对抑癌基因的基因治疗，就是将正常的抑癌基因导入到肿瘤细胞中，以补偿或代替突变或缺少的抑癌基因，达到抑制肿瘤的生长或逆转其表型的抑癌基因治疗策略。

目前被人们克隆的抑癌基因有 *p*53、*p*16、*p*21、*p*27、*Rb*、*DCC*、*WT*-1 等，其中研究最透彻的是 *p*53。*p*53 基因位于人类 17 号染色体上，编码 53kD 的核磷酸化蛋白，能与 DNA 结合发挥转录因子的作用。研究发现，人类各种类型的肿瘤中，50%以上是由于 *p*53 发生突变引起的。鉴于此，常采用将正常的 *p*53 基因导入肿瘤细胞中，替代肿瘤细胞中发生突变的 *p*53 基因，来逆转肿瘤细胞的恶性表型，或抑制肿瘤细胞生长，诱导其凋亡。恶性肿瘤的基因治疗研究中多选用腺病毒载体介导 *p*53 基因转移，将野生型 *p*53 基因导入人肺癌细胞中，可明显抑制 *p*53 基因缺失或突变的细胞生长，而对具有正常 *p*53 基因的肿瘤细胞无明显的抑制作用。临床试验包括多种类型的恶性肿瘤，将正常的 *p*53 基因导入肝癌、前列腺癌、口腔癌、头颈部肿瘤等肿瘤细胞中，同样观察到肿瘤细胞的生长受到抑制，细胞发生凋亡。将正常的 *p*53 基因导入肿瘤细胞，除了可以直接抑制肿瘤细胞生长外，还可以诱导癌细胞对化疗药物及放疗的敏感性，加快肿瘤细胞的凋亡。某公司研发的“重组人 *p*53 腺病毒注射液”，2004 年被批准上市应用于临床肿瘤治疗，迄今，约 10 000 位肿瘤患者受益。

*p*16 是另一个研究较多的抑癌基因。*p*16 又称为多肿瘤抑制基因 1（multiple tumor suppressor1，MTS-1）。正常情况下，*p*16 与细胞周期素 D 竞争 CDK4、CDK6，抑制它们的活性，使其一系列底物持续去磷酸化，抑制细胞的增殖。若 *p*16 基因发生突变，细胞的增殖能力不受到抑制，细胞增殖失控导致癌变发生。临床上将正常的腺病毒介导的 *p*16 基因导入肺癌、乳腺癌、膀胱癌等肿瘤细胞中，发现癌细胞的生长明显受到了抑制。

(2) 针对癌基因的治疗：正常细胞中癌基因实际上是一些参与细胞的正常增殖和分裂分化的基因。现已发现的癌基因有 100 余种，它们控制着正常的细胞功能，这些基因在正常细胞中以非激活的形式存在，故又称为原癌基因。当原癌基因受到多种因素的作用使其结构发生改变时，激活成为癌基因。肿瘤细胞中癌基因的激活，引发肿瘤细胞的增殖不受控制，异常基因表达调控出现，不断激活细胞内正性调控细胞生长和增殖信号传导途径，促使细胞异常生长。因此，封闭癌基因，抑制其过表达是抑制肿瘤细胞生长的另一策略。针对癌基因治疗的策略包括反义寡核苷酸技术、RNA 干扰和核酶技术。

1) 反义寡核苷酸技术：反义寡核苷酸（反义 RNA），是一种能与特异的有同源序列的 mRNA 分子互补结合的 RNA 分子，可抑制 mRNA 的加工和翻译。为抑制肿瘤细胞中癌基因的过表达，可根据已知癌基因的核苷酸序列合成反义 RNA，由于其能与癌基因核酸中正链的特定顺序互补结合形成双链体，从而抑制了癌基因的表达。肿瘤细胞中活化表达的 mRNA 的起始翻译部位就会被相应的反义 RNA 互补结合形成 RNA/RNA 双链体，进而阻止了核糖体与启动子的结合，或阻止核糖体沿 mRNA 上移，抑制 mRNA 的翻译，发挥抑制癌基因过高表达的作用。反义 *RNA* 基因治疗是通过抑制癌基因转录的 mRNA 的启动或降解已表达的 mRNA，来抑制癌基因的翻译。近来研究者发明一种新技术——反基因技术，是将人工合成的寡聚脱氧核糖核酸（oligodeoxyribonucleotides，ODN）经过化学修饰后导入靶细胞，与 mRNA 和 DNA 结合，形成 RNA/DNA 杂链或 DNA 核苷酸三聚体，从而影响癌基因的翻译或转录。已有明确的证据表明，将反义的 K-Ras 导入胃癌细胞 YCC-1 和 YCC-2 中，发现 *K-Ras* 基因的表达显著降低，癌细胞生长受到抑制；将含有移植K-Ras功能的突变体基因*N116Y*的腺病毒导入胰腺癌细胞，然后感染裸鼠，发现与对照组相比，N116Y表达减少，肿瘤细胞增殖受到抑制。反义RNA能封闭癌基因的表达，用于恶性肿瘤的基因治疗，但由于它在体内易被核酸降解，其稳定性问题成为其被广泛应用于肿瘤治疗的主要障碍。

2）RNA干扰技术：RNA干扰（RNA interference，RNAi），是正常生物体内抑制特定基因表达的一种现象，它是指当细胞中导入与内源性mRNA编码区同源的双链RNA（dsRNA）时，该mRNA发生降解导致基因表达沉默的现象，这种现象发生在转录后水平，又称为转录后基因沉默（post-transcriptional gene silencing，PTGS）。外源双链RNA进入到细胞后产生的小分子，干扰RNA的反义链和多种核酶形成了沉默复合物，该复合物具有结合和切割mRNA的作用，从而介导RNA干扰的过程。细胞内多个基因相互作用的基因网络调控失衡便可引发肿瘤，传统技术诱发的单一癌基因的阻断不可能完全抑制或逆转肿瘤的生长，而RNAi可以利用同一基因家族的多个基因具有一段同源性较高的保守序列的特性，设计针对这一序列的dsRNA分子，只给靶细胞或靶组织注入一种dsRNA即可产生多个基因同时剔除的表现，也可以同时注入多种dsRNA而将多个序列不相关的基因同时剔除，从而为肿瘤的基因治疗开辟了新的途径。*M-BCR/ABL*癌基因是首个应用RNAi进行肿瘤基因治疗探索的靶基因，是引发慢性髓性白血病和急性淋巴细胞白血病的主要致病基因。研究者用*M-BCR/ABL* siRNAs转染慢性髓性白血病K562细胞，发现*M-BCR/ABL*的mRNA和蛋白表达均被抑制，细胞恶性程度降低，诱发肿瘤细胞凋亡。在黑色素瘤细胞中，发现参与丝裂原活化蛋白激酶（MAPK）信号转导通路的*B-raf*基因突变，研究者们设计了针对突变型*B-raf*基因特异RNAi病毒载体，转染黑色素瘤细胞后，发现癌细胞生长停滞且发生凋亡。

3）核酶技术：核酶是一类具有催化作用的RNA分子，能与mRNA序列互补结合，并对mRNA的分子进行催化剪切，降解异常表达基因的mRNA，从而抑制翻译过程。锤头状核酶主要用于基因治疗，结构中包括底物结合部分和催化部分，底物结合部分通过碱基互补配对与底物形成杂交双链结构与底物RNA链互补结合，催化部分在特定位点切割异常表达基因的RNA分子。核酶在剪切和降解异常表达基因的RNA后，可重新形成高级结构，防止RNA酶对其自身的降解，并可继续催化其余的异常表达基因的RNA。与反义寡核苷酸技术相比，核酶在靶目标的选择上更灵活、有效，而且核酶具有较稳定的空间结构，不易受RNA酶的降解，也不需要其他酶的辅助就可对靶基因序列进行高效的重复切割。

2. 肿瘤免疫性基因治疗 免疫学研究发现，细胞因子与人体的免疫效应及肿瘤的产生关系密切。细胞因子是由免疫细胞和某些非免疫细胞经刺激而合成、分泌的一类生物学效应的低分子蛋白，在体内可诱导免疫效应细胞的成熟、激活和迁移，并且能够直接或间接地杀灭肿瘤细胞。目前，细胞因子基因的生物学特性、表达及克隆已较全面地被阐明，现可将细胞因子基因导入免疫效应细胞或者肿瘤细胞中，形成局部高浓度的微环境，进而激发机体的免疫系统发挥抗肿瘤作用。依据将细胞因子导入机体的方式和原理的不同，肿瘤的细胞因子基因治疗主要分为以下两种类型：

（1）针对免疫效应细胞介导的基因治疗：该方法的原理是将细胞因子导入抗肿瘤效应细胞中，增强抗肿瘤作用，并被免疫效应细胞携带进入体内靶细胞，使靶细胞内的细胞因子局部浓度升高，从而有效地激活肿瘤局部及周围的抗肿瘤免疫功能。目前用于肿瘤基因治疗的免疫效应细胞包括淋巴细胞激活杀伤细胞（LAK）、细胞毒淋巴细胞（CTL）及自然杀伤细胞（NK）等，常用的细胞因子有白细胞介素、干扰素、肿瘤坏死因子、趋化因子及集落刺激因子等。

（2）针对肿瘤细胞的免疫基因治疗：原理是将细胞因子基因转染的肿瘤细胞接种人体后，使得肿瘤局部产生较高浓度的细胞因子，免疫原性增强，为激活免疫反应打下了基础，起到瘤苗作用。此外，将细胞因子导入人体后，可促使多种免疫效应细胞如 T 细胞、NK 细胞等大量浸润激活，进而完成抗原呈递反应，直接或间接地杀伤肿瘤细胞。

3. 肿瘤自杀基因治疗 自杀基因治疗是指将病毒或细菌中某些药物敏感基因导入肿瘤细胞，此基因编码的特异性酶类将原先对细胞无毒或毒性极低的药物前体转换成毒性产物，进而杀死肿瘤细胞，故又称为前药转换疗法或药物敏感基因疗法。目前常用的自杀基因包括胸苷激酶（thymidine kinase，*TK*）基因、胞嘧啶脱氨酶（cytosine deaminase，*CD*）基因、黄嘌呤-鸟嘌呤磷酸核糖转移酶（xanthine-guanaine phosphoribosyl transferase，XGPRT）、嘌呤核苷磷酸化酶基因（*DeoD* 基因）和细胞色素 *p*450 基因等。

肿瘤自杀基因治疗首要解决的问题是自杀基因在肿瘤细胞中的高效表达。携带药物自杀基因的病毒载体在肿瘤基因治疗中发生靶向转移的特异性导入尤为重要，否则就会失去肿瘤的特异性识别功能，不能发挥特异性杀肿瘤效应，甚至会产生对正常细胞的损害，造成严重的不良反应。现已证实，单纯疱疹病毒胸苷激酶基因转移肿瘤细胞后，能够杀伤肉瘤、淋巴瘤、胶质瘤、黑色素瘤、腺癌等，并能抑制肿瘤生长，甚至杀死肿瘤细胞。将外源自杀基因转染肿瘤细胞后，周围未被转染的肿瘤细胞可因临近的少数肿瘤细胞携带有自杀基因而被前体药物杀伤，这类效应的产生与自杀基因的种类、肿瘤细胞的类型和数量有关，此效应被称为旁观者效应（bystander effect）。

4. 多药耐受基因治疗 多药耐受（multiple drug resistance，MDR）是指肿瘤细胞接触某一种抗肿瘤药物产生耐药的同时，也对其他结构和功能不同的药物产生交叉耐药性。肿瘤细胞的多药耐受性是导致肿瘤化疗效果差的主要原因之一。近年来，如何消除肿瘤细胞的多药耐受性的影响、提高肿瘤化学治疗疗效成为研究热点。*MDR* 基因主要分为 *MDR*1 和 *MDR*3 两个高度同源的基因，其中 *MDR*1 可诱导产生耐药表型，由于骨髓细胞中 MDR1 水平较低，对药物比较敏感，易引起骨髓抑制，若将 *MDR*1 基因转移至骨髓造血干细胞中，可明显降低化疗抑制效应。

（二）遗传病

遗传病是遗传物质（DNA）发生变化而引起的疾病总称，分为单基因病、多基因病和染色体病。现已发现的遗传病达 6 千余种，绝大多数缺乏有效的治疗手段。基因治疗将正常功能的外源基因导入遗传病患者的细胞里，代替或补充缺陷的基因，使其恢复正常功能而达到治疗遗传病的目的。迄今为止，我国已有 10 多种遗传性疾病，40 余个遗传病临床基因治疗方案被批准。

1. 重症联合免疫缺陷 重症联合免疫缺陷（severe combined immunodeficiency，SCID）是一种由于腺苷脱氨酸（adenosine deaminase，ADA）缺乏的常染色体隐性遗传病，T、B 淋巴细胞功能异常，引起细胞免疫和体液免疫联合缺陷，临床上常表现为反复肺部感染、口腔念珠菌感染、慢性腹泻、败血症等。重症联合免疫缺陷基因治疗常采用逆转录病毒介导的先体外后体内的方法，即用含有正常 *ADA* 基因的逆转录病毒载体转染的细胞，回输到患者体内达到治疗的目的。

2. 家族性高胆固醇血症 家族性高胆固醇血症（familial hypercholesterolemia，FH）又称为高 β-脂蛋白血症，因细胞表面低密度脂蛋白受体缺陷导致血中胆固醇过高而沉积于血管壁造成动脉粥样硬化和冠心病，是一种常染色体显性遗传病。动脉粥样硬化的基因治疗主要是针对脂类代谢进行的。Hasty 等用表达载脂蛋白 E 的逆转录病毒感染载脂蛋白 E 缺乏的骨髓瘤细胞，再将该细胞移植到载脂蛋白 *E* 基因敲除的小鼠上，3d 后，发现小鼠的血浆中有载脂蛋白 E 的表达，表达水平达到正常值的 0.5%～1%。Desurmont 等用含有人类载脂蛋白 E cDNA 的腺病毒转染载脂蛋白 E 缺乏的裸鼠，4d 后，在血清中检测到人类载脂蛋白 E，感染后的载脂蛋白 E 的表达至少可维持 4 个月。

3. 囊性纤维化病 囊性纤维化病（cystic fibrosis，CF）是一种常染色体隐性遗传病，表现为患者受损细胞的氯离子转运异常，以患者肺部受累多见，多死于呼吸衰竭。对囊性纤维化患者传统的治疗方案是支气管扩张剂治疗、黏液溶解剂和糖皮质激素治疗、生理治疗等，但这些治疗方法只是针对症状而没有针对病因采取治疗措施，因此并不能根治肿瘤。囊性纤维化病的基因治疗是将正常的编码CF穿膜导电调节因子（CFTR）的基因导入基因缺陷的呼吸道上皮细胞，通过表达正常的CFTR蛋白回复正常的氯离子通道功能。

4. 地中海贫血 地中海贫血是一种危害严重的遗传性溶血性疾病，尤以β-地中海贫血多见，其发病机制是由于β-珠蛋白基因缺失或突变，导致构成血红蛋白HbA的β肽链合成减少或不能合成，造成α链和β链合成失衡而引起患者溶血性贫血。针对β-地中海贫血发病的分子机制，其基因治疗的核心是增加患者红系组织中β-珠蛋白基因的表达，从而纠正α链和β链合成的不平衡。地中海贫血虽然是最早被人们进行基因治疗尝试的疾病，但由于珠蛋白基因调控的复杂性，即珠蛋白基因不仅呈现红系组织特异性和发育阶段特异性高表达，而且基因治疗的载体系统容量有限，不能完全适合带复杂调控序列的珠蛋白基因治疗，这些使β-地中海贫血的基因治疗看来还相当遥远。

5. 血友病B 血友病B（hemophilia B）又称乙型血友病，是一种由于血液中凝血因子Ⅸ缺乏而引起的严重凝血功能障碍，是X连锁隐性遗传病，在男性中发病率为1/30 000。在正常情况下，当人的血管受到损伤而出血时，创伤表面释放的激肽原和激肽释放酶会激发凝血级联反应，最终使血液中可溶性的血纤维蛋白原转化成不溶的呈网状聚合的血纤维蛋白，从而使血液凝固。当人体内缺乏凝血因子Ⅸ时，便表现为自发性或微外伤后出血不止，严重者可因关节出血而导致关节变形和残废，或因内脏、颅内出血而死亡。血友病B常规的治疗方法是依靠蛋白替代治疗，即输血或凝血酶原复合物，这样不仅价格昂贵，而且容易发生严重的输血反应，引起血栓形成，甚至栓塞。血友病B的基因治疗研究起步较早，研究较为深入。1991年，血友病B成为世界上第二个进入遗传病基因治疗临床试验的病种，也是我国在基因治疗领域中的一个标志。我国复旦大学薛京伦等于1994年首次报道了以逆转录病毒为载体介导的血友病B基因治疗的临床试验，患者经治疗后，凝血因子Ⅸ浓度从70～130μg/L上升到240～280μg/L，但该方案过程繁琐，很难在临床推广。2003年，他们将腺病毒载体介导的Ⅸ因子注射到病人肌肉内，获得了巨大的成功，也使得血友病的基因治疗在世界范围内取得了突破性的进展。

6. Gaucher病（戈谢病） Gaucher病，是由编码脑苷酯酶的基因突变导致酶活性丧失所因子的溶酶体蓄积病，主要影响巨噬细胞系统，为常染色体隐性遗传病。动物实验显示，用不带选择基因的逆转录病毒将脑苷酯酶基因导入骨髓细胞，均能获得稳定、长期、高效的表达，脑苷酯酶活性成倍增长。

7. 其他单基因遗传病 如Lesch-Nyhan综合征、苯丙酮尿症、Duchenne肌营养不良等基因治疗的研究均取得较大进展，为广泛开展人类基因治疗奠定了坚实的基础。

（三）心血管疾病

心血管疾病是对人类健康和生命构成威胁最大的一组疾病。在我国，心血管疾病在总病死率中仅次于恶性肿瘤，居第二位。心血管疾病，又称为循环系统疾病，是一系列涉及循环系统的疾病，循环系统指体内运送血液的器官和组织，主要包括心脏、血管（动脉、静脉、微血管），其发病一般与动脉粥样硬化有关。心血管疾病是由多基因控制的复杂疾病，往往与环境因素有关，基因缺陷和疾病表型都具有明显的多样性，包括心力衰竭、心绞痛、高血压及冠心病等。心血管疾病往往早期没有症状，而等到疾病临床症状表现出来才开始治疗，已经形成并引起永久不可逆转的循环系统的损伤。

1. 心力衰竭 心力衰竭又称为心肌衰竭，是指心脏不能搏出同静脉回流及身体组织代谢所需相称的血液供应。它不是一个独立的疾病，往往由各种疾病引起心肌收缩能力减弱，从而使心脏的血液输出量减少，不足以满足机体的需要，并由此产生一系列症状和体征。主要表现为呼吸困难、喘息、水肿等。常用于治疗心力衰竭的药物有强心苷、血管紧张素转换酶抑制药（ACEI）、β受体阻断剂及血管紧张素Ⅱ受体阻断药等，手术治疗包括二尖瓣手术与心室成形及血运重建等。

心力衰竭的基因治疗主要是从钙代谢、肾素血管紧张素系统（RAS）和细胞周期调控3个方面开展研究的。心力衰竭的病理表现是心肌肥大，而心肌肥大是心肌细胞内钙代谢失调的结果。钙代谢的关键调节因子是肌质网钙ATP酶泵，其活性又受磷酸蛋白的调控。在肥大和衰竭的心脏中，肌质网钙ATP酶泵活性下降伴随着磷酸蛋白表达的增多，从而降低了心肌的收缩性。

2. 冠心病与动脉粥样硬化 动脉硬化是动脉的一种非炎症性病变，可使动脉管壁增厚、变硬，失去弹性、管腔狭小。虽然动脉硬化的形成机制十分复杂，并且确切的病理机制还不十分明了，但研究认为动脉硬化与脂肪代谢失调密切相关，如低密度脂蛋白（LDL）的氧化或糖基化修饰以及炎症的诱导、创伤诱发的血管细胞黏附分子1和细胞间黏附分子在受损的内皮表达，高血压、糖尿病、肥胖、家族性高胆固醇病等都可诱发动脉硬化。其中最主要的危险因素是高血压，高压血流长期冲击动脉壁引起动脉内膜机械性损伤，造成血脂易在动脉壁沉积，形成脂肪斑块并造成动脉硬化狭窄。动脉硬化的基因治疗主要是针对脂类代谢进行的，集中于载脂蛋白E，通过增加其表达，来降低血管内脂质的蓄积程度。

（四）病毒性肝炎

引起病毒性肝炎的病原体主要是肝炎病毒，包括甲型肝炎病毒（HAV）、乙型肝炎病毒（HBV）、丙型肝炎病毒（HCV）、丁型肝炎病毒（HDV）及戊型肝炎病毒（HEV）。无论是哪一种肝炎病毒感染引起的急慢性病毒性肝炎，其根本原因都是病毒基因的复制和表达、病毒抗原诱发机体的免疫病理反应，从而造成肝脏的炎性损伤。因此，要从根本上解决病毒性肝炎的问题，必须从基因水平上，寻求阻断、抑制，甚至消除肝炎病毒的方法。目前，病毒性肝炎的基因治疗主要集中在HBV和HCV上。核酶和反义寡核苷酸技术等均可抑制HBV和HCV病毒的复制和基因表达。但由于病毒性肝炎的发病机制还没有完全了解清楚，目前基因治疗在病毒性肝炎治疗中的应用仍处于试验探索中。

（五）艾滋病

人类获得性免疫缺陷综合征（human acquired immunodeficiency syndrome，AIDS）简称艾滋病，是一种由人类免疫缺陷病毒（HIV病毒）引起的全身性传染病，目前尚无有效的预防与治疗措施。艾滋病已经成为全球性关注的问题，造成数以百万计的感染，机体免疫缺陷而临床症状复杂，包括机会性感染、特殊的恶性肿瘤的发生及中枢神经系统的病变。常采用联合药物治疗，一般应用HIV蛋白酶抑制剂和反转录酶抑制剂的组合来降低日内病毒数量，增加CD4细胞数目，从而改善临床症状。现有的药物治疗方法只能抑制病毒的复制而不能完全消除体内的病毒，有很大的不良反应，且易产生抗药性HIV，因此，需要发展其他的治疗策略，例如基因治疗方法，主要采用基因修饰和基因失活的治疗策略。

1. 阻止病毒复制策略 利用反基因技术阻止病毒转录和复制，利用表达核酶基因疗法，裂解病人受感染的CD4淋巴细胞中的HIV病毒基因、结构蛋白、阻止病毒的繁殖，或将*HIV*或*HIV*-1基因组中反式作用元件和顺式作用元件的突变体导入感染细胞，即可抑制HIV或HIV-1复制。针对HIV的引物结合位点序列可设计锤头结构的核酶，也可采用RNA干扰，显性负抑制技术等封闭病毒基因的表达。病毒蛋白的负显性突变体能够竞争性抑制HIV野生型蛋白功能的无功能突变体，从而干扰病毒的复制。病毒蛋白的负显性突变体包括gag蛋白突变体、包膜蛋白突变体、tat和rev突变体等。gag前体蛋白形成多聚体以构成病毒颗粒的核心，gag蛋白突变体在HIV感染的细胞中表达后病毒的产生数量明显减少；HIV包膜糖蛋白以前体gp160的形式存在，经加工后形成gp120和gp41亚基，前者是表面糖蛋白，能够结合CD4分子和趋化因子受体，后者为跨膜蛋白，其氨基端含有跨膜融合区，通过破坏疏水结构干扰野生型包膜蛋白的功能，从而达到抑制病毒复制的目的；tat是重要的早期调节蛋白，通过与5′端的反式激活区和细胞蛋白的相互作用来调控病毒基因组的转录，tat突变体可抑制野生型tat的功能，rev蛋白可识别rev应答元件，突变体rev保留了野生型rev识别应答元件和多聚化功能，但丧失了运输功能，干扰了HIV病毒的复制。

除此之外，某些核酸序列也能抑制HIV病毒的复制，如RNA诱饵、反义RNA和核酶等。RNA诱饵通过竞争性结合参与HIV复制的主要的病毒和细胞蛋白质，从而抑制HIV复制；反义RNA分子能够与病毒RNA互补形成双螺旋，干扰病毒基因组的转录、反转录、翻译和病毒的包装过程；核酶是一类具有催化功能的RNA分子，通过互补碱基配对结合RNA靶分子并对其进行切割，与反义RNA分子不同的是其能够加工处理多种RNA靶分子，干扰病毒复制的效率更高。

2. 消除病毒感染的细胞 采用反转录病毒载体将单纯疱疹病毒胸苷嘧啶激酶基因转入细胞中，该类基因对正常细胞不整合，只对感染细胞整合，产生单纯疱疹病毒胸苷嘧啶激酶，当加入抗病毒的药物时，感染的细胞就会死亡。也可通过表达基因编码的细胞毒素，杀灭HIV感染的细胞，或通过提高机体对HIV抗原的应答能力，清除体内HIV感染的细胞。通过诱发或者增强细胞毒性T淋巴细胞应答的*HIV*基因治疗，用携带gp160的逆转录病毒载体转导小鼠成纤维细胞，然后回植同基因型的受体小鼠，能够诱导出gp160特异的细胞毒性T淋巴细胞和抗HIV抗体。

二、基因治疗的安全性

作为一种全新的生物医学手段，和任何其他的现代生物高新技术一样，基因治疗的兴起及其应用也必然存在着两面性。一方面，基因治疗的出现给人类多种疾病带来了治愈的希望，尤其是一些长久以来根本无法得到有效治疗的疾病，如各种遗传病、肿瘤等；另一方面，由于基因治疗是通过某种生物介质如病毒载体来实现的，因此，基因治疗也会出现安全性问题，如病毒在体内突变与活化、生殖细胞被感染、癌基因被激活等。

1. 病毒载体的安全性 将外源基因导入细胞的方法有很多，但最常用的方法是以病毒为载体进行基因转移。如逆转录病毒、腺病毒、腺相关病毒、单纯疱疹病毒等介导的基因转移。这些用于基因治疗的载体系统都是经过人工改造的一些缺陷型病毒，尽管目前为止还没有相关病毒载体进入人体后被激活的报道，但其是否仍存在着感染人体组织细胞的能力还有待进一步研究。

2. 癌基因的活化问题 当病毒载体携带基因进入人体后，它本身无法定位。这种不确定性表现为：一是靶细胞的转染为非特异性感染；二是基因组的整合为非定点整合，尤其是非定点整合给基因治疗带来很大的不确定性。

3. 免疫反应问题 用腺病毒等载体将目的基因导入人体组织细胞中，对于人体来说，携带目的基因的病毒载体相当于外源性物质，机体会发生细胞免疫和体液免疫应答反应，致使基因治疗由于较严重的免疫反应而无法继续进行。

综上所述，基因治疗技术的发展已取得了巨大成就，它也被看成是对先天和后天基因疾病的潜在有效的治疗方法，不过依然存在缺少高效的传递系统、缺少持续稳定的表达和宿主产生免疫反应等问题。因此，今后基因治疗研究将向两个方向发展，一是应用基础研究更加深入，以解决基因导入系统和基因表达的可控性问题，结合人类基因组研究，寻找更为有效的目的基因；二是临床试验项目增多，实施方案更加优化，判断标准更为客观，评价效果更为精确。随着人类基因组计划的顺利实施和完成，新的人类疾病基因的发现和克隆，基因治疗研究及其应用必将不断取得更大的突破。

结　语

基因治疗是医学科学的进步。基因治疗将治愈那些目前被认为无法有效治疗的疾病，如恶性肿瘤、心血管疾病、遗传病和艾滋病等。基因治疗产品使细胞产生内源性的目的蛋白质或多肽，产生特异地生物治疗作用。基因治疗使得给药更加特异、高效和安全，达到医学科学所期望的目标。许多疾病是局部组织器官结构和功能障碍，不须全身用药。基因治疗技术保证了局部用药的疗效，这种优势将对医疗方式做出重大改变。

基因治疗将形成巨大产业。基因治疗药物将基因工程蛋白质或者肽类药物形成严重挑战。用基因治疗方法可代替反复使用，费用极高的蛋白质药物，一次注射，可带来长久的疗效或根治。在巨大的医疗需求和治愈重大疾病的潜力的驱动下（例如，新的报道显示，世界上肿瘤患者达 2200 万/年），基因治疗的临床试验已进行了 11 年，正好相当于从限制性内切酶发现到第一个基因工程产品胰岛素上市的年头。目前，正在进行的基因治疗制品开发，它不是一个单纯的项目，其实它是一个产业，是一个产业方向，是新的经济增长点。

尽管目前对于基因治疗还有很多问题亟待解决，但可以预见：随着破译人类数万个基因的核苷酸序列，阐明其结构和功能的人类基因组计划的完成、基因表达调控机制的揭示以及基因转移技术的发展和完善，基因治疗有可能成为 21 世纪人类攻克疑难病的一种常规治疗手段。

学习重点

1. 掌握基因治疗的定义。

基因治疗是指在基因水平上将功能正常的基因或其他基因，通过基因转移方式导入到患者体内，使之表达功能正常的基因，或表达患者原来不存在或表达很低的外源基因，从而达到治疗疾病的目的。

2. 掌握基因治疗的基本步骤。

基因治疗的基本步骤包括：目的基因的准备、靶细胞的选择和培养以及基因转移方法和途径。

3. 掌握常用的基因治疗的病毒载体。

常用的基因治疗的病毒载体包括逆转录病毒、腺病毒、腺相关病毒和单纯疱疹病毒等。

4. 熟悉常用的基因转移方法。

常用的基因转移方法分为非病毒介导和病毒介导两大类。前者又分为物理法（裸 DNA 直接注射法、颗粒轰击法、显微注射法、电穿孔法、超声波法）、化学法（磷酸钙共沉淀法、二乙胺乙基葡聚糖法）和融合法（脂质体介导法、阳离子多聚物法、原生质体融合法），后者包括逆转录病毒载体介导法、腺病毒载体介导法、腺相关病毒载体介导法及单纯疱疹病毒载体介导法等。

5. 了解目前基因治疗的临床应用范围，包括恶性肿瘤治疗、遗传病、心血管疾病、病毒性肝炎及艾滋病等。

思 考 题

1. 什么是基因治疗？
2. 基因治疗的步骤有哪些？
3. 基因治疗所采用的基因转移方法有哪些？请简要说明。
4. 基因治疗的载体有哪些类型？
5. 腺病毒载体有哪些优点？
6. 基因治疗适用于哪些疾病？
7. 恶性肿瘤基因治疗策略有哪些？

参考文献

罗丹云．2009．基因治疗研究发展．四川生理科学杂志，31（4）：176

彭朝晖．2009．基因治疗产业现状．生物产业技术，3：75

王振发．2009．基因治疗病毒载体的研究进展．福州总医院学报，16（4）：326

徐晋麟，陈淳，徐沁．2007．基因工程原理．北京：科学出版社

杨吉成，缪竞诚．2009．医用基因工程．第2版．北京：化学工业出版社

袁婺洲．2010．基因工程．北京：化学工业出版社

Farnebo M，Bykov VJ，Wiman KG. 2010. The *p*53 tumor suppressor：a master regulator of diverse cellular processes and therapeutic target in cancer. Biochem Biophys Res Commun，396（1）：85

Lares M R，Rossi J J，Ouellet D L. 2010. RNAi and small interfering RNAs in human disease therapeutic applications. Trends Biotechnol，28（11）：570

（孟 强 刘克辛）

第13章 动物基因工程药物

学习要求

1. 掌握利用动物生产基因工程药物的方法及其优缺点。
2. 熟悉动物细胞转基因技术和转基因动物个体的制备方法。
3. 了解动物基因工程药物的研究和应用现状及其发展方向。

用于生产重组蛋白的转基因细胞或者完整生物体又称为生物反应器（bioreactor)。生物反应器的发展经历了三个发展阶段：表达基因工程药物蛋白的受体细胞可以是原核单细胞微生物，如大肠杆菌、假单胞菌，称为细菌基因工程药物；也可以简单的真核单细胞微生物，如酵母、丝状真菌，对应称为真菌基因工程药物。一般将上述两种宿主细胞生产的基因工程药物称为微生物基因工程药物。与其相对应，以多细胞真核高等生物：动物和植物，作为宿主生产的蛋白药物分别称为动（植）物基因工程药物。动（植）物基因工程药物按照其生产体系又可以分为两种：一种是对昆虫、哺乳动物、植物的细胞进行基因工程改造，在体外人工环境中生产重组蛋白药物的方法称为细胞基因工程。另一种是利用完整的动植物表达重组蛋白，称为动植物反应器。狭义的生物反应器仅指在器官或组织中表达外源蛋白的完整个体的转基因动（植）物。

相对于微生物基因工程药物，动物基因工程药物就是以动物为宿主生产的重组蛋白药物。动物基因工程药物的生产过程就是将动物本身，或者其人工培养的细胞，作为一个表达药用蛋白的工厂，通过简单的动物饲养或者动物细胞人工培养来生产重组蛋白药物。

考虑到基因工程药物的蛋白化学本质，在牛、羊等动物的乳腺中生产重组蛋白药物既可以限制外源基因的表达部位，形成特异性表达，降低重组蛋白生产对宿主动物的影响；也有利于提高重组蛋白的浓度和生产能力，便于后续的提取纯化。利用动物乳腺反应器生产药用重组蛋白的成本仅仅是动物饲养成本，不需要微生物发酵等所需的无菌环境，最大限度地降低重组药用蛋白的生产成本。可以通过增加饲养转基因动物数量来方便地提高动物基因工程药物的生产规模和产量。

同时，动物作为一种多细胞真核表达系统，具有完善的翻译后修饰能力，可以完成蛋白的糖基化、酰基化等修饰，获得活性更高的重组蛋白药物，减少由于重组药用蛋白翻译后修饰的细微差异产生的免疫排斥反应。另外值得注意的是，目前广泛应用于重组蛋白药物生产的大肠杆菌是一种病原菌，在其中生产的重组蛋白药物必须经过严格的分离过程，而利用动物，特别是家畜，生产的重组蛋白药物相对就安全得多。

目前研究较多的动物细胞基因工程药物生产体系主要有动物细胞人工培养体系和乳腺反应器两种。考虑到前者生产重组蛋白药物的成本远高于后者，所以动物细胞人工培养更多是作为一个研究平台，用于研究重组蛋白药物在动物细胞中的表达规律与调控机制；而动物乳腺反应器则由于其低生产成本而成为动物基因工程药物生产的主要途径。

本章首先从转基因技术入手，介绍转基因动物细胞的制备与培养技术。在此基础上，进一步讲述如何获得完整的转基因动物个体，获得动物反应器。并综述利用动物基因工程方法生产的药物与研究热点。

第1节 动物细胞培养

动物细胞培养（animal cell culture）是模拟体内生理环境，使分离的动物细胞在体外生存、增殖，并维持其结构和功能的一种培养技术。细胞培养的培养物可以是单个细胞，也可以是细胞群、组织甚至器官。狭义的动物细胞培养仅指动物细胞的单细胞培养。

动物细胞培养的历史最早可以追溯到1907年，哈里森（Harrison）采用盖玻片覆盖凹窝玻璃悬滴培养法使蛙胚神经组织在淋巴液中培养存活了几周时间，并观察到细胞突起的生长过程，开创了动物组织培养的先河。法国学者卡雷尔（Carrel）设计的卡氏培养瓶以及厄尔利（Earle）等人发明了动物细胞体外培养的培养基，促进动物细胞体外培养技术日益成熟。

体外培养动物细胞主要有两种用途，一是作为药物研究开发与基础研究的平台，提供新药筛选、疫苗及抗体等基因工程药物研究与开发，并用于药物作用机理、基因功能和疾病发生机制等基础研究；二是开始于1962年的大规模动物细胞体外培养已经成为生物制药的重要支撑技术，用来生产疫苗、抗体、重组蛋白类药物。

一、动物细胞培养的几个基本概念

细胞培养可分为原代培养和传代培养两种。原代培养是直接从生物体获取单细胞进行培养。由于细胞刚刚从活体组织分离出来，故更接近于生物体内的生活状态。在供体来源充分、生物学条件稳定的情况下，采用原代培养做各种实验，如药物测试、细胞分化等，效果很好。这一方法可为研究生物体细胞的生长、代谢、繁殖提供有力的手段，但应注意，原代培养组织是由多种细胞成分组成的，比较复杂。即使全为同一类型的细胞，如上皮细胞或成纤维细胞，也仍具有异质性，在分析细胞生物学特性时比较困难。其次，由于供体的个体差异及其他一些原因，细胞群生长效果有时也不一致，导致实验重复性差。原代培养所获得的单细胞为原代细胞。酶法和机械法是最常用获得原代单细胞的方法。在首次传代前的培养一般都可认为是原代培养。原代培养获得原代细胞，为以后的传代培养创造条件（图13-1）。

细胞培养一定时间后，长满了所有表面，形成单层细胞，出现接触抑制，需要分离细胞并转移到新培养液进行继续培养，否则细胞会因生成空间不足或由于细胞密度过大引起营养枯竭，影响细胞的生长，这一将细胞从旧培养体系转移到新培养体系的程序常称为传代或传代培养。

细胞系（cell line）是由原代培养经传代培养纯化，获得以一种细胞为主的、能在体外长期生存的不均一的细胞群体。原代培养在首次传代时即为细胞系，能连续培养下去的为连续细胞系（infinite cell line）；不能连续培养的为有限细胞系（finite cell line）。

细胞株（cell strain）是指从一个经过生物学鉴定的细胞系用单细胞分离培养或通过筛选的方法，由单细胞增殖形成的细胞群，称为细胞株。细胞株的建立需要从细胞系群体中分离出一个细胞，并使其在体外繁殖成为新细胞群体。获得单个细胞克隆的常用的细胞分离方法有毛细管法和有限稀释法两种。

传代代数这一概念常常容易同“增殖代数”相混淆。细胞“一代”一词仅指从细胞接种到分离再培养时的一段时间，因此传代代数即传代次数。而细胞“增殖代数”（细胞世代或倍增）是指细胞的倍增次数。在细胞一次传代培养过程中，细胞约能倍增 3～6 次。由此可见，细胞代数与增殖代数相关，确切的代数则依赖于细胞株和培养条件的不同而异（图 13-2）。

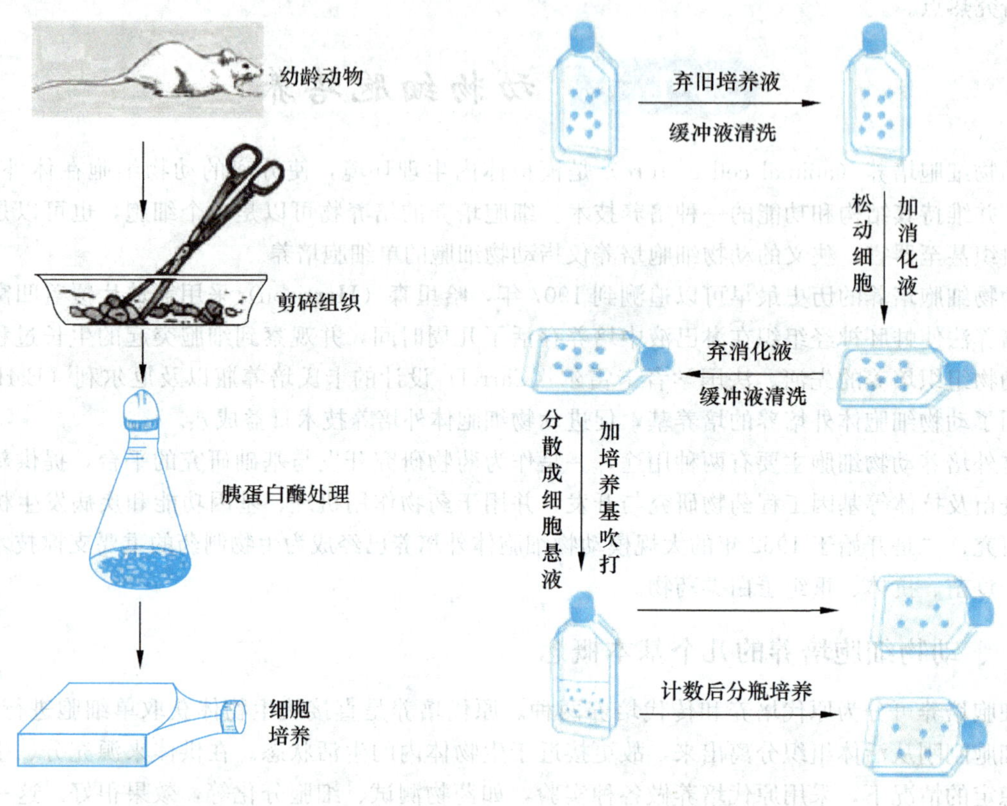

图 13-1　动物细胞原代培养示意图　　图 13-2　动物细胞传代流程示意图

二、动物细胞培养的基本条件

动物细胞培养技术是在微生物发酵的基础上发展而来的，都要求提供一个无菌的生长环境、适合的培养基以及相对稳定的温度等培养条件。但由于动物细胞来源于一个多细胞的生物体，细胞功能高度分化，细胞在体内的生长繁殖依赖于其他细胞合成的营养成分和信号物质，而在体外培养时，上述营养成分和信号物质必须由培养基提供，因此动物细胞体外培养相对于微生物发酵培养更为困难，所需要的培养条件更为严格。动物细胞培养的基本条件如下所述。

（一）合适的细胞培养基

合适的细胞培养基是体外细胞生长增殖的最重要的条件之一，培养基不仅提供细胞营养和促使细胞生长增殖的基础物质，而且还提供培养细胞生长和繁殖的生存环境。细胞培养基的种类很多，按其来源分为合成培养基和天然培养基（目前使用的培养基绝大部分是合成培养基）。合成培养基的主要成分有：氨基酸、糖类、无机盐、维生素及其他辅助物质。氨基酸是组成蛋白质的基本单位，但有些氨基酸动物细胞自身不能合成，必须依靠培养液提供，称为必需氨基酸。其中最重要的是谷氨酰胺，在缺少谷氨酰胺时，细胞生长不良进而死亡。因此各种培养液中都有较大量的谷氨酰胺。但是谷氨酰胺在溶液中很不稳定，液体培养基应于 4℃冰箱避光保存。未加血清液体培养基有效期为 12 个月，但长期保存后液体培养基中的 L-谷氨酰胺会随着储存时间的延长而慢慢分解，需要再添加适量 L-谷氨酰胺才能使用。糖类是细胞生长主要能量来源，最常用的是葡萄糖；无机盐的主要功能是帮助细胞维持渗透压平衡。此外，提供钠、钾和钙离子能帮助细胞调节细胞膜功能。

（二）优质血清

目前，大多数合成培养基都需要添加血清，依靠添加血清来补充合成细胞培养液中缺乏的细胞生长所需的多种生长因子及其他营养成分。血清的质量、种类及使用的浓度都有可能影响细胞的生长，特别是对克隆细胞的生长影响明显。

细胞培养液中添加的血清有牛血清、马血清、人血清等，其中牛血清是最常用的血清，分为胎牛血清和新生小牛血清。胎牛血清是从母牛破腹取出的胎牛中分离出的血清，价格昂贵。新生小牛血清是从刚出生的尚未哺乳的小牛中分离出来的血清。

需要长期保存的血清必须储存于－20～－70℃ 低温冰箱中。4℃冰箱中保存时间切勿超过 1 个月。由于血清结冰时体积会增加约 10%，因此，血清在冻入低温冰箱前，必须预留一定体积空间，否则易发生污染或玻璃瓶冻裂。一般厂商提供的血清为无菌，无需再过滤除菌。如发现血清有悬浮物，则可将血清加入培养液内一起过滤，切勿直接过滤血清，以防止膜吸附损失。瓶装血清解冻需采用逐步解冻法：将－20℃低温冰箱中的血清放入 4℃冰箱中缓慢融解，约需 1d。若直接将血清从－20℃进入 37℃解冻，会因温度改变太大，容易造成蛋白质凝集而出现沉淀。热灭活是指 56℃，30min 加热已完全解冻的血清。热处理的目的是使血清中的补体成分（complement）灭活。补体参与反应有：细胞毒作用，平滑肌细胞收缩，肥大细胞和血小板释放组胺，增强吞噬作用，促进淋巴细胞和巨噬细胞发生化学趋化和活化。但热处理会造成血清沉淀物显著增多，而且还会影响血清的质量。因此除非必须，一般不建议作热灭活。切勿将血清或者含血清的培养液在 37℃放置太久，否则血清会变得混浊，同时血清中的有效成分会被破坏而影响血清质量。

（三）无菌无毒细胞培养环境

体外培养的动物细胞缺乏对细菌、病毒等各种微生物的防御能力，一旦被微生物污染，将导致细胞。无菌无毒的操作环境和培养环境是保证细胞在体外培养成功的首要条件。

实现无菌培养主要依靠以下 3 个措施来保证：进行动物细胞接种继代等操作的工作环境及表面的无菌处理（使用层流超净工作台是最经济有效的手段）、细胞培养所用玻璃及塑料制品的无菌处理（利用高压灭菌装置进行灭菌）以及培养液与培养细胞的无菌处理（培养液采用微滤除菌，原代细胞则采用多种消毒剂进行交叉表面杀菌）。

另外动物细胞在体外培养过程中，缺失了体内环境所具有的肝脏解毒等分解有毒物质的能力，因此，外界有毒物质的污染以及细胞代谢自身产生的有毒代谢物将明显抑制细胞生长，甚至导致培养过程中的动物细胞死亡。

（四）恒定的细胞生长温度和酸碱度

鸟类和哺乳动物属于温学动物，体温保持恒定。哺乳动物的体温分布在 35.5～39.5℃之间，以 37℃为中心温度。其中大象的体温最低，是 35.5℃，人的体温为 37℃；牛、羊、狗、猫、兔子、猪的体温稍高，在 37.5～39.5℃之间。鸟类的体温高于哺乳动物，在 40～43℃之间。在长期进化过程中，鸟类和哺乳动物细胞已经适应了上述温度，只有在对应温度条件下才能保持最佳活性。因此维持培养细胞旺盛生长，必须有恒定适宜的温度。偏离这一温度范围，细胞的正常代谢会受到影响，甚至死亡。

人工培养的动物细胞对低温的耐受力较对高温强。在温度上升超过 39℃时，人体细胞 1h 后就可发现一定的细胞损伤，但仍有可能恢复；在40～41℃培养1h，细胞会普遍受到损伤，仅小半数有可能恢复；41～42℃培养1h，细胞受到严重损伤，大部分细胞死亡；当温度提高到43℃以上，培养1h则细胞全部死亡。相反，只要温度不低于0℃，降低培养温度虽然将使细胞代谢和生长变的缓慢，但并无伤害作用；把细胞放入25～35℃时，细胞仍能生存和生长，但速度减慢；放在4℃数小时后，再回到37℃培养，细胞仍能继续生长。

但当温度降至冰点以下时，细胞可因胞质结冰形成冰晶，且结冰过程伴随体积的膨胀，导致细胞膜破损而死亡。但是，如果向培养液中加入一定量的冷冻保护剂，如二甲亚砜或甘油，可在深低温下如－80℃或－196℃（液氮）长期保存。

酸碱平衡属于离子平衡的一种，包括人类在内的大部分动物体内为中性偏碱环境，正常细胞外液的pH值在7.4±0.05范围内，其极限的范围是7.0～7.7，大多数细胞所需pH在7.2～7.4。但是，细胞培养最适pH值随培养的细胞种类不同而不同：成纤维细胞喜欢较高pH（7.4～7.7），而传代转化细胞系则需要偏酸pH（7.0～7.4）。动物细胞体外培养过程中必须提供合适的缓冲体系，以保证在细胞代谢产生大量乳酸等酸性物质的情况下保持恒定的中性偏碱的酸碱度。大多数培养液靠碳酸氢钠（$NaHCO_3$）与CO_2体系进行缓冲，因此，气相中的CO_2浓度应与培养液中碳酸氢钠浓度相平衡。常用培养液中$NaHCO_3$的加入量为2g/L，与其相对应的平衡CO_2浓度为5%；如果通过加入4g/L的$NaHCO_3$来提高培养液的缓冲能力，则需要将CO_2浓度提高到10%才能维持平衡。另外在培养过程中，细胞培养瓶盖不应拧得太紧，以保证充分的气体交换，维持恒定的CO_2浓度。大多数培养液中含有酚红作为pH指示剂，酸性培养液呈橙黄色，碱性培养液呈深红色。

（五）合适的气体环境

气体是哺乳动物细胞培养生存必需条件之一，所需气体主要有O_2和CO_2。动物细胞需要O_2来氧化分解糖、脂肪等碳源物质以释放其中储藏的化学能量，这些能量是细胞一切活动的能量来源。因此动物细胞培养和好氧微生物发酵、植物细胞培养一样，都需要依靠通气来保持培养基中合适的溶解氧浓度。动物体内组织细胞生活的液体环境称为内环境，是由血浆、淋巴和组织液构成。CO_2从细胞产生后扩散到内环境，再通过呼吸系统排出体外。CO_2的传递依靠的是CO_2从高到低的浓度梯度作为推动力，因此内环境中的CO_2浓度远高于大气中的CO_2浓度。动物细胞在长期的进化过程中，已经适应了高于大气浓度的CO_2浓度，因此在动物细胞的人工培养过程中必须补充CO_2，维持一个较高的CO_2浓度。另外空气中的CO_2和培养液中补加的碳酸氢钠相互平衡，共同构成培养液的pH缓冲体系。考虑到以上两个因素，多数动物细胞培养体系的CO_2浓度为5%。一般来说，合适的O_2和CO_2浓度可以通过CO_2培养箱，培养箱依靠外接钢瓶供气，常用气体为O_2和CO_2混合气体，混合气体中CO_2比例为5%。

三、动物细胞形态

培养细胞随贴附支持物形状不同而形态各异，最常见的是贴附于平面支持物细胞。在一般光镜下生存中的细胞是均质而透明的，结构不明显。在细胞功能状态不良时，特别是在药物处理组，细胞轮廓会增强，反差增大。大多数动物细胞需要能贴附在支持物表面生长，按照细胞形态主要有成纤维型细胞和上皮型细胞两类。

（一）成纤维型细胞

成纤维型细胞因其形态与体内成纤维细胞的形态相似而得名，细胞在支持物表面呈梭形或不规则三角形生长，细胞中央有卵圆形核，胞质向外伸出2～3cm个长短不同的突起，除真正的成纤维细胞外，凡由中胚层间质起源的组织细胞常呈本类形态生长。

（二）上皮型细胞

上皮型细胞在培养器皿支持物上生长具有扁平不规则多角形特征，细胞中央有圆形核，细胞紧密相连单层膜样生长。起源于内、外胚层细胞如皮肤、表皮衍生物、消化管上皮等组织细胞培养时，皆呈上皮型细胞形态生长。

四、哺乳动物细胞冷冻保存

保存种子细胞，以便随时取用是保存动物细胞的最主要目的。另外采用细胞冻存技术，也可以减少细胞因传代培养而引起的遗传变异和形态改变，避免有限细胞系出现衰老或恶性转化，减少频繁传代，降低人力和物力。

影响冻存哺乳动物细胞存活率于状态的因素非常复杂，主要有以下几种：

（1）冷冻过程要缓慢。需要冷冻保存的细胞先在 4℃冰箱中放置 30～60min；然后转入－20℃，放置 30min；然后再转入－80℃放置 16～18h（或过夜）；最后放入液氮中长期保存。特别需要注意的是细胞在－20℃冰箱内放置时间不可超过 1h，以防止冰晶过大而破坏细胞。有条件的地方，可用程控降温仪，按每分钟 1～3℃速度进行降温，一直到－80℃以下，然后直接放入液氮中长期保存。

（2）冻存细胞必须处在对数生长期，活力大于 90％，无微生物污染。

（3）细胞浓度控制在 1×10^7～5×10^7/ml。

（4）使用高浓度血清或蛋白保护剂。常采用 20％血清的培养液进行细胞冷冻保存。

（5）使用合适的细胞冷冻保护剂，以保护细胞在冷冻过程中免受冰晶破坏。最常用的冷冻保护剂是 DMSO（二甲基亚砜），使用终浓度为 5％～10％。但 DMSO 稀释时会释放大量热量，不能将 DMSO 直接加到细胞液中，必须事先配制。

常用的细胞冷冻保存液：

（1）10％DMSO ＋ 完全细胞生长培养液（20％血清＋基础培养液）。

（2）10％甘油＋ 完全细胞生长培养液（20％血清＋基础培养液）。

五、动物细胞的解冻复苏

与细胞冻存相反，冷冻保存细胞的解冻与复苏则要求快速完成。操作过程要戴手套，切不可直接用手，以免冻伤或者冷冻管爆裂。用镊子将细胞冷冻管从液氮中取出，应立即放入 37℃水浴中，轻轻摇动冷冻管，使其在 1min 内全部融化（不要超过 3min）。由于冷冻保存过的细胞变得非常脆弱，解冻操作过程动作要轻。待冻存液全部融化后，可在 4℃左右离心去除冻存液，并用新鲜培养基清洗 1～2 次，以完全去除 DMSO 等冷冻保护剂，然后将细胞加入到装有新鲜完全培养液的培养瓶，起始密度为 3×10^5/ml。置于 CO_2 培养箱 37℃进行复苏培养。

六、动物细胞的传代培养

大多数动物细胞为贴壁生长型，需要贴附到培养瓶表面或者微载体表面才能正常生长。贴壁动物细胞的培养过程可分为四个阶段：

（1）游离期：接种的细胞在培养液中呈悬浮态。

（2）吸附期：不同类型的细胞的贴壁时间有所差异，多数细胞都可在 24h 内贴壁。

（3）繁殖期：悬浮细胞贴壁后经过一段停滞后开始分裂。随着细胞数量的增多，细胞间开始接触并连接成片，出现接触性抑制。

（4）退化期：细胞长满载体表面，随着营养物的消耗和代谢物的积累，密度抑制现象出现，细胞开始退化。如不及时传代培养，细胞脱落死亡。

传代就是将培养的动物细胞转移到新的培养基中继续生长的操作过程。一般选择在繁殖期后期进行传代操作，因为繁殖期后期细胞较多，一般可覆盖培养表面积的70%～90%左右，同时细胞活力较高。由于动物细胞的贴壁特性，旧培养液可以直接倾倒去除，而细胞则保留在培养表面上。然后采用消化液水解细胞间的连接，使细胞相互离散，与培养表面的连接松动，在用培养液吹打过程中可以形成均匀的单细胞种子悬液。在细胞计数后，将对应量的单细胞种子悬液接种到新的培养基中，以保证合适的初始细胞密度。

分离组织和分散细胞的消化液主要有胰蛋白酶和二乙胺四乙酸二钠（EDTA）两种。它们可以单独使用，也可以混合使用。胰酶的主要作用是水解细胞外周连接蛋白，胰酶溶液在pH 8.0，温度为37℃时，作用能力最强，且钙离子、镁离子和血清蛋白的存在会降低胰酶活力。因此，胰酶溶液常用无Ca^{2+}、Mg^{2+}的D-Hanks平衡盐溶液配制成0.25%溶液。并用碳酸氢钠溶液调pH至7.2左右。在消化细胞前，为避免培养体系中残留物质抑制胰酶的消化能力，可采用无Ca^{2+}、Mg^{2+}的D-Hanks平衡盐溶液清洗细胞1～2次，然后再加胰酶进行细胞消化。消化细胞完毕后，可加入一些血清或含血清的培养液来终止胰蛋白酶对细胞的消化作用。一般来讲，胰酶浓度大、作用温度高、作用时间长，对细胞分离能力也大，但超过一定的限度会损伤细胞。

第2节 动物转基因技术

转基因技术（transgenic technique）就是通过人工方式将外源基因整合到生物体基因组内，并使该转基因生物能稳定地将此基因遗传给后代的技术。动物转基因技术一般包括动物细胞转基因技术和转基因动物制备技术。

一、动物细胞转基因技术

动物细胞转基因技术是指通过人工方式将外源基因送入并整合到动物细胞染色体中，以获得含有外源基因的动物细胞为目的的转基因技术。和微生物转基因技术类似，动物细胞转基因技术也可以按照介导转化的外在条件分为物理法、化学法和生物学法3类。

物理法主要包括显微注射法、电穿孔法、超声波法、冻融法、基因枪法等，其中以显微注射法和电穿孔转化最为普遍。大部分转基因动物是通过显微注射法来获得的。物理法中最常用的动物细胞转基因方法是电穿孔转化技术。早在1982年Neumann. E将外源DNA在电场条件下导入小鼠真核细胞，成功实现了基因重组整合。电穿孔转化技术又称电转染：利用脉冲电场提高细胞膜的通透性，在细胞膜上形成纳米级的可逆性微孔，达到增加通透性的效果，从而使外源DNA进入细胞与染色体整合。电穿孔法简单、效率较高，其原理示意图如图13-3和图13-4所示。

化学法包括磷酸钙沉淀法、多聚阳离子试剂法、脂质体包埋法和DEAE-葡聚糖法等。目前，脂质体介导是最佳的选择。脂质体种类较多，多数为阳离子脂质体。首先将磷脂、胆固醇或其他脂类的乙醚溶液加到DNA溶液中，加温蒸发得到单层或双层带有DNA的脂质体小泡；DNA包裹在脂质体膜内，可以与细胞融合，被细胞内吞，从而完成细胞的导入。该法效率很高，100%的离体细胞可以瞬时表达外源基因。磷酸钙沉淀法是利用化学反应将外源基因包在形成的沉淀微粒中，然后被受体细胞所吞食而导入。此法材料易得，方法简便，为许多实验室采用。化学法的优

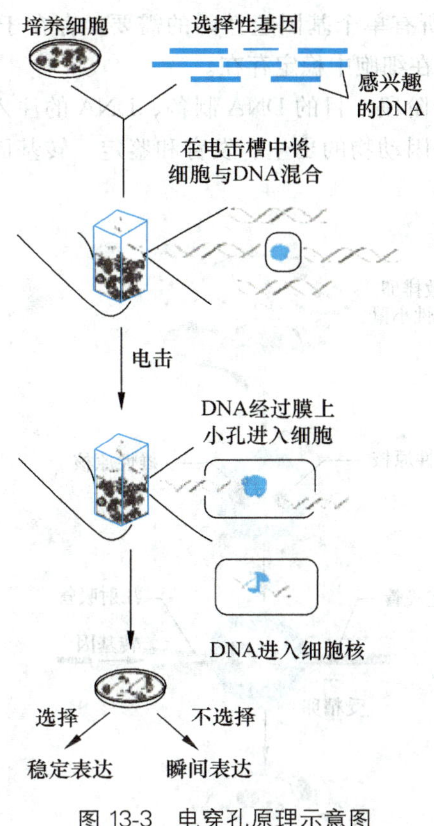

图 13-3　电穿孔原理示意图

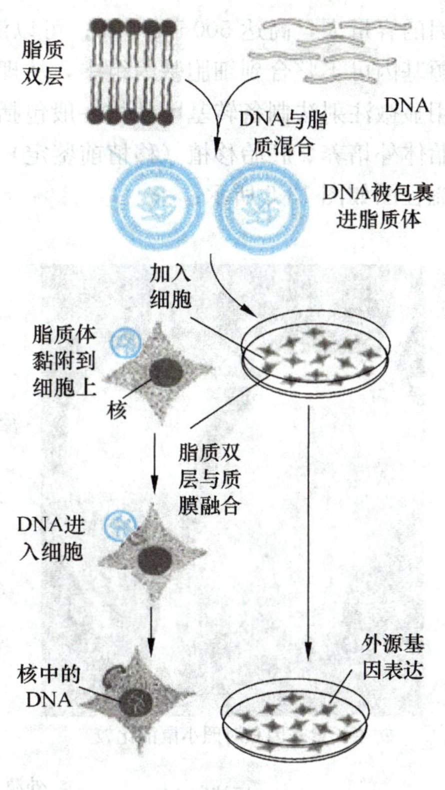

图 13-4　脂质体包埋法原理示意图

点是不需要昂贵的设备，转化效率高。

生物学法主要是指逆转录病毒法。逆转录病毒是双链 RNA 病毒，它侵染细胞后可通过自身的逆转录酶以 RNA 为模板在寄主细胞染色体中逆转录成 DNA，将病毒基因组整合到寄主细胞染色体中。利用这一天然存在的逆转录病毒转基因机制，将外源基因插入到逆转录病毒载体上，一般将外源基因插入到病毒基因组致病区，以消除其致病能力。在病毒感染寄主细胞时，就将外源基因带入寄主细胞，并整合到寄主细胞染色体上。

二、转基因动物制备技术

转基因动物制备技术的目标是获得转基因动物个体，而不是转基因动物细胞。

显微注射法（microinjection）是最常用的转基因动物制备技术。显微注射法是利用管尖极细（0.1～0.5μm）的玻璃微量注射针，将外源基因片段直接注射到原核期胚或培养的细胞中，然后借由宿主基因组序列可能发生的重组、缺失、复制或易位等现象而使外源基因嵌入宿主的染色体内。这种技术的长处为任何 DNA 在原则上均可传入任何种类的细胞内。此法已成功运用于包括小鼠、鱼、大鼠、兔子及许多大型家畜，如牛、羊、猪等基因转殖动物。

1981 年美国科学家戈登（Gordon）将小鼠的受精卵取出来，在显微镜下将胸苷激酶基因用玻璃微管送入受精卵的雄原核，然后立刻输入假孕母鼠的输卵管中，使其在子宫内着床，最终发育成转基因小鼠，成为世界上第一例转基因动物。随后，生产转基因小鼠的经验迅速地被移植到生产转基因家畜上。1985 年哈默（Hammer）等用显微注射法生产出转基因兔、羊和猪。

显微注射法可以和人工染色体结合，用来转化超过 100kb 的大片段外源基因。这种载体携带外源基因的容量大，高达 500～600kb；可以满足几乎所有单个基因组基因的需要。存在于 YAC 中的外源基因可不整合到细胞基因组中，从理论上可以在细胞中稳定存在。

利用显微注射法制备转基因动物一般包括以下几个阶段：目的 DNA 制备、DNA 的注入原核胚、胚胎体外培养、胚胎移植（移植前鉴定）以及转基因动物的出生、发育和鉴定。转基因小鼠的制备流程图如图 13-5 所示：

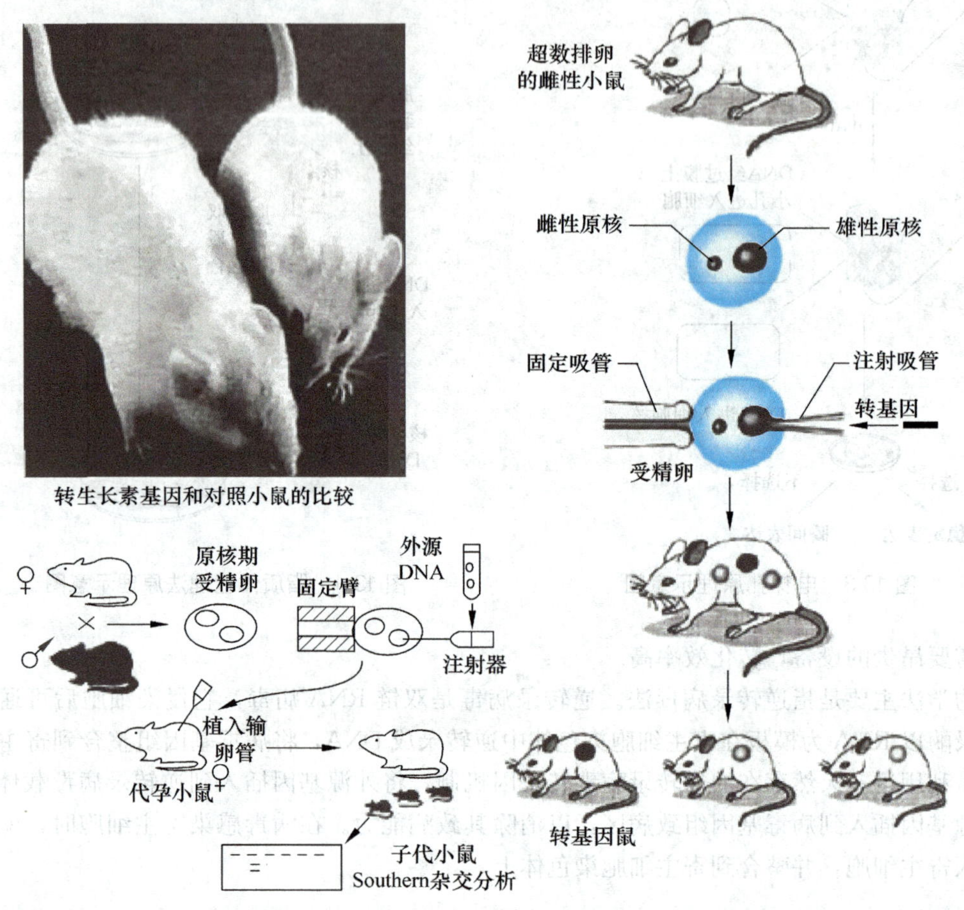

图 13-5　直接显微注射法制备转基因小鼠的流程图

显微注射法的优点是可导入大片段（大于 50kb）的外源基因；外源基因的整合率较高；外源基因几乎分布于所有组织细胞中。显微注射虽然是有效的方法，但转基因动物生产仍是一项困难的技术，即使具备了良好的设备和训练有素的技术人员，注射和移植 100 个小鼠胚胎，仅能获得 5 只转基因小鼠。另外显微注射法的局限性也在于要求仪器精密，造价高，往往需要对受精卵作特殊处理才能有效地将外源基因导入。

相对于外源基因的直接显微注射法，将外源基因先转化生殖细胞（如精子细胞）或者全能干胚胎细胞，可以采用电穿孔转化、脂质体介导、逆转录病毒等方便的动物细胞转化方法，然后通过胚胎发育途径获得转基因动物，则不需要昂贵设备，也可提高转基因动物的制备效率。

精子载体法是将精子与 DNA 孵化，使 DNA 吸附在精质膜上，也有 DNA 进入精子头部质膜内侧；然后通过受精将外源基因导入。此法特异性强，操作简便。尽管在学术界对精子载体法尚存在争议，但用该方法已成功地培育出转基因鱼、转基因鸡等。

胚胎干细胞（ES）是一种含正常二倍染色体的具有发育全能性的细胞，胚胎干细胞法是将外源基因直接转化胚胎干细胞，经体外培养筛选后，注入表胚，再移植入受体子宫内，发育为嵌合体转基因动物。该方法可在细胞移植前对其进行鉴定和筛选，有利于培育转基因动物纯合系。最新研究发现，表皮细胞等多种体细胞可以在特殊条件下逆转细胞分化过程，形成具有多能性的干细胞，并进一步分化形成各种器官、组织。如果能够实现细胞分化的完全逆转，从体细胞获得胚胎干细胞，则可极大地提高通过胚胎干细胞途径制备转基因动物的效率（图 13-6）。

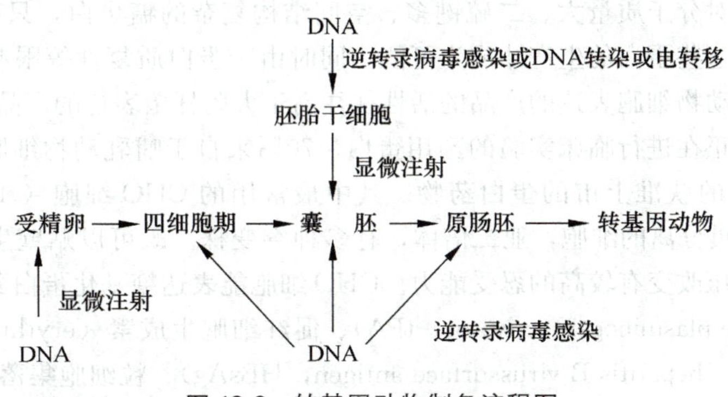

图 13-6　转基因动物制备流程图

第 3 节　动物反应器与动物基因工程药物

2009 年，小分子化合物的市场份额约 4 110 亿美元；而大分子生物技术药物的份额显著上升，达到 1240 亿美元。生物制药的发展初期都是表达一些相对分子质量较小、结构简单的蛋白质，如胰岛素、生长激素、干扰素和集落刺激因子等，这些蛋白质药物的氨基酸残基个数大都在 200 以下，一般只有 1～2 对二硫键或者没有二硫键，并且没有糖基化位点或者糖基化对蛋白质生物活性的影响很小，因此采用大肠杆菌（原核细胞）表达系统既简便又经济。但是，随着生物制药的发展，越来越多的相对分子质量大（50～200kD）、结构复杂的糖蛋白（如抗体、疫苗和酶）进入开发视野。由于这些蛋白结构复杂，二硫键多，并且翻译后的修饰如糖基化对蛋白活性的影响很大，采用原核表达系统往往不能满足蛋白表达的需要。而采用哺乳动物细胞表达既能保证重组蛋白质二硫键的正确配对和蛋白质折叠，又能保证蛋白质的糖基化，从而使由哺乳动物细胞表达的重组蛋白与天然蛋白在结构和功能上保持很高的一致性。

动物基因工程药物是在转基因动物细胞（包括体外培养的转基因动物细胞或者动物个体）中生产的药物。因此动物基因工程药物的生产途径也对应分为转基因动物细胞生物反应器（大规模动物细胞体外培养）和转基因动物反应器两种。

一、转基因动物细胞生物反应器

动物细胞转基因操作是获得完整个体的转基因动物的技术基础，其宿主细胞可以选择各种体细胞。由于目前还不具备从单个体细胞再生完整动物个体的技术，转基因动物个体制备则只能采用生殖细胞或者胚胎干细胞作为宿主细胞。因此采用转基因动物细胞生产基因工程药物实现起来更为容易。相对于转基因动物完整个体的生产途径，转基因动物细胞大规模培养方法具有它突出的优点：一是研究对象是活的细胞，便于动态地监控、检测甚至定量评估其形态、结构和生命活动等；二是可以人为地严格控制研究条件，便于研究各种物理、化学、生物等外界因素对细胞生长、发育和分化等的影响，有利于单因子分析；三是采用细胞系来源于转基因单细胞克隆，细胞样本更均一，生产过程因此更为稳定；四是可以采用分泌生产和分离相结合的方法，减少细胞内部及其周围的基因工程药物浓度，一定程度上消除产物抑制，提高基因工程药物的产量。其确定是需要严格的无菌生产环境，生产成本较高。

而美国食品药品管理局在2000年后批准上市的生物技术药物中，约70%为哺乳动物细胞表达的重组蛋白。包括激素、酶、细胞因子、凝血因子、治疗性抗体、诊断用抗体、基因工程疫苗等。这些蛋白都是相对分子质量大、二硫键多、空间结构复杂的糖蛋白，只有使用CHO等哺乳动物细胞表达系统，这些蛋白的生产才成为可能。同时由于蛋白质复性等限制因素，在表达相同蛋白的情况下，哺乳动物细胞表达的产品的活性往往高于大肠杆菌表达的产品。

目前已经上市和正在进行临床实验的药用蛋白，70%来自于哺乳动物细胞。tPA是第一个采用哺乳动物细胞生产的获准上市的蛋白药物。其中最常用的CHO细胞（chinese hamster ovary cell）：从中国仓鼠卵巢分离的细胞，亚二倍体，有多种突变株。既可以贴壁生长，也可以悬浮培养，对剪切力和渗透压改变有较高的忍受能力。CHO细胞能表达糖基化蛋白药物：组织纤维蛋白溶酶原激活剂（tissue plasminogen activator，tPA）、促红细胞生成素（erythropoiefin，EPO）、乙型肝炎病毒表面抗原（hepatitis B virussurface antigen，HBsAg）、粒细胞集落刺激因子（granulocyte colony stimulating factor，GCSF）、DNA酶Ⅰ、凝血因子Ⅷ等。目前CHO、NSO、BHX、HEK-293和人视网膜细胞已经被FDA正式批准用于生产重组蛋白药物。

单抗、细胞调节蛋白以及酶等重组蛋白是转基因动物细胞大规模培养的主要药物产品。

（一）单克隆抗体

单克隆抗体药物简称单抗药物，有“生物导弹”之称，抗体可以特异性的与目标蛋白相结合，从而部分或者完全关闭目标蛋白的功能，其生理治疗作用相当于特异的蛋白抑制剂。

1987年加利福尼亚大学Dennis博士和他的同事在《科学》上发表的一篇文章揭示：编码HER2蛋白的基因过度表达会导致乳腺癌的发生。HER2蛋白属表皮生长因子受体酪氨酸激酶家族，能启动酪氨酸激酶调控的信号转导系统。20世纪80年代，基因泰克公司利用基因重组技术研发出用于治疗晚期乳腺癌的herceptin。herceptin是一种重组DNA衍生的人源化单克隆抗体，选择性地作用于人细胞外部的表皮生长因子受体HER2。1998年herceptin获美国FDA批准上市用于治疗HER2阳性转移性乳腺癌。

单抗目前是生物制药产业中最大类别的产品，也是生物制药产业中增长最快的领域之一。单抗药物发展经历了4个阶段：鼠源性、人鼠嵌合、人源化和全人源化。鼠源单克隆抗体不良反应明显。人源化抗体毒副作用大幅度降低，目前全球的单抗药物市场都以人鼠嵌合和人源化抗体为主。2005年，安进公司就开发出了第四代全人源化的单抗药物，并获得了FDA资格认证。但是由于价格原因，全人源化的单抗药物并不是市场主流。

由于治疗效果突出，单抗药物在近几年成为了全球生物技术药物销量的黑马。1999年全球单抗药物销售额为12亿美元，2004年全球销售额大约103亿美元，2007年达到260亿美元，上升近1倍。医药健康咨询服务公司IMSHealth数据显示，2009年全球15大畅销药品中，抗体药物占据了1/3。2010年新兴的抗体药物市场规模达到364亿美元。在Fiercebioteh最新统计的“十大畅销药物”中，抗体药物、类抗体蛋白药物占到5个。其中，安进公司用于治疗风湿性关节炎的TNFR拮抗剂单抗Enbrel®，年销售额高达62亿美元，最有可能替代立普妥成为世界上销售额较高的药物。美国开发上市的单克隆抗体类抗癌新药曲妥珠单抗和贝伐单抗（bevacizumab，阿瓦斯丁，Avastin），在上市短短几年间，其销售额即达到16亿美元和13亿美元。

目前已经上市的单克隆抗体药物都是使用哺乳动物细胞表达，使用最多的是 CHO 及 NSO 两个细胞系。在国外，哺乳动物细胞培养发酵罐往往在 2000L 以上，甚至达到了 15 000L。根据摩根斯坦利的调研报告，2002 年全世界哺乳动物细胞培养发酵罐体积约 47.5 万 L（只统计 2000L 以上发酵罐）；2006 年，Genentech 一家就达到 37 万 L，另有 20 万 L 的产能开始建设。

（二）细胞因子重组蛋白药物

第一个哺乳动物细胞表达生产的医用蛋白是溶血栓药物组织型纤维酶原激活剂（tissue plasminogen activator，tPA）。将人的 tPA cDNA 克隆在含有强启动子和终止子的表达载体上，和筛选抗性基因 *dhfr* 的表达序列一起共转化 CHO-*dhfr*-细胞（二氢叶酸还原酶缺陷型中国仓鼠卵巢分离的细胞）。由于 *dhfr* 基因缺陷的 CHO 细胞不能合成四氢叶酸，只能在添加胸苷、甘氨酸和嘌呤的培养液上生长。而转化成功的细胞将获得正常的 *dhfr* 基因，在不添加胸苷、甘氨酸和嘌呤的培养液上也可正常生长而被筛选出来。甲氨蝶呤（Mtx）是动物细胞关键代谢酶二氢叶酸还原酶（DHFR）的抑制剂，可进一步提高筛选压力，细胞经过甲氨蝶呤处理后存活下来的细胞中 *dhfr* 基因得以扩增，提高二氢叶酸还原酶的表达水平，抵消甲氨蝶呤的抑制作用，使得与该基因相邻的染色体片段同样扩增，提高了外源基因 *tPA* 的表达水平（图 13-7）。

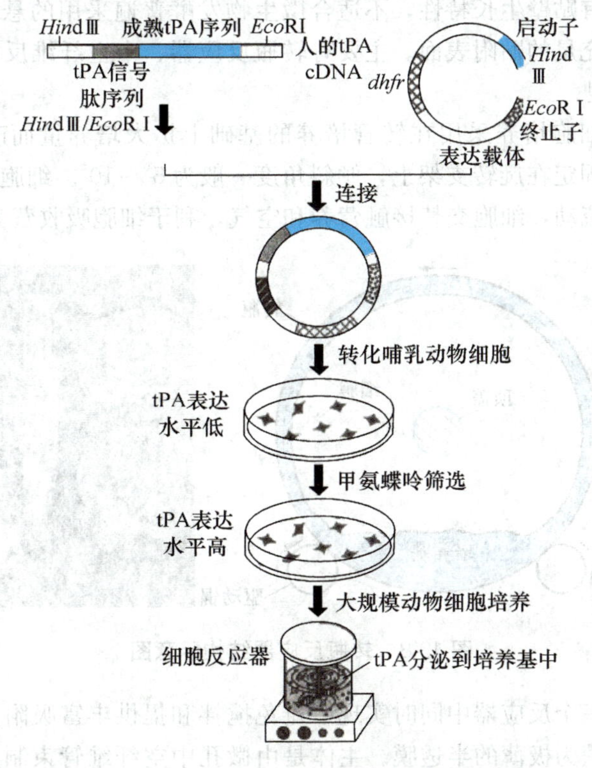

图 13-7　转 *tPA* 基因动物细胞株的构建流程

血液是存在于心血管系统内的流动组织，是人体中营养成分和氧气的运输通道。血液中的红细胞是血细胞中数量最多的一种。红细胞中含有一种重要的蛋白质为血红蛋白，是血液的运输 O_2 和 CO_2 的功能蛋白。血红蛋白浓度低于正常时发生贫血，影响了血液运输功能，出现一系列的病理变化。红细胞生成素（erythropoietin，EPO）是人体中的促红细胞生成素是由肾脏和肝脏分泌的一种激素样物质，为分子质量 60～70kD 的糖蛋白，能够促进红细胞生成。服用红细胞生成素可以使改善贫血的病人增加血流比溶度，增加血液中红细胞百分比。由于促红细胞生长素（EPO）

以增加人体内的红细胞数量，可提高血液的O_2输入能力，从而使肌肉获得更好的氧供，增强运动员的耐力。但是长期使用可使人体血液黏稠，增加心脏负担，导致血液凝固、血栓等心血管疾病，甚至死亡，已经列为运动兴奋剂而被禁用。构建生产 EPO 的转基因哺乳动物细胞株过程与转*t-PA*细胞株的构建流程基本相同，差异只是用*EPO*基因替代了*t-PA*基因。

（三）转基因动物细胞生物反应器的工程学问题

转基因动物细胞生物反应器需要借助于大规模动物细胞培养技术，其差别是反应器中的动物细胞含有外源基因，为转基因动物细胞。由于转基因并不会对细胞的形态、生长规律产生明显的影响，因此可以借助大规模动物细胞培养的技术平台来实现转基因动物细胞生物反应器的生产过程。

动物细胞大规模培养技术来源于微生物发酵，并在其基础上根据动物细胞和微生物的差别进行了具体改进。主要有以下几种：

动物细胞的直径远大于微生物细胞，且没有细胞壁，因此动物细胞对剪切和渗透压。在反应器设计和选型中，通过桨叶改造或者采用拢式搅拌方法可以大幅度降低机械搅拌式反应器因搅拌产生的剪切力，或者干脆放弃机械搅拌，而是采用气升式反应器、中空纤维反应器成为动物细胞反应器的共同选择。

大多数动物细胞具有贴壁生长特性，不适合微生物发酵普遍采用的悬浮培养模式，必须在反应器中为动物细胞提供充足的贴附表面。主要有转瓶反应器、中空纤维反应器以及微载体反应器3种动物细胞反应器类型。

最早的大规模动物细胞培养采用在转管培养的基础上扩大培养量而改进形成的转瓶反应器（图 13-8）。转瓶或转管固定在旋转支架上，倾斜角度一般为 5°～10°。细胞贴附在转瓶或转管的内表面，培养液随旋转而流动，细胞交替接触营养和空气，利于细胞吸收营养、进行气体交换。

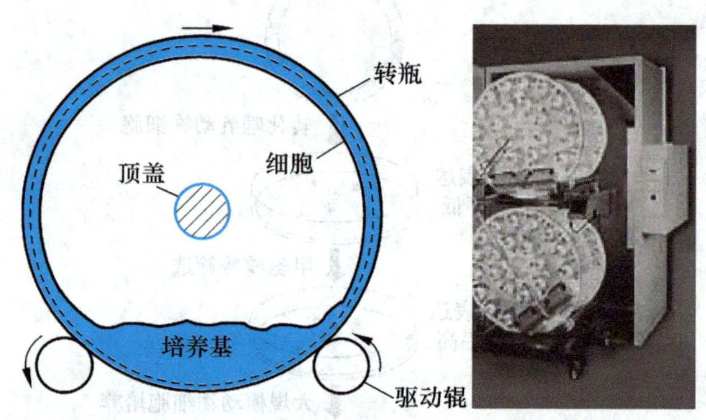

图 13-8　转瓶反应器结构示意图

中空纤维反应器在一个反应器中同时实现了避免搅拌和提供丰富吸附表面的两个要求，是一种细微的管状结构，管壁为极薄的半透膜。主体是由微孔中空纤维管束制成的中空丝，纤维束由外壳包裹，因此可分为中空内腔与中空外腔两部分，每部分各有其进出口。新鲜培养液从中空内腔导入。气体在管体部分通过，其中一部分则均匀地扩散至壳体内部。用过的培养液从反应器中流出，而细胞被截流在反应器中，便于实现灌注培养（图 13-9）。

微载体动物细胞反应器是在传统发酵罐内加入微载体小球，提供动物细胞生长所需的贴附表面积。微载体系统是维茨尔（Van Wezel）在 1967 年最早开发的。微载体系统将传统的一维平面贴附扩展为三维立体贴附，摆脱了传统的培养瓶（管）培养限制。同时，微载体使利用生物反应器进行动物细胞大规模培养成为可能，既能满足动物细胞的贴壁要求，又能充分利用生物反应器

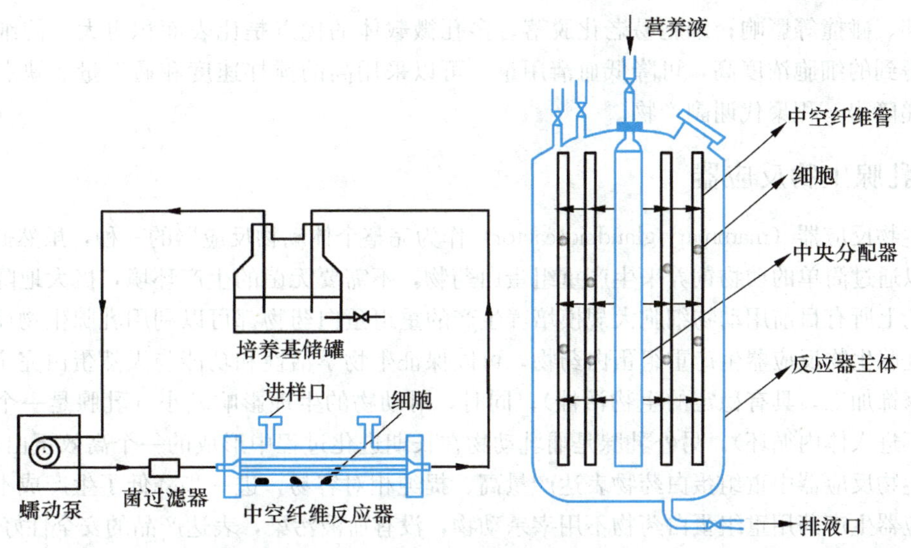

图 13-9　中空纤维反应器结构示意图

的内部空间（图 13-10）。通过采用微载体技术，动物细胞可以在传统的发酵罐进行培养，同时可以利用成熟的发酵工程技术对动物细胞培养过程进行控制和优化，通用性最强。

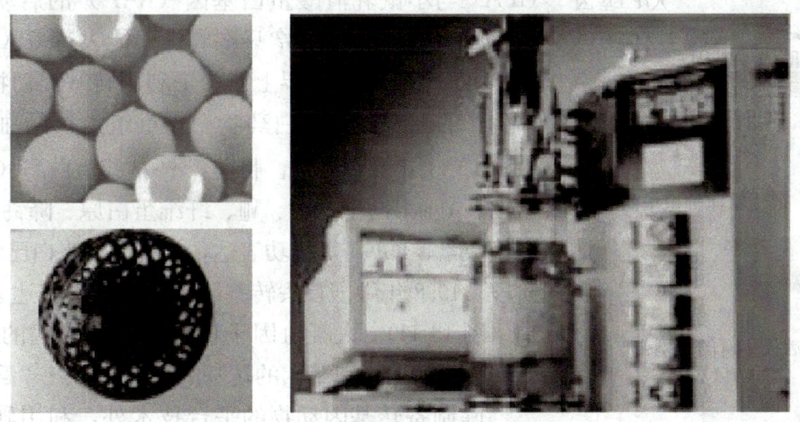

图 13-10　微载体及微载体反应器结构示意图

微载体（microcarrier）：是直径 60～250μm 的适用于贴壁依赖型细胞生长的微粒。构成微载体的材料必须满足以下特性：

(1) 好的生物相容性：无毒无害，有好的黏附性，一般带正电荷。

(2) 大的比表面积：颗粒均匀，孔径均一。

(3) 良好的传质性能。

(4) 强的机械性能：重复利用、保护细胞。

(5) 好的热稳定性：高压灭菌。

目前用来形成微载体的材料主要包括人工合成聚合物和天然聚合物两类：人工合成聚合物有聚甲基丙烯酸-2 羟乙酯（PHEMA）、聚苯乙烯（PS）、聚丙烯酰胺、聚氨酯泡沫、葡聚糖、低聚合度聚乙烯醇等；天然聚合物及其衍生物有明胶、胶原、纤维素、甲壳质及其衍生物、海藻酸盐。

按照是否有内部孔道，微载体可以分为实心微载体和多孔微载体。实心微载体的优点是易于细胞在表面贴壁，机械强度高，容易接种操作，缺点是比表面积小，细胞浓度低；细胞容易受剪切力、搅拌、碰撞等影响；细胞易老化脱落。多孔微载体的优点是比表面积更大，使细胞免受机械损伤，得到的细胞浓度高，可降低血清用量，可以采用高的搅拌速度和通气量，缺点是容易产生营养传递障碍，积聚代谢副产物。

二、乳腺生物反应器

乳腺生物反应器（mammary glandbioreactor）作为完整个体动物反应器的一种，虽然研究比较困难，但可以通过简单的动物饲养来生产重组蛋白药物，不需要无菌的生产环境，极大地降低了生产成本。理论上所有目前用动物细胞大规模培养生产的重组蛋白药物都可以利用乳腺生物反应器来生产。利用乳腺生物反应器生产重组蛋白药物，可以保证生物学活性和功能与天然蛋白完全相同（经过充分的修饰加工，具有稳定的生物活性）；同时，对动物的生理影响较小（乳腺是一个外分泌器官，乳汁不进入体内循环）。另外乳腺是哺乳动物在长期进化过程中形成的一个高效蛋白表达器官，因此乳腺生物反应器中重组蛋白药物表达产量高、提纯相对容易，进一步降低了生产成本。最后乳腺生物反应器生产药用重组蛋白药物不用宰杀动物，没有血液污染，表达产品的安全性好。

乳腺生物反应器是将外源药物蛋白编码基因置于乳腺特异性调节序列之下，转化并成功制备转基因动物，使外源药物蛋白编码基因在转基因动物的乳腺中表达，然后通过回收乳汁获得重要价值的生物活性蛋白的技术。1987 年 Gordon 等将组织型纤溶酶原激活剂（tPA）与小鼠乳清酸蛋白基因（*WAP*）的启动子构成重组基因，成功地培育出了 37 只在乳汁中能表达 tPA 的转基因小鼠。2006 年 6 月 2 日，世界上第一个利用转基因动物乳腺生物反应器生产的基因工程蛋白药物——重组人抗凝血酶Ⅲ（商品名：ATryn）上市获得批准。目前，α_1-抗胰蛋白酶（AAT）、人乳球蛋白、凝血因子Ⅲ、Ⅳ、Ⅷ、纤维蛋白原、降钙素、SOD、红细胞生成素、IGF-1 等成功表达，多种药用蛋白已经进入临床实验阶段。1998 年中国首头转基因羊，乳汁中表达人凝血因子Ⅸ蛋白（图 13-11）。人凝血因子Ⅸ是治疗血友病的药物。1999 年，带有人血清白蛋白基因的转基因试管牛——“滔滔”降生。

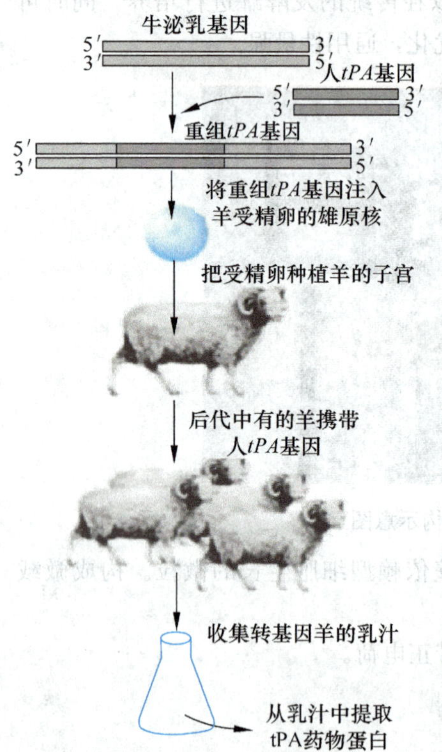

图 13-11 组织型纤溶酶原激活剂（tPA）转基因羊构建流程

除制备转基因动物的平台技术外，利用乳腺生物反应器生产重组蛋白药物的关键技术是使用合适的乳汁蛋白基因调控元件，构建合理高效的乳腺组织特异性表达载体。目前应用于乳腺特异性表达载体构建的乳蛋白基因及调控序列主要有：乳清酸蛋白基因及其调控序列、酪蛋白（Icasein）基因及其调控序列、β-乳球蛋白（β-lactoglobulin）基因及其调控序列以及 α-乳清蛋白（α-lactalbumin）基因及其调控序列等。不同的调控序列不只影响外源重组药物蛋白表达的数量，也对其表达的器官特异性产生明显影响。

结　语

利用转基因动物个体或者其细胞的体外大规模培养生产重组蛋白药物成为生产重组蛋白的关键性技术平台。由于动物细胞具备大肠杆菌等原核表达系统所缺乏的翻译后修饰能力，在表达相对分子质量大、结构复杂、具有二硫键结构重组蛋白，比如抗体等时具有明显优势，动物基因工程药物必将在基因工程药物中占据越来越重要的地位。特别是乳腺动物反应器的开发利用，重组蛋白生产不再需要在严格无菌的环境中进行，而是通过简单的饲养动物来实现，极大地降低了重组蛋白药物的生产成本。转基因动物反应器理论上可以生产目前用其他方法生产的所有重组蛋白药物，其分子农场的生产模式实现低成本生产，是动物基因工程药物生产中最有前途的生产途径。

学习重点

1. 生物反应器的 3 个发展阶段：细菌基因工程、真菌基因工程和动（植）物基因工程。动（植）物基因工程又可以分为动（植）物细胞基因工程和动（植）物个体反应器。狭义的生物反应器仅指在器官或组织中表达外源蛋白的完整个体的转基因动（植）物。
2. 利用转基因动物细胞或者完整个体生产蛋白药物的优点有哪些（见文中相关内容）。
3. 大规模动物细胞培养技术及其应用（见文中相关内容）。
4. 动物细胞转基因技术和转基因动物的制备方法（见文中相关内容）。
5. 动物基因工程药物的研究前沿、热点、研究方向以及其应用实例。

思考题

1. 什么是动物反应器？动物基因工程药物的范畴包括哪些？
2. 利用动物生产重组蛋白药物有何优点？
3. 目前有哪些主要的动物细胞转基因技术，请描述其原理和操作流程。
4. 为什么乳腺反应器生产重组蛋白药物具有最低的生产成本和最高的药物活性？

参考文献

付玉华，周秀梅，钱其军. 2010. 乳腺生物反应器的研究和产业化进展，中国畜牧兽医，37（8）：45～51

刘轶，朱国强. 2007. 动物细胞培养及微载体技术研究进展. 吉林农业大学学报，29（2）：203～206

孙振红，苗向阳，朱瑞良. 2010. 动物转基因新技术研究进展. 遗传，32（6）：539～547

张淑香，唐寅，郭美锦，等. 2008. 锥底生物反应器的动物细胞培养，华东理工大学学报，34（3）：338～341

Cima G. 2010. FDA considering approval of genetically engineered salmon. J Am Vet Med Assoc，237（9）：1005～1007

Crump A，Omura S. 2011. Ivermectin，“Wonder drug” from Japan：the human use perspective. Proc Jpn Acad Ser B Phys Biol Sci，87（2）：13～28

Fernandes-Platzgummer A，Diogo MM，da Silva CL，et al. 2011. Large-scale expansion of mouse embryonic stem cells on microcarriers. Methods Mol Biol，690：121～134

Kaneko Y，Sato R，Aoyagi H. 2010. Evaluation of Chinese hamster ovary cell stability during repeated batch culture for large-scale antibody production. J Biosci Bioeng，109（3）：274～280

Li F，Vijayasankaran N，Shen AY，et al. 2010. Cell culture processes for monoclonal antibody production. MAbs，2（5）：466～479

（苗志奇）

第14章 植物基因工程药物

学习要求

1. 掌握利用植物生产基因工程药物的方法及其优缺点。
2. 熟悉动物细胞转基因技术和转基因动物个体的制备方法。
3. 了解植物基因工程药物的研究和应用现状及其发展方向。

植物基因工程药物，和动物基因工程药物、微生物基因工程药物一样，都属于基因工程药物的一个分支，其差别仅仅是用来生产基因工程药物的宿主生物种类不同。因此，简单地说，植物基因工程药物就是通过转基因植物生产的药物。

植物基因工程药物相对与其他基因工程药物，有自己独特的特点和优点：相对于目前广泛应用的转基因大肠杆菌发酵途径而言，转基因植物可以通过大田种植的方式来进行药物的大规模生产，不需要严格而高成本的无菌环境，生产成本低，并且可以根据市场需要随时调整生产规模；另外由于内毒素和人畜共患病的存在，从微生物或者动物中提取药物的要求非常严格，以防止以上杂质引起的不良反应，这极大地增加了基因工程药物的分离成本。到目前为止，还没有发现人和植物的共患病，因此从转基因植物中提取药物更容易，也更安全；最为重要的是，许多重组蛋白药物必须经过糖基化、酰基化等翻译后修饰才具有对应的生物活性，植物作为真核生物的一种，可以进行重组蛋白药物的翻译后修饰，直接生产活性蛋白药物。而基因工程大肠杆菌，作为一种原核生物，不具有这种能力。

随着植物转基因技术的逐渐成熟，利用转基因植物生产药物已经成为研究的热点。按照药物的化学本质，植物基因工程药物可以划分为重组蛋白药物和小分子次生代谢药物两类。植物基因工程蛋白药物是在植物中表达外源基因，生产的药用重组蛋白，包括激素、抗体、疫苗等。另外，植物中许多非蛋白类小分子物质，特别是次生代谢物，多具有特定的生理活性以及生理调节功能，长期以来作为草药在世界各地广泛应用。而利用转基因植物可以更高效地生产这些次生代谢小分子药物。

植物基因工程药物和转基因农作物作为目前植物基因工程的两大应用领域，正在成为改善人们生活质量、提高健康水平的有利工具。

第1节 植物基因工程

植物基因工程是植物学领域的基因工程，就是按照人类的需求利用基因工程技术克隆重组外源基因，通过转基因技术导入植物基因组内，进而改变植物的遗传特性，创造转基因植物。植物转基因技术就是将克隆到植物表达载体上的重组目的基因，通过转化过程送入到植物细胞中，进而整合到核 DNA 上，实现稳定遗传；然后利用植物细胞的全能性，从单一的转基因植物细胞再生出完整的转基因植株；并保证外源基因在转基因植物中按照设计者意图实现特定器官、特定部位、特定时空高特异性表达的一系列技术的总称。因此从本质上讲植物基因工程就是利用基因工程技术对植物进行改造，改变其遗传特性，使其能更好的为人类服务。其中就包括生产人类需要的各种药物或者其前体物。构建转基因植物的基本步骤由目的外源基因克隆、植物表达载体的构建、植物转化与再生以及筛选与检验四步组成。

一、植物表达载体的构建

外源基因通常是指编码目的蛋白的 DNA 序列，即从起始密码子到终止密码子的 ORF 序列。因此单独的外源基因即使稳定的整合到植物染色体上，也不能表达出对应的 mRNA 和蛋白产物。将外源基因通过基因工程手段运送进生物细胞需要运载工具，我们将携带外源基因进入受体细胞的工具叫载体。

而植物表达载体作为一种表达载体，提供了外源基因在植物中表达所需的启动子、增强子、终止子等各种表达元件，决定了外源基因在转基因植物中的表达强度和特异性。同时许多植物表达载体，特别是农杆菌 Ti、Ri 质粒衍生载体，含有一些特异序列与基因，它们在目的基因的加工、输送乃至整合到植物核染色体的过程中发挥着重要作用。目前所用的植物表达载体都含有大肠杆菌复制起始位点，能在大肠杆菌中稳定存在，便于通过大肠杆菌体系进行扩增，获得大量供转化用载体。同时植物表达载体含有抗性筛选基因，使得筛选转基因植物的过程变得更为容易。

（一）Ti 质粒及其衍生载体

Ti 质粒是农杆菌中的一种天然质粒。20 世纪初，人们发现许多双子叶植物常发生一种冠瘿瘤病。病理特征为在接近地面的植物根茎交界处出现巨大的形似帽状肿瘤组织，曾在法国、东欧和澳大利亚的葡萄和其他果树上大面积发生，造成很大的危害。1907 年 Smith 和 Townsent 首先发现植物冠瘿瘤是由一种革兰阴性土壤杆菌农杆菌诱发的，称其为根癌农杆菌。1974 年 Zaenen 从致瘤农杆菌中分离出一类巨大质粒，称为致瘤质粒（tumor inducing plasmid），简称 Ti 质粒（pTi），其分子质量大小为 200～250kb。丢失 Ti 质粒后，农杆菌完全丧失致瘤能力。1977 年 Chilton 通过分子杂交实验证明植物肿瘤细胞中存在一段外来 DNA，它与 Ti 质粒的 DNA 有同源性，是整合到植物染色体的农杆菌质粒 DNA 片段，称转移 DNA，简称 T-DNA。T-DNA 是 Ti 质粒的一部分，在其左右两端存在特异的边界序列，称为左边界和右边界。根癌农杆菌的天然 T-DNA 序列包括致瘤相关植物分裂素、生长素合成基因和冠瘿碱合成酶基因。根癌农杆菌识别 Ti 质粒上的左右边界，复制从左边界到右边界的 T-DNA 序列，将其送入植物细胞，整合到植物染色体上。T-DNA 中植物分裂素和生长素基因的超量表达产生大量植物激素，促进转化后植物细胞的快速无规则生长，形成肿瘤细胞状态的冠瘿瘤。同时 T-DNA 中冠瘿碱合成酶基因的超量表达导致肿瘤细胞合成大量冠瘿碱，并释放到土壤为农杆菌的生长繁殖提供碳源和氮源，从而促进根癌农杆菌的生长和 Ti 质粒的转移，扩大侵染范围。所以有人将上述过程称为分子内共生和遗传殖民地化，是自然界中存在的天然植物基因工程。

Ti 质粒的发现引起了人们极大的兴趣，只要将目的基因插入到 Ti 质粒的 T-DNA 区域，就可以借助这种天然存在的农杆菌介导的转基因途径，将外源基因整合到植物染色体上，制备转基因植物。野生型 Ti 质粒虽然可以作为植物基因工程的载体直接使用，但由于其相对分子质量过大，难以操作。

野生型 Ti 质粒可以分为 5 个功能区（图 14-1）：①T-DNA 区，是农杆菌侵染植物细胞后，可以从 Ti 质粒转移到植物染色体上的一段 DNA。含有植物激素（特别是植物分裂素）合成基因和

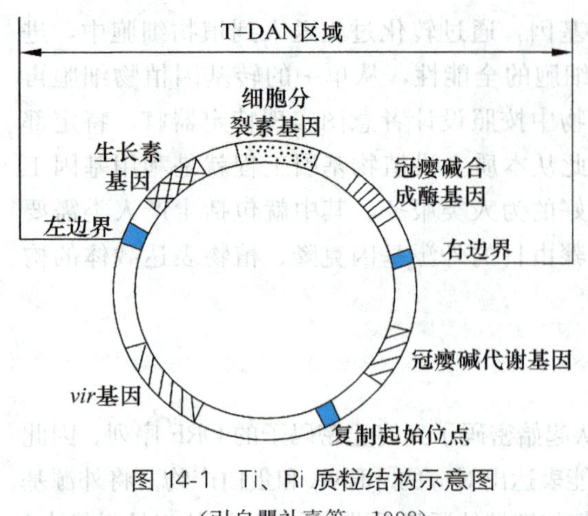

图 14-1 Ti、Ri 质粒结构示意图

（引自瞿礼嘉等，1998）

冠瘿碱合成酶基因；②毒性区，又称 Vir 区，含能激活、辅助 T-DNA 转移的基因。这些基因确实将导致农杆菌致冠瘿瘤毒性消失；③ Con 区，包含有与细菌间结合转移相关的基因，调节 Ti 质粒在农杆菌之间转移；④ Ori 区，是质粒的复制起始位点，调节天然 Ti 质粒在农杆菌中的复制；⑤冠瘿碱代谢功能区，负责编码分解利用冠瘿碱所需的酶系。

为适应基因工程操作，必须将野生型 Ti 质粒中与植物转化不相关的序列切除，以获得较小的易于操作的衍生载体。综合分析 Ti 质粒的 5 个功能区，发现 T-DNA 区和毒性区与植物转基因直接相关，而 Ori 区决定 Ti 质粒在农杆菌中的复制，保证其稳定存在，是农杆菌介导的植物转化必须区域。以上 3 个功能区必须同时存在于农杆菌中，才能完成 T-DNA 从农杆菌到植物染色体的转移过程。而 Con 区和冠瘿碱代谢功能区与上述基因转移过程无关，在制备实用的植物基因工程载体中被切除，以最大限度减小载体的大小。同时 T-DNA 区的识别只与左右边界序列有关，而与其中所包含的基因无关，所以 T-DNA 区左右边界中间的部分都可以被切除或者被目的基因替换。

1. 中间载体 为便于体外 DNA 重组操作，将 T-DNA 片段可克隆进基因工程操作最常用大肠杆菌质粒，这种带有 T-DNA 片段的大肠杆菌质粒称为中间载体。为方便操作，中间载体一般同时带有大肠杆菌和农杆菌的复制子，在两种细菌中都能复制。

2. 卸甲载体 野生型 Ti 质粒 T-DNA 区含有植物激素合成的基因，导致转化植物细胞形成植物肿瘤，所以又称这些基因为 *onc* 基因。*onc* 基因的致癌作用影响植物转化后的植株再生，为了使野生型 Ti 质粒成为植物基因转化的可用载体，必须切除 T-DNA 上的 *onc* 基因，解除其武装，称为卸甲载体。常用卸甲载体的构建方法是用大肠杆菌常用质粒，比如 pBR322，取代左右边界之间的 T-DNA 区。

农杆菌介导的植物基因转化体系按照中间载体的不同可以分为共整合转化系统和双元载体转化系统两种。共整合转化系统采用一个同时具有 T-DNA 区（包含目的基因和抗性筛选基因）、毒性区的卸甲质粒来代替野生的 Ti 质粒。由于共整合载体的相对分子质量仍然较大，操作不方便，所以常采用中间载体和卸甲载体同源重组的方式来构建。外源基因先克隆在另一个 pBR322 派生的载体上，将这种重组的 pBR322 载体与无毒的 Ti 质粒（卸甲质粒，用 pBR322 取代左右边界之间的 T-DNA 区。）共同转移到根癌农杆菌细胞中，在细胞内两种质粒在 pBR322 同源区段进行重组，外源基因插入到无毒的 Ti 质粒上原来的 T-DNA 所在的位置，形成共整合质粒。将带有共整合质粒的根癌农杆菌感染植物细胞，就可以实现外源基因从着 Ti 质粒到植物染色体的转移。但由于过程操作复杂，目前已经用的越来越少了。双元载体系统是将 Ti 质粒中与基因转移相关的 T-DNA区和毒性区分开安置在两个彼此相容的 Ti 衍生质粒载体上：其中一个含有为 T-DNA 转移必须的毒性区，称为辅助质粒；另一个则含有用左右边界标记的 T-DNA 区，也称为转移载体或者植物表达载体。辅助载体上的毒性区通过反式激活 T-DNA 的转移。双元载体方案最大限度地减少了 Ti 衍生质粒载体，特别是克隆有目的基因的植物表达载体质粒的大小，使得基因工程操作非常方便。双元载体方案中的辅助载体对所辅助转移的 T-DAN 区没有序列选择性，可以将任何位于左右边界之间的 T-DNA 序列输送到植物染色体上。因此研究者只需要构建含有目的基因的植物表达载体，将其转入含有辅助载体的农杆菌，就可以借助天然存在的农杆菌介导的基因转化过程，通过植株再生，获得含有目的基因的转基因植物。

3. 植物表达载体 植物表达载体常被构建为农杆菌和大肠杆菌的穿梭质粒，含有连个复制起始位点。因此植物表达载体与大肠杆菌质粒的唯一区别就是含有农杆菌复制起始位点和 T-DNA 区。植物表达载体在其 T-DNA 区域具有多克隆位点序列，便于插入外源目的基因。同时在 T-DNA 区域含有卡那霉素或者潮霉素等的真核抗性基因，便于将转基因植物细胞和未转化的细胞区分开，使筛选过程更容易进行。下面以比较常用的 pCAMBIA 系列载体（图 14-2）为例进行详细说明。

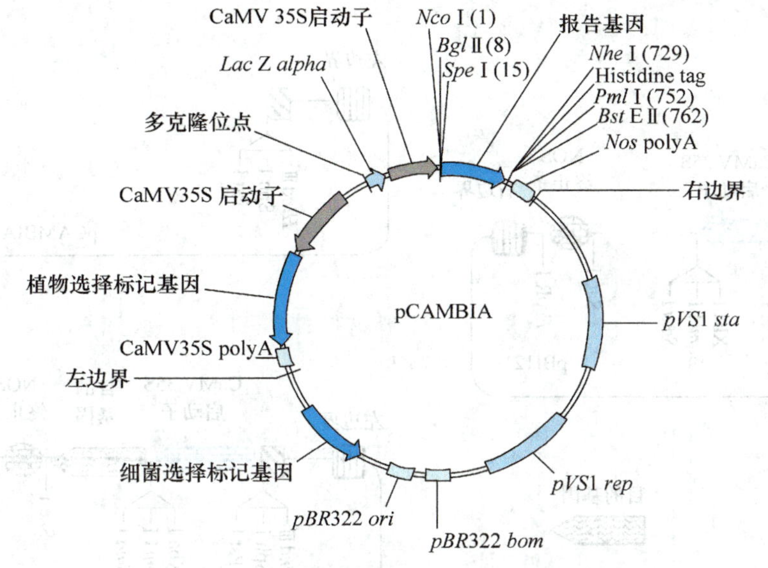

图 14-2 pCAMBIA 系列载体结构示意图

pCAMBIA 载体是在 pPZP 载体的基础上构建的一系列植物表达载体。相对于早期的植物基因工程载体，它具有如下优点，成为大部分实验室研究的首选：

（1）在大肠杆菌中拷贝数高，便于利用大肠杆菌大量制备质粒。

（2）其中的 pVS1 复制子可以保证质粒在农杆菌中的稳定存在。

（3）大小只有 7～12kb，便于基因工程操作。

（4）含有来源于 pUC 载体的多克隆位点（MCS），便于外源基因的插入。在 PCR 技术广泛使用的今天，可以通过引物设计轻松地在目的基因序列两侧连接上任何内切酶位点序列，从而在酶切后通过互补的黏性末端实现外源目的基因和载体的连接。

（5）含有抗氯霉素或者卡那霉素的原核表达框，便于筛选含有质粒的基因工程菌。

（6）含有抗卡那霉素或者潮霉素的真核表达框（由双 CaMV35S 启动子和 CaMV35S polyA 序列组成），便于筛选转基因植物细胞。

（7）含有 gusA 报告基因的真核表达框（由 CaMV35S 启动子和 NOS polyA 序列组成），可以方便地观察植物细胞转基因过程是否成功。

含有目的基因的重组表达载体构建思路（图 14-3）非常简单：就是用目的基因的 ORF 序列替换表达载体中报告基因的 ORF 序列。在植物表达载体 pBI121 报告基因 *GUS* 的 ORF 序列上游有 XbaⅠ、BamHⅠ、SmaⅠ3 个酶切位点，下游有 SacⅠ的酶切位点，因此采用 XbaⅠ、BamHⅠ、SmaⅠ中任何一个和 SacⅠ组成双酶切体系，都可以将报告基因 *GUS* 的 ORF 序列从载体上切除。电泳酶切产物，回收缺失 *GUS* ORF 序列的载体大片段；同时可以设计目的基因的特异 PCR 引物，将上述双酶切体系中两个内切酶的识别序列分别引入到目的基因 PCR 产物的两端，并对 PCR 产物

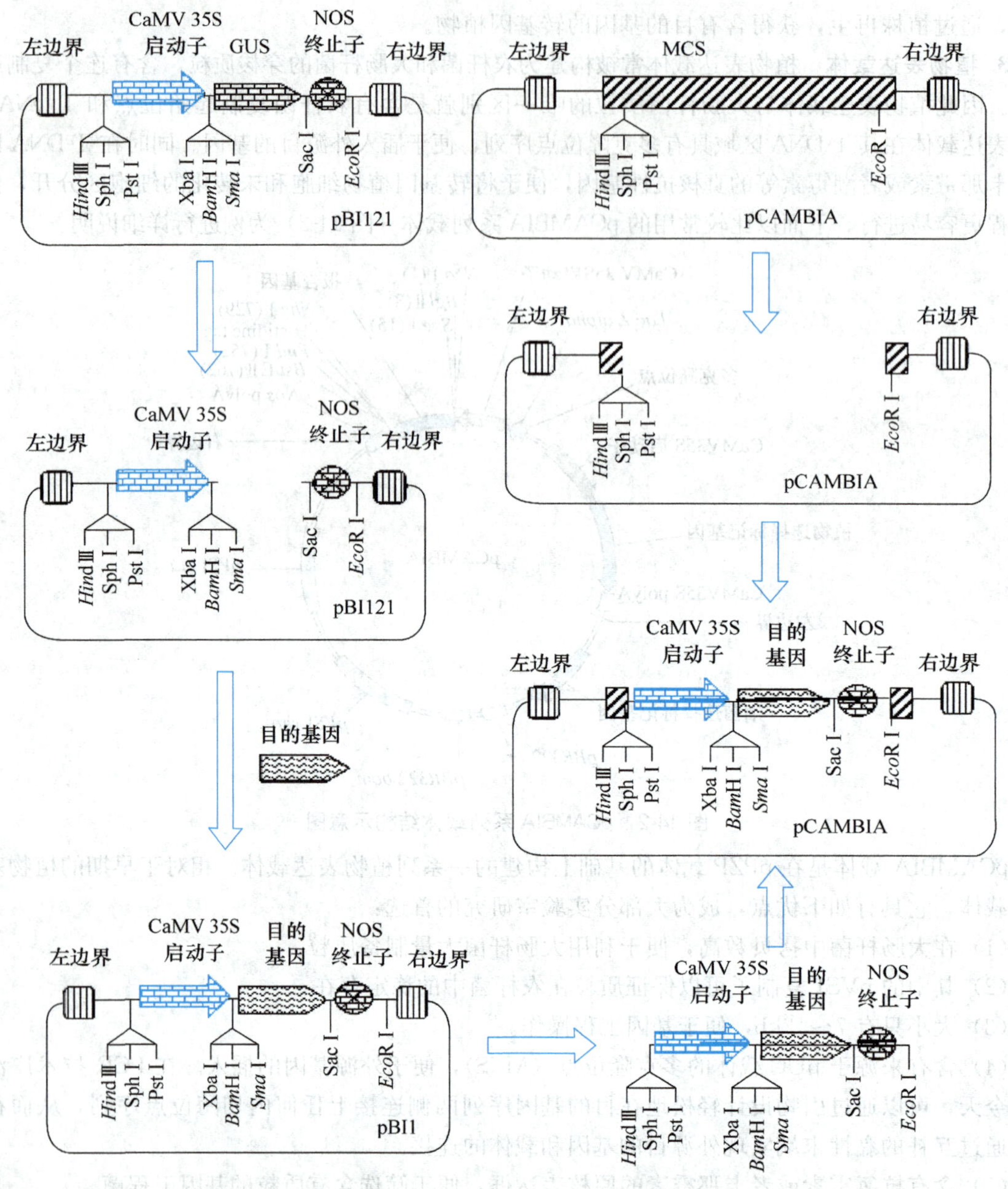

图 14-3 pBI121、pCAMBIA 重组植物表达载体构建示意图

进行相同的双酶切，获得具有相同黏性末端的目的基因 ORF 序列，并通过电泳回收该序列。将缺失 *GUS* ORF 序列的载体大片段与具有相同黏性末端的目的基因 ORF 序列片段通过连接酶进行连接，获得含有目的基因的 pBI121 植物表达载体。pBI121 采用卡那霉素进行转基因植物的筛选，如果希望用潮霉素进行筛选，可以采用位于目的基因 *CaMV*35*S* 启动子上游的 *Hind*Ⅲ、*Sph* Ⅰ、*Pst* Ⅰ 内切酶识别位点和位于 NOS 终止子下游的 *Eco*R Ⅰ 位点设计双酶切系统，将包含 CaMV35S 启动子、目的基因 ORF 序列和 NOS 终止子的完整植物表达框序列切割出来，从而插入到相同双酶切后的植物表达载体 pCAMBIA 的多克隆位点，形成含有目的基因植物表达框序列的 pCAMBIA 重组表达载体。由于 pCAMBIA 载体 T-DNA 区带有的潮霉素抗性基因和目的基因实现连锁转化，共同整合到植物染色体中，赋予转基因植物在含潮霉素培养基上生长的能力。而

非转化植物细胞不具有潮霉素抗性基因，不能再含潮霉素培养基上生长，而被淘汰。按照以上方案制备的 pCAMBIA 重组表达载体，在 T-DNA 区内除潮霉素抗性基因和目的基因的表达框序列外，还含有报告基因（*GUS* 或者 *GUS* 和绿色荧光蛋白的融合基因）的表达框。在转化过程中，报告基因和目的基因一起转移到植物染色体中。由于报告基因便于监测，所以常用检测报告基因编码蛋白来建立植物的转基因体系。

（二）Ri 质粒及其衍生载体

根诱导质粒（root inducing plasmid，Ri 质粒）是发根农杆菌中大小约 200～800kb 的大质粒，属于染色体外遗传物质。与根癌农杆菌中的天然 Ti 质粒非常相似：

（1）Ri 质粒也由 5 个功能区组成：T-DNA 区（含有植物激素合成基因和冠瘿碱合成酶基因）、Vir 区、Con 区、Ori 区和冠瘿碱代谢功能区。

（2）Ri 质粒是导致植物发生毛根病的分子基础：Ri 质粒 T-DNA 区包含植物激素合成基因，特别是植物生长素合成基因。植物生长素合成基因随 T-DNA 区其他基因一起在农杆菌介导下转移到植物细胞的染色体上，并实现高效表达，导致转基因植物细胞中生长素超量合成，引发毛根产生。

（3）Ri 质粒 T-DNA 区也包含冠瘿碱合成酶基因的植物表达框序列，可以在转基因植物中表达产生冠瘿碱合成酶，从而将转基因植物作为工厂来大量生产农杆菌生长所需要的冠瘿碱。主要有农杆碱、甘露碱和黄瓜碱等。而 Ri 质粒的冠瘿碱代谢功能区则负责在农杆菌中编码表达冠瘿碱代谢需要的酶系，可利用毛根产生的冠瘿碱作为唯一碳源和氮源生长繁殖，实现生物殖民。

（4）Ri 质粒的 T-DNA 区也由特异的左右边界序列来确定。T-DNA 区序列可以在 Vir 基因和农杆菌染色体基因编码蛋白的帮助下，可以实现复制、加工、转运并最终整合到植物染色体中的整个植物转基因过程。

Ri 质粒和 Ti 质粒的最主要差别在于：Ri 质粒导致转基因植物大量合成生长素，产生毛根症状；Ti 质粒导致转基因植物大量合成分裂素，产生冠瘿瘤。

和 Ti 衍生质粒类似，以野生型 Ri 质粒为基础，也可以构建 Ri 质衍生质粒。常用的 Ri 质衍生质粒多为切除冠瘿碱合成酶基因的辅助质粒，可以与常见的植物表达载体（如 pBI121、pCAMBIA）构成二元载体转化系统，反式激活的植物表达载体的 T-DNA 区实现基因转移。和 Ti 衍生辅助质粒不同，Ri 衍生辅助质粒不是卸甲质粒，仍然含有导致植物病变的 *onc* 基因（即植物激素合成基因），因此 Ri 质粒转化获得的转基因植物细胞大多具有正常的细胞形态，而是以发根形式存在。

（三）植物病毒载体

植物病毒作为一种天然存在的生物体，不能脱离植物而单独生存。当植物病毒接触到植物后，会将自己牢牢地固定在植物细胞表面，然后自身遗传物质，DNA 或者 RNA，注射到植物细胞中，而将自身蛋白衣壳留在植物细胞外。按照病毒遗传物质的种类不同，植物病毒可以分为 RNA 病毒和 DNA 病毒。其中 RNA 病毒又可分为正链 RNA 病毒和负链 RNA 病毒。正链 RNA 病毒的遗传物质是正链 RNA，进入植物细胞后可以与核糖体结合，直接实现蛋白翻译过程；而负链 RNA 病毒必须经过反转录过程形成 DNA，然后再转录产生正链 RNA，进而利用植物细胞蛋白翻译系统合成病毒蛋白，因此又称为反转录植物病毒。植物病毒，特别是温和的植物病毒，可以将自身 DNA 整合到植物染色体中，并随着植物细胞的分裂而复制，以类似于噬菌体融源大肠杆菌的极致，形成转基因植物细胞。侵染植物细胞的植物病毒可以利用植物细胞合成病毒衣壳蛋白，并进而包裹复制的病毒遗传物质，形成新的病毒颗粒。新形成病毒颗粒可以从植物细胞中释放出来并感染新的植物细胞，这也是植物病毒病害的生物学基础。

植物病毒，特别是植物 DNA 病毒，侵染植物细胞并将自身遗传物质整合到植物染色体中的过程是一个天然的转基因过程，因此植物病毒的基因组就是一个天然的植物转基因载体。通过基因工程改造，去除病毒基因组中导致植物病变的相关基因序列，只保留植物病毒的转基因功能，并进一步通过引入筛选标记基因、报告基因、多克隆位点等序列，就可以构建植物病毒衍生载体。

花椰菜花叶病毒（*Cauliflower mosaic virus*，CaMV）是CaMV的典型代表病毒，自然条件下可以通过蚜虫寄生或者螯针传染的方式传播，感染十字花科植物。CaMV病毒颗粒为直径50nm的二十面体，其基因组为双链DNA。研究发现在CaMV基因组上的两个位点插入一定长度的外源序列不影响病毒的感染性。这两个可插入位点分别对应一个非基因编码区和一个ORF序列（标记为ORFⅡ）。1984年Brisson利用脱氢叶酸还原酶基因的ORF序列替代了ORFⅡ序列，然后将重组病毒侵染萝卜，发现萝卜出现抗甲氨蝶呤抗性。1986年，French用氯霉素乙酰转移酶基因替换雀麦花叶病毒（*Brome mosaic virus*，BMV）第三条RNA链中的外壳蛋白基因，获得充足RNA病毒载体，转化大麦原生质体后获得检测到明显的氯霉素乙酰转移酶活性。

植物病毒载体虽然可以高效率的转化目标植物，通过人工接种植物，可以方便快速地在植物细胞中产生大量病毒载体遗传物质拷贝，实现外源基因的高效率表达。同时无需通过组织培养方式再生植物，跳过了许多植物再生困难的问题。但植物病毒载体大多宿主范围很窄；同时现有植物病毒载体可插入外源序列较小，一般不大于1kb；另外接种病毒后并不是所有的植物细胞都被病毒所侵染，而是形成杂合体植物，大部分病毒转基因性状不能通过花粉或者种子传递给后代；植物病毒具有较高的重组率，容易导致外源目的基因在转基因植物中的不稳定。目前距离获得高效、方便、无害的植物病毒载体还具有一定距离，需要生物科技工作者付出更多的努力。

（四）叶绿体转化载体

叶绿体作为植物中独特的细胞器，具有自身的DNA基因组。考虑到叶绿体基因组的高拷贝性，将外源基因定点整合进叶绿体基因组，往往会使外源目的基因实现高效率表达，例如McBride等人首次将Bt CryⅠA（c）毒素基因转入烟草叶绿体，Bt毒素蛋白的表达量高达叶子总蛋白的3%～5%，而通常的核转化技术只能达到0.001%～0.6%。Kota等将Bt Cry2Aa2蛋白基因转入烟草叶绿体，也发现毒蛋白占到烟草叶子可溶性蛋白的2%～3%，比细胞核转化高出20～30倍。Staub等将人的生长激素基因转入烟草叶绿体，其表达量高达叶片总蛋白的7%，比细胞核转化高出300倍。这些实验充分说明，叶绿体表达载体的构建和转化，是实现外源基因高效表达的重要途径之一。

同时叶绿体中的基因表达属于原核表达系统，因此大肠杆菌表达质粒中丰富的表达元件，包括启动子、增强子和终止子都可以用来构建目的基因的叶绿体表达框序列。目前构建的叶绿体表达载体大多定点整合载体。构建叶绿体表达载体的特征是在外源基因原核表达盒的两侧各连接一段叶绿体的DNA序列，称为同源重组片段或定位片段（targeting fragment）。当载体被导入叶绿体后，通过这两个片段与叶绿体基因组上的相同片段发生同源重组，就可能将外源基因整合到叶绿体基因组的特定位点。

为保证叶绿体载体序列通过同源重组发生的插入事件不影响叶绿体功能，同源重组片段多选择两个相邻基因序列，使得插入发生在相邻基因的间隔区，例如rbcL/accD、16StrnV/rps12rps7、psbA/trnK、rps7/ndhB。当同源重组发生以后，外源基因定点插入在两个相邻基因的间隔区，保证了原有基因的功能不受影响。Daniel等考虑到trnA和trnⅠ的DNA序列在高等植物中高度保守的特性，将烟草叶绿体基因*trnA*和*trn*Ⅰ作为同源重组片段，构建了一种通用载体（universal vector），可用于多种不同植物的叶绿体转化。

（五）启动子决定目的基因的表达模式与强度

植物遗传转化的最终目的不是将特定的外源基因构建在植物表达载体中并转入受体植物，而是需要外源基因在转基因植物的特定部位和特定时间内高水平表达，产生人们期望的表型性状。

由于启动子在决定基因表达方面起关键作用，因此，选择合适的植物启动子和改进其活性是调节外源基因表达强度和特异性首先要考虑的问题。

目前在植物表达载体中广泛应用的启动子是组成型启动子，例如，双子叶转基因植物大多采用 CaMV35S 启动子，单子叶转基因植物则大多使用来自玉米的 Ubiquitin 启动子和来自水稻的 Actinl 启动子。在组成型表达启动子的控制下，外源基因在转基因植物的所有部位和所有的发育阶段都会持续表达。但这种不可控的超量表达有时形成严重浪费，并往往引起植物的形态发生改变，影响植物的生长发育。为调节外源基因在植物体内的表达水平和表达部位，人们开发了许多特异表达启动子，主要包括器官特异性启动子和诱导特异性启动子：如种子特异性启动子、果实特异性启动子、叶肉细胞特异性启动子、根特异性启动子、损伤诱导特异性启动子、化学诱导特异性启动子、光诱导特异性启动子、热激诱导特异性启动子等。这些特异性启动子的克隆和应用为在植物中特异性地表达外源基因奠定了基础。人工复合启动子比天然启动子具有更高的表达活性。通过将章鱼碱合成酶基因启动子的转录激活区与甘露碱合成酶基因启动子构成了复合启动子，改造后的启动子活性比 35S 启动子明显提高。吴瑞等人将操作诱导型的 *PI-Ⅱ*基因启动子与水稻 *Actinl* 基因内含子 1 进行组合，新型启动子的表达活性提高了近 10 倍。可诱导启动子 PR-IA 启动子控制下的外源目的基因只有在喷洒水杨酸及其衍生物的情况下才能实现高效表达，而在平时处于沉默状态，可减少目的基因对转基因植物的负荷与危害。

（六）定位信号序列决定目标蛋白的积累部位

除启动子决定的外源基因的转录和翻译效率外，高水平表达的外源蛋白能否在植物细胞内稳定存在以及积累量的多少是植物遗传转化中需要考虑的另一重要问题。

近几年的研究发现，如果某些外源基因连接适当的定位信号序列，使外源蛋白产生后定向运输到细胞内的特定部位，例如：叶绿体、内质网、液泡等，则可明显提高外源蛋白的稳定性和累积量。这是因为内质网等特定区域为某些外源蛋白提供了一个相对稳定的内环境，有效防止了外源蛋白的降解。例如，Wong 等将拟南芥 rbcS 亚基的转运肽序列连接于杀虫蛋白基因之前，发现杀虫蛋白能够特异性地积累在转基因烟草的叶绿体内，外源蛋白总的积累量比对照提高了 10～20 倍。考虑到后续提取的成本占到基因工程药物生产成本的一半以上，考虑到油体中植物本身蛋白较少，如果通过定位信号将产生的植物重组蛋白药物转运并集中到油体中，就可以简化后续分离过程，降低分离成本。

（七）抗性筛选标记基因的利用和删除

筛选标记基因是指在遗传转化中能够将转化细胞（或个体）从众多的非转化细胞中筛选出来的标记基因。它们通常编码对某种选择剂具有抗性的产物，从而使转基因细胞在添加这种选择的培养基上正常生长，而非转基因细胞由于缺乏抗性则表现出对此选择剂的敏感性，不能生长、发育和分化。在构建载体时，筛选标记基因连接在目的基因一旁，两者各有自己的基因调控序列(如启动子、终止子等)。目前常用的筛选标记基因主要有两大类：抗生素抗性酶基因和除草剂抗性酶基因。前者常用的有 *NPT*Ⅱ 基因（编码新霉素磷酸转移酶，抗卡那霉素）和 *HPT* 基因（编码潮霉素磷酸转移酶，抗潮霉素），而后者常用的包括 *EPSP* 基因（编码 5-烯醇式丙酮酸莽草酸-3-磷酸合酶，抗草甘膦）、*GOX* 基因（编码草甘膦氧化酶，降解草甘膦）和 *bar* 基因（编码 PPT 乙酰转移酶，抗 Bialaphos 或 glufosinate）。

近几年来，转基因植物中筛选标记基因的生物安全性已引起全球关注。如果转基因植物的抗生素抗性标记基因转移进入人或动物的病原菌中，从而引起这些病原菌对抗生素的抗性，使抗生素失去效力。另外，转基因植物通过传粉将抗除草剂基因转入野生近源杂草，会造成除草剂时效，产生难以控制的超级杂草。为避免转基因植物所带来的不安全因素，除开发更安全的筛选标记外，一个从根本上解决问题的方案是在大田试验前去除转基因植物的筛选标记。

目前最常用的方案就是在植物表达载体上构建两个 T-DNA 区，分别插入目的基因和筛选标记基因的表达序列。在辅助质粒的帮助下，这连个 T-DNA 区两独立转化植物。通过筛选程序和分子检测可以将同时含有目的基因和筛选标记基因的转基因细胞或者植株挑选出来。考虑到两个不同 T-DAN 区的转化是独立的，上述转基因植物会在后代中发生性状分离，其中 1/4 的后代为消除了筛选标记基因而只含有目的基因的纯化品系。另外一种方法就是利用 *Cre/lox* 重组系统通过重组过程切除筛选标记基因。

除叶绿体载体外，所有植物表达载体都必须具有植物表达元件，包括植物启动子、植物终止子等，选择合适的植物表达元件可以调控外源基因的表达强度和表达模式。筛选标记、报告基因的引入，可以使得转基因植物的筛选和检测变得更加容易。

二、植物转化

常用的植物转化方法可以分为生物法和物理法。生物法即借助天然存在的转基因生物过程，实现植物基因转化，包括农杆菌介导的植物转基因法和植物病毒介导的植物转基因法；物理法就是不借助任何生物体，而是采用物理手段，将外源基因将经过特殊处理的外源裸露 DNA 直接导入到植物细胞中的转基因方法，最常用的就是基因枪法、电击法和 PEG 法。

（一）农杆菌介导的植物转基因技术

农杆菌转化植物涉及一系列复杂的反应，包括农杆菌对植物细胞的识别附着，植物信号分子的分泌、诱导，*Vir* 基因的活化、表达，T-DNA 的复制、转移以及在植物细胞中的整合和表达。

当农杆菌附着到植物伤口附近的细胞表面受体位点上，长出纤丝“钩”在植物细胞壁表面。受伤植物组织会释放出酚类物质，特别是乙酰丁香酮和羟基乙酰丁香酮，能高效率诱导 *Vir* 基因表达。VirA 蛋白在感受到植物受伤细胞释放的酚类信号物质，发生自身磷酸化。磷酸化的 VirA 蛋白将磷酸基转移到 VirG 蛋白保守的天冬氨酸残基上，使 VirG 蛋白活化，从而进一步激活其他 *Vir* 基因的转录。*VirD* 基因产物对 T-DNA 进行剪切，产生 T-DNA 单链，T-DNA 单链与 VirD2 及 VirE2 结合成 T 链复合物，T 链复合物被转移到农杆菌外，通过植物细胞壁上由 VirB 蛋白组成的通道进入植物细胞内，VirD2 和 VirE2 上的核定位信号被转运蛋白识别，经过主动运输过程通过核孔进入细胞核内。在 VirD2 的帮助下，T-DNA 以单或多拷贝的形式随机整合到植物染色体上，完成 T-DNA 由农杆菌向植物的转移及整合过程。

农杆菌介导的植物转基因过程不仅与以上位于辅助载体上的 *Vir* 基因有关，也与农杆菌染色体基因组有关。不同的农杆菌菌株有不同的宿主范围，并有其特异侵染的最适宿主。因此在开始进行农杆菌介导的植物转基因过程之前，应该根据文献资料确定转基因目标植物的最适宜农杆菌菌株，将构建好的含有目的基因的植物表达载体转化到含有合适辅助质粒的农杆菌中，获得基因工程农杆菌。

一般而言，农杆菌介导的植物转化可分为侵染、共培养、筛选、植株再生几步，如图 14-4 所示。侵染就是将处于对数生长期活性较高的基因工程农杆菌和待转化的植物材料充分接触，常用方法是将植物材料浸泡到农杆菌菌液中，时间一般为 2～10min，使得农杆菌能够有机会吸附到植物细胞表面。待转化植物材料称为外植体，不同外植体的转化效率存在很大差异。常用外植体多为植物的生长旺盛的幼嫩组织，比如有叶片、茎尖、下胚轴、花等。共培养就是将侵染后的植物材料置于植物培养基上进行 1～2d 的培养，在这个过程中，农杆菌实现 T-DNA 的剪切、复制、加工、转移，并最终整合到植物染色体上。共培养过程是农杆菌介导的植物转化试验中具体实现基因转化的阶段，常在共培养基中添加乙酰丁香酮以诱导 *Vir* 基因的表达，从而提高农杆菌介导的植物转基因效率。有时为简化程序，侵染和共培养被合并成一个阶段进行。即使选择最佳的转化条件，被成功转化的植物细胞在所有植物细胞中所占比例仍然很小。筛选就是采用含有特定抗生素或者和除草剂的筛选培养基，促进转基因植物细胞生长，同时抑制或者杀灭非转基因植物细胞，从而将少量成功转化的植物细胞筛选出来。植株再生就是选择合适的再生培养基，通过器官再生或者体细胞胚的方式从单个转基因植物细胞再生出完整的转基因植株。

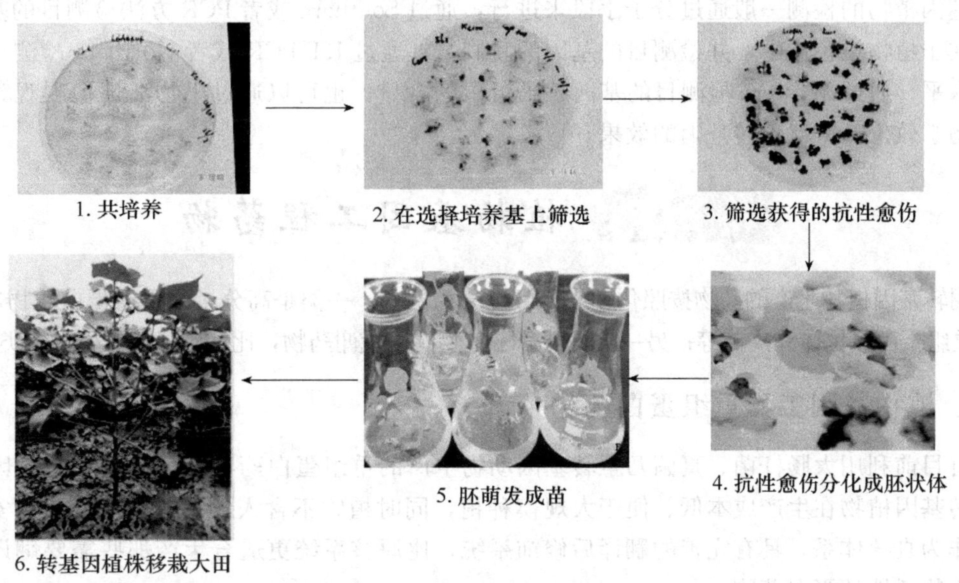

图 14-4　农杆菌介导的植物转化过程示意图

（二）基因枪植物转基因技术

基因枪法类似军事用枪的装置将吸附有目的基因植物表达载体 DNA 的金属粒子加速后轰击植物材料，从而将外源基因送入植物细胞的转基因方法。常用加速装置由火药或者高压气体驱动。为防止金属离子对细胞的氧化伤害作用，常采用惰性的钨粉或者金粉。金属颗粒粉碎度越好，颗粒的比表面积越大，可以吸附的 DNA 就越多，转化成功的概率就越大，因此常采用纳米颗粒来吸附外源基因序列。基因枪的操作步骤一般包括 DNA 微弹的制备、外植体选择和 DNA 微弹轰击 3 步。轰击后的外植体经过筛选和再生阶段，可获得转基因植物。

基因枪法操作简单，不需要对外植体进行特殊处理。它既适合双子叶植物，也适合单子叶植物，理论上能把外源基因导入任何生物。另外基因枪转化获得的完整植物细胞容易再生植株。基因枪转化法的缺点是转化细胞中目的外源基因的拷贝数较多，一般存在共抑制现象，造成外源目的基因表达水平不高。

（三）其他植物转基因技术

和基因枪法一样，电击法和 PEG 法也属于物理转基因方法，分别通过电击穿孔或者多聚合物 PEG 迫害细胞膜通透性来达到将目的基因导入植物原生质中。但以上两种方法都需要制备植物原生质体，操作复杂。同时原生质体相对于完整植物细胞实现植株再生更为困难。另外电击法需要昂贵的电击设备，也限制了该方法的大范围推广应用。

种质转化法则是利用植物自身的种质细胞作为受体，通过花粉管、子房囊胚注射法，将或者种子浸泡，将外源基因输送到卵子、受精卵或者早期胚胎附近。依靠种质细胞自身吸收被整合外源 DNA，获得转基因植物的方法。种质转化法操作简便，适应面广，不需要植株再生过程；但转化效率不高，更适合大田而不是实验室操作。

农杆菌介导的植物转化成本最低，对双子叶植物和一些单子叶植物转化效率高，容易获得单拷贝目的基因高效表达的转基因植物，成为当前进行植物转化的首选。但由于农杆菌具有强的宿主选择性，对一些单子叶植物，特别是裸子植物，转化效率很低。针对这些转化困难的植物，可以考虑采用基因枪法进行转化。

转基因植物的检测一般通过分子手段来进行：通过 Southern 或者 PCR 方法检测目的基因序列是否存在于植物染色体中，并检测目的基因的复制数；通过 RT-PCR 或者 Northern 检测目的基因的转录水平；通过 Western 检测目的基因编码蛋白的含量；也可以通过生物活性检测观察目的蛋白的生物学效价，来评价转基因的效果。

第 2 节　植物基因工程药物

利用转基因植物生产的药物按照化学成分可以分为两类：一类是高分子的重组蛋白药物，包括各种活性重组蛋白、抗体和疫苗等；另一类是低分子植物次生代谢药物，比如紫杉醇等生物碱类药物。

一、植物基因工程重组蛋白药物

所有目前利用大肠杆菌、真菌乃至转基因动物生产的重组蛋白药物都可以利用转基因植物来生产。转基因植物在生产成本低、便于大规模种植，同时植物不含人致病因子，使用更安全。另外植物作为真核体系，具有完善的翻译后修饰系统，比原核系统更适合生产那些需要翻译后修饰才具有生物活性的蛋白药物。

在植物基因工程重组蛋白药物生产过程中，转基因植物的作用和常规重组蛋白药物中的基因工程大肠杆菌相同，都是一个人工构建的生产外源蛋白药物的工厂。用来生产重组蛋白药物蛋白的转基因植物构建过程包括：药物蛋白编码基因克隆、含药物蛋白编码基因的植物表达载体构建、植物转化与再生。在获得含目标药物蛋白编码基因表达框序列的转基因植物后，就可以通过大田种植或者植物细胞培养方式来进行重组药物蛋白的生产。

一般而言，重组蛋白类药物的分离一般分为以下两步：一是破碎植物材料，释放单克隆抗体，然后去除细胞碎片，收集含有目标抗体的萃取液；二是将目标单克隆抗体和其他杂质，特别是杂蛋白，分离开来。分离成本占到总成本的一半以上，因此在构建植物表达载体时就因该采取措施以简化后续产物的分离非常重要。

常用措施有以下两种：一是在将重组蛋白与一个小的亲和标签融合形成融合抗体蛋白；二是利用亲和标签的亲和配体将目标重组蛋白高特异性的从萃取液中分离出来。由于亲和标签比较小，一般不影响重组蛋白的活性，为进一步提高重组蛋白药物的安全性，也可体在亲和标签和重组蛋白之间引入蛋白酶的酶切位点，在亲和纯化后用特异的蛋白酶切割融合重组蛋白，释放天然重组蛋白。常用的亲和标签有蛋白 A、多聚组氨酸等。但由于重组蛋白萃取液中的细胞碎片难以去除干净，在通过亲和色谱柱时常发生堵塞现象。为降低萃取难度，减少萃取液体积，消除细胞碎片，可将目标重组蛋白进一步与油体定位信号肽融合，形成油体信号肽、目标重组蛋白和亲和标签的融合蛋白：依靠油体信号肽定位机制将融合蛋白定位到油体中，只需要简单的通过压榨过程就可以收集油菜等植物的油体及油体蛋白，避免了大量细胞碎片的产生。从众多油体蛋白中分离目标重组蛋白的任务依然由亲和层析来完成。

(一) 重组抗体

自从 Kohler and Milstein 在 1975 年首次报道利用杂交瘤细胞生产单克隆抗体的方法以来，单克隆抗体在抵抗癌症以及各种传染性疾病方面获得广泛的应用。单克隆抗体作为免疫球蛋白的一种，一个完整的抗体由四条多肽链组成，两条轻链，两条重链。链间通过二硫键相互连接，形成一个整体。同时抗体上多个位点的糖基化修饰对于抗体生物学活性具有重要贡献。轻链和重链的氨基端为可变区域，决定抗体与各种抗原的结合特异性；而羧基端为高度保守区域，负责招募各种免疫细胞和分子，引发机体免疫反应，从而消灭被抗体特异性结合的各种抗原生物体或者高分子（图 14-5）。

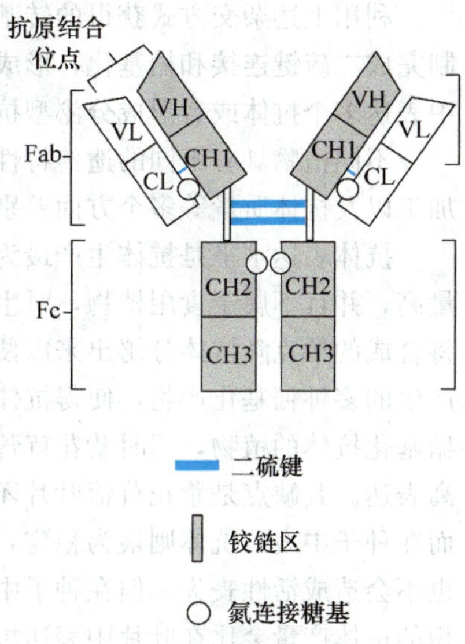

图 14-5　抗体结构示意图

（引自 Ko K，Brodzik R，2009）

作为一种蛋白分子，抗体药物天然具有不良反应小的特点。完整抗体在与外源抗原高分子物质特异性结合后，可以招募免疫细胞或者免疫分子来消灭外源抗原物质，所以单克隆抗体自身就是一种有效的药物；另外抗体的氨基端可变区决定了抗体的结合特异性，将这个片段和放射性药物或者细胞毒性药物结合起来，就可形成定向药物。比如利用可以与癌细胞表面抗原特异性结合的抗体可变区发挥导弹的导引头作用，将细胞毒性药物运送到癌细胞表面，从而杀灭癌细胞。抗体药物的市场规模在 2005 年已经超过 50 亿美元，预计 2010 年可望超过 300 亿美元。

经典的植物抗体是通过分别构建轻链和重链的植物表达载体，分别转化并获得高表达的转基因植物，然后通过杂交方式获得同时表达抗体轻链和重链的转基因株系（图 14-6）。

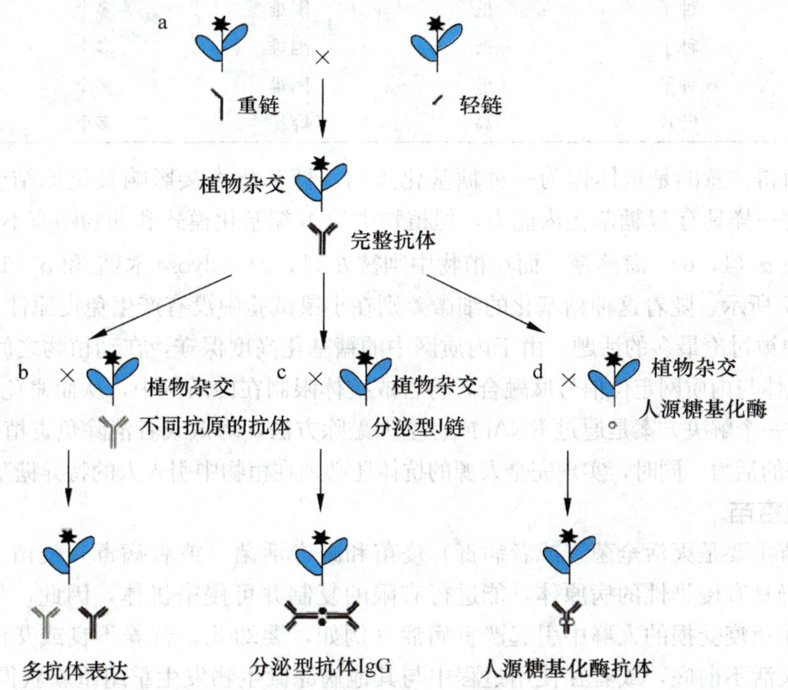

图 14-6　利用经典杂交途径获得生产抗体的转基因植物

（引自 Ko K，Brodzik R，2009）

利用上述杂交方式获得的转基因植物，可以同时高水平表达重链和轻链，并依靠植物自身机制完成二硫键连接和糖基化，形成完整的抗体分子。同时这种杂交机制也可以用来在同一个植物中表达多个抗体或者形成分泌型抗体。

不同植物具有不同的遗传特性，因此在不同植物中表达的抗体在表达水平、产物存储、后续加工以及抗体质量等多个方面差别很大，选择合适的植物进行抗体生产非常重要。

抗体表达水平是抗体生产最为看重的指标，利用烟草生产抗体的优势在于烟草叶片的生物产量高，并且不属于食用植物，对生物安全要求相对较低；同时可以构建成熟的分泌型载体系统，将合成的单克隆抗体分泌出来以便于后续分离。但烟草和其他大多数植物一样，其糖基化修饰后产生的多种糖基化产物，使得抗体的质量控制变得非常困难。相反，紫花苜蓿是唯一一种产生单糖基化抗体的植物，同时紫花苜蓿也能实现外源抗体的高效率折叠、分泌，实现抗体在叶片中的高表达。其缺点是紫花苜蓿叶片不易保存，只有冻干后的叶片才能保证其中单克隆抗体的稳定。而在种子中表达抗体则最为稳定，在玉米种子中表达的单克隆抗体可以在玉米种子中保存 3 年，也不会造成活性丧失。但在种子中表达单克隆抗体的缺点是种子生物量远小于叶片，因此单位面积的抗体产量会比在叶片中表达抗体低很多。以上植物生产单克隆抗体时各有优缺点，因此选用哪种植物需要综合考虑以上各种因素（表 14-1）。

表 14-1　用来生产单克隆抗体的植物及其优缺点

植物种类	表达组织	存储成本	组培	糖基化产物	表达水平
紫花苜蓿	叶片	高	困难	单一	高
藻类	全部	高	容易	多个	中等
拟南芥	叶片	高	困难	多个	中等
玉米	种子	低	困难	多个	高
油菜	种子	低	困难	多个	低
水稻	种子	低	困难	多个	中等
大豆	种子	低	困难	多个	低
烟草	叶片	高	容易	多个	中等

最后一个值得注意的是抗体作为一种糖基化蛋白，糖基化直接影响其抗原结合特异性和稳定性。植物和动物一样具有 N 糖基化内能力，但植物中的 N 糖基化模式和动物略有不同。动物中的 N 糖基化修饰多为 α（1，6）-海藻糖，而在植物中则被 β（1，2）-xlyose 木糖 和 α（1，3）-海藻糖所取代，如图 14-7 所示。随着这种糖基化的细微差别在小鼠试验中没有产生免疫原性，但一直是植物源抗体安全性中被讨论最多的话题。由于内质网中的糖基化高度保守，在动植物之间没有任何区别，因此可以在将抗体与内质网定位信号肽融合，将合成抗体限制在内质网中，从而避免进行植物特异的糖基化过程。另一个解决方案是通过 RNAi 或者基因敲除方法，降低或者消除负责植物特异糖基化修饰的糖基转移酶的活力。同时，实现完全人源的抗体还必须在植物中引入人的特异糖基化修饰酶系。

（二）重组疫苗

传统的疫苗主要是灭活全菌（或者病毒）疫苗和减毒活菌（或者病毒）疫苗。减毒疫苗是一些毒力减弱但仍具有侵染性的病原体，能进行有限的复制并可侵染机体，因此，尽管是一种弱毒形式，仍可以在免疫受损的人群中引起严重病症（例如，婴幼儿、营养不良或艾滋病易感人群）。灭活疫苗存在灭活不彻底，或者在使用过程中与其他病原微生物发生重组重新获得致病力的危险。基因工程疫苗是利用转基因生物系统表达病原菌抗原蛋白的 1 个或几个亚单位，它没有病原菌完整的侵染能力，却可以使机体对特异的病毒或细菌产生免疫应答反应。利用转基因植物生产的疫

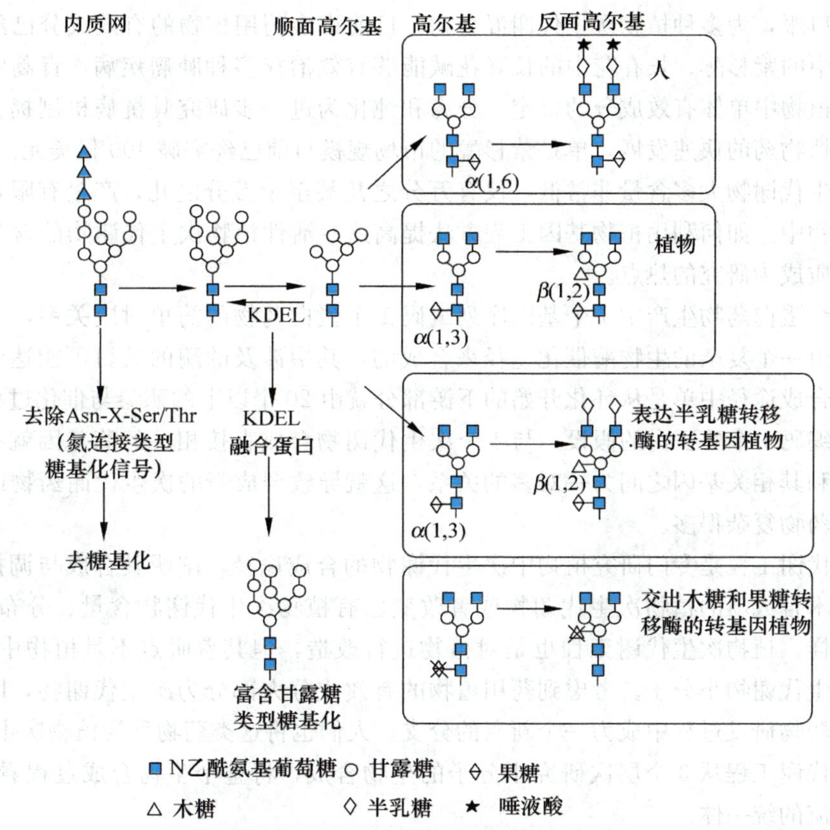

图 14-7　人和植物中的 N 糖基化过程示意图

（引自 Ko K，Brodzik R，2009）

苗称为植物基因工程疫苗，或者植物重组疫苗。

1990 年 Curtiss 首次报道了链球菌（*Streptococcus*）抗原蛋白 spaA 在烟草中的表达；一些植物疫苗的免疫保护功效已得到证实。DalsgaaM 将转基因烟草表达的水貂肠炎病毒 VP2 衣壳蛋白作为抗原决定基，皮下注射水貂，使水貂获得对肠炎病毒的免疫能力。Modelska 等利用紫草苜蓿表达狂犬病毒的抗原决定基，免疫小鼠可以减轻因经狂犬病毒引起的症状。亚单位疫苗也证明具有较好的保护作用。马铃薯块茎中表达的热不稳定毒素的 B 亚基和霍乱毒素 B 亚基口服免疫小鼠，可以保护老鼠免受痢疾的感染。1997 年转基因植物疫苗的第一次临床试验证明了转植物疫苗在抵抗传染性疾病方面的巨大潜能。植物表达系统表达异源蛋白成本低、具有正确折叠的能力、口服安全等特点，利用植物作为抗原表达和递送的载体已经成为当今生物技术研究的热点之一。

植物基因工程疫苗，特别是在种子中表达的疫苗，处于一个富含蛋白酶抑制物的糖类聚合物基质环境。这个环境不但是基因工程疫苗在种子中长期存在而不失活，也可在一定程度上防止口服时被胃肠道蛋白酶降解，所以具有可口服特性。另外通过高分子缓释胶囊包裹的方法，可以进一步提高植物基因工程疫苗的口服能力。

二、植物次生代谢工程

在过去的 30 年里，植物来源的药物已经占到新开发新药的 30%以上。其实在人类漫长的历史中，植物药的开发利用也早于化学合成药物。在很多国家长期流行和广泛应用的草药就是植物药，而我国的中药中大部分药物也是植物药，所以又称为中草药。早期的植物药大多直接服用或者简单熬煎后口服，为多种植物次生代谢混合物。目前许多药用植物的有效成分已经提纯获得纯品，如红豆杉中的紫杉醇、长春花中的长春花碱能够有效治疗多种肿瘤疾病，青蒿中的青蒿素对疟疾有特效。植物中单体有效成分的鉴定、分离和纯化为进一步研究其抗病机制提供了条件，也成就了西药中植物药的快速发展，单是紫杉醇的市场规模目前已经突破400亿美元。

但植物次生代谢物大多含量非常低，仅有万分之几甚至十万分之几，产量有限，并大多存在于珍稀濒危植物中。如何利用植物基因工程方法提高这些活性植物次生代谢物的含量或者生产更加有效的新物质成为研究的热点。

不同于重组蛋白药物生产中1个基因序列编码1个蛋白药物的简单对应关系，植物次生代谢低分子药物是由一个复杂的生物酶催化途径来合成的，其中涉及的酶的数目可能达到数十个。如紫杉醇的生物合成途径中单是从环化开始的下游部分就由20个以上的酶参与催化过程。按照最简单的1个基因编码1个酶蛋白的假设，与1个次生代谢物合成直接相关的酶基因就有数十个，因此次生代谢物和其相关基因之间为一对多的关系，这就导致合成新的次生代谢药物或提高其含量远比重组蛋白药物复杂得多。

植物次生代谢工程是专门研究植物中次生代谢物的合成途径，阐明其合成与调控机制，并通过基因工程技术合成新的植物次生代谢物或者改变已有植物次生代谢物含量、分布的科学分支。与基因工程一样，植物次生代谢工程也是对植物进行改造，但其着眼点不是植物中的蛋白成分，而是植物的次生代谢物小分子。考虑到药用植物的有效成分大部分为次生代谢物，因此植物次生代谢物在植物药物研发过程中成为一个新兴的分支。人们也将这类药物称为植物次生代谢药物。

植物次生代谢工程从3个层次研究小分子的生物合成，将整个生物合成过程看作是信息流、能量流和物质流的统一体。

物质流指从初生代谢小分子，比如乙酰辅酶A，开始通过一系列生化反应形成目标次生代谢物的整个化学变化过程：通过对植物饲喂放射性前体分子，分离带有放射性标记的物质，根据其出现的先后顺序确定目标次生代谢物的合成过程中存在的中间代谢物。同时物质流研究还包括目标次生代谢物在植物中的分布、细胞定位、存储、转运、分泌等过程。

次生代谢物合成过程需要植物细胞提供能量和还原力。从一定角度看，还原也是能量的一种。因此植物通过何种途径为次生代谢物的合成提供能量以及能量提供效率直接关系到植物次生代谢物的合成，而能量流就是从能量角度研究植物次生代谢过程的能量变化，包括能量提供途径和其酶催化反应的偶联方式等。

信息流则分成两部分：一是研究编码酶蛋白的基因信息，另一个就是研究接收外界或者植物自身信号，调节酶基因或者能量代谢相关基因表达的调控因子及其调控机制。常见的调控因子为信号传导通路蛋白或者转录因子两种。

综上所述，植物细胞是一个整体，其中一个次生代谢物的合成不仅仅与其合成酶、降解酶以及转运酶有关，还与能量代谢、信号传导存在密切关联，因此采用基因工程手段提高目标次生代谢物含量也需要从整体考虑，常采用的措施有以下几种：

(1) 限速转基因思路：一般复杂的生物合成途径中存在一个关键酶，对目标次生代谢物合成速度的贡献最大。一般关键酶多为整个途径中催化能力最差的酶。如果将关键酶基因转化植物，在转基因植物中提高关键酶表达效率，就可以增加关键酶的含量和催化能力，进而提高目标代谢物的合成速度和含量。

(2) 多酶基因共转化思路：利用限速酶转化思路提高目标代谢物合成途径中原来限速的酶的活力后，限速步骤将发生转移，出现新的限速酶。因此只有采用多酶基因共转化的思路才能最大限度提高目标次生代谢物的含量。

(3) 旁路抑制思路：植物次生代谢物是由成千上万种物质组成的整体，目标次生代谢物只是其中的一个。目标次生代谢物和其他次生代谢物在合成途径中存在重合，并在某一位置产生分支。因为对共同前体物的利用存在竞争关系，所以分支途径的产物就是目标产物的竞争性副产物。通过 RNAi 或者基因敲除等方法构建的转基因植物，就可以消除或者抑制分支途径中的酶活力，减少副产物的生成，使更多的前体进入目标次生代谢物的合成途径，合成更多的目标代谢物。

(4) 降解抑制思路：任何次生代谢物在细胞中都属于中间代谢产物，会随着细胞活动而被降解。因此采用 RNAi 或者基因敲除等方法降低或者消除降解途径中的酶的催化活力，就能最大程度的减少目标产物的降解，提高其产量。

(5) 转运与定位思路：植物的不同器官以及细胞中的不同细胞器中的酶蛋白分布并不均匀，如果能将目标代谢物的合成定位到合成酶蛋白丰富的区域，而将合成目标次生代谢物运送到降解酶稀少的区域，通过以上转运和定位，就可以实现目标次生代谢物的产量最大化。另外大部分植物次生代谢物对植物本身具有毒性，在植物活性部位大量积累必然影响植物细胞的正常生长代谢，并触发对应降解系统，促进其降解。因此大多数植物次生代谢物质被设计转运到液泡中进行存储，以减少对植物细胞的影响。另外通过基因工程改造，引入分泌机制，将目标次生代谢物从细胞中分泌出来也是一条减少其细胞毒性、提高其产量的有效途径。

(6) 调控合成思路：植物次生代谢物的合成多为诱导表达，即在接收到一定信号后开始表达，而平时处于沉默状态。通过基因工程手段制造人为的调控信号，就可以开启目标次生物的生物合成机制。调控合成思路的目标主要是信号传导通路及其效应蛋白。大多数效应蛋白为转录因子，受信号传导通路的信号分子激活，并进一步激活酶基因的转录表达。如果在转基因植物中高效表达活性转录因子，将信号传导通路短路，就可以在无调控信号的情况下实现目标代谢物合成酶基因的高效表达，提高目标代谢物的含量。相同原理，在转基因植物中高表达信号传导蛋白，也可以起到短路信号通路、制造人为调控信号、进而提高目的次生代谢物含量的目的。

随着对植物次生代谢物研究的逐渐深入，人们已经开始通过基因工程手段在植物中引入新的次生代谢合成途径，或者将现有的次生代谢物转化为更有效的新的次生代谢物的尝试。

结 语

在人类历史中，植物药物为人类健康作出了重要的贡献。中国、美洲、欧洲、非洲都存在源远流长的草药使用史，其中最著名、最系统的就是中国的中草药。其主要药效成分是天然植物产生的代谢物低分子，以及多糖、蛋白等高分子物质。植物基因工程技术的出现，使人类第一次拥有将外源基因导入植物，从而改变植物形状的能力。利用转基因植物可以提供更多、更新的药物，降低药物生产成本。通过将药物蛋白基因导入植物，可以在转基因植物中大规模生产包括活性因子、抗体、疫苗等各种重组药物蛋白，相关研究领域称为植物生物反应器。另外一种思路是通过将外源基因引入植物，直接或者间接的提高植物中天然存在的目标药用低分子的合成酶活力，抑制副产物合成酶的活力，促进药用低分子在植物细胞中的转运与存储，甚至构建一个新的生物合成途径用于生产新的药物低分子，相关研究则被称为植物代谢工程。转基因植物作为一个独特的药物平台，具有生产成本低、安全性好、便于放大与大规模生产的优点，而生物安全性以及糖基化修饰的细微差异是当前植物基因工程药物大范围应用需要解决的主要问题。

学习重点

1. 利用转基因植物细胞或者完整个体生产蛋白药物的优点有哪些（见文中相关内容）。
2. 大规模植物细胞培养技术及其应用（见文中相关内容）。
3. 植物细胞转基因技术和转基因动物的制备方法（见文中相关内容）。
4. 植物基因工程药物的研究前沿、热点、研究方向以及其应用实例。

思考题

1. 什么是植物反应器？植物基因工程药物的范畴包括哪些内容？
2. 利用植物生产重组蛋白药物有何优点？
3. 目前有哪些主要的植物转基因技术，请描述其原理和操作流程。
4. 为什么利用大田种植转基因植物的方式生产重组蛋白药物具有最低的生产成本，同时具有高的药物活性和安全性？

参考文献

陈章良．1993．植物基因工程研究．北京：北京大学出版社

胡新文、黄贵修．2006．热带植物基因工程原理与操作技术．北京：中国林业出版社

胡银岗．2006．植物基因工程．杨凌：西北农林科技大学出版社

瞿礼嘉，顾红雅，胡苹，等．1998．现代生物技术导论．北京：高等教育出版社

唐克选．2005．中草药生物技术．上海：复旦大学出版社

Brodzik R，Spitsin S，Pogrebnyak N，et al. 2009. Generation of plant-derived recombinant DTP subunit vaccine. Vaccine，27（28）：3730

Frutos R，Denise H，Vivares C，et al. 2008. Pharmaceutical proteins in plants. A strategic genetic engineering approach for the production of tuberculosis antigens. Ann N Y Acad Sci，1149：275

Gutiérrez-Ortega A，Sandoval-Montes C，de Olivera-Flores TJ. et al. 2005. Expression of functional interleukin-12 from mouse in transgenic tomato plants. Transgenic Res，14（6）：877

Ko K，Brodzik R，Steplewski Z. 2009. Production of antibodies in plants：approaches and perspectives. Curr Top Microbiol Immunol，332：55

Verma D，Daniell H. 2007. Chloroplast vector systems for biotechnology applications. Plant Physiol，145（4）：1129

Verpoorte R，Alfermann A W，Johnson T S. 2007. Applications of Plant Metabolic Engineering. Dordrecht：Springer

（苗志奇）

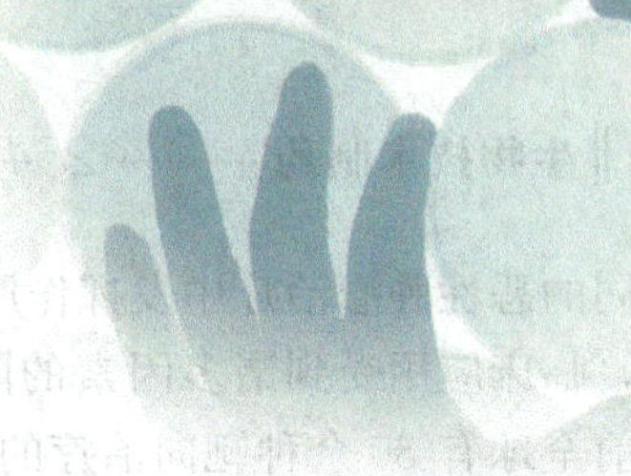

第15章 分子靶向药物

学习要求

1. 掌握细胞受体类，影响信号通路类，抑制血管生成类等主要抗肿瘤药物的作用机制，适应症状，不良反应等。
2. 熟悉基因类，抗体类等生物学方面的抗肿瘤药物以及这类药物的使用和研究进展。
3. 了解其他一些不常用分子靶向抗肿瘤药物并关注其较新的研究进展。

分子靶向治疗是近年来肿瘤学界的热门话题，甚至被美国国家癌症研究所（NCI）称为21世纪肿瘤学研究的方向，靶向治疗最大的优势在于不良反应明显低于细胞毒类化疗药物。尽管在有些肿瘤治疗方面疗效不甚显著，但已为肿瘤学家带来新的治疗手段，为许多癌症患者带来新的希望。癌症分子靶向治疗是一个艰巨而系统的任务，我们需更多地了解靶向药物及其治疗的分子生物学基础；了解大多数实体肿瘤都有多靶点、多环节调控过程的特点；了解目前的转化性医学研究还远远未能解释所发生的一切临床现象；了解各个民族、性别，各种环境、条件都可能对治疗有不同的反应；能在传统治疗的基础上敢于创新，提高靶向治疗效果。不久的将来，随着对人类基因组学中，功能性基因组和支配肿瘤的基因组的深入了解并结合高新技术如高通量药物筛选等手段的有效运用，肿瘤的治疗必将跨入一个全新的时代。

第1节 概　述

所谓分子靶向药物，是一类作用在细胞的分子水平上，利用肿瘤细胞与正常细胞之间的分子细胞生物学上的差异，采用封闭受体、抑制血管生长、阻断信号传导通路等方法作用于肿瘤细胞特定的靶点，特异性地抑制肿瘤细胞的生长，促使肿瘤细胞凋亡，同时还降低了对正常细胞的杀伤作用的药物。随着分子生物学技术的发展，对肿瘤发病机制的深入认识，近年来人们开始针对细胞受体、肿瘤增殖、转移的关键基因和调控分子作为靶点进行治疗，称之为分子靶向治疗(molecular targeted therapy，MTT)。简言之，MTT不是以杀死肿瘤细胞作为目标。由此可见，MTT比传统的化疗和放疗具有更高的选择性，且不良反应小，是今后肿瘤治疗的新趋势。当药物进入体内会特异地选择肿瘤靶向位点发生作用使肿瘤细胞特异性死亡，而不会杀死肿瘤周围的正常组织细胞，所以分子靶向治疗的药物又被称为“生物导弹”。

肿瘤内科学50年来在药物研制中的发展都是集中在细胞毒攻击性的药物，如蒽环类（阿霉素、表阿霉素）、铂类（顺铂、卡铂、草酸铂）、泰素、泰索帝、开普拓、健择等相继问世，并在不同的恶性肿瘤治疗中发挥作用，但其性质是不能分辨肿瘤细胞和正常细胞的药物，不良反应较大，临床应用受到诸多因素的限制。此时，分子靶向药物应运而生，引发了一股热潮。据统计，目前全球有 80 余种靶向治疗的药物正在研究，常见于文献报道的约 20 余种，其中以表面生长因子受体（epidermal growth factor receptor，EGFR）抑制药和以肿瘤血管生成抑制药为靶点的药物占 60%以上，其次为信号通路和基因相关靶向药物。

随着生命科学技术的发展，分子靶向治疗药物（molecular targeted therapy medicine）取得了长足的发展。如甲磺酸伊马替尼（格列卫），它是 Bcr-Abl 酪氨酸激酶的选择性抑制剂，能够与 Abl 激酶上的 ATP 结合位点相互作用，从而阻止下游蛋白的磷酸化。无论在 CML（慢性粒细胞白血病）的慢性期、进展期还是急变期，伊马替尼都已显示出令人信服的治疗效果，给 CML 的治疗带来了强大的冲击。又如由于对 HER-2 表达的深入认识和相应药物赫赛汀（herceptin）的使用，使约 1/4 的顽固乳腺癌病人得到挽救和生命延长。目前在中国临床使用的抗肿瘤分子靶向药物有 7 种：贝伐单抗（avastin）、格列卫（gleevic）、特罗凯（taceva）、易瑞沙（irresa）、索坦（sutent）、多吉美（nexavar）和恩度（endu），主要治疗非小细胞肺癌、肝癌、乳腺癌、晚期转移性肾癌、胃肠间质瘤等。分子靶向治疗药物由于其确切的疗效和较低的不良反应，在临床治疗上的市场需求相当巨大。这些都是肿瘤化疗中划时代的进步。

可是分子靶向治疗也面临很多问题，除了伊马替尼高度针对引起 CML（慢性粒细胞白血病）的 *Bcr-Abl* 基因改变从而疗效异常显著外，大部分靶向药物的有效率基本都在 10%左右，其原因正是大多数实体肿瘤都是多靶点多环节的调控过程。仅以结肠癌为例，且不说众所周知的表皮细胞生长因子受体-1（EGFR-1）的调控，研究人员还发现很多其他因子，如 HER-2 受体表达，蛋白酶激活的受体-2，胰岛素样生长因子-1 和相应受体表达，Src 非受体酪氨酸激酶，血管内皮生长因子（VEGF）过表达，转化生长因子-α 受体，NAG-1（一种转化生长因子-β 超家族成员）表达，Fas（CD95，APO-1）受体（一种诱导细胞凋亡的跨膜细胞表面受体）和 A3 腺苷受体等。它们不是直接参与肿瘤的生长就是间接影响细胞周期或其他生长过程。应该认识到，细胞中信号转导机构是一个复合的、多因素交叉对话的蛋白网络系统。它能通过有效的联络将上游的发起性因子信息转化成下游的效应性结果。因此，只是看到单一因素的过表达就一定有肿瘤生长的功能性作用，显然是不全面的。同样，阻断一个受体就能阻断任何信息传导也是不客观的。

在上述的情况下，人们提出了多靶点联合治疗的方案，例如肺癌的发生和发展涉及多基因、多环节和多步骤，癌细胞的信号调控网络错综复杂，肿瘤血管和淋巴管生成营养供给、癌细胞的转移等过程及调控更是扑朔迷离；因此不少学者认为同时多环节阻断癌细胞的增殖与转移，应该是肺癌分子靶向治疗技术的主流发展方向。目前 ZD6474 用于治疗 NSCLC 的Ⅰ期或Ⅱ期临床试验已获得令人鼓舞的进展。ZD6474 是同时作用于 VEGFR 和 EGFR 的酪氨酸激酶抑制药，故被称为双通道抑制药。它可以口服，吸收好，分布容积大，清除率高，半衰期长，体内分布广泛，可通过血脑屏障。

第 2 节　细胞信号转导通路分子靶向药物

细胞信号通路一般是由一些蛋白质所构成，目前研究比较清楚的分子靶向药物主要包括 Ras/MAPK 通道抑制剂、蛋白激酶 C（protein kinase C，PKC）抑制剂、环氧合酶-2 选择性抑制剂、端粒酶抑制因子、法基尼转移酶抑制剂等。

一、Ras/MAPK 通道抑制剂

Ras/ MAPK 信号转导通路：在 1989—1991 年之间，随着 Kssp、Fus3p 和细胞外信号调节激酶 1（extracellular signal-regulated kinase 1，ERK1）、ERK2、ERK3 序列分别在出芽酵母菌和哺乳动物中的发现，一个新的蛋白激酶家族被确认。由于该家族的成员起初一直作为丝裂原刺激产生的酪氨酸磷酸化蛋白被研究，故而被命名为丝裂原激活蛋白激酶（mitogen-activated protein kinase，MAPK）。整个 Ras/ MAPK 信号通路在胚胎的发育，细胞的分化、增殖、死亡等生物学过程中具有重要的调节作用，MAPK 家族是这一信号通路的主要成员。它包括了一系列蛋白激酶的级联反应：Ras 与 GTP 结合后被激活，使 Raf 募集到细胞膜并与之结合，随后 MEK、MAPK 依次被磷酸化激活，MAPK 活化一些转录因子、蛋白激酶等，引发多种生物学效应。另外，Ras/GTP 还可以通过 MEKK 来活化 MEK。

Ras/MAPK 通道最重要的步骤是法尼基化，其过程需要法尼基转移酶的作用。因此，法尼基转移酶抑制剂（farnesyl transferase inhibitors，FTIs）可抑制 *ras* 功能和信号的传导（图 15-1）。lonafarnib 是口服的低分子 FTIs。根据 Blumenschein 等报道的Ⅲ期临床研究，结果显示 lonafarnib 不能增加 CBP /paclitaxel 的疗效。

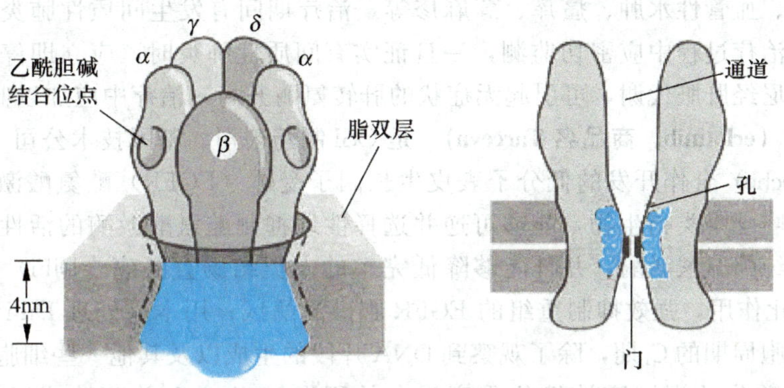

图 15-1　细胞受体示意图

二、蛋白激酶 C 抑制剂

蛋白酪氨酸激酶（protein tyrosine kinas，PTKs）是一类具有酪氨酸激酶活性的蛋白质，能催化三磷酸腺苷（ATP）上的磷酸基转移到许多重要蛋白质的酪氨酸残基上，使其发生磷酸化。蛋白酪氨酸激酶在细胞内的信号转导通路中占据十分重要的地位，调节着细胞的生长、分化、死亡等一系列生理、生化过程。蛋白酪氨酸激酶功能的失调则会引发一系列疾病。资料表明，超过 50%的原癌基因和癌基因产物都具有蛋白酪氨酸激酶活性，它们的异常表达将导致细胞增殖调节发生紊乱，进而导致肿瘤发生。此外，酪氨酸激酶的异常表达还与肿瘤的侵袭、转移、肿瘤新生血管的生成和肿瘤的化疗抗性密切相关。

PTKs 分为受体型（receptor tyrosine kinase，RTK）和非受体型，多数为受体型。根据胞外配体结合区亚单位结构的不同，可以将 PTK 分成不同的亚类。一般包括表皮生长因子受体（EGFR）、HER2/Neu、HER3、胰岛素受体、胰岛素样生长因子-1（IGF-1）受体、血小板衍化生长因子受体（PDGFR）、集落刺激因子-1 受体（CSF-1R）、成纤维细胞生长因子受体（FGFR）和白细胞介素（IL-1、IL-2、IL-3）等。

代表药物有依马替尼（imatinib）、吉非替尼（gefitinib）、埃罗替尼（erlotinib）、索拉非尼（srafenib）、达沙替尼（dasatinib）、尼罗替尼（nilotinib）等。

1. 依马替尼（imatinib，商品名 Gleevec，格列卫） 是一种新型的2-苯胺基嘧啶类PTK抑制剂，为口服靶向低分子药物，由诺华公司（Novartis PharmaAG）研究开发，imatinib不但对CML的控制率达90%以上，还显示对胃肠道恶性间质细胞瘤（GIST）的抑制率达80%～90%，能特异地抑制细胞表面上皮生长因子受体（EGFR）中酪氨酸激酶的活性而发挥抗肿瘤作用。FDA于2001年5月批准该药用于治疗CML药物上市，同年11月获欧盟批准，FDA于2002年2月又核准其作为治疗胃肠道间质肿瘤的药物，该药最早2001年5月在美国上市。不良反应轻到中度，主要有恶心、呕吐、腹泻、肌肉痉挛、水肿、头痛、头晕等。

2. 吉非替尼（gefitinib，商品名 Iressa，易瑞沙） 是Astrazeneca公司开发的一种喹唑啉衍生物，为表皮生长因子受体酪氨酸激酶抑制剂，对肿瘤细胞的信号转导通路起阻断作用，是目前实体瘤靶向治疗的重要药物。该药于2003年5月在美国批准上市，并于2005年在我国上市。实验和临床研究证明，吉非替尼具有抑制多种实体瘤的增殖、促进肿瘤细胞凋亡和防止肿瘤转移的作用。除此之外，吉非替尼还有抑制微血管生成、调节细胞周期和增加化疗敏感度的作用。临床主要用于治疗既往接受过化疗或不适于化疗的局部晚期或转移性非小细胞肺癌。最常见的不良反应为腹泻、血管性水肿、瘙痒、荨麻疹等。治疗期间有发生间质性肺炎的可能。发生率很低但可致命，治疗过程中应密切监测，一旦证实有间质性肺炎时，应立即停用，并给予相应的治疗。吉非替尼经肝脏代谢，可引起无症状的肝转氨酶升高，治疗中应加以监测。

3. 埃罗替尼（erlotinib，商品名 Tarceva） 是OSI制药公司、基因技术公司（Genetech）和罗氏制药公司（Roche）合作开发的低分子表皮生长因子受体（EGFR）酪氨酸激酶抑制剂。erlotinib是一种口服喹唑啉类衍生物，能够可逆并选择性地抑制酪氨酸激酶的活性，该药可选择性地直接抑制人类纯酪氨酸激酶，并且能够降低完整的人类结肠直肠癌（DiFi）与乳腺癌细胞中EGFR的自磷酸化作用，强效抑制重组的EGFR胞内激酶区；用本品处理DiFi细胞可抑制细胞增殖，并阻断细胞周期的C_1期，除了观察到DNA片段的生成以及其他一些细胞凋亡的显著特征外，还发现未磷酸化的视网膜神经胶质瘤蛋白的积聚。erlotinib单药治疗局部晚期或转移性NSCLC，还可用于卵巢癌、乳腺癌、肾癌、结肠直肠癌、胃癌、腹膜癌、胰腺癌和膀胱癌，且该药的抑制作用有明显的剂量依赖性，其0.2、2和10mol/L剂量组中产生抑制反应的肿瘤细胞分别为30%、54%和68%，总有效率为57%。该药于2004年11月在美国上市。

4. 索拉非尼（srafenib，BAY43-9006，商品名 Nex-avar） 是第一个口服多靶点TKI，既作用于MEK/ERK细胞信号传导通路直接抑制肿瘤细胞增殖，又作用于人血管内皮细胞生长因子受体（VEGFR）、血小板衍生生长因子受体（PDGFR）而抑制新生血管形成。该药是近10年内FDA批准的首个晚期肾细胞癌（RCC）治疗药物。该药能够显著延长RCC患者的无进展生存期（PFS）及总生存期（OS），治疗晚期肝细胞癌（HCC）也获批准，成为第一个延长HCC患者OS的治疗药物，被NCCN推荐为HCC的一线标准治疗方案。目前srafenib术后辅助治疗RCC的Ⅲ期多中心随机对照研究已经在全球开展，该药联合经导管动脉栓塞化疗晚期HCC的临床研究正在进行，对肺癌恶性黑色素瘤的研究处于Ⅲ期临床阶段，2005年12月在美国上市。

5. 厄洛替尼 属喹唑啉类化合物，是小分子EGFR酪氨酸激酶抑制剂。作用机制主要是抑制ATP与细胞内蛋白酪氨酸激酶的结合，抑制EGFR自身磷酸化，从而阻断信号转导，干预细胞的增殖、分化等过程。实验研究还发现，厄洛替尼可诱导细胞周期抑制蛋白P27的表达，使癌细胞停滞于G_1期。临床研究显示该药对多种肿瘤有抗肿瘤活性，不良反应较轻，与其他细胞毒类药物合用不明显增加毒性。临床主要用于治疗两个或两个以上化疗方案失败的局部晚期或转移的非小细胞肺癌。不良反应与吉非替尼类似，主要为恶心、呕吐、皮疹、腹泻、乏力、呼吸困难、荨麻疹、肝功能异常等。可能引起间质性肺炎和肝转氨酶升高，治疗时应加以监测。

6. 拉帕替尼　是苯胺喹唑啉类酪氨酸激酶抑制剂，可同时抑制 EGFR 和 HER-2 的活性，并于 2007 年经 FDA 批准上市。对具有 EGFR 表达或 HER2 过表达的晚期实体瘤患者中，拉帕替尼在每日 650～1600mg 的剂量范围内具有临床活性，在最高剂量下具有良好的耐受性。临床主要用于治疗乳腺癌、非小细胞肺癌、头颈部癌和胃癌等。不良反应主要有恶心、呕吐、腹泻、皮疹等。

7. 舒尼替尼　是多激酶抑制剂，同时作用于多个靶点，既能直接抑制肿瘤细胞的增殖，又能抗血管的生成。舒尼替尼临床主要用于治疗无法手术切除的晚期肾细胞癌和经伊马替尼治疗失败的或者不能耐受伊马替尼治疗的转移性胃肠质瘤。主要不良反应有恶心、呕吐、腹泻、皮疹、疲乏、脱发、口腔炎、关节炎等，此外还可引起 Q-T 间期延长、心功能不全、甲状腺功能降低、中性粒细胞和血小板减少以及贫血。因此，治疗过程中应严密监测心功能、血常规和甲状腺功能。

三、环氧合酶-2 选择性抑制剂

环氧合酶（cyclooxygenase，COX）是花生四烯酸合成前列腺素的限速酶，包括两种亚型：COX-1 和 COX-2，其中 COX-2 的过度表达可能是肿瘤发生发展的原因之一。1993 年，Jones 从上皮细胞 cDNA 库中克隆到 COX-2 蛋白酶，并证实它是一种不同于 COX-1 的诱导性酶，用基因克隆技术发现 *COX*-1 和 *COX*-2 基因具有不同的结构和生理功能。*COX*-2 基因位于染色体 lq 25. 2～25. 3 上，含有 10 个外显子和 9 个内含子，外显子约 8. 3kb，其 mRNA 转录产物为 4. 5kb，上游 5′端非翻译区长约 0. 8kb，含有一些转录调控序列。与 COX-2 启动子转录激活密切相关的顺式作用元件包括 TATA 盒和多个转录因子结合部位（C/EBP、AP-2、SP1、CRE、Ets-1 等）。COX-2 表达的调控主要在转录水平上，但也有在翻译水平的调节，在 COX-2 mRNA 的 3′端非翻译区（3′-UTR）有多拷贝的 AUUUA 模序，它控制着 mRNA 的稳定和能否进行翻译，各种因子都可通过与此模序的结合来上调或下调 COX-2 的表达。

COX-2 的基本三维结构二聚体包含 3 个独立折叠单位，即表皮生长因子类似区、膜连接结构区及酶活性结构区。其主要存在于核膜和微粒体膜中，被认为是“快速反应基因”。在正常情况下，COX-2 在绝大部分组织细胞不表达，但在受到脂多糖、细胞因子、生长因子等刺激后便快速合成，将花生四烯酸（AA）代谢，产生过量 PG，启动炎症反应。它在大多数癌细胞中高表达，但在有些肿瘤细胞中也发现有低表达，如前列腺癌、乳腺癌等。

COX-2 可通过调控癌基因表达、抑制肿瘤细胞凋亡、促进肿瘤微血管形成、免疫抑制等途径影响肿瘤的发生和发展过程。包括：

（1）促进肿瘤新生血管形成：COX-2 促进肿瘤血管生成的机制可概括如下：①诱导肿瘤细胞产生 VEGF：Timoshenko 等用人乳腺癌细胞株研究 COX-2 和前列腺素 E（PGE）受体对 VEGF 表达和分泌的作用，发现使用 COX-2 抑制剂后，VEGF 的表达也下调；②诱导肿瘤组织产生的 PG 能促进新生血管生成；③促使基质金属蛋白酶（MMP）表达：高表达 COX-2 的非小细胞肺癌更易发生转移，与 MMP-2 的表达和激活有关；④刺激 Bcl-2 的表达来抑制内皮细胞凋亡，促进血管生成；⑤缺氧诱导 COX-2 促进肿瘤血管的形成。

（2）刺激肿瘤细胞的增殖：非甾体类抗炎药作用于肿瘤细胞株，能抑制肿瘤细胞增殖、浸润。COX-2 促进肿瘤细胞增殖的作用是通过其产物 PG 完成的，加入 COX-2 抑制剂，细胞增殖被抑制，再次加入 PG 时，增殖作用又被恢复。

(3) 抑制肿瘤细胞的凋亡：COX-2 的抗凋亡作用可能是由 P-gp 介导的。COX-2 能上调 MDR1 的表达，而用 MDR1 抑制剂能够恢复 TNFα 诱导的凋亡。

(4) 促进肿瘤的浸润和转移：COX-2 能促进 MMP 的表达，促进肿瘤细胞的浸润和转移。

(5) 参与肿瘤多药耐药的产生：Sorokin 发现 COX-2 高表达的细胞 *mdrl* 基因的表达及活性也明显升高，肿瘤耐药性也增强。临床试验也显示，化疗、放疗和 COX-2 抑制剂联合使用能起到明显的抑瘤效果。

临床流行病学研究表明，非甾体类抗炎药（NSAIDs）可降低消化系统肿瘤的发病率，其作用机制可能与 COX-2 表达降低，抑制细胞增殖有关。用 cDNA 微阵列检测发现，过度表达 COX-2 的鼠肾小球膜细胞 *mdrl* 基因扩增，用 RT-PCR 方法证实了 mdrl mRNA 水平升高，Western 印迹方法发现 P-gp 表达上调，另外 P-gp 活性也上调。Fantappie 等研究亲代药物敏感性细胞株和耐药细胞株，并用免疫组化、Nortern 印迹和 Western 印迹分析 COX-2 和诱生一氧化氮合酶的表达，了解药物和一些因子刺激下肿瘤细胞的增殖情况，发现耐药细胞株中 COX-2 和诱生一氧化氮合酶明显增加，COX-2 抑制剂均能减少两种细胞株中 NO、COX-2 的含量，并能抑制细胞增殖，但抑制增殖的作用仅在 MDR 细胞株中发现，说明 COX-2 可能参与多药耐药的调节。

COX-2 可能通过 P-gp 参与多药耐药的发生 Ziemann 等培养鼠肝癌细胞，发现 mdrl 呈时间依赖性高表达，而将花生四烯酸、COX-2 的产物 PGE-2 和 PGF-2 直接加入鼠肝癌细胞培养基中，可明显促进 mdrl 的表达产物 P-gp 的增加，从而引起肿瘤耐药。COX-2 与 mdrl 呈一致性表达，NF-κB 能上调 mdrl 的表达，增加 P-gp 的含量，与肿瘤多药耐药密切相关，也能与 COX-2 顺式作用元件中 NF-κB 结合位点结合，增加 COX-2 的表达。COX-2 与 P-gp 具有相关性，许多刺激因子对 COX-2 和 P-gp 的调节表现出一致性，如上皮生长因子、转化生长因子 β 等促进 mdrl 的表达，而这些因子也能增加 COX-2 的表达。P-gp 和 Bcl 可诱导胃癌和化疗耐药的发生，而它们与幽门螺旋杆菌引起的 COX-2 的表达密切相关，但 COX-2 如何调节 P-gp 的表达仍需进一步的研究。

COX-2 可能参与 Bcl-2 通路的调节，COX-2 可通过增强 Bcl-2 介导通路，抑制肿瘤细胞凋亡。Huang 等用 NS-398（COX-2 抑制剂）作用于人类肝癌细胞株，DNA 倍数分析显示，处于 S 期的肿瘤细胞明显减少，Western 印迹检测发现大多数肿瘤细胞株中 Bcl-2 的表达减少，而 Bcl-2 mRNA减少的细胞大多处于静止期，肿瘤细胞增殖受抑制，凋亡增加。*Bcl-2* 基因家族能改变肿瘤对化疗药物的敏感性，一些过量表达 Bcl-2 或 Bcl-1 的细胞同时也普遍表达 *mdrl* 基因产物 P-gp。Nishii 等研究证明，各类型的白血病细胞对化疗药物易感性的差别来源于 Bcl-2 表达水平的不同，并通过 IL-6，G-CSF，糖皮质激素，地塞米松诱导分化使 Bcl-2 下调来提高化疗的敏感性。

COX-2 还可能通过神经酰胺通路抑制肿瘤细胞凋亡，用 Fumonisin B1 阻断神经酰胺的合成可逆转紫杉醇和柔红霉素升高细胞内神经酰胺水平及诱导凋亡的作用。非甾体类抗炎药作用于结肠癌细胞，可引起花生四烯酸的堆积，进而激活中性神经磷脂酶，导致大量神经酰胺的产生，神经酰胺是众所周知的死亡信号，从而促进肿瘤细胞死亡。而 COX-2 可以激活葡萄糖神经酰胺合成酶(GCS)，催化神经酰胺糖基化为无毒产物，抑制细胞凋亡，促进 MDR 的发生。

COX-2 可通过突变型 *p*53 发挥耐药作用：用组织微阵列法研究胃癌组织及癌旁组织发现，*p*53 阴性组织中 COX-2 也阴性表达。而野生型 *p*53 与肿瘤多药耐药密切相关，用野生型 *p*53 基因转染人肝癌细胞株 Bel-7402，其对长春新碱的敏感性增高，且能显著下调 mdrl 的表达，增加化疗敏感性。研究证实，*p*53 基因突变的肿瘤细胞凋亡减少，从而产生耐药性，而导入外源野生型 *p*53 基因后能增强化疗药物 5-FU 的细胞毒性作用。

COX-2 通过各种途径参与肿瘤多药耐药的发生，大量研究主要针对 P-gp，但也有不少研究证明其他途径的存在，所以主要通过哪条途径产生作用仍不十分清楚，但 COX-2 抑制剂与化疗药物联合使用为临床化疗效果的提高提供了新的前景，COX-2 也有望成为新一代的耐药指标，协助临床诊断与治疗。

四、端粒酶抑制因子

端粒（telomere）是真核细胞染色体末端的特殊结构。人端粒是由 6 个碱基重复序列（TTAGGG）和结合蛋白组成。端粒有重要的生物学功能，可稳定染色体的功能，防止染色体 DNA 降解、末端融合，保护染色体结构基因 DNA，调节正常细胞生长。正常细胞由于线性 DNA 复制 5′末端消失，随体细胞不断增殖，端粒逐渐缩短，当细胞端粒缩至一定程度，细胞停止分裂，处于静止状态。故有人称端粒为正常细胞的“分裂钟”，端粒长短和稳定性决定了细胞寿命，并与细胞衰老和癌变密切相关。

端粒酶（telomerase）是使端粒延伸的逆转录 DNA 合成酶。是个由 RNA 和蛋白质组成的核糖核酸-蛋白复合物。

图 15-2 端粒酶示意图

其 RNA 组分为模板，蛋白组分具有催化活性，以端粒 3′末端为引物，合成端粒重复序列。端粒酶的活性在真核细胞中可检测到，其功能是合成染色体末端的端粒，使因每次细胞分裂而逐渐缩短的端粒长度得以补偿，进而稳定端粒长度。主要特征是用它自身携带的 RNA 作模板，通过逆转录合成 DNA。端粒酶在细胞中的主要生物学功能是通过其逆转录酶活性复制和延长端粒 DNA 来稳定染色体端粒 DNA 的长度。端粒酶能延长缩短的端粒（缩短的端粒其细胞复制能力受限），从而增强体外细胞的增殖能力。端粒酶在正常人体组织中的活性被抑制，只有在造血细胞、干细胞和生殖细胞，这些必须不断分裂克隆的细胞之中，才可以侦测到具有活性的端粒酶。当细胞分化成熟后，必须负责身体中各种不同组织的需求，各司其职，于是，端粒酶的活性就会渐渐地消失。但是在肿瘤中可被重新激活，端粒酶可能参与恶性转化。端粒酶在保持端粒稳定、基因组完整、细胞长期的活性和潜在的继续增殖能力等方面有重要作用。近年有关端粒酶与肿瘤关系的研究进展表明，在肿瘤细胞中端粒酶还参与了对肿瘤细胞的凋亡和基因组稳定的调控过程。与端粒酶的多重生物学活性相对应，肿瘤细胞中也存在复杂的端粒酶调控网络。通过蛋白质-蛋白质相互作用在翻译后水平对端粒酶活性及功能进行调控，则是目前研究端粒酶调控机制的热点之一。

目前，端粒酶的抑制剂主要包括反义核酸、核酶、逆转录酶抑制剂、细胞分化剂等。比如反义核酸对端粒酶活性的抑制方面，早期的研究发现与模板区互补的反义寡核苷酸可以抑制端粒酶的活性，可作为端粒酶的抑制剂。而端粒酶中的 RNA 组分起合成端粒的模板作用。1995 年对人类端粒酶成分进行克隆测序成功，这项成果为抑制端粒酶活性的反义基因治疗奠定了基础。有研究证明，采用含反义 HTR 的质粒转染人宫颈癌 Hela 细胞，经过 23～26 倍增时间后，出现端粒长度的缩短和端粒酶活性的抑制。另外，常规化疗药物作为临床肿瘤治疗中非常重要的手段，最近已有研究证实化疗药物的治疗作用和端粒酶活性抑制之间是存在一定程度的内在联系。

抑制端粒酶活性可能成为一种治疗肿瘤的新方法。正常体细胞中没有端粒酶活性，而肿瘤细胞中端粒酶活性高表达，因而这种方法具有很高的特异性，不良反应少；同时，因为绝大多数肿瘤细胞都具有端粒酶活性，所以此方法还具有广谱性。端粒酶抑制剂的应用有可能对晚期和已经扩散的肿瘤患者有较好的治疗效果。当然，这种治疗方案也并不是尽善尽美。例如，生殖细胞和免疫系统干细胞也具有端粒酶活性，端粒酶抑制剂是否会对它们产生不良影响还需要进一步的探讨。研究还发现，大约有10%的肿瘤不表达端粒酶活性，存在着不依赖端粒酶的端粒调节机制，它们对端粒酶抑制剂并不敏感；即便是在表达端粒酶活性的肿瘤细胞中，同样可能存在着其他的调节端粒长度的途径，这就把端粒酶抑制剂和其他药物的联合应用变成必须要认真考虑的课题。因此，尽管端粒酶抑制剂的研究有着广阔的前景，但还存在着很多有待解决的问题，需要更加深入的探索和多方面的研究。

五、法基尼转移酶抑制剂

目前，约有50%的NSCLC患者存在着*K-ras*基因突变。*ras*基因编码的ras蛋白需要法基尼化后从而附着在细胞膜上，从而激活肿瘤增殖和血管生成的作用。这一过程需要法基尼转移酶的作用。法基尼转移酶抑制剂（farnesyltrans-ferase inhibitors FTIs）可以抑制ras蛋白的表达。Lonafarnib是一种低分子法基尼转移酶抑制剂，主要不良反应为恶心、呕吐、乏力、血液学毒性和腹泻等。Sun等发现Lonafarnib可通过捕获细胞停滞在G_1和G_2/M期和（或）诱导细胞凋亡来抑制NSCLC细胞的生长。

临床前研究结果表明FTIs的细胞毒作用与肿瘤细胞株*ras*基因状态无明显关系。尽管FTIs不能有效地抑制*K-ras*法基尼化，但FTIs在体内外均能明显抑制*K-ras*基因转化的NSCLC细胞株生长。由于FTIs的细胞毒作用是可逆的，故有必要将FTIs联合其他细胞毒药物用于治疗肺癌。FTIs与各种传统化疗药物（例如紫杉醇、吉西他滨、顺铂、环磷酰胺、VDS）在体内外治疗包括NSCLC在内的多种恶性肿瘤的相加和协同作用已在临床前进行了研究。Moass等的研究已证明FTIs联合Taxol治疗耐Taxol转基因鼠肿瘤，能增加肿瘤对紫杉类的敏感性。FTIs引起具有野生型K-ras表型的肿瘤细胞静止在G_2/M期的作用，可以部分解释FTIs联合紫杉类细胞毒药物产生协同作用的实验结果。FTIs抑制P-糖蛋白介导的药物外流可能是FTIs靶向作用的另一个作用机制。2001年，Wang等曾报道法基尼蛋白抑制剂SCH66336是MDR-1产物P-糖蛋白的抑制剂。

目前有3种FTIs在进行临床试验。这些FTIs属于非硫基、非多肽杂环家族低分子抑制剂。其中2个，R115777和SCH66336为口服制剂，而BMS214662是静脉注射剂。而另外一种FTIs L-778123由于其心脏毒性（Q-T间期延长），已中止临床试验。与其他法基尼蛋白产生严重毒性相反，R115777、SCH66336和BMS214662临床耐受良好，毒性作用通常为可逆性Ⅰ期临床试验结果显示，骨髓抑制、胃肠道反应、乏力为剂量依赖性不良反应。与传统细胞毒药物联合应用，疗效明显，临床耐受良好，无明显药代动力学影响。

第3节 原癌基因和抑癌基因的分子靶向药物

原癌基因是细胞的正常基因，其表达产物对细胞的生理功能极其重要，只有当原癌基因发生结构改变或过度表达时，才有可能导致细胞癌变。

一、原癌基因表达的特点

（1）正常细胞中原癌基因的表达水平一般较低，而且是受生长调节的，其表达主要有3个特点：① 具有分化阶段特异性；② 细胞类型特异性；③ 细胞周期特异性。

（2）肿瘤细胞中原癌基因的表达有2个比较普遍和突出的特点：① 一些原癌基因具有高水平的表达成过度表达；② 原癌基因的表达程度和次序发生紊乱，不再具有细胞周期特异性。

（3）细胞分化与原癌基因表达：在分化过程中，与分化有关的原癌基因表达增加，而与细胞增殖有关的原癌基因表达受抑制（图 15-3）。

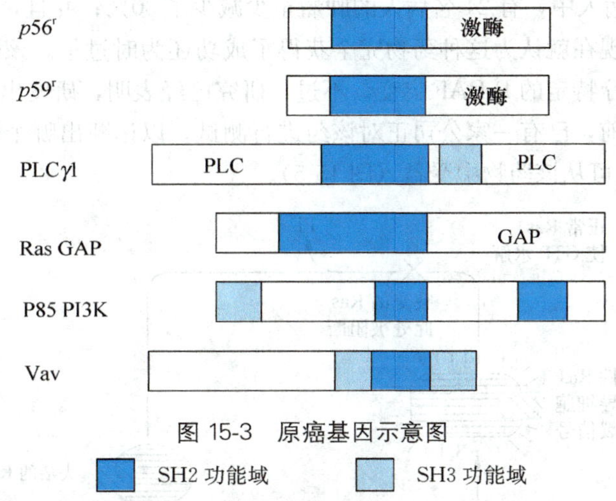

图 15-3 原癌基因示意图

SH2 功能域 SH3 功能域

二、原癌基因的结构改变形式及其表达激活

（1）点突变：C-ras：12、13、61 位密码子点突变，存在于多种肿瘤。

C-ras 编码蛋白（21kDa，P21）：RAS，是一种 GTP 结合蛋白，具有 GTP 酶活性，是重要的信号转导分子。

（2）染色体易位（translocation）：是染色体的一部分因断裂脱离，并与其他染色体联结的重排过程。因染色体易位造成的原癌基因激活：因易位使原癌基因与另一基因形成融合基因，产生 1 个具有致癌活性的融合蛋白，如 t（9：22）使 c-abl 与 bcr 融合，产生 1 个致癌的 P210 蛋白。因易位面使原癌基因表达失控，如 t（8：14）易位使 c-myc 表达失控。

（3）基因扩增（gene amplification）：即基因复制数增加。

如 HL-60 和其他白血病细胞，c-myc 扩增 8～22 倍。其他如 c-erb B、c-net。

（4）LTR 插入：LTR 是逆转录病毒基因组两端的长末端重复（long terminal repeat），其中含有强启动子序列。

抑癌基因是一类抑制细胞过度生长、增殖从而遏制肿瘤形成的基因。抑癌基因的丢失或失活可能导致肿瘤发生（图 15-4）。

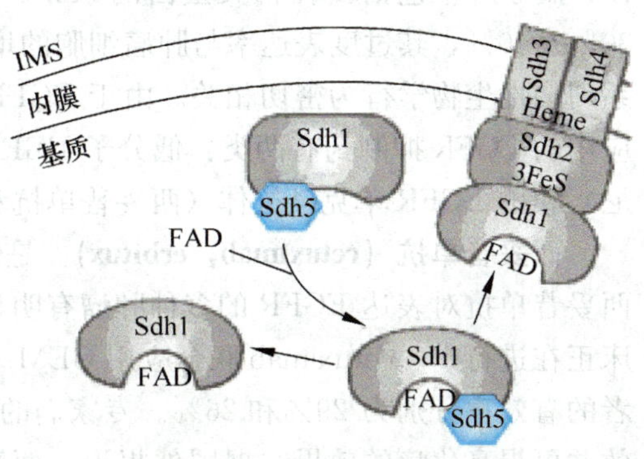

图 15-4 抑癌基因示意图

利用细胞工程技术将外源目的基因导入人体靶细胞或组织以取代有缺陷的基因，通过其正常表达，以达到防治肿瘤的目的。肿瘤基因治疗基本策略主要有基因替代、基因修饰、基因添加、基因补充、基因封闭等。根据功能基因导入方式不同分为体内基因治疗和体外基因治疗。常用病毒作为运送基因的载体，目前已有基因转导 p53（如 AV2 p53），基因转导的 DC（如 AAV2 BA462 DC）、基因转导的 TIL（I L22 和 TNF2α）等用于各期临床研究，疗效有待进一步的临床评价。在最新研究中，美国加州科学家研发出的一种抗癌药物能阻断 B-RAF 基因突变的影响。B-RAF 突变在致命性的恶性黑色素瘤病人中最为常见，但也可在其他诸如

胸腺癌、结肠癌、子宫癌、乳腺癌和肺癌等癌症患者中发现。小规模临床试验显示，参与实验的具有 B-RAF 突变的 32 名病人中，有 24 名病人的肿瘤至少减少了 30%；并且，另外有两名病人的肿瘤消失。研究人员表示，现在就认为这种药物完全获得了成功还为时过早。该药物也会产生一些不良反应，而且，其仅能治疗特定的 B-RAF 突变。不过，研究已经表明，研发出同样针对特定基因变异的药物非常有潜力。目前，已有一家公司正对该药进行测试，以诊断出哪个罹患恶性黑色素瘤的病人拥有 B-RAF 突变，且可从该药物中受益（图 15-5）。

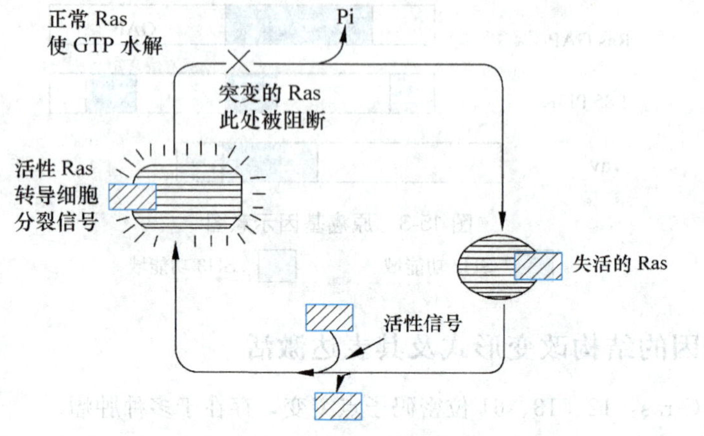

图 15-5 原癌基因与抑癌基因关系示意图

第 4 节 细胞因子受体分子靶向药物

表面生长因子受体（EGFR）抑制药是研究最深入的肿瘤生长因子受体之一，是一种跨膜受体，属于一个包括 4 种相关蛋白的家族。EGFR 在非小细胞型肺癌（NSCLC）的阳性表达率为 30%～40%，其过度表达率与肿瘤细胞的增殖、复发转移、肿瘤血管生成、化疗及放疗抗拒等一系列恶性生物学行为密切相关。由于 EGFR 的生物学特性使它成为肺癌治疗的新靶点。目前临床应用的 EGFR 抑制药有两类：低分子 EGFR 酪氨酸激酶 EGFR2 TKI 抑制药（厄洛替尼和吉非替尼）和抗 EGFR 单克隆抗体（西妥普单抗和帕尼单抗）。

西妥昔单抗（cetuximab，erbitux） 是针对 EG2FR 细胞膜外结构域的单克隆抗体。实验显示，西妥昔单抗对表达 EGFR 的多种肿瘤有明显抑制作用；治疗肺癌的Ⅰ期临床研究已通过，Ⅱ期临床正在进行中。cetuximab 联合应用 GEM /CBP 或 Taxol /CBP 方案，治疗初治的晚期 NSCLC 患者的有效率分别为 29%和 26%。专家们的研究结果还显示该药与诺维本/顺铂联合应用是安全有效并可提高化疗的效果。据国外报道，西妥昔单抗对 EGFR 阴性的 NSCLC 患者不能单独选用。该药的主要不良反应为痤疮样皮疹、乏力、腹泻、寒战和发热。目前多数学者认为对 EGFR 阴性的 NSCLC 患者不选用西妥昔单抗治疗。上述 3 种药物已被批准用于临床。

第 5 节 抗肿瘤血管形成分子靶向药物

肿瘤血管生成在肺癌发生发展和侵袭中起着非常重要的作用。以肺癌血管生成为靶点的治疗可分为针对已有血管的血管靶向（vascular target）治疗和抑制肿瘤新生血管生长的抗血管新生靶向（antiangi ogenic target）治疗两种方式。目前国内外研究较多的药物有以下几种：

1. 贝伐单抗（avastin，Bevacizumab，rhuMab2 VEGF） 是人源化抗血管内皮生长因子（VEGF）单克隆抗体，可以封闭 VEGF，使不能与受体结合。抑制新生血管生成是 NSCLC 靶向治疗的一个热点。国外报道该药物联合卡铂 ＋紫杉醇或该药 ＋泰素和卡铂与单纯化疗比较均能提高中位生存期。贝伐单抗的推荐剂量为 5～15mg/kg（每周用药），高剂量优于低剂量。主要的不良反应为头痛、乏力、低热和皮疹。国外报道该药可引起肾损害（肾小球蛋白尿）和高血压，另一个严重不良反应为肺出血。此种反应主要发生在中心型有空洞病灶的鳞癌患者。近年来国外有专家研究联合应用贝伐单抗（血管内皮生长抑制药）和厄洛替尼（表面生长因子受体抑制药）治疗 NSCLC 患者，总生存期可从 10～12 个月提高到 122 个月、卡特消（Cartcell）通过抑制 VEGF 与其受体结合，抑制基质金属酶活性，诱导内皮细胞凋亡和提高血管生长抑制素浓度发挥作用。临床研究表明卡特消与化疗结合治疗 NSCLC 可降低化疗药物的剂量，延长生存期。目前此药已进入临床Ⅲ期。

2. 内皮抑制素（endostatin） 能特异性地抑制新生血管的内皮细胞增殖，从而抑制肿瘤生长。重组人内皮抑制素的Ⅰ期临床研究显示它对人体具有安全性，并对晚期实体瘤有一定的疗效。国内史鹤玲等报道，国产的 rh2 endostatin（YH2 16，恩度）与顺铂 ＋长春瑞宾的化疗联合方案治疗晚期 NSCLC 能提高化疗疗效、降低不良反应和提高生活质量。国内另篇报道Ⅰ、Ⅱ期临床研究证明该药单药应用安全有效，715mg/m^2 静脉滴注 3～4 h，连用 14d 为 1 个周期，建议至少 4 个周期以上。由中国医学科学院肿瘤医院为牵头单位，联合全国 24 家医院进行恩度联合 NP 方案治疗晚期 NSCLC 的随机、双盲、安慰剂平行对照、多心 Ⅲ 期临床研究。结果显示：恩度试验组中位生存期延长 4～19 个月，1 年生存率提高 31％，恩度试验组肿瘤缓解率较 NP 对照组提高 15％。由此可见恩度联合 NP 方案能明显提高晚期 NSCLC 的有效率和中位达进展时间，且安全性好。

3. 整合素拮抗药 又叫西仑吉肽（cilengitide，EMD 121974）和 Sch2 221153 都是以血管内皮细胞整合素 α_V（a_V phavintergrin）为靶点。临床前期研究显示，它们对肺癌移植瘤具有抗血管生成和生成抑制的双重作用。Ⅰ期临床研究表明它的最大耐受剂量为 1 200mg/m^2；主要不良反应为乏力、皮疹、瘙痒、恶心和呕吐。

4. 凡德他尼（ZD6474，zactina） 是一种口服的 VEGFR2 抑制药，它能选择性阻断血管生成过程中的两条关键性通道从而抑制 VEGFR 依赖性肿瘤血管的生长；它还同时抑制 EGFR 酪氨酸激酶的活性。按国外研究报道，ZD6474 联合化疗对复发和转移的晚期 NSCLC 患者有较好的疗效。

5. 卡特消（cartcell） 通过抑制 VEGF 与其受体结合，抑制基质金属酶活性，诱导内皮细胞凋亡和提高血管生长抑制素浓度发挥作用。临床研究表明卡特消与化疗结合治疗 NSCLC 可降低化疗药物的剂量，延长生存期。目前此药已进入临床 Ⅲ 期。

第 6 节 小型化抗体靶向药物

在我国尽管已有多种治疗性抗体批准上市，但这些抗体药物的销售量并不大。主要原因是现有的抗体药物价格比较昂贵，一般患者难以承受。抗体药物之所以价格昂贵，主要原因是目前上市的抗体药物都为完整抗体药物，需要糖基化修饰。而糖基化抗体需要由哺乳动物细胞表达产生，技术含量和生产成本都较高；其次是完整抗体药物在临床上的用药量较大，治疗费用也会随之增加。因此，努力寻找疗效好、价格低的新型抗体药物是目前国内外医药研发人员的共同目标。现已找到的途径主要有两种：一种是抗体药物的小型化。因为小型化抗体药物不需要糖基化修饰，可以在原核

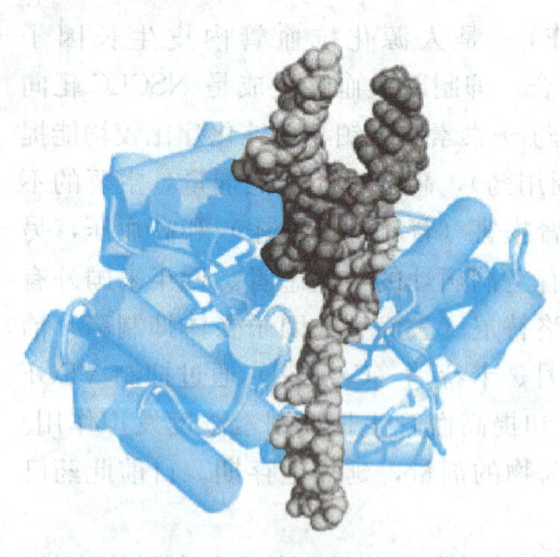
图 15-6　单克隆抗体示意图

细胞中表达，操作方便，生产成本较低。另一种是抗体药物的高效化。抗体连接上对肿瘤细胞有强烈杀伤作用的“弹头”，可降低药物的用量，减少治疗费用。这二者可谓殊途同归，而联合这两种手段所产生的抗体药物往往效果更好。

抗体药物小型化研究表明，鼠源性完整抗体可诱发人抗鼠抗体反应，临床应用效果不佳。而小型化抗体删除了Fc段，可使免疫原性大大降低。此外，抗体的相对分子质量庞大，抗体及其偶联物均为高分子物质，难以通过毛细血管内皮层和细胞外间隙到达实体瘤深部。因此，研制小型化抗体药物对提高疗效有重要意义。小型化抗体可以用酶解或基因工程手段获得，包括Fab片段、单链抗体、双特异抗体、3价抗体、微型抗体等（图 15-6）。

全长抗体在实体瘤中存在着穿透性较差、抗体难以进入实体瘤的障碍。因此，人们设想将抗体进行小型化，增加在实体瘤中的穿透性，以期提高疗效。于是出现了低分子抗体，如：Fab片段、F(ab) 2片段和Fc片段，很容易通过重组DNA技术制备，经过诸如核素活性标签的标记，可以用来作为诊断或治疗制剂。完整的嵌合/或人源化抗体治疗更为有效，而抗体片段因较低的相对分子质量对肿瘤的穿透力强。然而这种低分子抗体在体内半衰期均很短，影响了抗肿瘤疗效。为提高其半衰期，人们很自然想到应用基因治疗方法，使其长时间稳定表达，但由于Fc与抗原的亲和力、特异性相对较差；加之缺乏Fc段，不产生ADCC及CDC效应，其临床实验中对肿瘤的治疗效果也不明确，所以目前只有Ⅰ期临床研究的报道。同时由于抗体片段的半衰期很短，且不能激活免疫效应作用，更常作为影像诊断用。

抗体及其偶联物均为高分子物质。IsG型抗体的分子质量约为150kD，庞大的抗体或偶联物分子难以通过毛细管内皮层和细胞外间隙到达实体瘤深部的肿瘤细胞。因此，研制小型化抗体药物对提高疗效有重要意义。通过酶切方法获得的Fab片段，其相对分子质量约相当于完整抗体的1/3。通过基因工程技术制备的单链抗体scFv，相对分子质量约相当于完整抗体的1/6。来源于骆驼的纳米抗体（nano-body）相当于单域抗体，相对分子质量更小。研究表明，抗体片段较易穿透细胞外间隙到达深部的肿瘤细胞。与完整抗体相比，抗体片段的免疫原性较弱。使用抗体片段，可能降低人体的抗体反应。但另一方面，由于上述抗体片段缺乏Fc段，丧失完整抗体所具有的效应功能，难以杀伤靶细胞。因此，研制小型化抗体需要使用“弹头”分子，包括高效的“弹头”药物或核素。

高效小型化抗体药物已经取得重大进展。高度有效的“弹头”药物已被连接到许多能识别不同肿瘤抗原的抗体上，吉妥单抗（卡利奇霉素与抗体偶联物）已成功上市，使得抗体药物的用量下降了九成多。目前还有10多种抗体药物偶联物在临床研究阶段。其中SGN-35正在进行Ⅰ期临床试验，探讨对于霍奇金淋巴瘤的治疗作用，Ⅱ期临床研究针对系统性间变性大细胞淋巴瘤、霍奇金淋巴瘤和CD30阳性恶性血液病。已有少数放射性抗体偶联物获得FDA批准用于临床肿瘤治疗，包括异贝莫单抗和托西莫单抗。放射性抗体偶联物对一些抗体耐药的肿瘤有效，已有15种以上放射性免疫偶联物在临床研究阶段。到目前为止，大多数免疫毒素在血液肿瘤治疗中取得成功。有20多种高效小型化免疫毒素在临床研究阶段，用于恶性血液肿瘤和实体肿瘤治疗。

抗体分子的抗原结合部位局限在可变区组成的Fv段，从而可以构建相对分子质量较小的具有抗原结合功能的分子片段，称为低分子抗体。由于低分子抗体的相对分子质量较小而具有以下优点：①可以在大肠杆菌等原核细胞表达，通过细菌发酵生产，从而降低生产成本；②因其相对分子质量小，易于穿过血管壁或组织屏障进入病灶部位，有利于肿瘤等疾病的治疗；③不含有 Fc 段，不与 Fc 受体结合，可减少因广泛分布的 Fc 受体而带来的不利影响，如放射免疫显像时的本底；④在体内半衰期较短，这虽在靶向治疗中是不利因素，但有利于体内毒性物质的清除和降低放射免疫显像的本底；⑤易于进一步进行基因工程改造，如构建抗体融合蛋白等。表 15-1 显示不同相对分子质量抗体特性的比较。

表 15-1　不同抗体分子的特性对比

抗体成分	分子质量（kD）	体内清除率	肿瘤穿透力	肿瘤摄取率
IgG	155	+	+	＋＋＋＋
F(ab)2	100	＋＋	＋＋	＋＋＋
Diabody	50	＋＋＋	＋＋＋	＋＋
ScFv	25	＋＋＋＋	＋＋＋＋	+

常见的小分子抗体包括：Fab、Fv 及单链抗体、单区抗体和最小识别单位。

1. Fab　Fab 由重链 Fd 段和完整的轻链组成，两者通过一个链间二硫键连接，形成异二聚体，是完整抗体分子的 1/3，仅有 1 个抗原结合位点。早期 Fab 段的制备通过木瓜蛋白酶对完整抗体分子酶解后分离纯化获得，现已能从大肠杆菌获得。从大肠杆菌表达有功能的抗体分子片段一度受阻，这是因为抗体分子与抗原的结合依赖于抗体分子的立体构象，即需要可变区正确的立体折叠、链内二硫键的形成，以及轻链重链可变区两个分子间互相作用形成正确的立体构象，这一过程在 B 细胞内是在粗面内质网腔内完成。在大肠杆菌表达蛋白质常常需要在体外进行复性，这一过程对抗体这样复杂的分子效率很低，后发现大肠杆菌细胞壁的周质腔（periplasm）可提供类似于内质网的环境。将重链 *Fd* 基因与轻链基因 5′端接上细菌蛋白的前导序列，所表达的蛋白在细菌前导肽的引导下可分泌到周质腔，前导肽被前导肽酶（signal piptidase）所裂解，生成的 Fd 段和轻链在周质腔内完成立体折叠和链内、链间二硫键的生成，形成异二聚体，成为有功能的 Fab 段。与下述的单链抗体相比，Fab 段由于有二硫键连接轻链和 Fd 段，分子结构比较稳定，且较好地保持了天然抗体分子的 Fv 段的结构。但其在原核细胞的表达因双链结构而较为困难，分泌型表达受到蛋白分子穿过内膜和折叠效率低下的影响表达量较低，因此其在生物技术领域的应用受到了限制，现主要用作实验室研究工具。

2. Fv 和 ScFv　Fv 段是抗体分子中保留抗原结合部位的最小功能片段，它由轻链可变区和重链可变区组成，两者以非共价键结合在一起。由于通过对完整抗体分子进行蛋白酶水解来制备 Fv 段的难度很高，故在基因工程技术成功地获得 Fv 段以前研究的较少。用前述表达方法，通过将 VH 和 VL 转送到大肠杆菌周质腔，可获得有功能的 Fv 段。在 Fab 段，轻链恒定区和重链 CH1 之间有一个二硫键，使抗原结合部位的结构极为稳定，而在 Fv 段，重链和轻链可变区是由非共价键结合在一起，在浓度较低时有解离的倾向，而极不稳定，不同 Fv 段的解离常数不同，一般在 10^{-5}～10^{-4} mol/L 之间，因此欲获得稳定的 Fv 段，需设法将两个可变区比较稳定地结合在一起。曾经有人用戊二醛处理 Fv 段，通过化学方法使 VH 和 VL 交联，因方法比较繁琐，并且未经广泛的验证，采用的人很少。随着基因工程抗体的进展，人们通过 DNA 重组技术解决这一问题，使用最为广泛的就是单链抗体。

单链抗体（single chain Fv，ScFv）：单链抗体分子是由 1 条单一肽链按 VH-linker-VL 或 VL-linker-VH 的顺序组成。其大小仅为完整抗体分子的 1/6，是抗体与抗原结合的最小单位。单链抗体的制备流程较简单，易进行分子改造，单链抗体基因片段还可以与适当的酶基因或霉素蛋白基因重组，用于产生酶联抗体或重组免疫霉素。

单链抗体是将抗体轻链可变区C末端的基因与抗体重链可变区N末端的基因重组后，转入大肠杆菌中，表达后的产物为抗体的混合可变区单链，这种抗体既包括了原双联抗体轻链的C末端片段，同时又包含了重链N末端片段，因此和原完整抗体相比，二者与抗原的结合力以及特异性相同。表现在临床应用时有许多优点：由于仅仅具有原抗体的可变区单链部分，相对分子质量非常小，所以其免疫原性低，可以进入实体瘤周围的微循环。ScFv是由一条连接肽（linker）将VH和VL连在一起所形成的两个可变区首尾相接的单一肽链，通过正确折叠，两个可变区由非共价键形成具有抗原结合功能的Fv段，此单一肽链的结构既有利于在大肠杆菌的表达和进行基因重组操作，也增加了Fv的稳定性。由于其易于构建和表达，是目前报道最多的基因工程抗体。

在构建ScFv时，VH和VL取向可有两种方式，VH-linker-VL或VL-linker-VH，两种构建方式都被证明了不影响ScFv的特异性和亲和力。ScFv分子中的linker的设计对保持亲本抗体的亲和力有重要影响，它应当不干扰VH和VL立体折叠，并且不对抗原结合部位造成妨碍，为不使Fv的立体结构变形，linker和长度就不短于3.5nm，由于相邻肽键的距离约为0.38nm，linker应至少含有10个氨基酸残基，linker也不宜过长，以免对抗原结合部位造成干扰，目前文献中报道的linker大多含有14～15个氨基酸残基。Linker的氨基酸组成设计应使linker具备亲水性，易于折叠，不宜有过多的侧链，以减少抗原性。目前已报道的linker设计绝大多数获得了成功。用的最广泛的linker是重复出现的4个甘氨酸和1个丝氨酸（GGGGS）3，其中甘氨酸是相对分子质量最小，侧链最短的氨基酸，可增加侧链的柔性，丝氨酸是亲水性最强的氨基酸，可增加linker的亲水性。ScFv可在多种系统进行表达，如：原核，酵母，植物，昆虫，哺乳类细胞等，但常用的是大肠杆菌。从大肠杆菌表达ScFv可有两种表达方式：一种是表达为包含体性或非包含体性不溶蛋白，这种表达方式的产量较高，可达到细胞总蛋白的5%～30%，但需进行变性-复性等后续工作，使其完成正确的立体结构，恢复抗体活性。另一种是分泌型表达，与Fab段表达的原理相同，将细胞的前导序列与ScFv的氨基酸连接起来，使ScFv分子分泌到周质腔内，在周质腔内完成二硫键的形成和肽链折叠，成为有活性的单链抗体分子。这种方式可直接表达出有抗原结合活性的抗体分子，但其产量比较低。

3. 单区抗体和最小识别单位 根据抗体分子的结构特点，Fv段是结合抗原的最小结构，但由于发现有些抗体的重链可变区单独也可以结合，从而提出了相对分子质量更小的单区抗体（single domain antibody）。单区抗体的优越性在于：①相对分子质量进一步减小，有利于低分子抗体的应用；②操作简便，避免了Fv段需分别克隆轻链和重链可变区基因的麻烦，也无需使轻重链可变区正确配对；③单区抗体因不存在VH和VL间的相互作用，因而较Fv和ScFv更为稳定；④经对骆驼VH抗体的立体构象分析，发现其抗原结合部位的构象较为特殊。通常情况下Fv段的抗体结合部位可形成凹陷、沟槽或平面，半抗原常与凹陷结合，肽抗原常与沟槽结合，较大的抗原如蛋白质则常为平面型结合。但骆驼的VH抗体可形成CDR3凸出的抗原结合部位，这在Fv的构象中尚未见过，它可造成特殊的抗体抗原结合形式：抗体CDR襻插入抗原表面的凹陷中。这在制备酶的抑制剂中有重要意义，因酶的催化部位常常位于蛋白表面的凹陷中，这些部位通常不易制备相应抗体。骆驼VH抗体的这一特殊结构使其可用于制备酶的抑制性抗体，这也展示了骆驼化人单区抗体的应用前景。

来源于抗体的识别是否还可以更小？抗体与抗原的结合主要涉及CDR，而CDR中以CDR3尤其重链CDR3最为关键。基于这一事实有人用来自CDR的短肽模拟了亲本抗体的特异结合活性，证实CDR确有可能成为特异结合抗原的最小分子，被称为最小识别单位（minimal recognition unit，MRU）或分子识别单位（molecular recognition，MRU），后者还包括其他具有特异结合功能的短肽。由于其穿透能力强，半衰期短，显像时本底低，故在临床显像诊断中具有应用前景，也有人通过分析 MRU 的结构，用非肽类化学结构进行模拟，开发治疗性药物。

4. 单克隆抗体

Trastuzumab（hecep tin，曲妥珠单抗，赫赛汀）：Trastuzumab 是一种针对 *HER-2/neu* 原癌基因产物的人源化嵌合单抗。美国东部肿瘤协作组将 Trastuzumab 与 CBP /pacli2taxel 联合用于 HER-2（＋＋＋）的晚期 NSCLC 优于单纯化疗，且未增加不良反应。Gatzemeier 等将 Trastuzumab 联合 DDP/GEM 治疗 HER-2（＋＋＋）的晚期 NSCLC，结果显示联合 Trastuzumab 优于单用 DDP/GEM。因此，Trastuzumab 联合化疗用于 HER-2（＋＋＋）的晚期 NSCLC 有一定的益处，但有待进一步研究。Trastuzumab 最严重的不良反应是心功能不全，发生率约 7%，但大多数患者经相应治疗可好转。目前尚不清楚机制，因此在治疗前和治疗中应充分评价和监测心功能。

西妥昔单抗（C225，erbitux）：西妥昔单抗是人鼠嵌合性单克隆抗体，可竞争性结合 EGFR 细胞外配体区，抑制肿瘤生长。Kelly 等在 31 例初治晚期 NSCLC 的 Ⅰ/Ⅱ 期临床研究中，中位治疗时间为 19 周，有效率为 29%，MST 16.7 个月，中位 TTP 为 4.5 个月，1 年生存率 60%。Gatzemeier 等对 61 例晚期 NSCLC 给予 DDP/NVB 化疗，同时随机给予西妥昔单抗或安慰剂治疗，结果显示有效率分别为 53%和 32.2%，疾病控制率分别为 93.3%和 77.4%。提示西妥昔单抗单用或联用化疗均有一定疗效。西妥昔单抗主要不良反应包括过敏、痤疮样皮疹、发热、乏力、恶心、转氨酶升高等，约 4%出现 Ⅲ～Ⅳ 度过敏反应，约 11%出现 Ⅲ～Ⅳ 度痤疮样皮疹。

第 7 节　自杀基因

自杀基因（suicide gene）又称化疗敏感基因（chemosensitive gene）、化疗药物前体活化基因（prodrug activation gene），是存在于细菌或真菌中的一类基因，哺乳动物体内往往缺乏。自杀基因通过编码特异的酶，将一些低毒或无毒的前体化疗药物转化为具有毒性的代谢产物而发挥抗肿瘤作用。目前发现的这一类基因中（表 15-2），较多应用于胰腺癌治疗研究的有胞嘧啶脱氨酶/5-氟胞嘧啶系统、胸苷激酶/更昔洛韦系统、细胞色素酶 P450/环磷酰胺系统等。

表 15-2　部分自杀基因系统

自杀基因编码的酶	前体化疗药物	毒性代谢产物
病毒胸苷激酶（tk）	更昔洛韦（GCV）	更昔洛韦磷酸盐复合物
胞嘧啶脱氨酶	5-氟胞嘧啶（5-FC）	5-氟胞嘧啶（5-FC）
细胞色素酶 P450	环磷酰胺（CTX）	环磷胺芥
羧肽酶 A	丙氨酸	甲氨蝶呤（MTX）
羧肽酶 G2	苯甲酸芥葡萄糖苷酸	苯甲酸芥
β-葡萄糖苷酶	阿霉素葡萄糖苷酸	阿霉素
	柔红霉素葡萄糖苷酸	柔红霉素
	表霉素葡萄糖苷酸	表霉素
碱性磷酸酶	阿霉素磷酸盐	阿霉素
	丝裂霉素磷酸盐	丝裂霉素
	鬼臼乙叉苷磷酸盐	鬼臼乙叉苷
β-葡萄糖苷酶	苦杏仁苷	氰化物
黄嘌呤氧化酶	黄嘌呤	氧基
β-内酰胺酶	头孢霉素芥氨基甲酸酯	氮芥

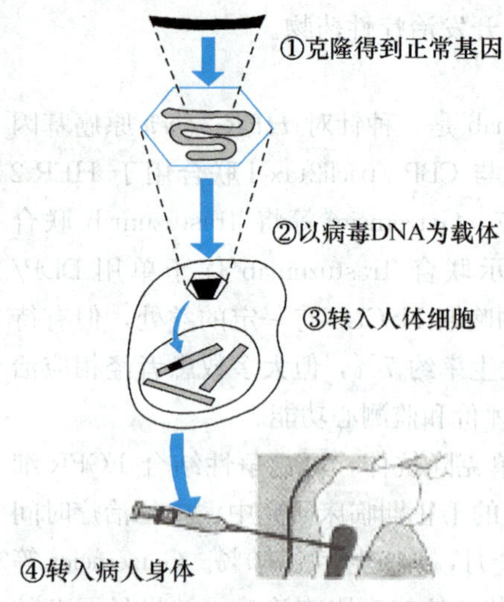

图 15-7 自杀基因治疗示意图

1. 自杀基因治疗的作用机制

（1）代谢产物的直接毒性作用：通过分子生物学技术将自杀基因转导至肿瘤细胞中，然后全身或局部注射无毒、低毒的前体化疗药物，由于肿瘤组织中表达“自杀”基因，编码酶将前体化疗药物转化为具有杀肿瘤作用的毒性代谢产物，在肿瘤局部形成一个药物浓聚区，可以增强疗效，并减弱化疗药物的全身不良反应，从而达到选择性杀伤肿瘤的目的。

（2）“旁观者”效应（bystander effect）：研究自杀基因治疗的过程中发现，肿瘤组织中未转染上自杀基因的瘤细胞也受到抑制，这种现象被称为“旁观者”效应。其可能机制有：①化疗药物低分子通过细胞间的间隙连接或直接弥散作用进入相邻细胞；②凋亡细胞的凋亡小体中含有“自杀”基因片段，通过吞噬作用进入相邻细胞继续发挥作用；③自杀基因编码的酶是一种超抗原，能够刺激免疫系统产生各种细胞因子杀伤相邻细胞，产生“旁观者”效应。

2. 增强自杀基因治疗疗效

（1）联合抑癌基因治疗：*p*53 是一种抑癌基因，CascalloM 等发现野生型 *p*53 基因转导能增强吉西他滨（gemcitabine）和顺铂对胰腺癌细胞的化疗效果，自杀基因治疗本质上是一种化疗，*p*53 基因转导是否能增强自杀基因治疗的疗效？Mercade E 等用腺病毒作载体，将细胞色素酶 *p*450-2*B*1 基因转染入胰腺癌细胞株 NP218，经过处理的瘤细胞移植到鼠皮下后予 CTX 治疗，然后再转染 *p*53 基因到瘤体，与对照组、单用 CYP2B1/CTX 组相比，移植瘤生长受到的抑制程度更明显。*p*53 基因转导对自杀基因治疗疗效的增强作用，估计与 *p*53 能够识别破坏的 DNA，增强化疗对肿瘤的抑制作用有关。

（2）联合细胞因子基因治疗：某些细胞因子对恶性肿瘤有杀伤作用，目前已有关于联合自杀基因与细胞因子基因治疗的报道，Ju D. W. 等在大肠癌细胞的 CD/5-FC 治疗模型中，转染淋巴肌动蛋白基因进入瘤细胞，发现可以增强机体抗肿瘤免疫应答，增加自杀基因的疗效；Sakai Y 等在肝细胞癌的 HSV-tk/GCV 治疗模型中，辅以单核趋化蛋白 21 基因治疗，同样增强了 GCV 的疗效。

（3）联合药物代谢酶基因治疗：在 CD/5-FC 系统中，5-FC 转化为 5-FU 之后，需要在磷酸核糖基转移酶的催化下进一步代谢才能发挥毒性作用，Koyama F 等在大肠癌细胞的 CD/5-FC 治疗模型中，同时向瘤细胞中转染磷酸核糖基转移酶基因，自杀基因的治疗作用得到增强。

结　语

分子靶向药物治疗是从一种全新的概念出发，发展并且新兴起来的具有划时代意义的治疗方式和策略。肿瘤的靶向治疗中仍然存在着很多问题亟待解决：临床上如何通过一些简便易行的方式来预测和发现可能在某种分子靶向药物中获益的人群；怎样合理并且在合适的时间进行治疗；怎样选择分子靶向药物与其他细胞毒药物或放疗联合应用的方式才能更为有效；怎样联合应用多种靶向药物来抑制肿瘤生长过程的多靶点、多环节；怎样制定个体化的治疗方案；什么是靶向治疗最终的评估终点等问题还有待进一步研究解决。相信随着人们对肿瘤细胞生长、分化、侵袭和转移等分子事件的不断认识，肿瘤的靶向治疗也将逐步成熟起来。

学习重点

1. 概念：分子靶向药物是一类作用在细胞的分子水平上，利用肿瘤细胞与正常细胞之间的分子细胞生物学上的差异，采用封闭受体、抑制血管生长、阻断信号传导通路等方法作用于肿瘤细胞特定的靶点，特异性地抑制肿瘤细胞的生长，促使肿瘤细胞凋亡，同时还降低了对正常细胞的杀伤作用的药物。

2. 掌握常见通过细胞信号通路发挥作用药物的特点、作用，如目前研究比较清楚的分子靶向药物主要包括 Ras/MAPK 通道抑制剂、蛋白激酶 C（protein kinase C，PKC）抑制剂、环氧合酶-2 选择性抑制剂、端粒酶抑制因子、法基尼转移酶抑制剂等。

3. 掌握表面生长因子受体（EGFR）的生理功能和作用，EGFR 抑制药对肿瘤治疗的机制。常见临床应用的 EGFR 抑制药的分类：低分子 EGFR 酪氨酸激酶 EGFR2 TKI 抑制药（厄洛替尼和吉非替尼）和抗 EGFR 单克隆抗体（西妥普单抗和帕尼单抗）。

4. 掌握通过影响肿瘤血管生成了解其在肿瘤发生发展和侵袭中所起的作用，了解常见以血管生成为靶点的治疗，如针对已有血管的血管靶向（vascular target）治疗和抑制肿瘤新生血管生长的抗血管新生靶向（antiangi ogenic target）治疗两种方式。

5. 了解小型化抗体靶向药物和基因治疗的思路和策略。

参考文献

Amado RG，Wolf M，Peeters M，et al. 2008. Wild-type kras is required for panitumumab efficacy in patients with metastaticcolorectal cancer. J Clin Oncol，26（10）：1626～1634

CoiffierB. 2007. Rituximab therapy in malignant lymphoma. Onco-gene，26（25）：3603～3613

Hiromasa Yamamoto S T，Tet suya Mitsudomi. 2008. Impact of EGFR mut at ion analysi s I n non-small cell lung cancer. Lung Cancer，3：114

Jonker D J，O'Callaghan C J，Karapetis C S，et al. 2007. Cetuximab for the treatment of colorectal cancer. N Engl J Med，357（20）：2040～2048

Untch M，Muscholl M，Tjulandin S，et al. 2010. First-line trastuzumab plus epirubicin and cyclophosphamide therapy in patients with human epidermal growth factor receptor 2-positive metastatic breast cancer：cardiac safety and efficacy data from the her-ceptin，cyclophosphamide，and epirubicin（HERCULES）trial. J Clin Oncol，28（9）：1473～1480

（臧林泉）

第16章 融合蛋白药物

学习要求

1. 掌握常见融合蛋白药物设计的思路和一般过程。

2. 了解 TNF、抗肿瘤融合蛋白、IFN、GM-CSF、IL 和 αFGF 的分子结构、生理作用、重组产品的现状。

融合蛋白药物一般通过细胞因子与免疫毒素、细胞因子、抗体、抗原等方面进行融合得到具有双功能的目的蛋白。在融合蛋白技术未出现前，肿瘤的治疗常用放疗和化疗的方法，但放疗和化疗对肿瘤细胞的杀伤选择性不强，在杀伤肿瘤细胞的同时也杀伤了正常的细胞。而靶向药物也称导向药物则具有较强的选择性杀伤肿瘤细胞，通常利用融合蛋白技术将药物和能与病灶特异性结合的配基融合在一起构成融合蛋白，目的蛋白可特异性的与靶细胞结合并将药物导向病灶杀伤、杀死肿瘤细胞达到治疗目的。靶向药物的“生物弹头”常以绿脓杆菌外毒素和白喉毒素最多。国内外已成功构建了许多这类的融合蛋白，在研究中显示了较好的疗效。近年来的研究表明，许多造血生长因子具有互补和协同作用，利用融合蛋白技术将功能互补的造血因子组合连接，产生的融合细胞因子可能较单一的或联合使用具有更好的复合活性，甚至产生新的活性。细胞因子融合蛋白（cytokine fusion protein）技术是当今免疫学研究的一个热点方向。该方法是基于这些细胞因子具有相同或相关的功能活性而各自作用靶点不同，利用基因工程技术将两种或多种细胞因子融合在一起，其融合基因表达产物既具有其组成因子独特的生物学活性或使其某些活性显著提高，还可能会通过生物学活性的互补及协同效应发挥出较单一细胞因子简单配伍所不具备的复合生物学功能，甚至还可能会产生一些新的结构及生物学功能，这种新型的人工蛋白具有极高的应用价值和良好的发展前景。

第1节 重组人肿瘤坏死因子受体—Fc 融合蛋白

一、肿瘤坏死因子

（一）肿瘤坏死因子的发现

1975 年，Carswell 发现被细菌感染后的小鼠血清中有一种蛋白类物质可致肿瘤出血，并能抑制、杀伤体外培养的肿瘤细胞，被命名为肿瘤坏死因子（tumour necrosis factor，TNF），又叫恶病质因子（cachectin）。从此对它的研究进入了一个新的时期，至今方兴未艾，几十年来取得了巨大的进展。肿瘤坏死因子主要由单核细胞和巨噬细胞产生的一种多功能细胞因子。TNF 的基因位于第 6 号染色体。成熟 TNF 的分子质量约 17kD。其生物学功能包括调节免疫、炎症反应、抗肿瘤作用及抗细菌与病毒感染等。最初对 TNF 功能的认识仅限于对肿瘤的特异性杀伤作用，后来发现 TNF 也具有免疫调节作用，而且参与某些炎症反应的过程。TNF 的生物活性与 IL-1 十分相似，只是 TNF 的毒性较大，更易引起血管阻塞，抗肿瘤作用更强。低浓度的 TNF 主要在局部发挥作用，高浓度的 TNF 可以进入血流，引起全身性反应。

（二）TNF 受体的结构与功能

TNF 通过二种受体 TNFRⅠ（p55）和 TNFRⅡ（p75）起作用的，其中 TNFRⅡ分布更为广泛，与 TNF 的亲和力更强，并与一些病理反应关系更为密切。肿瘤坏死因子受体Ⅱ（tumor necrosis factor receptorⅡ，TNFRⅡ）为Ⅰ型跨膜糖蛋白，由 439 个氨基酸组成，与 TNF 结合的功能区位于 N 端的胞外区。TNFRⅡ胞外区含有 235 个氨基酸，有 2 个糖基化位点，并含 4 个 30～42 个氨基酸组成的保守的、富含半胱氨酸的结构域，共含有 22 个半胱氨酸。包括 F8s、CD40、NGFR（神经生长因子受体）、TNFRⅠ（75kD，CD120a）、TNFRⅡ（55kD，CD120b）等，它们均有 3～4 个由约 40 个氨基酸组成的 Cys 丰富区段，每一区段含 4～6 个 Cys，在 Fas 和 TNFRⅠ的膜内区存在有约 80 个氨基酸的死亡功能区（death domain），经活化后可转导凋亡信号，造成细胞的程序化死亡。TNFR 具有抗 TNF、抗细胞毒、抗炎等多种主要的生理作用，对循环中过多的 TNF 的一种自然保护作用。TNFRⅠ和 TNFRⅡ分布十分广泛，几乎存在于所有有核细胞表面。它们都可以从细胞表面脱落形成可溶性 TNF 受体，即 sTNFRⅠ与 sTNFRⅡ。由于这些可溶性的 TNFR 可与 TNF 结合，所以又被称为 TNF 结合蛋白（TNF-BPⅠ和 TNF-BPⅡ）。一般认为，可溶性 TNFR 可以结合 TNF，从而限制 TNF 的活性，也可以作为 TNF 的拮抗剂。TNFRⅡ主要传递细胞增殖信号，刺激细胞增殖和 NF-κB 的活化，但在活化诱导的细胞凋亡中有一定的作用。TNFRⅠ、TNFRⅡ和 LTR 均参与淋巴器官的发育，基因敲除实验证明，这些受体或其配体表达缺失的小鼠出现不同程度的淋巴器官发育障碍，表现为脾脏初级淋巴滤泡、次级淋巴滤泡、滤泡树突状细胞发育受阻，受到抗原刺激后不能形成生发中心，外周淋巴结缺失或发育不良。许多试验表明，只有 2 个或 2 个以上受体的聚合体，才能介导 TNF 的生物学活性，单个受体对信号和中和活性很弱。二聚体形式的 TNFR 与 TNF 的亲和力比单体高 50 倍，更高的亲和力更有利于结合和中和 TNF。

将 TNFRⅡ的胞外区部分和 IgG-Fc 通过 1 个柔性连接肽，构成了 1 个 IgG 融合蛋白质，人为地将 TNFR 二聚体化，提高 TNFR-Fc 对 TNF 亲和力。蛋白质和多肽药物应用于人体存在着半衰期问题，如蛋白质和多肽药物的相对分子质量不高，容易被肾小球过滤而被清除。TNFR-Fc 的胞外区部分单体分子质量只有 25kD，容易被肾脏清除。增大蛋白质药物的相对分子质量，减少被肾小球过滤的频率，提高药物在体内的半衰期。TNFR-Fc 二聚体相对分子质量达到 168kD，应用到人体可大大延长在体内的半衰期。TNFRⅡ在人的心脏、胎盘、肺和肾脏表达较高。利用载体 pGID105 作为的模板扩增人 IgG Fc 段（Y 1 链），PCR 产物为 1056bp。应用重叠 PCR 方法组装 TNFR-Fc 核苷酸片段 1857bp，TNFR 与 Fc 之间为一段寡核苷酸连接序列。人工合成的寡核苷酸连接序列。在连接选择上，采用了连接肽（Gly-Ser），将 TNFR 与 Fc 连接起来。这种融合蛋白可与 TNF 高亲和力结合，相当于抗体的 Fab 段，而 Fc 段又提供了抗体的生物学活性，它有以下特性：①无抗原性，两段蛋白均来自人体；②亲和力高，一般配体和受体的亲和力都较高（K_d 可达 10^{10} mol/L）；③也具有抗体的 ADCC 效应和 CDC 效应；④半衰期长，与人源化抗体相近（10～20d 左右）。选择 pTandem-1 作为表达载体，并进行改构。该载体可表达两种外源基因，但没有选择标记基因。在位于 IREs 前第一个 MCS 插入 TNFR-Fc 融合分子基因，在位于 IREs 后的第二个 MCS 插入选择标记基因 *dhfr* 基因。pT-dhfr1-TRFc 与 pT-dhfr2-TRFc 的不同在于 *dhfr* 基因插入到 IRES 序列后的位置不同。

(三) TNF-α 的生物学特性及 TNFR-Fc 融合蛋白的设计与表达

人类 *TNF-α* 基因大小为 2.76kb，由 4 个外显子和 3 个内含子组成，与 MHC 紧密连锁，定位于第 6 对染色体短臂上，小鼠的基因为 2.78kb，与人的结构非常相似，定位于第 17 对染色体短臂上。TNF 按其结构分两型：α 和 β，其中由活化的巨噬细胞、单核细胞和 T 细胞产生的能使肿瘤坏死的因子称为 TNF-α（旧称 TNF），又称恶病质因子（cachectin）；而把由活化的 T 细胞和 NK 细胞产生的淋巴毒素（lymphotoxin，LT）称为 TNF-β，目前对其功能所知有限。目前研究较多的是 TNF-α，它是一种由 157 个氨基酸组成、分子质量为 17kD 的可溶性多肽，以二聚体、三聚体或五聚体的形式存在于溶液中，成熟型 TNF-α 的活性形式为三聚体。*TNF-β* 基因位于 *TNF-α* 基因的 5 端，相隔 1.2kb，每个基因约有 3000 个碱基对，有 4 个外显子和 3 个内含子，其中第 4 个外显子与 TNF-α 高度同源，编码 80%～90%的成熟蛋白质，这些均提示这两个基因来自同一个祖先。但前 3 个外显子和 3 个内含子都是不同源的，调节基因复制的 5 端也有很大区别，这些说明这两个基因是不同的。到目前为止，已开发的 TNF-α 拮抗剂主要有两大类。

(1) TNFR-Fc 融合蛋白基因合成设计，采用融合蛋白全长基因（图 16-1）。

(2) 两种表达载体 pT-dhfr1-TRFc 和 pT-dhfr2-TRFc 构建（图 16-2）。

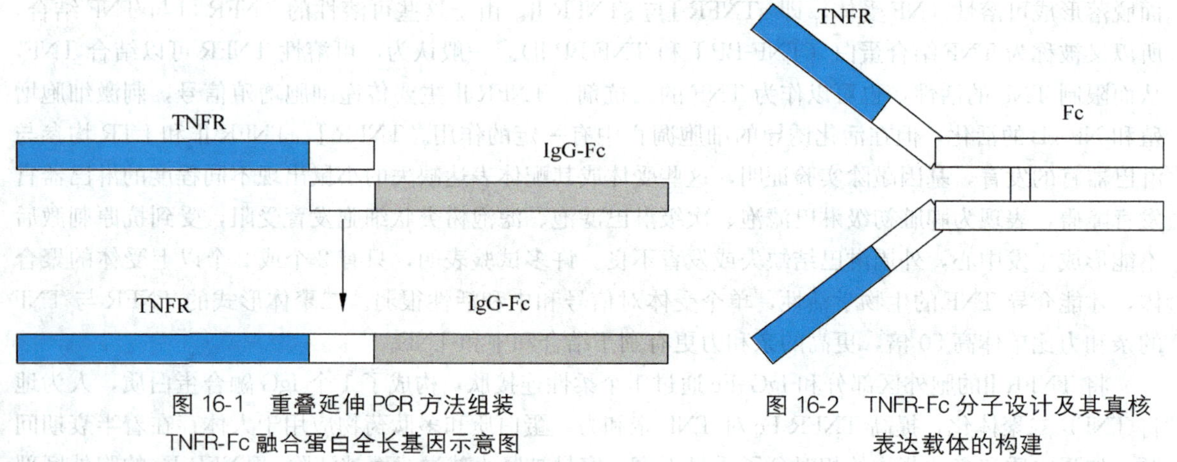

图 16-1　重叠延伸 PCR 方法组装 TNFR-Fc 融合蛋白全长基因示意图

图 16-2　TNFR-Fc 分子设计及其真核表达载体的构建

(3) 肿瘤坏死因子受体胞外区基因片段的 PCR 扩增，以人肺组织细胞 cDNA 为模板，扩增出 TNFR 的胞外区基因片段。

(4) PCR 扩增人 IgG Fc 分子基因。

(5) TNFRⅡ的胞外区基因与人 IgG Fc 基因片段拼接，用重叠延伸 PCR 方法组装 TNFRⅡ的胞外区基因——IgG Fc 融合分子（TNFRⅡ-Fc）的全长基因。

(6) 鼠二氢叶酸还原酶（dfhr）基因的 PCR 扩增。

(7) 可扩增的双顺反子表达载体的构建载体 pTandem 和 PCR 扩增的 *dhfr* 基因片段分别双酶切后，分别回收后进行连接并转化 *E. coli* DH-5α，得到阳性克隆后，并对重组质粒进行双酶切鉴定。该试验表明分别用上述二组酶切 *dhfr* 基因片段已插入 pTandem-1 载体，构建成新的可扩增表达载体 pT-*dhfr*1 和 pT-*dhfr*2。

(8) 表达载体 pT-*dhfr*1-TRFc 和 pT-*dhfr*2-TRFc 的构建 TNFRⅠ-Fc 融合蛋白分子基因插入到双顺反子载体 pT-*dhfr*1 和 pT-*dhfr*2。构建成真核表达载体 pT-*dhfr*1-TRFc 和 pT-*dhfr*2-TRFc。

抗 TNF-α 的单抗 inflixinmb（即 CA2，商品名为 Remicade）；CDP571；Adalimumab（商品名为 HUMIRA）；afelimomab；adalimumab；a30006 和 TNFR 与 IgG 的 Fc 段形成的融合蛋白 TNFRα-Fc 融合蛋白 letanercept（商品名为 Enbrel）目前已经上市；TNF-α 是由激活的单核—巨噬细胞产生的一种具有多种生物活性的多肽细胞因子，与机体免疫反应、急性期反应及炎症反应关系密切，它可通过激活细胞因子网络系统而诱发全身炎性反应，导致血液动力学改变、心肌抑制、微血管损伤及急性肺间质损伤等。运用正确适当的抗 TNF-α 治疗将可能成为一种新的治疗疾病的方法，但其临床应用价值还有待于进一步的证实。

第 2 节　重组抗肿瘤融合蛋白

肿瘤发生及演进是一个多因素、多步骤的复杂过程，其中涉及癌基因、抑癌基因、mRNA 的转录、蛋白质翻译及翻译后修饰、细胞因子及其受体、细胞膜表面蛋白、细胞间黏附功能、跨膜信号改变及信号传导异常、肿瘤相关抗原改变等多方面的异常，目前仍有许多需要攻克的难题。下面主要针对各个抗肿瘤融合蛋白的用途进行分类叙述。

一、融合蛋白与肿瘤

（一）融合蛋白与细胞恶性改变　在研究细胞恶性改变时，融合蛋白被应用于研究：

1. 特定的融合蛋白是否能导致细胞恶性改变。

2. 探求细胞恶性改变的机制。Morimoto 等发现滑膜肉瘤的 *SYT-SSX* 融合基因的Ⅰ型转录产生的 SYT，SSX 融合蛋白通过加强细胞的转录活性，可以明确地促进滑膜肉瘤发生和肿瘤细胞增殖。Wang 等运用 OCT3-GST 构建亲和层析，特异纯化抗 OCT3 的单克隆抗体检测 OCT3 在体内的表达，发现其在乳癌中特异表达，因 OCT3 能促进成纤维细胞生长因子的融合启动子表达增强、转录增强而最终导致肿瘤发生。

（二）融合蛋白与细胞凋亡及信号传导　Gronbaek 等用假想的抗凋亡融合蛋白 AP12-MALT1，通过它证实了大部分皮肤外 MALT 型细胞淋巴瘤和一小部分含有突变的肿瘤细胞能使 Fas 和 bcl10 的原凋亡活性失活。在极少数皮肤 B 细胞淋巴瘤（PCBCLs）中，只有 Fas 突变而无 bcl10 突变，导致了肿瘤细胞存活。Antonella 等引入融合蛋白 hGM-CSF，治疗因 PI3K/AKT 和 Raf/mek/Erk 信号传导级联的失调节引起细胞恶变，出现实体性的肿瘤细胞凋亡，为将来靶向治疗肿瘤又提供了一个新的靶点。

二、融合蛋白与恶性肿瘤的演进

肿瘤侵袭和转移是一个多步骤、复杂的过程，包括细胞外基质（ECM）和细胞基膜的降解，肿瘤细胞黏附血管，内渗、外渗、增殖、侵袭和转移。在研究恶性肿瘤的演进时，融合蛋白被应用于研究特定的融合蛋白是否与恶性肿瘤的演进有关。

（1）恶性肿瘤的演进机制；

（2）特定的融合蛋白是否能抑制恶性肿瘤的演进。Reynolds 等用融合蛋白 EWS-WT1 确认了结缔组织增生性小圆细胞肿瘤（DSRCT）编码基因 KTS 的 DNA 结合位点和一个新的EWS-WT1 转录靶点，这些揭示了它们可能与该细胞的侵袭有关。Xia 等研究表明，尿激酶纤维蛋白溶酶原激活剂（uPA）被确认与肿瘤的侵袭和转移有关，利用其受体的抑制蛋白 PAI2 的融合蛋白 ATF-PAI2CD，体外实验证明，通过抑制 uPA 与其受体结合，能够抑制肿瘤的侵袭能力，但却不能抑制恶性肿瘤的转移。Ariane 等通过应用能使血凝固的可溶性组织因子（sTF）的融合蛋白作用于血管细胞黏附分子 1（VCAM-1），从而导致肿瘤选择性血管内凝固，肿瘤组织坏死，同时特异性闭锁鼠和人的脉管系统，使肿瘤生长延迟。

三、融合蛋白在肿瘤治疗、预防研究中的应用

(一) 在传统治疗方法研究中的应用

1. 化学药物治疗 传统的化学药物治疗通常都是全身给药，用药剂量大、效果差、不良反应大。用融合蛋白作为载体，可以局部定向用药，增强疗效的同时，一定程度上减少了不良反应。Tsuneaki 等应用抗体定向酶前药物疗法的药物 2-fluoro-2′-deoxyadenosine（2-氟-2-去氧腺苷）。因为在构建时有自源的亲和素蛋白的存在，因此构建了两个融合蛋白，减轻用化疗药物时伴发免疫反应，从而使酶偶连化疗药物进行靶向治疗成为可能，提高了疗效，减少了不良反应。Asakura 等在急性 B 细胞型淋巴细胞性白血病（ALL）的研究中发现，TEL/AML1 融合蛋白是否能抑制 *MDR*-1 基因（产生多耐药的基因），结果显示，TEL/AML1 融合蛋白能下调 *MDR*-1 基因的产物 P 糖蛋白，能达到通过降低耐药性而提高治疗效果，同时还与预后有很大关系。

2. 放射治疗 放射治疗的情况类似于化疗，全身反应很严重。Sui Shen 等运用融合蛋白包含 CC49（scFv）4 和抗生物素蛋白链菌素，该融合蛋白与 90Y/111InDOTA 生物素结合后能将 90Y 快速分布于肝、脾、骨髓以及肿瘤组织，局部放疗提高了效果，同时减少了放疗的不良反应。

(二) 在新兴治疗方法研究中的应用

1. 免疫治疗 对有免疫作用或是免疫抑制作用的蛋白进行融合蛋白的改造，使其获得了外源蛋白的特性，增强或改变了其自身的免疫功能，可以刺激机体产生抗肿瘤免疫。Carey 等的研究发现，肿瘤细胞和人单纯性疱疹病毒 1（HSV1）通过对避免自身被抗原呈递而免疫逃逸。MHC Ⅰ/IgG1 的融合蛋白偶连了的 HSV1 糖蛋白 B，从而引起特异的 T 淋巴细胞反应，因此 MHC Ⅰ /IgG1 的融合蛋白可以应用于抗原呈递发生改变时增强 T 淋巴细胞反应。

2. 细胞因子治疗 细胞因子是细胞间传递信号的载体，肿瘤状态下，其发生改变的情况非常复杂。我们在治疗肿瘤时，把它作为工具使用。而融合蛋白对于它的影响也多种多样。依那西普（etanercept、enbrel，是 TNF-α 拮抗剂）是研究和应用比较多的细胞因子类药物，也是研究较热的药物，经 FDA 批准上市。它用途广泛，肿瘤中可用于淋巴细胞癌、滑膜肉瘤（与组织学分级有关，而与融合蛋白 SYT-SSX 的分型无关）的治疗。TNF-α 在体内能增强致炎细胞因子的活性，导致多条信号传导通路活化，包括核内因子 κB（NF-κB），该因子与应激反应，角质细胞增生和细胞分化有关，依那西普能使该因子活性降低。

3. 激素治疗 激素能特异性与其受体结合，因此可以利用此特性，通过对该激素的结构进行融合蛋白的设计，治疗表达该激素受体的肿瘤。Gabriel 等研究发现卵巢肿瘤不易早期被诊断发现，睾丸间皮瘤无放疗敏感性。用绒毛膜促性腺激素 β（CGβ）的融合蛋白，它能溶解肽段，通过与激素黄体生成素的受体（LHR）结合而起作用。将其应用于转基因小鼠，证实在体外可以导致肿瘤细胞坏死（不是凋亡），对今后治疗表达 LHR 的肿瘤如睾丸间皮瘤和粒层细胞瘤提供了新型的靶向治疗。

4. 其他治疗 对融合蛋白本身设计用抗肿瘤治疗，这种治疗手段，有的研究用功能蛋白的融合蛋白代替功能蛋白发挥作用。例如，Anginex 能抑制体内上皮细胞（EC）的增殖和迁移，从而导致活化的 EC 脱离和凋亡。用人工的方法在体外构建基因在酵母菌中转录有生物学活性的 Anginex 融合蛋白，起到了 Anginex 的作用。

还有的人研究如何抑制肿瘤细胞包含的融合蛋白，从而抑制肿瘤。滑膜肉瘤包含有 1 个染色体易位，产生了 SYT-SSX 融合蛋白，该蛋白是功能蛋白，它的存在与肿瘤的结果有关，它能加强细胞的转录活性而诱发肿瘤，通过抑制该蛋白可以起到抗肿瘤的作用。甲硫氨酸（Met）受体酪氨酸激酶的活化基因 *TRP* 与融合产生的融合蛋白 TRP-MET 还可活化细胞内组成蛋白的酪氨酸磷酸化过程，它自身也是酪氨酸磷酸化酶。低分子药物 SU11274 可以使甲硫氨酸受体酪氨酸激酶抑制，而不影响其他酪氨酸激酶融合蛋白，此特性为今后治疗有此酶活性表达的肿瘤提供了新的靶点。

（三）在肿瘤诊断中的应用

肿瘤存在时，机体伴有一系列的蛋白功能改变。有些改变是肿瘤特有的，可以通过检测这些蛋白的存在诊断肿瘤。例如，滑膜肉瘤包含有 1 个染色体易位，这个部位可以作为一个报告基因，可以通过免疫组织化学的方法和微阵列技术（蛋白芯片）检测由该易位基因转录的融合蛋白，作为肿瘤诊断的作用位点。

（四）融合蛋白在肿瘤预防研究中的应用

将肿瘤抗原与其他蛋白相偶连后，能够增强其抗原性。HSP70（热休克蛋白 70），能特异引起肿瘤免疫，有人将其用遗传学的方法连在疫苗细胞膜上，同时偶连一种带有跨膜序列的超抗原 SEA 的融合蛋白，两者均作为肿瘤疫苗使用，动物实验结果表明，比起两者单一使用，更有效的刺激淋巴细胞增殖，NK、CTL 活性增强，明显肿瘤抑制，生存时间延长。引发特异肿瘤免疫同时也增强机体非特异免疫，是很好的肿瘤疫苗。

综上所述，融合蛋白几乎涉及肿瘤研究的各个方面，而且也已经取得了较大的成就。同一融合蛋白可以有多种作用，例如 SYT-SSX，可以作为诊断的位点，也可以作为治疗的工具的工具。但是，由于融合蛋白自身也存在有诸多缺点，最主要的缺点是融合蛋白的不稳定性，它易发生降解，其次融合蛋白在体外真核蛋白不易正确折叠，这些制约着它更广泛的应用。在今后的研究中，需要将融合蛋白裂解获取目的蛋白，在体外促进目的蛋白折叠恢复其天然构象，研究其结构及功能，还可进行蛋白质修饰的研究，这些都是今后研究的主攻方向。

第 3 节　重组人血清清蛋白-干扰素

20 世纪 30 年代，许多病毒学家在研究两种病毒感染同一宿主细胞时，发现普遍存在两种病毒相互拮抗的现象，由此产生了病毒间干扰现象（interference）的概念。1957 年，Isaacs 和 Lindenmann 在研究流感病毒时，先把流感病毒加温灭活，然后与鸡胚绒毛尿囊膜块一起培养，把没有吸附到细胞的灭活病毒彻底洗去，在 37℃条件下几小时之后去掉膜块，另外加入新鲜的鸡胚绒毛尿囊膜块，37℃培养过夜后用活病毒进行攻击，结果发现流感病毒的繁殖明显地被抑制了，这清楚地说明，灭活的流感病毒作用于细胞后，细胞产生了一种可溶性物质干扰了病毒的繁殖。因而他们把这种物质命名为干扰素（interferon）。根据对干扰素基因核酸序列分析结果表明，它于 5 亿～10 亿年前即于生物细胞中存在，是生物体内一类古老的保护因子。1980 年国际干扰素命名委员会正式将干扰素定义为：一类在同种细胞上具有广谱抗病毒活性的蛋白质，其活性的发挥又受基因的调节与控制，即干扰素是一类能诱导人及动物细胞产生多种广谱抗病毒蛋白的类激素蛋白，具有抗病毒，抗肿瘤及免疫调节等生物活性。各种干扰素将根据动物的来源确定分类，例如，人干扰素（HuIFN），小鼠干扰素（MuIFN），牛干扰素（BovIFN）等。再根据干扰素的抗原特异性和分子结构分成不同的型别，并以 α、β、γ、ω、ζ 表示之。新的不同抗原类型的干扰素，可标为 δε 等。在一特定的干扰素型别内，如有氨基酸序列或组成方面的差异时，可确定为亚型，例如

HuIFNα1，α2，…（或 HuIFN-αA，αB，αC）等。在一特定的干扰素亚型内有个别或少数氨基酸的变异时，以 a，b，c，…标明在亚型标记的后面，如 HuIFN-α1a，1b，1c，1d，1e 或 HuIFNα2a，2b，2c 等。

一、干扰素的产生及其结构特点

（一）干扰素的产生

干扰素（interferon，IFN）是一种诱生蛋白，是在干扰素诱生剂（如病毒，细菌及其产物等）进入机体后，诱导宿主细胞产生的一类功能调节蛋白，主要是糖蛋白，其具有抑制病毒复制、抑制细胞分裂及免疫调节等功能。正常细胞一般不自发产生干扰素，只存在合成干扰素的潜能，干扰素的基因处于被抑制的静止状态。在诱发剂的条件下，干扰素基因去抑制而获得表达。

（二）干扰素的结构特点

干扰素 α 由干扰素 α1 和干扰素 α2 个亚族组成，其中干扰素 α1 至少由 20 个有功能的基因组成，彼此间有 90%左右的同源性。干扰素各功能基因彼此间有 90%左右的同源性。干扰素 α2 亚族有 5、6 个基因成员，只发现 1 个有功能的基因，其余是假基因。干扰素 α 不同亚型由 166～172 个氨基酸组成，无糖基，含有 5 个 α 螺旋，分子质量约为 19kD 左右。干扰素-α 分子含有 4 个 Cys 残基，Cys1，98 与 Cys29，138 之间形成两个分子内二硫键。干扰素分子中二硫键形成的意义有 3 个方面：第一，在 Cys29 与 Cys138（139）之间的二硫键对抗病毒活性是重要的，如果缺失，可使其在人细胞上的抗病毒活性下降 20 倍。而 Cys1 与 Cys98 之间的则不重要。第二，Cys29 与 Cys138 之间的二硫键对维持 IFNα 的天然结构和对热的稳定性起关键性作用，而 Cys1 与 Cys98 之间的二硫键对结构的稳定性起的作用较小。第三，IFNα 中某些 Cys 可形成多聚物，这些多聚物中有些具有与单体相似的免疫化学性质与抗病毒性质。但人 IFNα 的二聚物仅具有 20%的活性。干扰素是一种糖蛋白，一般在 56℃，30min 不被灭活，20℃可长期保存。在 pH 值稳定性方面，干扰素 α 耐酸，在 pH 值 2.0～10.0 中很稳定。干扰素一般由 150～160 个氨基酸组成，含 17 种以上的氨基酸，其中天冬氨酸、谷氨酸和亮氨酸的含量较高，不含核酸，所以不被 DNA 酶或 RNA 酶破坏，但易被碘蛋白酶、乙醚、氯仿和酮基等破坏。

二、干扰素的治病原理

干扰素是一种具有广谱抗病毒特性的蛋白，其抗病毒、抗肿瘤以及免疫调节的特性有赖于以下 3 个方面的作用：

（一）抗病毒作用

抑制病毒的繁殖和生长是干扰素的基本功能之一，也是其得以发现和研究的原因。干扰素对高等生物的生存至关重要，因为它们为抗御病毒的侵害提供了第一道防线，比免疫反应要早几小时甚至几天的时间。干扰素的作用是通过与细胞膜上的特异性受体结合，引发级联性的信号放大过程。将信号最后传递到细胞核内，对一系列基因的表达进行调控，并引发各种生理生化反应。IFN 本身并非直接抗病毒物质，病毒感染导致 IFN 的产生与释放，同时病毒感染细胞导致被感染细胞死亡，崩解，IFN 也随之释出向附近扩散，并随血循环至全身。干扰素与周围同种靶细胞膜的特异性受体结合，被运送到细胞内，起着第一信号的作用，活化细胞膜腺苷酸环化酶，促使 cAMP 形成。cAMP 作为第二信使，从而激活细胞内抗病毒作用机制，使得干扰素激活基因（ISG）表达，产生一组抗病毒物质。同时机体内存在着合成抗病毒蛋白 AVP 基因可抑制病毒

mRNA信息的传递，从而阻止病毒在宿主细胞内繁殖，但由于体内存在抗病毒蛋白密码抑制物，故在正常状态下，不能合成AVP。IFN与细胞膜上IFN受体结合，细胞内产生的特殊因子与AVP密码抑制物结合，使AVP基因脱抑制，按IFN遗传信息转录成特定的AVP mRNA，再转译成AVP。也就是说，干扰素并非直接作为反式作用因子对其效应分子的基因组进行调控，而是借助受体介导的信号转录系统引发一系列的生化反应达到调控效应分子的目的。干扰素对病毒的防御反应主要是通过以上的方式，导致一系列受干扰素调控基因表达，生成多种直接作用于入侵病毒的酶和蛋白质，保护机体免受感染，其中JAK-STAT通路是干扰素介导的信号转导和转录激活的主要方式。JAK为Janus家族的蛋白酪氨酸激酶，包括JAK-1，JAK-2，JAK-3，Tyk-2，STAT（signal transducer and activator oftranscription，细胞转导与转录激活因子）（包括STAT-1，STAT-2，STAT-3，STAT-4，STAT-5a，STAT-5b，STAT-6），其中JAK-1，JAK-2，Tyk-2与STAT-1，STAT-2直接参与了干扰素介导的JAK-STAT 信号转导通路。JAK（Janus Kinase）为一种存在于胞浆中的蛋白酪氨酸激酶，它活化后可使干扰素受体磷酸化。STAT （Signal Transducer and activator of transcription）可以通过其SH2结构域识别磷酸化的受体并与之结合。然后STAT分子亦发生酪氨酸的磷酸化，酪氨酸磷酸化的STAT 进入胞核形成有活性的转录因子，影响基因的表达。IFN-α受体由IFNAR1和IFNAR2构成，前者与酪氨酸酶Tyk2结合，后者与JAK1结合。RACK-1（活化的激酶c-1受体）进一步地作为接合器分子，与STAT-1（信号换能器和转录活化剂-1）和IFNAR2会合，暗示着RACK-1和IFNAR2，JAK-1，Tyk2，STAT-1形成复合体。IFN与受体结合时，受体自身的磷酸化经酪氨酸激酶的磷酸化（活性化），之后发生STAT2（Tyr690），STAT（Tyr701）的磷酸化，磷酸化了的STAT形成二聚体（STAT1/STAT2）之后，进一步与IRF9会合，形成转录活性化因子ISGF3，这个ISGF3与存在于IFN诱导性基因（ISG）的启动子区域的ISRE（IFN stimulated response element）序列结合，促进转录。这时，为了得到更好的转录效率，STAT-1的丝氨酸残基（Ser727）需要磷酸化。IFN的信号通路见图16-3。

（二）免疫调节作用

干扰素有利于巨噬细胞对抗原的吞噬，NK细胞对靶细胞的杀伤以及T、B淋巴细胞的激活，增强机体免疫应答能力。Ⅰ型干扰素可增加MHC-1分子的表达，从而增强了细胞毒性T细胞对类靶细胞的杀伤效应，同时增加NK细胞裂解潜能，使机体有效地抗病毒感染和抗肿瘤免疫。Ⅱ型干扰素可增加细胞表面MHC-Ⅱ类分子的表达，调节巨噬细胞、T细胞、B细胞之间的关系，增强免疫应答能力。

（三）抗肿瘤作用

研究表明MHC在肿瘤免疫方面起着重要作用，恶性肿瘤细胞常有MHC表达降低或丢失的现象。肿瘤细胞MHC抗原的丢失是肿瘤细胞逃避机体免疫监视的原因之一。而近来研究IFN能诱导细胞MHC Ⅰ、Ⅱ类抗原的表达，并能使MHC表达降低或丢失的恶性肿瘤细胞MHC表达增强，也可使MHC表达无降低或丢失的恶性肿瘤细胞的MHC表达进一步增强，从而增强肿瘤免疫源性及T细胞对肿瘤细胞的识别能力，增强对肿瘤抗原的呈递作用，激活机体免疫杀伤肿瘤细胞。IFN这一作用具有重要的基础和临床意义。

1. 干扰素α的修饰　干扰素-α的诸多特性只能为其作为治疗药物提供一种可能，但是，和大多蛋白或多肽类物质一样，它在临床应用上有诸多缺点。其中最主要的缺点是在人体内的循环半衰期非常短，只有几分钟。因为干扰素的分子质量只有19kD，特别小，在人体循环至肾小球时大部分都被渗透滤过，造成血药浓度的降低。而如果加大剂量多次服用，势必会带来大量不良反应。同时，蛋白酶的水解也会降低蛋白的血药浓度，使蛋白的生物利用度低。因此，如果要使干扰素

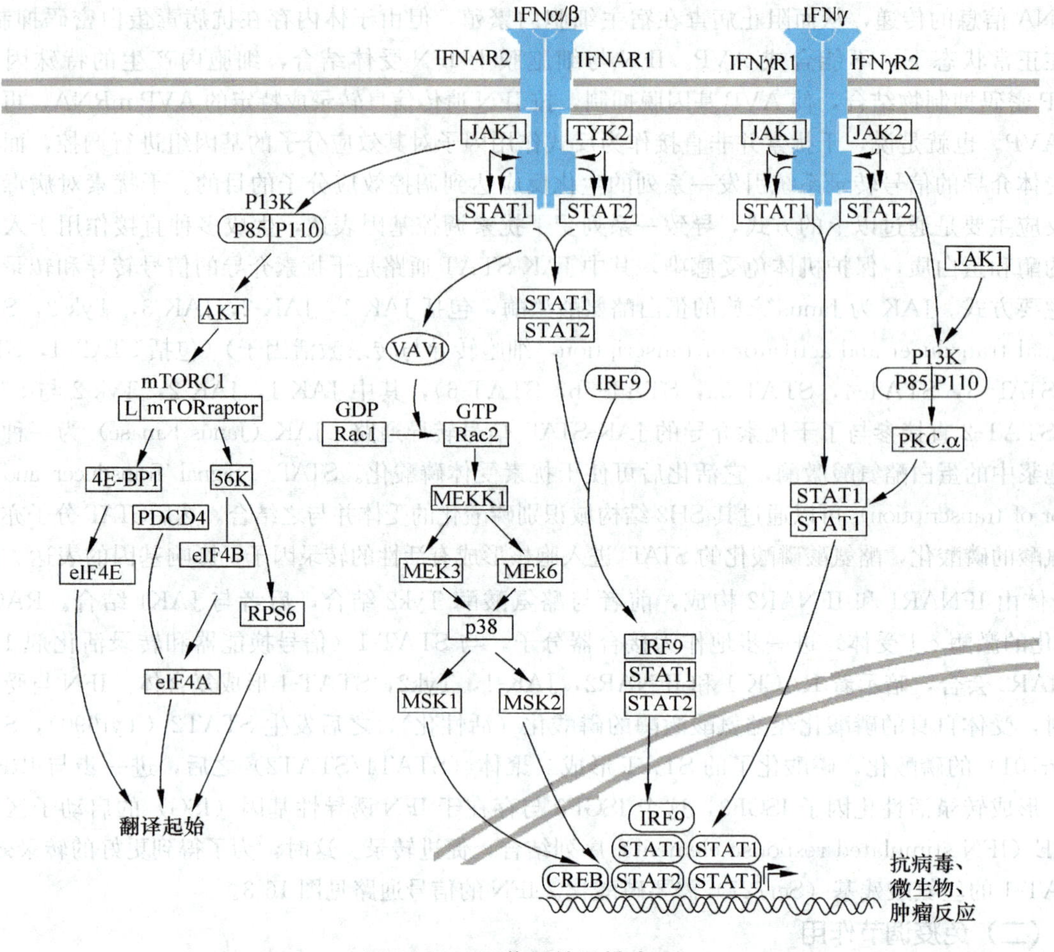

图 16-3 IFN 信号转导模式图

得到好的疗效，需对干扰素 α 进行一定的修饰，以延长半衰期。随着干扰素应用研究的进展，对天然干扰素的改造也逐渐成为一个研究热点。这些经过改造的衍生干扰素，部分已经获得批准进入临床应用，部分正在进行临床试验，还有部分仍处实验研究阶段。1986 年，FDA 首先批准干扰素 α2a 投放市场，基因工程 β、γ 干扰素也于 1990 年、1993 年相继获准投放市场。目前已有 57 个国家批准干扰素上市，治疗 30 多种疾病。国内研制开发的人工 α2a 型、α2b 型和 α1b 型基因工程干扰素已经投放市场。首个被批准的干扰素融合蛋白药物是一种治疗皮肤 T 细胞淋巴癌的融合蛋白 Ontak。Ontak 含有白喉毒素片段及 IL-2 片段。融合蛋白分子具有 3 个功能域，即靶域（与靶细胞受体结合部位），分子注射域（刺破细胞膜）及毒性域（进入细胞的作用物）。应用 IL-2 受体的导向功能治疗 CTCL 肿瘤。最早的一篇论文干扰素融合蛋白的研究论文是研究 IFN7-TNF 融合蛋白的发表于 1988 年的 *Science* 杂志。其他的干扰素融合蛋白包括：重组人血白蛋白-干扰素 α2b 融合蛋白，白介素-2/干扰素 α2b 融合基因，干扰素 α1-CB 抗菌肽融合蛋白，干扰素-脑啡肽融合蛋白，干扰素 γ-表皮生长因子 3 融合蛋白，抗 HbsAg Fab 片段和干扰素融合蛋白具有双重的生物活性，干扰素 γ-gp120 融合蛋白等等。这些融合蛋白有的结合于干扰素的 N 端，有的结合于干扰素的 C 端，但实验证明它们都保留了干扰素的抗病毒活性。这与干扰素的特殊结构和与受体的强结合能力是分不开的。

2. PEG 修饰药物技术 聚乙二醇经常选择聚乙二醇（polyethyleneglycol，PEG）作为修饰剂。1977 年，Davis 首次采用聚乙二醇修饰牛血清清蛋白。此后，PEG 修饰药物技术（PEGylation）迅速发展，并广泛应用于多种蛋白类药物和非蛋白类药物的修饰。PEG 化学修饰实际上就是在生物活性分子表面共价连接上亲水性 PEG 分子。经过 20 多年的发展，PEG 修饰药物技术已经进入了实用期。迄今，已有 6 个药物通过 FDA 批准进入市场，还有更多药物处于临床和实验室研究阶段。一般认为，经 PEG 修饰后的药物，主要有以下方面的优点：① 稳定性和延长血浆半衰期；② 降低抗原性和免疫原性；③ 降低不良反应。PEG 修饰的 IFN 见图 16-4。

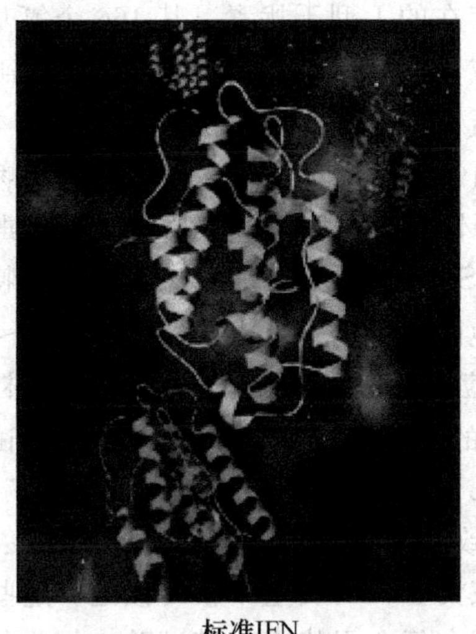
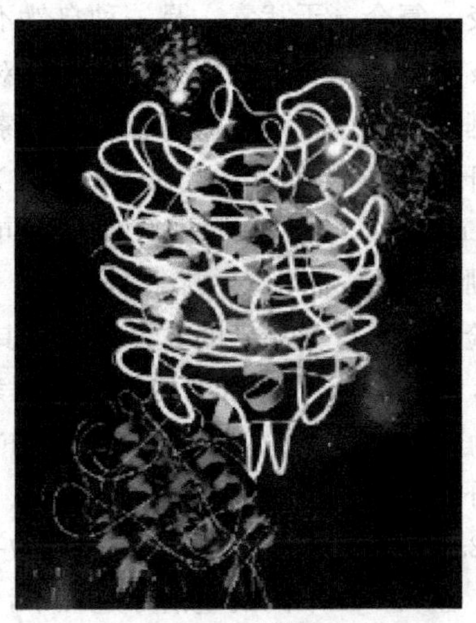

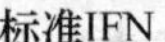

标准IFN　　PEG修饰IFN

图 16-4 PEG 修饰的 IFN 结构模式图

3. 干扰素 α2a（Pegasys） 是由 Hoffmann-Roche 公司于 2003 年研制上市的，治疗慢性乙肝有很好的疗效。如图 16-4 所示，PEG 为活化后的蛋白质修饰剂，含有两条单甲氧基 PEG 链，每条链的分子质量均为 20kD，通过两个氨基甲酸酯键连接在赖氨酸（lysine）上。PEG：-NHS 与干扰素的反应是醇与氨基的交换反应，也就是将羧酸酯键变成肽键。

4. PEG-干扰素 α2b（PEG-Intron） 在上述 Pegasys 的修饰中，聚乙二醇化修饰化学设计是使 PEG 与蛋白质之间形成稳定的连接键，以利于偶联物的纯化和长期保存，但有时 PEG 会占据或屏蔽蛋白质的活性位点而降低其活性，PEG-干扰素 α2a 产物中的活性丧失就是因为这个原因。在此种情况下，一种新的 PEG-IFN 偶联物——PEG-Intron 诞生，它由 Schedng 公司生产，用于乙肝和丙肝的治疗。其具体原理是：用蛋白质和 PEG 之间可降解的化学键改进药物动力学的半衰期，通过释放天然的干扰素 α2b 来减少活性丧失。

5. PEG-干扰素-α（位点特异的 PEG 化） 干扰素 α 有 4 个半胱氨酸（Cys）残基，Cys198 与 Cys29～138 之间形成两个分子内二硫键，没有游离状态的巯基，似乎对 Cys 进行修饰没有可能。但是随着分子生物学的发展，在不影响活性位点的情况下，应用基因工程技术或者化学手段引入游离的巯基，再进行 PEG 修饰，这就为干扰素的 PEG 化开辟了一条新的方向——位点特异 PEG 化。采用基因定点突变（site directed mutagenesis）的手段把巯基引入到蛋白质中的特定位点后，就可以用对巯基呈现一定反应活性的 PEG 修饰剂对该蛋白质进行高选择性修饰。由于蛋白质表面半胱氨酸残基数比赖氨酸残基数要少得多，因此半胱氨酸是一个很好的靶位，可以实现特异性修饰，不会像前面的两种一样产生位点异构体，只有一种 PEG 修饰产物，提高了其生物活性，同时为下一步的提纯带来了方便。此外，巯基的反应活性非常高，有利于反应的顺利进行。IFN-α 的 PEG 化经过了十几年的发展，主要经历了这 3 个过程，但前面的路还很长，出现的问题还很多，正等待着人类一个一个去解决。

三、已上市的衍生干扰素产品

(一) 复合 α 干扰素 (consensus interferon)

复合 α 干扰素简称 CIFN，系由美国 Amgen 公司所开发，于 1997 年 10 月由 FDA 批准用于治疗慢性丙型肝炎。复合 α 干扰素，是一种自然不存在的 Ⅰ 型干扰素，其 166 个氨基酸序列为经由扫描数种天然 α 干扰素的氨基酸序列后，选取对应位重复性高的氨基酸序列，得到复合 U 干扰素氨基酸序列的基本框架。为了增加复合 α 干扰素蛋白质分子的稳定性，又对另外 4 个氨基酸作了改动。复合 G 干扰素不含糖基，相对分子质量为 19 434D，与 interferonα2b 氨基酸序列有 88％的同源性，与 interferon 13 氨基酸序列有 30％的同源性。复合 c1 干扰素在体外抗病毒实验：Hela 细胞和 ME180 细胞分别用来测试干扰素对 VSV、HSV Ⅰ（Ⅰ型单纯疱疹病毒）的特异性抗病毒活性。在这些实验中，复合干扰素的体外活性为其他两种干扰素 IFNα2a 和 2b 的 5～10 倍。体外抗增殖实验中，0.01～0.1ng/ml 浓度的复合干扰素应用于 Daudi 细胞（人 Burkitt 淋巴瘤细胞），与 IFNα2a 和 2b 的结果相似。在较低浓度下，CIFN 的抗增殖活性强于 IFNγ。临床试验显示，复合干扰素可使部分慢性 C 型肝炎病毒感染患者之 ALT 浓度正常化、降低血清 HCV RNA 浓度，与传统干扰素 Ⅱ-2a、d-2b 在慢性 C 型肝炎的疗效一致。复合干扰素的治疗不良反应：最常见的是全身性“流感样”症状，在不同剂量治疗过程中，该类症状的发生率较为接近。这些症状大多发生于治疗的早期，并随时间的推移而逐渐消失。其他在复合干扰素临床试验中报告的不良反应，包括咽炎、背痛、腹痛、恶心、失眠、血细胞减少、抑郁症和神经质等。这些不良反应大多属于轻度到中度，并与其他类型 IFN 治疗过程中的反应相类似。少数接受复合 α 干扰素大剂量的患者，可有血象降低、乏力等反应而不能耐受，在适当减少剂量后能完成全程治疗。

(二) 受体结合域改造干扰素

根据中和抗体识别表位 LDPRH 直接对干扰素结合区域 A、B 环氨基酸第 31（M、D）和 32（D、P）位进行目的置换，以提高干扰素分子与受体作用的亲合性或细胞内信号传导，最终提高干扰素分子生物学活性。突变体是母体干扰素抗病毒活性的 8 倍。抗增殖活性测定显示了突变体与母体干扰素相比没有明显差异。

(三) 干扰素 α_1-CB 抗菌肽融合蛋白 (huIFNαl-CB)

CB 是自然界最强的一种抗菌肽，又称天蚕素。抗菌肽相对分子质量小，热稳定性、水溶性好，具有抗菌、抗病毒和杀伤肿瘤细胞的功能，而不破坏人体正常细胞。该融合蛋白实验结果表明抗病毒活性下降，抗菌活性未作介绍。

(四) 干扰素-脑啡肽融合蛋白 (interferon a-m and Met-Enkenpon)

融合蛋白生物活性检测表明：融合蛋白不仅具有干扰素的抗病毒、抗增殖、增强 NK 细胞功能的活性，而且具有脑啡肽的脑内镇痛作用。

(五) 干扰素 γ-表皮生长因子 3 融合蛋白 (IFN-γ-EGF3)

干扰素 γ 能够竞争性地抑制表皮生长因子 3 与受体的结合，融合蛋白的竞争抑制作用更加明显，提高了抗肿瘤细胞的增殖作用。

(六) 抗 HbsAg Fab 片段和干扰素融合蛋白 (Anti-HbsAg Fab fragment/interferon-c)

抗 HbsAg Fab 片段和干扰素融合蛋白具有双重的生物活性。

(七) 干扰素 γ-gp120 融合蛋白 (interferonγ-gp120)

融合蛋白提高了免疫系统对 HIV 病毒 gp120 的反应能力。从以上对衍生干扰素的列举中，我们可以看出：对干扰素的改造主要集中于以下几个方面：

1. 提高干扰素的稳定性 复合Ⅱ干扰素、聚乙二醇修饰干扰素、重组人血白蛋白、干扰素融合蛋白等。

2. 提高干扰素的抗病毒活性 复合 α 干扰素，受体结合域改造干扰素，白介素-2/干扰素 α2b 融合基因，干扰素 αl-CB 抗菌肽等。干扰素 γ-gp120 融合蛋白能够特异性提高对 HIV 病毒的免疫反应。

3. 提高干扰素的抗肿瘤活性 干扰素 γ 肿瘤坏死因子 p 融合蛋白，白介素-2/干扰素 α2b 融合基因，干扰素 γ 表皮生长因子 3 融合蛋白等。

4. 提高干扰素作用的靶向性 例如抗 HbsAg Fab 片段和 c 干扰素融合蛋白，抗体片段提高了干扰素作用的靶向性。目前很多细胞因子都在尝试这一研究思路。

5. 增加衍生干扰素新的功能，主要是融合蛋白 干扰素 ctl-CB 抗菌肽融合蛋白、干扰素-脑啡肽融合蛋白等。

第 4 节 重组人成纤维细胞生长因子

1974 年，Gospodarowicz 等从牛脑垂体中分离纯化出一种对成纤维细胞系 Balb/c3T3 的分裂增生具有促进效应的多肽，命名为成纤维细胞生长因子，其等电点为 9.16。后来发现脑组织中尚有另外一种与其同源性较强、功能相似但等电点为 5.16 的 FGF，故将前者命名为碱性成纤维细胞生长因子（βFGF），后者命名为酸性成纤维细胞生长因子（αFGF）。酸性成纤维细胞生长因子（hαFGF）由 154 个氨基酸残基组成，分子质量为 16kD。它与 FGF 家族中其他 22 个因子的蛋白质序列有 30%～70%的同源性。已发现 αFGF 有 5 种受体，主要通过激活酪氨酸激酶受体并与其结合，激活多种信号途径，从而发挥多种生物学活性。研究表明，huFGF 有着广泛的生物学活性，在治疗烧伤、机体缺血损伤、溃疡、神经退化变性疾病及房水分泌减少的眼科疾病等方面有着广阔的临床应用前景。

一、αFGF 及 FGFR 的结构和功能

(一) αFGF 及 FGFR 的结构

研究表明，人类 αFGF 由 154 个氨基酸组成，αFGF 的二级结构包括 12 条不平行 B 链组成的三叶草结构，组成亚结构折叠单位的 4 条链，连接为稳定的统一体。αFGF 刺激其受体的生化过程由 αFGF 酪氨酸激酶受体（αFGFR）介导。

(二) αFGFR 的活性和信号转导

αFGFR 的活性和信号转导依赖于 αFGF 诱导的二聚化作用，这个过程需要肝素的作用。αFGF 发挥作用需通过信号转导级联反应和核转位两条途径。αFGF 的生物学特性与其多肽链序列中的多个功能区域密切相关，主要的功能区包括受体结合区、肝素结合区和核转位区。

1. 受体结合区 由 αFGF 诱导的促进细胞有丝分裂活动是其在细胞表面与特异性跨膜酪氨酸激酶受体结合引起的。αFGF 与其高亲和力受体结合成二聚体，激活了受体的胞内酪氨酸激酶区，活化的激酶使磷脂酶 C 磷酸化，后者可使磷脂酰肌醇-4，5 二磷酸分解为二酰甘油和三磷酸肌醇等物质。

2. 肝素结合区 αFGF 对其受体的激活需要肝素与 αFGF 的结合。αFGF 所需的肝素结构是由特定的 αFGF-αFGFR 复合体形式决定的。肝素精细结构的变化和严格调控不但可以影响其与 αFGF 的正向及反向作用，而且可以改变 FGFs 家族成员活性增强的特异性。人类 αFGF 结合低分子肝素后，其三级结构的构象发生变化，使蛋白质溶解温度提高，结构更加稳定。此外，肝素还可抑制蛋白酶对 αFGF 的水解，从而延长 αFGF 的生物半衰期。

3. 核转位区 αFGF 的促有丝分裂作用除了通过其受体上的酪氨酸激酶活化而产生的信号转导级联反应外，还需要 αFGF 本身通过跨膜转运进入细胞核内发挥作用，通过影响 RNA 聚合酶加强核蛋白体基因的转录，以加速细胞 G_0-G_1 和 G_1-S 期的转换，促进细胞的分裂与增殖。这种核转位的过程对于有丝分裂的完成是必需的。αFGF 通过受体酪氨酸激酶的活化产生了信号转导级联反应，引起即刻早期基因 *c-fos* 的活化，并促使了 DNA 的合成，但是并不能引起细胞的分裂。αFGF 转位至细胞核后能够刺激 DNA 合成、细胞分化和增生，其作用与 αFGF 的磷酸化状态有关。αFGF 蛋白结构上存在蛋白激酶 c 的磷酸化位点，该位点的磷酸化可能是 αFGF 的活化形式，能够使 αFGF 与胞质和胞核内的物质相互作用，而肝素与 αFGF 的结合是导致 αFGF 活化的主要原因。也有人认为，外源 αFGF 向胞质和胞核的转位与磷脂酸肌醇-3 激酶的活化有关。转位除上述的过程外，还包括 αFGF 从胞核进入胞质进而转位到胞外，这个过程涉及细胞的旁分泌作用。αFGF 由于没有常规的分泌信号肽序列，使很多合成它们的细胞存在较低的释放水平。资料表明，有一种结合蛋白（HBp17）能够与 αFGF 结合，一同由细胞内转位到细胞表面的受体，进一步分泌到细胞外面。对于转位过程中确切的分子机制还有待于进一步探索。αFGF 没有信号肽，目前推断 αFGF 分泌途径主要是自分泌和旁分泌。在雌激素作用下，无论是在体内还是在体外，αFGF 的自分泌都会促进 MCF-7 乳腺癌细胞增长，同样在雌激素或他莫昔芬治疗时，旁分泌也会促进肿瘤生长。αFGF 促胃液分泌也是通过旁分泌途径，但是其具体机制有待进一步的研究。αFGF 与细胞的作用通过与酸性成纤维细胞生长因子受体（FGFR）（酪氨酸激酶受体家族）及肝素硫酸蛋白多糖（HSPG）的结合完成。首先，αFGF 与肝素结合，在 HSPG 的协助下，再与 FGFR 结合。FGFR、FGF、HSPG 形成的明显的三重复合结构对促细胞有丝分裂起着重要的作用。图 16-5 示意 FGF 的信号转导通路。

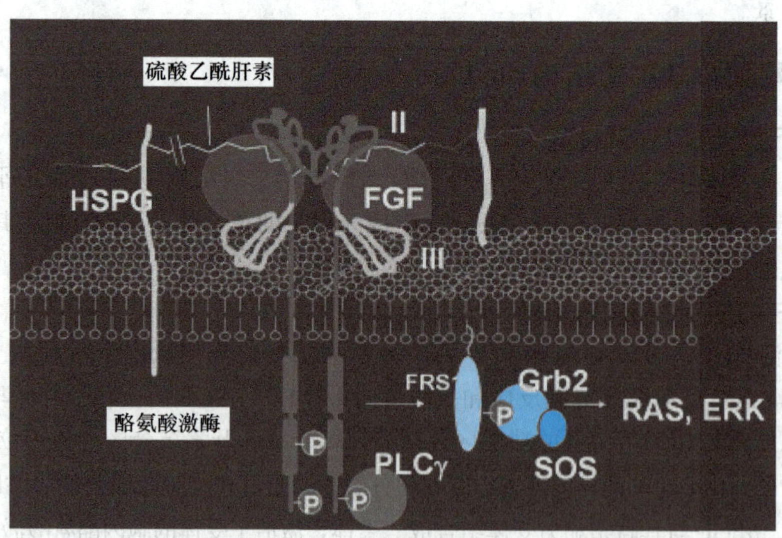

图 16-5 FGF 信号转导通路

4. αFGF 的功能区 目前的大多数研究认为，αFGF 的功能区主要包括肝素结合区、酪氨酸受体结合区和核转位区，其中核转位区对于促分裂作用极为重要，并认为 N 端 23～27 位氨基酸是控制核转位的关键氨基酸，切去此段虽然同样可以激活酪氨酸激酶并不影响上游信号分子的表达，但是并不引起 DNA 的合成和细胞的增殖和分化。但 Kiyota 等认为，αFGF 作用部位由 1 个线性肽段 99～108 位氨基酸（peptide 1）和类似环形的肽段（peptide 2）组成。肽段 1 在成纤维细胞中并不活跃，而肽段 2 具有促有丝分裂的作用，引起细胞的增殖效应。只有抑制肽段 2 才能抑制细胞的活性，表明肽段 2 的结构与 αFGF 引起的一系列的生化级联反应有着密切的关系。

5. FGFR 的结构 FGFR 是属于具有自我磷酸化活性的酪氨酸激酶（TPK）受体，过去发现的 αFGF 受体有 4 种（FGFR1-4），4 种受体氨基酸序列之间有 55%～72%的同源性，FGFR 由胞内区、跨膜区和胞外区组成，N 端带有 18～24 个氨基酸残基的信号肽和 6～9 个氨基酸的糖基化位点。FGFR 的胞外区有 3 个免疫球蛋白结构域（Ig 1～3），第 1 个结构域（D1）高度变异，对于与 FGF 的结合是非必需的，但可调节 FGFR 和 FGF 的亲和力；第 2 个结构域（D2）在 FGFR 中高度保守，尤其是其近膜端呈完全一致，是与肝素硫酸蛋白多糖（HSPG）的结合部位。王丽颖等采用Ⅰ-αFGF 自合成肽文库中筛选到 1 个 5 肽序列，其序列及立体结构和 FGFR-1 细胞胞外段第 2 个免疫球蛋白功能区上的 WTSPEKM 基序相似，推论 FGFR 上的这一基序可能是 αFGF 配体与之结合的重要结构。第 3 个结构域（D3）是与 FGF 结合的部位，各种 FGFR 结构上的高度特异性，决定着配体的结合特异性。FGFR 的跨膜段高度保守，约长 21 个氨基酸。胞内区长约 410～425 个氨基酸，包括高度变异的近膜区和酪氨酸激酶活性区，酪氨酸激酶活性区被一段 14 个氨基酸的插入序列分为两个完整的高度保守的 TPK 结构域。在 C 端有 59～69 个氨基酸是负责信号的整合区域。在 FGFR 胞内段中有 7 个氨基酸的磷酸化位点，这 7 个位点分别与不同的信号蛋白结合，是 FGF 引起生物学功能的基础。体内合成的 FGFR 具有信号肽，表明 FGFR 是可以分泌的。目前发现被分泌出胞外的 FGFR 仅有 FGFR-1 一种，且 αFGF 主要是和 FGFR-1 结合并激活该受体发挥生物学效应。游离的 FGFR 仅有胞外段，而且常有一个免疫球蛋白结构缺失，但仍然保持与 FGF 结合的能力。2001 年，Kim 等用聚合酶链反应（PCR）方法从人体胚胎 cDNA 文库中分离出含有 504 个氨基酸的蛋白，确认其是 FGFR 家族中的一员，命名为 FGFR-5。FGFR-5 与其他 FGF 受体也有很高的同源性。FGFR-5 存在于胰腺组织中，包括胞外段，1 个跨膜区，没有胞内激酶区，它不能与 αFGF 和 βFGF 结合。FGFR-5 的结构包含 3 种典型的免疫球蛋白样结构域、6 个半胱氨酸和 1 个由酸性氨基酸构成的酸盒（acid box），N 端含有 1 个分泌信号肽。目前关于 FGFR-5 结构和功能的关系的报道还比较少，估计可能参与胰腺组织的功能。

二、生物学功能

αFGF 具有广泛的生物学功能，能影响多种细胞如间充质细胞（血管内皮细胞、平滑肌细胞、心肌细胞、成纤维细胞、角化细胞），内分泌细胞（卵泡粒层细胞、肾上腺皮质细胞等），神经细胞（星形胶质细胞、少突胶质细胞、神经元等）的生长、分化及功能。由于 αFGF 具有促进损伤修复、营养和保护神经元、促血管生成等许多方面的作用而成为研究的热点。最近几年随着生物工程技术的发展，已能大批量生产重组 huαFGF 的克隆与表达，重组人 αFGF（huαFGF），并能为临床治疗提供帮助。

（一）损伤修复作用

有研究表明，αFGF 对小型猪背部全层皮肤缺损创面有明显的促愈合作用。αFGF 能够促进创面肉芽组织生长，诱导毛细血管胚芽形成与再上皮化，对创面修复有明显的促进作用。持续转染能够分泌 αFGF 的真核细胞可以保证创伤和修复组织的细胞生长。αFGF 促进损伤修复方面的作用已经得到了大量实验研究的证实，这对其进一步的研究及临床应用有非常重要的推动作用。

(二) 促血管生长作用

许多研究表明，αFGF 有非常明显的促进血管内皮细胞生长的作用。Pandit 等研究发现，αFGF 等生长因子具有显著诱导血管生成，促进体表、缺血性内脏以及脊髓神经与大脑等修复的作用。这可能对缺血性心脏病的促血管形成治疗有较大的帮助。在与其他心血管病的比较研究中，不稳定性心绞痛患者的血 αFGF 水平是显著升高的。提示在冠状动脉粥样硬化性心脏病中，αFGF 在冠状动脉侧枝生长中发挥着重要的作用。

(三) 促神经生长作用

αFGF 对多种体外培养神经元有神经营养作用，表现为促进神经元的存活和突起生长。αFGF 通过作用于海马在注射葡萄糖后对于记忆功能方面有促进作用。αFGF 的神经营养作用还表现在促进中枢和周围神经损伤后的修复，能够促进切断脊神经根的功能性再生，这更加拓宽了 αFGF 的应用范围，如在抗各种原因导致的遗忘方面，对于促进外周神经损伤的修复以促进肢体正常的功能康复方面等等，αFGF 将发挥更加重要的作用。对于糖尿病足患者，αFGF 的这种作用可望成为治疗进程中的新方法。

(四) 损伤脏器修复作用

在肠缺血、再灌注损伤导致多脏器功能损伤，野生型 αFGF 和改构型 αFGF 对脏器功能有明显的保护作用。这为预防和治疗各种原因造成的多脏器功能不全或衰竭的患者提供了新的药物治疗方案。将 αFGF 用于促进缺血性内脏损伤的修复与损伤皮肤肌肉组织的修复同时进行，使得 αFGF 的临床作用更加有独特的优越性。

(五) 修复消化性溃疡

αFGF 的作用也已经受到了广泛的重视。有实验研究表明，αFGF 可通过血管生成及内皮细胞、成纤维细胞、平滑肌细胞、胶原等增生作用而加速消化性溃疡的愈合。这些作用使得 αFGF 的作用更加广泛。

(六) 促进骨骼生长

αFGF 可刺激骨生成细胞增生和毛细血管生成。在活体实验中，αFGF 可促进骨长入多孔羟基磷灰石，使脱矿骨基质种植后新形成骨量明显增加。实验表明，αFGF 对引导性骨再生有明显促进作用，种植 αFGF 可促使大鼠颅骨缺损出现骨愈合。

三、基因工程表达 αFGF 现状

由于各实验室所用的表达载体不同，诱导表达方式各异，表达水平差异很大。1992 年之前，在大肠杆菌中表达完整的 αFGF，只能得到用 Western blot 才能检测到的微量的 αFGF。直到 1992 年 M. Zazo 设计的表达系统，不形成影响转译起始位点的稳定的发夹环结构，才首次在大肠杆菌中表达了完整的 αFGF。近年来，为了进一步改善 αFGF 的生物学活性、提高产物的表达效率及增加表达产物的稳定性，一些实验室构建了许多改良的重组表达系统在酵母、哺乳动物表达系统中，也成功地表达了分泌型和非分泌型的 αFGF，但产量很低，仅限于研究。在国内，1993 年军事医学科学院曾报道了人的 αFGF 在大肠杆菌中的克隆和表达，表达量为 5mg/L 发酵液；1997 年白求恩医科大学基础医学院也成功地在大肠杆菌中表达了人的 αFGF；1999 年成都倍菲生物工程有限公司与华西医科大学附属第一医院联合报道了人的 *αFGF* 基因在大肠杆菌中的表达尽管获得重组 hαFGF 活性蛋白的难度较大，但随着高效表达系统的构建，分离纯化方法的改进，人们还是成功地获得了活性与天然 hαFGF 接近的重组 hαFGF，并且表达量不断增加。

四、αFGF 用于临床应注意的问题

αFGF 是多种类型细胞的丝裂原，通过激活受体而实现促进神经生长、血管生成、损伤修复的生物效应。但值得注意的是，αFGF 与癌变关系的研究提示，这一些癌基因产物与 αFGF 同源，某些肿瘤细胞，如胶质细胞瘤、黑色素瘤、横纹肌肉瘤等可自分泌 αFGF，促进肿瘤生长。推测肿瘤组织中血管生长活跃、细胞破坏可能与 αFGF 有关。在临床应用中 αFGF 的剂量效应作用不可忽视：一方面，αFGF 剂量增加可促进侧支循环增加血液灌注；另一方面，新生血管壁的高通透性可能因高浓度的 αFGF 与胞内其他因子协同作用，促成原生质组分穿过血管壁造成渗漏，要 αFGF 有效发挥作用必须在这二者之间找到平衡。治疗效果的稳定性也是值得关注的问题。由于大多数研究都是在 αFGF 作用后短期内解剖学、组织学观察到的结果，几乎没有对其进行长期跟踪研究的报道，所以进一步的观察、研究还有待继续。αFGF 是通过与其受体结合启动信号转导机制从而诱导多种细胞分化与增生的。αFGF 在治疗心绞痛方面的作用，以及在创伤修复中通过血管再生来治疗创面，其分子生物学方面等的机制研究，还有待于进一步地完善。深入研究其特定结构、结构与功能的关系、信号转导通路及机制、基因的调控等等，优化 αFGF 的结构功能，以期在临床应用中使 αFGF 的作用得到最大限度的发挥，并使其负面作用得到最大程度的限制或避免，这是今后对 αFGF 研究的重要方向之一。目前，在促进损伤组织再生与修复以及抑制瘢痕方面，国内外对于 αFGF 与其他促进损伤修复因子不同作用的比较研究还不多。因此，αFGF 在促进损伤愈合方面的确切疗效；αFGF 促进创面愈合在临床应用的量效关系；αFGF 与其他药物在临床应用中的异同；αFGF 组织工程皮肤的应用及其抑制瘢痕增生方面的作用，将是我们现在和未来研究的重点。

从应用前景看，αFGF 相比以往促进组织生长的多种药物已展现出其独特的优势，有望更加广泛地应用于临床。随着对 αFGF 研究的深入，相信在更多的医学专科中，αFGF 将得到更加有效的运用并且发挥更好的作用。

第 5 节 重组人粒细胞巨噬细胞集落刺激因子

集落刺激因子（colony stimulating factors，CSFs）能调节造血细胞的生长和分化，是一类糖基化蛋白，包括粒细胞巨噬细胞集落刺激因子（granulocytemacrophage-colony stimulating factor，GM-CSF 或 CSFα）、粒细胞集落刺激因子（granulocyte colony stimulating factor，G-CSF 或 CSFp）、巨噬细胞集落刺激因子（macrophage-colony stimulating factor，M-CSF 或 CSF-1）以及多重集落刺激因子（multicolony stimulating factor），亦即白细胞介素-3（interleukin-3，IL-3）。在人体中，产生这些因子的细胞来源不同，它们的生理功能也有差异。人粒细胞巨噬细胞集落刺激因子（human granuloeyte macrophage-colony stimulating factor，huGM-CSF）是一种刺激粒细胞和巨噬细胞增殖、成熟和分化的糖蛋白，它是一种造血生长因子，能提高机体的免疫能力。随着对人粒细胞巨噬细胞集落刺激因子研究的深入，huGM-CSF 生理生化功能、分子生物学特征以及临床应用价值也被广泛认知。

一、人粒细胞巨噬细胞集落刺激因子的分子生物学特征

（一）人粒细胞巨噬细胞刺激因子的结构和功能

天然人粒细胞巨噬细胞集落刺激因子含有 4 个半胱氨酸组成的二硫键，第 54 位半胱氨酸和第

96 位半胱氨酸形成 1 个二硫键，第 88 位半胱氨酸和第 121 位半胱氨酸形成另 1 个二硫键。二硫键的结构对维持人粒细胞巨噬细胞集落刺激因子的生物活性是必需的。人粒细胞巨噬细胞集落刺激因子二级结构是由两个反向平行的 D 折叠结构和 4 个口螺旋结构组成的球形分子，其中 a 螺旋结构对维持人粒细胞巨噬细胞集落刺激因子的生物活性是必需的，任何 a 螺旋部位的突变都会引起人粒细胞巨噬细胞集落刺激因子生物活性的降低。X 射线的衍射结果表明，4 个 a 螺旋紧密折叠在一起，占整个结构的 42%，而 N 端和 C 端部分氨基酸游离在人粒细胞巨噬细胞集落刺激因子的空间结构之外，第三个螺旋 C 与羧基末端形成“穿线”的拓扑学结构。人粒细胞巨噬细胞集落刺激因子整个结构的稳定性依赖以下 4 个方面的因素①huGM-CSF 本身的疏水结构；②分子内二硫键对空间结构的稳定作用；③N 端游离的氨基酸（1～13）和 C 端游离的氨基酸（122～127）对延长粒细胞巨噬细胞集落刺激因子半衰期的潜在作用；④Ⅳ-糖基化对 huGM-CSF 半衰期的潜在作用。用人工固相合成多肽技术，对人粒细胞巨噬细胞集落刺激因子一级结构人为制造突变和缺失。研究表明，缺失 1～13 的 N 末端；13 个氨基酸和 122～127 的 C 末端 6 个氨基酸对其造血活性无影响，表明这些区域的氨基酸缺失不会影响人粒细胞巨噬细胞集落刺激因子高级结构。仅 N 末端的 53 个氨基酸（1～53）或 C 末端的 74 个氨基酸（54～127）多肽片段均无生物活性；缺失 C 端亲水区和 2 个半胱氨基残基的多肽片段（14～96）仅有很弱的活性，揭示 97～121 之间的结构对于维持 huGM-CSF 的造血活性以及其他生物功能是必需的，推测 1～96 多肽片段含有与受体结合的部位，而 97～121 之间的氨基酸对于稳定1～96 多肽片段与受体结合起着较重要的作用。由于多肽片段 16～121 的生物学活性只是 14～121 片段的 1/5，而 19～121 片段是 16～121 片段生物学活性的 1%，这表明第 16、17、18 这 3 个氨基酸碱基在维持 huGM-CSF 生物学活性中起着十分重要的作用。此外还观察到多肽 14～96 的生物学活性较1～96 片段高，因此认为 N 端的 13 个氨基酸的存在对 GM-CSF 与靶细胞表面的受体结合可能有干扰作用。但 N 末端前 13 个氨基酸对延缓人粒细胞巨噬细胞刺激因子在体内的半衰期起作用。第 38～48 和第 95～111 两个区域的氨基酸是形成造血活性必需的，这些区域具有二硫键形成的环，易形成两亲的螺旋结构倾向。通过竞争结合试验表明这两个区域是 GM-CSF 与受体结合的部位。GM-CSF 的 21 位氨基酸对维持人粒细胞巨噬细胞刺激因子生物功能是必需的，GM-CSF 刺激细胞增殖等功能依赖高亲和性的人粒细胞巨噬细胞刺激因子受体存在。而 Gln20 替换成 Ala20 的 GM-CSF 生物活性差异不明显，提示 Gln20 不是构成受体结合部位的重要残基。Brown 等对 GM-CSF 有中和活性的 MAb213 和 MAb221 与不同人/鼠嵌合 GM-CSF 分子反应的表位分析，结果表明：MAb213 识别 94～100 位的氨基酸，MAb221 识别 40 位和 100～111 位的氨基酸。运用 15 株抗 huGM-CSF 杂交瘤 MAb 对 huGM-CSF 分子的表位进行分析，结果表明 15 株 MAb 共识别 48 种表位，其中 4 个表位与生物学活性有关，针对这 4 个表位的 McAb 可中和人 GM-CSF 的生物学活性和阻断 GM-CSF 与靶细胞表面受体的结合，而无中和活性的 McAb 中仅有一株对 51-GM-CSF 与受体的结合有部分阻断作用。进一步应用 McAb 与人工合成多肽或人/鼠嵌合的 GM-CSF 分子反应分析表明，被 MAb 识别的 8 种表位中有 7 种表位主要分布于 40～47，78～94，110～127 这 3 个区域。Seelig 等应用合成多肽（110～127）免疫兔后获抗（110～127）多肽的独特型抗体。由于此抗体能阻断 51-GM-CSF 与受体的结合，所以推测 110～127 是组成与受体结合的重要部位。图 16-6 为 mCSF 结构示意图。

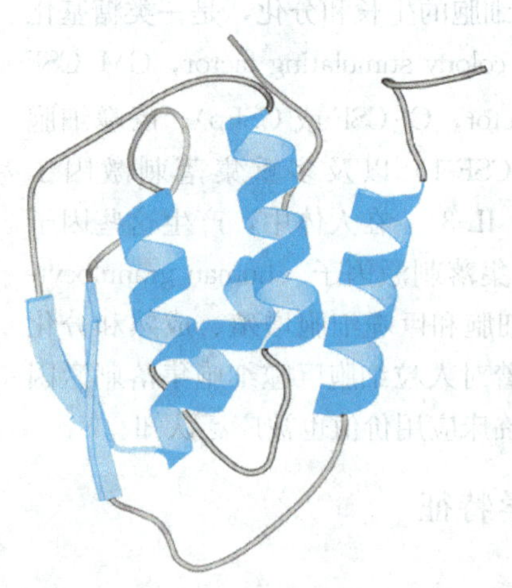

图 16-6 mCSF 结构示意图

(二)人粒细胞巨噬细胞集落刺激因子的信号转导

关于 huGM-CSF 的信号传导途径已经有以下认识,huGM-CSF 两个主要的信号传导途径分别是通过活化 *c-fos*、*c-jun* 基因以及 *c-myc* 基因起作用。huGM-CSF 受体由 α 和 β 两个亚基构成,属于细胞因子受体超家族。在 hGM-CSF 刺激以后可以观察到 p 亚基酪氨酸残基的磷酸化和几个胞内蛋白的出现。用 BA/F3 细胞表达人粒细胞巨噬细胞刺激因子受体基因(huGMR)表明,huGMR 的 β 亚基中 544~589 氨基酸区是 c-los 活性所必须的,其中只有 1 个酪氨酸残基(Tyr)的 JAK2 激酶是 huGM-CSF 信号 c-fos,c-myc 传导途径中最重要的激酶。在 huGM-CSF 信号传导途径中,Grb2/Ash 作为 1 个接头分子而起作用。Odai 等通过谷胱甘肽 S。转移酶融合蛋白结合实验对用 huGM-CSF 或 EPO 刺激后的人白血病细胞系 UT-7 进行研究,发现了 Shc 及一种未鉴定过的 130kD、135kD 蛋白分子的酪氨酸残基发生磷酸化,并与 Grb2/Ash 相结合。进一步研究发现这个 130kD 的蛋白质(ppJ30)是 c-cbl 原癌基因的产物(c-cbl),它与 Grb2/Ash 的 SH3 结构域结合,可能是通过不同于 Ras 信号途径的另一条信号通路而起作用。

人粒细胞巨噬细胞集落刺激因子 mRNA 半衰期大量研究表明,huGM-CSF mRNA 的半衰期在不同的组织中差异很大。在体内,新生儿脐带血中 GM-CSF mRNA 半衰期只有 30min,而在成人外周血单核细胞中 GM-CSF mRNA 的半衰期大约是 100min。huGM-CSF mRNA 的 3′—非翻译区 AU 丰富的区域对 huGM-CSF mRNA 的稳定性有很大影响,能与 AUFI 和 AUBF 等蛋白结合,调节 huGM-CSF mRNA 的降解速率。AU 丰富的元件(ARE)和多聚腺苷酸尾部对 huGM-CSF mRNA 的翻译有抑制作用,但 huGM-CSF mRNA 的 5′非翻译区有解除这种抑制作用,对 GM-CSF mRNA 的翻译起着一种正调节的作用,整个完整的 5′非翻译区对保持这种功能非常重要。非翻译区只有最大翻译量的 50%~60%。完整的 5′-3′-UTR 的 AUUUA 元件对 huGM-CSF mRNA 的半衰期影响很大,3′-UTR 的 AUUUA 元件突变的能够提高 huGM-CSF mRNA 的半衰期 2~3 倍。huGM. CSF mRNA 的寿命可以通过在细胞培养液中加入离子载体来调节,外加放线菌素 D 可以提高 huGM. CSF mRNA 的寿命,使 poly(A)尾巴延长,引起翻译的抑制。Y 盒结合因子(YB-1)通过与 huGM-CSF mRNA 的 3′-非翻译区的 ARE 作用,能够提高嗜伊红血球中 huGM. CSF mRNA 的稳定性,不同的细胞调节 huGM-CSF mRNA 的半衰期机制有差异,但都是通过对 GM-CSF mRNA 的 3′翻译区起作用。

(三)人粒细胞巨噬细胞集落刺激因子的生理生化功能

1. 增强细胞的生存能力,缺失辅助细胞分泌产生的生长因子时,体外培养骨髓细胞或者纯化的造血前体细胞半衰期仅为 9~24h,相比之下,当生长因子存在时,体外培养前体细胞就能恢复正常生长。体外培养中性粒细胞、单核细胞、巨噬细胞的正常生长都依赖于粒细胞巨噬细胞集落刺激因子的加入,来自生长因子依赖型细胞株的实验表明,huGM-CSF 是维持葡萄糖的转运和 ATP 水平所必须的,维持细胞生长,促进细胞增殖,但维持细胞生长与促进细胞增殖的作用机制是不同的。

2. 抑制细胞凋亡 huGM-CSF 具有阻止多种细胞凋亡的能力。Sweeney 等研究表明,huGM-CSF 和血小板激活因子(PAF)和 FMIY 介导的嗜酸性粒细胞对明胶包被塑料板的黏附性,而长期培养则只增加由 FMLP 介导的黏附。huGM-CSF 通过增加嗜酸性粒细胞黏附分子的表达,增强跨膜信号和黏附反应,提高嗜酸性粒细胞对炎症部位血管内皮的吸附能力,并且促使它们迁移到炎症部位聚集,增强嗜酸性粒细胞的生理功能。

(四)人粒细胞巨噬细胞集落刺激因子的表达

人粒细胞巨噬细胞集落刺激因子由 T 细胞、内皮细胞、上皮细胞、成纤维细胞、肥大细胞、

B细胞和巨噬细胞等细胞分泌，通过与粒细胞及单核巨噬细胞系静体细胞表面的特异性受体结合，促进其增殖分化，产生中性粒细胞、嗜酸性粒细胞及单核巨噬细胞。它与高浓度红细胞生成因子有协同作用，促进红细胞的活力。在正常的生理条件下，造血细胞产生的人粒细胞巨噬细胞集落刺激因子量很少，但在诱导剂的刺激下，人粒细胞巨噬细胞集落刺激因子基因表达水平大幅提高，刺激淋巴细胞的增殖分化，产生应激反应。

二、人粒细胞巨噬细胞集落刺激因子的临床应用

（一）huGM-CSF在细胞感染诊断中的作用

huGM-CSF与中性粒细胞表面的人粒细胞巨噬细胞集落刺激因子受体结合后产生生物效应，调节机体粒系祖细胞增殖、分化和成熟，并加强成熟粒细胞功能。感染刺激产生的huGM-CSF在特异性诱导骨髓产生粒细胞快速生长分裂时，又激活中性粒细胞，促其向炎症部位趋化聚集，增强对病原体的调理吞噬功能，加强抗体依赖型细胞介导的细胞毒作用。此时，huGM-CSF不仅仅是感染指标，而以一种细胞因子参与机体非特异免疫反应。细菌感染时，肝细胞反应性合成急性相蛋白c反应蛋白（CRP），使血清CRP浓度增高，在细菌感染后24～48h血清CRP水平才能达高峰，但CRP半衰期仅5～7h，敏感性较差。在临床工作中，外周血白细胞、中性粒细胞也是检测细菌感染的常用指标。但外周血白细胞、中性粒细胞除在细菌感染时升高外，在应激状态下也会升高，影响检测结果的准确性。诊断细菌感染的标准方法是细菌分离培养，但细菌学检查需时长，使用抗生素后阳性率很低。相比之下，血清huGM-CSF对判断有无细菌感染具有更高的敏感性和准确性。

（二）人粒细胞巨噬细胞集落刺激因子的临床治疗作用

在临床上，人粒细胞巨噬细胞集落刺激因子主要用于骨髓增生异常综合征、再生障碍性贫血以及骨髓移植、癌症化疗、艾滋病等原因引起白细胞或粒细胞减少症的辅助治疗，能诱导早期红细胞、巨核细胞和嗜酸性粒细胞的增殖，增强中性粒细胞的细胞毒作用，提高机体抗肿瘤和感染的免疫力。

三、人粒细胞巨噬细胞集落刺激因子转基因表达研究

（一）大肠杆菌和酵母中的表达研究

将成熟huGM-CSF编码区克隆到分泌表达载体pIN-Ⅲ-ompA3中，在脂蛋白启动子和乳糖操纵子的控制下，表达出相对分子质量M_r为14kD的huGM-CSF蛋白，具有完全的生物活性。DEAE-葡聚糖纤维素色谱分析和反相HPLC纯化蛋白，N端测序分析表明，信号肽能够完全切除。大肠杆菌不同菌株对huGM-CSF的表达也是有影响的。从含有表达载体pBZY大肠杆菌BL21中选择K1、K2、K3、M和P 5个株系，对生长速率、表达水平、质粒的稳定性和蛋白提取的难易等方面进行比较发现，虽然这5个株系在生长速率方面没有差异，但在质粒的稳定性方面显示差异，K2和K3株系的稳定性明显比株系P要差，但表达量都比较高，超过可溶性总蛋白的20%。大肠杆菌生产的huGM-CSF虽然缺乏糖基化，但刺激7d和14d人骨髓细胞的增殖效果与人胎盘提取huGM-CSF完全相同。进一步分析表明，它的构象和天然蛋白的构象完全相同。细菌生产的huGM-CSF加大了FMLP诱导的超氧化物产生和溶解酵素分泌，也能刺激中性粒细胞产生抗体依赖的细胞毒性和噬菌作用。目前，大肠杆菌生产的重组人粒细胞巨噬细胞集落刺激因子已经在临床广泛应用。大肠杆菌生产的huGM-CSF经过纯化后，再用合适的条件还原，链内二硫键重新形成，能够形成与天然相同的构象，用成人骨髓细胞进行生物活性分析表明，具有完全生物活性。

在甘油醛-3-磷酸脱氢酶启动子的控制下，用甲醇酵母来生产 huGM-CSF，选择高的生产株系进行摇瓶培养和批培养，能够长时间使生长的速率保持在 0.2h，在培养 34h 收获能获得生物产量达到 98g DCW/L，产物和生物量（biomass）的比值大约是 2.5mg/g（DCW），最终能获得 250mg/L 产量和高的体积比生产率 7.35 mg/(L·h) 在酵母中表达的 huGM-CSF 分子质量大约是 15.6kD，Western 杂交证实，在 20kD 处也有一个微弱的带。15.6kD 处蛋白大约有 14%没有被糖基化。用人脐带血细胞增殖实验表明，活性跟实验用的剂量是密切相关的。在酵母中生产 huGM-CSF，糖基化和非糖基化的蛋白也可能同时存在。点突变实验表明，糖基化的蛋白既有Ⅳ位点的糖基化，也存在 D 连接的糖基化形式。无论糖基化和非糖基化，它们的生物活性是没有差异。因为 huGM-CSF 因子容易被酵母 KEX2 蛋白酶降解，所以将成熟蛋白 23、24 位的氨基酸 Arg-Arg 突变成 Leu-Arg，这种点突变能显著提高蛋白的积累，也能提高其生物活性。酵母表达的 huGM-CSF 是糖基化的，它相对分子质量与天然 huGM-CSF 不同，糖基化的位点也不相同。大肠杆菌表达的 huGM-CSF 第一位常常是甲硫氨酸，比天然的少 6 个氨基酸，而且没有糖基化。这些差异导致它们的药代谢动力学、生物活性和免疫原性有差异，32 个临床病例表明，用大肠杆菌生产的 huGM-CSF 治疗病人产生不良反应报告的水肿、呼吸困难、发烧、肌痛、骨痛/关节痛的频率分别是 8.3%、13.4%、21.7%、16%和 14.3%，而酵母分别是 18.4%、55.2%、40.7%、28.5%和 12.5%。

（二）人粒细胞巨噬细胞集落刺激因子融合蛋白的表达研究

目前在大肠杆菌和酵母中生产 huGM-CSF 与其他细胞因子形成的融合蛋白成为研究的热点。其中研究得最为深入的有两种，一种是 huGM-CSF/IL-3 融合蛋白：另一种则是 huGM-CSF/EPO 融合蛋白。由于 huGM-CSF 与 IL-3 有类似的生物学活性，它们的基因在人体细胞染色体上紧密连锁，都位于第 5 对染色体上，并且共享同一条信号传导受体链，因而两者连接构成的融合蛋白有可能会产生协同效应。huGM-CSF/IL-3 融合蛋白在酵母中表达被纯化后，能与各自的细胞受体相结合，而且结合的亲和力、增殖能力、造血能力比单个的 IL-3 和 huGM-CSF 都要高。用 HL-60、JM-1、AML-193 和 KG-1 细胞系研究证实，huGM-CSF 和 IL-3 在融合蛋白中保持各自天然构象，生物活性比单个 huGM-CSF 和 IL3 因子要强。美国西雅图 Immulex 公司首先研制成功酵母表达的 huGM-CSF/IL-3 融合蛋白，起名 Pixy321，其 N 一端为 huGM-CSF，C 端为 IL-3，中间有 15 个氨基酸的连接肽，以保证融合蛋白中 huGM-CSF 和 IL-3 肽链各自折叠成天然的二级和三级结构，从而能正确发挥生物活性。Pixy321 对 BFU-E，CFU-GM 和 CFU-GEMM 的促生成作用是单独或联合使用 huGM-CSF 及 IL-3 的 10 倍到 20 倍。Pixy321 对人巨核细胞集落的形成具有更强的刺激作用。它还能对阿拉伯糖胞苷引起的人急性髓白血病细胞的凋亡具有促进作用。Grant 等研究了 Pixy321 在防护射线方面的作用，研究结果表明 Pixy321 在体外对人骨髓造血祖细胞具有很强的防射线保护作用，如果同时加入 PK-C 活化子（如：PDBu 或 Bryostatin）则会选择性增加对非嗜酸性克隆（如嗜中性粒、单核巨噬细胞或混合嗜中性粒、巨噬细胞克隆）的保护作用。Coscarella 等运用 DNA 重组的方法得到人 huGM-CSF-EPO 重组基因，并制备了重组蛋白。表达载体中使用鼠 CMV 启动子，并在中国仓鼠（CHO）细胞中获得了杂交蛋白的表达。纯化得到杂交蛋白并对其生物活性进行了测定，huGM-CSF-EPO 杂交蛋白对于依赖 EPO 和依赖 huGM-CSF 生长的细胞系均具有促生长和增殖的作用。在人造血前体细胞培养基中添加杂交 huGM-CSF-EPO 蛋白，进行克隆形成实验，研究结果表明杂交蛋白在介导红细胞分化方面比等摩尔的混合 huGM-CSF 和 EPO 更为有效。也有人将 *huGM-CSF* 与 *G-CSF* 基因连接在一起，表达的融合蛋白 huGM-CSF/G-CSF 相对分子质量约为 40kD，入骨髓细胞培养实验证明融合蛋白具有刺激细胞生长的活性，融合蛋白的集落形成单位比同等摩尔数量的huGM-CSF和G-CSF要高，说明融合蛋白具有GM-CSF和G-CSF的生物功能。

（三）人粒细胞巨噬细胞集落刺激因子在动物细胞中表达研究

对huGM-CSF在昆虫中表达也有深入的研究。通过病毒感染草地夜蛾（Sf9）细胞，表达的huGM-CSF分子质量有3条明显的带（14.5、15.5和16.5kD），这3种形式的重组蛋白都具有生物活性，经去糖基化处理后，出现单一14.5kD的带，表明信号肽能够被正确切除。Au等转化的Sf9细胞在第三天测定表达量可以达到2.1×10^6U/ml。家蚕表达的重组huGM-CSF生物活性可以达到4.3×10^6U/ml（家蚕幼虫的淋巴液）。SDS-PAGE电泳分析表明，产物在15、18和20kD处有明显的带。淋巴液中纯化的huGM-CSF产量可以达到2.92×10^7U/mg，等电点是5.5～5.7。将融合6个组氨酸（6×his）序列的*huGM-CSF*基因插入杆状病毒转移载体pBacPAK8中得到杆状病毒重组转移载体pBacPAKHis-GM-CSF，pBacPAKHis-GM-CSF DNA与线性化病毒BmBacPAK6 DNA共转染BmN细胞，获得了表达rhuGM-CSF融合蛋白的重组病毒vBacPAKHis-GM-CSF。

第6节 白细胞介素

白细胞介素（interleukins，IL）是非常重要的细胞因子（cytokines）家族。20世纪70年代末以来，随着分子生物学技术的发展，利用cDNA克隆化技术，一个又一个的细胞因子结构被阐明，利用外源基因表达技术，可获得大量的重组细胞因子纯品，使细胞因子的功能研究获得明确的结果。在短短的十几年时间内，细胞因子研究领域获得惊人的成果，分子克隆成功并阐明结构与功能的细胞因子已达数百种，有上百种重组细胞因子在进行临床研究。治疗肿瘤，感染，造血功能障碍等疾病。目前发现的IL已达33种，其中不少IL或其抑制剂已被批准作为药物正式上市，有些也已进入临床研究。

一、种类和结构

（一）IL的命名

在1979年第二届淋巴因子的国际会议上，将介导白细胞间相互作用的一些细胞因子命名为IL，并以阿拉伯数字排列，如IL-1，IL-2，IL-3。以后不断有新的IL被命名，迄今已被命名到IL-33。许多IL不仅介导白细胞相互作用，还参与其他细胞的相互作用，如造血干细胞，血管内皮细胞，纤维母细胞，神经细胞，成骨和破骨细胞等的相互作用，在机体的多系统中发挥作用。

（二）IL的结构

绝大部分IL为小分子的分泌型多肽，少数能以膜结合的形式存在于细胞表面。从肽链结构来看。多数为单链结构，少部分为同源双体结构，如IL-5、IL-8、IL-10等，而IL-12、IL-23。IL-27等的结构比较特殊，为异源双体结构，两条肽链分别由不同的基因编码。从化学结构来看，绝大部分为糖蛋白，含有不同程度的糖基侧链，但体内外生物活性研究证明，多数IL的糖基不影响发挥其功能。因而，大肠杆菌表达的重组细胞因子可取代天然来源的细胞因子用于结构和功能研究及临床治疗应用。实验表明，IL的糖基与它们的体内半衰期有较密切的关系。从一级结构来看，不同的IL在氨基酸序列上有很大的差异，但它们的基因调控序列却有许多共同之处，这表明它们的基因表达受某些共同的因素调节。从染色体定位来看，一些IL的基因是连锁的，如IL-3、IL-4、

IL-5、IL-9、Il-13等都位于第5对染色体长臂上，它们的缺失可能与某些白血病及造血功能不良的疾病有关。

细胞因子需与细胞表面的细胞因子受体相结合后才能发挥效应。近年大多数细胞因子受体基因已克隆化成功，对其结构和信号传递也已有初步的了解。细胞因子受体与其他膜表面受体一样，均由3个功能区组成，即膜外区（IL结合区），跨膜区（疏水性氨基酸富有区）和膜内区（信号转导区）。细胞因子受体存在有单链，双链或3链不同形式的结构。最近的研究发现，一些细胞因子受体共同使用同1条多肽链，如IL-3，IL-5和GM-CSF共同使用同一B链，IL-2、IL-4、IL-7、IL-9、IL-15等共同使用同一IL-2受体链；IL-6、IL-11、G-CSF、LIF、抑瘤素和睫状神经营养因子共同使用同一gp130蛋白（CD130）的受体链。

二、生物学活性

作为细胞因子之一的IL具有非常广泛的生物学活性，包括促进靶细胞的增殖和分化，增强抗感染和细胞杀伤效应，促进或抑制其他细胞因子和膜表面分子的表达，促进炎症过程。影响细胞代谢等。细胞因子的这些作用具有多相性和网络性的特点，即每种细胞因子可与多种免疫细胞或非免疫细胞作用，每种免疫细胞可受多种细胞因子的调节，不同细胞因子之间具有相互协同或相互制约的作用，细胞因子本身受到体内多种因素的影响，由此构成了复杂的细胞因子免疫调节网络。在行使功能时具有高效性的特点，极微量（pmol）水平即可发挥生物学效应，自其产生细胞分泌出来后，一般只作用于邻近的靶细胞，这种作用称为旁分泌（paracrine）；或者作用于自身产生细胞，称之为自分泌（autocrine）。细胞因子的作用是一时性的，一般只在局部发挥作用，因此它与内分泌细胞产生的激素作用于远处靶细胞的方式是不相同的。不过，在临床上用重组细胞因子治疗疾病时，由于使用了药理剂量的细胞因子，它也可随血流分布全身，发挥药理学作用。

（一）免疫应答

免疫细胞之间存在错综复杂的调节关系，细胞因子是传递这种调节信号的必不可少的信息分子。例如在T-B细胞之间，T细胞产生IL-2，4，5，6，10，13，干扰素等细胞因子刺激B细胞的分化，增殖和抗体产生；而B细胞又可产生IL-12调节Th1细胞活性和CTL活性。在单核巨噬细胞与淋巴细胞之间，前者产生IL-1，6，8，10等细胞因子促进或抑制T、B、NK细胞功能；而淋巴细胞又产生IL-2，6，10，巨噬细胞移动抑制因子（MIF）等细胞因子调节单核巨噬细胞的功能。许多免疫细胞还可通过分泌细胞因子产生自身调节作用。例如T细胞产生的IL-2可刺激T细胞的IL-2受体表达和进一步的IL-2分泌，Th1细胞通过产生干扰素抑制Th2细胞的细胞因子产生，而Th2细胞又通过IL-10、IL-4和IL-13抑制Th1细胞的细胞因子产生。研究细胞因子IL的免疫网络调节，可以更好地理解完整的免疫系统调节机理，有助于指导细胞因子作为生物应答调节剂（BRM）有临床治疗免疫性疾病中的应用。如IL-2和IL-12刺激NK细胞与CTL的杀肿瘤活性等。与抗体和补体等其他免疫效应分子相比，细胞因子的免疫效应功能特点是作用强，持续时间短，在抗肿瘤，抗细胞内寄生感染，移植排斥等功能中起重要作用。IL的免疫应答见图16-7。

（二）促进炎症反应

炎症是机体对外来刺激产生的一种病理反应过程，症状表现为局部的红肿热痛，病理检查可发现有大量炎症细胞如粒细胞，巨噬细胞的局部浸润和组织坏死。在这一过程中，一些细胞因子起到重要的促进作用，如IL-1，IL-6，IL-8，TNFα等可促进炎症细胞的聚集，活化和炎症介质的释放，可直接刺激发热中枢引起全身发烧，IL-8同时还可趋化中性粒细胞到炎症部位，加重炎症症状。在许多炎症性疾病中都可检测到上述细胞因子的水平升高。用点，极微量（pmol）水平即

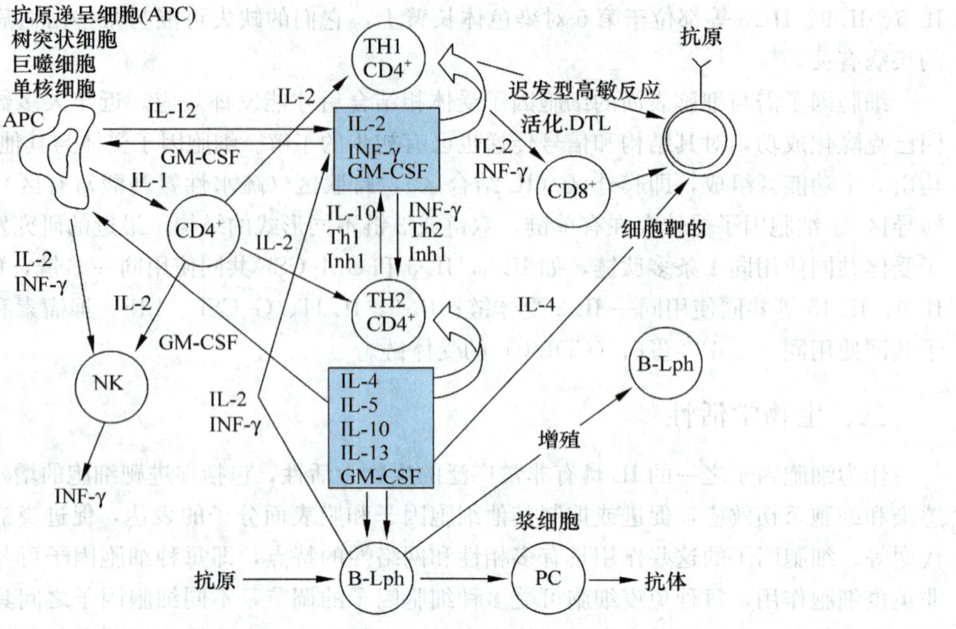

图 16-7　IL 的免疫应答

可发挥生物学效应，自其产生细胞分泌出来后，一般只作用于邻近的靶细胞，这种作用称为旁分泌（paracrine）；或者作用于自身产生细胞，称之为自分泌（autocrine）。细胞因子的作用是一时性的，一般只在局部发挥作用，因此它与内分泌细胞产生的激素作用于远处靶细胞的方式是不相同的。不过，在临床上用重组细胞因子治疗疾病时，由于使用了药理剂量的细胞因子，它也可随血流分布全身，发挥药理学作用。

（三）刺激造血功能

从多能造血干细胞到成熟免疫细胞的分化发育过程中，每一阶段都需要有细胞因子的参与。研究表明，SCF 和 IL-3 是作用于最早阶段造血干细胞的细胞因子，GM-CSF 作用稍晚阶段的髓系造血祖细胞，G-CSF 作用于粒细胞系造血细胞，M-CSF 作用于单核系造血细胞。此外，促红细胞生成素（erythropoietin，Epo）作用于红系造血细胞，IL-7 作用于淋巴系造血细胞，血小板生成素（TPO），IL-6，IL-11 作用于巨核系造血细胞等，由此构成了细胞因子对造血系统的庞大控制网络。某种细胞因子缺陷就可能导致相应血细胞的缺陷，如肾性贫血病人的发病就是肾脏产生 Epo 的缺陷所致，正因如此，应用 Epo 治疗这一疾病收到非常好的效果。目前多种刺激造血的细胞因子已成功地用于临床治疗血液病，有非常好的发展前景。

（四）其他

许多细胞因子除参与免疫系统的调节效应功能外，还参与非免疫系统的一些功能。例如 IL-8 具有促进新生血管形成的作用；M-CSF 可降低血胆固醇；IL-1 刺激破骨细胞，软骨细胞的生长；IL-6 促进肝细胞产生急性期蛋白等。这些作用为免疫系统与其他系统之间的相互调节提供了新的证据。

三、IL 的功能

由白细胞产生的 IL 作为一类重要的免疫调节物质，迄今发现并鉴定的 IL 已达 33 种。

（一）IL-1

可诱导细胞多种基因的表达。在多数情况下，诱导的转录物仅在疾病时才表达。IL-1 和 TNF 对调节系统性炎症反应综合征起决定性作用，包括脓毒症休克。采用 IL-1 受体拮抗物阻断

IL-1 可预防小鼠致死性休克。IL-1 与 TNF 的生物学活性十分相似，许多 IL-1 的生物学作用类似于脓毒症的症状。基因定位：2q13.21（人），2F（鼠）。由 Th1 细胞产生。促进 T 细胞生长，诱导或促进多种细胞毒性的活性，协同刺激 B 细胞增殖及分泌 Ig 等。基因定位：4q26～28（人），3B-C（鼠）。

（二）IL-3

多能集落刺激因子。刺激所有骨髓细胞的增殖。基因定位：5q23.31（人），11A5.B1（鼠）。

（三）IL-4

IL-4 主要由激活的 Th2 样细胞和肥大细胞所分泌；对多种细胞的生长，分化和功能发挥有广泛的作用。促进 IgE，使之在过敏免疫反应中起关键作用；与 IL-10 有协同作用。基因定位：5q31（人），11A5-BI（鼠）。

（四）IL-5

是产生嗜伊红细胞和其功能发挥的主要调节介质。基因定位：5q31（人），11A5-B1（鼠）。

（五）IL-6

由 Th2 细胞产生。诱导 B 细胞增殖，分化，并产生 Ig，促进 PHA 刺激的 T 细胞的增殖，协同 IL-3，CSFs 等，支持多能干细胞的增殖，提高 NK 细胞活性等。基因定位：7q15.p21（人），5 近侧端（鼠）。

（六）IL-7

刺激胸腺细胞，T 淋巴细胞包括细胞毒性 T 细胞和 B 细胞前体。

（七）IL-8

是趋向因子家族的一个成员，一类前炎症分子。它和 MGSA 结合中性粒细胞并诱导激活。基因定位：4q12。

（八）IL-9

T 细胞生长因子，可通过非 IL-2 及 IL-4 依赖性途径维持 Th 细胞长期生长。基因定位：5q31-q35（人），13（鼠）。

（九）IL-10

是抑制单核细胞/巨噬细胞功能的细胞素，能抑制许多前炎症相关因子的产生，包括 TNF-α，IL-1，IL-6，MIP-1 和 IL-8。抑制 Th1 淋巴细胞产生 IFN-γ 和 IL-2。协同刺激肥大细胞和周围淋巴细胞的增殖。具有特异性对人 T 淋巴细胞的趋化作用。与 EBV 编码的 BCRF1 有高度的同源性。基因定位：人和小鼠均是第 1 对染色体。

（十）IL-11

可促进 B 细胞产生抗体，刺激巨核细胞集落形成，激活造血干细胞，支持浆细胞瘤细胞株的增殖，抑制脂蛋白脂酶活性和脂肪细胞的分化。用于治疗患者化疗后的血小板减少症。基因定位：19q13.3-13.4（人）。

（十一）IL-12

增加一系列效应细胞的细胞毒活性。较强抗病毒作用。基因定位：3q12～q13.2（人）。

（十二）IL-13

调节单核细胞和 B 细胞的功能。与 IL-4 相似。可增加某些整合素超家族成员的表达；增加 MHC Ⅱ类抗原，CD13，CD23 的表达；抑制 LPS 引起的前炎症细胞因子的产生，增加 IL-lra 的产生。基因定位：5q31（人），第 11 对染色体中部（鼠）。

(十三) IL-14

诱导B细胞的增殖，抑制免疫球蛋白的分泌，扩增B细胞的数量。

(十四) IL-15

T细胞生长因子，能结合IL-2和IL-7受体亚单位。

(十五) IL-16

可结合CD4分子，吸引和趋化$CD4^+$的Th细胞到局部。

(十六) IL-17

与HVS13（vIL17）和CTLA-8同源性高。可促进人纤维细胞胞内黏附分子-1（ICAM-1）的表达。人IL17还可刺激上皮，内皮或纤维细胞分泌IL-6，IL-8和GCSF以及前列腺素E_2。基因定位：第22对染色体（人）。

(十七) IL-18

为γ干扰素诱导因子，可以诱导IFN-γ，G-CSF的产生，抑制IL-10的产生，激活NK细胞。

(十八) IL-19

成熟区153个氨基酸，与IL-10有同源性；位于染色体1q32。对抗原呈递细胞具有调节和促增殖效应。活化Stat3，受体为IL20R1/IL20R2。

(十九) IL-20

成熟区164个氨基酸，与IL-10有同源性；位于染色体1q32。结合IL-20R1/IL-20R2，重组IL-20小鼠腹腔注射可明显刺激中性粒细胞的移动；参与上皮细胞发育，活化角质细胞Stat3，与牛皮癣有关。

(二十) IL-21

成熟区131个氨基酸，与IL-2、IL-4、IL-15空间结构同源，受体包括IL2R（链位于染色体4q26～q27）。促进骨髓NK细胞的增殖与分化，与抗CD40抗体协同刺激B细胞的增殖，与抗CD3抗体协同刺激T细胞的增殖。

(二十一) IL-22

成熟区146个氨基酸，与IL-10有同源性；位于染色体12q15。活化多种细胞系的STAT1，3，包括TP-10（肾癌细胞系）和SW480（肠癌细胞系）。促进炎症时的急性期蛋白产生；结合IL22R/IL10R2或IL22BP。

(二十二) IL-23

与IL-12有同源性，异源双聚体，a链为p19，含189个氨基酸，与IL-12 p35同源性；染色体12q13；其p链为IL-12的p40。经Stat4活化PHA刺激的T细胞，促进其增殖、干扰素产生，并诱导记忆性T细胞的增殖。

(二十三) IL-24

与IL-10有同源性，含206个氨基酸；位于染色体1q32。结合IL-22R1/IL-20R2以及IL-20R1/IL-20R2，活化Stat3信号转导途径，促进肿瘤细胞凋亡。

(二十四) IL-25 (IL-17E)

与IL-17有同源性，由161个氨基酸组成；位于染色体14q11.2。由Th2细胞产生，刺激Th2细胞功能，参与速发型变态反应；支持淋巴样细胞增殖，刺激FDCP2的增殖。

(二十五) IL-26 (AKi55)

与IL-10有同源性，全长171个氨基酸；位于染色体12q15。T细胞产生，可能参与T细胞抗病毒作用。

(二十六) IL-27 (IL-30)

与 IL-12 有同源性，异源双聚体，a 链为 p28，与 IL-12 p35 同源；其 p 链为 EBI3。由抗原呈递细胞活化早期阶段产生，促进天然 T 细胞增殖，与 IL-12 协同刺激 T 细胞产生干扰素，促进早期 Th1 细胞。

(二十七) IL-28A (IFN22)，IL-28B

与干扰素及 IL-10 有低水平同源性，IL-28A 与 IL-28B 有 96%同源性；染色体定位 19q13.13。IL-28A 200 个氨基酸，IL-28B 198 个氨基酸。是一组由病毒或双链 RNA 诱导的多种细胞产生的新型白细胞介素，它们能结合一种由 IL-10R 和 IL-28Ra 组成的异二聚体型Ⅱ类细胞因子受体，通过 JAK-STAT 信号通路而发挥其抗病毒或其他防御功能。

(二十八) IL-29 (IFNX1)

与干扰素及 IL-10 有同源性，200 个氨基酸；IL-28A 与 IL-29 有 81%的同源性；基因定位 19q13.13。与 IL-28 一样具有抗病毒或其他防御功能。

(二十九) IL-30 (IL-27)

属 IL-27，参见 IL-27。

(三十) IL-31

成熟 IL-31 由 141 个氨基酸组成，含 4 个 α 螺旋结构；基因定位于 12q24.31。为 Th2 细胞表达的细胞因子，活化多种起始分子，参与变态反应和炎症性疾病。

(三十一) IL-32

定位于 16 D13.3，有 4 种不同剪切体形式，分别命名为 IL-32α，β，γ，δ，诱导 TNF-α 和 MIP-2 的表达，活化 NF，诱导 p38 MAPK 的磷酸化。

结　语

融合蛋白是重组药物中少有的以特异靶向结合以及抑制为作用机制，符合癌症、免疫性疾病治疗的发展趋势，目前经 FDA 批准上市的融合蛋白药物有 1998 年批准的 Enbrel（Amgen），是 TNF 受体和 IgG 的 Fc 片段的融合蛋白，含 934 个氨基酸，适应证为风湿性关节炎，近 5 年的销售额约 100 亿美元。1999 年上市的免疫毒素 Ontak（Ligand），适应证是皮肤 T 细胞淋巴瘤（CTCL），是缺失细胞结合域的白喉毒素与 IL-2 的 N 端 133 个氨基酸的融合蛋白。2003 年上市的 Amevive（Biogen Idec）是 LEF-3 的 CD2 与 IgG 的 Fc 片段的融合蛋白，适应证是牛皮癣。虽然融合蛋白药物的发展面临挑战，但近期仍将以较快的速度发展，我国融合蛋白研究非常普遍，任何一个上规模的研究机构都有基因克隆和突变研究平台。许多制药企业也都有大规模细胞培养和纯化的体系，具备研发和生产融合药物的条件。我们要抓住这次机会，冷静地分析形势，高起点地开展工作，客观选择融合药物种类作为研发起点，以基因工程或其他修饰方法改造现有融合蛋白药物为突破口，在生产方式和效率上取得突破参与国际竞争，这样我国的融合蛋白药物的研发工作必将大有可为。

学习重点

本章重点是融合蛋白药物，所以要掌握融合蛋白药物的基础知识和融合蛋白药物的研发思路，以下便是学习本章是要强调的重点内容。

融合蛋白因具有双方蛋白的活性，可被用于蛋白的表达、检测、识别和纯化。将抗体分子片段与其他蛋白融合，可以得到具有抗体活性和其他生物活性或功能的抗体融合蛋白。抗体融合蛋白能改善免疫分析、免疫治疗和抗体纯化等。

抗体融合蛋白的构建形式主要有两种，即根据其抗体的可变片段和恒定片段的两大功能进行分别利用，使抗体融合蛋白具有抗体的某项特性，形成两大类抗体融合蛋白。一类是将功能蛋白和抗体的可变片段融合，另一类是将功能蛋白和抗体的恒定片段融合。

基因工程抗体片段的分子小、功能强、稳定性高、易于基因融合的特点。其主要形式有

1. 用于抗体融合蛋白的抗体可变片段。
2. 结合抗体可变片段的抗体融合蛋白。
3. 嵌合抗体和双特异性抗体的构建。
4. 结合 Fc 抗体片段的抗体融合蛋白。

目前抗体融合蛋白构建的主要问题是抗体分子和功能蛋白之间的连接问题。对于连接用多肽连接链的选择，既要提高抗体融合蛋白的稳定性，又要减少其不良反应。扩大抗体融合蛋白的选择范围，降低其在人体的免疫源性并提高其实用价值。由于高活性的抗体融合蛋白的表达相当困难，产率低。还应通过各种表达途径和表达方法提高抗体融合蛋白的表达产量和生物活性。

思考题

1. 常见抗肿瘤融合蛋白有哪些？
2. 重组 TNFR-Fc 融合蛋白的基本步骤有哪些？
3. αFGF 的分子结构和生理功能如何？
4. GM-CSF 的基因工程表达系统有哪些？
5. 干扰素的分类？

参考文献

Cohen K A，Liu T，Bissonette R，et al. 2003. DAB389EGF fusion protein therapy of efractory glioblastomamultiforme. Curr Pharm Biotechnol，4 (1)：39

Duvic M，Cather J，Maize J，et al. 1998. DAB3892IL 22 diph theria fusion toxin produces clinical responses in tumor stage cutoneous T cell lymphoma. Am J Hematorl，58 (1)：87

Martin C，Yuan T，Euskirchem G，et al. 1994. Green fluorescent protein as a marker fo r gene expression. Science，263：802

Nilsson J，Nilsson D，Williams S Y，et al. 1997. Competitive elution of protein a fusion allows specific recovery under mild conditions. Eur J Biochem，224：103

Smith M C，Furman T C，Ingolia T D，et al. 1988. Chelating peptide immobilized metalion affinity chromatography. A new concept in affinity chromatography for recombinant proteins. J Bio Chem，263 (5)：7211

（王　栋）

第17章 治疗性激素

学习要求

1. 掌握重组胰岛素产品的特点及其临床应用；重组人生长激素临床应用；重组促性腺激素及其临床应用；重组人甲状旁腺激素、重组降钙素以及重组促甲状腺素的临床应用。

2. 熟悉胰岛素分子组成及其生物学功能；人生长激素的生理、治疗及代谢作用；促性腺激素释放激素生物学作用。

3. 了解胰岛素受体及其信号传导途径；人生长激素受体结构及其功能；促性腺激素在兽医学中的应用。

激素是由内分泌腺以及具有内分泌腺功能的组织所产生的微量化学信息分子，它们被释放到细胞外，通过扩散或被体液转运到靶细胞或靶组织或靶器官，产生特定的生理效应。激素是体液调节的物质基础，可以参与调节机体的新陈代谢、生长发育等功能活动，对机体稳态的维持发挥重要作用。

激素分泌紊乱会引发多种疾病，临床上可以利用相应的激素类药物予以干预治疗。起初用于临床的激素类药物都是从动物和人体内提取的，激素的来源受到极大限制，而且制备过程中常会有其他动物蛋白的污染，会使人体产生相应的抗体而影响药效。随着重组DNA技术合成蛋白质的出现，这种情况得到解决。1982年，美国Eli Lilly公司首次利用生物技术合成人胰岛素，这是第一个用于临床的重组激素类药物。重组蛋白类激素的合成无疑开辟了治疗和利用激素家族的新领域。

第1节 胰岛素

一、胰岛素分子

胰岛素（insulin）是胰岛β细胞受内源性或外源性物质如葡萄糖、乳糖、精氨酸、胰高血糖素等的刺激而分泌的一种蛋白质激素。它由A、B两条肽链组成。A链含21个氨基酸，B链含30个氨基酸，A、B链间通过两对二硫键连接（A_7—B_7，A_{20}—B_{19}），A链内另有一对二硫键（A_6—A_{11}），完整的氨基酸组成和正确的二硫键结构是胰岛素生物活性所必需的。人胰岛素的一级结构见图17-1。

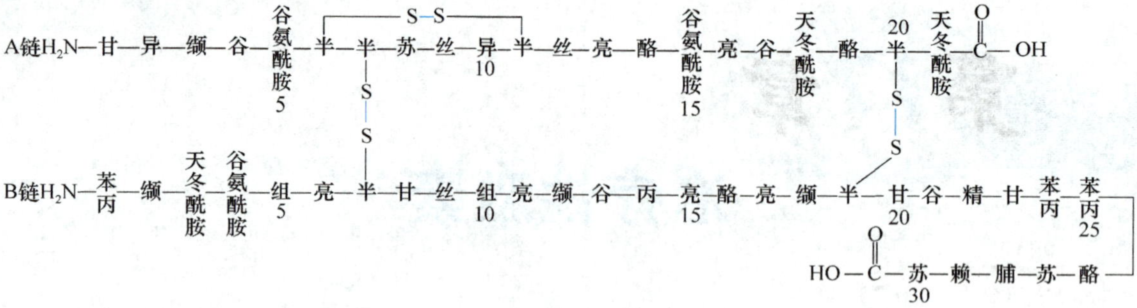

A链H_2N—甘—异—缬—谷—谷氨酰胺(5)—半—半—苏—丝—异(10)—半—丝—亮—酪—谷氨酰胺(15)—亮—谷—天冬酰胺—酪—半(20)—天冬酰胺—C(=O)—OH

B链H_2N—苯丙—缬—天冬酰胺—谷氨酰胺—组(5)—亮—半—甘—丝—组(10)—亮—缬—谷—丙—亮(15)—酪—亮—缬—半—甘(20)—谷—精—甘—苯丙—苯丙(25)—酪—苏—脯—赖—苏(30)—C(=O)—OH

（A链第6、11位半胱氨酸间以S—S相连；A链第7位与B链第7位、A链第20位与B链第19位半胱氨酸间以S—S相连）

图 17-1 人胰岛素分子氨基酸组成

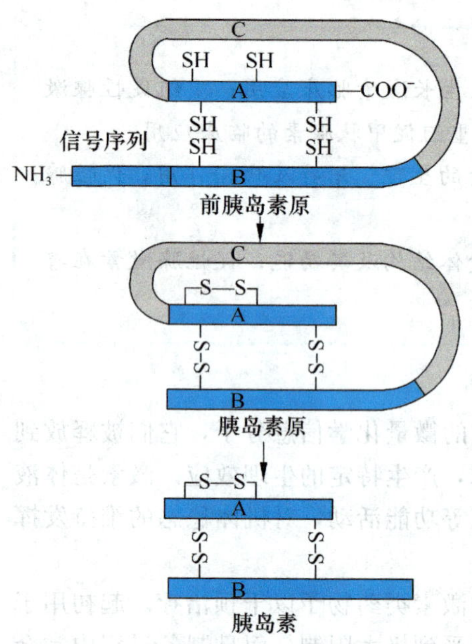

图 17-2 胰岛素原转变为胰岛素示意图

人胰岛素基因位于第 11 号染色体短臂，基因表达的产物为 105 个氨基酸残基组成的前胰岛素原（proproinsulin），经专一性蛋白酶在其氨基末端水解掉一个 23 个氨基酸残基的前肽，生成胰岛素原。后者受蛋白酶作用水解掉约 30 个氨基酸残基组成的 C 肽，剩下胰岛素原的两个小片段（即 A 链和 B 链），通过两对二硫键而连接，形成有活性的胰岛素（图 17-2）。

胰岛素的最小分子质量为 6kD 左右，常以二聚体以及多聚体形式存在。胰岛素半衰期为 5～15min。在肝脏，先将胰岛素分子中的二硫键还原，产生游离的 A、B 链，再在胰岛素酶作用下水解成为氨基酸而灭活。含锌胰岛素可形成六聚体，较为稳定，在血液循环中也可以单体形式存在。在制剂上，把含锌胰岛素与鱼精蛋白结合成为鱼精蛋白胰岛素，称为长效胰岛素（精蛋白锌胰岛素）。

胰岛素的主要作用是能增强细胞对葡萄糖的摄取利用，对蛋白质及脂质代谢有促进合成的作用。胰岛素是机体内唯一降低血糖的激素，也是唯一同时促进糖原、脂肪、蛋白质合成的激素，在维持血糖恒定，增加糖原、脂肪、某些氨基酸和蛋白质的合成，以及细胞内的多种代谢途径的调节与控制等方面都有重要的作用。

1. 调节糖代谢 胰岛素能促进全身组织，尤其是肝脏、肌肉和脂肪组织对葡萄糖的摄取和利用；促进肝糖原和肌糖原的合成；促进葡萄糖在肝细胞内转变成脂肪酸，再转运到脂肪组织贮存；抑制蛋白质和脂肪转化为糖。其最终结果都是使血糖浓度升高，如血糖水平超过肾糖阈时即出现糖尿。

胰岛素分泌过多时，血糖下降迅速，脑组织受影响最大，可出现惊厥、昏迷，甚至引起胰岛素休克。相反，胰岛素分泌不足或胰岛素受体缺乏常导致血糖升高；若超过肾糖阈，则糖从尿中排出，引起糖尿；同时由于血液中成分改变（含有过量的葡萄糖），亦导致高血压、冠心病和视网膜血管病等病变。

2. 调节脂肪代谢 胰岛素能促进脂肪转化成磷酸甘油；促进肝细胞和脂肪细胞合成脂肪酸；磷酸甘油和脂肪酸再合成三酰甘油后贮存于脂肪细胞内。此外，胰岛素还能抑制脂肪分解氧化。胰岛素缺乏可造成脂肪代谢紊乱，脂肪贮存减少，分解加强，血脂升高，久之可引起动脉硬化，进而导致心脑血管的严重疾患；与此同时，由于脂肪分解加强，生成大量酮体，出现酮症酸中毒。

3. 调节蛋白质代谢 胰岛素一方面促进细胞对氨基酸的摄取和蛋白质的合成，另一方面抑制蛋白质的分解。在机体的生长过程中，腺垂体生长激素的促蛋白质合成作用，必须有胰岛素的存在才能表现出来。因此，对于生长来说，胰岛素也是不可缺少的激素之一。

4. 其他功能 胰岛素可促进钾离子和镁离子穿过细胞膜进入细胞内；可促进脱氧核糖核酸（DNA）、核糖核酸（RNA）及三磷酸腺苷（ATP）的合成。

二、胰岛素受体与信号转导

胰岛素受体（insulin receptor，INSR）位于胰岛素起作用的靶细胞胞膜上，仅可与胰岛素或含有胰岛素分子的胰岛素原结合，具有高度的特异性，且分布非常广泛。INSR 是一种跨膜糖蛋白，为受体酪氨酸激酶家族的成员，是由 α 和 β 两种亚基组成的四聚体型受体。α 亚基穿过细胞膜，一端暴露在细胞膜表面，具有胰岛素结合位点。β 亚基由细胞膜向胞浆延伸，是胰岛素引发细胞膜与细胞内效应的功能单位。当无配体时 α 亚基对 β 亚基的酪氨酸激酶具有抑制作用；当胰岛素与 α 亚基结合时，抑制被解除，β 亚基的酪氨酸残基磷酸化。

β 亚基磷酸化的受体传递系统有多种信号蛋白参与，如磷脂酰肌醇-3-激酶（PI-3K）、胰岛素受体底物（IRS）等。β 亚基的脱磷酸化过程中，磷酸酪氨酸磷酸酶（PTPase，使酪氨酸去磷酸化）的活性则起重要作用，这些从不同水平上控制 INSR 酪氨酸激酶的活性，完成靶细胞内磷酸化-脱磷酸化的链式反应，促进细胞的生长与代谢。

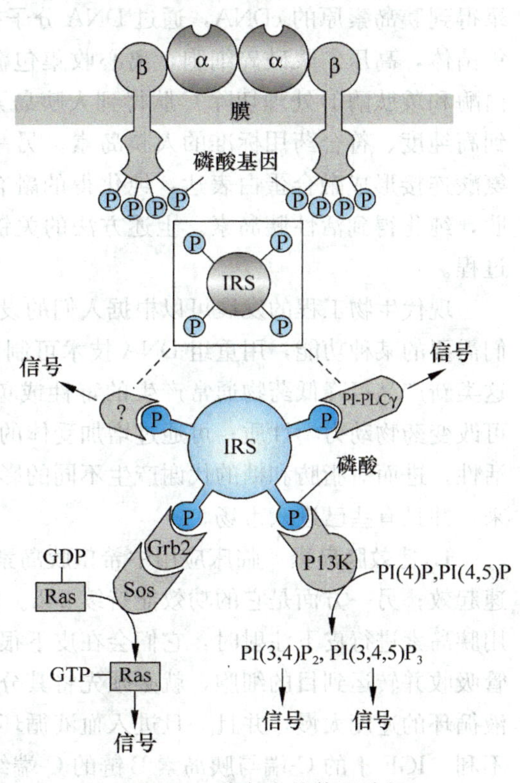

图 17-3 胰岛素的信号途径

胰岛素受体的信号转导主要经过两个途径，即有丝分裂原激活的蛋白激酶（MAPK）途径和 PI-3K 途径。两条途径相互独立，在一定条件下，也能相互激活。INSR 与胰岛素结合后，首先使受体自身的酪氨酸被磷酸化，之后其底物蛋白，如 IRS 借其 SH-2 与 INSR 分子中含磷酸化 Tyr 的序列结合，在受体蛋白酪氨酸激酶的作用下被磷酸化，由此启动磷酸化的级联反应并导致信号进一步转导（图 17-3）。IRS 是广泛存在于胰岛素敏感组织中的接头蛋白（adaptor）。

1. 有丝分裂原激活的蛋白激酶（MAPK）途径 激活的 IRS 与生长因子受体结合蛋白 2（Grb2）结合，作为接头蛋白的 Grb2 和 Shc 通过鸟苷酸交换因子 Sos 激活 Ras-Raf-MAPK 信号转导通路，激活转录因子，促进基因表达，从而导致细胞繁殖，介导胰岛素的促进生长作用。

2. 磷脂酰肌醇-3-激酶（PI-3K）途径 激活的 IRS 与 PI-3K 相结合形成复合物，将 PI-3K 固定于细胞内特定位点。PI-3K 被激活后，使得三磷酸磷脂酰肌醇（PIP3）含量明显增加，PIP3 与 PI-3K、磷酸肌醇依赖的蛋白激酶-1（PDK-1）和丝氨酸/苏氨酸蛋白激酶 B（Akt）的 PH 区结合，使 Akt 磷酸化被激活。Akt 调节肌肉和脂肪细胞内的胰岛素敏感性葡萄糖转运体（Glut4）从细胞内移位于细胞质膜，介导细胞外葡萄糖进入细胞内，使糖摄取、糖原和蛋白质合成增加；除此之外，蛋白激酶 C（PKC）的 α 和 β 亚型也可以激活 PI-3K 和 PDK-1 来调节 Glut4 转位。

三、重组 DNA 技术制备胰岛素产品

自 1920 年后，人们首次利用胰岛素治疗糖尿病。随着生物技术的发展，1982 年，美国 Eli Lilly 公司首次利用生物技术合成人胰岛素，这是第一个用于临床的基因工程药物。重组人胰岛素开始代替动物胰岛素治疗糖尿病。此前，人们一直使用猪或者牛胰岛素。猪胰岛素与牛胰岛素相比较更接近人胰岛素，二者生物活性相似，但化学结构有区别，患者会产生免疫反应。通过猪或者牛的胰腺得到相应胰岛素，这就限制其来源。重组 DNA 技术制备的人胰岛素最主要的优势在于它可完全不依赖于屠宰厂的正常供应，解决了潜在的重复性低效应问题，消除了携带传染病原料的可能性。

20 世纪 80 年代初，Eli Lilly 公司采用 *E. coli* 表达系统分别构建表达 A、B 两条链的原核表达载体，表达量高，表达产物占细菌总蛋白的 20%～30%，表达产物为不溶解的包涵体，易于纯化。但这种表达方法制备有活性胰岛素产物的正确复性率很低，使最终产品成本高，此方法现已被淘汰。20 世纪 90 年代，Eli Lilly 公司开发出新的生产方法，即仿照自然界过程，先表达出胰岛素原再经酶切得到具有生物活性的胰岛素。首先分离纯化胰岛素原的 mRNA，通过反转录得到胰岛素原的 cDNA，通过 DNA 分子操作构建其表达载体，转化大肠杆菌，发酵液离心收集菌体，高压匀浆破碎细胞，离心收集包涵体，尿素溶解包涵体，复性得到胰岛素原，用胰蛋白酶和羧肽酶 B 处理切除 C 肽得到人胰岛素。再经过离子交换层析、反相层析和三次重结晶得到高纯度、符合药用标准的人胰岛素。另一条生产工艺是将胰岛素原与 β-半乳糖苷酶通过甲硫氨酸连接形成融合蛋白表达，纯化得的融合蛋白经溴化腈裂解制备胰岛素原，再经酶切除去 C 肽，纯化得到活性胰岛素。上述方法的关键点是利用了胰岛素原有助于形成正确的二硫键折叠过程。

现代生物工程的发展可以根据人们的设计来改造胰岛素肽链的个别氨基酸或序列使其产生我们需要的某种功能，用重组 DNA 技术可制备治疗糖尿病的高疗效人胰岛素类似物，主要是因为这类新产品可降低药物通常产生的毒性或免疫反应；减少糖尿病患者长效用药带来的不良反应；可改变药物动力学性质；可通过增加受体的亲和力制备超效的胰岛素类似物，改变胰岛素的生理活性，进而对脂肪和糖的代谢产生不同的影响。目前有 300 多个胰岛素相似物已在实验室制备出来，并且有些已进入市场。

1. 速效胰岛素 临床应用中希望胰岛素能有以下两个特性：一方面是它在注射进人体后能快速起效；另一方面是它的功效能持续 24h。1 型糖尿病人胰腺受到损伤，不能合成与分泌胰岛素。用胰岛素进行皮下注射时，它们会在皮下很快聚集。胰岛素在高浓度下会形成六聚体。要想被血管吸收并转运到目的细胞，就必须先将其分解在成单体或二聚体。因此，注射后的胰岛素进入血液循环的速度太慢，并且一旦进入血液循环又会在长时间内保持高浓度，这对糖尿病的治疗非常不利。IGF-Ⅰ的 C-端与胰岛素 B 链的 C-端结构相似，但不形成紧密的六聚体。根据蛋白质工程原理，利用定点突变方法，Eli Lilly 公司将正常胰岛素氨基酸序列的第 28 位脯氨酸和第 29 位赖氨酸进行位置交换，这种产品的商品名为 Humalog，也称为赖脯胰岛素。另外，Novo Nordisk 公司根据胰岛素结构特点，直接将第 28 位的脯氨酸替换为天冬氨酸，从而创造出另一个产品速效胰岛素，称为门冬胰岛素，商品名为 Aspart。这两种胰岛素变体产品在人体内起效快，均以单体形式存在，起效时间短（10～20min），作用高峰 40min，持续时间为 3～5h，它们能够产生更符合生理需要的胰岛素。患者可以在注射速效胰岛素后立即进餐，进餐期间很少出现低血糖，能较好地控制血糖。

2. 长效胰岛素 Aventis 公司开发的 Glargine 是第一个长效胰岛素类似物，又称为基础胰岛素类似物，通过氨基酸点突变，提高胰岛素等电点而实现的。将 A 链第 21 位天冬氨酸用甘氨酸取代，B 链 C-端加入两个精氨酸改变而成的，使胰岛素等电点由 pI 5.4 转为 pI 7.2。其在酸性药液（pH 4.0）中呈溶解状态，注射到皮下组织（中性环境）后，酸性的 Glargine 溶液被中和，可形成一些微沉淀物，主要为稳定的六聚体，在超过 24h 的时间范围内缓慢释放、发挥效用。它的起效时间为 2～3h，持续时间为 20～30h，只在睡前给药 1 次即可维持 24h 的基础胰岛素水平，血药浓度无明显主峰，而是平稳的吸收相，可以减少血糖特别是夜间低血糖的发生。determir是另一个长效胰岛素类似物，它是在 B 链去除了第 30 位的苏氨酸，而在第 29 位的赖氨酸位点上连接了一个豆蔻基侧链（myristic acid），豆蔻酸是一种 14C 脂肪酸。在有锌离子存在的药液中，胰岛素分子以六聚体形式存在，豆蔻酸的修饰会使六聚体在皮下组织的扩散和吸收减慢。皮下注射后，胰岛素 determir 六聚体可通过脂肪酸侧链与一个清蛋白分子结合，这样会进一步减慢吸入血液循环的速度。determir 在中性 pH 环境中是可溶性的，因此药物吸收比中效胰岛素（neutral protamine hagedorn，NPH）和长效甘精胰岛素（Glargine）更稳定，对血糖控制的个体差异更小。determir 的药代动力学曲线平坦，没有明显的作用高峰，因此发生夜间低血糖的危险性更小。

四、用胰岛素合成细胞治疗糖尿病

糖尿病（diabetes mellitus，DM）是多种病因引起的以慢性高血糖为特征的代谢紊乱，是由于体内胰岛素绝对或相对缺乏或靶组织对胰岛素不敏感而引起的综合病症。胰岛 β 细胞数量减少或功能障碍是糖尿病发病的重要环节。糖尿病主要包括 1 型和 2 型糖尿病，无论属于 1 型还是 2 型，胰岛素干预作为替代或补充治疗是最直接有效的方法，其目的不仅在于急性糖代谢紊乱时短期有效的控制以降低病死率，更重要的是长期控制血糖在一定范围，阻止或延缓糖尿病慢性并发症的发生和发展。

当前 1 型糖尿病患者只能依赖于胰岛素注射和药物。考虑到未来的发展方向，研究者们希望能获得一种具有再生性效应的治疗方法：使机体重新获得制造胰岛素的能力。其中一个方案是胰岛细胞移植，这些移植的小碎块含有能分泌胰岛素的 β 细胞。另外一个比较有前途的方法是 β 细胞再生。β 细胞再生及功能修复是糖尿病研究领域的重要方向，为糖尿病治疗带来新的希望。但是有关 β 细胞再生的研究还存在一系列问题：① 体内是否存在胰岛干细胞及干细胞的特异性标志，尚未研究确定；② 迄今尚未发现成熟的诱导 β 细胞再生的方法；③ β 细胞再生的分子调控机制仍不明确；④ 研究多集中于动物，而缺少研究人类 β 细胞再生的充足资料，故其与临床应用尚有很大距离。因此，目前胰岛再生还有大量工作需要深入研究。

第 2 节 人生长激素

人生长激素（human growth hormone，hGH）是人脑腺垂体嗜酸细胞分泌的一种非糖基化多肽类激素，在 53～165 及 182～189 氨基酸之间有两个分子内二硫键（图 17-4）。在人的垂体和体液中含有 100 种以上的 hGH 分子形式，所以准确地说 hGH 是个蛋白质家族。造成 hGH 的多样性或非均一性的因素是多方面的，包括由不同基因产生，转录后前 mRNA 不同的剪切方式，翻译后多种加工方式（如酰胺化、脱胺、分子断裂等），蛋白质与蛋白质的相互作用（如分子间同源聚合，形成二聚体及寡聚体）等。我们通常所说的 GH 是相对分子质量为 22kD 的单体，是 GH 最

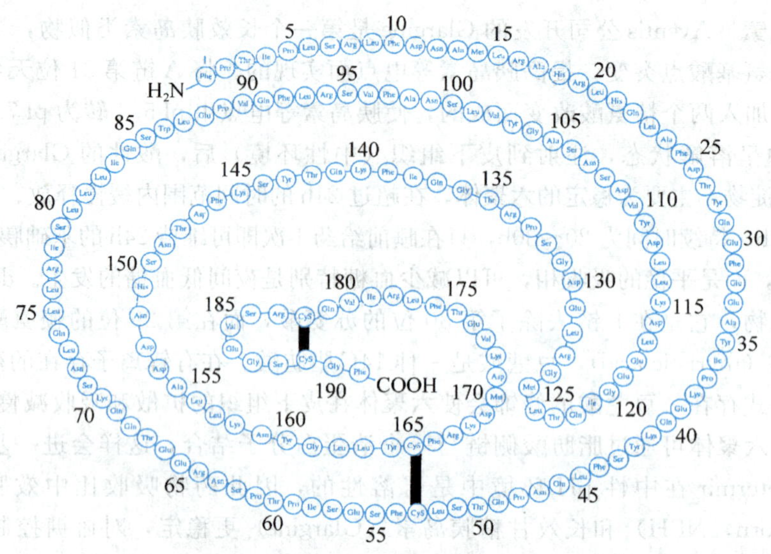

图 17-4 人生长激素氨基酸序列

主要的存在形式，含 191 个氨基酸残基，等电点为 5.1，约占垂体 GH 的 70%～80%，而占循环 GH 的 43%。其次较丰富的是 20kD 的单体，它的分子中丢失了 22kD hGH 的第 32～46 位的 15 个氨基酸，即含 176 个氨基酸残基，占垂体和循环中 GH 的 5%～10%，其生理活性与 22kD 的分子没有明显不同。

hGH 的分泌与调控与中枢神经系统密切相关。垂体位于神经系统下丘脑之下，其前叶是腺垂体，是分泌 GH 的场所，即人体 GH 是脑下腺垂体、含有嗜酸性颗粒的细胞所分泌。GH 释放受控于下丘脑神经元所分泌的两种神经激素：一种为生长激素释放激素（GHRH），主要用来促进 GH 分泌细胞分泌 GH，另一种为生长激素释放抑制激素（GHRIF），可阻抑生长激素的分泌。GH 可以直接介导某些生理作用，但对机体生长的主要影响还是通过 IGF-Ⅰ介导而间接实现的（图 17-5）。

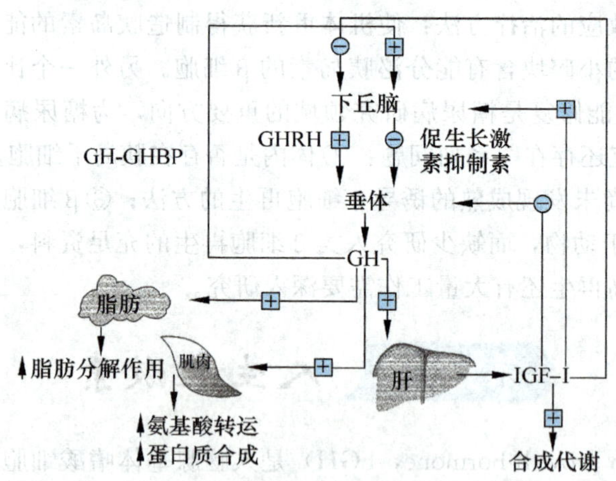

图 17-5 hGH 的调节机制

一、生长激素释放因子与抑制因子

生长激素释放因子（GHRH）由背侧丘脑下部、脑下垂体神经分泌系统产生，是从正中隆起所分泌的多肽。GHRH 有 37、40、44 个氨基酸残基等几种变体，GHRH 的活性是由分子的前 29

个氨基酸残基决定的，它可以直接刺激腺垂体分泌 GH。GHRF 对 GH 分泌调节主要是通过与 GHRF 受体结合起动细胞内 cAMP、Ca^{2+} 系统发挥作用的。给缺乏 GH 的机体注入 GHRF 后，GH 分泌通常会适当增加，从而加快生长速度。

生长激素释放抑制因子（GHRIF）首先是由 Brazeau 等于 1972 年从羊的下丘脑中分离纯化并阐明其结构，为含一个二硫键的环十四肽。GHRIF 主要分布在人体的中枢神经系统、下丘脑、胰脏、脑下腺及胃肠道中。它能够抑制 GH 的分泌，同时可以抑制 GHRH 对 GH 的刺激作用，还能抑制胃泌素、肠促胰泌素等多种激素的分泌。

二、GH 受体、GH 的生理作用与 GH 的治疗作用

（一）GH 受体

生长激素受体（GHR）是由单一基因编码的单链跨膜糖蛋白，含 620 个氨基酸，其中 N 端 246 个氨基酸含 5 个潜在的糖基化位点，位于细胞外，构成激素结合结构域，第 247～270 位为强疏水性氨基酸构成的跨膜区，C 末端 350 个氨基酸位于胞内构成信号转导结构域，GHR 是造血细胞因子受体家族成员之一。

人的生长激素受体（hGHR）基因位于 5 号染色体，由大小从 66～3400bp 不等的 10 个外显子组成，跨度大约 87kb。该基因在不同组织中表达时，转录水平、翻译水平、转录后加工以及翻译后加工往往不一样，这样不仅不同组织产生的 hGHR 量不同，而且分子结构也不完全相同，有许多变型，因此 hGHR 的结构是很不均一的，这也可以说明 GH 的组织特异性作用。如肝脏 GHR 的 mRNA 比其他组织中多 3～10 倍，成年人的肝就成为 GH 的主要靶点。

hGH 发挥功能作用主要经由两个途径：一是诱导肝细胞、肌细胞产生 IGF-Ⅰ，再经由 IGF-Ⅰ间接起作用；二是直接作用于靶细胞产生生理效应。无论何种途径，hGH 都需要首先同细胞表面特异性 GHR 结合，再由 GHR 介导，激发一系列生化反应并最终产生生物效应。GHR 分子本身不具备 Tyr 蛋白激酶活性及有关蛋白激酶结构域，GH 结合胞膜受体并诱导 GHR 分子同源二聚化，被二聚化的 GHR 结合并启动胞内一种非受体型胞质可溶性 Tyr 激酶 Janus kinase（JAKs）。启动的 JAKs 使自身及 GHR 磷酸化，并同磷酸化的受体一起将 GH 信号进一步向下游传递。组织中 GHR 量的多少、功能的正常与否将影响 GH 生理效应的发挥，如性连锁矮小鸡的生长迟缓症状就是因为 GHR 基因异常导致动物组织中 GHR 数量显著减少甚至缺乏所致（图 17-6）。

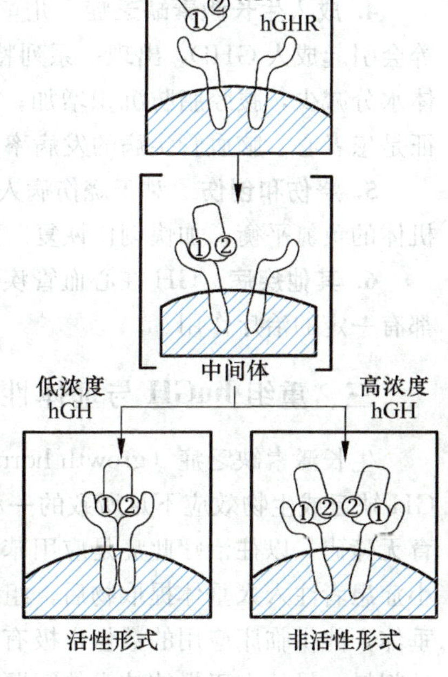

图 17-6 GH 与 GHR 结合模型

（二）GH 的生理作用

生长激素对于调节机体生长发育具有重要作用。人幼年期若生长激素缺乏，将出现生长停滞，身材矮小，称为侏儒症；如生长激素过多，身材过于高大，则会患巨人症。如果成人后生长激素分泌过多，则会出现肢端肥大症，患者肢端骨和面骨增生，内脏器官明显大于普通人。生长激素对于机体的生理作用具体为如下三点：

1. 促生长作用 GH 促进全身的生长和发育，一方面促进骨骼的生长，使身材高大；另一方面促进蛋白质合成使肌肉发达。GH 可使肝脏合成胰岛素样生长因子（insulin like growth factors,

IGFs）的多肽，通过 IGFs 再促进细胞摄取氨基酸。在 IGFs 的参与下，GH 还可以促进软骨细胞分裂，使软骨生长，软骨骨化后即变成骨。GH 对于其他的细胞如肝细胞、骨骼细胞和成纤维细胞也有类似的作用。

2. 促进代谢作用 GH 参与许多中间代谢和能量代谢的调节。GH 通过使 DNA、RNA 的合成加速而促进蛋白质的合成；同时使储存状态的脂肪进入细胞分解供能，因此减少了葡萄糖的消耗。hGH 促进蛋白质合成的同时引起细胞内矿物质如钾、钠和磷的潴留。

3. 促进机体免疫功能 实验表明 hGH 能够促进胸腺细胞的黏附及增生，促进胸腺素的分泌。GH 可通过对免疫器官及外周免疫细胞的发育和功能的调节，而对免疫系统进行调节。当机体处于应激状态下，这种调节作用是维持机体的稳定和适应外界环境的重要因素。

（三）GH 的治疗作用

GH 的治疗范围广泛，除用于治疗儿童生长激素缺乏症外，在特纳综合征、慢性肾衰竭、烧伤和创伤等方面也有很好的疗效。

1. 生长激素缺乏症（GHD） GHD 是由于垂体 huGH 合成和分泌调节障碍引起的机体不同程度的 hGH 缺乏，用 hGH 治疗青春发育期的 GHD 患者疗效明显。每日注射 0.1～0.15U/kg，连续 6 个月，生长速度可增加至 10.4～14.0 厘米/年。

2. 其他原因引起的身材矮小 由于先天性的因素导致身材矮小的疾病如特纳综合征（Turner's syndrome）、体质性身材矮小、宫内发育不良等，在骨骺未融合之前，均可使用 huGH 促进生长。

3. 慢性肾功能不全导致的生长迟缓 大多数慢性肾功能衰竭儿童是由于长期慢性疾病和营养不良导致，影响身体的生长，即使经过肾移植，肾功能恢复，成年后身高仍比正常人低。用 huGH 治疗这类患者，生长速度明显加快。同时还会增加骨骼的矿化，增加骨密度和增加白细胞的吞噬活性。1993 年美国 FDA 批准 rhuGH 治疗慢性肾功能不全导致的生长障碍。

4. 成人生长激素缺乏症 儿童发病的 GHD 长大成人或者成年后各种原因如下丘脑、垂体病等会引起成人 GHD，出现一系列特异性的临床症状：身体脂肪组织增加，肌肉组织减少，总的机体水分减少，腹腔脂肪沉积增加；精力不足、情绪障碍、抑郁、孤独等。成人 GHD 的另一个特征是患者心、脑血管疾病的发病率明显升高。1997 年美国 FDA 批准用 hGH 治疗成人 GHD。

5. 烧伤和创伤 对于烧伤病人，小剂量使用 huGH 可以加速蛋白质的合成，抑制分解，逆转机体的负氮平衡，加快创伤恢复。同时可以调节免疫功能。

6. 其他疾病 GH 在心血管疾病、骨质疏松症、肾功能不良、生殖功能障碍及抗衰老等方面都有一定的治疗作用。

三、重组 huGH 与垂体性矮小

生长激素缺乏症（growth hormone defieieney，GHD）又称垂体性矮小症，是指因垂体分泌的 GH 缺乏或生物效应不足所致的一种生长障碍性疾病，其临床表现是儿童的身材矮小，但智力发育无障碍。以往治疗此症是应用苯丙酸诺龙等药物，疗效不理想。1958 年 Raben 首次报道垂体矮小症患者注入人垂体提取物后，组织生长明显改善。不过当时 hGH 的唯一来源是进行尸检的人腺垂体，能供临床应用的数量也极有限，约 50 个腺垂体才够提取一名患者治疗 1 年所需要的 hGH 的剂量，另外由于提纯技术的问题，其中还掺杂着其他的垂体激素。而通过基因工程技术生产的 rhGH 大大降低了上述担忧同时能够提供丰富的药源。

1979 年 Goeddel 等人将 huGH 的 cDNA 接到大肠杆菌表达载体的 lac 启动子下游，在导入重组质粒的大肠杆菌中得到 N-端多 1 个甲硫氨酸残基的重组 huGH（rhuGH），其生物活性与天然产物类似；1985年，美国FDA批准Genentech公司的第一个rhuGH，用于治疗因内源性生长激素分泌不足而不能正常生长的儿童。目前，rhuGH主要是由huGH基因的重组质粒转化的大肠杆菌或酵母菌或CHO细胞中表达，经发酵纯化得到。其中由重组DNA技术产生的hGH有两种结构：一种与天然人生长激素结构完全相同，如Somatropin，含有191个氨基酸残基，分子质量为22 124D；另一种由192个氨基酸残基组成，其N-末端比天然GH多1个甲硫氨酸，称为Somatrem（Met-hGH）。两者均与垂体提取的人生长激素具有相同的生物功能。rhGH是一种不稳定的激素类药物，在生理环境下不稳定，受到温度和pH值的影响，一些物理和化学因素都会使rhGH聚合改变它的生物活性。对此可以通过化学修饰剂或使用添加剂增加rhGH的稳定性。目前使用较多的是聚乙二醇（PEG）修饰。PEG与多肽结合后能提高热稳定性，抵抗蛋白酶的降解，降低抗原性，延长体内半衰期。此外稳定rhuGH还可以加入的辅料有糖类、多元醇、表面活性剂、盐、氨基酸和高分子化合物等。

rhuGH对儿童生长激素缺乏症有明显的疗效，rhuGH的临床效果取决于开始治疗的年龄、骨龄及营养状况等多种因素。治疗越早，效果越好，绝大多数青春期前患儿显示治疗后生长速度明显加快，rhuGH应用第1年，促生长作用明显，随时间推移，作用减弱，通常rhuGH可使患儿身高每年增加7～12cm。

四、huGH的代谢作用

1. huGH与蛋白质代谢 huGH具有很强的促进蛋白质合成代谢的作用。huGH可以直接增加蛋白质合成，也可通过IGF-1间接促进蛋白质合成。huGH对蛋白质的合成代谢作用主要是在肝外组织进行的。huGH可以促进一些特殊蛋白质的合成，如IGFBP、α2微球蛋白和鸟氨酸脱羧酶等，在许多细胞中huGH还增加转录因子c-fos的表达。

2. huGH与糖类和脂质代谢 huGH是糖类和脂质代谢的重要调节激素。huGH主要通过两方面发挥调节作用：①胰岛素样作用。体外实验表明，给内源性生长激素缺乏患者注入huGH后，患者血液中葡萄糖和游离脂肪酸水平迅速下降；②抗胰岛素作用。体外实验表明huGH可以减少葡萄糖的摄取和氧化以及脂肪酸的转化。

3. huGH与矿物质代谢 huGH在促进蛋白质合成的同时，也可以促进组织器官对钙、磷等矿物质的摄取和利用。huGH治疗可引起细胞内矿物质钠、钾、镁和磷的潴留。

4. huGH与结缔组织代谢 huGH刺激细胞外基质的合成，使硫酸软骨素和胶原的合成增加，同时刺激尿羟脯氨酸排泄。肢端肥大症病人由于huGH分泌过多，结缔组织中的透明质酸和硫酸软骨素聚集，使病人的脸部和肢端呈现肥大。

五、GH、泌乳与排卵

生长激素不仅对生长和发育有重要作用，同时也参与性分化和性成熟的过程，对泌乳与排卵也有影响。

近年来人们发现牛生长激素（bovine growth hormone，BST）在反刍家畜的泌乳中具有相当的作用，而且BST的浓度与奶牛泌乳量成正比关系。对猴的研究表明，GH不仅可提高乳汁分泌量，同时也能使乳汁中脂肪含量略有提高，这些资料提示GH可能用于治疗人类泌乳障碍。

在卵泡生长发育过程中，从原始卵泡到成熟卵泡，除受下丘脑-垂体-卵巢轴调控外，GH及各类生长因子对卵泡发育也有重要意义。GH直接或通过IGF-Ⅰ参与卵泡募集、早期卵泡生长、后期卵泡生长和黄素化、卵母细胞成熟、排卵等。GH可以促进早期小卵泡生长并阻止其闭锁。

此外，GH 对于卵巢也有一定的作用，可影响配子形成和类固醇激素生成。实验表明在体内注射 GH 会导致血液循环中 IGF-Ⅰ升高，而 IGF-Ⅰ能激活卵巢功能。

第 3 节 促性腺激素

促性腺激素（gonadotropins）是在促性腺激素释放激素的调控下由垂体的促性腺激素细胞产生和分泌的肽类激素。促性腺激素作用于卵巢和睾丸，不仅刺激释放生殖腺激素，而且负责生殖腺的生长和发育。缺乏促性腺激素时生殖腺萎缩，如果在儿童时缺少促性腺激素，生殖腺则不能适当发育。促性腺激素有多种：脑腺垂体嗜碱性细胞分泌的促卵泡激素（follicle-stimulating hormone，FSH）和促黄体生成激素（luteinizing，LH）以及胎盘的滋养层细胞分泌的人绒毛膜促性腺激素（human chorionic gonadptrophin，hCG）。这 3 种促性腺激素均由 α 和 β 两种亚基组成的，它们的 α 亚基的氨基酸顺序相似，但糖链有差别，β 亚基则各不相同，它们的功能特异性也是取决于 β 亚基。

FSH 在维持和调节卵泡的发育中起着重要作用。FSH 受体主要存在于卵巢的粒层细胞，FSH 与卵巢中的粒层细胞上 FSH 受体结合后，促进粒层细胞芳香化酶活化，使雄激素转化为雌激素，FSH 还能诱发晚期粒层细胞的 LH 受体表达，并促进新生细胞合成 FSH 受体，从而增加 FSH 对卵胞生长发育的作用；LH 受体主要存在于睾丸的间质细胞、卵巢的卵泡膜细胞和黄体细胞，介导促性腺激素对卵巢和睾丸的生长、分化和甾体生成的调节作用，与维持正常月经和妊娠有关。两种促性腺激素协同作用，刺激卵巢或睾丸中生殖细胞的发育及性激素的生成和分泌。hCG 与 LH 相似，可促进妊娠和黄体分泌孕酮，见表 17-1。

表 17-1　促性腺激素及其合成位点与主要生理作用

促性腺激素	合成位点	主 要 作 用
促卵胞激素	垂体	刺激卵胞生长（雌性）、促进精子发生（雄性）
黄体激素	垂体	诱导排卵（雌性）合成睾丸激素（雄性）
绒毛膜促性腺激素	胎盘	维持妊娠雌性的黄体
妊娠母马血浆促性腺激素	子宫内膜杯状细胞	维持马科动物妊娠
抑制素	性腺	抑制 FSH 合成，可能是肿瘤抑制剂
刺激素	性腺	刺激 FSH 合成

一、重组促性腺激素

促性腺激素的治疗史可以追溯到 20 世纪 30 年代。最初是由荷兰 Organon 公司开始征集孕妇的尿液用于制备尿源绒毛膜促性腺激素。1932 年该公司制备的妊娠尿源绒毛膜促性腺激素在世界范围普遍应用，是最早的用于治疗不育症的激素类药物。尿源性促性腺激素是指从绝经或妊娠妇女尿中提取的促卵泡激素、促黄体生成素和绒毛膜促性腺激素，这就需要每天收集供体的尿液，这个过程费力又复杂且容量受限产品浓度低。从 20 世纪 80 年代后，由于重组 DNA 技术的发展，重组促性腺激素产品出现。这些重组促性腺激素的分子组成与人体内的促性腺激素一致，生物活性与天然激素也相同，与尿源性的促性腺激素相比，具有明显的优势。重组促性腺激素的纯度高，如在制备的 rhFSH 中非活性成分的含量可低于 1%。由于纯度高，rhFSH 引起的局部全身变态反应如皮肤发红和刺激减少。重组 DNA 技术可对生产工艺实施控制，解决了尿源促性腺激素短缺和变异的问题。高纯度重组促性腺激素适宜皮下注射，增加病人的舒适和便利，而大多数尿源促性腺激素需肌内注射。实验得知 rhFSH 比尿源促卵泡激素（uhFSH）对临床妊娠率更有效果。重组促性腺激素已经逐渐取代了尿源性的促性腺激素。表 17-2 列举了临床批准应用的重组促性腺激素。

表 17-2　在 EU/USA 批准用于临床的重组促性腺激素

产品商品名	公　司	说　明
Gonal F（rhFSH）	Serono	排卵停止和排卵过速
Puregon（rhFSH）	N. V. Organon	排卵停止和排卵过速
Follistim（rhFSH）	Organon	某些种类的不育
Luveris（rhLH）	Ares-Serono	某些种类的不育
Ovitrelle（rhCG）	Serono	用于选择性辅助生长技术

（一）重组人促卵泡激素（recombinant human follitropin，rhFSh）

rhFSH 是由 α 和 β 两个亚基共价结合形成的糖蛋白二聚体。α 亚基由 92 个氨基酸残基组成，在第 52 和 78 位上的门冬酰氨均连有糖基；β 亚基由 111 个氨基酸残基组成，在第 7 和 24 位上的门冬酰氨均连有糖基。rhFSH 是用人编码 FSH 两个亚基的基因转染中国仓鼠卵巢细胞（CHO），通过分离纯化细胞培养上清液即可得到高纯度和活性专一的产品，与天然 hFSH 极其相似。

目前市场上有两种含 rhFSH 的药物被批准用于临床，由 Serono/S. A. 生产的 Gonal-F 和 N. V. Organon 生产的 Puregon。具体生产过程是：将编码 hFSH 的 α 亚基和 β 亚基的基因插入到克隆载体（质粒）上，使之能有效转移至受体细胞（CHO 细胞）内。这些载体还含有能直接在受体细胞中转录外源基因的启动子。之所以选用 CHO 细胞作为受体，是因为 CHO 细胞易受到外源 DNA 的转染，能合成糖蛋白并且能在细胞培养中大量生长。为构建一个生产 FSH 的细胞系，N. V. Organon 使用了含有编码两个亚基基因序列的单一载体，他们使用的细胞系大约可以产生 150～450 个基因拷贝。Gonal-F 的制造商 Serono/S. A. 使用的是两个独立的载体，每个载体含有一个亚基基因。转染后可分离得到遗传稳定的转化细胞，并能产生有生物活性的 rhFSH。两种 rhFSH 都是从细胞培养上清液中分离得到的。二者经过的下游分离纯化过程是不同的。Puregon/Follistim 需要一系列层析步骤，包括阴离子交换层析、阳离子交换层次、疏水层析、排阻层析等。Gonal-F 也要通过类似的 5 个步骤，还包括使用鼠 FSH 专一性单克隆抗体的免疫亲和层析。这两者生产过程的每一个纯化步骤都必须严格控制以保证纯化产品不同批次间的一致性。

这两种 rhFSH 可以用于治疗无排卵性不孕；在药用辅助生殖技术中，如体外受精、配子输卵管内转移术、合子输卵管转移术等，用于刺激多卵泡的发育，达到多排卵的目的。另外可以用于治疗男性低促性腺激素引起的低性腺激素症，刺激精子的产生；还可用于月经量少或闭经的下丘脑垂体功能异常的妇女。

（二）人绒毛促性腺激素（recombinant human chorionic gonadptrophin，rhCG）

重组人绒毛促性腺激素（rhGC）是水溶性糖蛋白，由两个非共价键结合连接的 α 和 β 亚基单位组成，分别由 92 个和 145 个氨基酸残基组成。其 α 亚基结构与人绒毛促性腺激素（hGC）、人促卵胞激素（hFSH）和人黄体生成素（hLH）的 α 亚基相同。β 亚基结构和糖基化模式与尿源 hGC 非常相似。

2000 年 9 月，经 FDA 批准注射用重组人绒毛膜促性腺激素 α 在美国上市，商品名为 Ovidrelle。生产工艺包括经过遗传工程修饰的 CHO 细胞，从鉴定多种特征的种子细胞库扩展到大规模的细胞培养工艺。CHO 细胞直接分泌 rhGC-α 至细胞培养基中，运用免疫亲和层析和单克隆抗体高纯度纯化可得到 rhGC-α。

rhCG主要药理作用是恢复卵母细胞的减数分裂、促进卵泡破裂（排卵）、促使黄体生成并产生雌二醇和孕酮。rhCG可以代偿LH诱发排卵。用药物刺激卵泡生长后，使用rhCG可触发最终的卵泡成熟及早期黄体化。

目前临床应用rhCG治疗无排卵性不孕；治疗男性低促性腺激素引起的低性腺激素症；接受辅助生殖技术如体外授精（IVF）之前进行超排卵的妇女；注射rhCG可在刺激卵泡生长后触发最终的卵泡成熟和黄体化；对于无排卵或少排卵妇女。

（三）重组人黄体生成素（recombinant human lutropin，rhLH）

重组人黄体生成素（rhLH）是一种异源二聚体糖蛋白，由两个非共价键结合连接，分别是由92个氨基酸和121个氨基酸残基所组成。它的生物活性与人垂体LH相似。rhLH可以直接或间接调节生殖系统功能，刺激性腺-睾丸间质细胞及卵巢分泌激素，促进黄体生成。

2004年10月，美国FDA批准Serono/S. A. 公司生产的重组人黄体生成素α，商品名为Luverris，是采用基因工程技术生产得到。Luverris是以CHO细胞为宿主，从鉴定多种特征的种子细胞扩散至大规模的细胞培养，CHO细胞直接分泌rhLH-α至细胞培养介质，然后经过一系列的液相层析过程获得。

临床上rhLH-α可以用于治疗不育症，可与注射用促卵胞激素α合用，刺激卵胞发育的潜在能力，并间接为胚胎种植生殖道和妊娠做准备。

二、促性腺激素在兽医学中的应用

促性腺激素的主要作用是维持生殖功能，因此它们对生殖能力差和某些不能生育的家畜具有潜在的治疗作用。如促卵泡素和促黄体素可以协同应用在家畜的繁殖上。对季节性繁殖的家畜，如接近性成熟的肉牛和羊应用孕酮处理，配合使用促性腺激素，可使它们提早发情配种。在胚胎移植工作中，为了获得大量的卵子或胚胎，应用FSH处理供体动物，促使其卵泡大量发育，并在供体配种的同时注射LH，以促进排卵。FSH对雌性卵巢机能不全、卵泡发育停滞或交替发育、多卵泡发育，以及雄性性欲减退、精子浓度不足等疾病均有较好疗效。对于由黄体发育不全引起的胚胎死亡或习惯性流产，在配种时和配种后连续注射2～3次LH，可促使黄体发育和分泌，防止流产。

促性腺激素还可用于诱导有经济价值动物的超排卵反应，主要是马和牛。超排卵的理论和应用与促性腺激素辅助人体外受精相同。给予动物外源性的FSH，刺激动物多个卵泡同时发育。给予LH促进排卵，然后令动物交配，使释放的卵子受精。根据动物的个体差异和用药剂量，可以使动物产生4～10个胚胎。收获胚胎（可以用手术方法，更常用的是非手术方法），在细胞培养基中培养很短的一段时间，然后将1个胚胎种植供者雌性动物，其余胚胎种植其他受体雌性动物，这些动物作为代理母亲，孕育这些后代直至生产。这种技术最常用于价值较高的动物（如获奖的马，或产奶量高的奶牛），可以使其生育能力增强数倍。每个后代都继承生理母亲（或父亲）的基因，与孕育它们的受体动物无关。

另外，孕马血清（PMSG）是由孕马或孕驴子宫内膜分泌的糖蛋白激素。PMSG的分子结构与FSH和LH类似，可以用于治疗公畜精子减少症、母畜卵泡发育障碍和诱导母蓄排卵。

三、促性腺激素释放激素

促性腺激素释放激素（gonadotropin-releasing hormone，GnRH）是一种下丘脑分泌的含10个氨基酸的肽类激素，主要存在于下丘脑弓状核内。1971年由Schally和Guillemin首先于猪的下丘脑分离并提纯。作为生理系统的一种重要神经调节物质，GnRH在中枢兴奋性或抑制性神经递质的调控下，于下丘脑呈脉冲式分泌。经下丘脑-垂体-门脉循环进入腺垂体，引起腺垂体的促性腺激素也呈脉冲式释放，刺激 LH 与 FSH 的分泌，从而调节体内的内分泌系统和生殖系统（图 17-7）。此外，GnRH 亦参与调节多种垂体外的组织和器官的正常生理功能，GnRH 及 GnRH 的受体（GnRH-R）可在下丘脑-垂体轴外的多种器官表达，包括肾上腺和肾上腺皮质、性腺和大脑组织等，甚至一些肿瘤的发生和发展的过程中都有 GnRH 的自/旁分泌的调节和参与。由于针对的靶器官不同，GnRH 的作用也不尽相同：下丘脑中 GnRH 可调控促性腺激素的释放；胎盘中的 GnRH 可调控 hCG 的分泌；肿瘤中的 GnRH 可抑制癌细胞的增殖。

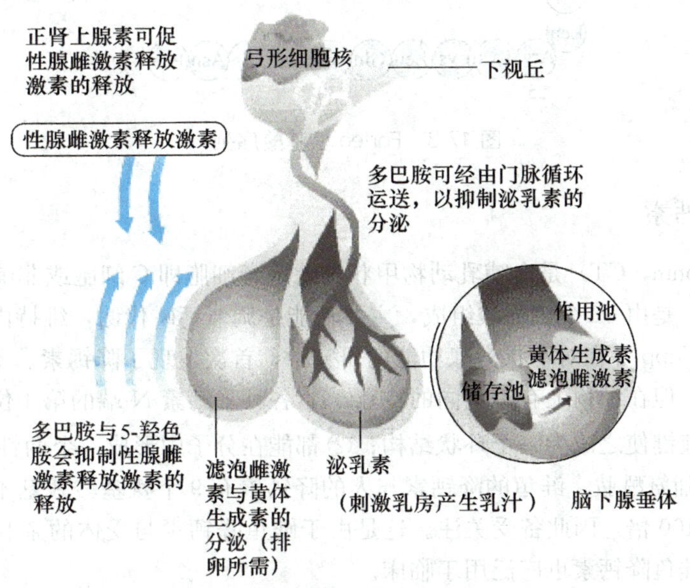

图 17-7　促性腺激素释放激素的调节机制

第 4 节　其他批准用于临床的重组激素

一、重组人甲状旁腺激素

甲状旁腺激素（parathyroid hormone，PTH）是由甲状旁腺的主细胞合成并分泌的一种直链多肽，是由 84 个氨基酸残基组成。其活性部位为 N-端的 1～34 个氨基酸，C-端无活性。最早是由 Collip 于 1925 年从牛甲状旁腺组织中分离得到。1981 年，Hendy 等首次报道了 huPTH 的基因序列，推动了 PTH 的基因工程研究。

PTH 主要通过和靶细胞膜上特异性受体结合引起靶细胞功能改变而发挥其生物学功能。其生理的作用有：① 使破骨细胞数目增加，骨基质溶解，将离子态的钙和磷酸盐释放入血液中；② 促进肾小管钙离子的重吸收和磷酸盐的排除；③ 通过促进维生素 D 的活化，间接促进小肠对钙和磷等的吸收。因此，PTH 可升高血钙水平。低血钙会促进 PTH 的分泌。

目前应用于临床的主要有 huPTH（1-84）、（1-38）及（1-34）片段，均为基因工程产品。美国 ELi Lilly 公司生产 rhPTH（1-34）于 2002 年 11 月经 FDA 批准上市，商品名为 Forteo（图 17-8）。rhPTH 是经重组 DNA 技术修饰的大肠杆菌制造而得的。具体过程是用含 huGH 基因片段和 huPHT基因的重组质粒转染到大肠杆菌内，经发酵产生 huPHT-融合蛋白，通过酶切和纯化制得。

它与 huPTH 的 N-端的 34 个氨基酸序列相同。Forteo 适用于治疗有高危骨折风险的绝经后骨质疏松症的妇女，可增加骨密度，并降低脊椎骨和非脊椎骨骨折的危险；也可适用于有高危骨折风险的原发性或性腺功能低下性骨质疏松症男性增加骨质量。

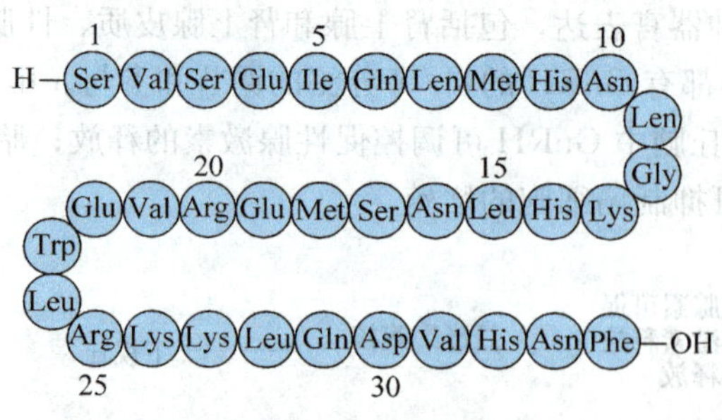

图 17-8 Forteo 氨基酸序列

二、重组降钙素

降钙素（calcitonin，CT）是由哺乳动物甲状腺滤胞旁细胞即 C 细胞或非哺乳脊椎动物的后鳃体产生的肽类激素，是由 32 个氨基酸组成，主要功能是调节钙磷代谢，维持内环境的稳定。1961 年加拿大生理学家 Copp 等在对甲状旁腺功能的研究中，首次发现了降钙素。不同物种降钙素的氨基酸序列各不相同，但在结构上有着共同的特点。① 各种降钙素 N-端的第 1 位和第 7 位的半胱氨酸之间都有一个二硫键使之成为一个环状结构；② 都能在分子中形成一个两性的 α 螺旋；③ 各种降钙素的 C-端皆为脯氨酰胺。鲑鱼的降钙素与人的降钙素有 9 个氨基酸残基不同，但比人体内的天然降钙素功能强 100 倍，因此备受关注。这是由于鲑鱼降钙素与受体的亲和力大而且在体内更加不易降解，因此鲑鱼降钙素也广泛用于临床。

降钙素的生物学功能主要是降低血中钙磷的水平。由于降钙素有抑制破骨细胞的活力作用，所以能抑制骨盐的溶解吸收，从而阻止钙从骨中释放。降钙素也能够降低肾脏对钙和磷的吸收。在临床上降钙素用于治疗某些恶性肿瘤和 Paget 病导致的高血钙。Paget 病是一种慢性骨骼病，某些部位的骨生长异常。表现为骨更新率加快，反映出破骨细胞和成骨细胞均过度刺激。

传统的临床降钙素制剂是通过化学合成的，现在重组形式的降钙素也获得销售批准。1999 年欧盟 CPMP 批准 Unigene 公司的注射用重组鲑鱼降钙素 forcaltonin，与合成鲑鱼降钙素类似，用于治疗某些恶性肿瘤和 Paget 疾病导致的高血钙。重组降钙素是在大肠杆菌工程菌株中生产的。从结构上看，鲑鱼的降钙素 C-端是酰胺化的。这个氨基基团一般是维持激素生物活性及稳定性所必需。大肠杆菌不能进行转录后修饰，重组的降钙素的酸胺化是在体外由同样是在工程 CHO 细胞系中生产的 α-酰胺化酶催化完成的。

三、重组促甲状腺素

促甲状腺素（TSH）是由垂体分泌的一种甲状腺刺激因子。TSH 与 LH、FSH 和 CG 同属促性腺家族，含有一个通用的 α 亚基，但 β 亚基的氨基酸组成则不同，最终决定了他们各自的生物学特异性。TSH 含有 118 个氨基酸残基，富含半胱氨酸，含有一个 N 连接糖基化位点（Asn23）。

TSH 可以与甲状腺细胞表面上的特异性受体结合而发挥作用。TSH 与受体结合后激活腺苷酸环化酶，导致细胞内 cAMP 水平提高。最终激发 TSH 的促甲状腺的功能，包括促进甲状腺从血液中摄取碘、合成含碘激素甲状腺素（T_4）和三碘甲状腺氨酸（T_3）并将这些激素释放到血液中去，这些激素能够调节多种组织新陈代谢。血浆 T_4 和 T_3 水平的升高也会通过负反馈机制抑制 TSH 的合成与释放。

1994 年 Cole 等人用基因重组技术将人 TSH 的 α 亚基和 β 亚基转染进 CHO 细胞，成功表达出 rhTSH。1998 年，经美国 FDA 批准由 Genzyme 公司开发的 rhTSH 上市，商品名为 Tyrogen。Genzyme 公司将携带编码 TSHα 亚基和 β 亚基的 DNA 序列转染 CHO 细胞，在动物细胞生物反应器中培养，收集并浓缩后，经过层析纯化，溶解在含甘露醇和氯化钠赋形剂的磷酸盐缓冲溶液中，最终浓度为 0.9mg/ml。经过过滤除菌后装入玻璃小瓶，冷冻干燥，成品在 2～8℃可以保存 3 年。

临床上，rhTSH 可以用于甲状腺切除术后患者检查甲状腺癌/甲状腺残余组织的辅助诊断。甲状腺癌相对较少见，主要发生于成人，尤其是女性。患甲状腺癌的首要治疗是切除所有或大部分甲状腺组织，然后进行甲状腺激素抑制疗法，服用足量的 T_3 或 T_4，通过前面提到的负反馈机制保持血清中 TSH 低水平。服用 rhTSH 和放射性碘可以检测甲状腺癌的复发，rhTSH 促进对放射性碘的摄取，通过适当的放射成像技术即可检测出来。

学习重点

一、重组 DNA 技术制备胰岛素产品

1. 利用重组 DNA 技术制备胰岛素的过程，主要有两种方法。
2. 目前应用的两种胰岛素制剂：速效胰岛素和超效胰岛素。

二、重组 huGH（rhuGH）与垂体性矮小

1. 利用重组 DNA 技术制备 GH 的过程。
2. rhuGH 用于治疗垂体性矮小。

三、重组促性腺激素

3 种主要的重组促性腺激素：rFSH、rhuCG 和 rhuLH 的生理作用及临床应用。

四、其他批准用于临床的重组激素

1. 重组人甲状旁腺激素的结构、制备及应用。
2. 重组降钙素的结构、制备及应用。
3. 重组甲状腺激素的结构、制备及应用。

思 考 题

1. 简述胰岛素分子结构及其生物学功能。
2. 简述胰岛素受体介导的信号传导途径。
3. 请介绍两种临床应用的胰岛素类似物。
4. 简述人生长激素的生理作用及治疗应用。
5. 试述重组人生长激素研制过程及其临床应用。
6. 促性腺激素的种类有哪些？它们各自的功能是什么？
7. 目前应用于临床的重组促性腺激素有哪些？它们可以用于治疗什么疾病？
8. 简述用于临床的其他重组激素类药物。

参考文献

陈蓓，朱威．2004．人生长激素研究进展．生物学杂志，1（4）：9～11

褚志义．2000．生物合成药物学．北京：化学工业出版社

达恩 J. A，克罗姆林，罗伯特 D. 辛德拉尔．2007．制药生物技术，吉爱国译．北京：化学工业出版社

邓瑞春，崔青山．1991．孕马血清促性腺激素及应用．中国兽医科技，21（2）：43～44

黄冬梅，陆付耳．2003．胰岛素信号转导障碍与胰岛素抵抗的形成．生理科学进展，34（3）：212～215

李元，陈松森．2007．基因工程药物．北京：化学工业出版社

李越中．2004．药物微生物技术．北京：化学工业出版社

梁丽，钟力勇．2003．胰岛素信号转导与胰岛素抵抗．东南大学学报，22（4）：287～289

廖二元．2001．内分泌学．北京：人民卫生出版社

罗怡，曹仁贤．2006．胰岛 B 细胞胰岛素信号转导通路．国际内分泌代谢杂志，26（1）：37～39

潘家祜，王龙妹等．2004．生化药理学．上海：复旦大学出版社

汤仲明．2008．生物技术药物．北京：化学工业出版社

吴梧桐．2007．生物化学．第 6 版．北京：人民卫生出版社

燕方龙，李洪森．2010．重组人生长激素稳定性研究发展．上海医学，31（3）：414～416

杨冬，邓成艳．2007．生长激素对卵巢功能的影响．中国妇幼健康研究，18（2）：148～150

岳利民，崔慧先．2007．人体解剖生理学．第 5 版．北京：人民卫生出版社

张中书，商学军．2009．促性腺激素释放激素及其类似物在生殖系统的应用．重庆医学，38（5）：604～606

Cusi K，Maezon A，el al. 2000. Insulin resistance differentially affect the PI3-Kinase and MAP Kinase-mediated signal in human muscle. J Clin Invest，105（3）：311～320

DeVos A M，Ultsch M，&，Kossiakoff A A. 1992. Human growth hormone and extracellular domain of its receptor. crystal structure of the complex. Science，255：306～312

G. 沃尔什．2006．生物制药学．宋海峰等译．北京：化学工业出版社

Ptak A，Kajta M，Gregoraszczuk E L. 2004. Effect of growth hormone and insulin-like growth factor-1 on spontaneous apoptosis in cultured luteal cells collected from early，mature，an regressing porcine corpora lutea. Anim Reprod Sci，80（3/4）：267～279

Saltiel AR，PEssin JE. 2000. Signaling pathways in insulin action；molecular targets of insulin resistance. J Clin. Invest，106（2）：165～169

Silveroinen O，Wittuhn B. Quelle F W，et al. 1993. Structure of JAK2 protein tyrosine and its rile in IL-3 signal transduction. Proc Natl Acad Sci USA，90：8429～8433

Sylvia L A，Shereen E. 2002. The pathogenesis of pituitary tumors. Nature，2（3）：836～849

VanderKuur J A，Wand X，Zhang L，et al. 1995. GH-Dependent phosphorylation of tyrosines 333and /or 338 of growth hormone receptor. Bio Chem，282：1330～1336

（康　宁）

第18章 血液制品和治疗性酶

学习要求

1. 掌握常见血液代用品的用途；凝血因子Ⅷ、Ⅸ、Ⅶ$_a$的应用；抗凝血酶的应用；SOD的应用；溶栓剂的种类及特点。

2. 熟悉携养血液替代品的分类；凝血因子Ⅷ、Ⅸ、Ⅶ$_a$的作用机制。

3. 了解不同类型的血友病与凝血因子之间的关系；天冬酰胺酶及胃蛋白酶的应用。

血液制品是重要的生物制品，在医疗急救及某些特定疾病的预防和治疗上血液制品有着其他药品和生物制品不可替代的临床疗效，近年来，对血液制品的安全性不断提出了更高的要求，一些新的制品特别是基因重组制品和转基因制品相继出现和研发，使血液制品安全性和有效性得到了很大的提高。

治疗性酶是具有特色医疗作用的一类药物，是医药宝库中的黄金。随着生物技术和现代药剂学研究的进展，酶类药物的应用取得了快速发展，已成为生物药物的一个重要门类。

第1节 血液代用品

血液是人体的重要组成部分，在机体代谢中起着至关重要的作用，大量失血将造成代谢严重障碍，乃至危及生命。输血对于临床手术、抗灾、战场救护是不可缺少的医疗手段。但是，长期以来血液来源一直是一个大问题，靠人献血不仅面临血源短缺问题，而且血液血型复杂，输血必须进行严格的配型，同时，血液要低温储存、保存期短、运输不便，更为严重的是肝炎、艾滋病病毒的污染，使输血安全受到威胁。近年来，血液需求量不断增高，而安全有效的血源却日益紧缺。在出现大量伤员（如灾难和战争）时，血液更是供不应求。因此，多年来人血液代用品一直是国际科学界和企业界关注的研究开发热点。

血液代用品是指具有保持血液的体积或能够保证机体组织的氧供给的物质。人体血液由血浆和血细胞组成，成分复杂。以维持血液的渗透压、酸碱平衡及血容量为目标的扩容剂（plasma expander）作为血液代用品早已广泛用于临床（表18-1），主要用于失血、烧伤、败血症或休克后，通过保持血容量来维持血压，但是均无氧传递功能。而新一代人血液代用品，是具有氧传递功能、维持血液渗透压和酸碱平衡及扩充容量的人工制剂，主要包括有机化学合成的高分子全氟碳化合物类和生物技术制备的血红蛋白类血液代用品。由于来源于红细胞本身的血红蛋白具有高效的载氧能力和维持胶体渗透压的功能，当前各国都把研制以血红蛋白为基质的携氧剂（hemoglobin based oxygen carriers，HBOC）作为人血液代用品研究开发的主攻方向。

表 18-1　现正在使用的部分血浆胶体扩充物

右旋糖酐 1	右旋糖酐 100	右旋糖酐 60	淀粉衍生物
右旋糖酐 40	明胶	右旋糖酐 70	清蛋白

一、右旋糖酐

右旋糖酐是葡萄糖的聚合物（图 18-1）学名葡聚糖，分子结构类似一条串珠，由葡萄糖分子主要以 a-1，6-糖苷键连接而成。根据聚合葡萄糖分子数目的不同，可分为高分子右旋糖酐（平均分子质量 100～200kD）、中分子右旋糖酐（平均相对分子质量 60～80kD）、低分子右旋糖酐（平均分子质量 20～40kD）及小分子右旋糖酐（平均分子质量 10～20kD）。该多糖主要来源于乳酸菌属的链球菌（Streptococcus）、明串珠菌（Leuconostoc）和一些烟草植物细胞，工业上主要由肠膜状明串珠菌以蔗糖为碳源生产，在临床上应用的制品通常由天然产物解聚后而得，有时也通过直接合成得到。右旋糖酐可提高血浆胶体渗透压，吸收血管外的水分以补充血容量，从而维持血压，因此可作为血浆的扩容剂。

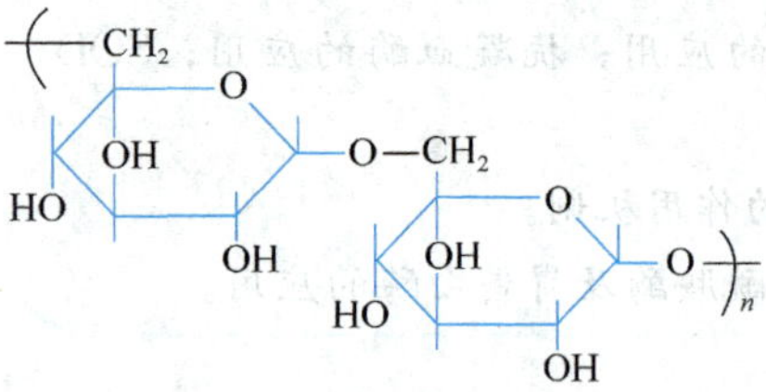

图 18-1　右旋糖酐的结构

中分子右旋糖酐（如 dextran 70），其平均分子质量为 75kD，临床上多用 6％溶液。因其分子体积较大，不易渗出血管外，静脉滴注后可直接补充血容量，另一方面可提高血浆胶体渗透压，将组织中的细胞外液渗入血管内，使血容量扩张，故临床上主要用来扩张血容量。

低分子右旋糖酐（如 dextran 40），其平均分子质量为 40kD，临床上多用 10％溶液，它可覆盖在红细胞、血小板和血管内膜表面，其正电荷向内、负电荷向外，使红细胞、血小板及血管内膜表面负电荷增加，同电相斥，阻止血小板和红细胞聚集，抑制血小板Ⅲ因子的释放，产生抗凝血、抗血栓作用。它还能稀释血液，降低血液粘滞性，改善微循环，防止休克后期发生的弥散性血管内凝血，使静脉血回流量和心搏出量增加，预防心肌梗死和脑血栓形成。

小分子右旋糖酐（如 dextran 10），其平均分子质量为 10kD，临床上多用 12％溶液。它能改善微循环，升高血压，并有较强的利尿作用。多用于急性失血性休克、创伤及烧伤性休克、急性心肌梗死、心绞痛、脑血栓、脑供血不全、血栓闭塞性脉管炎、雷诺病等。此外，术前有低血容量以及硬膜外麻醉后所致低血压者，均可使用本品升压。

右旋糖酐在应用中也可能产生一些不良反应，如过敏反应，其机制可能是患者早已被少量右旋糖酐致敏，这些右旋糖酐来源于食物或体内产生该多糖的菌属，或者是由于交叉免疫产生了类似的抗体，即有些菌属产生的抗体与右旋糖酐产生的抗体结构相似，遇到右旋糖酐产生过敏反应。

二、清蛋白

清蛋白又称白蛋白，其编码基因位于人第 4 号染色体上，在人体内由肝实质细胞合成。它是由 585 个氨基酸残基组成的单链多肽，含 17 个二硫键，用以稳定蛋白空间结构，相对分子质量为 66kD，不含糖类组分，在血浆中的半衰期约为 15～19d。

清蛋白是血浆中含量最多的一种蛋白质，约 42g/L，占血浆总蛋白的 60％（表 18-2），成年人血液系统中的清蛋白含量平均约为 150g。胶体渗透压与溶液大分子的数目成正比，80％的人血浆胶体渗透压由清蛋白产生，因此清蛋白担负着保留大量血管内液体的作用。胶体渗透压是使静脉端组织液重返回血管内的主要动力，当血浆清蛋白因病理条件引起下降时，血浆的胶体渗透压也随之下降，可导致血液中的水分过多进入组织液而出现水肿。

表 18-2 人类血液中功能已知的主要蛋白

蛋白质	正常血浆中的含量（g·L^{-1}）	分子质量（kD）	功能
清蛋白	34～45	66.5	胶体渗透压、转运
纤维素 A 结合蛋白	0.03～0.06	21	维生素 A 的转运
甲状腺素结合球蛋白	0.01～0.02	58	结合、转运甲状腺素
皮质（激）素运载蛋白	0.03～0.04	52	皮质激素转运
铜蓝蛋白	0.1～0.6	151	铜的转运
结合珠蛋白			结合和保护血红蛋白
1-1 型	1.0～2.2	100	
2-1 型	1.6～3.0	200	
3-1 型	1.2～2.6	400	
转铁蛋白	2.0～3.2	76.5	铁的转运
Haemopexin	0.5～1.0	57	结合将被代谢的血红素
β_2微球蛋白	0.002	11.8	与 HLA 组织相容性的抗体有关
γ 球蛋白	7.0～15.0	150	抗体
甲状腺激素转运蛋白	0.1～0.4	55	结合甲状腺素

除了调节胶体渗透压的作用之外，清蛋白还承担物质转运的功能。清蛋白带有 19 个高纯负电荷，因此对无机或有机化合物均有很高的亲和力，并能转运各种离子、脂肪酸和激素，血浆中全部胆红素都与清蛋白结合，而许多药物亦与清蛋白结合，之后运送至解毒器官，然后排出体外。可见清蛋白属于非专一性的运输蛋白，在生理上具有重要作用，与人体的健康密切相关。

清蛋白主要用于治疗失血、休克、烧伤和水肿及用于某些病人手术后作为血容量扩充剂使用。治疗用的清蛋白为浓度为 10%～25%的蛋白质溶液或 4%～5%的蛋白质等渗溶液。两种制剂中清蛋白的纯度均大于 95%，可以由正常血浆、血清制备或由胎盘纯化。原料必须首先筛查病毒，纯化之后加入适宜的稳定剂（通常是辛酸酯钠），随后溶液过滤除菌，在无菌操作下灌装。清蛋白的相对热稳定性允许进一步的热处理，以降低可能的各种病原体的机会感染（特别是病毒）。通常，处理温度为 60℃加热 10h，最后用 30～32℃孵育 14d 的方法以检查可能的微生物。

三、明胶蛋白

明胶蛋白是由动物胶原蛋白部分酸水解或部分碱水解制备，有着广泛的治疗和药物制剂学方面的应用。明胶蛋白经常用于制备软胶囊和硬胶囊的壳、栓剂和片剂，有时在外科手术时作为海绵使用，可以吸收大于自身重量许多倍的血液。

4%的明胶溶液（通常是修饰过的琥珀酰化的明胶）也用做血容量扩充剂，具有抗休克作用，临床上采取 500ml～1L 的无菌溶液缓慢静脉滴注。在极少数情况下，因为输注的速度过快，明胶溶液可以导致过敏反应。输注后大部分明胶以较快的速度由尿中排泄。

四、携氧血液替代品

目前所研制的携氧血液代用品大致可分为两类，即氟糖类（perfluorocarbonemulsions，PFCs）乳剂及基于血红蛋白的携氧剂（hemoglobin based oxygen carrier，HBOC）。

（一）氟碳化合物乳剂

第一代全氟碳人造血：世界第一个全氟碳人造血制品是由日本大阪绿十字公司研制的 Fluosol，它是以全氟十氢萘和全氟三丙胺为原药，以嵌段式聚醚 F-68 为主要乳化剂类似配方的乳液，仅限于冠状动脉成形术后冠状动脉灌流。由于存在诸如携氧功能差，有一定的不良反应，乳液不稳定需冷冻保存，使用不便和原药制备不易等缺陷，已于 1994 年停产，撤出市场。

第二代全氟碳人造血乳剂：科学界在寻找第二代全氟碳原药的将近 20 年的时间里，已筛选出了不少品种，目前看来最理想的原药是由四氟乙烯通过调节聚合制得的直链型化合物——全氟溴烷。通过临床研究和评估，此原药具有较全面的安全性，动物 $LD_{50}>42g/kg$，当注入比临床剂量 27g/kg 大两倍多仍无不良反应，且无补体激活现象，无致免疫反应和变性反应，不改变免疫球蛋白，不伤及细胞间免疫力，无血小板激活反应，不损伤血小板凝血作用，无血液动力学效应，无血管收缩现象，肝功能无反常变化，对肺功能无不良影响。用此原药开发的高浓度乳剂作为携氧剂，已用于妇科、心肺旁路、整形及泌尿科的大型外科临床手术中，并且在欧洲进行的Ⅲ期临床实验已于 2000 年 5 月完成。第二代全氟糖类作为高效携氧剂的研究成功，是人造血技术发展的重要里程碑。

氟碳化合物并不像血红蛋白那样与氧呈可逆性化学结合，其运输和释放氧仅仅取决于物理溶解和氧分压，氧含量和氧分压呈直线关系，随着氧分压的变化，氟糖类可以溶解或释放出氧，且不受温度变化的影响，因此使用氟糖类乳剂时必须同时吸入纯氧才能发挥有效作用。氟糖类易于储存、消毒、避免了疾病的传播，输注前无须做配型和交叉实验，不影响血液的氧离解过程，也不影响骨髓的造血。但大量应用氟糖类乳剂后超越网状内皮系统的清除能力，导致肝脏充血肿胀、功能下降以及免疫系统受损，从而限制了其在临床上的应用。

（二）基于血红蛋白的携氧剂

血红蛋白（Hb）是一种含铁的复合变构蛋白，其功能主要是运输 O_2 和 CO_2，维持血液酸碱平衡。人体内的血红蛋白分子质量约 67kD，由 4 个亚基构成，分别为两个 α 亚基（141 个氨基酸）和两个 β 亚基（146 个氨基酸），每个亚单位各结合 1 个血红素及 1 分子 O_2（1g 血红蛋白在红细胞内能结合 1.39ml O_2）。

目前血红蛋白主要来自于人、动物的血液。从血库过期血液中分离的人 Hb 与人血液同源，生物相容性好，不会引起致敏免疫反应，但未解决血源污染和紧缺问题。所以，人们致力于开发动物血红蛋白，如牛、猪、羊等，但是人畜共患血源性传染病是以动物血红蛋白为基质的携氧剂的制备工艺必须着重解决的问题。无论从何种血液中分离血红蛋白，获得高纯度的活性血红蛋白分子，是研制血红蛋白类血液代用品的关键。

基于血红蛋白的携氧剂（HBOC）主要有三大种类：化学修饰的血红蛋白、脂质体包裹血红蛋白以及基因重组血红蛋白。

1. 化学修饰的血红蛋白 一般来说，游离于红细胞之外的血红蛋白将失去其主要功能。血红蛋白在血浆中循环半寿期仅为 2～3h，四聚体（64kD）迅速解聚为 $\alpha\beta$ 二聚体（32kD）和单体（16kD），从肾脏滤过使肾血管内皮细胞膜过氧化和急性管形坏死，导致肾功能丧失，产生强烈肾毒性；血红蛋白可结合并灭活由血管内皮细胞产生的内皮舒张因子（NO），从而抑制血管舒张，产生引发血管收缩的不良反应；失去红细胞内 2，3-DPG 调节，血红蛋白氧亲和力升高，影响氧的释放，不能向组织有效供氧；缺乏红细胞内还原酶系统调节，血红蛋白易氧化成高铁血红蛋白（MetHb），丧失结合氧的能力并产生超氧化物离子（O_2^-、OH、H_2O_2等）自由基，对机体产生损害作用，为此，研究人员采用多种方式修饰 Hb 分子，以获得适合临床应用的 HBOC。目前常用的技术有 Hb 分子内交联、分子间聚合、惰性高分子聚合物共轭和微囊化等。

（1）交联血红蛋白（交联 Hb）：用交联剂与血红蛋白 α 或 β 亚基之间进行分子内交联反应，制备稳定维持四聚体结构的交联 Hb。目前已研究过的交联剂有 10 多种，如双阿司匹林（DBBF）、双（顺丁烯二酰亚胺甲基）醚、2，5-二异硫基氰基苯磺酸盐（DIBS）、戊二醛（GDA）、5-磷酸吡哆醛（PLP）等。例如，双阿司匹林交联人血红蛋白（DCLHb）稳定了血红蛋白四聚体结构并降低了氧亲和力，具有良好的氧传递性和协同性。失血动物模型灌注 DCLHb 的试验结果表明，DCLHb 具有较好的携氧能力，同时不产生肾毒不良反应。

（2）多聚血红蛋白（多聚 Hb）：为了进一步延长血红蛋白在血管内的停留时间，可以在分子内交联的基础上采用交联剂使血红蛋白分子之间聚合形成较大的分子。常用醛类试剂如戊二醛（GDA）、5-磷酸吡哆醛（PLP）和开环棉子糖，将多个 Hb 分子聚合成大分子，以防止 Hb 的解聚，延长循环半衰期，降低 Hb 氧亲和力，增强其氧传递性，例如，戊二醛多聚人 Hb 或牛 Hb。灌注动物模型试验表明，多聚 Hb 的循环半寿期延长，具有很好携氧能力，能充分向组织供氧，不产生系统的肾毒性不良反应。

（3）共轭血红蛋白（共轭 Hb）：将可溶惰性大分子聚合物，如聚乙二醇（PEG）、葡聚糖（DX）、右旋糖酐等共价偶联到 Hb 分子上，形成共轭血红蛋白。这些共扼血红蛋白的特点是，通常它们具有较高的渗透压和黏度，意味着共扼血红蛋白通常可以用作血浆扩充剂。在这些研究中比较有代表性、发展前景比较看好的是 PEG 修饰血红蛋白的研究。聚乙二醇具有良好的生物相容性，可以用来降低蛋白质的免疫原性，延长蛋白质的体内存留时间，提高蛋白质的生物利用度。共轭 Hb 灌注动物模型试验表明，这类制品有满意的载氧能力及循环半寿期，未观察到相关器官组织病理变化。

交联 Hb 和多聚 Hb 的制造工艺比较简单，但产物不均一而且可能有免疫反应的障碍。共轭 Hb 则能获得均一产品，消除抗原性及减少扩散限制，循环半寿期较长，并在体内自身红细胞再生的同时，血红蛋白衍生物逐渐被廓清，可满足输血的要求。

2. 脂质体包裹血红蛋白（LEH） 人们一直追求的人血液代用品的研究目标是模拟天然红细胞膜和红细胞内的生理环境，用仿生的高分子材料，将血红蛋白包裹起来，制备成为“人工红细胞”。

人工红细胞具有其他血红蛋白类血液代用品不可替代的优点：

（1）不断改进包被膜的成分，使其具有类似生物膜的良好通透性和相容性，延长循环半寿期，避免 Hb 四聚体迅速解离而产生的肾毒性。

（2）Hb 未经化学修饰，保证其正常生理功能。

（3）包裹入天然红细胞内的高铁血红蛋白还原系统，保证 Hb 有效传递氧。

（4）包裹入天然红细胞内的一种变构剂（2，3-DPG），降低 Hb 氧结合力，从而增加其氧传递能力。

最常用的方法是用脂质体（liposomes）包裹血红蛋白，称为脂质体包裹型血红蛋白（LEH）。LEH 的磷脂双层包被不影响氧气的运输和释放，降低抗原性，增加循环半寿期，防止 Hb 迅速解离而导致的肾毒性不良反应。

3. 基因重组血红蛋白 天然血红蛋白来源受到血液提供群体（人或动物）限制，难以从根本杜绝病原微生物污染、避免动物 Hb 来源可能引起的机体致敏免疫反应，所以基因重组人血红蛋白成为当今“血液代用品”的研究热点。随着生物技术的发展，尤其是分子生物学技术的飞速发展，基因重组和转基因动植物技术已用于红细胞代用品的研究。用基因工程方法生产交联或聚合的人血红蛋白突变体已在大肠杆菌、酵母、昆虫细胞及转基因动植物中表达成功。

（1）基因工程大肠杆菌：运用大肠杆菌可表达人 Hb 融合性 α（或 β）亚基，表达人血红蛋白量为 10%～20%；另外，使 α 亚基、β 亚基与甲硫氨酸肽酶在同一细胞内共表达，在体内折叠，产生天然血红蛋白 $\alpha_2\beta_2$ 四聚体，但此产物保留有翻译起始的甲硫氨酸残基，其表达最为 2%～10%。以上两种基因重组血红蛋白均导致 Hb 氧亲和力上升和协同作用下降。在大肠杆菌中，将两个重复的 α-珠蛋白首尾融合，这种基因重组交联人血红蛋白，有效地防止了 Hb 分子的解聚，具有良好的氧传递性，无明显的不良反应，是一种有发展前景的血液代用品。

（2）酵母：酵母宿主细胞的表达产物为可溶性血红蛋白，与天然人 Hb 结构一致，表达量仅 1%～3%，若在 β 多肽链基因点突变，可降低表达产物的氧亲和力。

（3）昆虫细胞：昆虫细胞的表达产物为不溶性珠蛋白，无血红素掺入，表达 5%～10%。

（4）转基因猪和鼠：美国 DNX 公司已经培育成功人血红蛋白转基因猪，在猪的红细胞中表达人血红蛋白，占猪血红蛋白的 10%～15%，表达产物有杂合分子，采用离子交换层析等技术可将人血红蛋白和猪血红蛋白以及其杂合分子分离。转基因猪产生的人血红蛋白与天然人血红蛋白一致，不会产生免疫反应，经过化学修饰或改变结构可望用作血液代用品。

（5）转基因烟草：法国科学家在转基因烟草中成功表达了人血红蛋白，为人血红蛋白的生产开辟了一条新途径。但表达量较低。

总之，基因工程修饰人 Hb 优于化学修饰产品，它避免了血源污染的可能性，可经微生物发酵大量生产，且产物无需进一步修饰，因其修饰结构小，也不会引起免疫反应。但是，基因重组人血红蛋白表达量太低，纯化费用过高。因此，建立高表达的 rHb 工程菌和高效分离纯化技术是 rHb 产业化的关键。

第 2 节 凝血因子和血友病

血液在体内发挥着至关重要的作用，为了维持相对恒定的血液容量，一旦血管受损，出血应迅速停止。止血的过程涉及三个主要机制：① 在血管受伤位点血小板聚合、结块；② 血管的局部收缩，以减少通过此处的血流量；③ 血液凝固连锁反应的诱导。

凝血过程需要大量的凝血因子，至少有 12 种不同的因子参与血液的凝固反应（图 18-2），除此之外，还有一些大分子辅助因子参加。凝血因子用罗马数字编号，除Ⅳ因子外，其他都是蛋白质。绝大多数因子是蛋白水解酶酶原，它们连续被激活，激活后的因子用罗马数字和一个下标“a”来表示（如因子$Ⅷ_a$表示激活后的因子Ⅷ）。血友病就是因为机体缺乏凝血因子而导致的凝血障碍疾病。

一、凝血因子Ⅷ

（一）血友病及其分型

血友病是一组由于先天性凝血因子缺乏而导致的凝血酶生成障碍的遗传性出血性疾病，后天获得型较为少见。正常的血液凝固是血液中血小板与部分血浆蛋白共同作用的结果，它是一个复杂的蛋白酶水解活化的连锁反应过程，可溶性纤维蛋白最终变成稳定难溶的纤维蛋白（图 18-2）。在凝血过程中这些与凝血功能相关的血浆蛋白，即凝血因子。由于凝血因子在血液凝固过程中，具有加速以及加强反应的效果，缺乏凝血因子的协助，就可能发生凝血功能异常，导致出血时间延长。血友病患者的凝血因子比正常人少，因此血管破裂后，血液不容易凝固，导致出血难止。

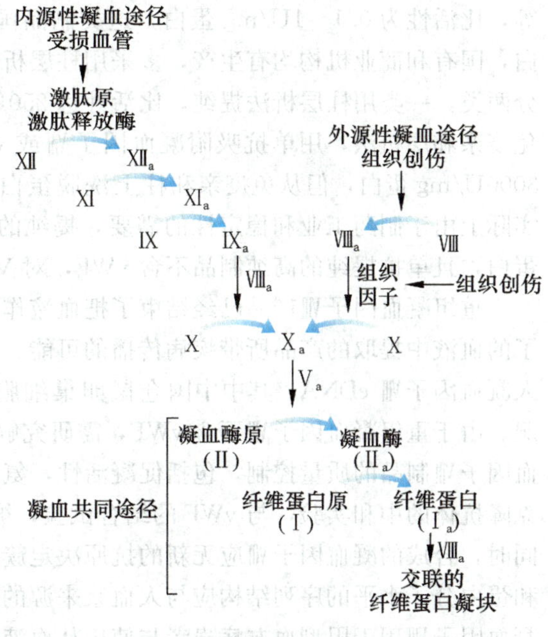

图 18-2 血液凝固瀑布图

按照患者所缺乏的凝血因子类型及原因，血友病可分为先天性或遗传性血友病及后天获得性血友病两大类，进一步可将最常见的血友病分为甲型、乙型、丙型 3 种（或是 A 型、B 型、C 型 3 种）。血友病多为女性遗传，男性发病。其临床特点是大多数病人自幼有出血倾向、外伤或手术后渗血不止，出血表现为皮下、肌肉血肿，关节腔反复出血致肿胀甚至畸形，实验检查有凝血功能障碍，其中以甲型血友病最为多见。

（二）甲型血友病与凝血因子Ⅷ

甲型血友病系凝血因子Ⅷ基因缺失、突变或重排所致的 X 染色体隐性遗传病，占血友病的 80%～82%。主要临床表现是自幼反复发生异常出血，以自发性、轻微外伤后出血难止或创伤、手术后严重出血多见。出血部位常见于负重的大关节（如膝、肘、踝、腕、髂、肩等）和肌肉/软组织（腰方肌、上肢肌、下肢肌等）、内脏（如腹腔内、腹膜后、泌尿、消化、呼吸道等）、皮肤、黏膜（如皮肤淤血、鼻出血、口腔出血、牙龈出血等）。致命性出血有颅内出血、神经系统出血、咽颈部出血和无准备的创伤、手术出血等。

凝血因子Ⅷ以无活性的二聚体形式与 von Willebrand 因子（vWF）在血液中形成复合体。在凝血酶的作用下两者分离，前者形成有活性的三聚体而与凝血因子$Ⅸ_a$共同作用（图 18-2），激活凝血因子 X，从而触发凝血过程。凝血因子Ⅷ基因位于 Xq28，长为 186kb，由 26 个外显子组成，其中第 14 号外显子为 3.1kb，是目前发现的人类最大的外显子之一。凝血因子Ⅷ mRNA 长 9kb，编码 1 条由 2351 氨基酸残基组成的前体多肽，去除 N 端 19 个残基的信号肽后，成熟蛋白由 2332 个氨基酸组成。氨基酸顺序分析表明，凝血因子Ⅷ蛋白由 3 个 A 结构域，1 个 B 结构域及 2 个 C 结构域组成。从血浆中及从重组细胞培养上清中分离纯化得到的凝血因子Ⅷ是由两条肽链所组成，重链分子质量为 90～200kD 不等；轻链分子质量为 80kD，二条肽链间由 Ca^{2+} 连接。目前的研究表明，B 结构域对凝血因子Ⅷ的凝血活性并非必需。

（三）治疗性凝血因子Ⅷ

天然的凝血因子Ⅷ复合物由捐献者血液中纯化得来，在血液中首先要检测是否存在如肝炎病毒，艾滋病毒等。从血液中提取的凝血因子Ⅷ，包括那些通过免疫亲和层析制得的产品，通常经过进一步的去除和灭活病毒的步骤。粗结晶在色谱前经常在 60℃下加热 10h 以上，或用溶剂或稀释的去垢剂处理来灭活任何存在的病毒颗粒。最终的产品通过过滤灭菌，冻干，真空密封，或密封前加入如二氧化氮等惰性气体，不加保护剂，冻干的产品存储在 8℃以下。

根据比活性（U/mg 蛋白）高低，凝血因子Ⅷ制品分为粗、中、高纯 3 种，粗制品如冷沉淀等，比活性为0.1～1U/mg蛋白，这类制品国外已不再生产；中纯制品比活性为1～10U/mg蛋白，国有和商业机构均有生产，多采用柱层析和沉淀法制备；高纯制品比活性大于10U/mg蛋白，分两类，一类用柱层析法提纯，比活性达250U/mg蛋白，但仍含有许多其他血浆蛋白；第二类用免疫亲和层析法，用单抗吸附凝血因子Ⅷ或vWF，然后洗脱，用柱层析法提纯，比活性可高达3000U/mg蛋白，但从免疫亲和柱上洗脱蛋白质的条件是苛刻的，因此能引起有些蛋白的变性。实际上由于制药工业和稳定性的需要，提纯的制品需用人清蛋白稀释，最后比活性约为15U/mg蛋白，且单抗提纯的高纯制品不含vWF，对Von Willebrand病（VWD）的治疗受限。

重组凝血因子Ⅷ产品已经结束了把血液作为唯一来源的依赖性，消除了血液，特别是从感染了的血液中提取的产品所带疾病传播的可能。一些公司已经在各种真核生物表达体系中表达编码人凝血因子Ⅷ cDNA，其中中国仓鼠卵巢细胞（CHO）和幼小仓鼠肾细胞（BHK）株使用最普遍。由于重组凝血因子Ⅷ不含vWF，需研究解决共同表达或共同存在的问题。基因工程合成的凝血因子Ⅷ制品的质量控制，包括促凝活性，氨基水解活性，与人凝血因子Ⅷ抗体和凝血因子Ⅷ单克隆抗体的中和实验，与vWF的结合试验，被凝血酶、蛋白C灭活的类型及电泳图谱等项分析；同时，合成的凝血因子Ⅷ应无新的抗原决定簇，无来自仓鼠细胞和鼠单抗的非人蛋白存在；基因和蛋白分子水平的序列结构应与人血浆来源的凝血因子Ⅷ相似。临床和临床前研究已经表明重组凝血因子Ⅷ用于甲型血友病患者与使用从血液中提取的凝血因子Ⅷ复合物疗效一致。重组的凝血因子Ⅷ产品与血浆vWF结合亲和性和天然的凝血因子Ⅷ相同，动物和人药代动力学数据表明了重组产品和天然产品的药动学参数基本一致。

因为表达系统不同，天然凝血因子Ⅷ和重组产品在糖基化模式上略有不同，然而迄今为止还没有证实其在临床上的重要意义。两者显著的差别是重组产品具有免疫原性，因产品中可能含有宿主细胞蛋白质、动物细胞培养基、从免疫亲和柱中漏出的抗体等。一些病人，特别是那些患有严重的甲型血友病患者，无论重组凝血因子Ⅷ的来源如何，一旦使用，都会产生免疫反应。因此重组凝血因子Ⅷ的纯化工艺必须特别严格，不仅应确保没有蛋白污染物，还要确保没有其他潜在的污染物，特别是DNA（来自宿主细胞株的DNA可能存在潜在的癌基因），目前已经有几种重组凝血因子得到审批并可用于临床（表18-3）。

表 18-3 已证明能治疗甲型血友病的重组凝血因子

产　品	生　产　者
Bioclate（rhFactor Ⅷ）	Genteon
Kogenate（rhFactor Ⅷ）	Bayer
Helixate（rhFactor Ⅷ）	Bayer
Recombinate（rhFactor Ⅷ）	Baxter Healthcare/Genetics Institute
ReFacto（B-区域缺失的 Factor Ⅷ）	Genetics Institute

人凝血因子Ⅷ浓缩剂适用于先天性凝血因子Ⅷ缺乏的甲型血友病，重症肝脏疾病，弥散性血管内凝血，原发性纤溶亢进，系统性红斑狼疮、尿毒症、手术后所致的获得性因子Ⅷ缺乏症以及血管性假血友病的补充疗法。对乙型和丙型血友病无效。在凝血因子缺乏所致的出血性疾病中，血友病占80%～90%，其中甲型血友病又占80%～90%，凝血因子Ⅷ浓缩剂是治疗获得性甲型血友病的主要药物。商品凝血因子Ⅷ浓缩剂相当稳定，易于掌握和便于储藏，故常用于家庭病房的治疗。

输注人凝血因子Ⅷ浓缩剂应有滤网装置，如发现有大块不溶物时则不可使用。滴速60滴/分，滴速过快可有头痛，恶心，眩晕，发绀，心动过速，呼吸困难，焦虑等症状。超过20U/kg，可出现肺水肿。人凝血因子Ⅷ浓缩剂可能传播某些病毒性疾病，如肝炎和艾滋病，也可引起变态反应，如过敏性皮疹，血清病等。

（四）凝血因子Ⅷ制剂存在的问题

甲型血友病的治疗目前以依靠反复输注血友病凝血因子Ⅷ制剂进行替代治疗为主，但反复输注凝血因子Ⅷ制剂可导致体内产生凝血因子Ⅷ抑制物（抗体），已成为治疗甲型血友病的最严重并发症之一，增加了治疗难度，同时也增加了患者的致残率，影响了患者的生活质量。目前，国内外对凝血因子Ⅷ抑制物的发生率报道不一，其形成机制可能与环境因素、基因因素和患者因素有关。凝血因子Ⅷ抑制物破坏凝血因子Ⅷ的作用机制研究已取得很大进展，主要体现在 3 个方面：

1. 封闭凝血因子Ⅷ功能表位　凝血因子Ⅷ抑制物大多是通过空间位阻封闭凝血因子Ⅷ表位，中和凝血因子Ⅷ的促凝活性，尤其是封闭那些特异性的功能表位，阻碍凝血因$Ⅸ_a$和凝血因子Ⅹ复合物形成，封闭凝血因子Ⅷ的功能表位可导致由凝血因子$Ⅱ_a$激活的凝血因子Ⅷ减少和阻止凝血因子X_a复合物的形成。

2. 水解作用　50%的抑制物阳性患者中的抗凝血因子Ⅷ抗体具有酶活性和水解凝血因子Ⅷ分子的活性，而抑制物阴性患者无此种水解抗体，正常人体内的天然抗凝血因子Ⅷ IgG 抗体亦不具有此种水解活性。血友病凝血因子Ⅷ抑制物水解凝血因子Ⅷ的活性与中和凝血因子Ⅷ的活性呈正相关，而 vWF 能部分中和血友病凝血因子Ⅷ抑制物的蛋白水解活性。

3. 促进凝血因子Ⅷ的血浆清除　抑制物可与凝血因子Ⅷ蛋白 C 末端结合，阻止了凝血因子Ⅷ蛋白与磷脂的结合，移抑制物抗体重链和轻链均可直接与 vWF 竞争性结合凝血因子Ⅷ蛋白，从而使更多的凝血因子Ⅷ从血浆中清除。

抑制物的形成是多因素的，如何解决甲型血友病治疗中因反复输注凝血因子Ⅷ制剂而导致的副作用也是今后人们亟待解决的一个问题。

二、凝血因子Ⅸ、$Ⅶ_a$

乙型血友病（Christmas 病）系凝血因子Ⅸ缺乏、突变或重排所致，亦为 X 染色体隐性遗传病，占血友病的 11%～15%，Aggeller 首先于 1952 年将乙型血友病与甲型血友病区别开，甲型与乙型发病率比例约为 5.4∶1。凝血因子Ⅸ的编码基因突变导致该凝血因子功能缺陷而致病，同甲型血友病一样，乙型血友病也是男性发病，女性传递，发病率约为男性活婴的 1/30 000。

乙型血友病以身体负重关节、软组织及黏膜等身体部位损伤后过量出血或自发性出血为其典型临床特征。根据患者血浆凝血因子Ⅸ活性大小及其临床症状的差异，分为 3 种临床亚型。重型乙型血友病血浆凝血因子Ⅸ活性小于正常人 1%，多表现为婴幼儿早期自发性出血、反复自发性血肿及多发性出血，需凝血因子Ⅸ替代治疗才能存活较长的时间；中度乙型血友病血浆凝血因子Ⅸ活性为正常人 1%～5%，多表现为手术后或伤后出血；轻型乙型血友病血浆凝血因子Ⅸ的活性为正常人的 5%～25%，临床上表现为手术后或伤后出血，而自发性血肿极为罕见。

（一）凝血因子Ⅸ

凝血因子Ⅸ是一种分子质量为 55kD 的糖蛋白，单链组成含有 415 个氨基酸。凝血因子Ⅸ含有 5 个结构域，其中从 N 端开始的 1～46 个氨基酸为 Gla 区，它是凝血因子Ⅸ生物活性功能区，含 7 个以上 Ca^{2+} 结合位点，从而激活凝血因子Ⅸ。

凝血因子Ⅸ是乙型血友病患者和获得性凝血因子Ⅸ缺陷症患者缺乏的特殊血液凝集因子。凝血因子Ⅸ在血液中以丝氨酸蛋白酶原的形式存在，经凝血因子Ⅺ或凝血因子Ⅶ和组织因子复合物激活后形成具有蛋白酶活性的活化凝血因子Ⅺ即凝血因子$Ⅸ_a$，参与凝血途径。活化的凝血因子Ⅸ

与活化的凝血因子Ⅷ联合激活凝血因子Ⅹ，最终导致凝血酶原转变为凝血酶，之后凝血酶把纤维蛋白原转变为纤维蛋白并形成血凝块（图 18-2）。凝血因子Ⅸ用于预防和控制乙型血友病患者过量的、潜在性的危及生命的出血，包括控制和防止手术过程中的出血。

乙型血友病的治疗，不外乎输血、输血浆、输凝血因子等，有条件的情况下，提倡使用凝血因子。由于凝血因子Ⅸ蛋白质结构比凝血因子Ⅷ蛋白质结构要简单一些，修复凝血因子Ⅸ的基因缺陷比修复Ⅷ因子基因缺陷的技术相对容易，使用基因疗法治疗乙型血友病的研究也较为领先一步，并已进入临床试验阶段，但是对于所有患者来说，使用各种凝血因子Ⅸ制品来控制出血仍然是目前主要的方法。现在世界各地普遍使用的凝血因子Ⅸ制品主要有凝血酶原复合物、血浆中提取的纯凝血因子Ⅸ和基因技术合成的纯凝血因子Ⅸ等。

凝血因子Ⅸ制剂作为一种血液制品，其应用的根本问题在于产品的有效性和安全性。因此，对于人血源凝血因子Ⅸ的研究重点集中在采用不同的分离介质或不同方法提高纯度和活性及采用不同的病毒灭活方法提高其安全性两个方面。高度纯化的Ⅸ浓缩物几乎无凝血因子Ⅱ、Ⅶ、Ⅹ，致血栓不良反应明显减少，现发达国家已用于乙型血友病的治疗、手术或严重出血的加强治疗以及有血栓史或严重肝功能损害的乙型血友病患者的治疗。

重组凝血因子Ⅸ（重组产品 BeneFix）是一种 DNA 衍生的血液凝集因子，这种纯化的重组产品可以免除血浆带来的人类病毒传染的危险。它由表达人因子*Ⅸ*基因的 CHO 产生，是一种糖蛋白，与凝血因子Ⅱ、Ⅶ、Ⅹ同属维生素 K 依赖因子。重组凝血因子Ⅸ的氨基酸序列与血浆提取的凝血因子Ⅸ的 Ala148 等位基因的序列相一致，并且在结构和功能特性上与内源性因子Ⅸ相似。BeneFix 是一种非高温灭菌的冻干制剂，用无菌注射用水复溶，3h 内，用几分钟时间静脉注入。所有凝血因子Ⅸ产品的治疗剂量和时程取决于凝血因子Ⅸ缺乏程度，局部或内部出血的严重程度，患者的临床条件和年龄以及凝血因子Ⅸ恢复情况，治疗剂量应当依据患者的临床反应而定，其体内半衰期为 20h 左右。

（二）凝血因子$Ⅶ_a$

5%～25%的患甲型血友病的个体会产生抗凝血因子Ⅷ的抗体，3%～6%的患乙型血友病的个体会产生抗凝血因子Ⅸ的抗体，这使治疗的情况变得复杂。因此治疗措施之一就是直接给予凝血因子$Ⅶ_a$。原因是因子$Ⅶ_a$能激活凝血通路中最后几步的共同通路，而不依赖于凝血因子Ⅸ和凝血因子 XIII。凝血因子$Ⅶ_a$与组织因子形成复合物，在磷脂和 Ca^{2+} 存在的情况下，激活凝血因子Ⅹ。

凝血因子Ⅶ是一种维生素依赖的糖蛋白，含有 406 个氨基酸残基，分子质量为 50kD，凝血因子Ⅶ的 $Arg^{152}-Ile^{153}$之间的肽键断裂后变为有酶活性的双肽链形式，原 1～152 位的残基组成$Ⅶ_a$的轻链，153～406 位的残基组成$Ⅶ_a$的重链，两者由原第 135 和 262 位残基之间的单个二硫键连接。凝血因子$Ⅶ_a$能与组织因子结合，直接激活凝血因子Ⅹ成为凝血因子$Ⅹ_a$，激发凝血酶原向凝血酶的转换，进而使纤维蛋白原向纤维蛋白转换形成止血栓。凝血因子$Ⅶ_a$激活凝血因子Ⅸ，成为凝血因子$Ⅸ_a$，且能使凝血因子$Ⅸ_a$和$Ⅹ_a$使血栓的形成进一步增加（图 18-2）。在血管壁损伤的局部，凝血因子$Ⅶ_a$与组织因子/磷脂形成复合物，处于激活状态，从而起到止血的作用。

在过去的几十年里，治疗血友病先后使用了血浆浓缩物和血浆纯化因子Ⅶ。重组人活性凝血因子$Ⅶ_a$于 1999 年由美国 FDA 批准上市（NovoSeven），在全世界 50 多个国家注册使用。由于生物工程重组因子Ⅶ方便安全，从而成为这个领域的主流。尽管它的结构与血浆提取的凝血因子$Ⅶ_a$存在差异，但两者的功能是完全一致的。人凝血因子$Ⅶ_a$基因被克隆并在 BHK 细胞中表达，以单链形式分泌到培养基质中然后以自我催化的方式裂解成活性的双链形式即重组的凝血因子$Ⅶ_a$。临床研究表明，重组人活性凝血因子Ⅶ对血友病、血小板减少症和血小板功能障碍、严重创伤、大面积外科手术的止血具有令人满意的止血效果。重组人活性凝血因子Ⅶ。由于安全有效，已成为治疗血友病、外科创伤出血等的替代疗法。

NovoSeven 是无菌冻干的一次性使用瓶装粉末制剂，使用时用适量无菌注射用水复溶后静脉大剂量给药。对体内具有抑制剂的甲型或乙型血友病患者，一般的剂量为每 2h 给药 90μg/kg，至停止出血。对于伴有抑制物的血友病患者的严重出血，在止血后还需每间隔 3～6h 继续输注，以维持止血栓的稳定。剂量和给药间隔可以依据出血的严重性和止血达到的程度进行调整。另外，药液溶解后，应在 2～5min 内静脉推注完毕，也可置冰箱 2～8℃保存，但不能超过 24h。重组人活性凝血因子Ⅶ对于治疗有抑制剂血友病患者时被证明是有效的，主要用于在接受凝血因子Ⅷ或凝血因子Ⅸ制剂注射后产生抗体的血友病患者的出血或外科手术，这些病人对凝血因子Ⅷ或凝血因子Ⅸ有较高的记忆力。

止血方面，重组人活性凝血因子Ⅶ有着良好的应用前景，特别是在战伤和创伤愈合方面，但高昂的费用限制了其在发展中国家的应用。因此，进一步提高疗效及开发廉价的重组人活性凝血因子Ⅶ产品将是拯救更多病人的前提，也是重组人活性凝血因子Ⅶ发展的重要方向之一。

第 3 节 治疗用酶

酶是一种具有高度底物特异性和高度催化效率的生物催化剂。除少数例外（如 RNA 分子），绝大多数的酶都是催化特异生化反应的蛋白质，具有很强的底物选择性。代谢途径中的酶缺乏或活力异常会造成关键产物或底物的缺少或累积，从而可能导致临床症状。对酶促反应、底物专一性和整个生理过程的详细了解有助于将独特的、高效的、专一催化功能的酶应用到治疗中去，尤其是针对那些用小分子药物治疗不起作用的疾病。表 18-4 中列出部分临床上的治疗用酶。

表 18-4 治疗用酶

酶	应 用	酶	应 用
天冬酰胺酶	抗癌剂	组织纤溶酶原激活剂（t-PA）	溶栓剂
核酸酶（DNase）	囊性纤维化	过氧化物歧化酶	氧中毒
葡糖脑苷脂酶	Gaucher's 病	尿激酶	溶栓剂

治疗用酶来源广泛，可从动物、植物、微生物及基因工程得到，以前的酶制品主要来源于动物的脏器，但受到季节、储藏、产量等因素限制而不能满足需求，以微生物为来源的治疗用酶克服了以上的缺点，并且具有产量大、品种多、成本低等优点。近年来，世界各国应用基因工程方法研发新的酶类药物，使其更加利于产业化。

一、抗凝血酶（AT）

机体内存在着功能对立的凝血系统和抗凝系统，通过机体生理调节保持动态平衡，维持人体血液在血管中不断流动。抗凝血酶，也叫抗凝血酶Ⅲ（antithrombin Ⅲ，AT-Ⅲ），是抗血凝过程中的一个关键蛋白酶，其抗凝作用约占体内总抗凝作用的 50%～67%。抗凝血酶分子是由 1 个含 432 个氨基酸残基的单链和 4 个寡糖侧链组成的糖蛋白，分子质量大约为 58kD。它是由肝细胞和血管内皮细胞分泌的丝氨酸蛋白酶抑制剂家族（serine protease inhibitor，SERPIN）重要成员之一，其在血浆中的浓度为 150μg/ml。

抗凝血酶的作用机制主要是通过抑制凝血酶和其他凝血因子的活性来维持体内凝血与抗凝血

的平衡，从而保持正常的生理平衡状态。1ml 血浆中所含的抗凝血酶能中和 750ul 凝血酶，形成 AT-Ⅲ-凝血酶复合物（比例 1∶1），抗凝血酶的精氨酸反应部位与凝血酶的丝氨酸活性中心结合，使后者失去活性。抗凝血酶能灭活血液凝固时被激活的因子，主要是因子 $Ⅹ_a$、凝血酶、$Ⅸ_a$、$Ⅺ_a$、$Ⅻ_a$、胰蛋白酶等，其都属于丝氨酸蛋白酶，故抗凝血酶都能与之结合而使这些激活的凝血因子失去活性。在正常情况下，抗凝血酶直接的抗凝作用弱且慢，但与肝素结合后，抗凝血酶的活性和抗凝作用显著增强。

自 20 世纪 80 年代以来，血液来源的抗凝血酶浓缩物被用来治疗遗传和获得性的抗凝血酶缺乏症。遗传性抗凝血酶缺乏症患者的血浆抗凝血酶活性缺失或者非常弱，导致非正常的血凝块、栓塞形成的危险性增加。获得性抗凝血酶缺失可能是由药物（例如肝素和雌激素）、肝病（导致抗凝血酶合成降低）或其他各种医学事件导致。虽然抗凝血酶早已发现，但受分离技术的限制，一直未能得到纯品。一些研究者报道了用沉淀、电泳和离子交换与凝胶过滤等结合方法而获得了较纯的抗凝血酶，但流程长，产量低。直到 1947 年 Miller-Andersson 等应用肝素-Sepharose4B 凝胶作为亲和吸附剂后，凝血酶的纯化方法才得到了重大的进展。此外，重组抗凝血酶已经在 CHO 细胞中成功表达，但通过该途径制得的商业产品并没有吸引力，主要原因是成本相对较高，在一定程度上受到生产规模的限制。重组抗凝血酶现有的较经济的生产方式是从转基因羊的奶液中提取，该商品正处于临床试验阶段（图 18-3）。重组产品的氨基酸序列与天然抗凝血酶一致，仅寡糖组成略有些差异。

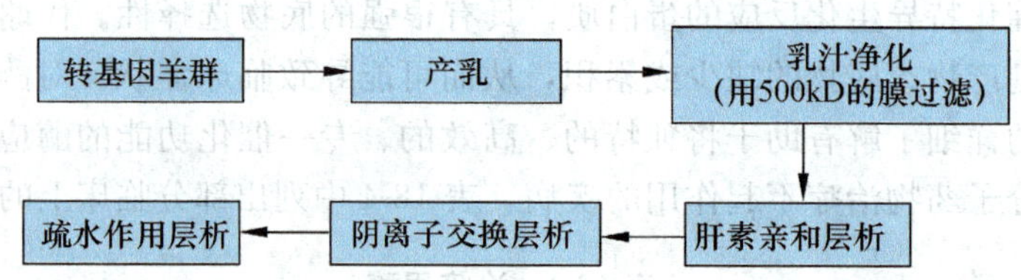

图 18-3 从转基因羊的乳汁中纯化和生产抗凝血酶（AT）的概图

二、溶栓剂

天然的血液凝固过程是塞住受损血管和凝血，直到破损的血管修复，血凝块在随后的修复过程中通过酶的降解即纤溶过程除去。天然的纤溶过程如图 18-4 所示。纤溶酶（Pl）是降解血凝块中纤维蛋白的蛋白酶，可导致凝块的降解。纤溶酶来自于血液循环中的酶原，纤溶酶原（Plg）在肾脏合成并释放，为单链的 90kD 的糖蛋白，通过几个二硫键保持稳定。

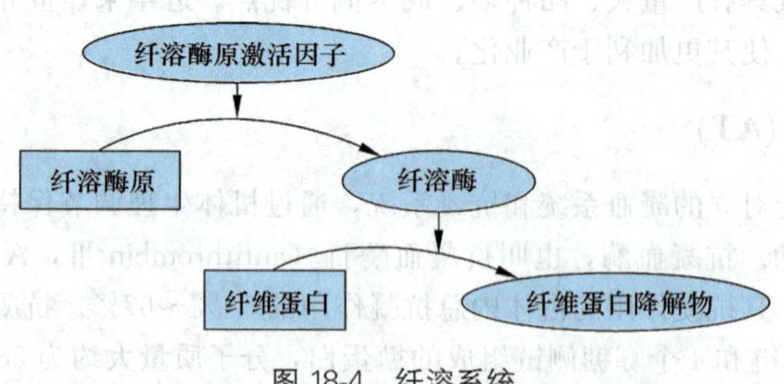

图 18-4 纤溶系统

急性心肌梗死、心肌梗死等致残率和致死率很高的血栓塞性疾病，其所导致的组织损伤，取决于凝块阻断血流的时间长短。快速移除血凝块常常能将组织损伤的严重程度降低到最小化。因而，有多种溶栓剂（凝块降解作用）应用于临床（表 18-5）。从溶栓剂开始作为药物使用到现在，溶栓剂的开发基本经历了 3 代。

表 18-5 批准上市的溶栓剂

产 品	公 司
Activase（rht-PA）	Genentech
Ecokinase（rt-PA；与人的 t-PA 不同，5 个结构域中缺失 3 个）	Galnenus Mannheim
Retavase（rt-PA；同 Ecokinase）	Boehringer-Mannheim/Centocor
Rapilysin（rt-PA；同 Ecokinase）	Boehringer-Mannheim
Tenecteplase（商品名又为 Metalyse）（TNK-t-PA，修饰的 rt-PA）	Boehringer-Ingelheim
TNKase（Tenecteplase，修饰的 rt-PA，同 Tenecteplase）	Genentech
链激酶（由 Streptokinase haemolyticus 产生）	多个公司
尿激酶（人尿中提取）	多个公司
Straphylokinase（由 Staphylococcus aureus 产生和各种重组系统表达）	多个公司

（一）第一代溶栓剂

第一代溶栓剂包括链激酶（SK）和尿激酶（UK），它们虽然具有较好的溶栓效果，且价格便宜，但由于缺乏纤维蛋白选择性，除了能激活血栓表面的纤溶酶原外也能激活血浆中游离的纤溶酶原，使 α_1-抗纤溶酶大量消耗及纤维蛋白原降解，易产生全身性出血的不良反应。

1. 链激酶（streptokinase，SK） SK 是一种细胞外的细菌蛋白，是由 β-溶血性链球菌的 A，C，G 族产生的机体内血纤维蛋白酶原最有效的活化剂之一。它是一个单链蛋白质，分子质量为 47kD，等电点 4.0～6.0，由 414 个氨基酸组成，耐热，100℃ 50min 处理后仍能保持其活性。野生型 SK 是从血溶性链球菌培养液中，用传统的生化方法提取的。而重组 SK 为我国第一个自行研制并上市的基因工程溶栓药物，其链激酶基因来源于溶血性链球菌，过程是将目的基因克隆到载体，转化大肠杆菌后得到 SK 工程菌，通过发酵工程菌表达的 SK 以包涵体形式存在，破菌后得到的包涵体经过纯化，以变性剂溶解、复性缓冲液复性，最后经过层析纯化，得到 SK 纯品。

SK 是一个潜在性的血纤维蛋白的溶解因子，1958 年便开始作为药物用来治疗心肌梗死，取得的显著疗效已充分显示了它在治疗急性心肌梗死中减少发病率和病死率的巨大潜力。SK 通过特异、牢固地结合到纤溶酶原上而发挥其溶栓效应。SK 的结合可导致纤溶酶原分子构象发生改变，使其获得蛋白水解活性。通过这一方式，链激酶-纤溶酶原复合物可加速纤溶酶原水解生成纤溶酶。然而，SK 作为溶栓剂也有其弊端。由于 SK 来源于细菌，对机体来说具有抗原性，每个人都有可能被链球菌感染，因此在机体内产生了抗体，其中包括抗 SK 的抗体。有些患者体内预先存在的抗 SK 抗体，可能导致出血综合征和促发 SK 介导的血小板凝集，因而影响了 SK 的治疗效果；另外，SK 在体内的半衰期短，当把 SK 注入体内后，它迅速与前列腺素（Pg）形成复合物，其构象发生变化，促使 Pg 转变为血纤维蛋白溶酶，然后复合物中的 SK 被血纤维蛋白溶酶降解，转变成低相对分子质量的形式，因而失去了它的生物学活性。把聚乙二醇（PEG）偶联到蛋白质上，结果发现 PEG-SK 几乎不被人抗 SK 抗体所识别，而且 PEG-SK 的半衰期也大大地延长了。因此从功能性来衡量，PEG-SK 不仅具有 SK 所具有的全部生物学活性，而且在许多方面还优于 SK，所以修饰的 SK 更能很好地用于溶血栓疾病的治疗。

2. 尿激酶（urokinase，UK，u-PA） 人尿中的某些成分能溶解血凝块的现象早在 1885 年就被注意到，但直到 20 世纪 50 年代这种活性成分才被分离出来并被命名为“尿激酶”。

尿激酶（u-PA）是由人体肾小管上皮细胞产生的丝氨酸蛋白酶，丝氨酸和组氨酸是其活性中心的必需氨基酸，尿激酶可分离到两种形式：一种分子质量为33kD；另一种分子质量为54kD，低相对分子质量的酶似乎是高相对分子质量蛋白降解作用的产物，两种形式均对纤溶酶原有酶解活性，在人及哺乳动物的血浆和尿中均存在，但主要存在于尿中。人尿中的平均含量为5～6U/ml，生产上主要从男性尿液中抽提纯化，10t尿液中只能分离出1kg左右的尿激酶。近年来，通过基因重组技术来生产尿激酶取得了一定的进展。

尿激酶的作用专一性强，它可直接作用于无活性的纤溶酶原的Arg-Val键使其成为有活性的纤溶酶。尿激酶不仅活化血浆纤溶酶原，而且对血管壁的纤溶酶原也有作用。它对血纤维蛋白酶原，血纤维蛋白，凝血因子Ⅴ、Ⅵ、Ⅶ、Ⅷ、Ⅺ等均有作用，从而达到抗凝血和溶血栓的效果，所以是一种十分有效的溶血栓剂。

尿激酶的临床用途与链激酶相似，但与链激酶不同，尿激酶是人源性的，不良免疫反应相对较低。人血中尿激酶的半衰期为20min或更短，在肝功能不好的病人体内半衰期有所延长。给予尿激酶后，有少量药物随胆汁和尿排出体外。

（二）第二代溶栓剂

第二代溶栓剂主要包括组织型纤溶酶原激活剂、甲氧苯甲酰纤溶酶原链激酶复合物、单链尿激酶型纤溶酶原激活剂。第二代溶栓剂，效果明显优于第一代，但还是不够理想。它的主要缺点是半衰期短（大约3～5min），需短时间内大量给药，引起颅内出血的危险性大，价格也比较昂贵。

1. 组织型纤溶酶原激活剂（tissue plasminogen activato，t-PA） t-PA，也称为纤维蛋白酶，是最重要的生理性的纤溶酶原激活剂。它是由血管内皮细胞合成的含有527个氨基酸残基的丝氨酸蛋白酶，其包含5个结构域，每个结构域都有其特定的功能（表18-6）。t-PA有4个潜在的糖基化位点，其中的3个通常是糖基化的（第117位、第184位和第448位氨基酸）。碳水化合物的组成成分介导肝脏对t-PA的摄取，进而影响到其在血液中的消除速度。血液中的t-PA通常有两种形式：单链t-PA（Ⅰ型）和来自于单链蛋白降解后的双链t-PA（Ⅱ型），双链t-PA是血浆中与血凝块降解关系最为密切的，但两种形式均有纤溶活性。

表18-6 组成人t-PA的5个结构域及其功能

t-PA的结构域	功 能	t-PA的结构域	功 能
锌指结构域（F结构域）	提高t-PA与纤维蛋白的亲和力	表皮生长因子结构域（EGF结构域）	与肝脏的受体结合，介导肝脏对t-PA的血浆清除率
蛋白酶结构域（P结构域）	表现为对纤维蛋白原的酶解活性	Kringle-1结构域（K_1结构域）	与肝脏受体的结合有关

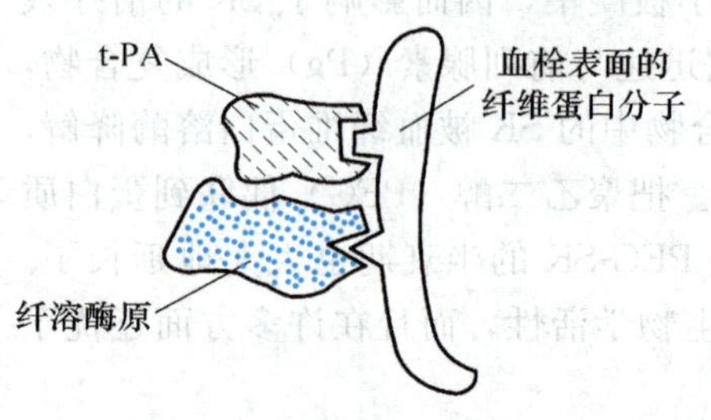

图18-5 t-PA和纤溶酶原均能与纤维蛋白链的表面结合

纤维蛋白上含有结合纤溶酶原和t-PA的位点，结合后拉近纤溶酶原和t-PA的距离，方便直接激活位于血凝块上的纤溶酶原（图18-5）。t-PA与纤维蛋白结合后可增强随后与纤溶酶原的结合，可增强t-PA激活纤溶酶原的活性高达600倍，且可保护所产生的纤溶酶免受激活剂抑制物1（PAI-1）和α_2-抗纤溶酶（α_2-AP）的抑制，并避免纤溶酶对其他凝血因子的非特异降解作用。

虽然t-PA早在20世纪40年代末就开始被研究，但由于合成量太少而不能彻底了解其特性，直到 20 世纪 80 年代，t-PA 的基因从 Bowes 黑色素瘤细胞系中克隆成功，随后通过 DNA 重组技术在 CHO 细胞中得到大量表达纯化。t-PA 的 cDNA 含有 2530 个核苷酸，编码 527 个氨基酸，糖基化的类型与天然的 t-PA 虽然不是完全一致，但非常接近。第一个上市的产品是美国 Genetech 于 1987 年批准上市的（商品名是 Activase），临床适应证是治疗急性心肌梗死。生产过程是 CHO 细胞生成并分泌 t-PA 到发酵液中，通过微膜过滤除掉细胞并浓缩，然后，通过几种层析技术进行纯化，终产品用 HPLC、SDS－PAGE、胰蛋白酶谱、N 端序列分析等方法证明纯度大于 99％。

已经证明 t-PA 对于治疗急性心肌梗死的早期患者有效（症状出现后 12h 内），能明显提高生存率，当 t-PA 与链激酶合用时，t-PA 随即成为控制急性心肌梗死的一线药物，治疗剂量为 90～100mg（通常在 90min 内滴注），稳态血药浓度为 3～4mg/L。本产品改善梗死的心室功能，降低充血性心力衰竭的发生率和降低病死率，也用于治疗肺栓塞及代替尿激酶治疗急性肢体缺血。t-PA可迅速被肝脏清除，血浆半衰期为 3min。和所有的溶栓药物一样，使用 t-PA 最主要的危险是可能引起严重的出血。

2. 甲氧苯甲酰纤溶酶原链激酶复合物（anisoylated plasminogen strepto-kinase activator complex，APSAC） APSAC 是在纤溶酶原与链激酶（SK-Plg）复合物的活性中心丝氨酸上引入可逆的甲氧苯甲酰基，暂时封闭活性中心。APSAC 在体外无活性，进入血液后，能与纤维蛋白合并发生脱酰基水解反应，形成有活性的 SK-Plg 复合物。由于去酰化后才能激活纤溶酶原，故其半衰期显著延长，约 90～105min，可用静脉注射给药。APSAC 有抗原性，不能在短期内重复应用，有时有发热、低血压等不良反应。

由于制备工艺复杂，价格贵，以及仍为人体异性蛋白等原因，形成商品后，未见广泛应用。

3. 单链尿激酶型纤溶酶原激活剂（single-chain urokinase-type plasminogen activator，scu-PA） *scu-PA* 基因全长 6378bp，位于第 10 号染色体上，包括 10 个内含子和 11 个外显子。scu-PA 由 411 个氨基酸残基组成，分子质量为 54kD，含 12 对二硫键，结构组成包括表皮生长因子区，三角区，连接多肽区和蛋白质水解酶区，蛋白质水解酶区的 His204，Asp255，Ser356 构成活性中心。Ile159 与单链或双链 u-PA 活性关系密切，Lys300 与催化活性有关。scu-PA 在 Lys158-Lys159 处断裂，形成双链尿激酶（tcu-PA）。

scu-PA 有纤维蛋白选择性溶栓作用，在溶栓过程中不会使血液中纤维蛋白原降解，a_2-抗纤溶酶的消耗也少。scu-PA 为 u-PA 前体，也能激活 Plg，但很微弱，需经 Pl 或激肽释放酶作用，Lys158-Ile159 肽链裂解，形成双链型才有活性，因此，scu-PA 制剂中常含有 20％左右 u-PA，以此提高溶栓效果。

研究人员从尿中提纯 scu-PA，又相继从人胚肾、人血浆和恶性胶质瘤培养液中提纯了 scu-PA。因天然原料中 scu-PA 含量少，美国 Abbott 公司从人胚肾细胞培养株生产 scu-PA，故价格十分昂贵。德国 Grunenthal 公司用大肠杆菌中表达的 scu-PA（商品名 Saruplase）比活性高于哺乳动物细胞表达的糖基化 scu-PA，临床试用表明治疗急性心肌梗死安全有效。但是由于大肠杆菌表达的 scu-PA 形成包涵体，复性和纯化过程复杂，产物的稳定性、均一性不如糖基化 scu-PA。至今 scu-PA 在国内外尚未形成商品，有人认为尿激酶原的疗效和不良反应与尿激酶差别不大，是发展缓慢的主要原因。

（三）第三代溶栓剂

无论是第一代还是第二代溶栓药物，都有纤维蛋白特异性差、体内半衰期短、需大剂量连续用药等缺点。为了克服现有溶栓剂的不足，人们想方设法对现有的溶栓药物进行改造，其研制方向概括起来主要有：①对原有天然溶栓剂的改构；②努力寻找更优良的天然溶栓剂，如从一种吸血蝙蝠 Desmodus rotundus 唾液中分离得到的纤溶酶原激活剂；③原有溶栓剂与另一成分形成的各种嵌合体。

1. 重组组织纤溶酶原激活剂变异体 根据 t-PA 各个结构域与 t-PA 各种生物学活性的关系，对 t-PA 进行一系列的基因工程改构，以提高对纤维蛋白的亲和力，延长半衰期，提高纤溶效率。

目前，多种新型的 t-PA 突变体尚处于临床试验阶段，其中 reteplase（商品名为 Rcokinase）已经上市。该产品的生产是基于合成的寡核苷酸序列可编码缩短的 t-PA 分子（355 个氨基酸）。这种同系物只有纤维蛋白选择性和纤维蛋白降解活性结构域，缺乏糖基化区域及 EGF 和 KI 区域，重组分子的血浆半衰期延长。reteplase 的血浆半衰期达到 20min，使其可以单次静脉给药而不用持续静脉滴注。生产过程中将寡核苷酸序列通过氯化钙处理质粒转染到大肠杆菌中（K12 株），表达的蛋白以包涵体的形式在细胞内积聚。由于是原核细胞表达，产品是非糖基化的。终产品是无菌的冻干粉末，分子质量为 39.6kD，在 25℃以下贮存时可以保存 2 年。

描述本产品的生产过程的流程图见图 18-6。

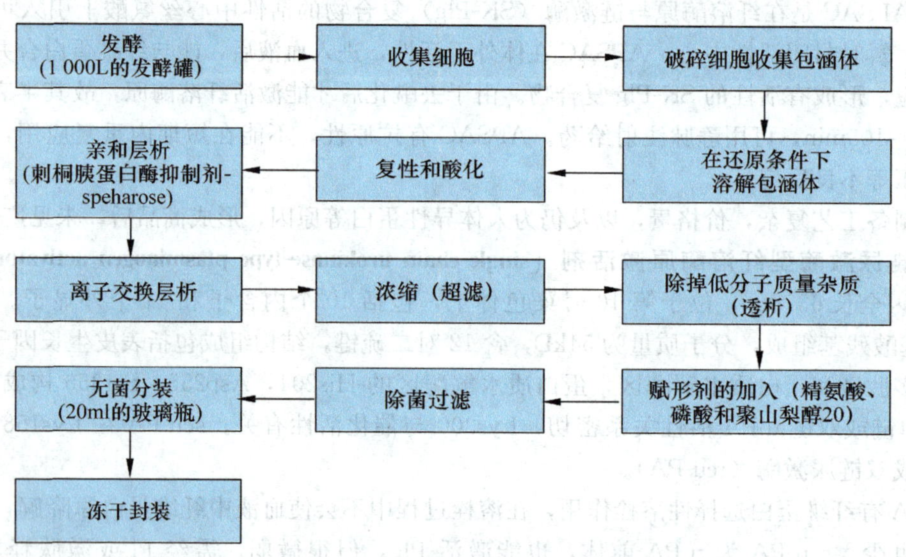

图 18-6 Rcokinase 的生产过程

此外，tenecteplase（商品名为 Metalyase）是另外一种上市的基因工程生产的 t-PA 变异体，其糖基化位点及 6 个氨基酸与天然的 t-PA 不同，第 103 位的 Thr 为 Asn；第 117 位 Asn 取代为 Gln，第 296～299 位由 Lys—His—Arg—Arg 变为 Ala—Ala—Ala—Ala，产物通过 CHO 细胞表达。总的说来，这种修饰导致药物半衰期的延长，还会增加对 PAI-1（纤溶酶原激活剂抑制物-1）的抵抗力。

2. 天然溶栓剂 指的是天然存在的、非人工合成的具有溶栓活性的物质，可来源于微生物、动植物等。

（1）葡激酶（staphylokinase，SAK）：SAK 是由多种金黄色葡萄球菌分泌的蛋白质，是由 136 个氨基酸残基组成的多肽，分子质量为 15.5kD。SAK 的溶栓作用机制与链激酶极为相似，即 SAK 可与纤溶酶原形成 1∶1 的复合物，该复合物能转化游离的纤溶酶原成为纤溶酶，且能加速其他葡激酶-纤溶酶原复合物转化为葡激酶-纤溶酶复合物的过程，最终的结果是生成有活性的纤溶酶，产生溶栓作用，直接降解血凝块上的纤维蛋白，具体过程如图 18-7。

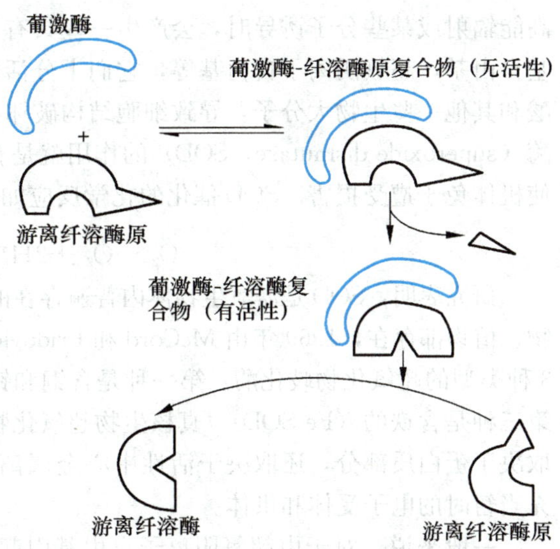

图 18-7　葡激酶通过产生纤溶酶激活溶栓过程的机制

天然的葡激酶蛋白可用硫酸铝沉淀和 CM 纤维素离子交换层析纯化获得，也可以用纤溶酶或纤溶酶原固化在琼脂糖上的吸附色谱纯化。葡激酶的血浆半衰期很短（6.3min），与 PEG 共价结合后能降低血浆的清除率从而明显增加血浆半衰期。目前，葡激酶已经在大肠杆菌和其他的系统中被重组表达，该蛋白在大肠杆菌胞外高水平表达，占胞外蛋白总量的 10%～15%。重组葡激酶的溶栓效果已经在临床研究中进行了评价，并取得了可喜的结果，80%急性心肌梗死的病人接受葡激酶的治疗有效（10mg 葡激酶静脉输注 30min 以上），同链激酶相同，病人给予葡激酶后可以产生中和抗体。有多种基因工程的产品，通过修饰后（删除某些结构域），免疫原性明显降低。

（2）蝙蝠唾液纤溶酶原激活剂（desmodus salivary plasminozcn aetivators，DSPA，bat-PA）：DSPA 是吸血蝙蝠唾液中被发现一组纤溶酶原激活剂，共含 4 种，其中 DSPAα1 相对分子质量最大，含 477 个氨基酸，与人 t-PA 分子具有 85%的同源性，但无 k_2 三角区结构域和纤溶酶切割位点。在动物溶栓试验中，DSPAα1 优于 t-PA，其溶栓活性提高了 2.5 倍，半衰期延长了 3 倍，清除速率减慢了 4～8 倍。DSPAβ 缺失 F 区，DSPAγ 缺失 F 和 E 区，与 t-PA 相比，这两种形式的纤溶酶原激活剂具有相当高的纤维蛋白特异性及较强的抗纤溶酶原激活剂抑制剂作用。虽具有潜在的免疫刺激性，但无变态反应发生。

德国 PAION 公司研制开发了重组 DSPAα1，商品名为 desmoteplase，半衰期长达 2.8h，可确保单次静脉推注给药，其用于急性缺血性脑卒中溶栓治疗的Ⅱ期临床试验证实，剂量为 125mg/kg 的 desmoteplase 安全、有效，目前正处于Ⅲ期临床试验。

3. 导向溶栓剂　导向溶栓剂是由溶栓剂的组分和抗纤维蛋白或血小板的单克隆抗体组分的编码顺序构成融合基因，经哺乳类细胞表达，其表达的融合蛋白为导向溶栓药物，该蛋白既有血栓特异的结合位点，又有溶解血栓的效应位点，从而使溶栓药物导向性地浓集于血栓部位而发挥超强溶栓作用。

导向溶栓是新型溶栓剂的研发热点，针对不同的需要可以选择不同的单抗，通常选择抗体和疗效均最强的药物来进行基因重组，溶栓效力可增强几倍至几十倍，比如将单克隆抗体与来自蛇毒的溶纤酶相联接等。

目前，导向溶栓药物尚处于临床研究阶段，有报告称导向溶栓药物因相对分子质量过大，溶栓过程中易在肾小球基膜沉淀，影响肾功能，且具有潜在的抗原性，因此，其临床效果还有待进一步验证。

三、超氧化物歧化酶

各种机体细胞在代谢过程中（主要是叶绿体及线粒体这类产生能量的细胞器中）以及在受到

高能辐射或某些分子诱导时，会产生一些具有不配对电子的原子、分子或基团，即自由基，如羟基自由基，超氧阴离子自由基等，它们十分活泼，能氧化、攻击邻近的分子，侵袭膜组织、核苷酸和其他一些生物大分子，导致细胞结构破坏，细胞活力受到损害或使细胞死亡。超氧化物歧化酶（superoxide dismutase，SOD）的作用就是有效地歧化掉病理及正常代谢过程中产生的自由基，使机体免于遭受损害。SOD 催化的化学反应如下：

$$O_2^- + O_2^- + 2H^+ \xrightarrow{SOD} H_2O_2 + O_2 \uparrow$$

研究表明，SOD 是需氧生物体内普遍存在的一种酶，在生物界分布极广，几乎从人到细菌、动物、植物都存在，1969 年由 McCord 和 Fridovich 发现并提纯。现在已经从不同的生物体内发现了 3 种类型的超氧化物歧化酶：第一种是含铜和锌的（Cu・Zn-SOD），第二种是含锰的（Mn-SOD），第三种是含铁的（Fe-SOD）。真核生物超氧化物歧化酶通常为 31kD 的 Cu・Zn-SOD，其性质不仅取决于蛋白质部分，还取决于活性中心金属离子，这些金属离子在催化转化过程中起直接作用，充当暂时的电子受体和供体。

一般来说，对于由超氧阴离子自由基引起的疾病，SOD 都有一定疗效。有些疗效甚为显著，如辐射病、自身免疫性疾病，各种炎症和水肿、氧中毒、病毒性疾病等，是其他药物所无法相比的。此外。研究发现 SOD 可以减少由于辐射或其他条件下产生 O_2^- 造成的组织损伤。由于 SOD 对机体无毒性、无抗原性，使用时不会促进感染、极为安全有效，是一种很有发展前途的药用酶。

目前，由牛肝脏和红细胞中提取的 SOD 已经作为一种抗炎剂用于临床治疗。人类的 SOD 也已经在一些重组体系中表达。由于游离型 SOD 在血浆中的生理半衰期短，只有 5～6min。实际应用中将酶结合在某些可溶性的多聚物分子上。如 SOD 与聚乙二醇（PEG）结合，可减慢被肾排泄的速度，使半衰期提高到原来的（游离型）数百倍，达 30h 以上。

四、其他治疗用酶

（一）天冬酰胺酶

天冬酰胺酶（asparaginase）是酰胺水解酶，专一性强，可将天冬酰胺水解为天冬氨酸和氨，而天冬酰胺是细胞合成蛋白质及生长增殖所必需的氨基酸，正常细胞有天冬酰胺合成酶，可自身合成，而急性白血病等肿瘤细胞因缺少或没有此酶而无法合成。当使用天冬酰胺酶时，细胞中天冬酰胺急剧缺失，正常细胞因含有天冬酰胺合成酶，可自身合成所需的天冬酰胺，不会影响蛋白质的合成及细胞生长，而肿瘤细胞不含天冬酰胺合成酶，不能自身合成，又不能从血中得到足够的天冬酰胺，所以蛋白质合成受阻，增殖受抑制，细胞被破坏而不能生长存活。

天冬酰胺酶为白色结晶状粉末，无臭，无味，微有吸湿性，易溶于水，不溶于甲醇，丙酮，氯仿，乙醚等有机溶剂。最适 pH 值 8.5，最适温度 37℃，来源不同，其等电点变化幅度较大。天冬酰胺酶可受底物结构类似物 5-重氮-4-氧代-L-缬氨酸所抑制，谷氨酰胺对此酶也有一定的抑制作用。天冬酰胺酶口服在肠道内被破坏，口服无效，可由静脉或肌肉给药，前者的血药浓度为后者的 10 倍，血浆浓度与药量呈正比。血浆半衰期为 8～30h，并随不同制剂及病人变化而变化。当病人对酶产生过敏时，半衰期缩短。此酶不能通过血脑屏障，注射后，在肝肾组织中含量较高。

天冬酰胺酶主要来源于大肠杆菌和胡萝卜软腐欧文菌，大肠杆菌酶分天冬酰胺酶Ⅰ和天冬酰胺酶Ⅱ，其中较为重要的是天冬酰胺酶Ⅱ，它具有抗肿瘤作用。医药界又筛选出新的酶源菌种，包括：三隔镰孢，普通变形菌，假单胞菌，黏质沙雷菌等，它们所产生的酶的抗癌活性比大肠杆菌更强，稳定性更高，并具有一定的抗原性。此外，利用基因工程技术培育工程菌株也可高效表达天冬酰胺酶。

临床上，天冬酰胺酶对急性淋巴性白血病具有较好的效果，其中，对儿童的缓解率可达57.8%，有效率为85.2%，对成年人的完全缓解率为32.8%，有效率为64.3%，所以它被认为是急性淋巴细胞白血病联合化疗的一线用药之一，疗效显著。此外，天冬酰胺酶对单细胞白血病，急性粒细胞性白血病，白血病性网状内皮组织增多症及慢性髓细胞白血病均有一定疗效。对胰腺癌细胞的增殖也有一定的抑制作用。天冬酰胺酶尚对免疫有抑制作用，可用于治疗自身免疫性疾病，如皮肤炎等。

（二）胃蛋白酶

胃蛋白酶（pepsin）属于天冬氨酸蛋白水解酶类，是胃消化蛋白水解酶，分子质量为31～36kD。胃蛋白酶能水解大多数天然蛋白质底物，如角蛋白，粘蛋白，丝蛋白及精蛋白等。对酸性氨基酸的羧基及芳香氨基酸的氨基生成的肽键最为敏感，但对蛋白水解不完全，产物为蛋白胨，多肽，氨基酸的混合物，以便小肠的分解和吸收。胃蛋白酶在酸环境中活性高且稳定，遇碱则失效。

药用胃蛋白酶为白色或淡黄色粉末，有吸湿性，水溶液呈酸性。难溶于乙醇，氯仿，乙醚等有机溶剂。干燥的胃蛋白酶较稳定，100℃加热10min不被破坏。在水中，pH值大于3.6时，活性显著降低，70℃以上或pH值6.2以上开始失活，pH值8以上呈不可逆失活，在酸性溶液中较稳定，但在2mol/L以上的盐酸中也会慢慢失活。

传统工艺中药用胃蛋白酶是从羊，猪或牛的胃黏膜中提取出的，为粗酶制剂，每克含蛋白酶活力不得少于3800U。目前对胃蛋白酶的分离技术主要是应用有机溶剂提取法、盐析法或底物亲和法进行粗分离，进一步通过凝胶过滤、离子交换色谱进行纯化。此外，人胃蛋白酶也已经在一些重组体系中表达。

胃蛋白酶被作为优良的消化药广泛应用，胃蛋白酶的消化能力在含0.2%～0.4%的盐酸时最强，所以常与盐酸合用，制成合剂。临床上用于帮助消化，治疗老年慢性萎缩性胃炎，因本病主要与幽门螺旋杆菌感染及胃酸缺乏有关，故用庆大霉素和胃蛋白酶合剂增加胃酸度，控制感染，效果较好。除此之外，胃蛋白酶可促使胃黏膜细胞不断合成和释放内源性前列腺素（PG），后者可以防止各种有害刺激所引起的胃黏膜损伤。

学习重点

一、血液代用品

1. 血液代用品的主要用途：血液代用品可以保持血液的体积或保证机体组织的氧供给。
2. 血液代用品的主要类型及其应用：右旋糖酐、清蛋白、明胶蛋白、携氧血液替代品。

二、血友病与凝血因子

1. 凝血因子Ⅷ的用途：用于治疗甲型血友病。
2. 凝血因子Ⅷ药物的缺陷：体内产生凝血因子Ⅷ抑制物，增加了治疗难度。
3. 凝血因子Ⅸ的用途：用于治疗乙型血友病。

三、治疗性酶

1. 抗凝血酶的主要作用及临床应用。
2. 溶栓剂的主要分类：第一代、第二代、第三代及各自的特点。
3. SOD的临床应用：歧化掉病理及正常代谢过程中产生的自由基，使机体免于遭受损害。

思 考 题

1. 常用的血液代用品有哪些，试述其作用的特点、机制及临床应用。
2. 携氧血液替代品主要有哪几种？是如何改进的？
3. 目前治疗甲型、乙型血友病主要使用什么生物类药物？它们治疗血友病的原理是什么？
4. 治疗用酶主要包括哪些种类？
5. 抗凝血酶的作用机制是什么？
6. 溶栓剂开发主要经历了哪几代，每一代的特点是什么？试举例予以说明。

参考文献

李伟伟，邢晓夏等. 2006. 酶类药物的应用进展. 中南药学，4（4）：304～306

李晓，浦权. 2002. 血友病的临床分型与实验室诊断. 新医学，33（9）：563

李莹，陈斌等. 2010. 溶栓剂的研发现状及展望. 重庆师范大学学报，27（1）：1～5

汤仲明. 2008. 生物技术药物概论与实用手册. 北京：化学工业出版社

王栋，吴卫星，章金刚. 2004. 重组人活性凝血因子Ⅶ及其应用. 生物技术通讯，15（3）：306～308

王志军. 2007. 生物技术药物研究开发和质量控制. 北京：科学出版社

徐积恩. 1993. 治疗用酶的应用进展. 医药情报，1：56～60

闫振宇. 2010. 血友病A因子Ⅷ抑制物形成影响因素及发病机制. 血栓与止血学，15（4）：180～182

赵彦鼎. 2006. 人血源凝血因子Ⅸ纯化研究概况. 中国输血杂志，19（5）：412～415

周红. 2000. 第三代溶栓剂的作用特点及研究现状，27（5）：274～276

G. 沃尔什. 2006. 生物制药学. 宋海峰译. 北京：化学工业出版社

Hagen F，Gray L，O Hara P，et al. 1986. Characterization of a cDNA coding for human factor Ⅶ. Proc Natl Acad Sci USA，1986，83：2412

Holtsberg FW，Ensor CM，Steiner MR，et al. 2002. Poly（ethylene glycol）（PEG）conjugated arginine deiminase：effects of PEG formulations on its pharmacologicalproperties. J Control Rel，80：259～272

Izzo F，Marra P，Beneduce G，et al. 2004. Pegylated argininedeiminase treatment of patients with unresectablehepatocellular carcinoma：results from phase Ⅰ/Ⅱ studies. JClin Oncol，22（10）：1815～1822

Lacroix-Desmazes S，Bayry J，Misra N，et al. 2002. The prevalence of proteolytic antibodies against factor Ⅷ in hemophilia A. N Engl J Med，346：662～627

（康 宁）

第19章 疫苗技术和分子诊断技术

学习要求

1. 掌握传统疫苗的分类及优缺点；基因工程疫苗的类型及优势；DNA疫苗的概念及优点；肿瘤生物治疗的概念；佐剂的概念及标准；分子诊断的概念及原理。

2. 熟悉新型艾滋病疫苗的种类；肿瘤疫苗的种类及其应用；佐剂的种类；分子诊断的常用技术方法及原理。

3. 了解艾滋病疫苗研究的四个阶段；佐剂促进疫苗免疫反应的途径；分子诊断在临床上的应用。

疫苗（vaccine）是一种特殊的药物，作为免疫学经验、理论和生物技术共同发展而产生的生物制品，它从防患于未然的角度免除了众多传染病对人类生命的威胁，对人类健康做出了巨大的贡献。

分子诊断是在细胞分子生物学研究迅速发展的基础上建立的，近10余年，分子诊断已逐步由实验室阶段进入应用阶段，国内外的基础和应用研究报道迅速增加，我国的分子诊断研究，从20世纪80年代中期以来即有了快速发展，研究领域也从遗传病扩大到感染性疾病的病原体、恶性肿瘤及其他疾病。

第1节 疫苗技术

疫苗的英文名vaccine最初就因牛痘而得名。疫苗的现代定义为：一切通过注射或黏膜途径接种，可以诱导机体产生针对特定致病原的特异性抗体或细胞免疫，从而使机体获得保护或消灭该致病原能力的生物制品，包括蛋白质、多糖、核酸、活载体或感染因子等。

一、传统疫苗制剂

（一）传统疫苗的分类

传统的疫苗利用整个病原体，通过生物、化学或物理的方法减弱或减除生物致病特征（病原性）而保留其诱导有效免疫应答的能力。换句话说，一个好的疫苗要有免疫原性而不会诱导宿主产生病理反应。大多数现在批准使用的传统疫苗分为减毒活疫苗、灭活死疫苗。

减毒活疫苗是指用弱毒、但免疫原性强的病原微生物及代谢产物，经培养繁殖或接种于动物、鸡胚、组织、细胞生长繁殖后制成的疫苗。减毒疫苗既能感染宿主也能在体内复制。它接种于人体后，在适当的组织系统中产生一定的或短暂的增殖，类似一次轻型的人工感染过程，从而引起与疾病相类似的免疫应答，但不会发病。它在体内作用的时间长，往往只需接种一次，即可产生较牢固的免疫。最著名的减毒疫苗的例子是天花病毒疫苗，由爱德华·琴纳首先制成，更多的减毒疫苗如狂犬病、卡介苗、黄热病、脊髓灰质炎（口服）、麻疹、腮腺炎、风疹、腺病毒、伤寒、水痘、轮状病毒等。

灭活死疫苗是指用免疫原性强的病原微生物或其代谢产物，经培养繁殖或接种于动物、鸡胚、组织、细胞生长繁殖后，采取物理的（如加热、紫外线或γ辐射）和化学的（如甲醛、醚和丙内酯）的方法使病原微生物失去致病能力，但仍保留其免疫原性，或应用提纯抗原和人工合成有效抗原的方法而制成的疫苗。通常用于皮下接种，它进入人体后可直接引起免疫应答，但不能生长繁殖，相对比较安全、稳定，但常需多次注射，才能产生比较牢固的免疫力，如伤寒、霍乱、鼠疫、百日咳、上呼吸道感染（流感）、立克次体灰质炎（注射）、乙脑、甲肝、森林脑炎和用病毒某些成分制成的亚单位疫苗等。减毒活疫苗和灭活死疫苗的主要区别见表 19-1。

表 19-1 减毒活疫苗和灭活死疫苗的主要区别

区别要点	减毒活疫苗	灭活死疫苗
制剂特点	活病原微生物的无毒或减毒株	死的病原微生物
接种途径	模拟天然感染途径、注射	注射
接种量及次数	量较小，1 次	量较大，多次
免疫维持时间	3～5 年，甚至更长	半年到 1 年
抗体应答	IgG、IgA	IgG
细胞免疫	良好	差
毒力恢复	可能（但少见）	无
保持条件	4℃条件下数周后失效，冷冻干燥可保存较长时间	易保存，4℃条件下有效期 1 年

（二）传统疫苗的优缺点及发展前景

减毒活疫苗进入人体后，能生长复制，对身体刺激时间长，因此接种量小，接种次数少，免疫效果较好，维持免疫时间较长。应该筛选免疫原性好、免疫谱广、安全性高、遗传性稳定的菌株。但要研制高效的减毒细菌疫苗是很困难的，而且许多病原菌对抗生素的拮抗作用也在增加。因此，现在研制减毒活疫苗时更多地采用基因重组的生物技术。

灭活疫苗进入人体后，不能生长繁殖，对人体刺激时间短，安全性较好。但灭活病毒的处理过程本身不仅灭活了抗原，也破坏了诱导保护抗体的抗原构象。灭活不完全（如病毒粒子的聚集导致不能完全暴露于灭活剂）将会导致疾病传播或严重的并发症。因为不能复制，灭活疫苗必须大剂量重复免疫。

现在我国使用的疫苗仍以传统疫苗为主，但部分已经不是原始的传统疫苗，经过了各种改造。随着新技术的发展，新疫苗的不断上市，新疫苗的数量和质量都在提高。

二、基因工程疫苗技术与 DNA 疫苗

（一）基因工程疫苗技术

传统细菌疫苗虽然在人类免疫预防中发挥了很大作用，但也存在着一些需要解决的问题。如全菌体疫苗的接种反应普遍较高，个别疫苗甚至可能含有潜在的对人体有害（如致癌）的物质；组分疫苗的纯化抗原较难获得且成本很高等。基因工程技术自问世以来，对细菌疫苗的研制和生

产带来了极大推动作用。

基因工程疫苗是运用基因工程方法或分子克隆技术分离出病原的保护性抗原基因，将其转入原核或真核系统使其表达出该病原的保护性抗原，制成疫苗，或者将病原的毒力相关基因删除掉，使之成为不带毒力相关基因的基因缺失疫苗。它主要有以下几种类型：

(1) 肽或亚单位疫苗。

(2) 颗粒载体疫苗。

(3) 基因重配疫苗。

(4) 基因缺失疫苗。

(5) 重组病毒疫苗。

(6) 重组细菌疫苗。

最近几年国内外基因工程疫苗研究和发展很快，同传统疫苗相比。基因工程疫苗至少有如下优势：

1. 比较容易得到大量纯度较高的抗原　在基因工程技术诞生之前，很难得到大量纯度较高的抗原用于分析、研究和制备疫苗。特别是某些细菌培养困难，抗原含量极少且纯化相当复杂。如幽门杆菌的培养需要微需氧条件，且培养及成分复杂，抗原纯化比较困难。现在利用基因工程技术只要将所需基因克隆后在合适的载体中表达，可以很方便地得到大量高纯度的抗原用于制备疫苗。

2. 安全性更高　基因工程和分子生物学技术的研究对象已经从病原菌转向单个基因和这个基因的表达产物，因此比直接研究病原微生物更加安全。另外随着对基因结构和功能的研究，在制备疫苗时可以避开对人体有害的抗原成分（如幽门杆菌的某些致癌因子）。

3. 研制新细菌疫苗　新技术的发展给基因工程疫苗的发展带来方便和快捷的条件，特别是对于那些利用传统疫苗多年不易解决的问题，利用基因工程方法则为细菌疫苗的研究和生产多开辟了一条路。

（二）DNA 疫苗

DNA 疫苗是 20 世纪 90 年代开始研究的新疫苗，DNA 疫苗是将含有编码某种抗原蛋白的外源基因与质粒重组后直接导入动物细胞内，并通过宿主细胞的转录系统合成抗原蛋白，诱导宿主产生对该抗原蛋白的免疫应答，以达到预防和治疗疾病的目的。具体的讲，DNA 疫苗是将含有编码抗原基因的真核表达质粒 DNA，经直接接种体内后，可被体细胞摄取，并转录、翻译、表达出相应的抗原，然后通过不同途径刺激机体产生针对此种抗原的免疫应答。DNA 疫苗在艾滋病防治、抗肿瘤免疫、乙型肝炎、丙型肝炎、疱疹病毒、轮状病毒等领域发挥作用，在畜禽传染病方面主要运用于猪瘟、猪口蹄疫、禽流感、鸡新城疫、鸡马立克病、传染性支气管炎等。

DNA 疫苗由病原抗原编码基因及质粒载体两部分组成。抗原基因可以是单个基因或完整的一组基因，也可以是编码抗原决定簇的一段核苷酸序列。DNA 疫苗载体质粒，一般以质粒为基本骨架，常用的质粒载体有 pSV2、pRSV、pcDNA3.1、pCI 和 pVAX1 等。这些源于大肠杆菌的质粒载体可在真核细胞中表达外源基因，理论上，它们的结构包括两种不同的促使抗原合成的转录复合单元，一套用于表达大肠杆菌，另一套用于在宿主细胞内表达。

DNA 疫苗免疫机制：

1. 诱导抗原特异性抗体产生　质粒 DNA 注射到动物机体后，质粒携带的基因可被肌细胞摄取，并在肌细胞中表达。这种外源基因在体内表达的产物对宿主为异物，故可作为免疫原启动机体的免疫系统产生抗体。

2. 诱导抗原特异性 $CD8^+$ CTL（细胞毒性 T 淋巴细胞）的生成 抗原基因被导入动物体细胞后，宿主细胞可摄取该基因，并表达该基因的编码产物。这些产物可与 MHC（组织相容性复合物）Ⅰ类抗原形成复合物，经加工、提取后，作为免疫原信号诱导宿主产生 MHCⅠ类分子限制的 $CD8^+$ T 淋巴细胞，即抗原特异性 CTL，从而对表达外源基因的细胞发挥细胞毒作用。基因免疫接种动物获得的脾淋巴细胞不仅有抗原特异性增生反应，而且经 ConA 和 IL-2 等非抗原特异性刺激后，能有效溶解有特异抗原表型的细胞。

3. 诱发异源保护性免疫生成 免疫接种可诱发异源保护性免疫产生，其机制涉及诱导针对基因表达产物的 CTL 的产生，而非抗原特异性抗体介导。$CD8^+$ CTL 的 T 细胞受体可识别与 MHCⅠ类抗原分子有关病毒的肽表位，从而对被病毒感染的细胞产生细胞毒作用。这些肽是从内源合成的病毒蛋白衍生而来的，与该蛋白在病毒内的定位和功能无关，故通过识别保守病毒蛋白的抗原表位，CTL 可产生株间保护作用。利用编码某病毒保守蛋白的质粒，直接接种宿主，诱导抗原特异性 CTL 的产生，以诱发毒株间交叉保护作用。产生的异源保护作用的强弱，取决于病毒蛋白的保守性。

DNA 疫苗投递方法主要包括：裸 DNA，吸附 DNA 的金颗粒用基因枪通过皮肤吸收，细菌载体（弧菌、沙门菌、李斯特菌和分枝杆菌）和病毒载体（痘病毒、腺病毒载体和腺病毒相关载体）。由于与天然的感染过程类似，细菌病毒特别适合作为有效投递和表达相应靶细胞或识别外源抗原的载体。

DNA 疫苗是一种新型疫苗，它较传统的减毒活疫苗、灭活疫苗及亚单位疫苗具有许多优点：

（1）可稳定表达具有天然构象的抗原蛋白。

（2）可构建表达多种蛋白抗原的多价基因疫苗。

（3）将抗原基因与免疫调节基因构建于同一载体，可增强基因疫苗的免疫效果。

三、艾滋病疫苗

人类免疫缺陷病毒（human immunodeficiency virus，HIV）感染导致的艾滋病（acquired immunodeficiency syndrome，AIDS），由于其蔓延速度快、病死率高，现已成为威胁全球公众健康的最大问题。过去的 20 多年里，在 AIDS 病毒学、免疫学、致病机制及抗 HIV 药物等方面的研究均已取得很大的进展，而对 HIV 疫苗的研究却一直未能突破。有效的 HIV 疫苗应能预防 HIV 感染、控制病毒传播和减缓病程进展。

在 HIV 疫苗开展临床研究之前，需要通过在动物模型上进行大规模的试验来评价疫苗的安全性和有效性。由于猕猴有着与人类相似的病理过程和免疫反应，因此能够用它有效性地评价疫苗的安全性、免疫原性，为筛选有效的 HIV 疫苗提供了良好的平台。虽然 AIDS 猕猴模型在致病机制及药物和疫苗的评价研究方面已显示出良好的应用前景和开发价值，但受建模复杂性及多种因素的影响，该模型目前尚存在许多问题有待改进和优化。

经过 20 多年的不断摸索，HIV 疫苗的研究可分为四个阶段。第一阶段 20 世纪 80 年代，艾滋病疫苗以诱导中和抗体预防病毒感染为主要目标，使用单一的膜蛋白亚单位疫苗（gp120 或 gp160）或合成肽疫苗为主，忽视了细胞免疫的作用。第二阶段 20 世纪 90 年代，艾滋病疫苗以诱导 $CD8^+$ CTL 应答为主要目标，使用 DNA 疫苗和重组病毒载体疫苗，然而该阶段疫苗的发展忽视了中和抗体的作用。第三阶段 2000—2005 年，艾滋病疫苗的特点是注重疫苗诱导的体液和细胞免疫反应的均衡，该阶段的疫苗形式主要包括 DNA 疫苗、活载体疫苗、多价蛋白疫苗等，强调各类疫苗联合免疫，同时显著加快了疫苗临床试验的步伐。第四阶段 2005 年至今，总结了前 3 个阶段的经验和教训，疫苗设计更加注重对天然 HIV 抗原的改造和使用复制型载体呈递 HIV 抗原，以期诱导针对不同亚型病毒保守表位更强的体液和细胞免疫反应。

自从 1987 年第 1 例预防性 HIV 疫苗进入临床试验以来，目前有 60 多个 HIV 疫苗在研制中，30 多个在世界各地进行着第Ⅰ、第Ⅱ期的临床试验。经典的减毒活疫苗或灭活疫苗在预防和治疗 AIDS 时具有危险性，目前研制的新型 HIV 疫苗主要有以下几种：

1. 外膜糖蛋白疫苗和其他外膜成分疫苗 外膜糖蛋白的聚合体反应对从内质网中转运和通过 env 聚合物与 CD4 受体的结合而促进病毒进入细胞是必需的。HIV-1 的 gp160、gp140 和 gp120 在灵长类动物即使有很强的佐剂也仅能诱导暂时的免疫反应，而且，gp120 疫苗有效性试验不能使人体抵抗 HIV 的侵袭。目前的研究者针对上述不足设计可溶性 gp120 和 gp140 三聚体疫苗，并移除一部分表面糖基暴露中和表位，并修饰 gp120-CD4 受体复合物，或者删除 gp120 第一、第二易变环，以此作为免疫原，已证实可以产生大量的中和抗体。HIV-1 Tat 蛋白比外膜糖蛋白保守，在病毒进入细胞早期即表达，在病毒复制过程中发挥重要作用。人体研究发现针对 Tat 的体液、细胞免疫与延缓疾病的进展有关。辅助性 Tat 蛋白疫苗和 gp120 nef/tat 重组疫苗已证实对 HIV 感染有部分保护作用。

2. 合成多肽疫苗 早年针对 gp120 的 V3 环合成的多肽疫苗不能诱导机体产生有效的中和抗体。最近研究发现含有脂肪酸的长链脂蛋白可以诱导并促发针对 HIV 的 CTL 免疫反应。同时，含有单脂肪链和破伤风类毒素的脂蛋白比双脂肪链的脂蛋白更能诱导机体产生细胞免疫反应。

3. DNA 疫苗 这种免疫方法是肌内或皮下注射携带可编码 HIV-1 抗原目的基因的质粒 DNA。DNA 接种类似于减毒活病毒疫苗，它通过自身能力在宿主细胞内合成病毒蛋白并将这些抗原以天然构象呈递于免疫系统，诱导体液和细胞介导的免疫应答，主要是与 Th1 型应答相关的超敏反应。虽然对啮齿类或兔子直接肌肉接种一种编码 HIV-1gp160 外膜糖蛋白和 v-tax 区的质粒表达载体，可产生细胞和体液两种免疫反应，但是在灵长类动物和人体只能诱导较弱的免疫反应。

4. 重组病毒载体疫苗 以减毒活病毒或细菌为载体，构建含有 HIV 目的基因的重组载体疫苗，可以诱导机体产生体液和细胞免疫。痘病毒载体是最早尝试用于动物和人体试验的，它可以诱导 HIV 特异性的 CTL 反应和较弱的一过性抗 HIV 抗体反应，并对猕猴有保护作用。在免疫缺陷人群中应用痘病毒重组载体具有潜在的危险，目前多应用减毒的牛痘病毒（NYVAC）和修饰的痘病毒（MVA）作为载体，免疫机体后可显著增加 $CD4^+$、$CD8^+$ T 细胞的数量。NYVAC-HIV-1-C 亚型重组疫苗正进行Ⅰ期临床试验。通过将 env、Gag 或其他基因插入人腺病毒 4、5、7 型非关键部位 E3 区构建的重组疫苗，经口服或鼻腔免疫后，可激发机体和黏膜免疫，预防病毒的性传播途径。最近研究发现，腺病毒 5 型和 HIV-1Gag 构建的重组疫苗可成功诱导恒河猴的细胞免疫反应，并延缓感染后疾病的进展，并且，在志愿者人体中可诱导很强的细胞免疫反应。

自从 20 多年前发现并分离出病毒后，由于 HIV 的生物学特性及其免疫机制不明，全世界在生产预防性和治疗性疫苗的努力至今都是失败的。艾滋病研究仍面临前所未有的挑战。开发广泛有效的治疗和预防 HIV 感染的疫苗非常复杂，不仅因为 HIV 有很多亚型，还因为 HIV 能迅速发生突变，逃避人体免疫防御系统的攻击。虽然国内外部分 HIV 疫苗已经进入了临床试验阶段，但仍未在临床中得到广泛的应用。因此，研究更为安全、有效的 HIV 疫苗任重而道远。最理想的疫苗应该既有预防疾病的作用，也有治疗疾病的作用，这将是疫苗研发的目标和方向。

四、肿瘤疫苗

恶性肿瘤是威胁人类健康和生命的疾病之一，其发病率逐年增高，且目前许多肿瘤无法用手术、放疗和化疗等常规手段治愈。据不完全统计，我国每年死于肿瘤的患者近百万人，全世界每年有 700 万人被肿瘤夺去了生命。随着对肿瘤发生、发展的分子机制的深入研究和生物技术的迅速发展，生物治疗已经成为肿瘤综合治疗的第四种模式，并受到愈来越多的关注。肿瘤的生物治疗（biotherapy）是应用现代生物技术及其产品进行肿瘤治疗的新疗法，它通过调动宿主的天然防卫机制或给予天然（或基因工程）产生的靶向性很强的物质取得抗肿瘤效应，主要包括体细胞疗法与细胞因子疗法、肿瘤疫苗、分子靶向治疗、放射性免疫靶向治疗、肿瘤的基因治疗和生物化疗等。其中，肿瘤疫苗是近年来国内外研究的热点之一，其原理是通过激活患者自身免疫系统，利用肿瘤细胞或抗原物质诱导机体的特异性细胞免疫和体液免疫反应，增强机体的抗癌能力，阻止肿瘤的生长、扩散和复发，以达到清除或控制肿瘤的目的。随着分子生物学和基因工程的发展，肿瘤疫苗的研究取得了令人鼓舞的成果。表 19-2 为世界各地较受关注的在研抗癌疫苗。

表 19-2　世界各地较受关注的在研抗癌疫苗

（可能）适应证	研发国家/公司	疫苗名称或特征	研发阶段
黑色素瘤	Progenics	GMK	Ⅲ期临床
宫颈癌	澳大利亚 CSL	HPV（白热可嗜血杆菌）疫苗	Ⅱ期临床
前列腺癌	美国		在小鼠体内发现可供疫苗作用的靶点“SPAS-1”
多种癌症	BioPulse	TSV，BioPulse	临床前
多种癌症	Immpheron	抗癌疫苗 Immpheron	临床前
宫颈癌	英国	增强女性免疫系统抵抗人乳头状瘤病毒（HPV）的能力	病原招募
肾癌	德国	提高免疫系统细胞活力并吞癌细胞免疫抗体	人体研究
乳腺癌	加拿大	特异性主动免疫	人体对照研究

肿瘤疫苗对肿瘤的研究和治疗有望发挥作用，它与肿瘤的其他治疗方法结合可以获得良好效果，尤其是针对手术后的肿瘤病人体内肿瘤的残余有较好的治疗效果。提到疫苗，人们很自然想到的是用于传染病预防的各种疫苗，如破伤风疫苗、牛痘苗、流感疫苗、肝炎疫苗等，与预防传染病的疫苗不同的是肿瘤疫苗是在患者发病后使用的，因而又称治疗性疫苗。在 100 多年以前，人们试图把对传染病有效的免疫预防移植到肿瘤治疗中来，并初步奠定了肿瘤免疫原性的概念，但真正的将肿瘤疫苗作为一种治疗形式还是近十几年来研究进展的结果。肿瘤疫苗（cancer vaccine），即肿瘤特异性主动免疫治疗（active specific immunotherapy，ASI），根据免疫原理将自身肿瘤细胞经物理因素的处理，改变或消除其致瘤性，保留其抗原性。常常与佐剂联合应用，增强其抗原性。这样制备的疫苗称为肿瘤细胞疫苗。在肿瘤疫苗的设计中要解决的关键问题是能否很好地确定肿瘤细胞特异性抗原；在众多同种类型的肿瘤患者中该抗原是否一致；免疫系统能否通过对该抗原的识别激发特异性的免疫应答。

目前，根据肿瘤抗原的表现形式和供给途径，肿瘤疫苗主要分为肿瘤细胞疫苗、肿瘤多肽疫苗、肿瘤基因疫苗和肿瘤树突状细胞（dendritic cell，DC）疫苗，现分述如下：

1. 肿瘤细胞疫苗，即含肿瘤细胞或肿瘤细胞裂解物的肿瘤疫苗　此类疫苗是由自体或同种异体肿瘤细胞或肿瘤细胞的裂解物中加入佐剂（如弗氏完全佐剂、新城鸡瘟病毒、卡介苗、明矾和短小棒状杆菌等）构成。肿瘤之所以不能被机体免疫系统识别，主要是由于肿瘤的免疫原性很弱。因此，在肿瘤细胞疫苗中应用免疫佐剂来增强肿瘤的免疫原性。其作用机制是通过启动机体免疫系统，恢复受损的体液免疫和细胞免疫，增强机体对肿瘤抗原识别能力、抗击能力。这类肿瘤疫苗抗原含量比较全面，应用比较早，技术成熟，迄今已应用于结肠癌、直肠癌、肾癌、乳腺癌、卵巢癌、胃癌、肝癌、恶性黑色素瘤等实体瘤的临床研究近千例，结果表明，应用这种肿瘤疫苗能明显增强患者机体的抗肿瘤免疫功能，大幅度提高患者生存率，延长生存期。

2. 基因修饰的肿瘤疫苗　由于肿瘤细胞缺乏主要组织相容性复合物（MHC）第Ⅱ类分子和B7 复合刺激分子，以及不能分泌增强机体免疫力的细胞因子，所以不能被免疫系统识别。但 APC 具有这些功能，如果对肿瘤细胞进行基因修饰，使其产生类似 APC 的功能，将可引起机体的免疫应答。20 世纪 80 年代末期，随着基因转移技术的发展和人们对免疫系统的深入了解，人们能够按照 APC 处理和呈递抗原的特点，对肿瘤细胞进行基因修饰，制成基因修饰的肿瘤疫苗。能启动机体免疫系统并产生记忆性 T 淋巴细胞，远期疗效好；激活的免疫活性细胞可自动迁移到肿瘤灶，杀伤肿瘤细胞。美国一些医学机构已对肺癌、黑色素瘤、乳腺癌、胰腺癌、肝癌、肠癌、神经母细胞瘤、前列腺癌等癌症进行了数百例 *GM-CSF* 基因修饰瘤苗的临床研究，证实其有明显的抗癌作用，使肿瘤缩小，明显延长病人生存期。

3. 肿瘤树突状细胞疫苗，即以树突状细胞为基础的肿瘤疫苗　将肿瘤抗原与树突状细胞相结合，树突细胞接触外源生物体，把这种生物体的片段即抗原呈递给其他免疫细胞，由免疫细胞攻击这些蛋白。最常用的方法是采用患者自身的树突状细胞，用合成的肿瘤抗原加以处理。然后把这些改造的细胞还输给患者，这些细胞在患者体内动员其他免疫细胞破坏携带肿瘤抗原的细胞，即肿瘤细胞。有证据表明，很多肿瘤细胞不能引起机体抗肿瘤免疫作用的机制，并不是由于缺乏肿瘤抗原，而是机体的 APC 不能将肿瘤抗原呈递给免疫系统。树突状细胞是已知体内抗原呈递能力最强的细胞，它能捕获抗原，并将信息传递给 T、B 淋巴细胞，从而引发一系列的特异性免疫应答反应。因此，如果将肿瘤抗原注入树突状细胞，将可引起机体特异性的抗肿瘤免疫反应。这种方法已经在动物模型中获得成功，使动物产生了抗肿瘤的特异性免疫反应，并且可抑制肿瘤的生长。

由于肿瘤发生发展的复杂性和多样性，肿瘤疫苗的理论研究与实际应用目前仍存在一定差距。但无论如何，其设计理念与研究成果已显示出强大的生命力，有望在抑制肿瘤生长、转移和复发等方面取得突破。在提高肿瘤疫苗效能的研究中，增强疫苗的免疫原性、克服肿瘤的免疫逃避、诱导靶向的细胞免疫将成为核心问题。

五、佐剂技术及作用模式

免疫佐剂（adjuvents）简称佐剂，是一种能非特异性地改变或增强机体对抗原的特异性免疫应答、增强相应抗原的免疫原性或改变免疫反应类型，而自身并无免疫原性，不能引起免疫应答反应的物质。

佐剂具有以下几条标准：

（1）无致癌性。

（2）无毒性。

（3）纯度高。

（4）有一定的吸附力。

（5）在动物体内能被降解吸收。

(6) 不含与动物有交叉反应的抗原物质。

(7) 不应诱发自身超敏反应。

(8) 稳定，储存1年以上不分解、不变质。

佐剂可以通过下述途径促进疫苗抗原的免疫反应：

(1) 增加弱抗原的免疫原性。

(2) 提高免疫反应的速度，增加其持久性。

(3) 调节抗体的亲和力、特异性及亚单位的分布。

(4) 刺激 CTL。

(5) 促进黏膜免疫的诱导。

(6) 增强免疫未成熟或老化个体的免疫反应。

(7) 减少疫苗中抗原的量以降低费用。

(8) 有助于克服联合疫苗中的抗原竞争。

多数佐剂的作用机制尚未明确，因为免疫反应通常激活复杂的级联反应，佐剂的首要效应很难阐明。根据免疫反应的通常概念，如果抗原不到达淋巴结则不能引起免疫反应，那么，任何佐剂，只要可以促进抗原进入那些回到淋巴结的细胞，都可以增强免疫反应。

佐剂种类繁多，分类比较复杂，大致分为以下几类。

1. 矿物质佐剂 矿物质佐剂是传统佐剂中的一类，包括氢氧化铝、磷酸铝和磷酸钙等，这类佐剂在兽用疫苗的制备中较常使用，而目前人类疫苗的实际应用中使用最多的还是氢氧化铝佐剂。

(1) 铝佐剂：铝佐剂对于细菌及寄生虫抗原是良好的疫苗佐剂，抗体以 IgG 一类为主。铝佐剂的缺点是可能形成肿胀或结块，有可能产生过敏，同时抗原弱不足以提高其免疫原性，另外其促进细胞免疫应答（Th1 型免疫应答）的能力弱。

(2) 磷酸钙佐剂：磷酸钙佐剂不诱生 IgE 抗体，可避免疫苗相关性（IgE 介导）的不良反应。

(3) 氢氧化铁凝胶佐剂：氢氧化铁凝胶佐剂可同时引发机体体液免疫和细胞免疫的增强，因此将来可能会在人用疫苗的免疫佐剂应用中占一席之地。

(4) 硒（Se）：Se 能有效刺激淋巴细胞和巨噬细胞增殖，增强其吞噬容量，从而增强免疫反应。Se 与维生素 E 协同作用对动物的免疫反应有显著的促进作用。

2. 油佐剂 油佐剂是目前动物灭活疫苗中使用最为广泛的、效果较为可靠的佐剂之一。最常用的油佐剂主要包括弗氏佐剂、佐剂-65、白油 Span 佐剂、MF-59、SAF 等，弗氏佐剂分为弗氏完全佐剂和弗氏不完全佐剂两种。其中的弗氏完全佐剂（Freund' s adjuvant complete，FCA）是 Th1 亚型细胞强有力的激活剂，但其不良反应较大，在人用疫苗使用受限。佐剂-65 在体内可被代谢或分泌，用于人的流感疫苗，证明安全有效。白油 Span 佐剂是用轻质矿物油（白油）作油相，用 Span-80 或 Span-85 及 Tween-80 作为乳化剂制成的油乳佐剂，是当前兽用生物制品中最常用最有效的佐剂之一。MF-59 由角鲨烯、Tween-80、Span-85 等组成，已广泛用作各种亚单位疫苗佐剂。

3. 微生物佐剂

(1) 短小棒状杆菌（CP）：由 CP 经加热或甲醛灭活制成，为非特异性免疫增强剂，对机体毒性低，没有明显的副作用。CP 还能加强体液免疫功能。还有人报道，CP 具有加强抗原抗体亲和力的作用。

(2) 卡介苗（BCG）：最常用的微生物佐剂之一，原是用来预防结核病的疫苗，在预防儿童结核病方面功效显著。

(3) 胞壁酰二酞（MDP）及其衍生物：MDP的成分是N-乙酰胞壁酸-L-丙氨酸-D-异谷氨酰胺，有很强的佐剂活性，被认为是最有发展前途的佐剂之一。但MDP存在致热原性，在动物体内会引起赖特尔过敏综合征（Reiter's syndrome）。

(4) 细菌脂多糖（lipopolysacchride，LPS）：LPS可起到多克隆B细胞有丝分裂原的作用，也可促进巨噬细胞分泌单核因子，如白细胞介素-1，还可调节巨噬细胞表面Ia分子的表达，从而改变抗原的呈递。LPS由于具有毒性，所以不能直接成为人用疫苗的佐剂。

(5) 单磷酰脂质A（monophosphoryl lipid A，MLA）：MLA是一种毒性较低的具有佐剂活性的脂多糖衍生物，在人体MLA的安全剂量至少可达到20mg/kg。

(6) 霍乱毒素（CT）：CT是由霍乱弧菌分泌的分子质量为84kD的一种不耐热肠毒素，由1个A亚单位（CTA）和5个完全相同的B亚单位（CTB）形成的五聚体共价连接而成。研究表明，CT及其CTB是较强的免疫佐剂，当CT或CTB与不相关抗原一同经黏膜途径免疫动物时，可大大增强机体对特异性抗原的免疫应答，同时CTB还是一种良好的蛋白半抗原和弱免疫原的载体，共同免疫时可以赋予半抗原免疫原性，增强弱免疫原的免疫原性。CTB作为一种良好的免疫佐剂和蛋白抗原输送载体，虽然目前距实际应用仍有一定的距离，但是应用前景还是比较光明的。

(7) 大肠杆菌不耐热肠毒素（LT）：LT是由产毒性大肠杆菌（ETEC）分泌产生的。由于大肠杆菌不耐热肠毒素B亚单位（LTB）和霍乱毒素B亚单位（CTB）的基因结构和氨基酸同源性很高，所以它们之间的免疫作用机制应该也很相似。

4. 可降解的颗粒性免疫佐剂　从1979年首次应用微球疫苗免疫至今，已研制出多种微球疫苗，如破伤风毒素，葡萄球菌肠毒素，*E. coli*菌毛蛋白，流感A病毒微球口服疫苗等，其中生物降解聚合微球已成为近年疫苗佐剂研究的热点。聚合微球疫苗在实际应用中也存在一些问题，如微球疫苗的安全性、抗原包载量、抗原与不同大小微球的结合程度、抗原微囊化后的稳定性及微球储存期间稳定性等。

5. 含脂类物质

(1) 脂质体：脂质体是人工合成的直径大小一般为600～800nm类似于细胞膜的磷脂双分子层的球形载体。脂质体佐剂存在的主要问题包括：① 磷酯中的不饱和脂肪酸储存时会逐渐氧化，产生溶血磷脂并破坏其他脂质体膜；② 小脂质体倾向于相互融合成大脂质体，在融合过程中可释放包入的抗原；③ 脂质体主要由磷脂组成，但磷脂有一定局限性，如对宿主磷脂酶的敏感性，储存的稳定性，较高的生产成本及大规模生产的困难。若克服这些不足，可望成为理想的佐剂。

(2) 免疫刺激复合体（ISCOM）：ISCOM是当今研究较多的一种抗原佐剂，它是由胆固醇、糖苷、QuilA、抗原及其他类脂质，在去垢剂作用下混合而成的多孔微胶粒。与其他佐剂相比，ISCOM更安全，能形成长效生物活性反应，刺激产生黏膜免疫。对预防通过黏膜的致病微生物有特别重要的意义。目前ISCOM已广泛用于兽用疫苗的制备。

(3) 脂肽：脂肽可从革兰阴性菌脂蛋白中得到，也可化学合成。脂肽无毒、无致热性、注射时不引起组织损伤。

6. 中草药类

(1) 蜂胶（propolis）：蜂胶是蜜蜂从植物中采集的树脂、花粉及蜂蜡等混合物。蜂胶是一种天然的免疫增强剂和刺激剂，具有增进机体免疫和促进组织再生的作用。

(2) 皂苷（saponins）：皂苷是一种强力表面活性剂，可导致红细胞溶解，所以被禁止用于人类。在低剂量时具有佐剂活性，多年来皂苷一直被用作动物的疫苗佐剂，用于多数动物病毒、细菌和寄生虫疫苗。

（3）多糖：糖苷及复方中药对免疫激活和提高免疫都有很大的作用，并具有抗肿瘤作用。

7. 分子佐剂 基因疫苗是最近几年从基因治疗研究领域发展起来的一种新型疫苗，但是与传统的灭活疫苗相比，基因疫苗的免疫效果还不能满足实际要求，所以寻求分子佐剂来提高基因疫苗的免疫效率成为基因疫苗研究的关键。最近研究表明基因疫苗辅以分子佐剂如细胞因子，共刺激因子，免疫刺激调节分子等有助于提高基因疫苗的免疫效价。

（1）细胞因子：细胞因子是体内免疫细胞或非免疫细胞产生的一组具有广泛生物学活性的调节因子，在体内能激活和调节免疫活性细胞，对免疫应答的产生和调节具有重要作用。但细胞因子具有剂量依赖性的毒性、不稳定性（很短的半衰期）和成本较高等缺点，因而不能被用作常规疫苗的佐剂。然而，在癌症的免疫治疗方面，细胞因子显示出良好的疗效。

（2）共刺激分子：B7-1（即 CD80）、B7-2（即 CD86）和 CD40 是重要的免疫共刺激分子。DNA 免疫过程中导入共刺激分子 CD86 的同时增强了辅助性 T 细胞（Th）和杀伤性 T 细胞（CTL）的应答，而导入 CD80 还适度地增加了免疫应答水平。

（3）免疫刺激调节分子：CD154 是 T 细胞上表达的 CD40 的配体，它与 CD40 的结合将刺激表达 CD40 分子的抗原呈递和细胞增殖分化，并表达共刺激分子，从而放大抗原诱导的免疫应答。

（4）趋化因子：CD8 是 T 细胞产生的趋化因子，在免疫放大中起重要作用。许多编码蛋白（趋化）因子质粒被用于调节针对 DNA 疫苗或病原诱发的并发症的特异性免疫反应。

（5）CpG ODN（CpG oligodeoxynucleotides，CpG ODN）：是指一类其序列大部分以非甲基化的胞嘧啶核苷酸和鸟嘌呤核苷酸（CpG）为基元的寡聚体，由于这种特征性序列可激活多种免疫效应细胞，故又被称作免疫刺激 DNA 序列（immuno-stimulatory DNA sequance，ISS）。由其开辟的新研究领域，在免疫学基础理论研究以及实际应用中都有着光明的前景。

8. 化学物质

（1）左旋咪唑：左旋咪唑主要作用于 T 淋巴细胞，此外，它还有恢复周围效应细胞的功能，既是免疫扶正剂又是免疫调节剂（immunomodulator）。

（2）西咪替丁：西咪替丁是一种高效选择性组胺Ⅱ型受体拮抗剂，可以拮抗组胺的免疫抑制作用。西咪替丁具有性质稳定、在体内代谢速度快、无毒性等特点，是一种有效的免疫增强剂。在临床医学上它主要应用于抗肿瘤和对免疫缺陷病的治疗。

（3）抗生素类：红霉素的免疫刺激作用包括提高质粒 DNA 免疫小鼠的抗原特异性、IgG 2a 抗体生成、抗原特异性 $CD4^+$ T 细胞产生 IFN-γ 和 CTL 应答。甲红霉素可提高接受化疗或放疗癌症患者的存活率，诱导自然杀伤细胞活性和提高 $CD8^+$ 细胞的细胞毒性，具有诱导辅助性 T 细胞亚群平衡分化的作用。

第 2 节 分子诊断技术

人类基因组计划的实施及完成标志着现代医学的发展已逐步进入“基因组医学”时代。除外伤和非正常死亡以外，人类所有疾病的发生都与遗传物质（DNA）的直接或间接变化相关。加上几十种细菌、啤酒酵母、秀丽线虫、黑腹果蝇、拟南芥等多种模式生物全基因组序列的获得，一个以全基因组序列为基础的新生物学时代已经到来。

基因组医学对疾病诊治的首要贡献便是“预测医学”（predictive medicine）或称为分子诊断（molecular diagnosis）技术，即在婴幼儿时期以及个体发病前期进行基因筛查，以识别出疾病基因或发病风险基因的携带者，从而采取有效的预防和治疗措施。分子诊断是“遗传学、分子生物学”和“病理学”结合的产物，应用分子生物学技术进行常见疾病（如感染性疾病、遗传性疾病、恶性肿瘤等）的诊断已成为国外医疗机构的常规项目，也是衡量一个城市和地区整体医疗水平的重要指标。

一、分子诊断的概念及原理

分子诊断是以 DNA 和 RNA 为诊断材料，用分子生物学技术通过检测基因的存在、缺陷或表达异常，从而对人体状态和疾病作出诊断。其基本原理是检测 DNA 或 RNA 的结构变化与否、量的多少及表达功能是否异常，以确定受检者有无基因水平的异常变化，并以此作为确认疾病的依据。经过多年的发展，分子诊断技术已逐步从实验室研究进入到临床使用阶段，它不仅适用于遗传性疾病，而且已扩展到一些感染性疾病、肿瘤的诊断以及法医学领域。分子诊断不仅能早期对疾病作出确切的诊断，也能确定个体对疾病的易感性，判别致病基因携带者并对疾病的分期、分型、疗效监测和预后作出判断。

与传统医学诊断技术相比，分子诊断具有高特异性、高灵敏性、早期诊断性、应用广泛性等特点。因此，分子诊断已成为实验诊断学（或临床检验医学）的一个重要组成部分。

二、分子诊断的常用技术方法

分子诊断的常用技术方法主要有核酸分子杂交、聚合酶链反应（PCR）和基因芯片等技术，以下简要介绍这些技术的原理。

（一）核酸分子杂交技术

核酸分子杂交技术是目前生物化学、分子生物学和细胞生物学研究领域中应用最广泛的技术之一，也是现阶段定性、定量和定位检测 DNA 与 RNA 序列片段必须掌握的基本技术与方法。其基本原理是两条 DNA 链之间是由氢键连接的，在一定条件下，双螺旋之间的氢键断裂，双螺旋解开，形成无规则线团，DNA 分子成单链，这一过程称为变性。变性 DNA 消除变性条件后，具有碱基互补的区域的单链又可重新结合形成双链，这一过程称为复性（图 19-1）。具有一定互补序列的核苷酸单链在液相或固相中按碱基互补配对原则缔合成异质双链的过程，称为核酸分子杂交。杂交的双方是待测核酸序列和探针序列，DNA 与互补的 RNA 之间也会发生杂交（图 19-2）。应用该技术可对特定 DNA 或 RNA 序列进行定性或定量检测。它包括 Southern 印迹杂交、Northern 印迹杂交、点杂交、原位杂交等。

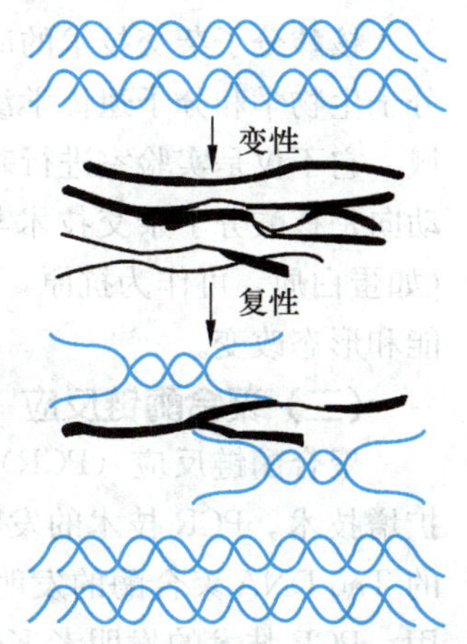

图 19-1　DNA 的变性与复性

1. Southern 印迹杂交（Southern bolt hybridization）　Southern 印迹杂交得名于它的发明者 E. D. Southern。是 1975 年建立的一种 DNA 转移方法，该法利用硝酸纤维素膜（或经特殊处理的滤纸或尼龙膜）具有吸附 DNA 的功能，先以限制性内切酶消化待测的 DNA 片段，然后进行琼脂糖凝胶电泳，电泳完毕后，将凝胶放入碱性溶液中使 DNA 变性，解离为两条单链。再在凝胶上贴盖硝酸纤维素膜，使凝胶上的单链 DNA 区带按原来的位置吸印到膜上。然后直接在膜上进行标记的核酸探针与被测样品之间的杂交，再通过放射自显影对杂交结果进行检测。此方法比较准

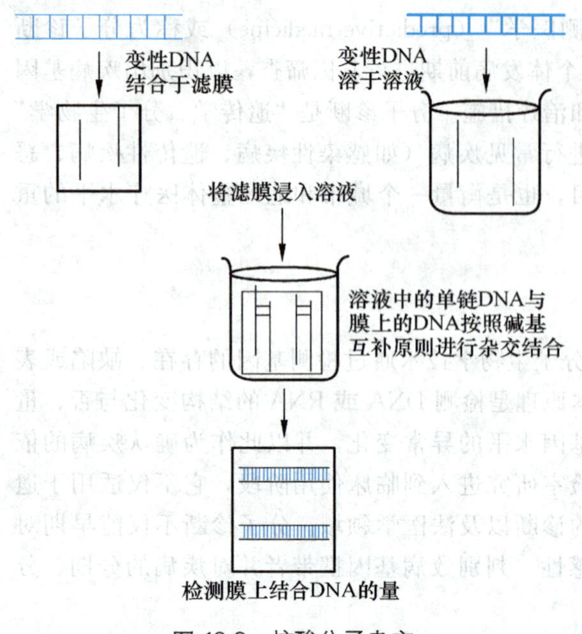

图 19-2 核酸分子杂交

确地保持了特异 DNA 序列在电泳图谱中的位置，它巧妙地将电泳技术与杂交技术结合起来，不仅可以定位地确定 DNA 中的特异序列，而且还可根据 DNA 片段在凝胶中的泳动距离，确定特异 DNA 片段相对分子质量的大小及其含量。

2. Northern 印迹杂交（Northern bolt hybridization） 由 Southern 印迹杂交方法演变而来，其被监测品是 RNA。类似 Southern 印迹杂交法。两者的本质区别是，从琼脂糖凝胶上转移到膜上去的核酸不是 DNA 而是 RNA，RNA 是单链结构，所以不需变性处理。Northern 印迹杂交主要用于检测由目的基因转录出来的 RNA，可以检测到 mRNA 长度的异常以及表达水平的变化。

3. 点杂交 分子杂交是基因探测的基础，除了用印迹杂交外，还有点杂交。这种杂交方法是直接将待测 DNA 或 RNA 固定在滤膜上，然后加入过量的标记的核酸探针进行杂交。点杂交多用于病原体基因，如微生物的基因的检测，但也可用于检查人类基因组中的 DNA 序列。

4. 原位杂交 是用核酸分子探针与细胞或组织切片中核酸直接进行杂交并进行检测，是直接在组织切片或细胞涂片上进行的杂交反应。该技术可以用来检测 DNA 在细胞核或染色体上的分布及特定基因在细胞中表达情况，还可以用于组织，细胞中某种病菌和病毒等病原体的检测。

核酸分子杂交技术的应用前景十分广阔，目前的应用仅仅是它的开端。它的应用已很快地从分子生物学和分子遗传学渗透到病毒学、肿瘤学、组织病理学、内分泌学、免疫学和血液学诸领域。它不仅是实验室进行基础研究的理想工具，而且已成为临床分子诊断的重要手段。目前的新动向是核酸分子杂交技术与免疫组化和形态学方法联合应用，这样可以从 DNA—mRNA—产物（如蛋白质，可作为抗原，用免疫组化法检测）—组织细胞形态多层次研究疾病的基因、代谢、功能和形态改变。

（二）聚合酶链反应（polymerase chain reaction，PCR）

聚合酶链反应（PCR）是 Kary Mullis 于 1985 年发明的一种模拟天然 DNA 复制过程的体外扩增技术。PCR 技术的发明使人们梦寐以求的体外无限扩增核酸片段的愿望变成了现实。耐热的 Taq DNA 聚合酶的发明使 PCR 完全实现了自动化。由于 PCR 技术对生物医学的巨大推动作用，PCR 技术的发明者 Kary Mullis 获得 1993 年诺贝尔化学奖。目前，PCR 技术已广泛应用于致病基因的发现、cDNA 文库制备、基因分离、克隆、核酸序列分析、突变体和重组体的构建、基因表达调控的研究、DNA 多态性分析、遗传病和传染病病原体的基因诊断、法医鉴定等众多领域。

1. 常规 PCR 技术 PCR 的工作原理类似于 DNA 的体内复制过程，是将待扩增的 DNA 片段和与其两侧互补的寡核苷酸链引物经变性、退火及延伸 3 步反应的多次循环，使特定的 DNA 片段在数量上呈指数增加。PCR 扩增首先需要一对引物，根据待扩增区域两侧的已知序列合成两个与模板 DNA 互补的寡核苷酸作为引物，引物序列将决定扩增片段的特异性和片段长度。反应体系由模板 DNA、一对引物、dNTP、耐高温的 DNA 聚合酶、酶反应缓冲体系及必须的离子等所组成。PCR 反应循环的第一步为加热变性，使双链模板 DNA 变性为单链；第二步为复性，每个引物将与互补的 DNA 序列杂交；第三步为延伸，在耐高温的 DNA 聚合酶作用下，以变性的单链 DNA 为模板，从引物 3′端开始按 5′→3′方向合成 DNA 链。这样经过一个周期的变性-复性-延伸 3 步反应就可以产生倍增的 DNA，假设 PCR 的效率为 100%，反复 n 周期后，理论上就能扩增 2^n 倍。PCR 反应一般 30～40 次循环，DNA 片段可放大数百万倍。图 19-3 为 PCR 扩增过程。

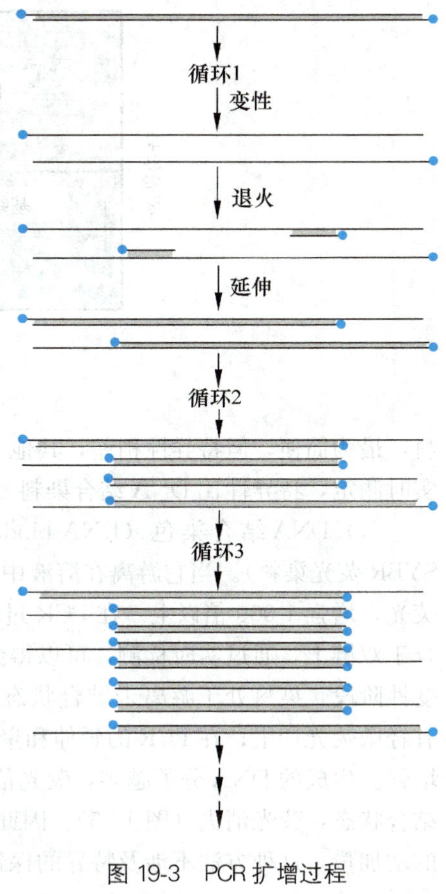

图 19-3 PCR 扩增过程

2. 实时荧光定量 PCR 技术 聚合酶链式反应（PCR）是体外选择性扩增特定基因片段技术，被广泛应用于获取目的基因或基因片段，以及临床分子诊断等领域。但常规 PCR 无法对扩增反应进行实时检测，通过借助电泳等手段对扩增终产物进行分析，不仅费时、费事、易污染，且无法对起始模板准确定量。20 世纪 90 年代中期出现的实时荧光定量 PCR 技术使上述问题得到较好解决。实时荧光定量 PCR 方法是根据荧光共振能量转移（fluorescence resonance energy transfer，FRET）原理，设计相应的荧光标记核酸探针，通过 PCR 反应对相应靶 DNA 进行定性定量测定的技术，根据检测中所使用的荧光探针分类，目前已经开发出 TaqMan、Molecular Beacon、Scorpion、Lightcycler、Single-labeled probe、Resonsense、Angler 以及双链探针等相关技术。

实时荧光定量 PCR（real-time PCR）技术，是指在 PCR 反应体系中加入荧光基团，利用荧光信号累积实时监测整个 PCR 进程，最后通过标准曲线对未知模板进行定量分析的方法。基本原理就是在 PCR 反应过程中，通过特异性的 DNA 结合染料或探针能对 PCR 反应过程进行动态的监测并据此绘制动态变化图，即生长曲线。在实时荧光定量 PCR 反应过程中通过荧光信号的强度来显示在每一轮反应中新增产物的数量。在 PCR 扩增的前期循环中，荧光信号的强度呈现平缓的波动状态，经过一定数量的扩增循环后，荧光信号的强度进入指数增长阶段。将荧光信号由本底进入指数增长的阶段的拐点所对应的荧光强度设为阈值（threshold），荧光信号达到阈值所对应的循环次数称为 C_t（cycle threshold）值。实验操作中，C_t 值是指在基线上方产生可检测到的统计学上显著的荧光强度所对应的 PCR 循环次数。

阈值的设定非常重要，一般这个阈值是以 PCR 反应的前 15 个循环的荧光信号作为荧光本底信号。如果检测到的荧光信号超过阈值被认为是真正的信号，它可用于定义样本的阈值循环数（C_t）（图 19-4）。

每个模板的 C_t 值与该模板的起始拷贝数的对数存在线性关系，起始拷贝数越多，C_t 值越小。利用已知起始拷贝数的标准品可作出标准曲线，因此只要获得未知样品的 C_t 值，即可从标准曲线上计算出该样品的起始拷贝数。

目前实时荧光定量 PCR 所使用的荧光化学方法主要有 DNA 结合染色、水解探针、分子信标和杂交探针。它们的灵敏度都相似，其中 DNA 结合染料使用可特异性结合双链 DNA 的荧光染

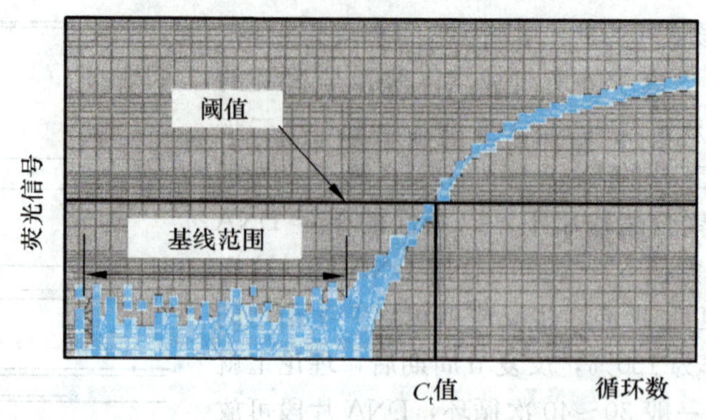

图 19-4 C_t 值和阈值

料，最为简便，但特异性稍差，其他 3 种方法则依靠荧光标记的探针与相应扩增产物的杂交实现实时测定，特异性比 DNA 结合染料要高。

（1）DNA 结合染色（DNA-binding dyes）：是一种与双链 DNA 结合发光的荧光染料（如 SYBR 荧光染料）。当它游离在溶液中时，只发出微量荧光；一旦掺入 DNA 双链，便发出强烈的荧光，增强 1 000 倍以上。在 PCR 过程中，随着新生态的双链 DNA 的合成，越来越多的染料结合于双链上，通过实时检测，可以得到逐渐增强的荧光信号。这是一个动态的扩增过程，在 PCR 变性阶段，染料处于游离未结合状态，无荧光产生，在退火温度下，染料可与引物和模板结合，有轻微荧光产生；在 PCR 的延伸和聚合阶段，大量的染料与新合成的 DNA 分子结合，荧光信号增强。生成的 DNA 分子越多，荧光信号越强，在下一个循环开始时，DNA 变性，染料又处于未结合状态，荧光消失（图 19-5）。因此在每一个循环的聚合延伸末期测量荧光可实时监测扩增产物的增加量。这种方法不涉及特异的探针，它的特异性依赖于特异性的引物。

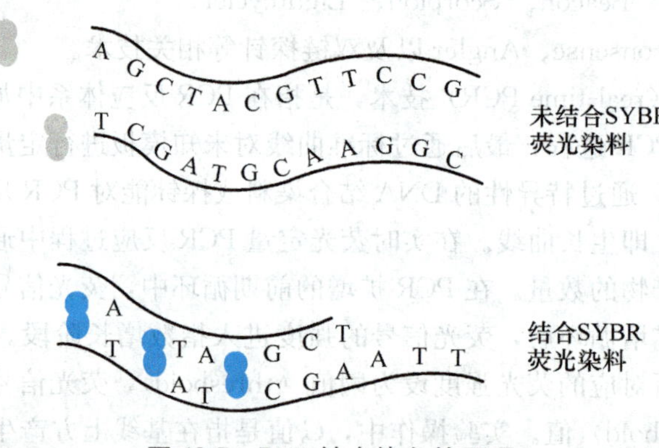

图 19-5 DNA 结合染色的原理

（2）水解探针（hydrolysis probes）：方法利用 DNA 多聚酶的 5′核酸外切酶活性来水解与目的序列杂交的探针。通常使用的是 Taq 或 Tth 聚合酶，目前，应用最广泛的是 TaqMan 探针。TaqMan 技术是 PE-ABI 公司开发的荧光定量技术，它利用了 Taq 酶的 5′-3′外切酶活性，合成一个能与 PCR 产物杂交的探针，该探针的 5′末端标记一个荧光分子，3′末端标记荧光淬灭分子。其中 3′端荧光分子能够吸收 5′端荧光分子发出的荧光，因此正常情况下检测不到该探针 5′端荧光分子发出的荧光，但当溶液中有 PCR 产物（模板）时，该探针与模板结合，激活 Taq 酶的 5′-3′外切酶活性，将探针 5′端连接的荧光分子从探针上切割下来，加大了与淬灭分子的空间距离，摆脱了淬灭分子的荧光淬灭作用而发出荧光（图 19-6），切割的荧光分子数与 PCR 产物的数量成比例。

因此，根据 PCR 反应液的荧光强度即可计算出初始模板的数量。

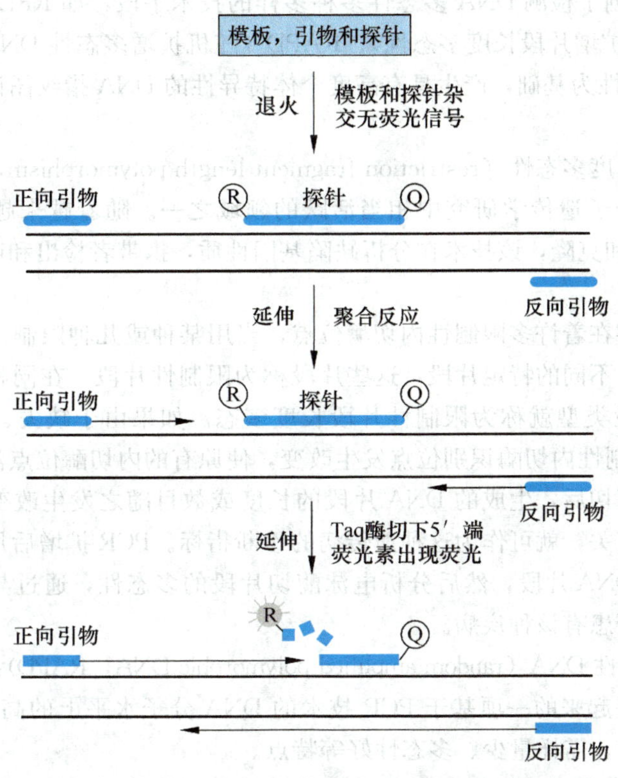

图 19-6 TaqMan 探针荧光定量 PCR 原理

(3) 分子信标（molecular beacons）：是由 Tyagi 和 Krammer 建立的。该探针为单链 DNA，呈茎环结构，环部与靶 DNA 序列互补，为 15～35bp；茎部核苷酸互补，但与靶 DNA 无序列同源性，约 8bp。分别在探针的 5′端和 3′端标记报告荧光基团和淬灭荧光基团。游离时，分子信标由于一端报告荧光基团和另一端淬灭基团紧密相邻，发出的荧光被淬灭。在 PCR 变性后复性阶段，探针的环部核苷酸序列与互补的靶序列结合，形成更稳定的杂交，破坏了茎环结构产生的 FRET，淬灭作用被解除；在 PCR 延伸阶段，分子信标又从模板上解离，重新形成茎环结构，荧光消失（图 19-7）。

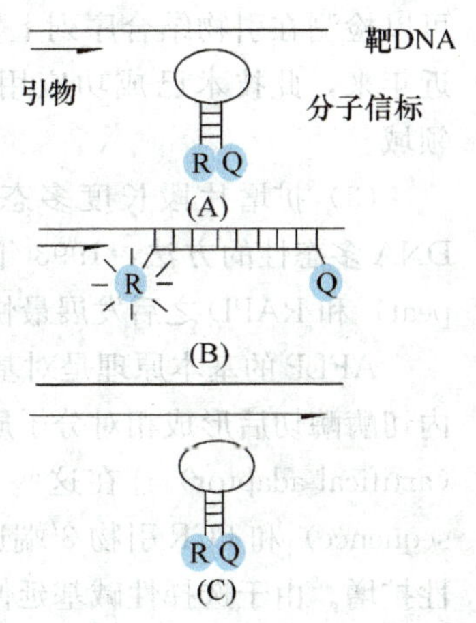

图 19-7 分子信标原理

分子信标尤其适合于鉴定点突变，它们能区别仅单个核苷酸的 DNA 并且特异性要比常规等长的寡聚核苷酸探针更明显。主要用于突变检测，病原体定量、病毒复制和胎儿的性别检测，也有报道用多元 PCR 检测不同的病毒。常用的荧光基团是 FAM 和 Texas red。

3. DNA 指纹技术 通过 PCR 技术可以方便快捷地鉴定生物样品中是否含有特定的 DNA 序列，从而广泛用于临床样本的诊断、病原物的污染鉴别和法医鉴定等。最简单的莫过于设计一对引物或几对引物，通过 PCR 扩增来检测样品中特定 DNA 的存在。但在许多情况下通过一对引物或几对引物的 PCR 扩增难以对遗传背景相似或相近的样品进行区分或进行鉴定。通过特定的引物设计或扩增方式来产生样品的DNA指纹图谱，在一定程度上可以解决这个问题。

DNA指纹图谱开创了检测DNA多态性多种多样的技术手段，如RFLP（限制性片段长度多态性）分析、AFLP（扩增片段长度多态性）、RAPD（随机扩增多态性DNA）分析等。各种分析方法均以DNA的多态性为基础，产生具有高度个体特异性的DNA指纹图谱，在分子诊断领域具有广泛的应用。

（1）限制性片段长度多态性（restriction fragment length polymorphism，RFLP）：技术自1970年报道以来，已成为分子遗传学研究中相当活跃的领域之一。随着越来越多的致病基因和连锁DNA多态片段的分离和克隆，该技术在分析缺陷基因性质，携带者检出和产前诊断等方面发挥重要作用。

在人类基因组中存在着许多限制性内切酶位点，当用某种或几种限制性内切酶对某一段基因消化时，就会产生大小不同的特定片段，这些片段称为限制性片段。在同种生物不同个体中出现的不同长度限制性片段类型就称为限制性片段长度多态。如果由于缺失、重排或核苷酸置换使DNA分子中原有的限制性内切酶识别位点发生改变，使原有的内切酶位点消失或形成了新的酶切位点，用这种酶进行酶切后，生成的DNA片段的长度或数目随之发生改变。这种变化如果与某种遗传性疾病的基因有关，就可作为这种遗传病的诊断指标。PCR扩增后用相应的内切酶进行切割而获得不同长度的DNA片段，然后分析电泳酶切片段的多态性，通过与正常人的限制性酶谱比较即可推断个体是否患有该种疾病。

（2）随机扩增多态性DNA（random amplified polymorphic DNA，RAPD）：是1990年由Williams和Welsh几乎同时发展起来的一项基于PCR技术的DNA分子水平上的高分子多态性检测技术，具有简便、快速、经济、需样量少、多态性好等特点。

在常规PCR扩增中所用的引物一般是序列特异性的，是针对某个基因或DNA序列而设计的。其长度一般在20个核苷酸左右。随着引物的长度缩短，在基因组DNA上出现与之互补配对序列的几率进一步增加。当引物的长度缩短到一定长度后，单一引物就可以扩增出多个DNA产物。RAPD就是根据这一现象进行设计，用长度为10或11个碱基的单一固定序列引物（arbitrary primer）可扩增出随机大小的DNA片段，产生DNA片段的多态性，也就是DNA指纹。它可以检测在引物结合序列上发生的碱基突变，扩增区域发生的大片段缺失、重复、易位、插入。近年来，此技术已成功应用于遗传多样性检测、基因定位、分子诊断、遗传图谱构建等诸多领域。

（3）扩增片段长度多态性（amplified fragment length polymorphism，AFLP）：是一种检测DNA多态性的方法，1993年获欧洲专利局专利，该方法是继RFLP、SSR（simple sequence repeat）和RAPD之后发展最快的DNA指纹技术，是DNA指纹技术的重大突破。

AFLP的基本原理是对基因组总DNA酶切后经PCR进行选择性扩增。基因组DNA经限制性内切酶酶切后形成相对分子质量大小不等的随机限制性片段，将特定的人工合成的短的双链接头（artifical adaptor）连在这些片段的两端，形成一个带接头的特异片段，通过接头序列（adaptor sequence）和PCR引物3′端选择性碱基（selective extion，ENT）的识别，对特异性片段进行选择性扩增。由于选择性碱基延伸到酶切片段区，这样就只有那些两端序列能与选择性碱基配对的限制性酶切片段被扩增。

AFLP结合了RFLP和RAPD的特点，既具有RFLP可靠性好、重复性高的特点，同时又具有PCR的高效性、安全性和方便性的优点，不需要了解基因组信息，且只需少量纯化的基因组DNA即可对整个基因组DNA酶切片段进行选择性扩增，扩增结果产生大量的序列经电泳形成复杂的DNA指纹，得以反映基因组细微的变化，适合所有生物基因组的检测，已广泛应用于疾病分子诊断、动植物及微生物的遗传多样性研究、高密度遗传图谱的构建等各个方面。

（三）基因芯片技术

基因芯片是生物芯片的一种，又称作DNA芯片，DNA微集芯片，DNA阵列、DNA微集阵列。这是近年发展和完善起来的新型生物技术之一，代表了分子诊断的未来潮流。特别是对于那些致病基因具有多个可能突变位点的遗传病，以及明确为多基因参与致病的恶性肿瘤而言，基因芯片技术更是一项重要的分子诊断手段。

基因芯片的原理是将特定序列的寡核苷酸片段以很高的密度有序地固定在一块玻璃、硅等固体基片上，作为核酸信息的载体，通过与样品杂交反应来识别、提取信息，基因芯片从本质上讲与Southern blotting和Northern blotting相同（表19-3），只是许多探针（可以是同种分子或不同种分子）同时固定在同一芯片上，在相同的实验条件下，同时完成多种不同分子的检测。由于采用了微电子学的并行处理和高密度集成的概念，因此它与传统杂交法相比具有高效、高信息量的突出优点。基因芯片技术的运用主要包括四个方面：芯片的制作、样品的制备、分子杂交和检测分析。其技术流程如图19-8。

表19-3 基因芯片技术与传统杂交法（膜杂交法）比较

比较内容	膜杂交	基因芯片
载体	硝酸纤维素膜	特殊玻片，硅片
表面	有孔（样品易扩散）	无孔（样品不易扩散）
递质	不均衡	均衡
构造	易卷曲、破碎	坚固、耐高温
面积	大	小
点样密度	低	高
一次处理的组织	一种	两种以上
标志物质	核素，有污染	荧光物质，无污染
杂交动力学	慢	快
杂交体系	3～5ml	10～20μl
样品需求量	大	小
样品浓度	高	低
数据获得	慢	快
系统误差	大	小
保存	4℃，较稳定	4℃，稳定，至少1年

基因芯片可用于大规模筛查由基因突变所引起的疾病，做出正确的诊断后，就可以针对病变的靶序列设计基因药物，以改变靶序列的表达情况而达到治疗该疾病的目的。目前已有几种基因芯片，如筛查囊性纤维变性基因*CFTR*及球蛋白基因、检测*HIV*-1、检测*p*53基因突变的芯片都已商品化。预计许多临床常见疾病病原体的基因芯片诊断技术不久便会在疾病的分子诊断方面得到广泛应用，成为一项常规检验和临床诊断技术。

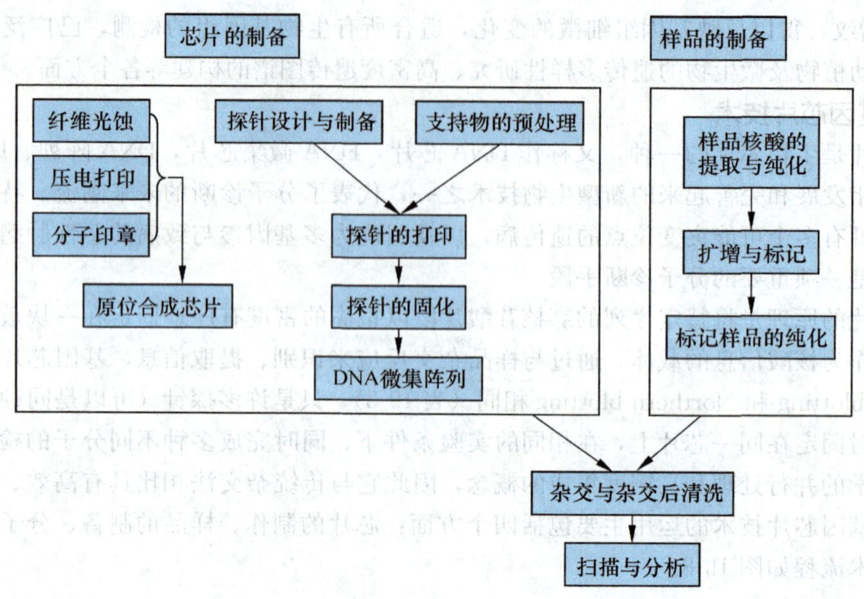

图 19-8 基因芯片流程

第 3 节 分子诊断的临床应用

分子诊断方法与传统的诊断方法相比，有着显著的优越性，它以基因的结构异常或表达异常为切入点，而不是从疾病的表型开始，因此往往在疾病出现之前就可作出诊断，为疾病的预防和早期及时治疗赢得了时间。另外，遗传病基因变异在全身各处细胞中均能一致体现，诊断取材极为方便，血液细胞及羊水脱落细胞等均可作为诊断材料，而不需要对某一特殊的组织或器官进行检测。由于以上这些优点，分子诊断技术从发展伊始就受到了人们的高度重视和普遍欢迎，已应用于许多临床疾病的诊断。

一、分子诊断与遗传疾病

分子诊断技术首先被应用于遗传病，而且在这一领域所取得的成绩最为突出。遗传病的本质是机体遗传物质发生了异常改变——基因突变或染色体畸变，因而分子诊断对于遗传病的重要性毋庸置疑。它不仅用于检出遗传病患者的基因或基因组的异常改变，而且还用来确定携带者状态以及在症状出现前的疾病易感性等。

一般情况下，遗传性疾病可以根据其临床症状、家系分析和生化、免疫等传统的检测手段被诊断出，但是对于隐性遗传性疾病中杂合子的诊断以及判断杂合子的后代是否会患（产前诊断）该病，常规的诊断手段就显得无能为力，只有用分子生物学技术进行疾病基因的检测才能解决这些问题。

用分子生物学技术诊断遗传性疾病包括两种策略：

1. 直接诊断策略 基因突变的实质或者是 DNA 片段长度的改变（缺失、插入、倍增等）或者是 DNA 顺序的改变（点突变）。分子诊断的直接策略就是通过各种分子生物学技术检测这些改变。因此，直接诊断的前提是被检测基因必须已被克隆，基因的正常顺序和结构已被阐明。对于 DNA 较大长度片段的改变，Southern 印迹分析是首选的技术，对于 DNA 较小范围的改变，往往采用 PCR 技术。基因突变在大多数情况下表现为点突变，但是对点突变的检测较为复杂，并非所有的点突变都能被检测出。检测点突变的原则是根据点突变的性质采取不同的点突变检测技术。对于已知的点突变，一般多采用多聚酶链反应—限制性片段长度多态性分析（PCR-RFLP）、等位基因特异性寡核苷酸探针技术（ASO）等。对于未知的点突变，则多采用变性梯度凝胶电泳技术（DGGE）和单链构象多态性分析（SSCP）等技术寻找点突变，一旦发现被检 DNA 片段中有点突变发生，应对该片段进行序列分析。直接诊断可直接揭示遗传缺陷，因而比较可靠。

2. 间接诊断策略 在许多情况下，疾病的致病基因尚未被克隆而无法进行直接诊断，但若致病位点已在基因组中被定位，则可以采用间接诊断策略。人们一般使用尽可能靠近致病位点的基因外探针或利用随机存在于人类基因组中的一些重复顺序作为遗传标记，通过多态性分析给致病的那条染色体定标记从而确定被检者是否带有这一致病染色体。间接诊断必须具有较完整的家系资料，家系中必须具备先证者。间接诊断并不是寻找 DNA 的遗传缺陷，而是分析 DNA 的遗传标记的多态性，这种多态性有两种类型：

(1) 双等位基因多态性，即在同一对染色体的两个等位基因上具有两种不同的顺序。这种多态性实际上就是区别 DNA 顺序的标记，一般用 Southern 印迹分析或 PCR 技术可以检测双等位基因多态性；

(2) 多等位基因多态性，在对 DNA 顺序分析时发现在人类基因组的某些非编码区，一些约 10～100 个碱基组成的片段往往重复好几次，这些重复顺序被称为小卫星或串联重复可变数目（VNTR），它的重复次数根据孟德尔遗传规律由亲代传递给子代，但是在无血缘的不同个体之间这些顺序的重复次数不同。VNTR 的等位基因常常达 10 个以上，因而它的信息量比双等位基因多态性遗传标记大得多。VNTR 可以用 Southern 印迹分析或 PCR 技术进行检测。由于间接诊断是通过分析遗传标记的多态性判断被检者是否具有带有致病基因的染色体，是判断被检者患病的可能性，因此间接诊断有时会造成一些人为因素以外的错误。

遗传病的分子诊断举例：

1. 镰刀细胞贫血病（HbS） HbS 是血红蛋白分子遗传缺陷造成的一种疾病，病人的大部分红细胞呈镰刀状。其特点是病人的血红蛋白 β-亚基 N 端的第六个氨基酸残基是缬氨酸（Val），而不是正常的谷氨酸残基（Glu）。镰刀型细胞贫血病是一种分子病。它是一种遗传性贫血症，属隐性遗传。患者的红细胞缺氧时变成镰刀形（正常的是圆盘形），失去输氧的功能，许多红血球还会因此而破裂造成严重贫血，甚至引起病人死亡。

一般情况下，可以通过血红蛋白电泳、血红蛋白理化性质的测定及红细胞镰变实验等对镰状血红蛋白病做出明确判断，但只有通过分子诊断才可以实现早期诊断和产前诊断。例如限制性酶切图谱分析，其限制性内切酶 *Mst*Ⅱ识别的核苷酸序列为 CCTGAGG。基因组 DNA 被酶消化并与 β-珠蛋白基因探针进行杂交后，正常 β-珠蛋白基因（CCTGAGGAG）产生 1.15kb 与 0.2kb 的片段；而 HbS 的 β-珠蛋白基因（CCTGTGGAG）因不含有 *Mst*Ⅱ酶切位点，因此不被切割而产生 1.35kb 的片段。通过凝胶电泳分析完成分子诊断。还可以通过 PCR 分析并且对其扩增产物进行 ASO 探针杂交来诊断 HbS。PCR-ASO 技术增加了突变检测的特异性。

2. 苯丙酮尿症（phenylketonuria，PKU） PKU 是苯丙氨酸羟化酶的缺陷所致，是一种常见的常染色体隐性遗传性氨基酸代谢病。其代谢缺陷使苯丙氨酸不能转为酪氨酸，即从另一代谢途径脱去氨基而生成苯丙酮酸。苯丙酮酸的堆积对神经有毒性，患儿的智力发育出现障碍，血中苯丙氨酸含量增高，尿中排出大量的苯丙酮酸、苯丙氨酸和苯乙酸等。

人体苯丙氨酸羟化酶主要分布在肝脏，由两个分子质量约为 50kD 亚基构成，与辅酶四氢蝶呤共同组成苯丙氨酸羟化酶系，本质上属于单加氧酶体系。人的苯丙氨酸羟化酶基因已被克隆，基因组 DNA 全长约 90kb，其中包括 13 个外显子。导致中国人苯丙酮尿症的苯丙氨酸羟化酶基因点突变已经基本上查清，大多数为基因点突变所致，所以该疾病的分子诊断主要是检测点突变，应用 PCR-SSCP、AS（allele-specific）-PCR 等方法可以有效地检出苯丙氨酸羟化酶基因的点突变。

二、分子诊断与传染性疾病

传染性疾病是由病原体引起的，能在人与人、动物与动物或人与动物之间相互传染的疾病。最常见的如流行性感冒、乙肝、细菌性痢疾、流脑、结核病、急性出血性结膜炎（红眼病）等。传染病的特点是有病原体、有传染性和流行性、感染后常有免疫性。有些传染病还有季节性或地方性。传染病的传播和流行必须具备 3 个环节，即传染源（能排出病原体的人或动物）、传播途径（病原体传染他人的途径）及易感者（对该种传染病无免疫力者）。若能完全切断其中的一个环节，即可防止该种传染病的发生和流行，其中预防应最为重要。每一种传染病都有它特异的病原体，包括病毒、支原体、真菌和寄生虫，他们感染宿主细胞后均携带有自身特异的 DNA 和（或）RNA，因此可以用分子诊断技术来进行检测或诊断。

分子探针杂交技术对各种病原体的检测有重要意义，人们可以直接从临床标本中检测和鉴定微生物病原体。我们可以采用的分子探针杂交的方式有：

（1）原位杂交。

（2）菌落杂交。

（3）Southern 杂交。

（4）斑点杂交。

（5）PCR 及其衍生技术。

与遗传性疾病致病基因检测和肿瘤基因检测相比，病原微生物基因的检测在我国开展得更为普遍。一些大、中型医院已能通过定性或定量检测致病微生物的核酸 DNA 或 RNA，从而快速地诊断发病率较高的病毒性肝炎、性传播性疾病等。设备以及技术的进步促进了病原体核酸的检测朝定量、更特异和自动化方向发展。

传染病的分子诊断举例：

1. 乙型肝炎 乙型肝炎是危害严重的传染性疾病，我国的乙型肝炎防治形势严峻，卫生部发布的《2006—2010 年全国乙型肝炎防治规划》显示，全国约 6.9 亿人曾感染过乙肝病毒，其中 1.2 亿人长期携带乙肝病毒，目前全国现有患慢性乙肝病人 2000 万。如何简明、快速、特异地诊断和治疗乙型肝炎是目前临床医学研究的重要课题。目前 PCR 检测乙肝病毒的技术已有取代过去的血清学方法、斑点杂交方法的趋势。可以选择 HBV DNA 序列中高度保守区作为特异性扩增对象。乙型肝炎的分子诊断通过检测体内 HBV DNA 的有无或含量多少来进行病原学诊断，其临床应用包括：

（1）在 HBV 隐性感染检测中的应用：隐性乙肝病毒感染的特点为乙肝表面抗原（HBsAg）阴性者的组织中持续存在 HBV DNA。由于 HBV 抗原在血液中的浓度较高，HBV 显性感染一般通过抗原检测即能发现，但对于 HBV 隐性感染，由于 HBV DNA 与血清学标志相独立，分子诊断就成为确定乙肝感染状态的主要依据。

（2）在输血血液筛选中的应用：目前的输血血液筛选采用抗原检测技术，但分子检测可以作更为准确的判断，能够检测出一些传统的试验筛选无法发现的感染。

（3）在病情判断和治疗中的应用：国外的研究表明，利用分子诊断来检测血清 HBV DNA 水平，对于有效地监控慢性乙肝病情和乙肝治疗具有重要的意义。

（4）在 HBV 变异和耐药性检测中的应用：HBV DNA 复制有一反转录过程，在这一过程中病毒较易发生变异。HBV 病毒变异的发生率比 DNA 一般的病毒约大 10 000 倍，其变异可引起病毒耐药性的产生，对病情和治疗产生影响。因此，利用分子诊断来检测病毒变异及耐药性发生与否，对于有针对性地开展乙肝诊治具有重要的意义。

2. 传染性非典型肺炎（severe acute respiratory syndrome，SARS） SARS 自 2002 年 11 月份在我国广东首次发现以来，迅速成为以亚洲为主并波及全球的疾病。导致 SARS 流行并造成极大危害的主要原因是：

（1）早期不能明确诊断，同时缺乏有效的治疗措施，因而病死率较高。

（2）病毒的毒力强，感染人体后的潜伏期短，起病急，且发展非常快。

（3）缺乏有效的早期病原学诊断手段，使疾病的早期或症状轻的病人可能成为主要传染源，难于进行有效的隔离与处理，导致传播速度非常快，传播范围广。所以，明确早期病原学诊断是有效控制 SARS 传播的关键步骤。

SARS 病毒的诊断方法可以分为 3 大类：第一类为传统的细胞培养分离病毒方法，耗时长，实验室防护要求高，难以作为临床诊断方法。第二类为血清学检测，主要检测体内针对病毒产生的抗体，而抗体一般是在病原感染体内后第 7 天才开始产生，至第 10 天才比较容易检测到，所以难以早期检出。第三类为分子诊断方法，基因检测法（RT-PCR）可不受病人体内有无抗体、抗体多少的限制，只要病人被感染，其血液、唾沫等标本内就含有病毒，即便还在潜伏期，也可以通过这种方法测出病毒。

SARS 病毒的基因组与已知的基因同源性比较小，这是建立 SARS 病毒分子诊断方法的特异性的基础。根据基因文库（gene bank）已公布的 SARS 病毒的基因序列设计出引物，SARS 病毒的基因组是正链单股 RNA，提取标本 RNA 后先进行逆转录生成互补的 cDNA 链，用 PCR 或巢式 PCR 特异性扩增 SARS 病毒的基因。扩增的基因产物，进行凝胶电泳分析，或者使用荧光定量检测，可对 SARS 病毒感染作出早期诊断。

最近我国研制了一种 SARS 冠状病毒全基因组芯片，这种芯片覆盖了 SARS 冠状病毒基因组的全部序列，目的是在检测 SARS 冠状病毒的同时全面监测该病毒全基因组变化。这种病毒全基因组基因芯片预计可以较 RT-PCR 方法更灵敏地和更准确地检出 SARS 冠状病毒。更为重要的是，在检测 SARS 冠状病毒的同时可给出病毒基因组的更详细的信息。SARS 冠状病毒全基因组芯片在 SARS 冠状病毒的早期诊断、病毒基因变异筛查、环境检测、检验检疫、寻找 SARS 冠状病毒来源等方面均显出重要地位。

3. 梅毒 梅毒是由梅毒螺旋体（*Treponema pallidun*，TP）感染引起的慢性疾病，在性传播疾病（sexually transmitted disease，STD）中其危害性和致死率仅次于艾滋病，它还可垂直传播，严重影响婴幼儿健康。梅毒的临床表现极其复杂，诊断依据主要为实验室检测法。血清学方法是梅毒实验室传统诊断方法，但对极早期感染梅毒及特殊类型的梅毒灵敏度较低，而直接检测 TP 的暗视野显微镜、免疫荧光染色等方法敏感性和特异性都较低。PCR 方法是梅毒诊断常用的高度特异、敏感的分子生物学方法，在检测早期梅毒、免疫功能低下的梅毒（如伴艾滋病梅毒）、先天性梅毒、神经性梅毒及判断再感染和复发、区分其他螺旋体感染等方面有十分重要价值。PCR 检测 TP 主要的靶基因有 *TP47*、*polA*、*16SrRNA*、*tpf21*、*BMP*、*tmpA* 和 *tmpB* 等，以 *TP47* 和 *polA* 的特异性最高。目前实时荧光定量 PCR 在实验室诊断梅毒中较为常用，具有特异、灵敏、自动化、重复性好和可定量等优点，其主要的靶基因是 *TP*47 和 *polA*。

三、分子诊断与肿瘤

肿瘤是一类多基因病，临床表现多样，其发生、发展是多基因参与的多阶段过程，因而相对于感染性疾病及单基因遗传病来说，肿瘤的分子诊断难度较大。肿瘤的分子诊断主要应用于以下几个方面：

（1）肿瘤的早期诊断及鉴别诊断。

（2）肿瘤的分级、分期及预后的判断。

（3）微小病灶、转移病灶及血中残留癌细胞的识别检测。

（4）在判断手术中肿瘤切除是否彻底、有无周围淋巴结转移方面也很有优势。

肿瘤的分子诊断基于特定的分子病理学机制以及相应的分子标志物。肿瘤分子标志物是指肿瘤相关基因的结构和功能损伤所导致的特定的分子水平异常改变，他们可以指示肿瘤相关基因的激活或失活程度，反应肿瘤的发生发展过程。大多数人类肿瘤都已检测到癌基因或抑癌基因的缺失或点突变，这些改变可以作为某些肿瘤的基因标志，有些基因表达产物也可作为标志物。

在当前肿瘤临床研究中，由于肿瘤早期容易切除，可为患者赢得较多的存活机会，因此肿瘤的早期诊断就显得尤为重要。目前常见的肿瘤分子诊断技术包括：PCR、PCR-SSCP、DNA 测序、RFLP 分析、探针杂交、斑点杂交技术等。

肿瘤的分子诊断举例

1. 乳腺癌　乳腺癌是女性最常见的恶性肿瘤之一，乳腺癌患者中有 5%～10%具有家族遗传性。乳腺癌高危家族中常有属于抑癌基因的 *BRCA* 基因（breast cancer gene）的突变。目前发现 *BRCA* 基因有两个，一个位于 17q21 的 *BRCA*1，此基因大于 100kb，其突变易致乳腺癌。突变分布于整个编码序列，没有明显的突变簇或突变热点。另一个为 *BRCA*2 基因，位于 13q12.3，其长度超过 70kb，*BRCA*2 基因的突变主要是提高乳腺癌易感性。

目前对于乳腺癌的分子诊断，可以采用 PCR 技术法检测 *BRCA*1 基因突变，因 *BRCA*1 基因没有明显的突变簇或热点，因此可以采用 PCR 方法直接检测 *BRCA*1 基因的点突变。原理为：根据正常和患者的基因序列在引物设计时，引入一个或破坏一个限制酶切位点，使 PCR 产物具有相应的碱基，之后用限制性内切酶消化产生不同的片段。还可以利用荧光原位杂交（FISH）检测发现 *BRCA*2 基因扩增等。

2. 结肠癌　结肠癌是发生于结肠部位的常见的消化道恶性肿瘤。结肠癌的形成是多基因参与的多步骤过程，抑癌基因和原癌基因的突变使上皮细胞具有增殖优势，并发展为恶性表现。在癌发展过程的不同阶段发生不同的基因突变，如 *APC*（*adenomatous polyposis coli*）是结肠癌发生过程中第一个发生突变的基因。而 *p*53 基因则是结肠癌发展过程的后期发生突变的基因。*K-ras* 原癌基因的突变导致调节失控，也是结肠癌形成的早期事件。除了癌基因与原癌基因外，第三类基因——DNA 修复基因业也与结肠癌发生相关。

由于 *APC* 基因的变异发生在多数结肠癌的早期。因此，对腺瘤样息肉患者作 *APC* 基因的检查，对预测结肠癌形成的可能性是有用的手段。目前对于结肠癌的分子诊断，可以采用① PCR-SSCP 法，对腺瘤样息肉患者 *APC* 基因进行 PCR-SSCP 法检测单个点突变；② 异源双链 PCR 法（HD），是将异源双链分析法与 PCR 结合，检测 *APC* 基因的变异；③ 蛋白质印迹法（Western blotting），可检测因基因突变而缩短了的 APC 蛋白；④ 体外转录、翻译分析，根据 *APC* 基因突变部位广泛、突变 *APC* 基因转录及翻译产物较野生型短的特点，设计了体外蛋白质翻译及等位基因特异转录方法。

四、分子诊断与个性化治疗

现代医学已经进入了分子医学时代，分子医学中组学观念的提出以及在组学研究基础上建立的各种以高通量为主要特征的新技术不断涌现，外加医学模式整体观念的形成，为疾病的个性化治疗提供了新的契机和工具。传统的临床治疗手段正在逐渐被更为准确的以分子诊断为依据、分子信息指导下的更为安全有效的个性化治疗所取代。

个性化治疗需要采用多种手段从多个角度全面反应患者的状态，包括其分子特征（基因组特征，基因表达谱，蛋白质谱等）、组织特征（病理和影像诊断）以及家族史和环境因素等。只有将这些信息进行整合分析，才能获得精确而全面的诊断结果，从而为患者提供个性化的治疗措施。而在这多种手段中，“辨基因治疗”即分子诊断是个性化治疗的基础和关键。

利用基因组学和蛋白质组学的理论与芯片技术进行临床分子个性化诊断，根据患者的遗传特征以及所处环境的特点来帮助医师选择最有效的疾病治疗方案，更好地控制疾病进展甚至预防疾病发生，从而实现最佳的治疗效果，在合适的时间给合适的患者施行合适的治疗，即实现个体化治疗已经成为当前医疗工作者共同努力的方向。

学习重点

一、传统疫苗的分类及优缺点。

二、基因工程疫苗的类型及优势。

三、DNA疫苗的概念及优点。

四、肿瘤生物治疗的概念。

五、佐剂的概念及标准。

六、分子诊断的概念及原理。

思考题

1. 什么是传统疫苗？它有何优缺点？
2. 简述基因工程疫苗的种类？
3. 基因工程疫苗、DNA疫苗与传统疫苗比较有何优点？
4. 什么是疫苗佐剂？它需要具备什么标准？
5. 试述分子诊断的概念及原理。
6. 阐述分子诊断的方法及其基本原理。
7. 试论述分子诊断技术在遗传性疾病、传染性疾病及肿瘤中的应用。

参考文献

常维山. 2002. CpG-ODN免疫佐剂的应用与研究进展. 中国预防兽医报，11，24（6）：484～485

陈浩明，薛京伦. 2006. 医学分子遗传学. 北京：科学出版社

董德祥．2002．疫苗技术基础与应用．北京：化学工业出版社
樊绮诗．1998．遗传性疾病基因诊断的基本原理．中国实验诊断学，(2)：270～272
胡维新．2007．医学分子生物学．北京：科学出版社
李理，文朝阳．2008．基因诊断在肿瘤早期诊断中的应用．中医药生物化学与分子生物学通讯，9：111～114
刘仲敏，林兴兵，杨生玉．2004．现代应用生物技术．北京：化学工业出版社
马兴元，廉慧锋，付作申．2009．疫苗工程．上海：华东理工大学出版社
钱锋．1995．佐剂的研究进展．国外医学军事医学分册，12 (1)：8～13
孙明．2006．基因工程．北京：高等教育出版社
汤华．2003．SARS 病毒的基因诊断方法．天津科技，(30)：34～35
王军志．2007．生物技术药物研究开发和质量控制．北京：科学出版社
谢晓原，陈俊辉．2007．肿瘤疫苗研究进展及应用现状．医学综述，13 (12)：8
邢钊．1999．兽医生物制品实用技术．北京：首都经济贸易大学出版社
张健慧，邵一鸣．2007．艾滋病疫苗临床试验及其研发策略．中国艾滋病性病，13 (1)：87～90
Allain J P，candotti D，Soldan K，et al. 2003. The risk of hepatitis B virus infection in transfusion in Kumasi Ghana. Blood，101：2419～2425
Biswas R，Tabor E，Hsia C C，et al. 2003. Comparative sensitive of HBV NATs and HBsAg assays for detection of acute HBV infction. Transfusion，43：788～798
Giri M，Ugen K E，Weiner D B. 2004. DNA vaccines against human immunodeficiency virus type 1 in the past decade. Clin Microbiol Rev，17：370～389
Gupta R K，Relyveld E H，Lindblad E B，et al. 1993. Adjuvants-a balance between toxicity and adjuvanticity. Vaccine，11 (3)：293～306
Higuchi R，Fockler C，Dollinger G，et al. 1993. Kinetic PCR analysis：real-time monitoring of DNA amplification reactions. Biotechnology，11 (9)：1026～1030
Leibl H，Tomasits R，Bruhl P，et al. 1999. Humoral and cellular immunity induced by antigens adjuvanted with colloidal iron hydroxide. Vaccine，17 (9-10)：1017～1023
Liu H，Rodes B，Chen C Y，et al. 2001. New tests for syphilis：rational design of a PCR method for detect ion of Treponema pallidum in clinical specimens using unique regions of the DNA polymerase Ⅰ gene. J Clin Microbiol，39 (5)：1941～1946
Livak K J，Flood S J A，Marmaro J，et al. 1995. Oligonucleotides with fluorescent dyes at opposite ends provide a quenched probe system useful for detecting PCR product and nucleic acid hybridization. PCR Meth Appl，4：357～362
Meyer M P. 1994. J Clin Microbiol，32 (3)：629～633
Rodney J Y Ho，Milo Gibaldi. 2006. 生物技术与生物药物——蛋白药物与基因药物．北京：化学工业出版社
Srivastava I K，Ulmer J B，Barnett S W. 2004. Neutralizing antibody responses to HIV：role in protective immunity and challenges for vaccine design. Expert Rev Vaccines，3 (Suppl 1)：33～52

（康　宁）